Erfolgreiches Social Media Marketing

mit Facebook, Twitter, Google+, XING, LinkedIn, YouTube

Reto Stuber

6. überarbeitete Auflage

DATA BECKER

Wichtiger Hinweis

Die in diesem Buch wiedergegebenen Verfahren und Programme werden ohne Rücksicht auf die Patentlage mitgeteilt. Sie sind für Amateur- und Lehrzwecke bestimmt.

Alle technischen Angaben und Programme in diesem Buch wurden von den Autoren mit größter Sorgfalt erarbeitet bzw. zusammengestellt und unter Einschaltung wirksamer Kontrollmaßnahmen reproduziert. Trotzdem sind Fehler nicht ganz auszuschließen. DATA BECKER sieht sich deshalb gezwungen, darauf hinzuweisen, dass weder eine Garantie noch die juristische Verantwortung oder irgendeine Haftung für Folgen, die auf fehlerhafte Angaben zurückgehen, übernommen werden kann. Für die Mitteilung eventueller Fehler sind die Autoren jederzeit dankbar.

Wir weisen darauf hin, dass die im Buch verwendeten Soft- und Hardwarebezeichnungen und Markennamen der jeweiligen Firmen im Allgemeinen warenzeichen-, marken- oder patentrechtlichem Schutz unterliegen.

Folgen Sie uns auf Facebook und Twitter:

www.facebook.com/databecker
www.twitter.com/data_becker

Besuchen Sie unseren Internetauftritt:

www.databecker.de

Copyright	© by DATA BECKER GmbH & Co. KG
	Merowingerstr. 30
	40223 Düsseldorf
Produktmanagement und Lektorat	Peter Meisner
Umschlaggestaltung	David Haberkamp
Coverfoto	Juliengrondin | Dreamstime.com
Textverarbeitung und Gestaltung	SatzWERK, Siegen (www.satz-werk.com)
Produktionsleitung	Claudia Lötschert
Druck	Beltz Druckpartner GmbH & Co. KG

ISBN 978-3-8158-3063-5

Inhalt

6. Facebook: wie Sie sich und Ihre Organisation optimal vermarkten 211

7. Twitter: wie Sie mit Microblogging erfolgreich netzwerken ... 383

8. Die Businessnetzwerke XING und LinkedIn unter der Lupe ... 436

9. YouTube: weit mehr als nur Videos schauen ... 511

10. Google+: teilen wie im richtigen Leben, neu erfunden für das Web

11. Die erweiterte Social-Media-Marketing-Architektur

Über dieses Buch

„The time is always right to do what is right." Martin Luther King Jr.

Persönliche Worte vom Autor

Liebe Leserin, lieber Leser,

wenn Sie aus diesem Buch nur etwas mitnehmen, dann sollte es dies sein:

Es geht bei den sozialen Medien immer um Menschen. Schaffen Sie für diese einen echten Mehrwert, und Sie sind auf dem richtigen Weg!

Jeder redet von sozialen Medien und möchte mit von der Partie sein. Doch wo beginnen? Sind Sie verloren im Dschungel der sozialen Medien? Oder haben Sie bereits Ihre Zelte aufgeschlagen und möchten nun auf weitere Exkursionen gehen? Stehen Sie vielleicht mitten im Urwald und wissen nicht, welchen Weg Sie durch das Dickicht der verschiedenen Plattformen und Möglichkeiten einschlagen sollen?

Ihr Reiseführer durch den Social-Media-Dschungel

Dann freue ich mich, dass Sie dieses Buch lesen – und noch wichtiger: das Gelesene umsetzen. Wer sich auf eine Reise begibt, benötigt einen Plan und einen Reiseführer. Genau diesen haben Sie vor sich!

Das Buch richtet sich an Selbstständige, berufstätige Menschen und Unternehmen. Neben den Grundlagen zu Social Media und Ihrer persönlichen Strategieentwicklung liegt der Schwerpunkt auf den populären sozialen Netzwerken Facebook, Twitter, Google+, XING, LinkedIn und YouTube. Dabei schauen wir uns gemeinsam die Umsetzung einer erfolgreichen Präsenz an.

Mir ist es aber auch wichtig, den Kontext und die Grundlagen von Social Media vertieft zu betrachten. Nur wer diese Inhalte versteht, wird sich erfolgreich in der sozialen Ökosphäre bewegen können.

Wir erkunden Territorium, das über die Grundlagen hinausgeht

Wir stecken das Territorium ab und nehmen dann rasch die Perspektive des Umsetzers ein. Sie werden als Einzelunternehmen genauso davon profitieren wie als Social-Media-Manager in einem Großkonzern.

Ich möchte Sie auch dazu animieren, das Buch kreuz und quer zu lesen und sich die für Sie relevanten Themen herauszupicken. Der erste Teil ist allgemein gehalten, ich gehe dabei auf die sozialen Medien als Ganzes ein, gebe Ihnen eine Anleitung zur Strategieentwicklung und zeige anhand von Fallbeispielen auf, was möglich ist und was man besser nicht tun sollte.

Wenn Sie die Details zur Umsetzung und Betreuung einer Präsenz in einem bestimmten Netzwerk lernen wollen, schlagen Sie einfach das passende Kapitel ab der Mitte des Buchs auf und legen damit los – am besten, indem Sie das Gelesene direkt am Computer Schritt für Schritt umsetzen.

Alle Tools, die Sie benötigen – Ihr Schweizer Taschenmesser für Social Media

Das Buch geht über die Grundlagen von einzelnen Social-Media-Kanälen hinaus. Basiskenntnisse im Umgang mit dem Internet und den sozialen Medien werden deshalb vorausgesetzt.

„Wissen ist wissen, wo Wissen ist!" – getreu diesem Motto verweise ich Sie auf eine Vielfalt an Ressourcen, mit denen Sie Ihre Ziele besser und schneller erreichen werden. Ich garantiere Ihnen, dass Sie hier Dinge lernen werden, die Sie in dieser verdichteten Form sonst nirgendwo finden! Sie erhalten alles auf dem Silbertablett serviert, anrichten müssen Sie aber selbst.

Ihre Tour beginnt jetzt: anschnallen, und los geht's!

Ich habe die erste Auflage des Buchs im Sommer 2010 geschrieben, um meine Erfahrungen und Kenntnisse weiterzugeben. Aus einer wilden Idee wurde in wenigen Monaten eine handfeste Gebrauchsanweisung mit einem klaren Plan. Das Buch hat den Nerv der Zeit getroffen, und viele Menschen und Unternehmen haben mit mir Kontakt aufgenommen, Feedback gegeben und um Unterstützung angefragt. Knapp zwei Jahre später wurde die sechste, komplett überarbeitete Ausgabe veröffentlicht, die Sie in den Händen halten. An dieser Stelle möchte ich mich auch bei meinen Kollegen Thorben Inselmann und Philipp Klingler bedanken, die mich bei der Recherche und Überarbeitung unterstützt haben.

Wir werden nun gemeinsam den Social-Media-Dschungel erkunden. Das Buch dient Ihnen als Wegbeschreibung und Karte. Einen Ort zur Rast und für einen Gedankenaustausch möchte ich Ihnen dabei besonders ans Herz legen: Die Webseite zum Buch finden Sie unter **http://www.socialmedia buch.com**. Dort erhalten Sie weitere Informationen.

Aber es gibt immer noch Fragen über Fragen …

Sie sehen, die sozialen Medien verändern sich rasant und bieten Unternehmen immer neue Möglichkeiten, mit den eigenen Anspruchsgruppen in Kontakt zu treten. Damit nimmt auch die Komplexität weiter zu, und es tauchen neue Fragen auf:

➢ Welche Netzwerke sind für mich am besten geeignet?

➢ Wer erstellt mir ein attraktives Design für meine Präsenzen?

➢ Wie kann ich meine Botschaft kreativ verkünden und mit dem Gegenüber in Kontakt treten, ohne zu nerven?

➢ Welche Tools helfen mir dabei, die zeitliche Investition auf ein Minimum zu begrenzen?

➢ Wie behalte ich im Auge, wer über mich spricht – und wie reagiere ich bei negativer Kritik?

➢ Wie schule ich meine Mitarbeiter am besten?

➢ …

Keine Bange, im Buch erhalten Sie dazu bereits viele wertvolle Anleitungen, Tipps und Links.

Wir helfen Ihnen gern weiter!

Sollten Sie aber noch darüber hinausgehende Unterstützung brauchen, können Sie sich gern an mich wenden. Mein Team und ich unterstützen Sie in vielen Social-Media-Belangen als „Full-Service-Agentur" – sei es bei der Gestaltung der eigenen Präsenz, bei der Ausarbeitung einer individuellen Strategie bis hin zu Aufbauarbeiten der für Sie relevanten Communitys und der Schaltung von Werbeanzeigen. Ich freue mich darauf, von Ihnen zu hören.

Neues Cover – dank der sozialen Medien!

Starten wir mit einem Praxisbeispiel! Wir haben ab der vierten Auflage auch das Erscheinungsbild des Buchs angepasst. Grund dafür waren die Feedbacks der Leser. Beispiele gefällig?

➢ „Ich persönlich finde, dass das Cover ins Finale der dämlichsten Buchumschläge aller Zeiten gehört. Ich hätte das Buch beinahe nicht gekauft, weil eine derart schlechte Verpackung nicht auf einen intelligenten Inhalt schließen lässt."

➢ „Der knallige Titel mit dem knalligen Titelbild hat mich erst mal abgeschreckt."

> „Natürlich fiel der erste Blick auf das Cover, mit dem ich bis zum heutigen Tag nicht so recht warm werde."

So präsentierte sich das Cover in den Auflagen 1–3.

Ich persönlich war von den Reaktionen überrascht, hatte ich das erste Cover doch selbst aus vielen möglichen Ideen ausgewählt und für eine gute Wahl befunden. Doch über Geschmack lässt sich bekanntlich streiten. Natürlich sollte man ein Buch nicht (nur) nach dem Cover beurteilen, aber Fakt ist, dass dieses als Erstes ins Auge springt – und man hat nur einmal die Chance, einen ersten Eindruck zu hinterlassen.

Bei der Überarbeitung haben wir deshalb nicht einfach im stillen Kämmerlein etwas Neues ausgeheckt, sondern zu einem Wettbewerb aufgerufen und dann die Community darüber abstimmen lassen! Dafür schrieben wir den Auftrag für das neue Coverdesign auf der Plattform **http://www.crowd spring.com** aus.

Über 150 verschiedene Designs von Grafikern aus der ganzen Welt wurden eingereicht. Der Verlag und ich wählten daraus zehn für die Endauswahl aus. Über die sozialen Netzwerke mobilisierten wir dann unsere Kontakte und ließen darüber abstimmen. Das Resultat war eindeutig! Der Designer „juanedward" aus Indien hat mit seinem Vorschlag überzeugt und von den über 1.500 Stimmen am meisten auf sich vereinen können. Für die vorliegende Ausgabe haben wir dann das Cover nochmals etwas aufgefrischt.

Die Kandidaten für das neue Cover – der Sieger ist oben in der Mitte zu sehen.

Ihr Feedback hilft mir und allen Lesern weiter!

Der Austausch mit den Lesern ist mir wichtig. Wenn Sie also Hinweise haben oder Verbesserungspotenzial entdecken, geben Sie mir kurz Bescheid. Tipps und Vorschläge von anderen Lesern sind ebenfalls bereits in diese Überarbeitung eingeflossen. „Ihre Meinung ist mir wichtig!" soll mehr als eine Floskel sein, und ich freue mich über jedes Feedback und jede Rezension bei Amazon unter **http://www.socialmediabuch.com/bestellen**.

Ich wünsche Ihnen viel Spaß und viel Erfolg.

Herzlichst,

Ihr Reto Stuber

New York, im Sommer 2012

Über den Autor

Reto Stuber, geboren 1978 in Bern, ist Schweizer Staatsbürger und lebt in New York, USA.

Eine große Leidenschaft galt schon in frühen Jahren den Büchern, als er sich als Knirps seinen Weg durch die elterliche Bibliothek bahnte. Als Jugendlicher gab es dann kein Halten mehr, und er publizierte erfolgreich eine internationale Zeitschrift zu den Themen Computersicherheit und Informationstechnologie. Seit damals ist er im Internet zu Hause und entdeckte rasch auch die neuen Medien für sich.

Als gelernter Radio-/TV-Elektriker begann er 1998 seine Laufbahn als Informatiker bei einem großen Schweizer Telekommunikationskonzern. In den folgenden zehn Jahren bekleidete er verschiedene Positionen als Fachspezialist und Mitglied des Kaders in den Bereichen der Unternehmenskommunikation, der IT und des Verkaufs.

Im April 2009 wanderte er in die USA aus und ließ sich in New York nieder, wo er sein eigenes Unternehmen gründete, das im Bereich Onlinemarketing tätig ist.

Reto Stuber hat Ausbildungen im Bereich der Wirtschaftsinformatik, Betriebswirtschaft und Unternehmensführung absolviert sowie einen „Executive Master of Business Administration in International Leadership" erlangt.

Links zum Buch

➢   http://www.socialmediabuch.com

➢   http://www.socialmediakommunikation.com

➢   http://www.socialmediauniversitaet.com

➢   http://www.bigapplemethode.com

➢   http://www.facebook.com/socialmediabuch

➢   http://www.twitter.com/socialmediabuch

➢   http://www.gplus.to/socialmediabuch

➢   http://www.youtube.com/socialmediabuch

Links zum Autor

➢   http://www.retostuber.com

➢   http://www.facebook.com/retostuber

> ➤ http://www.twitter.com/retostuber

> ➤ http://www.gplus.to/retostuber

> ➤ http://www.youtube.com/webonomy

> ➤ http://www.xing.com/profile/reto_stuber

> ➤ http://www.linkedin.com/in/retostuber

So profitieren Sie vom Buch und der Webseite

Ich habe das Buch geschrieben, um Ihre Lernkurve in den sozialen Medien im Business- und Marketingkontext zu beschleunigen.

Selbstständige, Angestellte und Unternehmen profitieren am meisten

Das Buch richtet sich an Selbstständige, berufstätige Menschen und Unternehmen, die ihre Präsenz in den sozialen Medien auf- oder ausbauen wollen. Dabei werden der Aufbau einer professionellen persönlichen Präsenz und die erfolgreiche Darstellung einer Organisation behandelt.

Selbstverständlich werden Sie auch als privater Nutzer vieles lernen können. In den sozialen Medien sind die Grenzen zwischen privat und geschäftlich fließend – der Mensch und die soziale Interaktion stehen im Zentrum.

Lesen Sie das Buch von vorne nach hinten – oder kreuz und quer

Woher weiß ich nun, was Sie wissen wollen – und woher wissen Sie, welche Inhalte für Sie relevant sind? Für mich bestand die Herausforderung darin, Ihnen relevante Informationen in verständlicher und kompakter Form zur Verfügung zu stellen. Dabei ist es ein ganz anderes Unterfangen, dies in Buchform zu verdichten, als mit jemandem im direkten Dialog zu stehen, um dann gezielt auf den Kenntnisstand der Person eingehen zu können.

> **Lesen Sie das Buch so, wie es Ihnen gefällt**
>
> Sie können frei entscheiden, wo Sie beginnen wollen und was Sie lesen möchten. Das Buch ist modular aufgebaut, die Kapitel sind in sich geschlossene Elemente. Wo nötig, wird mit einem Querverweis auf weiterführende Inhalte aufmerksam gemacht.

Ich habe das Buch deshalb so gestaltet, dass es von verschiedenen Personen in unterschiedlicher Weise genutzt werden kann. Dank der in sich geschlossenen Kapitel können Sie einfach dort einsteigen, wo Sie möchten.

Sie wollen nur zu einem bestimmten Thema etwas wissen? Oder Sie möchten alles von A bis Z wie ein Schwamm aufsaugen und Schritt für Schritt direkt umsetzen? Was immer Ihnen dienlich ist – nutzen Sie das Buch nach Ihrem Gusto!

In einer anderen Schriftart hervorgehobene Wörter im Buch verweisen auf Links im Internet

Ich habe bewusst jede Menge Links zu Diensten und weiterführenden Informationen zusammengestellt und im Buch verlinkt. Leider stehen nicht alle Inhalte und Angebote auf Deutsch zur Verfügung, einiges gibt es nur in Englisch. Wenn möglich, habe ich natürlich deutsche Quellen und Anbieter aufgeführt.

Einige Links sind direkt ausgeschrieben, andere erkennen Sie an der Hervorhebung des Worts **in dieser Schrift**. Dies entspricht einem anklickbaren Hyperlink, wie Sie ihn auch aus dem Internet kennen. Auf der Webseite http://www.socialmediabuch.com finden Sie eine Übersicht aller Links und können damit weiterführende Informationen im Netz finden.

Die Webseite zum Buch – und wie Sie davon profitieren

Dieses Buch wird Ihnen viele Informationen in kompakter Form liefern. Doch während die Druckwalzen ihre Arbeit verrichten und das Ergebnis in die realen und virtuellen Regale transportiert wird, dreht die Welt sich weiter.

Auf der Webseite http://www.socialmediabuch.com finden Sie deshalb weitere Informationen. Schauen Sie sich auch die Links am Ende der jeweiligen Kapital und die Linkempfehlungen ganz am Schluss in diesem Buch an.

Ein Streifzug durch die Inhalte

Im vorliegenden Buch wird das Konzept der sozialen Medien erläutert, und Ihnen wird umfassendes Praxiswissen über die wichtigsten sozialen Netzwerke vermittelt.

Es geht ans Eingemachte – ein klares Konzept und verdichtetes Praxiswissen

Einerseits erhalten Sie als Leser alle grundlegenden Informationen, andererseits werden Sie auch in die darauf aufbauenden Strategien sowie weiterführende Tipps und Tricks eingeweiht.

Bei der Einführung, in den Praxisbeispielen und Expertengesprächen sowie bei der Strategieentwicklung beschäftigen wir uns integral mit den sozialen Medien als Ganzes. Das schließt nicht nur die sozialen Netzwerke ein, sondern auch Blogs, Foren etc. Die Umsetzung der eigenen Präsenz fokussiert sich dann aber nicht mehr auf die sozialen Medien als Ganzes, sondern nur auf die wichtigsten sozialen Netzwerke wie Facebook, Twitter, Google+, XING, LinkedIn und YouTube.

Die Einführung in Social Media – das ganze Spektrum des sozialen Ökosystems, angereichert mit übersichtlichen Fakten und Zahlen

Im ersten Teil werden die Grundlagen und das Ökosystem der sozialen Medien erläutert. Dabei machen wir eine kurze Reise durch Raum und Zeit, um zu ergründen, wie die sozialen Netzwerke entstanden sind.

Dann schauen wir uns die aktuellen Fakten und Zahlen an, um das Ausmaß dieser (R)Evolution zu erfassen. Wenn Sie jemandem die Möglichkeiten der sozialen Medien schmackhaft machen möchten, finden Sie in diesem Kapitel häufig gestellte Fragen und die Antworten dazu sowie jede Menge statistischer Daten.

Auf Basis des Konversations-Prismas beleuchten wir dann das gesamte Spektrum der sozialen Medien. Darauf aufbauend, tauchen wir in die Mechanismen ein, die das Ökosystem der sozialen Medien bestimmen.

An dieser Stelle will ich auch aufzeigen, welche Chancen und Risiken es gibt und wie Sie Ihre Privatsphäre am besten schützen. Sie lernen außerdem, wie Sie sich vor einem Identitätsdiebstahl schützen und welche grundlegenden rechtlichen Belange berücksichtigt werden müssen.

Lerneffekte aus der Praxis – die größten Pannen und die erfolgreichsten Kampagnen

Mir ist es wichtig, Beispiele aus der Praxis aufzuzeigen. Meine Erfahrung ist, dass man am besten von Extrembeispielen lernt – seien diese nun gut oder schlecht. Ich habe deshalb die größten Pannen im Bereich der sozialen Medien zusammengetragen sowie daraus jeweils die „Lessons learned" abgeleitet.

Außerdem kommen die erfolgreichsten Kampagnen aus den USA und Deutschland zum Zug. Holen Sie sich dort Ihre Inspirationen, um sie bei Ihren eigenen Aktivitäten zurate zu ziehen. Dabei werden wir Beispiele von großen Firmen wie Deutsche Telekom, Deutsche Bahn, OTTO, TelDaFax, Old Spice, Nestlé, Dominos etc. betrachten und auch die Erfolge von Persönlichkeiten wie dem Sänger Justin Bieber oder dem Schauspieler Charlie Sheen unter die Lupe nehmen.

Aber auch Kampagnen aus kleinen und mittelständischen Unternehmen schauen wir genauer an – zum Beispiel wie man ein Produkt mit einem Prelaunch über soziale Medien vermarktet, wie man neue Mitarbeiter über

Twitter findet und wie man eine Social-Media-Integration über verschiedene Kanäle am besten angeht.

Internationale Experten geben ihr Wissen aus der Praxis in spannenden Interviews weiter

Außerdem wollte ich Menschen zu Wort kommen lassen, die sich tagtäglich mit sozialen Medien beschäftigen und diese erfolgreich für ihre spezifischen Zwecke nutzen. Deshalb habe ich sowohl führende Köpfe aus dem deutschsprachigen Umfeld wie auch Social-Media-Verantwortliche aus Amerika im Interview befragt. Darunter finden sich ebenfalls ausgewählte Kunden meines Unternehmens, von deren Erfahrungen Sie profitieren können.

Sie werden dabei zum Beispiel auf den Schüler Will Curran aus Arizona treffen, der dank Facebook ein erfolgreiches DJ-Business betreibt. Oder auf Tobias Knoof, einen bekannten deutschen Internetmarketingexperten, der mittels sozialer Medien ein Informationsprodukt gelauncht hat.

Jens Wiese und Philipp Roth, die Macher hinter AllFacebook.de, der beliebtesten deutschsprachigen Ressource zu Facebook-Marketing und -Werbung, habe ich ebenfalls zum Interview geladen.

Ein Kollege mit helvetischen Wurzeln ist Alain Chuard. Er ist im Silicon Valley zu Hause und gehört zu den Gründern der Facebook-Applikation Wildfire. Die Applikation verbreitet sich tatsächlich wie ein Lauffeuer und wird von Kunden wie Victorias Secret, Pepsi, Unilever und sogar Facebook selbst genutzt. Im Interview erlaubt er Einblicke in sein Wirken.

Auch die Kanadierin Carisa Miklusak lässt sich in die Karten schauen. Sie unterstützt mit ihrem eigenen Unternehmen als Chief Social Media Consultant die Firma Careerbuilder.com, die größte Onlinejobseite der USA, beim Auftritt in den sozialen Medien.

Ich hatte zudem die Gelegenheit, ein Interview mit Jim Cahill zu führen. Er ist Blogger und Head of Social Media für das Prozesse-Management bei Emerson Electric Company, einem Mischkonzern, der zu den umsatzstärksten Unternehmen in den Vereinigten Staaten gehört (Fortune 100).

Roland Beer, der Geschäftsführer von XING Schweiz und Österreich, stand ebenfalls Rede und Antwort dazu, wie er die sozialen Netzwerke nutzt. Er lässt sich auch darüber aus, was für ihn persönlich und XING wichtig ist und wohin die Reise geht.

Außerdem wollte ich Cristian Cussen interviewen. Er ist bei Google+ für das Marketing im EMEA-Bereich verantwortlich, war zuvor der strategische Vordenker für das soziale Netzwerk Ning und hat sich seine Sporen unter anderem bei MySpace verdient.

Diese Persönlichkeiten haben alle einen unterschiedlichen Hintergrund und beleuchten die Thematik aus verschiedenen Blickwinkeln.

Die Strategieentwicklung – mit der ZEMM-MIT-Methode haben Sie einen Plan und die nötigen Werkzeuge zur Hand

Nach der ersten Außensicht geht es an die konkrete Ausarbeitung Ihrer eigenen Strategie auf Basis der von mir entwickelten ZEMM-MIT-Methode. Wir analysieren die Bausteine, die zu einer erfolgreichen Strategie in den sozialen Medien gehören, und Sie erhalten Anregungen zur Zielsetzung und -messung.

Dabei werden wir alle relevanten Fragestellungen adressieren. Zum Beispiel schauen wir uns an, wie man messbare Ziele für die Aktivitäten in den sozialen Medien definiert, wie Sie die für Sie relevanten Konversationen und Zielgruppen finden und wie Sie mit den relevanten Personen interagieren.

Doch damit ist es nicht getan, denn Sie müssen auch Ihre Organisation entsprechend aufstellen und eine Kommandozentrale einrichten, die Sie bei den Aktivitäten in den sozialen Medien unterstützt. Ich stelle Ihnen dazu die wichtigsten Tools vor, mit denen Sie alle Aktivitäten überwachen können und die für Sie relevanten Konversationen finden.

Um effizient in der sozialen Sphäre zu agieren, zeige ich Ihnen, wie Sie erfolgreich die Plattformen untereinander verbinden. Damit können Sie Ihre Prozesse effizienter gestalten, um am Ende mehr zu erreichen. Sie erhalten zudem hilfreiche Links zu weiterführenden Quellen, die Ihnen beim Aufbau der Social-Media-Präsenz für sich selbst oder Ihr Unternehmen wertvolle Dienste leisten werden.

Außerdem werden Sie sehen, dass man einige Dinge automatisieren kann, um mehr Besucher für die eigenen Inhalte zu finden. Auch mögliche Risiken sowie den Aufbau eines Reputationsmanagements schauen wir uns an.

Das war der ZEMM-Teil der ZEMM-MIT-Strategieentwicklung, der für „Ziele definieren – Entdecken – Mitmachen – Managen" steht. Der MIT-Teil geht auf die wichtigsten Elemente dabei ein, nämlich auf die Menschen, die Inhalte und die Tools. Sie werden sehen, was einen guten Inhalt ausmacht, wie man mit den Menschen in den sozialen Medien netzwerken kann und mit welchen Tools Sie Ihre Aktivitäten effizienter und effektiver gestalten.

Die Umsetzung auf Facebook

Auf Facebook geht die Post ab! Fast eine Milliarde Menschen sind auf diesem sozialen Netzwerk aktiv. Auch Sie als Einzelperson und Ihre Organisation sollten dort vertreten sein. Sie lernen dabei die wichtigsten Schritte, mit denen Sie ein persönliches Profil einrichten, Freunde finden sowie Inhalte konsumieren und teilen.

Es gibt verschiedene Möglichkeiten einer Facebook-Präsenz, sei es ein persönliches Profil, eine offizielle Seite, eine Gemeinschaftsseite oder eine Gruppe – wir schauen uns die Unterschiede an.

Sie werden sehen, dass eine Seite für Unternehmen und Marken in der Regel die richtige Wahl ist. Dann richten wir gemeinsam eine solche Seite ein, und Sie lernen die kritischen Elemente dabei kennen. Ein weiteres Augenmerk richten wir auf das Management der Facebook-Präsenz.

Ein wichtiges Element ist auch der „Facebook Open Graph", mit dem ein Austausch zwischen Facebook und anderen Webseiten möglich ist. Sie werden erfahren, wie Sie sich daraus Vorteile verschaffen können.

Auf 30 Seiten habe ich dann die wirkungsvollsten Taktiken und eine Checkliste für Sie zusammengestellt, um Ihre Facebook-Präsenz zu promoten und Fans zu gewinnen. Diese Tipps und Tricks werden Ihre Fangemeinde rasch wachsen lassen.

Die Umsetzung auf Twitter

Dank Twitter können Sie mit 140 Zeichen erfolgreich netzwerken. Dabei schauen wir uns an, wie Sie sich ein Profil einrichten – und vor allem, wie Sie dieses optimal gestalten! Sie wollen ja bestimmt gefunden werden und einen professionellen Eindruck hinterlassen. Wir erschaffen dabei Schritt für Schritt Ihre Präsenz und umschiffen die Klippen.

Dann gehen wir der Frage auf den Grund, über was Sie denn twittern sollten und wie Sie genau die Menschen finden, die sich für Ihre Inhalte interessieren. Natürlich möchten Sie sich dann auch mit diesen Leuten austauschen. Dafür habe ich Ihnen meine erfolgserprobten Strategien zusammengestellt. Sie lernen dabei, wie Sie die passende Zielgruppe finden, die Suchfunktion und die Listenfunktion optimal nutzen, erfolgreich netzwerken und sich eine Gefolgschaft aufbauen. Auch das Thema Werbung soll nicht zu kurz kommen.

Der Erfolg von Twitter basiert auch darauf, dass es ein umfassendes und vitales Umfeld mit vielen Anwendungen gibt. Sie lernen die wichtigsten Vertreter und deren Mehrwert für Sie und Ihr Business kennen.

Die Businessnetzwerke XING und LinkedIn unter der Lupe

Egal ob Sie Angestellter oder selbstständig erwerbend sind, Sie sollten auf jeden Fall im geschäftlichen Kontext netzwerken. Wie Sie dabei zu den besten Resultaten und einem umfangreichen, relevanten Netzwerk kommen, habe ich anhand einer Reihe von Tipps zusammengefasst.

Nach dieser „Tour d'Horizon" steigen wir mit Elan in das geschäftige Treiben auf XING ein. Dieses Netzwerk gehört zu den bedeutendsten virtuellen Plattformen, auf denen sich das Business in Deutschland trifft und austauscht. Wir schauen uns dabei die wichtigsten Funktionen und Möglichkeiten an, um sich dort erfolgreich zu präsentieren.

Wer sich lieber mit einer internationalen Klientel austauscht, ist bei LinkedIn an der richtigen Adresse. Dort können Sie weltweit Geschäftskontakte knüpfen und sich Ihren eigenen Status als Experte aufbauen.

YouTube ist die zweitgrößte Suchmaschine der Welt und kann weit mehr als nur Videos abspielen

Zum Einstieg lassen wir die letzten fünf Jahre von YouTube Revue passieren. Dass es sich dabei um weit mehr als nur um digitales Daumenkino handelt, ist klar.

Wir werden uns ansehen, wie Sie YouTube für Ihr Business nutzen können. Dazu gehört vor allem auch, dass Ihre Videos gefunden werden. Deshalb führe ich Sie in die oftmals vernachlässigten Optimierungsmöglichkeiten ein und zeige Ihnen, wie Sie Ihren Kanal bestmöglich personalisieren. Mit diesen Tricks wird Ihr Video mehr Besucher erhalten und an Popularität gewinnen.

Sie werden nach der Lektüre ebenfalls wissen, wie Sie am besten ein Video erstellen und dann darauf aufmerksam machen. Natürlich gibt es auch hierfür eine Reihe wenig bekannter Möglichkeiten und Tools, die Sie nutzen können – zum Beispiel um Ihren Clip neben YouTube auf Dutzenden weiterer Videoplattformen zu erfassen!

Google+ ist der neue Platzhirsch unter den sozialen Netzwerken

Im Google-Universum ist Mitte 2011 ein neuer Stern am Firmament aufgegangen, das soziale Netzwerk Google+. In Rekordzeit haben sich die „Early Adopters" dort versammelt, und nach wenigen Monaten waren schon 100 Millionen Nutzer registriert.

Das Netzwerk punktet mit einer einfachen Bedienung, vielen praktischen Funktionen und einer Integration der anderen Google-Dienste. Sie lernen hier nicht nur die Grundlagen kennen, sondern erhalten auch weiterführende Tipps sowie hilfreiche Anwendungsbeispiele und erfahren, wie Sie immer über die neuen Entwicklungen auf dem Laufenden bleiben.

Die erweiterte Social-Media-Marketing-Architektur zeigt auf, wie Sie Ihre Präsenz geschickt ausbauen

In diesem Teil werden weiterführende Möglichkeiten des Social Media Marketing angesprochen und mit welchen flankierenden Maßnahmen Sie Ihre Präsenz weiter festigen können. Dazu gehört zum Beispiel, wie Sie Ihre Webseiten und Blogs für Social Media optimieren.

Aber auch das Thema Newsletter und E-Mail-Marketing sowie der Aufbau Ihrer Kontaktliste muss adressiert werden – sonst lassen Sie nämlich Business auf der Datenautobahn liegen, was doch schade wäre.

Zudem schauen wir uns das Thema „Social Bookmarking" genauer an, und ich zeige Ihnen die Möglichkeiten dieser öffentlichen Lesezeichen. Auch wenden wir uns der Frage zu, ob eine Suchmaschinenoptimierung mit sozialen Netzwerken möglich ist.

Kurz vor Schluss machen wir einen Ausflug in die Gefilde der viralen Marketingkampagnen, damit Sie wissen, wie Sie sich selbst dafür am besten aufstellen.

Bonuskapitel: So lagern Sie Arbeiten aus und verdienen Geld mit Social Media

Im ersten Bonuskapitel zeige ich Ihnen praxiserprobte Ansätze zum Thema Outsourcing auf. Sie müssen nämlich nicht alles selbst machen, sondern können getrost einige Aufgaben auslagern. Dabei gibt es aber bedeutende Unterschiede, denn wenn Sie die falschen Arbeiten auslagern, kann das schnell ins Auge gehen.

Im zweiten Bonuskapitel befassen wir uns mit der Frage, wie Sie über Social Media Geld verdienen können. Dafür lernen Sie einige Ansätze kennen, aber auch einige Stolperfallen. Wichtig ist dabei, dass Ihre Aktivitäten authentisch sind und auf den Nutzen des Kunden ausgerichtet werden.

Noch Fragen? Dann legen wir doch los, auf dass sich diese in Wohlgefallen auflösen.

„… the social web will become the primary center of activity for whatever you do when you shop, plan, learn, or communicate. It may not take over your entire life (one hopes), but it will be the first place you turn."

Larry Weber,
Chairman der W2 Group „Marketing to the Social Web"

1. Was Sie über Social Media wissen müssen

1.1 Die zwölf brennendsten Fragen und Antworten

Sie zögern noch? Wissen nicht recht, ob Sie wirklich mitmachen sollen? Ihnen brennen unzählige Fragen auf der Zunge? Dann lesen Sie weiter.

Frage: Was passiert, wenn ich soziale Netzwerke als Privatperson nicht nutze?

Sie verpassen dann eine große Party, auf der alle Ihre Freunde mitfeiern. Konversationen verlagern sich auf soziale Netzwerke, und wer nicht mitmacht, verliert den Anschluss.

Bei den Aktivitäten in den sozialen Medien sind Sie nicht allein! Ihre Familie, Ihre Freunde, Bekannten und Kollegen nutzen die gleichen Anwendungen wie Sie. Dabei werden Termine, Fotos, Videos und Empfehlungen zu Artikeln, Produkten oder Dienstleistungen untereinander geteilt. Auch in Echtzeit Kontakt zu anderen Menschen irgendwo auf dem Globus zu halten, ist heute kein Problem mehr.

Aber nicht nur im Privatleben sind soziale Netzwerke von Vorteil. Auch im beruflichen Kontext profitieren Sie davon, zum Beispiel wenn ein neuer Interessent oder ein möglicher Arbeitgeber Sie darüber kontaktiert.

Frage: Was passiert, wenn mein Unternehmen diese sozialen Medien nicht nutzt?

Dann verpassen Sie gute Chancen! Es wird schwieriger, die Aufmerksamkeit von (potenziellen) Kunden zu gewinnen, denn die klassische Werbung nach dem Gießkannenprinzip in Print, TV oder Radio verliert an Wichtigkeit.

Stattdessen vertrauen Kunden auf Empfehlungen aus dem eigenen Umfeld. Dadurch werden diese plötzlich zu Botschaftern und Werbeträgern, indem sie Ihr Produkt weiterempfehlen – oder eben nicht.

Ihre Mitbewerber werden früher oder später das Potenzial der sozialen Medien erkennen oder dieses sogar bereits nutzen. Wer dabei das Nachsehen hat, ist klar – das Sprichwort heißt nicht umsonst: „Der frühe Vogel fängt den Wurm."

Wenn Sie also nicht mitmachen, bedeutet dies:

➢ Keinen Vorteil bei der emotionalen Bindung zu Ihren Interessenten und Kunden.

➢ Keinen Vorteil bei der Erhöhung der Aufmerksamkeit auf das eigene Unternehmen in den sozialen Medien und auch den Suchmaschinen.

➢ Keinen Vorteil beim Imageaufbau als aufgeschlossenes, offenes, modernes Unternehmen.

Die sozialen Medien zu ignorieren und deren Vorteile nicht zu nutzen, wäre eine verpasste Chance, die man sich nicht mehr leisten sollte.

Frage: Ich habe schon so viel um die Ohren. Wie soll ich da die Zeit finden, mich auch noch um die sozialen Medien zu kümmern?

Das heißt also, dass Sie keine Zeit in die Kundenpflege, den Support, die Rekrutierung, die Akquise etc. investieren wollen? Denn genau das alles findet heutzutage im Internet auf den sozialen Medien statt, und zwar für Freiberufler und Unternehmen aller Couleur. Dabei stehen Ihnen Möglichkeiten zur Verfügung, diese ganzen Abläufe effizient zu gestalten, sodass Ihr persönlicher Zeiteinsatz nicht überstrapaziert wird.

Bei der Nutzung der sozialen Netzwerke stehen der Aufbau und die Pflege von Beziehungen im Zentrum. Wenn Sie dafür Telefon, E-Mail oder den persönlichen Kontakt schätzen, können Sie die Palette einfach um einen zusätzlichen Kanal erweitern.

Frage: Ich habe bereits eine Präsenz in einem sozialen Netzwerk, aber niemand nimmt davon Notiz. Das funktioniert gar nicht, oder mache ich etwas falsch?

Sie sind nur einer von vielen auf einem großen, sogar sehr großen Marktplatz. Da können Sie nicht erwarten, dass ohne Ihre aktive Teilnahme viel passiert. Wie auf einem richtigen Marktplatz müssen Sie sich Aufmerksamkeit verdienen – durch eine nette Geste, eine freundliche Diskussion, Empfehlungen oder gute Produkte. Warten Sie nicht reaktiv, bis etwas passiert. Werden Sie aktiv, laden Sie Kunden, Geschäftspartner, Mitarbeiter, Freunde und Familie auf Ihre soziale Präsenz ein.

Weisen Sie auch in Ihrer Kommunikation darauf hin, zum Beispiel in Ihrer E-Mail-Signatur, auf Ihrer Webseite, der Visitenkarte oder sogar dem Briefpapier. Nutzen Sie diese Kanäle auch, um regelmäßig Informationen zu veröffentlichen und sich in Erinnerung zu rufen! Damit können Sie Kunden interessieren, begeistern und binden. Bieten Sie exklusive Angebote an, teilen Sie Neuigkeiten mit, berichten Sie von Innovationen und beginnen Sie einen Dialog mit Ihren Anspruchsgruppen.

Frage: Aber wenn ich den Leuten eine Plattform biete, werden diese sich vielleicht über mich beschweren. Und schade ich mir nicht selbst, wenn ich wertvolle Tipps und mein Wissen gratis weitergebe?

Es ist richtig, dass das Internet den Kunden ein Ventil bietet, um von Ärgernissen mit Produkten, Diensten oder Unternehmen zu berichten. Wenn Sie eine Plattform dafür bieten, können Sie negatives Feedback auffangen und darauf im Sinne des Kunden reagieren. Sie können „Tabula rasa" machen, in einen offen geführten Dialog einsteigen und die Wünsche aufnehmen.

Lösen Sie sich von der Vorstellung, dass Sie die Diskussionen kontrollieren können. Stattdessen sollten Sie sich aktiv einbringen und die Ohren spitzen. Nehmen Sie Verbesserungsvorschläge ernst und reagieren Sie professionell. Und sorgen Sie vor allem dafür, dass es in Ihrem Unternehmen rund läuft.

Sie verschenken auch nicht Ihr Wissen, im Gegenteil: Sie investieren es in Ihren Expertenstatus. Mit Ihren Aktivitäten präsentieren Sie sich als kompetenten, intelligenten und professionellen Partner.

Frage: Negative Stimmen im Internet schaden unserem Unternehmen. Können wir einfach alle negativen Kommentare löschen?

Das sollten Sie besser nicht tun! Die Menschen, die Ihre Präsenz besuchen, sind wachsam und schätzen Ehrlichkeit, Offenheit und Transparenz. Gelöschte Kommentare und manipuliertes Feedback können viel Schaden anrichten – machen Sie diesen Fehler nicht.

Grundsätzlich ist es so, dass über soziale Kanäle sowohl positive als auch negative Nachrichten verstärkt werden. Wer also schlechte Angebote hat, läuft damit Gefahr, dass die Wahrnehmung dieser Verhältnisse durch die sozialen Medien verstärkt werden kann.

Prüfen Sie also die Beschwerde oder Kritik und antworten Sie angemessen. Zeigen Sie Lösungswege auf und erläutern Sie dem Kunden Ihre Sicht der Dinge. Damit erzeugen Sie das Bild eines modernen, offenen und auf den Kunden ausgerichteten Unternehmens.

Frage: Für Unternehmen in der Kommunikationsbranche sind soziale Medien sicherlich eine gute Plattform. Aber zum Beispiel für industriell tätige Firmen passt das doch nicht, oder?

Es werden immer mehr Aufgaben und Tätigkeiten direkt über das Internet abgewickelt, und das gilt für alle Industriezweige. Aktivitäten in den sozialen Medien spannen sich rund um die ganze globalisierte Welt. Künftige Kunden und Partner tummeln sich in genau diesen Kanälen. Damit stehen die sozialen Medien in einer Reihe neben den klassischen Marketinginstrumenten. Der Nutzen der sozialen Medien lässt sich also auf viele Anwendungsfälle in allen Industriezweigen übertragen.

Veranschaulichen wir das am Beispiel eines deutschen Unternehmens. Dieses hat die Möglichkeit, über ein Businessnetzwerk Kontakte zu ausländischen Partnern aufzubauen. Anhand der Bewertungen oder des Feedbacks von bestehenden Kunden erhält das deutsche Unternehmen einen ersten Einblick, wo die Vorzüge oder Nachteile liegen. Natürlich können darüber auch Kunden gefunden werden, die sich für ein bestimmtes Thema interessieren.

Frage: Sind diese sozialen Medien denn nicht nur bei den Amerikanern beliebt und in Europa oder Deutschland gar nicht relevant?

Nein, dem ist ganz und gar nicht so. Die Nutzung der sozialen Medien wächst auf der ganzen Welt von Jahr zu Jahr massiv – sowohl im privaten wie auch im geschäftlichen Bereich. Schon jetzt ist Facebook nach Google die am meisten besuchte Webseite weltweit und in Deutschland!

Auch deutsche Unternehmen nutzen verstärkt soziale Netzwerke aus dem Businesskontext, um mit Geschäftspartnern in Kontakt zu bleiben. Die sozialen Medien nehmen weltweit an Bedeutung zu, es handelt sich längst nicht mehr um eine Spielwiese für Teenager und Computerfreaks.

Frage: Es wird doch einfach nur ein Hype um diese sozialen Netzwerke gemacht. Werden sie nicht bald wieder verschwinden?

Nein, denn schon beim Aufkommen der ersten Plattformen wurde genau das prophezeit. Heute sind die großen Vertreter aber nicht mehr aus dem Alltag wegzudenken. Sie haben nicht nur den Umgang mit dem Internet verändert, sie haben eine Realität geschaffen, die nicht mehr verschwinden kann.

Natürlich sind die sozialen Medien auch Veränderungen ausgesetzt. Es wird Dienste geben, die auftauchen und rasch wieder von der Bildfläche verschwinden – und andere, die uns eine lange Zeit begleiten.

Die sozialen Medien sind mehr als ein Hype, eine Technologie oder ein Spielzeug. Sie unterstützen unsere sozialen Interaktionen über das Internet – und niemand würde jemals behaupten, dass unser soziales Umfeld verschwindet! Kommunikation, Informationsaustausch und die Kontaktsuche finden nicht länger nur in der realen Welt, sondern eben auch in der virtuellen Welt der sozialen Medien statt.

Frage: Für mich und mein Unternehmen ist das Ganze zu kompliziert, uns fehlen die Kenntnisse. Kann ich die Betreuung unserer Präsenz in den sozialen Medien nicht einfach meinen Technikern übertragen?

Trauen Sie sich etwas zu! Wie bei so vielen Dingen im Leben braucht es ein kleines bisschen Zeit und Einsatz, um die wichtigsten Grundmechanismen zu erlernen – denken Sie nur an das Fahrradfahren oder das Schwimmen.

Nach den ersten Schritten werden Sie merken, wie Sie immer sicherer und professioneller im Umgang damit werden. Sie lernen die Bedienung der Werkzeuge und Ihre Anspruchsgruppen besser kennen. Und Sie erfahren noch vieles mehr von Ihren Kunden: Wie stehen diese zu Ihrem Unternehmen? Was wünschen sie sich? Was muss noch verbessert werden?

Sie können die Betreuung deshalb nicht einfach Ihren Technikern übertragen, denn die Arbeit in den sozialen Medien bedeutet mehr als die Pflege einer Internetseite. Die kommunikationspolitischen Aufgaben gehören auch im Internet in die Hände der dafür zuständigen Mitarbeiter. Vieles aus der klassischen Marketingarbeit kann dann auch für Aktivitäten in den sozialen Medien genutzt werden – die investierte Zeit wird sich rentieren. Natürlich können sich Ihre Techniker um den Aufbau und die technischen Hintergrundarbeiten kümmern.

Frage: Reicht es aus, wenn ich für mich und meine Organisation eine Facebook-Seite einrichte?

Das lässt sich nicht pauschal beantworten. In der Regel sollten Sie dort vertreten sein, wo sich Ihre Kunden aufhalten – und diese sind oftmals auf mehr als nur einer Plattform zu Hause. Richten Sie deshalb Ihre Aktivitäten nicht nach einem sozialen Netzwerk aus, sondern halten Sie zuerst Ausschau, wo sich Ihre Zielgruppe bewegt. Diese tauscht sich vielleicht auch auf einer Plattform aus, die speziell auf Ihre Branche ausgerichtet ist.

Durch verschiedene Automatisierungsmöglichkeiten können Sie Inhalte auch sehr einfach auf mehrere Plattformen verteilen – und die daraus resultierenden Konversationen über eine integrierte Oberfläche steuern.

Frage: Nun gut, aber bevor wir beginnen, müssen wir das alles zuerst bis ins kleinste Detail verstehen. Sonst kann das ja nicht funktionieren, oder?

Natürlich kann es nicht verkehrt sein, wenn Sie sich zuerst informieren und mehr in Erfahrung bringen. Aber sehen Sie nicht zu lange tatenlos zu, denn die wichtigen Erfahrungen und Lerneffekte werden Sie nur in der Praxis machen.

Sie finden hier im Buch die Details, die für den Start benötigt werden. Für alle anderen noch offenen Fragen schreiben Sie mir einfach eine Nachricht.

Nicht umsonst wird das Internet als Datenautobahn bezeichnet – steigen Sie rasch und zügig ein, bevor es zu spät ist. Lesen Sie los und starten Sie durch!

Welche Anforderungen Sie erfüllen sollten, bringt mein Kollege Joe Schütz, Inhaber der Firma Dataflow AG, mit der folgenden Checkliste nochmals auf den Punkt:

	Bin ich bereit, Social Media für mein Unternehmen zu nutzen?	Nein	Ja
1	Möchte ich hören, was Kunden über meine Produkte sagen?		
2	Möchte ich Kritik über meine Firma und meine Produkte entgegennehmen und die Möglichkeit haben, darauf zu reagieren?		
3	Möchte ich in den Suchmaschinen besser gefunden werden?		
4	Möchte ich einen Schritt auf meine Kunden zugehen und mich in ihre Nähe begeben?		
5	Möchte ich bei meinen Kunden das Image eines offenen, modernen und aufgeschlossenen Unternehmens erzeugen?		
6	Möchte ich zu meinen Kunden eine emotionale Bindung herstellen und zudem meine Kundenkommunikation interaktiv und bi-direktional (zweiwegig) gestalten?		
7	Möchte ich Akquise und Vertrieb optimal unterstützen und damit eine Resonanz erzeugen?		
8	Möchte ich die Möglichkeit besitzen, Interessenten anzusprechen, die ich auf herkömmlichem Weg vielleicht nie erreicht hätte (Stichwort: Markterschließung)?		
9	Möchte ich vom kostenlosen, aber sehr wertvollen erweiterten Empfehlungsmarketing durch meine Kontakte profitieren, die mit mir in den sozialen Medien interagieren und dadurch ihr eigenes Netzwerk auf mich aufmerksam machen?		
10	Bin ich bereit, Zeit für die Betreuung meiner Präsenz aufzuwenden?		

1.2 Social Media – Stecken wir das Territorium ab

Die Informationsvielfalt, die auf Sie einprasselt, hat sich in den letzten Jahren von einem leichten Nieselregen zu einem ausgewachsenen Gewittersturm entwickelt. Dieser Datenstrom flutet unser tägliches Leben, jede Information ist zu einem beliebigen Zeitpunkt von überall abrufbar. Wie soll man da bloß den Überblick behalten?

Informationsüberfluss und Technologieabhängigkeit

Dass dies nicht ohne Folgen für unsere Gesellschaft bleibt, ist klar. „Always on", globalisiert und abhängig von Technologie gehen wir durch das Leben und teilen Informationshäppchen mit unserem Umfeld. Dabei besteht das eigentliche Problem nicht in der Vielfalt der Informationen, sondern vor allem darin, dass wir zuerst die passenden Filtermöglichkeiten für den Umgang mit diesen erlernen müssen.

Das Internet ist eine große Datenautobahn mit Bleiwüsten und Leuchtreklamen – da kann man sich schon mal verfahren und allein auf weiter Flur enden. Aber es gibt auch die belebten Einkaufszentren, die gemütlichen Kneipen und nicht zuletzt die Bühnen, auf denen alle Blicke auf Sie gerichtet sind.

An all diesen Orten treffen sich Menschen, die die gleichen Interessen haben. Sie finden dort Freunde, Bekannte, Kunden, Partner etc. Wenn Sie etwas zu sagen haben, finden Sie aber auch Meinungsmacher und Know-how-Träger, die Ihre Ideen weitertragen können. Dort wollen wir uns aufhalten – wo man sich kennt und kennenlernen kann. Sie ahnen es, ich spreche von den sozialen Netzwerken.

Der Mensch, das soziale Wesen

Soziale Netzwerke gibt es seit Menschengedenken – wir haben unsere Familie, Freunde, unsere Religion und unsere Hobbys. Im Jahr 1954 hat der Anthropologe J. A. Barnes diesen Begriff erstmals in der wissenschaftlichen Literatur verwendet, um die Beziehungen zwischen Menschen in einem norwegischen Fischerdorf zu beschreiben.

Die Beziehungen im Web basieren auf denselben Prinzipien wie im richtigen Leben – es geht um Menschen und Geschichten, Technologie und Tools sind nur Mittel zum Zweck. Was wir als Gemeinschaften aus dem realen Leben kennen, nimmt hier die Form von sozialen Netzwerken ein. Menschen gruppieren sich um Inhalte, Produkte, Dienste und Ideen.

Dank der sozialen Netzwerke können Sie auch Verbindungen zwischen Menschen aufdecken, die Ihnen sonst verborgen geblieben wären. Sie sehen, wer sich mit wem unterhält, und können sich auch in die Diskussion einbringen. Der Begriff „Freunde" darf in sozialen Netzwerken aber nicht zu eng gesehen werden, sondern steht eigentlich für „Beziehungen" zwischen Personen.

Die Technologie ermöglicht es uns, zu jeder Zeit an jedem Ort und auf einem beliebigen Endgerät unsere soziale Identität mit Futter zu versorgen. Sei es, dass wir passiv den Erlebnissen unserer Kontakte folgen oder aktiv selbst an unserem Image und der damit verbundenen Wahrnehmung durch unser Umfeld feilen. Die Übergänge zwischen lokal und virtuell, zwischen online und offline, sind fließend geworden.

Was man unter „sozialen Medien" versteht

„Social Media ist wie das erste Mal Sex. Man sehnt sich danach, weiß aber nicht, wie's geht. Wenn es dann passiert ist, wundert man sich, dass es unspektakulär war", erklärt Avinash Kaushik, Vordenker bei Google.

Natürlich ist das soziale Web längst nicht mehr nur Tummelfeld für Privatpersonen, sondern wird auch von Unternehmen genutzt. Jedes Individuum und jedes Unternehmen durchläuft bei der Nutzung der sozialen Medien eine Lernkurve. Es ist ein Marktplatz, ein Laufsteg, eine Bühne, ein Café ... Man kann einkaufen und verkaufen. Man kann sich von allen rundherum begutachten lassen und sich von seiner besten Seite präsentieren. Man kann sich Tipps geben lassen und einen gemütlichen Schwatz in ungezwungener Atmosphäre halten. Hier ein Video, da die neusten Schnappschüsse aus dem Urlaub, dort ein Song, der uns gefällt, die Empfehlung eines Produkts, ein Kommentar etc.

Die sozialen Medien sind dabei ein Set an Internetanwendungen, die den Austausch von benutzergenerierten Inhalten ermöglichen. Darunter fallen zum Beispiel Blogs, Microblogs, soziale Netzwerke, Foren, Wikis, Media-Anwendungen (Bilder, Audio, Video), Spiele mit mehreren Benutzern, Reviews und Bewertungen, Social Bookmarking etc. Hinter jedem dieser Begriffe stecken unterschiedlichste Technologien und Ansätze – und vor allem Menschen und Beziehungen! Diese Sozialisierung der Medien bedeutet eben auch, dass wir nicht nur konsumieren, sondern auch kreieren.

In diesem Buch befassen wir uns intensiv mit dem Aufbau Ihrer Präsenz in den sozialen Netzwerken. Diese sind ein Teil des gesamten Ökosystems der sozialen Medien, die auch andere Kanäle wie Blogs, Foren etc. umfassen. Im Kern geht es bei sozialen Netzwerken darum, sich mit seinem Umfeld – Kunden, Interessenten, Kollegen, Freunden, Familie – über elektronische Kanäle auszutauschen. Sie basieren auf sozialen Interaktionen, hinter denen immer Menschen stehen.

Der Unterschied zwischen sozialen Medien und klassischen Massenmedien

Doch wodurch unterscheiden sich diese sozialen Medien von den klassischen Massenmedien, die wir über Jahrhunderte konsumiert haben? Im alten Griechenland war das Medium noch der Vermittler zwischen Menschen und Göttern, wie zum Beispiel die Pythia im Tempel der berühmten Orakelstätte von Delphi, die in Trance den Besuchern die Antwort der Götter auf deren Fragen übermittelte.

Diese Vermittlung war in der Regel einseitig, erst wurde die Frage überreicht, und Stunden oder Tage später erhielt man eine Antwort. Nachfragen waren nicht gestattet, und es fand kein direkter Dialog zwischen Medium und Fragesteller statt. Das wäre in den sozialen Medien undenkbar!

Essenz des Netzwerkens – Teilen Sie Informationen in den sozialen Netzwerken

Beim sozialen Netzwerken werden primär reaktiv (wenn jemand etwas wissen will) und proaktiv (wenn Sie eine Information haben, die für jemanden relevant sein könnte) Informationen geteilt. Dabei sollten Sie aber nicht unmittelbar selbst etwas dafür erwarten. Denken Sie nicht vornehmlich an sich selbst, sondern daran, wie Sie jemand anderem helfen können. In der Regel werden sich dadurch automatisch Verbindungen mit dem ergeben, was Sie selbst machen oder was Ihre Firma anbietet.

Teilen Sie Informationen mit anderen Menschen, ohne unmittelbar selbst etwas dafür zu erwarten. Sie zahlen damit auf Ihr Konto im sozialen Netzwerk ein, und dieses Guthaben wird früher oder später Zins abwerfen. Je mehr Sie einzahlen, desto mehr können Sie auch herausholen. Wenn Sie das Konto aber dauernd überziehen, wird Ihnen am Ende die Quittung dafür präsentiert.

Von den Anfängen des Internets zu Social Media

Das Internet ist eine Erfindung, die schon in den ersten Tagen Menschen verbunden hat. Als Sir Tim Berners-Lee an Weihnachten im Jahr 1990 die erste Kommunikation zwischen einem HTTP-Client und einem Server über das Internet realisierte, konnte er die Folgen noch nicht abschätzen …

Das World Wide Web in der Version 1.0 war geboren und brachte Unternehmen wie Yahoo!, AOL, Amazon oder eBay hervor. Im Laufe der Zeit kamen neue Player ins Spiel, die einfach nutzbare Dienste mit vielfältigen Möglichkeiten zur Interaktion und Kollaboration zur Verfügung stellten. Damit war das sogenannte Web 2.0 aus der Taufe gehoben, und die Benutzer waren eingeladen, mitzumachen.

Was mit E-Mail, Bulletin-Board-Systemen, Chaträumen und Onlineforen begann, hat sich in den letzten zwei Dekaden rasend schnell weiterentwickelt. Doch der Hauptzweck ist immer noch derselbe: Die Maschine dient dazu, den Austausch zwischen Menschen zu ermöglichen.

Das „Mitmachnetz" wird von Menschen gemacht und konsumiert. Der kleinere Prozentsatz davon sind die aktiven Nutzer, die Inhalte publizieren und kommunizieren. Der größere Anteil sind die Menschen, die diese abrufen und konsumieren. Erwarten Sie also nicht, dass Sie gleich mit Nachrichten geflutet werden, wenn Sie sich eine Präsenz in den sozialen Netzwerken aufbauen.

Wie lässt sich Social Media charakterisieren?

Die Mechanismen aus der realen Welt lassen sich auch auf die virtuelle Welt übertragen. Stellen Sie sich Ihre Social-Media-Präsenz wie eine Party vor, auf der Sie der Gastgeber sind. Sie laden alle für Sie wichtigen Leute zu sich ein. Die Gäste treffen ein, fein herausgeputzt zeigen sie sich von ihrer besten Seite. Beim Einlass versuchen Sie, mit allen Anwesenden ein bisschen zu plaudern und diesen ein gutes Gefühl zu vermitteln.

In verschiedenen Räumen des Hauses wird über alles Mögliche gesprochen, und irgendwann landen alle im Wohnzimmer. Sie stellen Leute einander vor, erkundigen sich nach dem Befinden und geben Tipps oder Empfehlungen ab. Die Party ist ein voller Erfolg, und alle sprechen noch lange davon.

Genau so funktioniert auch das soziale Web! Sie möchten mit Ihren Verbindungen relevante Dinge teilen und Neues erfahren. Wenn Sie auf Social-Media-Kanälen aktiv werden, laden Sie die Menschen auch ein Stück weit zu sich nach Hause ein.

Das Ganze beginnt mit einem altruistischen Grundverständnis – man tut als Mensch und Organisation Gutes. Darauf gründet sich die selbsterfüllende Prophezeiung, dass dieses Verhalten belohnt werden wird.

Wissen ist Macht – und geteiltes Wissen schafft neue Möglichkeiten

Wissen zu teilen, ist ein zentraler Grundgedanke der sozialen Medien – es ist das einzige Gut (neben der Liebe), das sich vermehrt, wenn man es teilt. Es ist Ihre zentrale Aufgabe, beim Einsatz von sozialen Medien Wissen zu teilen und beim Empfänger einen Mehrwert zu schaffen.

Machen Sie das Leben anderer Menschen leichter, und man wird Sie belohnen. Das funktioniert aber nur mit guten, relevanten Inhalten. Erwarten Sie jedoch keine Wunder. Wie überall im Leben gibt es auch hier ohne Fleiß keinen Preis. Viele Menschen sind nur stille Mitleser und haben kein Verlangen, Ihnen eine Nachricht zu schreiben.

Die sozialen Medien sind aus dem Bedürfnis heraus entstanden, den Austausch zwischen dem eigenen Umfeld und Gleichgesinnten ebenfalls auf elektronischem Weg zu unterstützen. Unternehmen haben erst später entdeckt, dass auch sie einen großen Nutzen daraus ziehen können.

Bauen Sie Brücken – und schaffen Sie einen Mehrwert, anstatt zu werben

Social Media soll dabei helfen, Brücken zu bauen. Brücken werden aber nicht von heute auf morgen gebaut, sondern benötigen etwas Zeit. Unternehmen müssen spendabel sein – nicht unbedingt im monetären Sinn, aber in der Kommunikation mit den Individuen und bei der Bearbeitung ihrer Anliegen. Es geht hier immer persönlich zu, Menschen stehen in Kontakt mit Menschen.

Vielleicht gibt es in den sozialen Medien tatsächlich einen ersten Vertrauens-
vorschuss. Dieser muss aber wieder zurückgezahlt werden, indem man Versprechungen einlöst und einen Mehrwert schafft.

Sie müssen sich Vertrauen zuerst verdienen. Sprechen Sie direkt und persönlich mit Ihren Kunden. Sie erfahren dabei praxisnah, wo die Bedürfnisse
liegen, und können Ihr Angebot dahin gehend ausrichten.

Aber Beziehungen brauchen Zeit, hier gelten online und offline dieselben
Gesetze. Und auch wer nicht immer aktiv mit Ihnen in Kontakt steht, nimmt
trotzdem wahr, was Sie sagen. Wer in der realen Welt was zu sagen hat, der
kommt auch online nicht zu kurz.

**Wer seine Produkte im klassischen Marketingjargon bewirbt, wird
scheitern**

Social Media Marketing bedeutet aber alles andere, als dass man einfach
seine Produkte oder Dienste zusätzlich noch über soziale Netzwerke an-
preist! Wer das trotzdem tut und die klassische Marketing- und Werbetrom-
mel rührt, sollte sich auf etwas gefasst machen.

Im besten Fall wird man einfach ignoriert, im schlimmsten Fall aber an den
digitalen Pranger gestellt. Kein Wunder, dass das Auswirkungen auf die
eigene Marke hat. Die Verlockung ist groß, wie bei klassischen Marketingaktivitäten einfach die eigenen Produkte oder Dienstleistungen zu beweih-
räuchern. Damit landen Sie aber in der Sackgasse, denn soziale Medien
funktionieren nach einem anderen Prinzip.

**Der Unterschied zwischen klassischen Massenmedien und sozialen
Medien – wenn zwei sich missverstehen**

Die neuen Medien setzen auf das Aufmerksamkeitsprinzip. Dabei ist es
wichtig, dass das Gesagte oder die Werbung relevant ist. Die klassischen Medien hingegen funktionieren immer noch nach dem Unterbrechungsprin-
zip. Sie können zum Beispiel das Ende des Spielfilms erst dann sehen, wenn
Sie die Werbung geschaut haben.

In den letzten Jahren mussten die „alten" Medien herbe Rückschläge einste-
cken. Die Leserzahlen sind gesunken, und die Werbetreibenden haben ihre
Budgets reduzieren müssen. Das hat die Medienbranche in einen Schockzu-
stand versetzt. Die große Ausnahme dabei bildeten die Onlinemedien. Diese
wachsen munter weiter, nicht zuletzt gefördert durch Budgets, die man von
anderen Orten hierher transferiert hatte.

Die Beziehung zwischen klassischen Medien und den neuen Medien ist deshalb nicht allerorts auf Rosen gebettet. Dabei stehen sie sich gar nicht im
Weg. Jeder Kanal hat seine spezifischen Vor- und Nachteile und ergänzt

komplementär die anderen Kanäle. Zum Beispiel kann ein Zeitungsartikel zu einer Onlinediskussion aufrufen, oder ein Blogbeitrag kann ein gedrucktes Buch empfehlen.

Die wichtigsten Gründe für die Präsenz in sozialen Medien

Über die sozialen Medien kann ein Leser sehr rasch ein direktes Feedback abgeben. Im Gegensatz dazu gäbe es in den Printmedien einen zeitverzögerten und redaktionell geprüften Leserbrief (oder auch nicht). Diese redaktionelle Rolle entfällt in den sozialen Medien, die klassischen „Gatekeeper" werden ausgeschaltet, und der Leser kann direkt seine Meinung kundtun.

Wir alle sind mit Fernsehen, Zeitung und Radio aufgewachsen, die als Vermittler von Nachrichten und Unterhaltungsangeboten fungiert haben. Man konnte vielleicht in einer Radiosendung anrufen und einen Musikwunsch loswerden oder einen Leserbrief an die Zeitung senden, aber ein echter Dialog zwischen mehreren Nutzern fand nicht statt. Massenmedien sind fast ausschließlich einseitige Medien, bei denen auf der einen Seite die aktiven Produzenten und auf der anderen Seite die passiven Konsumenten sitzen.

Und in genau diese Angebotslücke sind die neuen Social-Media-Plattformen wie Facebook, Twitter oder YouTube gestoßen. Das Austauschen, Gestalten, Produzieren und das Konsumieren stehen hier im Mittelpunkt. Nutzer können dabei gleichzeitig Konsument und Produzent sein. Jeder kann jederzeit seine Meinung kundtun, einen grenzüberschreitenden Dialog anstoßen und sich mit anderen Nutzern austauschen.

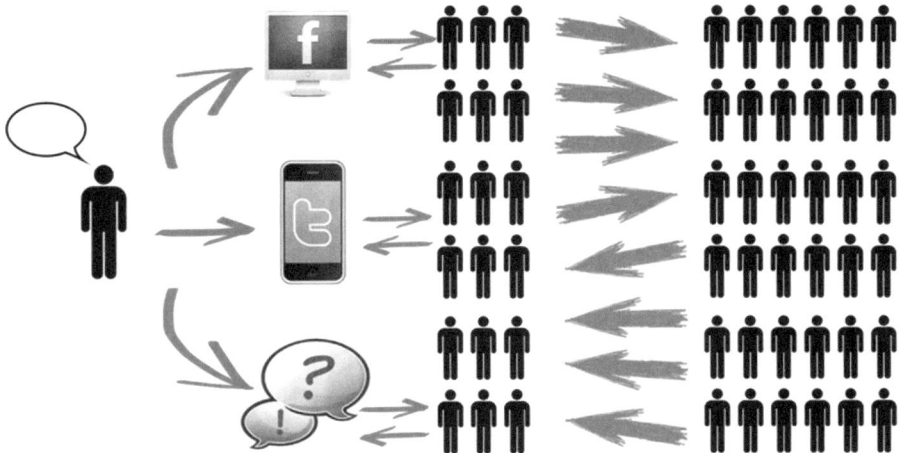

Die sozialen Medien erlauben die transparente Verbreitung und Interaktion von Inhalten.

Es kann vielfältige Gründe für eine Präsenz in den sozialen Medien geben (siehe Kapitel 5.1 „Die ZEMM-MIT-Methode: Erarbeiten Sie Ihre integrierte

Social-Media-Marketing-Strategie"). Die Bedürfnisse in einem Unternehmen sind unterschiedlich, und daher müssen auch die Kanäle passgenau gewählt werden.

Der Geschäftsführer möchte sich vielleicht als Meinungsführer etablieren, ein Produktmanager Feedback zu seinem Angebot einholen und der Personalverantwortliche neue Talente entdecken. Im Zentrum steht dabei immer die Frage, welche Ziele sie erreichen wollen und was sie sich davon versprechen.

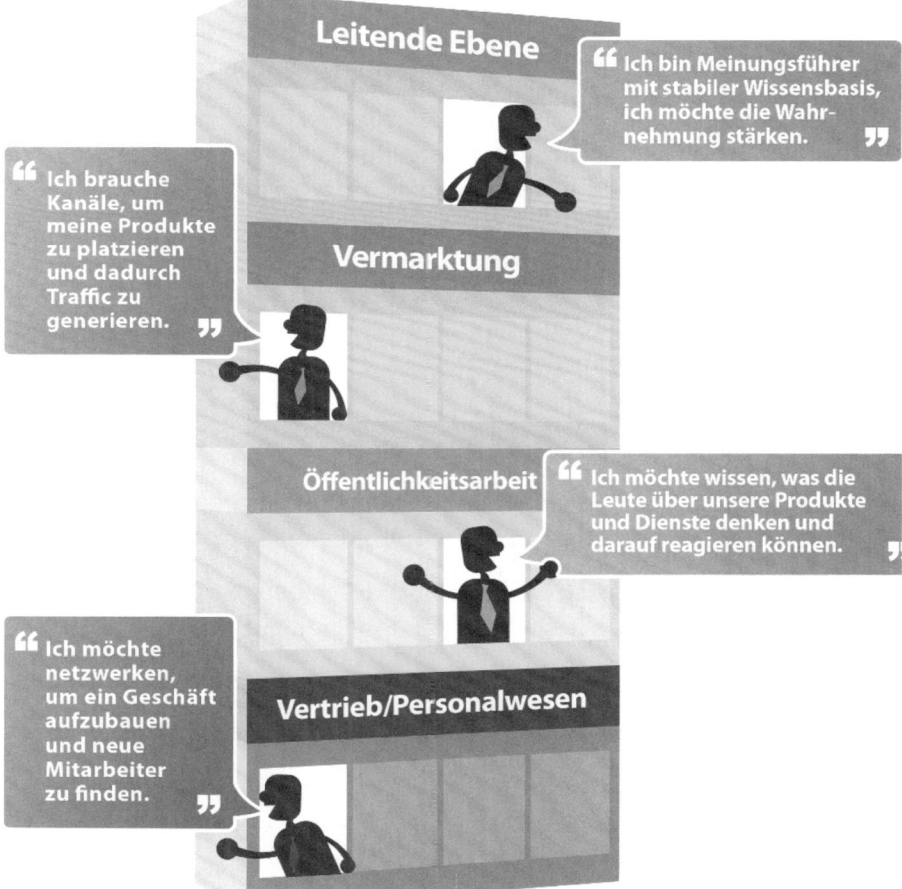

Social Media kann unterschiedliche Anforderungen unterstützen
(Grafik mit freundlicher Genehmigung von Elliance.com auf Deutsch adaptiert).

Viele Unternehmen nutzen bereits die Möglichkeiten, zum Beispiel in den Bereichen Marketing, Verkauf, Public Relations, Unternehmenskommunikation, Krisenmanagement, Kundendienst, Marktforschung, Konkurrenzanalyse und bei der Rekrutierung.

Hier finden Sie eine Übersicht der Gründe dafür, warum Sie sich verstärkt mit den sozialen Medien auseinandersetzen könnten:

➤ Sie möchten mehr Besucher auf die eigene Website, in den Shop oder das Blog bringen.

➤ Das Unternehmen oder eine Marke soll bekannter gemacht werden, Mitarbeiter sollen auch im Internet zu Botschaftern werden.

➤ Sie wollen neue Kontakte knüpfen, das eigene Netzwerk erweitern und sich eine Kontaktliste aufbauen.

➤ Das Unternehmen strebt einen häufigeren Austausch mit Kunden, Interessenten oder Spezialisten an.

➤ Der Kundendienst möchte zusätzliche Kommunikations- oder Supportkanäle anbieten – und zwar dort, wo die Kunden präsent sind.

➤ Sie wollen Informationen und Statusmeldungen schnell und einfach publizieren.

➤ Bestehende Inhalte sollen weiterverbreitet und einer größeren Nutzergruppe zugänglich gemacht werden.

➤ Soziale Medien helfen Ihnen dabei, relevante Informationen zu recherchieren und auf dem Laufenden zu bleiben.

➤ Sie möchten sich in einer Marktnische als Experte positionieren, Vertrauen aufbauen und Ihre Kompetenz unterstreichen.

➤ Ihre Mitbewerber nutzen die sozialen Medien bereits zum eigenen Vorteil, und Sie müssen nachziehen („Me-too-Strategie").

➤ Ihr Unternehmen will mehr Produkte oder Dienstleistungen verkaufen.

➤ Sie suchen aktiv neue Partnerschaften.

➤ Das Marketingbudget wurde gekürzt, und Sie suchen nach preiswerten, zielgruppenrelevanten Ansätzen.

➤ …

Hürden beim Einsatz von Social Media im Unternehmen

Doch die Realität in den Unternehmen sieht oft düster aus. Mitarbeiter werden aus den sozialen Medien ausgesperrt, anstatt sie zu Botschaftern zu machen. Für viele Firmen ist Social Media eben immer noch unbekanntes, gefährliches Terrain.

Dabei ist längst die Zeit gekommen, jetzt den Umgang damit zu erlernen und sich an relevanten Diskussionen zu beteiligen. Wer den Dialog sucht, kann Feedback und Kritik adressieren und damit die Kundenzufriedenheit steigern. Dies ist die Grundlage zur Verbesserung – ein lebenslanges Lernen muss auch im Unternehmen stattfinden.

„Aber was uns das wieder an Zeit und Aufwand kostet – und dann können wir noch nicht mal die Botschaft kontrollieren!", unkt es aus den Chefetagen. Die Angst vor negativen Kommentaren und Feedback sitzt tief, und die nächste Bastion zur Verweigerung des Social-Media-Einsatzes zeigt sich dann in den Vorbehalten bezüglich Datenschutz und rechtlicher Risiken.

Wie Social-Media-Aktivitäten im Unternehmen organisiert werden können

Sicher, der Einsatz von sozialen Medien im Unternehmen muss geplant sein. Aber nicht alles lässt sich am Reißbrett skizzieren. Wenn deshalb bei allen Aktivitäten der Mehrwert für die Anspruchsgruppen im Zentrum steht und die Kommunikation mit den Stakeholdern transparent und zeitnah erfolgt, ist die Basis für den Erfolg schon mal gelegt.

Sinnvoll sind eigene Guidelines, die die Nutzung von Social Media im Unternehmen festlegen. Dabei reicht aber ein „Papiertiger" keineswegs, es lohnt sich vielmehr, in die Kompetenzen der Mitarbeiter zu investieren! Nur wenn die Mitarbeiter geschult werden, wenn die neuen Kommunikationskanäle in den Organismus der Organisation integriert werden, nur dann kann das auch gelebt werden.

Weiterführende Social-Media-Ausbildungen

Sie möchten nun eine spezifische Ausbildung machen, um Ihre Social-Media-Kenntnisse auszubauen? Mit diesem Buch haben Sie schon mal einen ersten Schritt getan. Wenn Sie eine weiterführende Schulung suchen, gibt es ein paar Dinge, die Sie beachten sollten.

Es gibt etliche Anbieter, die rund um Social Media verschiedene Workshops, Seminare und Kurse anbieten. Deren Dauer geht von einigen Stunden bis über mehrere Wochen und Monate. Anbieter ist aber nicht gleich Anbieter, denn es gibt auch in dieser Branche schwarze Schafe. Doch woran erkennt man nun, welche Art Ausbildung passt und welche nicht?

Um die Spreu vom Weizen zu trennen, muss das Augenmerk ganz besonders auf den Inhalt des jeweiligen Kurses gelegt werden. Achten Sie auf folgende Punkte:

➢ Ist eine vollständige, detaillierte Beschreibung des Kurses vorhanden?

➢ Gibt es nur ein Kernthema, das vertieft wird – oder werden verschiedene Bereiche oberflächlich aufgegriffen?

> ➤ Werden in dem Kurs nur die theoretischen Grundlagen angeboten, oder gibt es auch praktische Arbeiten?

> ➤ Gibt es Testimonials oder Referenzen von anderen Besuchern?

> ➤ Ist das Lernziel ausführlich beschrieben, und kann man dieses in der angegebenen Zeit erreichen?

> ➤ Wie lange ist die Kursdauer? Entspricht diese Ihren Vorstellungen?

> ➤ Wer ist der angegebene Dozent? Hat diese Person nachweislich eine (aktive) Social-Media-Präsenz und einen Leistungsausweis?

> ➤ Wer organisiert den Kurs? Hat der Veranstalter Erfahrung und den Kurs schon mehrfach durchgeführt?

> ➤ Passt der Standort? Wie hoch sind die allfälligen Zusatzkosten (Arbeitsausfall, Reisekosten, Übernachtung etc.)?

> ➤ Wie hoch ist die maximale Teilnehmerzahl? Besteht die Möglichkeit zur Interaktion mit dem Dozenten?

> ➤ Werden Unterlagen zur Verfügung gestellt? Sind diese ausgedruckt oder zum Download verfügbar?

> ➤ Wie hoch sind die Kosten für den Kurs? Stimmt das Preis-Leistungs-Verhältnis? Bei kostenlosen Kursen steckt meistens eine Werbeveranstaltung dahinter.

Wer sich für einen Kurs oder Lehrgang interessiert, der findet unter folgenden Links mehr Details.

> ➤ http://www.socialmediabuch.com/ausbildungen
> (umfangreiche Liste mit Ausbildungen)

> ➤ http://www.socialmediabuch.com/somexcloud
> (Schweizer Social Media Akademie)

> ➤ http://www.socialmediabuch.com/socialmediaakademie
> (Deutsche Social Media Akademie)

Bevor Sie sich nun für einen Kurs anmelden, sollten Sie aber zuerst in die folgenden Seiten einzutauchen und sich auf eine spannende Reise durch die Welt der sozialen Medien begeben.

Es gibt beim Einsatz einiges zu beachten, wie folgende Grafik veranschaulicht. Ich ermuntere Sie, sich dieses Potenzial jetzt zu erschließen und sich die notwendigen Kenntnisse anzueignen – die sozialen Medien sind längst etabliert und werden nicht mehr verschwinden. Es wird Zeit, dass Sie eben-falls Flagge zeigen.

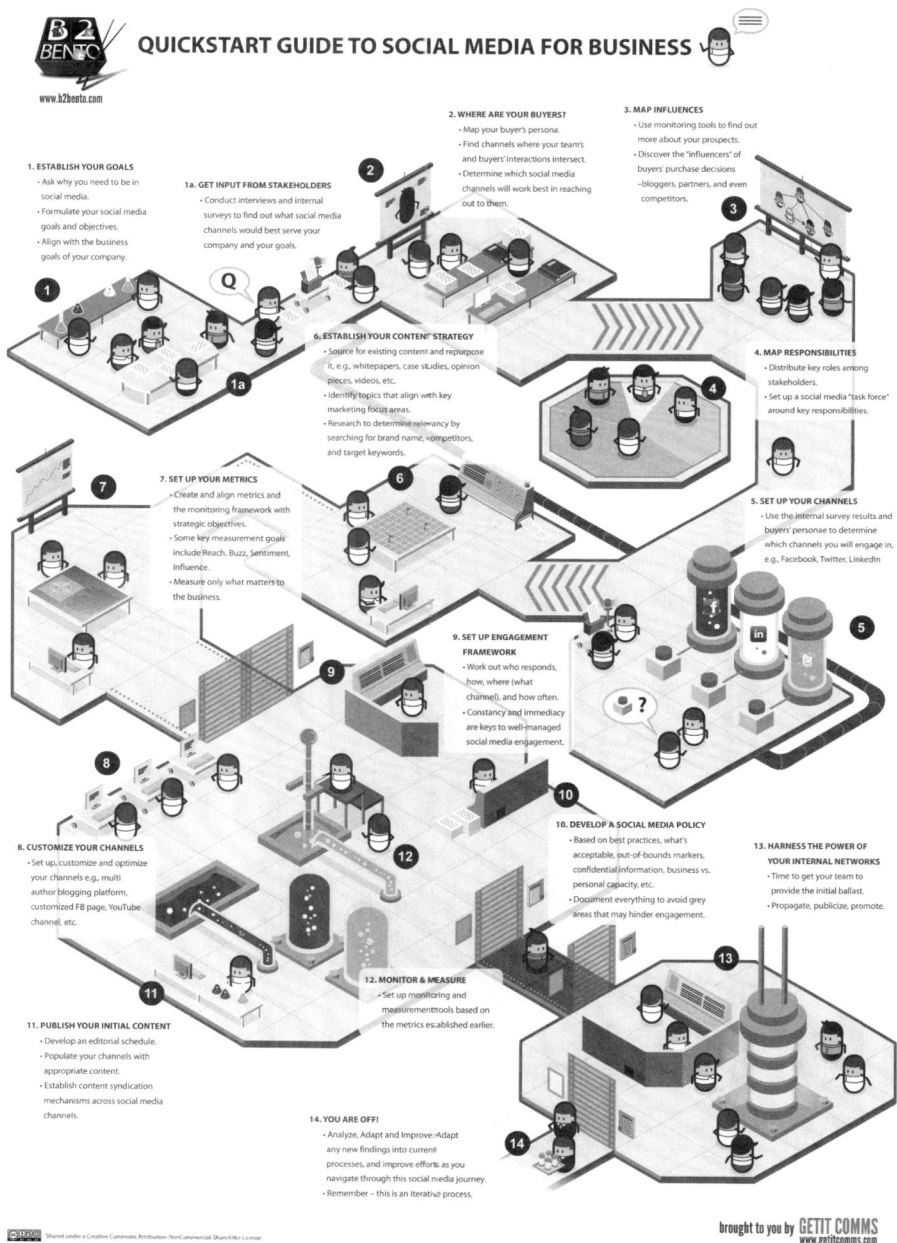

Eine Social-Media-Schnellstartanleitung für Unternehmen, in Englisch
(Grafik unter der Creative-Commons-Lizenz mit freundlicher Genehmigung von GetIT Comms).

1.3 Fakten und Zahlen – die Explosion der sozialen Medien

„Traue keiner Statistik, die du nicht selbst gefälscht hast!", hat mich ein ehemaliger Arbeitskollege immer ermahnt. Auch wenn Statistik eine exakte Wissenschaft ist, so lassen sich Zahlen doch immer etwas biegen, um eine gewünschte Aussage zu erreichen.

Ich persönlich vertrete die Überzeugung, dass soziale Medien künftig in allen Bereichen unseres Lebens eine wichtige Rolle spielen werden. Trotzdem darf nicht außer Acht gelassen werden, dass erst ein Teil der Bevölkerung und der Wirtschaft diese Kanäle aktiv für ihre Zwecke nutzt.

Alle Zeichen stehen auf Wachstum

Der Trend ist klar und zeigt in Richtung einer stärkeren Vernetzung. Wie bei der Einführung der Mobiltelefonie braucht es eine gewisse Zeit, bis eine flächendeckende Penetration erreicht ist. Doch die Kurve zeigt nur in eine Richtung: steil nach oben.

Unter **http://www.personalizemedia.com/the-count/** können Sie laufend verfolgen, wie rasant diese Entwicklung ist. Die folgende Darstellung veranschaulicht eindrucksvoll, was sich in den letzten 60 Sekunden ereignet hat.

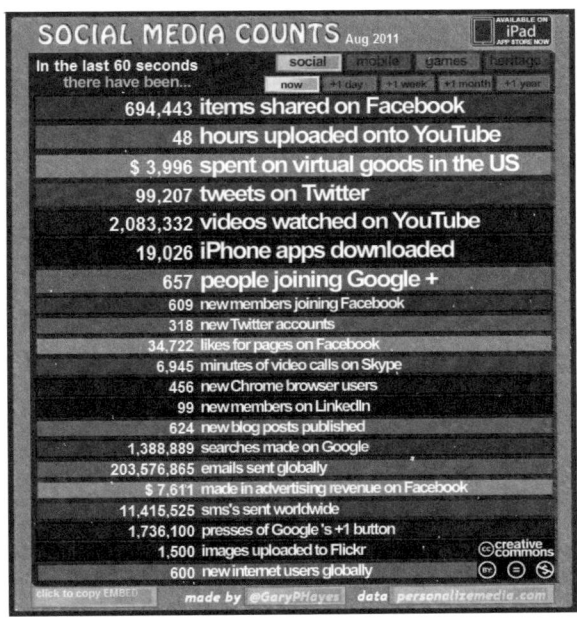

Was in den letzten 60 Sekunden in den sozialen Medien alles passiert ist (Grafik unter der Creative-Commons-Lizenz, Abdruck mit freundlicher Genehmigung von Gary P. Hayes) ...

Die Entwicklung der mobilen Endgeräte wird auch die sozialen Medien in den nächsten Jahren **maßgeblich bestimmen** – kein Wunder, wenn man sich diese Zahlen ansieht!

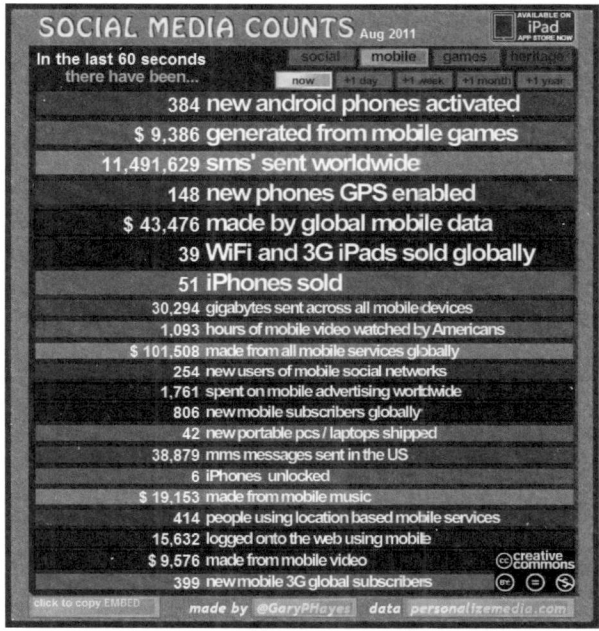

... und was in den letzten 60 Sekunden im Bereich Mobile alles passiert ist (Grafik unter der Creative-Commons-Lizenz, Abdruck mit freundlicher Genehmigung von Gary P. Hayes).

Wenn Sie sich jetzt die folgenden Zahlen zu Gemüte führen, sind diese bereits lauwarmer Kaffee. In der Zwischenzeit sind die sozialen Netze weiter gewachsen, und es sind Millionen neuer Menschen hinzugekommen.

Im Folgenden[1] habe ich die wichtigsten Angaben zu den sozialen Medien zusammengestellt. Dies ist mehr als ein „Zahlenfriedhof", es ist eine vitale Darstellung dessen, was in der Welt passiert – **die Post geht ab**, wie Sie gleich sehen werden!

Die sozialen Medien gewinnen weltweit an Bedeutung

➢ Mehr als die Hälfte der **Weltbevölkerung** ist jünger als 30 Jahre – viele kennen kein Leben ohne Internet. Dabei sind bereits **doppelt so viele Asiaten wie Europäer** im Netz unterwegs.

---

1 Webadressen und in dieser Schrift fett hervorgehobene Wörter im Buch verweisen auf Links und Quellen im Internet (mehr Infos dazu siehe Abschnitt „So profitieren Sie vom Buch und der Webseite" ab Seite 15).

➤ **4,8 Milliarden Menschen** haben Zugang zu einem Mobiltelefon – aber nur 4,2 Milliarden besitzen eine Zahnbürste.

➤ **650 Millionen Menschen** nutzen in 2012 bereits soziale Medien über ein mobiles Endgerät, im Jahr 2016 soll es dann eine Verdopplung auf 1,3 Milliarden geben.

➤ Um **50 Millionen Benutzer** zu haben, brauchte das Radio 38 Jahre, das Fernsehen 13 Jahre, das Internet 4 Jahre, der iPod 3 Jahre und das soziale Netzwerk Google+ etwa **3 Monate**.

➤ Die sozialen Medien haben Erwachsenenunterhaltung als **Aktivität Nummer eins** im Web längst abgelöst.

➤ Social Networking ist die beliebteste Onlineaktivität, **82 % der Internetnutzer** über 15 Jahren weltweit nutzen soziale Medien, und **knapp 60 % pflegen ein aktives Profil** in sozialen Netzwerken. Etwa drei von vier Nutzern sind dabei vor allem **passive Zuschauer**.

➤ **96 % der im Internet aktiven Teenager** nutzten bereits soziale Medien in irgendeiner Form (beispielsweise Instant Messaging). **Fast 60 % der Schüler**, die soziale Netzwerke nutzen, kommunizieren online über bildende Themen. Die Hälfte spricht sogar über Schulaufgaben.

➤ **Eines von fünf Paaren** in den USA hat sich online kennengelernt, bei gleichgeschlechtlichen Paaren sind es gar drei von fünf! **Aber auch jede fünfte Scheidung** wird durch Facebook-Aktivitäten begünstigt.

➤ **84 % der Fortune-Global-100-Unternehmen** nutzen Social Media. Auf Facebook sind zwei von drei Unternehmen vertreten, auf Twitter ist nur jede vierte Firma nicht mit von der Partie! Jedes vierte Unternehmen setzt dabei auf den Verbund von Facebook, **Twitter**, YouTube und Corporate Blogs.

➤ Von den **Fortune-500-Unternehmen** ist knapp ein Drittel noch nicht auf Facebook und Twitter vertreten. Aber in zehn Jahren werden auch **40 % der Fortune 500** nicht mehr existieren …

➤ **90 % der Konsumenten** vertrauen auf Empfehlungen von anderen Nutzern, **nur 14 % vertrauen** den Werbekampagnen der Unternehmen. Gar **88 % der Konsumenten** wollen nicht von Firmen kaufen, die Feedback auf sozialen Medien ignorieren.

➤ Die Hälfte der Nutzer **folgt Marken und Unternehmen** in den sozialen Medien. Da ist es kein Wunder, dass **für fast 40 % der CEOs** Social Media Priorität hat.

> Es gibt mehr als **200 Millionen Blogs** weltweit. **Jeder dritte Blogger** publiziert bereits seine Meinung zu Produkten und Marken, und auch jeder dritte Social-Media-Nutzer **postet markenrelevante Inhalte**.

> Ein Viertel der Suchresultate für die 20 wichtigsten Marken besteht aus Inhalten, die **durch Benutzer erstellt** wurden.

Die Vereinigten Staaten nehmen eine wichtige Rolle ein

> Die Amerikaner (und **auch die Deutschen**) verbrachten in 2011 **fast ein Viertel ihrer Onlinezeit mit Aktivitäten in den sozialen Medien**.

> Rund **40 % der Nutzer** greifen dabei mit mobilen Endgeräten auf die Inhalte **zu**. Wussten Sie, dass fast zwei Drittel ihr Smartphone auch dann nutzen, wenn sie auf der Toilette sind?

> **Drei von vier Kleinunternehmen** in den USA nutzen soziale Medien (allen voran die **Facebook-Plattform**) in irgendeiner Form. **Die Hälfte** aller Kleinunternehmen generiert darüber auch neue Kunden.

> **Mehr als zwei Drittel** publizieren Statusaktualisierungen, jeder Vierte tweetet zu seinem Spezialgebiet, und 16 % nutzen Twitter als Servicekanal.

> **57 % bauen gezielt ein Netzwerk** auf Seiten wie LinkedIn auf, 54 % überwachen Feedback zu ihrem Business, und 39 % betreiben ein Blog.

Auch in Europa und Deutschland nimmt die Nutzung der sozialen Medien stark zu

> Inzwischen sind fast **53 Millionen Personen in Deutschland**, die über 14 Jahre alt sind, online – das sind knapp 75 % aller Deutschen! Diese verbringen dabei **im Schnitt 24 Stunden pro Monat** im Web.

> Rund **zwei von drei deutschen Onlinern** sind dann auch **auf Social-Media-Seiten** unterwegs, knappe 30 % wollen sich dem verweigern.

> Die **europäischen Nutzer** verbringen dabei **am meisten Zeit** auf den sozialen Netzwerken, gefolgt von den Amerikanern.

> **93 % der europäischen Onlinenutzer** nutzen Social-Media-Plattformen in irgendeiner Form. Spanien hat dabei mit 98 % die höchste Nutzerpenetration, und Deutschland mit knapp unter 90 % die tiefste. Mehr als zwei Drittel dieser Onlinenutzer sind **auf Facebook** zu finden.

> Unter den **20 am meisten besuchten Seiten** in Deutschland befinden sich bereits sechs Social-Media-Plattformen (Facebook, YouTube, Wikipedia, Twitter, XING, Blogspot.com).

➢ **Vier von fünf deutschen Führungskräften** nutzen soziale Medien nicht nur privat, sondern auch beruflich – nur jeder Zehnte hat keinerlei Erfahrung damit.

➢ Laut **Bundesverband Digitale Wirtschaft e. V.** (BVDW) nutzen deutsche Unternehmen Social Media am häufigsten bei der PR-/Pressearbeit (74 %), gefolgt von der Kundenbindung (60 %) und dem Onlinereputationsmanagement (51 %). Auch zur Informationsgewinnung/Marktforschung (47 %), bei Produkteinführungen (45,7 %), Werbekampagnen (43 %) und für das Personalmarketing (35 %) kommt Social Media zum Einsatz.

➢ **Zwei Drittel** der Mitarbeiter von Pressestellen halten Social Media grundsätzlich für wichtig. Aber – erst **jedes dritte** deutsche Unternehmen aus der Kommunikationsbranche hat eine Social-Media-Strategie!

Facebook hat weltweit fast eine Milliarde Benutzer und baut weiter aus

➢ Facebook hat per April 2012 über **900 Millionen Nutzer** weltweit – und die Kurve zeigt steil nach oben. Per August 2012 soll laut einer Hochrechnung **die Milliardenmarke** überschritten werden.

➢ Wenn Facebook ein Land wäre, wäre es das **drittgrößte weltweit** – hinter China und Indien, aber mit **doppelt so vielen „Einwohnern"** wie die USA. Es gibt **125 Milliarden Freundschaften** unter diesen Nutzern.

➢ **Jeder elfte Mensch** hat bereits einen Facebook-Account, und es gibt mehr Facebook-Accounts als Motorfahrzeuge weltweit!

➢ **70 % der Benutzer** leben außerhalb der Vereinigten Staaten. Facebook ist in mehr als **70 verschiedenen Sprachen** verfügbar. Die Übersetzungen wurden von der Facebook-Gemeinschaft durchgeführt.

➢ In nur **neun Ländern sind es andere Netzwerke**, die (noch) mehr Nutzer als Facebook haben.

➢ **71 % aller amerikanischen Internetnutzer** sind auf Facebook angemeldet und nutzen es mindestens ein Mal im Monat.

➢ **In Deutschland** sind es bereits **weit über 23,2 Millionen Nutzer**, die Schweiz verzeichnet 2,81 Millionen Nutzer, und 2,75 Millionen Nutzer gibt es in Österreich (**Stand**: April 2012).

➢ Mehr als **zwei Drittel der deutschen Unternehmen**, die auf Facebook aktiv sind, konnten ihren Bekanntheitsgrad massiv steigern. Über ein Drittel gab an, durch die Präsenz ein merkliches Umsatzwachstum zu verzeichnen.

➢ Eine **Studie von Deloitte** schätzt den Mehrwert von Facebook auf die europäische Wirtschaft auf über 15 Milliarden Euro ein.

➢ Über **526 Millionen Nutzer**, also mehr als die Hälfte der Nutzer, ist **täglich online** – der durchschnittliche Nutzer verbringt **700** Minuten monatlich auf Facebook. Damit ist die Plattform für **95 %** der **Zeit verantwortlich**, die auf sozialen Netzwerken verbracht wird.

➢ **Fast 500 Millionen** Menschen nutzen Facebook auch bereits auf dem Mobiltelefon (Stand: März 2012).

➢ **Fast die Hälfte der 18- bis 34-jährigen** Facebook-Nutzer schaut regelmäßig schon direkt nach dem Aufwachen auf Facebook. Ein **durchschnittlicher Besuch** dauert 20 Minuten.

➢ Onlinegames auf Facebook werden von **53 %** der **Nutzer** gespielt. Jeder Fünfte **davon** hat bereits echtes Geld in diese Spiele investiert, und 19 % bezeichnen sich als „süchtig" danach.

➢ In jeder **einzigen Minute** teilen Facebook-User rund 293.000 Statusupdates, laden 136.000 Fotos hoch und schreiben ganze 510.000 Kommentare!

➢ Pro Tag wird 2,7 Milliarden Mal auf *Gefällt mir* geklickt, und pro Monat werden **30 Milliarden Inhalte** auf Facebook gepostet. Das ist mehr als **1 Milliarde** veröffentlichter Inhalte **täglich!**

Aktuelle Daten gibt es hier:

➢ http://www.socialmediabuch.com/facebookinfografiken

➢ https://www.facebook.com/press/info.php?statistics

➢ http://statistics.allfacebook.com

➢ http://www.allfacebookstats.com

➢ http://www.facebakers.com

➢ http://www.famecount.com

➢ http://www.appdata.com

➢ http://www.checkfacebook.com

Twitter positioniert sich als vielversprechender Dienst

➢ Twitter hat weltweit im März 2012 bereits **mehr** als **500 Millionen registrierte Accounts**, wovon laut Twitter über **100 Millionen** sich mindestens einmal im Monat anmelden.

➢ **40 %** der **Nutzer** bleiben dabei vor allem über die eigene Timeline auf dem Laufenden, tweeten aber nur selten selbst.

> In Deutschland sind es rund **4 Millionen Accounts** – aber lange nicht jeder partizipiert auch aktiv. In Amerika sind es mehr als **21 Millionen Nutzer**, die Twitter mindestens einmal im Monat nutzen.

> Pro Tag kommt **eine Million neuer Accounts** hinzu, was elf Accounts pro Sekunde entspricht.

> Anfang 2010 gab es durchschnittlich 50 Millionen Tweets pro Tag, in 2011 wurde bereits die **150-Millionen**-Marke geknackt! Pro Sekunde werden **1.200 Tweets versandt**.

> **34 % der Marketer** haben Leads via Twitter generiert, und jeder Fünfte hat auch Deals abgeschlossen.

> In 2012 wird mit einem Werbeumsatz von 259 Millionen US-Dollar gerechnet, 2014 bereits mit **540 Millionen US-Dollar**.

> Der durchschnittliche Nutzer hat **115 Follower,** und der durchschnittliche Tweet ist nur **40 Zeichen** lang.

> Während des Super Bowl 2012, des wichtigsten Sportereignisses in Amerika, wurden 12.233 **Tweets pro Sekunde** gezählt. In 2008 waren es noch **27 Tweets** pro Sekunde gewesen, im Jahr 2011 dann bereits **4.064 Tweets pro Sekunde**.

> Die Hälfte der aktiven Twitter-User nutzen regelmäßig ein **mobiles Endgerät**. In Afrika werden **fast zwei Drittel aller Tweets** von mobilen Endgeräten versandt.

> Charlie Sheen hat in 25 Stunden und 17 Minuten **1 Million Follower** gewonnen. Bill Gates benötigte für seine ersten 100.000 Follower rund 8 Stunden.

Aktuelle Daten gibt es bei **http://www.twopcharts.com** und **http://www.popacu lar.com/gigatweet/analytics.php**.

Das Businessnetzwerk LinkedIn festigt seine Position

> LinkedIn kann mehr als **150 Millionen Mitglieder** aus über 200 Ländern verzeichnen, davon sind 60 % außerhalb der USA zu Hause.

> In Europa kann das Businessnetzwerk über **30 Millionen Mitglieder** vorweisen, wovon zwei Millionen im DACH-Raum zu Hause sind.

> **Jede Sekunde** kommen etwa zwei neue Benutzer hinzu.

> 75 der **Fortune-100-Unternehmen** nutzen LinkedIn zur Rekrutierung von neuen Mitarbeitern.

> Das **durchschnittliche Mitglied** ist 41 Jahr alt und hat ein Haushaltseinkommen von 109.000 US-Dollar. Topmanager aus allen **Fortune-500**-Unternehmen sind Mitglied bei dem Businessnetzwerk.

> Von den 30 größten deutschen Unternehmen haben 20 **mehr Mitarbeiterprofile bei LinkedIn als bei XING.**

Aktuelle Daten gibt es unter **http://press.linkedin.com/about**.

XING ist das größte geschäftliche Onlinenetzwerk in Deutschland

> Über **12,1 Millionen** Geschäftsleute und Berufstätige sind weltweit per Ende 1. Quartal 2012 auf XING aktiv. **Fast 800.000 Nutzer** zahlen dabei eine monatliche Gebühr für die Premium-Funktionen.

> Mehr als 5 Millionen Nutzer sind im deutschsprachigen Raum zu Hause, aber auch die Türkei und Spanien sind prominent vertreten.

> Die Mitglieder tauschen sich in mehr als **50.000 Expertengruppen** aus.

Aktuelle Daten gibt es unter **http://corporate.xing.com**.

Google+ ist der neue Stern am Social-Media-Firmament

> Google+ wurde Mitte 2011 der Öffentlichkeit vorgestellt und konnte zu Beginn des Jahres 2012 bereits **über 90 Millionen** registrierte Nutzer verbuchen.

> Es handelt sich dabei um das am schnellsten wachsende soziale Netzwerk aller Zeiten – bis Ende 2012 werden bis zu **400 Millionen Nutzer** erwartet. Der Gebrauch der Google+-Seiten steigt dabei ebenfalls stetig.

> Pro Tag kommen im Schnitt **625.000 neue Nutzer** hinzu (Stand: Dezember 2011), noch sind zwei Drittel **männlich.**

> 60 % aller **Nutzer von Google**+ sind täglich in Google-Produkten (beispielsweise Gmail) aktiv, 80 % der Nutzer mindestens wöchentlich. Diese Produkte haben ebenfalls Google+-Funktionen eingebaut, über die **effektive Nutzung** von Google+ selbst gibt es keine Angaben.

> Zu den Menschen mit den **meisten Followern** auf Google+ gehören Musikerin Britney Spears, Rapper Snoop Dogg, Google-CEO Larry Page und das Model Tyra Banks. Bei den **Seiten** sind viele Bands vorn mit dabei, zum Beispiel Coldplay, Train, Red Hot Chili Peppers, Pearl Jam, Linkin Park, Sugarland etc.

Aktuelle Daten gibt es unter **http://www.socialstatistics.com**.

Das Videoportal YouTube ist der kleine Bruder von Google

➢ YouTube ist die **zweitgrößte Suchmaschine** weltweit und direkt hinter Google.

➢ Jeden Monat besuchen **800 Millionen Nutzer** die Webseite.

➢ Jede Minute werden über **60 Stunden Video** auf YouTube hochgeladen – jede Sekunde wird also eine Stunde Material hochgeladen!

➢ Jeden Tag werden **4 Milliarden Videos** auf YouTube angesehen! In 2011 gab es total **700.000.000.000 Videowiedergaben**.

➢ Die **Facebook-Nutzerschaft** sieht sich jeden Tag über 500 Jahre Videomaterial von YouTube an, und pro Minute werden über 700 YouTube-Videos auf Twitter geteilt!

➢ 85 % der amerikanischen Internetnutzer haben sich im Januar 2012 Videos im Internet angesehen. Im Durchschnitt waren die Videos dabei **gute 6 Minuten lang**.

➢ Die Plattform ist in **rund 60 Sprachen** verfügbar und auf die lokalen Gegebenheiten vieler Länder abgestimmt.

➢ Drei von vier deutschen Jugendlichen sehen sich regelmäßig **online Videos** an.

Aktuelle Daten gibt es unter **http://www.youtube.com/t/press**.

1.4 Konversations-Prisma – Überblick im Social-Media-Kosmos

Nun habe ich Ihnen alle Zahlen aufs Auge gedrückt und vielleicht sogar den Kopf zum Brummen gebracht. Ja, es ist ein Fakt – die sozialen Medien haben unzählige Plattformen, Konzepte und Interaktionsmöglichkeiten hervorgebracht. Von den einen oder anderen haben Sie schon gehört, doch es wird auch Neuland zu betreten geben. Dieses wollen wir nun erkunden.

Ökosystem Social Media – die Komplexität erfassen

Wer sich in das Feld der sozialen Medien aufmacht, benötigt eine Landkarte für dieses Terrain. Die Frage lautet: Wo sind Sie, und wo möchten Sie hin? Sie benötigen dazu ein Grundverständnis der Landschaft der sozialen Medien und eine Marschroute, die Sie Ihrem Ziel näher bringt.

Das Konversations-Prisma zeigt die sozialen Medien aus der Vogelperspektive

Schauen wir uns den Kosmos der sozialen Medien aus der Vogelperspektive an. Das „Konversations-Prisma" gibt einen Überblick über die Landschaft der sozialen Medien. Nehmen Sie sich ein paar Minuten Zeit, diese Grafik zu erkunden und zu sehen, was es eigentlich alles gibt in diesem Umfeld. Natürlich handelt es sich dabei lediglich um einen Auszug aus allen Plattformen, in der Realität gibt es weit mehr.

Die Grafik basiert auf dem „**Conversation Prism**": The Art of Listening, Learning and Sharing" (**http://www.theconversationprism.com**) von Brian Solis und Jesse Thomas. Sie wurde durch das Team von **http://www.ethority.de** auf den deutschen Markt **adaptiert**.

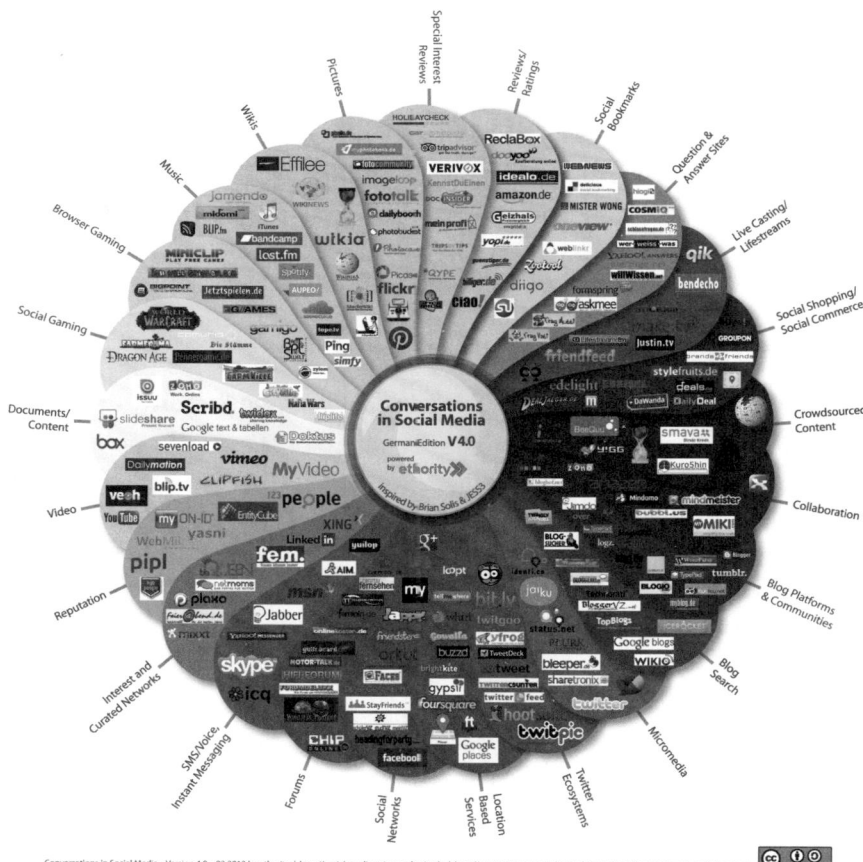

Das Social-Media-Konversationsprisma in der deutschen Version
(Grafik unter der Creative-Commons-Lizenz mit freundlicher Genehmigung von Ethority).

Jedes Land hat seine beliebtesten sozialen Netzwerke

Es gibt natürlich auch regionale Unterschiede. **In China** zum Beispiel unterbindet die Regierung den Zugang zu Facebook, dort haben lokale Klone wie **Qzone** (500 Millionen Nutzer per Ende 2011) und **RenRen** die Nase vorn. In Japan hingegen haben sich **Gree.jp** und **Mixi.jp** etabliert, und das Social Network **VKontakte** hat in Russland das Zepter in der Hand.

Ich werde Sie im Schnelldurchlauf durch die einzelnen Facetten der sozialen Medien führen. Es liegt dabei in der Natur der Sache, dass sich einige Themenbereiche überlappen und dass die Beziehungen der einzelnen Elemente untereinander nur rudimentär dargestellt werden können. Das ist aber nicht weiter tragisch, denn es geht vielmehr darum, die Vielfalt mit der dahinterliegenden Ausprägung kennenzulernen.

Social Networks – Visualisierung der Beziehungsnetze und Interessen

Beginnen wir unten in der Mitte der Grafik mit den sozialen Netzwerken. Diese sind Kern des vorliegenden Buchs und ermöglichen soziale Beziehungen und Interaktionen.

Forums – Diskussionsgruppen zu jedem Thema

Im Uhrzeigersinn links davon treffen wir auf die Foren. Diese haben eine lange Tradition, gehörten die Vorläufer der heute anzutreffenden Foren doch zu den ersten Ansätzen, Nachrichten öffentlich auszutauschen. Sie dienen vor allem dem thematischen Wissensaustausch und bieten oft auch hochwertige Inhalte von Spezialisten.

SMS/Voice, Instant Messaging – interaktive Kommunikation

Voice, SMS und Instant Messaging (umgangssprachlich auch als „Chatten" bekannt) ermöglichen den interaktiven und zeitgleichen Austausch von persönlichen, nicht öffentlichen Nachrichten. Diese Kanäle schlagen auch eine Brücke zu anderen Medien wie Telefon und Mobilfunkgerät. Natürlich verschwinden diese Grenzen immer stärker, denn der Computer wird zum Telefon und das mobile Telefon zum Computer.

Interest and Curated Networks – Nischen für jedes Interesse

Interessenbasierte Netzwerke bieten oftmals die gleichen Möglichkeiten wie die generellen sozialen Netzwerke, positionieren sich aber für eine bestimmte Klientel (beispielsweise Geschäftsleute, Mütter, Entwickler ö. Ä.).

Reputation – wie sieht der elektronische Fußabdruck einer Person aus

Reputationsmanagement gewinnt im Gleichklang mit der Entwicklung der sozialen Medien an Bedeutung. Mit diesen Möglichkeiten der Personensuche lässt sich eruieren, wo eine Person im Internet aktiv ist und wer über wen wo was sagt.

Videos – jeder ist ein Produzent

Auch der Einsatz von Videos im sozialen Web nimmt massiv zu. Das ist darauf zurückzuführen, dass praktisch jeder Computer bzw. jedes Mobiltelefon mit einer Kamera ausgestattet ist. Videos können dadurch kostenlos und durch jedermann auf diesen Plattformen geteilt werden.

Documents/Content – das Büro wird digital

Dokumente aller Art werden heute natürlich nicht nur gemeinsam über das Web erstellt, sondern dort auch präsentiert, geteilt, kommentiert und dadurch verbessert.

Social Gaming/Browser Gaming - Unterhaltung in Eigenregie

Bereits Cäsar pflegte zu sagen: „Gebet dem Volk Brot und Spiele!" Auch heute noch sind Spiele ein soziales Erlebnis. Wenn man früher den Boss aus Super Mario Brothers mit tatkräftigen Anfeuerungsrufen der Clique auf dem heimischen Sofa besiegte, so unterstützt sich heute eine internationale und interkulturelle Gilde an Spielern bei den Schlachten in Spielen wie „World of Warcraft". Gespielt werden kann jederzeit – vor dem TV, dem PC oder vom Mobiltelefon aus, und das auch noch in 3-D.

Music – für jeden Geschmack das passende Angebot

Das Musikangebot wurde spätestens mit dem Aufkommen der File-Tauschbörse Napster vollends demokratisiert und kostenlos – was natürlich nicht legal war, aber trotzdem auf breiter Front praktiziert wurde. Heute bieten die sozialen Möglichkeiten im Bereich Musik dem Benutzer den Vorzug, ein perfekt auf ihn abgestimmtes Programm zu genießen. Oftmals kann man dieses kostenlos über einen Livestream beziehen. Auch die Musiker selbst haben die Möglichkeit, ihre Werke einem interessierten Publikum zugänglich zu machen.

Wikis – gemeinsam sind wir stärker

Der Begriff „Wiki" stammt von einem hawaiianischen Shuttlebus und hat von dort seinen Siegeszug angetreten. Wikis sind einfach zu erstellende und zu bearbeitende Webseiten, die untereinander verknüpft werden. Sie können durch mehrere Personen angepasst werden und erlauben dadurch die Dokumentation von gemeinsamem Wissen. Kein Wunder also, dass Wikipedia bereits genauere Angaben enthält als das gedruckte Mammutwerk der „Encyclopædia Britannica".

Pictures – Bilderflut dank digitaler Endgeräte

Auch bei den Bildern fordert die Digitalisierung ihren Tribut. Dank der flächendeckenden Verbreitung von Digitalkameras und Mobiltelefonen ist die

Bilderflut so groß wie nie zuvor. Auch wenn ein Großteil davon immer noch auf Festplatten versickert, so finden immer mehr Schnappschüsse und professionelle Aufnahmen den Weg ins Netz. Bei entsprechender Lizenzierung und Qualität werden sie auch gern von anderen Usern genutzt und weiter veredelt.

Special Interest Reviews, Reviews/Ratings - Ihre Meinung zählt

Benutzer bewerten alle möglichen Produkte, Dienstleistungen, Firmen und sogar Personen. Unternehmen wie Amazon.de oder Tripadvisor.de verdanken ihre Popularität unter anderem der Möglichkeit, dass die Besucher alles bewerten können – und damit mitbestimmen, was „Top" und was „Flop" ist.

Social Bookmarks – die öffentlichen Lesezeichen

Wenn Ihnen beim Surfen im Internet eine Seite gefällt, speichern Sie sie in den Favoriten Ihres Browsers. Beim „Social Bookmarking" wird das Lesezeichen nicht lokal, sondern öffentlich gespeichert und mit Stichwörtern kategorisiert. Damit können auch andere Benutzer auf Ihre Lesezeichen zugreifen oder sie kommentieren.

Questions & Answers – jeder ist ein Experte

Als kleine Kinder fragten wir unsere Eltern ein Loch in den Bauch, und der Wissensdurst ist auch heute noch da. Dieser wird durch verschiedene Frage-und-Antwort-Plattformen gestillt, die zu einem beliebigen Thema Rat wissen. Jeder Mensch hat seine Spezialgebiete und kann sich dadurch in einer Community als Experte positionieren.

Live Casting/Livestreams – überall und jederzeit live mit dabei

In diesen Zeiten kann jeder zum Reporter werden, der ein halbwegs cleveres Smartphone hat. Damit lässt sich live von überall berichten, sei es von einem Konzert, einem Vortrag, aus der Natur etc. – immer wenn irgendwo etwas Berichtenswertes passiert.

Social Shopping/Social Commerce – von Rudelkäufen und transparenten Produkten

Wenn ich etwas online einkaufe, sei es ein Buch, Elektronik oder Haushaltsprodukte etc., schaue ich immer zuerst, wie andere Menschen diese Artikel bewertet haben. Wenn ein Artikel schlechte Referenzen hat, landet er in der Regel nicht in meinem Warenkorb.

Immer beliebter werden auch die „Rudelkäufe". Dabei schließt sich eine Gruppe Kaufwilliger zusammen und stürmt dann den Laden, um das jeweilige Produkt zum Schnäppchenpreis zu erstehen. Natürlich ist der Anbieter darauf vorbereitet, er gibt den Preis und die minimale Absatzmenge vor. Auch unabhängige Preisvergleichsdienste haben Hochkonjunktur.

Crowdsourced Content – Inhaltserstellung an den Besten auslagern

„Crowdsourcing" ist eine Wortschöpfung aus den Begriffen „Crowd" (Menschenmenge) und „Outsourcing". Dabei wird ein Auftrag ausgeschrieben, auf den sich passende Menschen bewerben. Sie können dann aus den Bewerbern das geeignete Angebot auswählen.

Es kann auch sein, dass beim Crowdsourcing eine Aufgabe an die Gemeinschaft übertragen wird. Wikipedia zum Beispiel macht sich dieses Konzept zunutze, indem alle Welt bei der Erstellung und Verbesserung von Inhalten mitmachen kann. Auch Facebook hat die Übersetzung seiner Webseite in über 70 Sprachen dem Konzept des Crowdsourcing zu verdanken.

Collaboration – gemeinsam mit anderen virtuell zusammenarbeiten

Unter Kollaboration versteht man nicht etwa die Zusammenarbeit mit dem Feind – ganz im Gegenteil: Im heutigen Sprachgebrauch steht Onlinekollaboration für die Zusammenarbeit von mehreren Personen mittels elektronischer Tools. Oftmals wird dabei in virtuellen Räumen über räumliche und zeitliche Grenzen hinweg an gemeinsamen Ideen gearbeitet. Dabei kommen verschiedene Programme wie Kalender, E-Mail, Dokumentverwaltungen, Projektmanagementapplikationen, Webkonferenzen sowie Foren, Wikis etc. zum Einsatz.

Blog Plattforms – zeigen Sie Profil mit Ihrem Onlinetagebuch

Blogs sind Webseiten, die in Journal- oder Tagebuchform durch eine oder mehrere Personen geführt werden. Es haben sich verschiedene Blogplattformen wie WordPress etabliert, die es einem sehr leicht machen, selbst ein Blog aufzusetzen. Es gibt auch jede Menge „Blogcommunitys", sei es zum Thema Sport, zu News, Technologien etc. Dabei sind die Grenzen der Blogplattformen fließend, manchmal ist auch lediglich die Plattform selbst der kleinste gemeinsame Nenner der Community.

Blog Search – damit keine relevante Diskussion untergeht

Nachdem Blogs in den letzten Jahren immer stärker an Bedeutung gewonnen haben, gibt es natürlich auch spezialisierte Blogsuchmaschinen, die die neusten und relevantesten Inhalte liefern.

Micromedia – kurz und knackig bleiben und damit Wellen schlagen

Die „Micromedia"-Kanäle dienen dazu, kleine Informationshäppchen und Verweise auf andere Inhalte rasch in der eigenen Community zu publizieren – sozusagen als SMS mit Hyperlink-Funktionalität. Diese Inhalte werden auch als Microblogging bezeichnet und haben in der Regel eine kurze Haltbarkeit im laufenden Informationsstrom.

Twitter Ecosystems – praktische Dienste ergänzen die Kernfunktionen

Der populärste Micromedia-Vertreter ist Twitter (siehe Kapitel 7 „Twitter: wie Sie mit Microblogging erfolgreich netzwerken"). Twitter selbst bietet überschaubare Möglichkeiten, doch die im Ökosystem entstandenen Dienste erweitern die Funktionalität geschickt – sei es, um Links statistisch zu erfassen, Bilder oder Videos hochzuladen, den Twitter-Nachrichtenstrom zu filtern oder die eigene Gefolgschaft zu erweitern.

Location Based Services – mittendrin statt nur dabei

Lokationsbasierte Dienste sind ein exponentiell wachsender Markt. Der Nutzen kann vielfältig sein. Schon bald werden Sie wissen, was aktuell in Ihrer Umgebung passiert und welche Möglichkeiten es gibt (beispielsweise die nächstgelegene Pizzeria, das Sonderangebot „2 für 1" beim Händler um die Ecke, Ihr Freund sitzt zwei Straßen weiter im Café, das Gewitter kommt in 30 Minuten im Stadtzentrum an etc.).

Natürlich kann ich mir auch direkt auf der Karte anzeigen lassen, welche Geschäfte sich in der Nähe befinden, wie diese von anderen Kunden bewertet werden und welcher Weg von A nach B der schnellste ist. Kurzum, es finden sich zu vielen Locations rund um den Erdball auch im virtuellen Kosmos passende Angaben.

Die Welt wird digital, und wir können uns von jedem Computer aus an einen beliebigen Ort navigieren. Ich kann dank Satellitenaufnahmen mein Haus in New York aus der Vogelperspektive sehen, dann quer über den Atlantik fliegen und die Schweizer Alpen genießen, bevor ich das Feriendomizil in der Karibik in Augenschein nehme.

1.5 Die Mechanismen des sozialen Ökosystems

Nachdem wir nun einen ersten Einblick in die Möglichkeiten der sozialen Medien haben, stellt sich die Frage, welche Mechanismen denn dieses System beherrschen.

In der englischen Originalversion des **Konversations-Prismas** gibt es im Zentrum folgende Darstellung, die ich basierend auf den Ausführungen der Autoren erläutern werde.

Die Marke steht im Zentrum

Wer für eine Marke in den sozialen Medien verantwortlich ist, findet sich in der Mitte der Darstellung wieder. Denken Sie nun aber nicht, dass Sie deshalb im Mittelpunkt stehen und sich alles nur um Sie dreht!

*Der Kern des Konversations-Prismas (Auszug aus der Grafik von **http://www.theconversation prism.com** unter der Creative-Commons-Lizenz, mit freundlicher Genehmigung der Autoren).*

Im Gegenteil, stellen Sie sich stattdessen Kopernikus vor: Ihm war bewusst, dass sich nicht die Sonne um die Erde dreht, sondern eben umgekehrt.

Interaktion mit dem Umfeld als zentraler Erfolgsfaktor

Der nächste Layer im Kreis zeigt Ihnen auf, wie Sie am besten vorgehen, um sich einzubringen. Brian Solis, einer der Köpfe hinter dem Konversations-Prisma, kennt die Kunst der Konversation. Diese liegt darin, die Ohren zu spitzen, genau hinzuhören und zu verstehen, wo der Schuh drückt. Das Rezept nach Solis ist simpel:

„I hear you. I'm listening to you. I understand.
Ich höre dich. Ich höre dir zu. Ich verstehe."

Dabei ist im Endeffekt der Nutzen für alle Beteiligten gegeben.

1 Beobachten (*Observation*): Zuerst werden die Gemeinschaften eruiert, in denen über Sie, Ihr Unternehmen, Ihre Produkte oder auch Ihre Mitbewerber gesprochen wird.

2 Zuhören (*Listening*): Dann verschaffen Sie sich einen Überblick und hören, wie die Stimmung ist. Damit finden Sie heraus, wo es sinnvoll ist, mitzumachen.

3 Identifizieren (*Identification*): Sorgen Sie dafür, dass Sie die Kunden auf dem Radar haben. Finden Sie heraus, wer die Meinungsmacher sind – diese können unter Umständen auch Botschafter für die Marke oder das Unternehmen werden.

4 Internalisieren (*Internalization*): Natürlich wird Ihnen nicht jedes Feedback einen Ansatz zur Verbesserung geben. Versuchen Sie aber, herauszufinden, welchen Input Sie übernehmen können.

5 Priorisieren (*Prioritization*): Beurteilen und priorisieren Sie die Aktivitäten.

6 Weiterleiten (*Routing*): Delegieren Sie die Aufgaben an die jeweiligen Experten und Themenverantwortlichen – oder legen Sie selbst los.

Die Brücke zwischen Unternehmen und Umwelt

In jeder Organisation, egal ob es sich dabei um ein Einzelunternehmen oder einen Großkonzern handelt, gibt es Schnittstellen zur Außenwelt. Social Media ist die Schnittstelle zwischen dem Innenleben einer Firma und der Öffentlichkeit (und natürlich können auch innerhalb der Organisation soziale Medien genutzt werden). Ein Unternehmen muss sich deshalb ein Set an Richtlinien geben und Antwortstrategien zurechtlegen.

Solis empfiehlt, dass jede Organisation einen sogenannten Community-Manager ernennt, der den Prozess unterstützt, zuhört und die Antworten der verschiedenen funktionalen Organisationseinheiten überwacht. Natürlich ist dies bei kleinen Unternehmen nur eingeschränkt nötig, da viele Aktivitäten in Personalunion erfolgen können.

Bei größeren Organisationen hingegen sollten Konversationen immer an die für das jeweilige Anliegen verantwortlichen Entscheidungsträger adressiert werden. Diese können am besten eine kompetente, hilfreiche und verbindliche Antwort geben. Schauen wir uns zur Illustration ein paar Beispiele an.

➢ Bei einer Beanstandung zu einer Rechnung kann der Kundendienst am besten weiterhelfen.

➢ Wenn Kunden ein spezifisches Feature an einem Produkt möchten, sollte der verantwortliche Produktmanager Rede und Antwort stehen.

> Bei einer Krise laufen die Fäden bei der Krisenorganisation zusammen, die laufend kommuniziert und auch den CEO zu einem Statement aufbietet.

> Bei einer Supportfrage kann der Community-Manager den Fragesteller zum Beispiel via Link auf das Benutzerhandbuch verweisen oder den Support aufbieten, um das Problem zu behandeln.

Der kontinuierliche Verbesserungsprozess

Der äußerste Ring komplettiert die Darstellung mit einer Feedbackschleife und einem kontinuierlichen Lernprozess. Diese Komponenten sind absolut essenziell, um sich des Feedbacks aus den sozialen Medien bewusst zu werden. Sie sollten diese in das eigene Denken und Handeln integrieren, um sich selbst damit laufend zu verbessern. Dieser Prozess wird auch von außen wahrgenommen und schafft Vertrauen.

Durch diese Interaktion mit allen Anspruchsgruppen wird automatisch neues Territorium ausgelotet. Sie erweitern das eigene Wissen, teilen Ihre Erkenntnisse und verdienen sich damit Vertrauen, Autorität und Respekt.

Dieser ernsthafte Aufbau von Beziehungen über Onlinekanäle und Gemeinschaften hilft dabei, die eigene Marke zu stärken und die Botschaft über elektronische Kanäle zu verbreiten. Der Mittelsmann wird dabei ausgeschaltet, Kunden haben die Möglichkeit, direkt mit den Organisationen in Kontakt zu treten.

Es geht darum, Kunden dort zu erreichen, wo sie Informationen entdecken und diese teilen. Am Ende des Tages stellt sich dann die Frage, was die Beziehungen aus der virtuellen Welt für Auswirkungen auf die reale Welt haben.

Die Social Centric Strategy – ein Blick auf die Kernprozesse der Social-Media-Kommunikation

Nachdem wir den Kern des „Konversations-Prismas" auseinandergenommen haben, möchte ich das Augenmerk noch eine Weile aus der Vogelperspektive auf den Bereich der Strategieentwicklung richten. Der Einsatz der sozialen Medien muss immer einer Strategie folgen (siehe Kapitel 5 „Stellen Sie Ihre Social-Media-Strategie nach der ZEMM-MIT-Methode zusammen") – nur dann werden das volle Potenzial und der maximale Effekt erreicht!

Dafür hat Mirko Lange den „Social Centric Communications"-Strategiekreis entwickelt. Lange ist Inhaber der talkabout communications GmbH (GPRA), einer der führenden deutschen PR-Agenturen für vernetzte PR, und beschäftigt sich intensiv mit der medialen Strategiegestaltung und -entwicklung für Unternehmen. Sein Strategiekreis verfolgt den Ansatz einer integrierten Gesamtstrategie mit verschiedenen Ausprägungen.

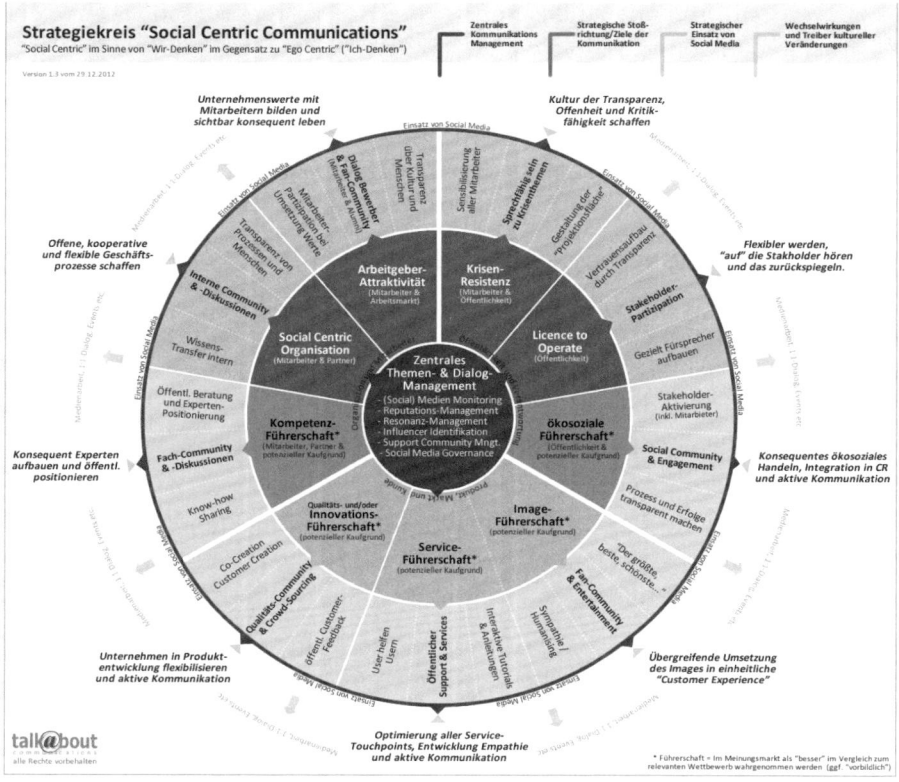

Der Kommunikationszirkel stellt das „Wir"-Denken ins Zentrum
(Abbildung mit freundlicher Genehmigung von Mirko Lange, http://www.talkabout.de).

Im Kern des Strategiekreises steht dabei das zentrale Themen- und Dialogmanagement, das Aspekte wie die Überwachung von sozialen Medien, Reputationsmanagement oder auch Social Media Governance beinhaltet. Diese Instrumente dienen dazu, ein umfassendes und ganzheitliches Bild zu schaffen.

Ausgehend vom allgemeinen Kommunikationsmanagement wird die Umwelt durch die Brille von Mitarbeitern und Organisationen, der Öffentlichkeit und der unternehmerischen Verantwortung betrachtet. Natürlich schaut man dabei auch auf den Markt, die Kunden sowie Produkt und Service. Für jeden dieser Bereiche muss man sich als Unternehmen nun die strategischen Stoßrichtungen und die Kommunikationsziele überlegen.

Die strategischen Stoßrichtungen und deren Ausrichtung sehen dabei wie folgt aus:

➢ Krisenresistenz (Mitarbeiter und Öffentlichkeit)

➢ „Licence to operate" (Öffentlichkeit)

➢ Ökosoziale Führerschaft (Öffentlichkeit und potenzieller Kaufgrund)

➢ Imageführerschaft (potenzieller Kaufgrund)

➢ Serviceführerschaft (potenzieller Kaufgrund)

➢ Qualitäts- und/oder Innovationsführerschaft (potenzieller Kaufgrund)

➢ Kompetenzführerschaft (Mitarbeiter, Partner und potenzieller Kauf-grund)

➢ Social Centric Organisation (Mitarbeiter und Partner)

➢ Arbeitgeberattraktivität (Mitarbeiter und Arbeitsmarkt)

Mirko Lange dazu: *„Wenn das Unternehmen beispielsweise über die Strategie „Kompetenzführerschaft" Absatz und die Marktanteile steigern will, dann ist auch selbstverständlich, dass diese Strategie nicht nur über Social Media erfolgt, sondern konsequent nach innen und außen auch durch andere Maß-nahmen getrieben wird – zum Beispiel extern durch Medienarbeit sowie „Speakers Placement" und intern durch beispielsweise Experten- und Know-how-Aufbau."*

Diese Aussage unterstreicht noch einmal deutlich, dass eine Social-Media-Strategie in der Unternehmensstrategie verankert werden und auf diese ein-zahlen muss, um die optimale Wirkung entfalten zu können.

Doch wie erreicht man nun eine optimale Wirkung oder Wahrnehmung? Durch den strategischen Einsatz von Social Media! Die konkreten, praxisori-entierten Ansätze sind im äußersten Kreis aufgeführt.

Für Unternehmen, die nicht nur „Wasser predigen und Wein trinken" wollen, bedeutet dies, folgende innovative Aktivitäten in die Praxis umzusetzen:

➢ Eine Kultur der Transparenz, Offenheit und Kritikfähigkeit schaffen.

➢ Flexibler werden, auf die Stakeholder hören und das zurückspiegeln.

➢ Konsequentes ökosoziales Handeln, Integration in Corporate Responsi-bility und aktive Kommunikation.

➢ Übergreifende Umsetzung des Images in einheitliche „Customer Experi-ence".

➢ Optimierung aller Service-Touchpoints, Entwicklung von Empathie und aktive Kommunikation pflegen.

➢ Unternehmen in Produktentwicklung flexibilisieren und aktiv kommu-nizieren.

> ➤ Konsequent Experten aufbauen und öffentlich positionieren.

> ➤ Offene, kooperative und flexible Geschäftsprozesse schaffen.

> ➤ Unternehmenswerte mit Mitarbeitern bilden und sichtbar konsequent leben.

Lange schreibt auf seinem Blog **http://blog.talkabout.de**:

„[Man kann] einzelne Aspekte rausnehmen und dann langsam beginnen. Allerdings wird man sich – so meine These – darauf einstellen müssen, dass ein Einzelbereich nicht wirklich funktioniert, wenn man die anderen vernachlässigt. [...] je mehr ich mich um die Unternehmenskultur kümmere, desto leichter werde ich Social Media Guidelines einführen können.

Und meine zweite These ist: Wer diesen Weg beginnt, startet einen Prozess, der eine hohe Eigendynamik entwickelt. Denn je mehr man social wird, desto mehr Menschen aktiviert man auch, die Vision voranzutreiben. Ich bin gespannt, wann sich Unternehmen darauf einlassen."

1.6 Chancen und Gefahren der sozialen Medien

Nun habe ich vor allem die Sonnenseiten der Social-Media-Welt beleuchtet. Aber es gibt auch Risiken beim Einsatz von Social Media. Der entscheidende Punkt ist dabei, dass man sich deren bewusst ist und damit richtig umgeht.

Das Web 2.0: Jeder kann mitmachen, und die Organisation verliert die Kontrolle über die Marke

Das Internet bietet schon seit den Anfängen die Möglichkeit, dass Menschen sich untereinander austauschen können. Nur waren diese Möglichkeiten lange den technisch versierteren Benutzern vorbehalten.

Doch mit dem Web 2.0, auch als „Mitmachnetz" bezeichnet, kann sich jeder Nutzer aktiv beteiligen und Inhalte produzieren. Dass dabei auch über Produkte und Marken gesprochen wird – und das nicht immer positiv –, versteht sich von selbst. Sie können die Diskussion nicht kontrollieren. Sie haben aber immer die Möglichkeit, durch Ihr Handeln einen Eindruck zu hinterlassen und die öffentliche Meinung zu beeinflussen – tue Gutes und sprich (ein bisschen) darüber.

Die Transparenz des Internets zwingt Unternehmen zum Handeln

Wer jedoch seine Hausaufgaben nicht macht, den holt die im Internet herrschende Transparenz ein. Ein falsches Verhalten kann schnell Wellen schlagen und auch auf die klassischen Massenmedien überschwappen (siehe Kapitel 2 „Die Praxis ist der beste Lehrmeister – Pleiten, Pech und Pannen").

Es kommt immer schlecht an, wenn ein Unternehmen jemandem einen Maulkorb verpassen will, sich mit arrogantem Verhalten an einer Diskussion beteiligt, mit unlauteren Mitteln arbeitet oder gar wissentlich Lügen verbreitet.

Wenn dann ein Unternehmen in die Schlagzeilen gerät, wird das genüsslich ausgeschlachtet – wer den Schaden hat, braucht für den Spott nicht zu sorgen. Das Perfide dabei: Das Internet vergisst nicht, und diese Pannen bleiben auch auf den Suchmaschinen hängen.

Dabei sind genau solche kritischen Kommentare (wenn sie denn berechtigt sind) eine gute Möglichkeit, das eigene Handeln zu überdenken. Darauf basierend kann man wenn nötig Anpassungen am eigenen Geschäftsgebaren vornehmen. Bei unberechtigten Kommentaren stehen häufig Ihre Fans hinter Ihnen und verweisen den Miesepeter in die Schranken.

Die amerikanische Fluggesellschaft Jet Blue hatte zum Beispiel aufgrund eines kritischen Feedbacks in einem sozialen Netzwerk innerhalb von wenigen Stunden eine interne Richtlinie angepasst. Damit wurde künftigen Fluggästen jede Menge Ärger erspart und zugleich wurde aufgrund der schnellen Reaktion das eigene Image aufpoliert.

Der Kunde ist König – und hält das Zepter in der Hand

Dass die Kundenzufriedenheit ein zentrales Anliegen jedes Unternehmens sein muss, trifft heute mehr denn je zu. Ein unzufriedener Kunde macht nicht mehr die Faust in der Tasche, sondern schreibt einen Beitrag in einem sozialen Medium und erzählt seinen Freunden davon.

Da Kunden vor dem Kauf sehr stark auf die Empfehlungen ihres Umfelds hören, fallen solche Bewertungen ins Gewicht. Organisationen erhalten dadurch ein öffentliches Feedback, sozusagen einen „Performancereport", anhand dessen sie wissen, wo es Verbesserungspotenzial gibt.

Würden Sie zum **Beispiel** in diesem Hotel übernachten, das von 80 % der Reisenden auf dem Reiseportal **http://www.tripadvisor.de** nicht empfohlen wird? Wohl kaum ...

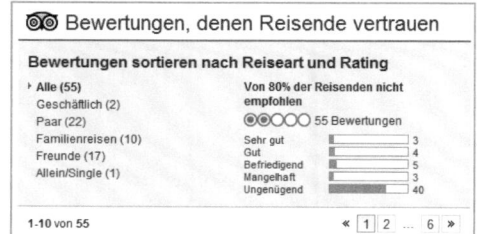

Kunden haben erkannt, dass sie ihre Meinung sagen können. Unternehmen fürchten sich deshalb davor, die Herrschaft über ihre

Schlechte Karten für dieses Hotel auf Tripadvisor.de.

Marke zu verlieren – schon Friedrich Schiller wusste:

„Verbunden werden auch die Schwachen mächtig."

Wenn aber ein aktiver Dialog zwischen Kunden und Organisation angestoßen wird, kann ein beidseitiger Lernprozess stattfinden. Kunden können dadurch auch zu Botschaftern des Unternehmens werden.

Chancen nutzen

Sie fragen sich vielleicht: „Welche Maßnahmen muss ich treffen, um von den Chancen profitieren zu können?" Diese Tabelle gibt anhand von Beispielen eine erste Orientierung (Abbildung der Tabellen mit freundlicher Genehmigung von Joe Schütz, Inhaber, **http://www.dataflow.ch**).

Nr.	Chance	Maßnahme
1	Guter und sachlicher Service gegenüber dem Kunden .	Das Positive an einem negativen Feedback ist, darauf reagieren zu können. Bei Reklamationen kann in der Öffentlichkeit ein Produkt einfach ersetzt werden, und alle erfahren, wie der Kunde glücklich wurde.
2	Kommunikationsbudget besser nutzen/geringere Streuverluste.	Obwohl die sozialen Netzwerke nicht nur als Werbeplattform dienen sollen, existiert die Möglichkeit, für gewünschte Zielgruppen die passende Werbung zu schalten.
3	Neue Zielgruppen erreichen/ weitere Reichweite.	Dank der sozialen Netzwerke können Informationen bis weit über das eigene Kontaktnetz und über Landesgrenzen hinaus getragen werden.
4	Auffindbarkeit verbessern und Traffic auf die Webseite leiten.	Durch vorherige Keyword-Recherchen und das Expertenwissen über die Erstellung von Webtexten sind Sie in der Lage, von Suchmaschinen besser indexiert zu werden. Zudem generieren Sie wertvolle Backlinks auf Ihre Website.
5	Interessenten zu Käufern konvertieren (Konversion steigern).	Durch den aktiven Kundenkontakt in den sozialen Medien können Sie regelmäßig auf Ihr Angebot aufmerksam machen. Wenn Ihre Landingpages sorgfältig ausgearbeitet und aufbereitet sind, werden Sie auch Verkäufe generieren.
6	Reaktivierung von bestehenden Kunden.	Dadurch dass Sie mit Ihren bestehenden Kunden durch den Nachrichtenaustausch in Kontakt bleiben und so eine emotionale Bindung aufrechterhalten, haben Sie die Chance, Ihren Kunden ein weiteres Produkt zu verkaufen.
7	Mundpropaganda fördern/ kostenlose Verkäufer finden.	Durch zufriedene Kunden werden Sie auch positives Feedback erlangen. Das Feedback der Benutzer ist die wertvollste Werbung überhaupt.
8	Markenbekanntheit steigern.	Durch Beiträge über Ihre Marke erscheint diese öfter im Internet, es wird häufiger auf sie verwiesen, und sie gewinnt bei der Internetgemeinschaft an Bekanntheit.

Risiken minimieren

Aber es gibt auch Risiken. Hier eine beispielhafte Risikoanalyse als Idee, wie sich Risiken minimieren lassen. In den folgenden Kapiteln werden wir diese Punkte noch vertieft behandeln.

Nr.	Risiko-bezeichnung	Eintretenswahr-scheinlichkeit	Schadens-potenzial	Gegenmaßnahme zur Risikominimierung (grob)
1	Schlechte Reputation durch Mitarbeiter.	hoch	hoch	Erstellen von Social Media Guidelines für Mitarbeiter („goldene Regeln"). Redaktion schulen.
2	Emotionsbehaftete Schnellantworten.	hoch	mittel	Reaktionen auf Feedbacks nach dem Vieraugenprinzip kontrollieren.
3	Investitionen kommen nicht zurück.	hoch	mittel	Sind die Ziele langfristig gesteckt? Kann man Schlüsse aus der Analyse der Nutzerdaten ziehen?
4	Es werden nicht mehr Produkte verkauft.	hoch	mittel	Grundsätzlich sollte es nicht das primäre Ziel sein, direkt Produkte zu verkaufen. Indirekt: Sind die Seiten, auf denen der Nutzer von den sozialen Medien geleitet landet, ausgereift? Wird geboten, was man verspricht?
5	Firmenauftritt muss aufgrund von Anpassungen an den sozialen Netzwerken angepasst werden.	mittel	gering	Zuständigkeiten regeln, Ankündigungen hinsichtlich Design- und Funktionsänderungen der genutzten sozialen Netzwerke beachten.
6	Vergehen, Gesetzübertretungen.	mittel	hoch	Beratung durch Juristen, Weiterbildung, Kennen und Einhalten der Anforderungen.
7	Aufkommen von „Shitstorms" (Empörungswellen).	gering	mittel	Kein voreiliges Handeln. Sachlich bleiben. Negative Kommentare nicht löschen. Keine Manipulationen vornehmen.
8	Resonanz bleibt aus/kein Feedback.	mittel	mittel	Erstellung und Publikation von Inhalten nicht komplett outsourcen. Kompetent und in einer verständlichen Sprache schreiben.

1.7 Achtung, Verzettelungsgefahr – Fokussieren schafft Klarheit

Nachdem wir die Chancen und Gefahren aus Sicht des Unternehmens beleuchtet haben, möchte ich Sie warnen: Soziale Netzwerke sind ein zweischneidiges Schwert. Durch den sozialen Aspekt spielt auch immer die Emotion mit, die unser Handeln beeinflusst. So passiert es, dass unsere Aufmerksamkeit immer wieder von neuen Dingen in Beschlag genommen wird und wir unser ursprüngliches Ziel aus den Augen verlieren.

Lassen Sie mich Ihnen die Geschichte von Hans erzählen!

Hans will sich kurz auf Facebook anmelden, um eine Statusmeldung auf der Seite seiner Firma zu veröffentlichen. Gerade wurde eine Pressemeldung zu einem gewonnenen Kundenauftrag an die Medien versandt, und das gehört natürlich auch zeitgleich an die Facebook-Fans kommuniziert.

Doch kaum hat er Facebook geöffnet, erblickt er auch schon die Mallorca-Ferienfotos seiner Kollegin Anna. Er sieht sich das Ferienhaus, das Mietauto und den Sonnenuntergang in aller Ruhe an und kommentiert auch den einen oder anderen Schnappschuss.

Plötzlich taucht unten rechts auf dem Bildschirm ein Chatfenster auf, und Harald, ein Freund aus der Grundschule, meldet sich. Während sich die zwei über Gott und die Welt austauschen, erscheint eine Notifikation, dass die Kollegin auf den Kommentar zu den Ferienfotos reagiert hat. Der Schulkollege hat in der Zwischenzeit den Link zu seinem XING-Profil herausgekramt, damit man sich auch dort verbinden kann.

„Verschiebe nicht auf morgen, was du heute kannst besorgen!", denkt sich unser Hans und klickt sich gleich auf das Profil des alten Kameraden durch. Er staunt nicht schlecht, Harald hat es inzwischen zum „Vice President Marketing" bei einer mittelständischen Firma gebracht. „Mal schauen, was der so für Beziehungen hat", denkt sich Hans, und klickt sich durch die Kontaktliste.

Da entdeckt er auch schon einen gemeinsamen Bekannten, den er natürlich ebenfalls seinen eigenen Kontakten hinzufügen will, und schickt ihm eine persönliche Nachricht. „Der hat ja sogar einen Twitter-Account!", bemerkt Hans beim Stöbern auf dem Profil, und klickt sich gleich dorthin weiter.

Verlieren Sie nicht Ihr Ziel aus den Augen

Doch genug von diesem Szenario, Sie sehen, auf was ich hinauswill. Alle Inhalte sind nur einen Klick weit weg, und die Neugier schubst uns immer weiter von einem zum anderen. Hans hat zwar soziale Interaktionen gefördert und sein Netzwerk weiter ausgebaut. Doch das Problem ist, dass er das Ziel aus den Augen verloren hat: Er wollte lediglich den Status der Firmenpräsenz auf Facebook anpassen, doch wurde seine Aufmerksamkeit anderweitig aufgesogen.

Folgende Tipps helfen Ihnen, sich effizient und effektiv in den sozialen Netzwerken zu bewegen und diese für Ihre Zwecke einzusetzen. Verlieren Sie sich nicht im Meer der Informationen und lassen Sie sich nicht zum Sklaven der sozialen Informationskanäle machen!

Machen Sie eines nach dem anderen – Multitasking ist verboten

Auch wenn Multitasking hochgeloot wird, zeigt sich, dass man viel weniger erledigt bekommt, wenn man mehrere Dinge gleichzeitig macht. Der Grund ist simpel: Unser Gehirn muss sich immer wieder auf die neue Situation und Aufgabe einstellen. Wenn wir dann in Aktivität X vertieft sind und zu Aktivität Y wechseln, verliert unser Gehirn diese Einarbeitung wieder, und man beginnt von vorn. Fehler und Wiederholungen sind die Folge. Seien Sie präsent im Jetzt und fokussieren Sie Ihre Energie nur darauf.

Bündeln Sie Ihre Aktivitäten

Sie können den ganzen Tag in sozialen Netzwerken verbringen, schauen, was sich gerade Neues getan hat, und auf diese Informationen reagieren. Der Informationsstrom wird nie versiegen! Effizienter ist es aber, diese Aktivitäten zu kanalisieren und dann gebündelt zu bearbeiten – zum Beispiel jeweils mittags und abends.

Qualität statt Quantität

Widerstehen Sie der Versuchung, auf allen Hochzeiten zu tanzen – Sie werden sich unweigerlich verzetteln, wenn Sie auf allen Plattformen aktiv sein und zu jedem Thema etwas sagen wollen.

Automatisieren Sie Notifikationen, bearbeiten Sie Anfragen gesammelt

Nutzen Sie die von den Plattformen zur Verfügung gestellten Notifikationen, um sich per E-Mail über Ereignisse informieren zu lassen. Es ist wichtig, dass Sie darüber auf dem Laufenden sind, was auf Ihren Profilen in den sozialen Netzwerken passiert.

Das bedeutet aber nicht, dass Sie jedes Mal gleich alles stehen und liegen lassen müssen, wenn Ihnen jemand eine Nachricht sendet. Effizienter ist es, diese gesammelt zu bearbeiten und zu beantworten, Sie können zum Beispiel Kontaktanfragen einmal pro Woche bestätigen. Ausgenommen davon sind natürlich dringende oder wichtige Meldungen. Oder stellen Sie sich ein paar standardisierte Textblöcke zusammen, die Sie für Kontaktanfragen nutzen.

1.8 Ihre Privatsphäre und die Krux der öffentlichen Diskussion

Die Gefahr der sozialen Netzwerke besteht darin, dass sich deren Nutzer nicht bewusst sind, welche Informationen sie öffentlich über sich bekannt geben sollten – und in welchem Kontext diese verwendet werden können.

Ein Statusupdate rauscht um die Welt

Unter **http://www.youropenbook.org** kann man zum Beispiel Informationen von Facebook-Nutzern durchsuchen, die ihr Profil für jedermann öffentlich zugänglich gemacht haben. Eine solche Suchfunktion gibt es auch für Deutschland unter **http://www.facebooktrend.de**.

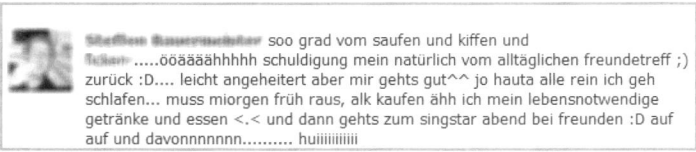

soo grad vom saufen und kiffen und ....ööääääähhhhh schuldigung mein natürlich vom alltäglichen freundetreff ;) zurück :D.... leicht angeheitert aber mir gehts gut^^ jo hauta alle rein ich geh schlafen... muss miorgen früh raus, alk kaufen ähh ich mein lebensnotwendige getränke und essen <.< und dann gehts zum singstar abend bei freunden :D auf auf und davonnnnnnn.......... huiiiiiiiiii

Ein öffentliches Statusupdate eines jungen „Lebemanns" – was wohl ein potenzieller Arbeitgeber dazu sagen würde?

Um sich alle öffentlichen Updates auf Facebook direkt anzeigen zu lassen, können Sie auch einfach danach suchen und dann in den Resultaten den Punkt *Öffentliche Beiträge* auswählen.

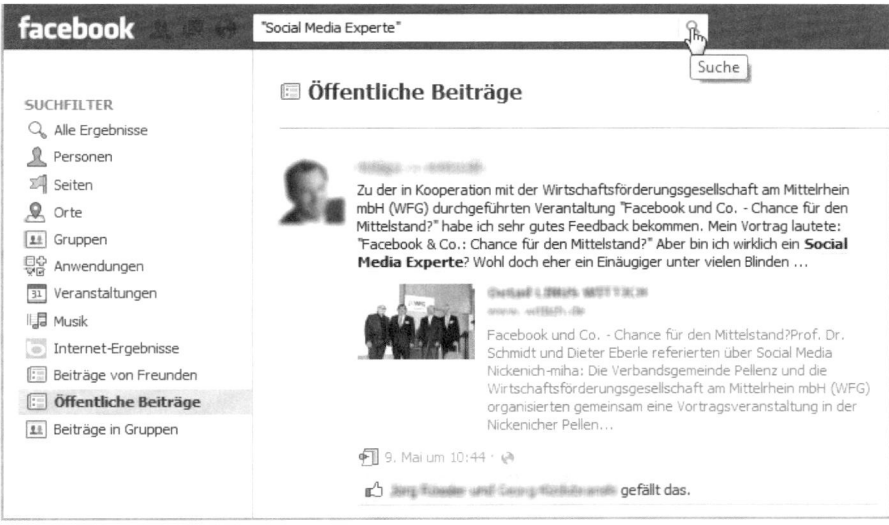

Die Facebook-Suche bietet die Möglichkeit, öffentliche Beiträge herauszufiltern.

Einen Spaß machen sich auch Webseiten wie **http://www.socialfail.de**, **http://www.failbook.com**, **http://www.whatthefacebook.com**, **http://www.oversharers.com** und **http://www.lamebook.com** daraus, kompromittierende Facebook-Statusupdates zu publizieren.

In diesem Beispiel beklagt sich eine Angestellte ausfallend über ihren Vorgesetzten – der prompt kommentiert, dass sie morgen nicht mehr zur Arbeit kommen müsse. Dies zeigt, dass sich viele Leute nicht immer bewusst sind, wer die Statusupdates mitliest.

Eine Angestellte beschimpft ihren Vorgesetzten auf Facebook, dieser liest mit und setzt sie gleich auf die Straße.

Unglücklich ist es auch, wenn einem die Tücken der Technik ein Bein stellen. In diesem Beispiel erheitert eine Dame ihren Freundeskreis mit einer intimen Nachricht an ihren Lover. Diese war eigentlich nicht für die Öffentlichkeit gedacht, wurde aber anstelle einer Privatnachricht als öffentliches Statusupdate erfasst. Nur leider weiß die Gute nicht, wie sie die Nachricht wieder löschen kann ...

Diese Beispiele sind sicherlich Extremfälle. Wenn Sie aber in sozialen Medien aktiv sind, werden Sie sich bestimmt auch schon gewundert haben, was für Fotos oder Nachrichten Ihre Freunde so publizieren ...

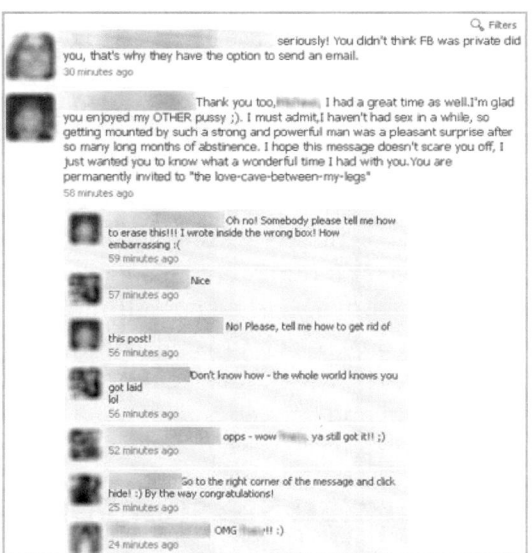

In diesem Fall sind intime Details aus Unkenntnis auf der eigenen Facebook-Pinnwand veröffentlicht worden, anstelle via Nachricht versandt zu werden.

Ein weiteres Beispiel zum Umgang mit der eigenen Privatsphäre ist die Seite **http://www.pleaserobme.com**, was übersetzt „Bitte raube mich aus!" bedeutet. Es kann weitreichende **Konsequenzen** haben, wenn jedermann weiß, wo

Sie sich gerade befinden. Auf dieser Seite wurden Statusnachrichten aus sozialen Netzwerken ermittelt, die angaben, wenn jemand das Zuhause verlassen hatte oder von einem anderen Ort aus eine Statusaktualisierung vornahm. Die Macher hatten dabei das Ziel, die Benutzer zu sensibilisieren. Nachdem das Thema breit in wichtigen Medien diskutiert wurde, hat man den Dienst eingestellt.

Ähnliches war mit dem Dienst **http://www.icanstalku.com** möglich. Dieser zeigte den Aufnahmeort an, wenn jemand ein Bild mit Lokationsangaben auf Twitter veröffentlichte. Auch dieser Dienst wurde nach 18 Monaten und 50 Millionen Fotos zur letzten Ruhe gebettet.

Die Applikation **Creepy** lässt sich auf dem eigenen Computer installieren und aggregiert Geolocation-Daten von verschiedenen sozialen Plattformen. Auch die lokationsbasierten Dienste von Foursquare und Facebook stehen immer wieder in der Kritik.

„Wie soll ich nun mit meinen eigenen Lokationsangaben umgehen?", fragen Sie sich vielleicht. Leider gibt's auf diese Frage keine eindeutige Antwort. Wichtig ist einfach, dass Sie sich darüber bewusst sind, dass Ihre Kontakte und unter Umständen auch andere Leute aufgrund Ihrer Statusmeldungen und Bilder Rückschlüsse auf Ihren Aufenthaltsort ziehen können.

Wenn Unternehmen den Bogen überspannen

Abgesehen von diesen privaten Querschlägern gibt es natürlich auch Unternehmen, die sich durch unpassendes Verhalten ins Kreuzfeuer manövriert haben. Oder um es korrekt auszudrücken: Mitarbeiter haben ihr Unternehmen durch ungeschicktes Verhalten in diese Situation gebracht. Auf solche Beispiele gehen wir ein in Kapitel 2 „Die Praxis ist der beste Lehrmeister – Pleiten, Pech und Pannen".

1.9 So schützen Sie sich vor Identitätsdiebstahl

Ihr Name ist ohne Zweifel Ihr wichtigstes Erkennungsmerkmal, sowohl im geschäftlichen Umfeld als auch privat. Damit Sie Ihre Identität schützen können, müssen Sie sich als Erstes Ihren Namen online sichern.

Registrieren Sie Ihren Namen in den sozialen Netzwerken

Haben Sie selbst schon Marken- und Namensschutz betrieben und Ihre Präsenz in den sozialen Netzwerken unter Dach und Fach gebracht? Gratulation, dann sind Sie die große Ausnahme, denn die meisten Menschen und Unternehmen sind sich dieser Problematik nicht bewusst.

Das kann unangenehme Folgen haben, denn „Identitätsdiebstahl" ist ein Kavaliersdelikt – der Einzige, der zu Schaden kommt, sind Sie. In sozialen Netzwerken kommt es besonders häufig vor und kann das Image eines Unternehmens negativ beeinflussen (siehe als Beispiel Kapitel 2.5 „BP-Kommunikation löst Probleme am Golf von Mexiko nicht").

Jede Einzelperson und jedes Unternehmen sollte sich um seinen Ruf kümmern und die notwendigen Vorkehrungen treffen, um diese Gefahr zu minimieren. Wer sich einen fremden Namen unter den Nagel reißt, führt meist nichts Gutes damit im Schilde.

Folgende Organisationen sollten sich ihre Präsenz sichern:

➤ Unternehmen, die noch nicht in sozialen Netzwerken vertreten sind.

➤ Firmenmarken, Handelsmarken und Produktnamen.

➤ Privatpersonen und Personen des öffentlichen Interesses.

➤ Gemeinnützige Organisationen, Universitäten, Schulen, Vereine etc.

Es kann aber auch einfach so sein, dass jemand den gleichen Namen hat wie Sie – und Ihnen Ihre Webpräsenz wegschnappt. Beide Fälle sind zu Ihrem Nachteil, und Sie sollten Ihr Bestes tun, das zu vermeiden.

Wie mit Prominenten und Politikern Schabernack getrieben wird

Selbst Prominente sind davor nicht gefeit, Opfer von gefälschten Identitäten zu werden. Beispielsweise hat jemand unter dem Namen des Dalai Lama auf Twitter **Nachrichten verbreitet**. Auch Ewan McGregor, alias Star-Wars-Star „Obi-Wan Kenobi", musste tatenlos zusehen, wie sich ein Fremder auf MySpace und Twitter für ihn **ausgab**

Ebenfalls unter falscher Flagge im Netz unterwegs sind Politiker in Deutschland und der Schweiz. Tausende von Menschen folgen diesen Profilen ahnungslos und schenken den **Lügengeschichten** Glauben. Das ist natürlich fatal für das politische Programm der Politiker und zeugt von deren digitaler Inkompetenz.

Betroffen waren unter anderem Angela Merkel, Guido Westerwelle, Edmund Stoiber, Franz Müntefering, Andrea Ypsilanti, Helmut Schmidt etc. Auch vor der **Schweizer Regierung** wurde auf Facebook nicht haltgemacht.

Selbst internationale Größen sind vor Missbrauch nicht gefeit. So gibt es falsche Profile von Barack Obama, Condolezza Rice, Vladimir Putin, Borat, David Hasselhoff und vielen anderen.

Ersparen Sie sich eine Blamage und seien Sie aktiv

Die Liste könnte beliebig weitergeführt werden. Klar ist: Wer seine Identität nicht aktiv schützt, hat selbst schuld! Sie sollten Kontrolle über Ihre Onlinepräsenz haben, bevor jemand anderer das Steuer übernimmt. Außerdem können Sie Ihre Marke breiter abstützen, wenn Sie an der Schaltzentrale sitzen und jederzeit Ihre Social-Media-Maschinerie in Gang setzen können, um darüber mit der Welt zu kommunizieren.

Durch die stärkere Onlinepräsenz erhält Ihre Webseite auch mehr Besucher, Ihr Blog mehr Leser, Ihr Onlineshop mehr Umsatz etc. Die Social-Media-Profile sind dabei Ihre Versicherung, dass Sie online gefunden werden und einen konsistenten Auftritt über alle Kanäle hinweg abgeben.

Finden Sie heraus, ob Ihr Name verfügbar ist – und registrieren Sie ihn

Wenn Sie sich in einem Netzwerk registrieren, müssen Sie in der Regel einen Benutzernamen wählen – und erhalten eine Meldung, falls er bereits registriert ist. Versuchen Sie, einen möglichst sprechenden und einheitlichen Namen über alle Kanäle hinweg zu haben.

Mit den Webseiten http://www.namechk.com, http://www.ud.com, http://www.knowem.com und http://www.namechecklist.com können Sie herausfinden, ob Ihr Name noch verfügbar ist.

1.10 Rechte und Pflichten beim Einsatz

Dass auch das Internet kein rechtsfreier Raum ist, sollte inzwischen jedem klar sein. Auch wenn Sie in sozialen Netzwerken unterwegs sind, gilt es, gewisse Spielregeln zu beachten. Dabei gelten von Land zu Land unterschiedliche rechtliche Rahmenbedingungen, was das Ganze nicht einfacher macht ... Im Folgenden möchte ich Sie für die wichtigsten Punkte sensibilisieren.

Weitere Informationen und Spezialisten zum Thema Recht und Social Media

Eine gute Quelle, um tiefer in die Gefilde der deutschen Rechtslage zu den sozialen Medien einzutauchen, sind folgende Blogs:

➢ http://www.wkblog.de

➢ http://www.rechtzweinull.de

➢ http://socialmediarecht.wordpress.com

Zu Facebook im Speziellen gibt es unter http://allfacebook.de/category/policy eine umfangreiche Übersicht.

Über die komplexe Rechtslage im Bereich Social Media wurde bereits ein eigenes Buch geschrieben (siehe **http://www.socialmediabuch.com/socialmedia recht**). Auch ich habe mir für dieses Kapitel Unterstützung von Rechtsanwalt Stefan Weste (M.B.L.) geholt. Er ist Seniorpartner der Rechtsanwaltskanzlei WK LEGAL in Berlin und führt Sie im Folgenden in die wichtigsten Aspekte zur Thematik ein.

WK LEGAL berät Unternehmen und Agenturen in allen Fragen rund um das Thema Onlinerecht sowie bei der Planung und Durchführung von Marketingkampagnen und beurteilt dabei alle relevanten rechtlichen Risiken. Auch wenn Firmen mit wettbewerbsrechtlichen und urheberrechtlichen Ansprüchen konfrontiert werden, kann man telefonisch unter +49 (0)30 692051750 oder per E-Mail unter **info@wklegal.de** Unterstützung anfordern. Weitere Informationen zu WK LEGAL erhalten Sie unter **http://www.wklegal.de**.

Die folgenden Ausführungen beziehen sich auf die deutsche Rechtsprechung, gelten sinngemäß aber auch für Österreich und die Schweiz. Bei internationalen Kampagnen gilt es natürlich, die **lokale Gesetzgebung** zu berücksichtigen.

Unüberlegte Maßnahmen können weitreichende Konsequenzen haben

Vielen Unternehmen sind die rechtlichen Risiken im Zusammenhang mit Social Media Marketing oftmals zu abstrakt oder werden von ihnen nicht ernst genug genommen. Nicht selten erlebt man es, dass Unternehmen in Eigenregie und ohne konkrete Marketingstrategie im Internet und in sozialen Netzwerken präsent sind und hierbei verkennen, welche verheerenden Auswirkungen unüberlegte Maßnahmen haben können. Diese reichen von kostenpflichtigen Abmahnungen über Imageverlust bis hin zu existenzbedrohendem Abfluss von Know-how.

Aber auch Agenturen vertreten manchmal die Auffassung, dass sich Kreativität nicht in einen vermeintlich starren, rechtlichen Rahmen pressen lassen, und verleiten ihre Auftraggeber zu so manch unüberlegter Kampagne. Mitunter kann das auch die Strategie einer Kampagne sein, die rechtlichen Risiken sollten dann allerdings im Vorfeld kalkuliert worden sein.

Dabei ist es insbesondere für Kreativagenturen von Bedeutung, dass sie die rechtlichen Voraussetzungen kennen, denn sie haften für die Rechtmäßigkeit ihrer für den Kunden konzipierten Kampagne. Eine umfassende rechtliche Prüfung, ob eine Werbekampagne mit geltendem Recht vereinbar ist, gehört nach der herrschenden Meinung zu den wesentlichen vertraglichen Pflichten.

Das Oberlandesgericht Düsseldorf hat in diesem Zusammenhang bereits 2003 entschieden, dass eine Werbeagentur hierzu verpflichtet sei und dass der Hinweis der fehlenden rechtlichen Prüfung nicht ausreichend sei, um die Agentur von der Haftung freizustellen.

Rechtliche Rahmenbedingungen

Social-Media-Marketing-Kampagnen haben sich zunächst einmal an den einschlägigen gesetzlichen Vorgaben zu orientieren. Hierzu gehören insbesondere das Gesetz gegen den unlauteren Wettbewerb, das Urheberrecht, das Markenrecht, das Persönlichkeitsrecht und andere mehr. Darüber hinaus sind regelmäßig die Rahmenbedingungen für Marketingmaßnahmen zu beachten, die die jeweiligen Betreiber der sozialen Netzwerke in ihren Nutzungsbedingungen vorgeben.

Diese sind nicht immer leicht zu überschauen. Gone Astray Films aus Berlin haben eine Lesung der Nutzungsbedingungen von Facebook durchgeführt und diese als Video bei YouTube veröffentlicht (Details siehe **http://www. socialmediabuch.com/facebookagb**). Geschlagene 36 Minuten lang kann man da den Vorgaben von Facebook lauschen!

Im Falle eines Falles: Welches Gericht ist zuständig?

Eine wesentliche Frage im Rahmen von Aktivitäten im Internet ist grundsätzlich, welches konkrete Gericht im Fall von Rechtsstreitigkeiten zuständig ist und welche nationale Rechtsordnung zur Anwendung kommt. Die Beantwortung dieser Frage ist überaus komplex und hängt von einer Vielzahl verschiedener Faktoren des Einzelfalls ab. Sie sollte jedoch im Vorfeld von grenzüberschreitenden Marketingkampagnen berücksichtigt und geklärt werden, um das potenzielle Kostenrisiko im Fall von rechtlichen Streitigkeiten realistisch einschätzen zu können.

In den Nutzungsbedingungen der jeweiligen sozialen Netzwerke finden sich regelmäßig Vereinbarungen über das zwischen Betreiber und Nutzer anzuwendende Recht. Diese sind zunächst bindend, es sei denn, einer solchen Regelung stehen zwingende nationale Regelungen entgegen, wie zum Beispiel Verbraucherschutzrechte.

Die Nutzungsbedingungen von Facebook enthalten beispielsweise den Hinweis, dass das Verhältnis zwischen Facebook und dem jeweiligen Nutzer den Gesetzen des Bundesstaats Kalifornien unterliegt. Für Nutzer mit Wohnsitz in Deutschland wird diese Vereinbarung aber explizit durch die Anwendung deutschen Rechts ersetzt. Sollte es zwischen dem werbenden Unternehmen und Facebook zu Streitigkeiten kommen, lässt sich die Frage nach dem anzuwendenden nationalen Recht folglich recht leicht beantworten.

Weitaus häufiger kommt es jedoch zwischen werbenden Unternehmen und Dritten, beispielsweise Konkurrenten, zu Streitigkeiten. In diesen Fällen bestimmen sich das zuständige Gericht und die anzuwendende nationale Rechtsordnung im Wesentlichen nach EU-Recht in Verbindung mit den jeweiligen nationalen Vorschriften.

Die Zuständigkeit des jeweiligen Gerichts bestimmt sich nach der Verordnung (EG) Nr. 44/2001 des Rates vom 22. Dezember 2000 über die gerichtliche Zuständigkeit und die Anerkennung und Vollstreckung von Entscheidungen in Zivil- und Handelssachen in Verbindung mit entsprechenden nationalen Regelungen wie der der Zivilprozessordnung.

Welches Recht ist anwendbar?

Ist die Frage des zuständigen Gerichts geklärt, stellt sich im zweiten Schritt die Frage nach dem anzuwendenden nationalen Recht. 2009 traten die sogenannten Rom-I- und Rom-II-EU-Verordnungen in Kraft. Durch sie wurde das internationale Privatrecht, das die Anwendung des jeweiligen nationalen Rechts auf grenzüberschreitende Privatrechtsverhältnisse regelt, auf EU-Ebene vereinheitlicht.

Während die Rom-I-Verordnung das auf vertragliche Schuldverhältnisse anzuwendende Recht regelt, enthält die Rom-II-Verordnung Regelungen bezüglich des auf außervertragliche Schuldverhältnisse anzuwendenden Rechts. Hierzu gehören unter anderem die ungerechtfertigte Bereicherung, die Produkthaftung, der unlautere Wettbewerb und die Verletzung von Rechten des geistigen Eigentums als einige der wesentlichsten Anspruchsgrundlagen, wenn es um unzulässige Werbe- und Marketingmaßnahmen geht!

Die Rom-II-Verordnung gestattet es den Parteien, eine einvernehmliche Wahl des auf ihr Schuldverhältnis anzuwendenden Rechts zu treffen, sowohl vor als auch nach dem Eintritt eines schadensverursachenden Ereignisses. Die Verordnung sieht jedoch für bestimmte Bereiche wie etwa die Produkthaftung oder den Schutz geistigen Eigentums Sonderregelungen vor.

So gilt für das Wettbewerbsrecht in der Regel das sogenannte Marktortprinzip, wonach das Recht des EU-Mitgliedstaats gilt, auf dessen Markt das Unternehmen werblich aktiv ist. Bei Fällen der Verletzung geistigen Eigentums kommt regelmäßig das sogenannte Schutzlandprinzip zur Anwendung, wonach das Recht des EU-Mitgliedstaats gilt, für den der Schutz beansprucht wurde. Wie üblich, gibt es jedoch nahezu von jeder Regel auch eine Ausnahme, sodass in bestimmten Konstellationen ein Wahlrecht des Verletzten in Bezug auf das anzuwendende Recht besteht.

Die Grundlagen des Urheberrecht

„Du sollst nicht stehlen" wurde schon vor über 2.000 Jahren verkündet. Diese Grundregel hat sich ganz gut in die Neuzeit gerettet, abgesehen von einigen querschießenden Banditen. Der banale Grundsatz wird aber im Internet immer wieder verletzt, indem Bilder, Videos, Audiodaten, Texte etc. einfach kopiert und publiziert werden.

Das Urheberrecht schützt aber persönlich-geistige Schöpfungen wie Sprachwerke, Computerprogramme, Musikwerke, Fotografien und Filmwerke, Datenbankwerke etc. Der urheberrechtliche Schutz entsteht hierbei bereits mit der Schaffung eines Werks. Es bedarf keiner vorherigen Anmeldung, und es gibt auch keine Möglichkeit einer Eintragung in ein Register oder Ähnliches.

Rechteinhaber ist in Deutschland ausschließlich der Schöpfer eines Werks, der grundsätzlich nur eine natürliche Person (Mensch) und keine juristische Person (Unternehmen) sein kann. Das Urheberrecht räumt dem Schöpfer zu seinen Lebzeiten und weitere 70 Jahre nach dessen Tod seinen Erben eine Vielzahl von ausschließlichen Rechten an seinem Werk ein, die mit wenigen Ausnahmen unübertragbar sind.

Dem Urheber obliegt daher die alleinige Entscheidung, ob und, wenn ja, in welcher Form er sein Werk nutzen und verwerten möchte. Dies gilt im Übrigen auch dann, wenn ein Werk von Beginn an im Auftrag eines Dritten erstellt wurde.

Auswirkungen des Urheberrechts im Bereich des Social Media Marketing

Das Urheberrecht wirkt sich im Bereich Social Media Marketing an diversen Stellen aus. Regelmäßig erstellen Mitarbeiter von Agenturen oder die Marketingabteilung des werbenden Unternehmens Kampagnen, die in der Regel urheberrechtlichen Schutz genießen. Rechteinhaber sind damit die jeweiligen Mitarbeiter und nicht etwa die Agentur oder das Unternehmen.

Daher ist es dringend erforderlich, dass es vertragliche Vereinbarungen zwischen Arbeitgeber und Mitarbeiter sowie zwischen Agentur und werbendem Unternehmen gibt, die eine umfassende Übertragung von Nutzungsrechten regeln. Ansonsten kann zum Beispiel ein Mitarbeiter im Fall einer Kündigung dem ehemaligen Arbeitgeber die weitere Nutzung der geschaffenen Werke untersagen. Die Agentur müsste dann dem Kunden mitteilen, dass er die für ihn entwickelte Kampagne ebenfalls nicht mehr nutzen darf.

Agenturen und Unternehmen müssen darüber hinaus besonders darauf achten, dass es im Zusammenhang mit Social-Media-Marketing-Kampagnen nicht zu Verletzungen fremder Urheberrechte kommt. Hierzu reicht bereits die Verwendung einer Fotografie oder eines Musikwerks, ohne zuvor die Nutzungsrechte eingeräumt bekommen zu haben. Geschulte Mitarbeiter und individuelle Nutzungs- oder Lizenzverträge sind in Bezug auf die urheberrechtlichen Risiken daher unerlässlich.

Das Marken- und Kennzeichenrecht

Eine Marke ist ein Kennzeichnungsmittel einer Dienstleistung oder eines Produkts. In der subjektiven Wahrnehmung von Kunden trägt eine Marke dazu bei, das Angebot eines Unternehmens vom Angebot der Wettbewerber zu unterscheiden. Durch den Markenschutz soll darüber hinaus ein gewisser Qualitätsstandard verkörpert werden, der ausschließlich mit dem jeweiligen Produkt oder der jeweiligen Dienstleistung in Verbindung gebracht werden wird.

Im Gegensatz zum Urheberrecht entsteht ein umfassender Schutz grundsätzlich erst mit der Eintragung der Marke in das Markenregister. Im Vorfeld einer Marketingkampagne kann durch eine Markenrecherche geprüft werden, ob die Gefahr eines Markenrechtsverstoßes begründet ist. Die gängigsten Formen sind die Wortmarke, die Bildmarke und die Wort-/Bildmarke als Kombination. Als Wortmarke können unter anderem auch Werbeslogans und Werbeschlagwörter geschützt werden.

So sind zum Beispiel die Werbeslogans „Zeig der Welt dein schönstes Lächeln" oder „Mittendrin statt nur dabei" markenrechtlich geschützt. Die unberechtigte Verwendung eines solchen geschützten Werbeslogans kann wiederum zu Unterlassungs- und Schadensersatzansprüchen führen.

Schleichwerbung – das Gesetz gegen den unlauteren Wettbewerb schiebt hier den Riegel vor

„Schleichwerbung" stellt im Bereich Social Media Marketing regelmäßig eine der häufigsten Arten unzulässiger Werbung dar. Teilweise erfolgt diese Schleichwerbung unbeabsichtigt und ohne Kenntnis des Werbenden, da die Grenzen zwischen redaktionellen Beiträgen und Schleichwerbung fließend sein können.

In der Praxis wird vielfach nach der Devise „Wo kein Kläger, da kein Richter" einfach mal losgelegt. Geltende Bestimmungen werden dabei am laufenden Meter verletzt, sei es aus Unwissenheit oder Gleichgültigkeit. Doch man sollte sich über die Konsequenzen bei Nichtbeachtung der Regeln sehr wohl im Klaren sein.

Nach § 4 Nr. 3 des Gesetzes gegen den unlauteren Wettbewerb (UWG) handelt unlauter, wer den Werbecharakter von geschäftlichen Handlungen verschleiert. Ergänzt wird diese Vorschrift durch § 6 Abs. 1 Nr. 1, 2 des Telemediengesetzes (TMG), wonach kommerzielle Kommunikation klar als solche zu erkennen sein muss. Die natürliche oder juristische Person, in deren Auftrag die kommerzielle Kommunikation erfolgt, muss eindeutig identifizierbar sein. Dieses sogenannte Trennungsgebot hat seinen Ursprung im Presserecht und besagt, dass Werbung streng von redaktionellen Inhalten zu trennen ist.

Bei der Beurteilung ist entscheidend, ob ein durchschnittlich informierter Internetnutzer den Werbecharakter erkennt oder nicht. Da es hierfür keine gesetzlichen Vorgaben gibt, ist eine pauschale Einordnung in zulässiges Social Media Marketing und unzulässige Schleichwerbung nicht möglich. Hier kommt es im Wesentlichen auf die Gesamtumstände des Einzelfalls an, die durch Faktoren wie die Art der Werbung, die Zielgruppe etc. bestimmt werden.

Verkaufsförderung muss klar gekennzeichnet werden

Oft sind Verstöße gegen das Verbot irreführender Werbung nach § 5 UWG zu beobachten. Dass unwahre Werbeaussagen verboten sind, ist den meisten hierbei noch bewusst. Irreführend ist eine Werbeaussage aber auch schon dann, wenn sie lediglich von einem kleinen Teil der Angesprochenen missverstanden werden kann. Entscheidend ist dabei nicht das Verständnis des werbenden Unternehmers, sondern der jeweilige Eindruck, den die Werbung beim Publikum erweckt. Auch hier wird wiederum auf den durchschnittlich informierten Verbraucher abgestellt.

Irreführend können darüber hinaus auch fehlende oder unzureichende Informationen über die Bedingungen für die Inanspruchnahme von Verkaufsförderungsmaßnahmen wie Preisnachlässen, Zugaben oder Geschenken (§ 4 Nr. 4 UWG) oder nicht klar und deutlich angegebenen Teilnahmebedingungen bei Preisausschreiben oder Gewinnspielen mit Werbecharakter (§ 4 Nr. 5 UWG) sein. Werbeflächen sind teuer, und eine Überfrachtung mit rechtlichen Hinweisen wirkt nicht zuletzt abschreckend. Dennoch gilt es, in diesem Zusammenhang einige wesentliche Dinge zu beachten, um Risiken zu minimieren.

Eine Liste der gesetzlich verbotenen Werbemaßnahmen finden Sie unter http://dejure.org/gesetze/UWG/Anhang.html.

Permission Marketing und die Spamproblematik in sozialen Netzwerken – holen Sie das Einverständnis des Nutzers ab

Im Bereich des sogenannten Permission Marketing und des Viralmarketings sehen sich Unternehmen regelmäßig mit dem Verbot der unzumutbaren Belästigung (§ 7 UWG) in Form des Spammings konfrontiert. Während sich dies bis vor Kurzem noch vornehmlich auf den Versand von E-Mails beschränkte, findet die Kommunikation zunehmend auf den Social-Media-Plattformen statt.

Während die Rechtsprechung im Fall von unerwünschter E-Mail-Werbung unstreitig von einer unzulässigen und unzumutbaren Belästigung ausgeht, fehlt es an einschlägiger Rechtsprechung zu der Frage, ob über Social-Media-Plattformen versendete Nachrichten als elektronische Post im Sinne des UWG zu bewerten sind.

Ist die unverlangte Zusendung von Werbung innerhalb einer Social-Media-Plattform als unzumutbare Belästigung zu beurteilen? Oder hat der Nutzer einer Social-Media-Plattform deren Zweck entsprechend sein Einverständnis erteilt, auch von nicht befreundeten Dritten Nachrichten zu erhalten?

Eine Abmahnung kann Sie teuer zu stehen kommen

Die Folgen von unzulässiger Werbung und Verstößen gegen die vorgenannten Vorschriften wirken sich langfristig aus und sind zudem häufig kostspielig. Im Rahmen von außergerichtlichen Abmahnungen werden dabei grundsätzlich Unterlassungserklärungen gefordert, in denen sich das werbende Unternehmen zur Unterlassung der unzulässigen Werbung und zur Zahlung einer Vertragsstrafe im Fall der Zuwiderhandlung verpflichtet.

Abmahnungen werden in der Regel dann ausgesprochen, wenn jemand zum Beispiel gegen Urheberrecht, Markenrecht oder Wettbewerbsrecht verstößt. Die meisten „Täter" sind sich ihrer Schuld gar nicht bewusst und würden das Fehlverhalten sofort bereinigen. Aber die für die Abmahnung tätig gewordenen Anwälte arbeiten ja nicht umsonst und machen ihre Aufwände geltend. Zudem liegen die Streitwerte in solchen Fällen regelmäßig im Bereich von 15.000 Euro aufwärts, was zu entsprechend hohen Rechtsverfolgungskosten führt.

Letztere hat das abgemahnte, werbende Unternehmen im Fall einer berechtigten Abmahnung als Schadensersatz zu erstatten. Anders ausgedrückt: **Abmahnungen** sind in Deutschland ein Geschäft, mit dem sich gutes Geld verdienen lässt. Die Verjährungsfrist für die Unterlassungserklärungen beträgt übrigens 30 Jahre.

Mehr Details gibt es unter http://www.abmahnwelle.de.

Vertragliche Regelungen in den Nutzungsbedingungen sozialer Netzwerke in Bezug auf Werbemaßnahmen

Die Betreiber von sozialen Netzwerken lassen sich regelmäßig von den Mitgliedern die Nutzungsrechte an den veröffentlichten Inhalten übertragen. Dies erfolgt durch entsprechende Klauseln in den allgemeinen Geschäftsbedingungen, und wer sich auf einem sozialen Netzwerk anmeldet und dieses nutzen will, hat gar keine andere Wahl, als diesen Bedingungen zuzustimmen!

	XING	Facebook	Youtube	Twitter
Einräumung Nutzungsrechte	Eine ausdrückliche Einräumung von Nutzungsrechten ist nicht vorgesehen. Auf Grundlage der sogenannten Zweck-Übertragungslehre ist jedoch von einer Rechteeinräumung auszugehen, soweit es der Zweck des Vertrages zwingend erfordert (d.h. zumindest ein einfaches, widerrufliches Nutzungsrecht). _Besonderheit:_ Bei der Verletzung von Rechten Dritter, kann der Nutzer von XING aufgefordert werden, auf eigene Kosten ein Nutzungsrecht an den betreffenden Inhalten zu erwerben und XING zu verschaffen (Nr. 10.2).	Facebook lässt sich in Nr.2.2 ein umfassendes Nutzungsrecht (nicht-exklusiv, übertragbar, unterlizenzierbar, unentgeltlich, weltweit) an den eingestellten Inhalten (sogenannte IP-Inhalte) einräumen. Diese ist grundsätzlich auflösend bedingt durch die Löschung des Facebook Kontos bzw. des betroffenen Inhalts. Die konkrete Ausgestaltung des Nutzungsrecht kann der Nutzer im Rahmen seiner Privacy Einstellungen feinjustieren.	Als Inhalte können bei YouTube Videos und Nutzerkommentare (sogenannte Nutzerübermittlungen) eingestellt werden. YouTube lässt sich daran eine umfassende Lizenz (weltweit, nicht-exklusiv, gebührenfrei, inklusive dem Recht zur Unterlizenzierung) zur Nutzung, Reproduktion, Vertrieb, Bearbeitung, Ausstellung und Aufführung unabhängig von der Medienart und Verbreitungsweg (Nr. 10.1.A). Das Nutzungsrecht erlischt nach 10.2. mit der Löschung des jeweiligen Videos.	Twitter läßt sich an den Inhalten eines Nutzers ein umfassendes, nicht exklusives, kostenfreies, zeitlich unbeschränktes Nutzungsrecht inklusive der Möglichkeit der Unterlizenzierung an Dritte einräumen. Die Lizenz umfasst alle bekannten Nutzungsarten und erstreckt sich auf alle bekannten und zukünftigen Medien oder Vertriebsmethoden (Abschnitt Rechte des Benutzers).
Recht zur Unterlizenzierung an Dritte	nicht vorgesehen	Die bei Facebook zahlreich vertretenen Drittanwendungen haben im Rahmen einer individuell für die jeweilige Anwendung zu bestimmenden Vereinbarung Zugriff und ggfs. auch das Recht zur weitergehenden Veröffentlichung der jeweils eingestellten Inhalte.	Darüber hinaus wird anderen Nutzern des Youtube-Angebotes ebenfalls eine entsprechende Lizenz eingeräumt, die die Nutzung, Reproduktion, Vertrieb, Bearbeitung, Ausstellung und Aufführung im Rahmen der Funktionalität des YouTube-Angebotes gestattet (Nr. 10.1.B). Je nach den Einstellung des jeweiligen Nutzers wird Youtube also z.B. das Recht eingeräumt, Dritten auf jeder beliebigen Webseite eine Einbettung des Videos über die sogenannte Embedding Funktion zu ermöglichen.	Recht zur Unterlizenzierung abstrakt vorgesehen, aber nicht weitergehend ausgestaltet.

Übersicht der Klauseln zur Rechteeinräumung bei Facebook, YouTube, Twitter und XING (Abbildung mit freundlicher Genehmigung von Dr. Carsten Ulbricht, **http://www.rechtzweinull.de**).

Sobald Sie einem sozialen Netzwerk beitreten, akzeptieren Sie dessen Nutzungsbestimmungen. Auch wenn der Klick auf den _Akzeptieren_-Button schneller gemacht ist, als erst mal die Details durchzulesen: Nehmen Sie sich ein paar Minuten, damit Sie über Ihre Rechte und Pflichten Bescheid wissen. Insbesondere als Unternehmen, das sich aktiv präsentieren will, sind Sie stärker gefährdet.

Impressumspflicht?

Unternehmen, die geschäftsmäßig Accounts bei Facebook, XING & Co. unterhalten und diese zum Beispiel für Marketingzwecke nutzen, sind nach § 5 Telemediengesetz (TMG) verpflichtet, eine vollständige Anbieterkennzeichnung bereitzustellen. Diese sogenannte Impressumspflicht hat zuletzt das Landgericht Aschaffenburg (Urteil vom 19.08.2011, Az.: 2 HK O 54/11) bestätigt.

Stellen Sie das Impressum am besten direkt auf **Ihrem Social-Media-Kanal bereit**! Die meisten spezialisierten Anwälte bieten die Erstellung eines rechtssicheren Impressums kostengünstig an, was in jedem Fall empfehlenswert ist.

Im Notfall können Sie sich mit dem Generator unter **http://www.e-recht24.de/ impressum-generator.html** einen Mustertext erstellen, dies ersetzt aber nicht die Konsultation eines Fachmanns.

Social-Plug-ins und Datenschutzhinweise

Web 2.0, soziale Netzwerke und benutzergenerierte Inhalte bieten Unternehmen eine Vielzahl von positiven Möglichkeiten, sich und ihre Produkte im Internet zu präsentieren. Kundenorientierte Kommunikation mit der Zielgruppe des Unternehmens oder einzelner Produkte soll Aufmerksamkeit generieren und die Nutzer dazu animieren, diese Inhalte untereinander zu teilen.

Wenn Sie dabei die sogenannten „Social-Plug-ins" auf Ihrer Webseite nutzen wollen, mit denen die Besucher Ihre Inhalte teilen können, müssen Sie die datenschutzrechtlichen Aspekte ebenfalls berücksichtigen. Diese Buttons sammeln nämlich von jedem Besucher auf der Webseite automatisch Daten, was aus Sicht der Datenschutzbeauftragten nicht legitim ist.

Wenn Sie **Social-Plug-ins** von Facebook, Google+, Twitter etc. oder den Dienst **Google Analytics** zur Analyse Ihrer Website **verwenden**, sollten Sie sich rechtskonform verhalten und die aktuellsten **Datenschutzhinweise** nutzen.

Bei Google Analytics soll beispielsweise ein Link enthalten sein, der den Besucher darauf hinweist, wie er Google Analytics deaktivieren kann.

Darüber hinaus wird der Abschluss eines Vertrags zur Auftragsdatenverarbeitung empfohlen, der mit der Deutschen Datenschutzaufsichtsbehörde abgestimmt wurde und von **Google vorformuliert zur Verfügung** gestellt wird.

Für Deutschland wird zudem der **Einsatz** der „2-Klick-Lösung" empfohlen. Mehr zur Thematik finden Sie unter **http://www.socialmediabuch.com/social buttonsrecht**, der Mustercode für die Einbindung auf der Webseite lässt sich von **http://www.heise.de/extras/socialshareprivacy** herunterladen.

Die 2-Klick-Lösung aktiviert die Plug-ins erst, nachdem der Nutzer dies explizit wünscht.

Es prüfe, wer sich bindet! Und schulen Sie Ihre Mitarbeiter!

„Je mehr Onlinepräsenz, desto besser!", denken sich viele Unternehmen. Die meisten greifen dabei auf ihre eigenen Mitarbeiter zurück oder dulden es, dass diese mehr oder weniger offiziell im Namen des Unternehmens auftreten.

Dieses Vorgehen birgt, neben den unbestreitbaren Chancen, auch erhebliche Risiken, mit denen sich Unternehmen gründlich auseinandersetzen sollten. Einmal im Internet veröffentlichte Informationen können sich unkontrollierbar verbreiten, und es ist nahezu unmöglich, diese endgültig und dauerhaft zu löschen.

Besonders groß ist die Gefahr, dass vertrauliche Produktinformationen zu früh oder zu detailliert in die Öffentlichkeit gelangen und damit nicht zuletzt auch in die Hände von Konkurrenten oder Produktpiraten fallen können.

Weitere Gefahren gehen von der Vielzahl möglicher Gesetzesverstöße aus (Urheberrecht, Wettbewerbsrecht, Strafrecht, Persönlichkeitsrechte etc.), die in der Regel nicht absichtlich, sondern aus Unerfahrenheit begangen werden. Verbreitet ein Mitarbeiter beispielsweise beleidigende oder sonst wie rechtswidrige Äußerungen über Mitbewerber oder deren Produkte, sieht sich ein Unternehmen schnell einer kostenpflichtigen **Abmahnung** ausgesetzt.

Schulungen können dazu dienen, die Gefahr von Rechtsverletzungen zu minimieren. Hierbei gilt es, Mitarbeiter zu sensibilisieren. Man muss ihnen frühzeitig bewusst machen, dass ein Foreneintrag, ein Tweet, ein Kommentar in einem sozialen Netzwerk oder ein Blogbeitrag unmittelbar zu erheblichen Folgen für das Unternehmen führen kann. Der Schaden für das Unternehmen kann schnell mehrere Tausend Euro betragen.

Social Media Guidelines für Unternehmen und Mitarbeiter

Nicht zuletzt kann ein Ausufern der Internetnutzung am Arbeitsplatz dazu führen, dass wesentliche Arbeitspflichten vernachlässigt werden und stattdessen bei Mitarbeitern eine verzerrte Wahrnehmung entsteht, da sie sich doch vermeintlich im Auftrag des Arbeitgebers zu beruflichen Zwecken in den zahlreichen sozialen Netzwerken aufhalten.

Für Unternehmen gilt es, diese Risiken so weit wie möglich zu minimieren, um drohende Schäden fernzuhalten. Am effektivsten funktioniert dies durch die Umsetzung verbindlicher Social Media Guidelines, die alle wesentlichen Aspekte im Zusammenhang mit Social-Media-Aktivitäten erfassen.

Dabei stellt sich zum Beispiel auch die Frage, was mit einem Social-Media-Account und dem dahinterliegenden Kontaktnetzwerk passiert, wenn ein **Mitarbeiter mit seinem persönlichen Account** das Unternehmen vertreten hat und dieses dann verlässt.

Bei der Erarbeitung und Umsetzung solcher Guidelines gilt es vor allem, interdisziplinär zu agieren, um einen ausgewogenen Konsens zwischen allen Beteiligten zu erzielen. Die Erwartungen der Unternehmensführung, der Marketingabteilung, der IT-Abteilung und nicht zuletzt der Mitarbeiter sind erfahrungsgemäß unterschiedlich.

Wie solche Social Media Guidelines konkret gestaltet werden und welche Regelungsinhalte sie einschließen sollten, hängt vom Einzelfall ab. Werden diese beispielsweise zu pauschal gefasst, sind sie wirkungslos oder sogar rechtswidrig – Letzteres insbesondere dann, wenn Arbeitnehmerrechte in unzulässiger Art und Weise beeinträchtigt werden.

Hilfreich ist hierbei die Beratung durch einen erfahrenen Juristen, der sich in den wesentlichen Rechtsgebieten der „Neuen Medien" auskennt. Damit wird sichergestellt, dass die Social Media Guidelines unter Berücksichtigung der unternehmerischen Zielsetzungen und rechtlichen Umsetzbarkeit ausgearbeitet und optimal in die bestehenden Arbeitsverhältnisse eingebettet werden.

Wirkung entfalten Social Media Guidelines jedoch nur dann, wenn sie den Mitarbeitern nicht lediglich zur Kenntnisnahme vorgelegt, sondern aktiv vermittelt werden. Der **PR-Blogger** Klaus Eck hat unter **http://klauseck.posterous.com/ mehr-als-100-social-media-policy-beispiele** mehr als 100 Beispiele für Social Media Guidelines zusammengestellt, die als Inspirationsquelle dienen können.

Die Aufklärung der Mitarbeiter und die Schaffung eines entsprechenden Bewusstseins müssen hierbei im Vordergrund stehen. Andernfalls drohen Unternehmen in Zukunft ähnliche mediale Pleiten, Pech und Pannen, wie sie im folgenden Kapitel dargestellt sind.

Der Fall Daimler – ein Beispiel aus der Praxis

Ein weiterer wichtiger Aspekt in diesem Zusammenhang ist, wie ein Unternehmen reagieren soll, wenn Mitarbeiter gegen die Regeln der Social Media Guidelines verstoßen oder die Grenzen des Anstands überschreiten.

Diese Feuertaufe hatte die Daimler AG zu bestehen. Mehrere Mitarbeiter hatten den *Gefällt mir*-Button einer Facebook-Gruppe angeklickt, in der unter anderem der Vorstandsvorsitzende der Daimler AG, Dieter Zetsche, als „Spitze des Lügenpacks" bezeichnet wurde.

Das Unternehmen reagierte souverän und mit der nötigen Gelassenheit. Die betroffenen Mitarbeiter wurden zu einem Personalgespräch gebeten, in dem es darum ging, ihnen noch mal deutlich zu machen, dass Kollegen und Mitarbeiter, wozu auch der Vorstand gehört, weder direkt noch indirekt beleidigt oder diffamiert werden dürfen.

Dies gelte sowohl für den Betrieb und die Öffentlichkeit und auch für das Internet. Der Daimler AG ging es hierbei im Wesentlichen darum, ihren Mitarbeitern einen respektvollen Umgang miteinander ins Bewusstsein zu rufen, und nicht darum, arbeitsrechtliche Konsequenzen anzudrohen, etwa in Form von Abmahnungen oder Kündigungen.

Nicht immer werden sich solche Vorkommnisse ganz ohne arbeitsrechtliche Konsequenzen regeln lassen. Im Spannungsfeld Social Media, das sowohl für Arbeitnehmer als auch Unternehmen eine völlig neue Herausforderung darstellt, gehört eine sorgsame Abwägung zu den unbedingten Pflichten. Das Unternehmen muss dabei sicherstellen, dass es nicht durch überzogene Reaktionen einen weitaus größeren Schaden verursacht.

2. Die Praxis ist der beste Lehrmeister – Pleiten, Pech und Pannen

Nachdem wir nun einen Überblick gewonnen haben, möchte ich auf ein paar konkrete Beispiele und **Vorfälle** aus der freien Wildbahn eingehen, um das Bild **abzurunden**.

Dabei geht es nicht darum, Unternehmen an den Pranger oder auf ein Podest zu stellen. Vielmehr muss man allen zugute halten, dass sie Erfahrungen mit den sozialen Medien gemacht haben und daraus **lernen konnten**. Gewollt oder ungewollt.

Sie werden auch sehen, wie die Unternehmen mit den Problemen und der Kritik umgegangen sind – und zum Teil sogar Kapital und Glaubwürdigkeit daraus ziehen konnten!

2.1 Honda-Produktmanager wirbt für das eigene Design

Wir beginnen mit dem japanischen Autohersteller Honda. Dieser hatte Fotos des neuen Modells „Accord Crosstour" auf der **Facebook-Seite** veröffentlicht. Prompt gab es harsche Kritik und negative Rückmeldungen zum Design von den Nutzern.

Negative Rückmeldungen auf der Facebook-Seite von Honda.

Eigenlob stinkt!

Doch plötzlich wendete sich das Blatt, und es tauchten positive Feedbacks auf. Der Kommentar des Anstoßes stammte dabei von einem verantwortlichen Honda-Manager, der das neue Vehikel lobte.

Das Problem: Er hatte dabei nicht zu erkennen gegeben, dass er für Honda arbeitete. Dies hatte ein anderer Fan der Facebook-Seite recherchiert und enthüllt.

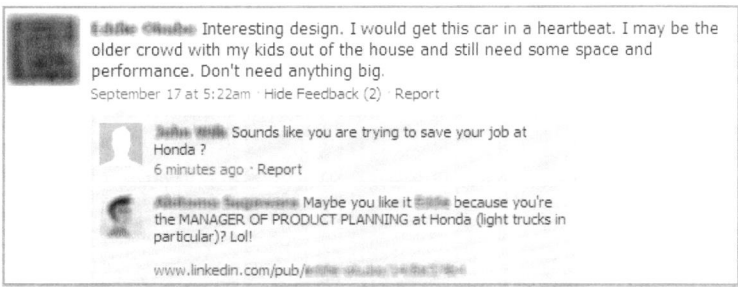

Ein Nutzer deckt auf, dass ein Verantwortlicher von Honda hinter dem Beitrag steckt.

Das Unternehmen bezieht Stellung

Der Aufschrei war groß, und Honda wurde bezichtigt, den Gesamteindruck des Feedbacks zu manipulieren. Das Unternehmen entfernte den fraglichen Kommentar und reagierte mit einer Stellungnahme:

„[Er] ist ein Manager bei der Honda-Produktplanung. Sein Beitrag wurde aus zwei Gründen entfernt:

1) Er hat nicht zu erkennen gegeben, dass er ein Honda-Mitarbeiter ist und dass dieser Beitrag seine persönliche Meinung – und nicht die von Honda – widerspiegelt.

2) Er ist kein [offizieller] Sprecher von Honda."

Um Feedback von den Benutzern zu erhalten und neue Produkte bekannt zu machen, bieten die sozialen Medien sicherlich passende Werkzeuge. Feedback zu manipulieren, ist aber ein großer Fehler! Die Nutzer dulden kein Vortäuschen von unabhängigen Meinungen.

2.2 Belkin will sich eine gute Reputation erkaufen

Ein weiterer Fall von Manipulation wurde bei Belkin, einem Hersteller von Computerperipherie, aufgedeckt. Ein Vertreter von Belkin bot jedem Geld an, der positive Rezensionen zu bestimmten Produkten schreibt.

Außerdem sollten negative Kommentare auf Amazon und in anderen Onlineshops negativ bewertet werden. Die Anzeige wurde von dem Verantwortlichen für die elektronischen Verkäufe an Einzelhändler unter seinem richtigen Namen aufgegeben.

Mit dieser Anzeige wurden gefälschte Reviews eingefordert.

Der Belkin-Vorsitzende wurde zu einer **Pressemitteilung** „gezwungen" und betonte dabei, dass es sich um einen Einzelfall handele. Doch die Newsseite „**The Daily Background**", die schon den ersten Fall aufgedeckt hatte, fand heraus, dass noch ein weiterer Belkin-Mitarbeiter Rezensionen getürkt hatte.

Wenn die Kunden mit den Produkten nicht zufrieden sind, werden sie es nach dem Kauf kundtun und in Zukunft auf Konkurrenzprodukte wechseln. Glauben Unternehmen wirklich, dass sie mit gefälschten Produktbewertungen die Situation um ihre schlechten Produkte ändern können? Eine langfristige Lösung sieht anders aus.

2.3 Mitarbeiter von Dominos Pizza verursachen Imageproblem

Massiven Ärger handelten zwei Mitarbeiter der Schnellimbisskette „Dominos Pizza" nicht nur sich selbst, sondern auch ihrem Unternehmen ein. Sie filmten sich dabei, wie sie das Essen regelrecht missbrauchten und sämtliche Hygienestandards bei diesem „Spaß" mit Füßen traten.

Profilierungsneurose auf YouTube sorgt für ein Nachspiel

Weil ihnen das noch nicht genug war, stellten sie das Video auf YouTube. Dort wurde es bis zur Löschung rund eine Million Mal aufgerufen, was auch **Nachrichtensender zur Berichterstattung** anzog. Die Videos wurden kopiert und sind auch heute noch öffentlich einsehbar.

Die Videos der Mitarbeiter von Dominos Pizza sind immer noch öffentlich.

Dominos Pizza hat sich sein Ansehen über 50 Jahre hinweg aufgebaut, bevor ein einziges Video es beschädigte und für Millionenverluste sorgte. Wenn sich die beiden Angestellten der Konsequenzen ihres Verhaltens bewusst gewesen wären, hätten sie es wohl bleiben lassen ...

Entschuldigung vom Geschäftsführer zur Schadensbegrenzung

Dominos Pizza reagierte rasch. Der Geschäftsführer entschuldigte sich in einer **YouTube-Videobotschaft** für die Vorfälle und half damit, einen Teil des verlorenen Vertrauens zurückzugewinnen.

Dieser Vorfall zeigt, dass Angestellte eben auch Nutzer von sozialen Netzwerken sind. Es ist deshalb wichtig, dass im Hinblick auf den Umgang mit sozialen Medien Schulungen stattfinden und Regeln bestehen.

2.4 Vodafone UK veröffentlicht sexistische Twitter-Nachricht

Auf dem Twitter-Account der englischen Vodafone tauchte eine bizarre Nachricht auf, die übersetzt etwa so lautet: „Vodafone UK hat genug von dreckigen Homos und hat es auf Biber [umgangssprachlich für Vagina] abgesehen."

VodafoneUK is fed up of dirty homo's and is going after beaver
3 minutes ago from web

Vodafone UK twittert unter der Gürtellinie.

Twitter-Account gehackt? Nein, menschliches Versagen!

Die Twitter-Gefolgschaft war schockiert und vermutete zuerst, dass der Account gehackt worden sei. Fehlanzeige, wie Vodafone später eingestand: Ein Mitarbeiter hatte trotz geltender Social-Media-Richtlinien diesen Beitrag **„unabsichtlich"** veröffentlicht.

Was war passiert? Die für den Twitter-Account verantwortliche Person aus dem Web-Relations-Team hatte den Arbeitsplatz kurz verlassen. Während der Computer unbeaufsichtigt war, wollte ihm ein anderer Mitarbeiter einen Streich spielen und veröffentlichte die beleidigende Nachricht. Er dachte dabei, es handele sich um den persönlichen Account des Kollegen, der auf dem Bildschirm geöffnet war ...

Vodafone handelte schnell: Der Beitrag wurde gelöscht, und man entschuldigte sich öffentlich. Außerdem schrieb das Unternehmen eine **persönliche Nachricht** an alle Nutzer, die sich dazu gemeldet oder geäußert hatten. Damit nutzte Vodafone zeitnah denselben Kanal, auf dem das Problem entstanden war. Die zusätzliche Medienpräsenz hatte auch dazu geführt, dass Vodafone aufgrund dieses Vorfalls beachtlich mehr Twitter-Follower gewinnen konnte als an durchschnittlichen Tagen!

Social Media hat Macht über das Markenkapital

Der PR-Berater Klaus Eck **kommentierte den Vorfall** treffend: „Jeder Mitarbeiter mit Zugang zu den direkten Kommunikationskanälen kann mit 140 Zeichen viel Markenkapital aufbauen oder zunichtemachen."

2.5 BP-Kommunikation löst Probleme am Golf von Mexiko nicht

Die Ölkatastrophe im Golf von Mexiko begann mit der Explosion der Öl-bohrplattform „Deepwater Horizon" und kostete elf Menschen das Leben. Die USA durchlebten eine massive Umweltkatastrophe, und der Konzern British Petroleum fiel in die größte Unternehmenskrise.

Wer den Schaden hat, braucht für den Spott nicht zu sorgen

BP richtete **einen Bereich auf ihrer Website** ein und sammelte dort Fotos, Videos und Pressemitteilungen. Alle Aktivitäten wurden dort dokumentiert.

Wer bei Google nach „BP Ölkatastrophe" oder ähnlichen Begriffen suchte, wurde mit **Google-Textanzeigen** von BP bedient.

Auf Facebook sind per Juni 2012 fast 800.000 Menschen der **Seite „Boycott BP"** beigetreten, die zum Boykott von BP und allen Tochterunternehmen aufruft. Zum Vergleich: Die offizielle **BP-Seite auf Facebook** hat nur knapp 200.000 Fans.

Als die Boykottseite kurzzeitig verschwand, war der Aufschrei groß, und sogar etablierte Medien berichteten davon. Man vermutete, dass BP die Löschung veranlasst hatte, doch Facebook gab einen Tag danach Entwarnung und nannte einen Systemfehler als Ursache des Verschwindens.

Auf Twitter erregte das Konto **@BPGlobalPR** Aufsehen, worüber sarkastische Nachrichten versandt wurden. Der **anonyme Initiant** konnte gegen 160.000 Leser gewinnen, die treu seinen Nachrichten folgten. Durch den Verkauf von T-Shirts konnte er sogar Zehntausende von Dollars für die Aufräumarbeiten **spenden**.

Der BP-Scherz-Account hilft beim Spendensammeln und bewirbt T-Shirts.

BP versuchte, das Konto schließen zu lassen, was nicht klappte und eine noch größere Gefolgschaft anzog. Der offizielle Twitter-Account von BP (**@BP_America**) erreicht hingegen viel weniger Menschen (39.000 per Juni 2012).

Es lassen sich in den sozialen Netzwerken natürlich mehr Gegner als Unterstützer von BP finden. Der Konzern wurde auf den Plattformen regelrecht auseinandergenommen. Greenpeace rief zum Beispiel zur **Neugestaltung des BP-Logos** auf, und die Aktion erhielt viel Aufmerksamkeit.

Die Marke persönlicher machen, anstatt sich hinter dem Logo zu verstecken

Unternehmen in ähnlichen Situationen sollten daran arbeiten, dass nicht ihr Logo oder der Name als Hassobjekt herhalten muss. Dies kann erreicht werden, indem man Mitarbeiter zeigt, die etwas gegen die Katastrophe oder die Krise tun. Menschen, die hart an Lösungen arbeiten, können weit weniger gehasst und verachtet werden und haben eine höhere Glaubwürdigkeit. Daneben müssen auch Kanäle etabliert werden, die den Betroffenen zuhören. Unternehmen müssen zuhören, nachfragen, Verständnis aufbringen und Lösungen anbieten.

Das Internet hat dazu beigetragen, dass BP einem starken Druck aus Medien, Politik und Öffentlichkeit ausgesetzt war und sich seiner Verantwortung stellen musste. Das Netz drängt Unternehmen zu mehr Transparenz, Offenheit und Ehrlichkeit. Wer diesen Grundsatz in Krisen nicht befolgt, schädigt nicht nur seine Reputation, sondern verliert auch seine Kunden.

2.6 Nestlé wird von Greenpeace in Beschlag genommen

Auch **Greenpeace** nutzt die sozialen Medien immer wieder geschickt, um auf ihre Anliegen aufmerksam zu machen. In diesem Fall hatten die Umweltaktivisten entdeckt, dass Nestlé als größter Lebensmittelkonzern der Welt für das Produkt „KitKat" Palmöl des indonesischen Herstellers Sinar Mas einkaufte. Diese Firma rodet nach Greenpeace-Angaben Urwaldflächen und zerstört so den Lebensraum von Orang-Utans.

Guerilla-Taktik von Greenpeace

Als Nestlé auf die Vorwürfe nicht reagierte, veröffentlichte Greenpeace ein **Video**. Dieses erinnerte in der Machart stark an eine KitKat-Werbung, machte aber stattdessen auf das eigene Anliegen aufmerksam. Nestlé erwirkte umgehend dessen Löschung.

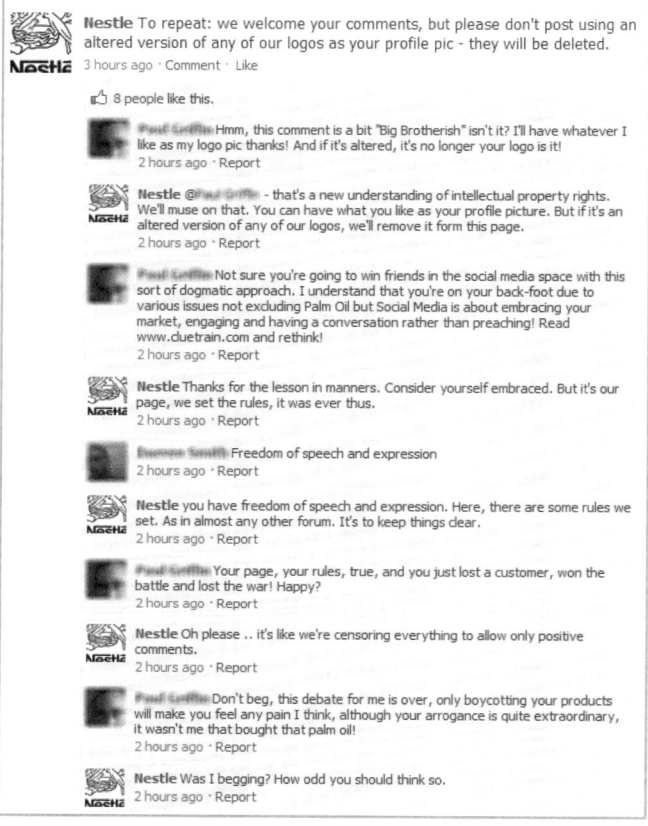

Nestlé liefert sich einen öffentlichen Schlagabtausch auf der Facebook-Seite.

Das ließ sich Greenpeace nicht gefallen und legte nach, indem neben You-Tube und Blogs auch Twitter und Facebook zur Zielscheibe der Kampagne wurden. Die **Facebook-Seite** von Nestlé war das Ventil vieler Menschen, die Videos, Links und Kommentare dazu veröffentlichten. Mitarbeiter löschten diese und forderten die Nutzer auf, keine Beiträge zu veröffentlichen, bei denen ein verändertes Logo zum Einsatz kommt. Das wurde von den Nutzern nicht goutiert und führte zu einem Schlagabtausch auf der Facebook-Seite.

Der „Streisand-Effekt" sorgt für großes Medienecho

Die Kampagne erwirkte ein immer größeres Medienecho, paradoxerweise stiegen in Großbritannien **gar die KitKat-Absatzzahlen**. Der „**Streisand-Effekt**" schlug zu – bei dem Versuch, Informationen zu unterdrücken, geschah genau das Gegenteil, und sie verbreiteten sich weiter.

Der Effekt verdankt seinen Namen der Schauspielerin und Sängerin Barbra Streisand, die einen Fotografen verklagte, der Luftaufnahmen der kalifornischen Küste gemacht hatte. Das Bild von Streisands Haus war auf einer Webseite zu finden, aber erst die Klage stellte eine Verbindung zwischen dem Foto und der prominenten Dame her.

Nach zwei Monaten kündigte Nestlé an, die Partnerschaft mit dem Lieferanten zu beenden. Obwohl inzwischen Gras über die Sache gewachsen ist, vergisst Google nicht ganz so schnell ...

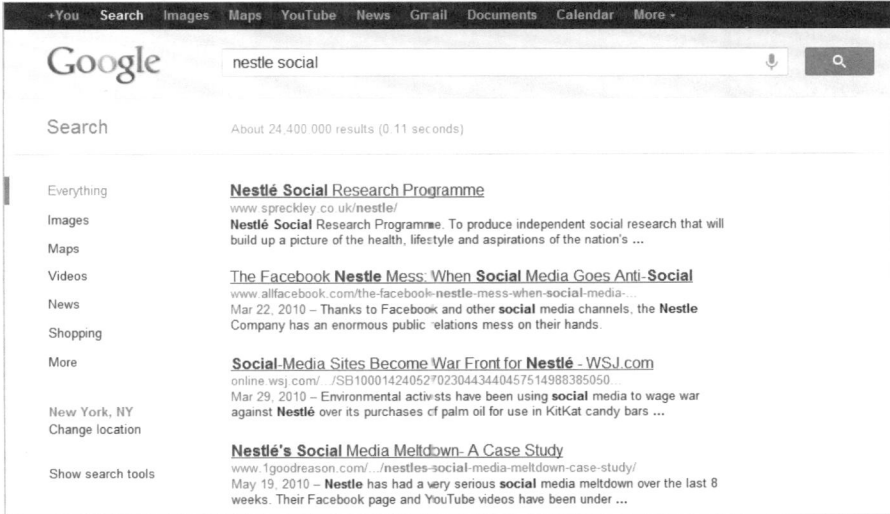

Das Social-Media-Debakel beherrscht auch Google.

Der Fall Nespresso – Hat Nestlé daraus gelernt?

Im September 2011 drohte dann weiteres Ungemach für Nestlé durch eine angestrebte Aktion gegen deren Kaffeemarke Nespresso. Nespresso wurde vorgeworfen, die Kaffeebauern auszubeuten. Das zog eine Reaktion auf der Facebook-Seite von Nespresso nach sich, doch ein großer „Shitstorm" blieb aus. Nespresso konterte in diesem Fall nicht mit ausfälligen Bemerkungen, sondern mit Fakten und Zahlen zum Thema. Damit wurde die Kampagne entkräftet, und bald darauf hatten sich die Wogen auch bereits wieder geglättet.

Mit dem Marktplatz will Nestlé von den Kundenbedürfnissen lernen

Alexander Decker, Head of Consumer Relations von Nestlé Deutschland AG, betont in einem Interview auf **Absatzwirtschaft.de**:

„Wer jetzt nicht lernt, wird in zehn Jahren nicht mehr dabei sein. Nestlé denkt in Paletten, aber nicht in Endkunden-Handelseinheiten. Wir haben uns entschieden, [den Nestlé Marktplatz] aufzusetzen, um [direkt von den Endkunden] zu lernen."

Der Nestlé Marktplatz auf Facebook sorgt für Interaktion mit den Nutzern.

Der Marktplatz unter **http://www.nestle-marktplatz.de** ist ein Onlineshop mit zusätzlichen Funktionen. Als Direktvertriebsplattform im Netz ist dies ein interessanter Versuch im Gegensatz zu den klassischen Distributionskanälen des Unternehmens. Soziale Funktionen wie eine **Facebook-Seite** sind integriert, und die Nutzer werden um Feedback gebeten. Auf die Frage, ob der Marktplatz eine verspätete Reaktion auf den KitKat-Vorfall sei, meint Decker:

„Da habe ich mein Lieblingszitat von Fiat-Chef Agnelli: ‚Companies won´t change, unless there is a crisis.' Wir müssen zum Teil Glaubwürdigkeit wieder aufbauen."

2.7 Die Deutsche Bahn geht mit dem Chefticket an den Start

Die Deutsche Bahn hat es im Social Web nicht leicht, ihr bläst online ein starker Wind ins Gesicht. Auf Twitter finden sich regelmäßig **Tweets über Verspätungen, auf Facebook amüsiert man sich** über das Englisch der Bahnbegleiter, und in Blogs werden allerhand „**Bahn-Geschichten**" gesammelt.

Das Chefticket geht an den Start

Dennoch hat die Bahn im Oktober 2010 den Versuch gewagt, die Social-Network-Nutzer mit einer besonderen Aktion anzusprechen. Das „Chefticket" wurde zwei Wochen lang exklusiv über die **gleichnamige Facebook-Seite** vertrieben, für 25 Euro konnte der Käufer damit deutschlandweit in allen Zügen der 2. Klasse fahren.

Diese Aktion diente als Versuch für das zukünftige Engagement der Deutschen Bahn auf Facebook. Dazu wurde der Zeitraum stark begrenzt und eine spezielle Facebook-Seite unter **https://www.facebook.com/chefticket** eingerichtet.

Ein aufwendiges Viral-Video sorgt für viele verkaufte Cheftickets

Ein aufwendig produziertes **Video** machte bei Facebook auf die Aktion aufmerksam, **Zehntausende Menschen** schauten sich dieses noch vor Aktionsbeginn an und spielten auf der Facebook-Seite das „Chefspiel". Auf YouTube fand man das Video aber erst dann, als das **Basic Thinking Blog** dieses dort publizierte. Zum Verkaufsstart hin wurden dann auch Banner auf ausgewählten Websites geschaltet, und der Clip wurde in Kinos gezeigt.

Die Bahn resümiert die Kampagne auf der Facebook-Seite **https://www.facebook.com/chefticket** wie folgt:

„In erster Linie sollte diese Seite den Zugang zum preiswerten Chefticket ermöglichen und als Servicekanal für Fragen rund um Buchung, Konditionen und Reise dienen – das haben wir geschafft. Durch die vielen Tausend Posts und Kommentierungen sowie über die abschließende Umfrage haben wir zudem viel über die (Verbesserungs-)Wünsche unserer Kunden gelernt. Wir haben jeden einzelnen Beitrag gelesen und keinen nach Beendigung der Aktion gelöscht – sie sind derzeit aufgrund einer Facebook-Funktionalität nur ausgeblendet.

Gefreut haben wir uns besonders darüber, dass das positive Feedback überwog und der Dialog eindeutig von Servicethemen bestimmt wurde – etwa 80 % der Posts und Kommentare bestanden aus sachlichen Fragen oder Lob für un-

sere Aktion. Natürlich haben wir auch den anderen 20 % gut zugehört, und auch wenn selbst Facebook keinen Zug schneller fahren lässt, so haben wir Wünsche wie z. B. den nach alternativen Zahlungsmöglichkeiten deutlich wahrgenommen.

Auch die User, die sich laut Umfrage zukünftig eine Dialogplattform für Kundenservice und Informationen über Aktionen und Angebote wünschen, haben uns genauso erreicht wie die überwiegende Mehrheit, der das Chefticket gefallen hat und die sich ähnliche Aktionen für die Zukunft wünscht.

Wir arbeiten daran ~ versprochen.

Die Deutsche Bahn"

Das Video zur Kampagne wurde vom Basic Thinking Blog auf YouTube hochgeladen.

So präsentierte sich die Facebook-Seite zum Start der Kampagne.

War die Kampagne der Bahn erfolgreich?

Auf der einen Seite hat die Bahn eine Menge Fans gewonnen und sich somit für eine weitere, längerfristige Social-Media-Strategie gerüstet. Auch die vielen verkauften Tickets sind ein Indikator dafür, dass die Nutzer diese Aktion geschätzt haben.

Andererseits sprechen Kritiker von einem **„PR-Debakel"**, man habe unzureichend kommuniziert und Facebook als reine Verkaufsplattform fehlinterpretiert, anstatt einen echten Dialog zu fördern.

Bezog sich die Kritik zunächst nur auf das virale Video (das mit einem Hahnenkampf, Strapsen und nackter Haut nicht geizte), so gab es nach kurzer Zeit generelle Kritik an der Deutscher Bahn. Dutzende Bahnkunden ließen ihrem Frust auf der Facebook-Seite freien Lauf, nicht zuletzt weil zur selben Zeit Tausende Menschen gegen ein Projekt der Bahn demonstrierten. Die Kritik wurde aber auf der Facebook-Seite der Bahn nicht adressiert.

Auszüge aus der Kritik auf der Chefticket-Facebook-Seite der Deutschen Bahn.

Andere Bereiche der Deutschen Bahn pflegen den Dialog mit den Nutzern, wie man das zum Beispiel auf der Facebook-Seite „**Deutsche Bahn Karriere**" verfolgen kann. Diese Seite hat jedoch nur wenige Hundert Fans und ist demzufolge schlecht vergleichbar mit der Kampagne, die sich an den Massenmarkt richtete.

Thorben Meier, bei der Agentur Ogilvy PR in Düsseldorf verantwortlich für die strategische Planung der Kampagne, verteidigt die von manchen kritisierte Kommunikationsstrategie in einem **Interview mit allfacebook.de** wie folgt:

„Natürlich ist Dialog ein wichtiger Teil der Social Media, aber er ist bei Weitem nicht der einzige Aspekt. Es geht auch um Dinge wie Relevanz sowie das Teilen von und der einfache Zugang zu interessanten Inhalten. Es besteht wohl kein Zweifel darüber, dass wir dies alles in hohem Maße in die Community getragen haben. Der Dialog, den wir auf der Seite geführt haben, hatte den Zweck, dieses Anliegen zu unterstützen. Wer Social Media mit dem Zwang zum unbegrenzten Dialog – ungeachtet von Zeit, Ort und Kontext – assoziiert, hat Social Media und einige elementarere Dinge der Kommunikation nicht verstanden."

Die deutsche Bloggerszene betrachtet die Kampagne differenziert

Die deutsche Bloggerszene hat die Kampagne der Deutschen Bahn mit Argusaugen beobachtet. **Thomas Knüwer vom Blog „Indiskretion Ehrensache"** findet nicht nur das Chefspiel „furchtbar nerv[ig]", sondern merkt auch an, dass es scheinbar keine klaren Richtlinien für die Moderation und für den Umgang mit Kundenfeedback gab. Antworten gab es entweder nur sehr kurz angebunden oder aber gar nicht.

Mirko Lange hat dazu in seinem Blog „**TalkAbout.de**" die Diskussion darüber angestoßen, was die Bahn hätte anders machen können: *„Hätte die Bahn gar keinen Social-Media-Auftritt wagen sollen? Hätte sie allen Kommentaren – seien sie noch so polemisch – antworten sollen? Hätte sie die Pinnwand für Beiträge sperren sollen?"*

Olaf Kolbrück hält im Blog „**Off the Record**" fest, dass Facebook für die Bahn in diesem Fall ein Vertriebskanal und keine „Quasselbude" gewesen sei. Von der Kassiererin bei Aldi erwarte ja auch niemand einen gemütlichen Plausch.

„Lessons learned" aus der Kampagne

Klar ist, dass man einige Dinge hätte besser machen können. Man muss der Deutschen Bahn aber auch Respekt zollen, dass sie diesen Versuchsballon gestartet hat. Auf der Facebook-Seite hat man auch im Rahmen einer Umfrage **hilfreiches Feedback eingeholt**. Im Interview bei **allfacebook.de** versprach Daniel Backhaus, bei der DB Vertrieb GmbH für die Social-Media-Angelegenheiten zuständig:

„Unsere nächste Aktion wird noch besser werden. Um wie vieles besser, wird das Social Web entscheiden. Wir werden wieder zuhören, lernen und uns so stetig weiterentwickeln."

Wie es mit Social Media bei der Deutschen Bahn in 2012 weitergeht

Ende 2011 hat die Deutsche Bahn dann ihr **Versprechen eingelöst**. Statt nur einer Seite gibt es nun **zwei Seiten** – eine für den Konzern (**https://www.face book.com/deutschebahn**) und eine weitere für den Personenverkehr (**https://www.facebook.com/dbbahn**). Dazu kommt der Twitter-Kanal @**DB_Bahn**, der bereits **seit Sommer 2011 fleißig** vor sich hin zwitschert.

Die Deutsche Bahn **bekennt damit Flagge** und **steigt in die sozialen Netzwerke** ein, um damit die klassischen Kommunikationskanäle zu ergänzen. Damit wird der Dialog mit der Öffentlichkeit gesucht, und gleichzeitig wird hier der Konzern in seiner Vielfalt dargestellt.

Für die Öffentlichkeit ist vor allem das Geschäftsfeld des Personenverkehrs interessant. Diese Facebook-Seite konzentriert sich auf Kundenservice, Produkte und besondere Angebote - und dient damit primär als Service- und Vertriebskanal für die Deutsche Bahn.

Auf der Seite des Konzerns wird die Deutsche Bahn dagegen als Ganzes dargestellt, vom Personenverkehr über Transport und Logistik bis hin zur Infrastruktur. Damit soll aufgezeigt werden, was die rund 300.000 Mitarbeiter weltweit täglich machen.

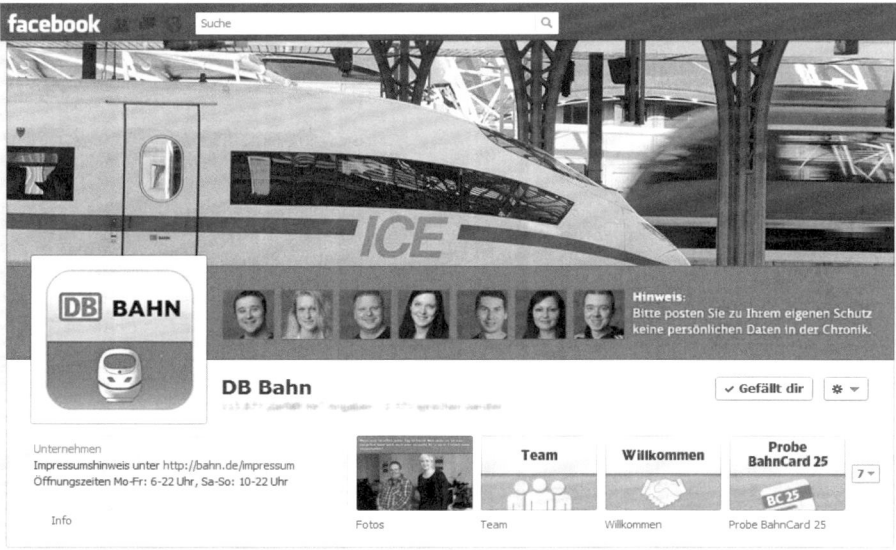

Die Deutsche Bahn nutzt die Facebook-Seite des Personenverkehrs als Servicekanal.

Kundenservice auf Facebook – es tut sich was!

In den **ersten beiden Monaten** nach dem Start konnte das sogenannte Dialog-Team über 4.000 Anfragen der Facebook-Nutzer beantworten und veröffentlichte selbst rund 40 Beiträge, die bei den Nutzern über 2 Millionen Mal angezeigt wurden.

Die Resultate der behandelten Anfragen sind beachtlich: 98 % der bearbeiteten Servicefälle konnten laut Unternehmen direkt über Facebook beantwortet werden, nur 2 % mussten an die jeweiligen Fachbereiche weitergeleitet werden.

Und auch hier spielen die Mechanismen der sozialen Medien: Nutzer helfen einander, und Mitarbeiter der Deutschen Bahn, die nicht im Kundenservice tätig sind, engagieren sich ebenfalls auf der Seite.

2.8 TelDaFax-Kundenservice – aber nicht auf Facebook

Social Media ist für viele Unternehmen heute immer noch dasselbe wie vor zehn Jahren die eigene Internetseite: Man sollte in jedem Fall mit von der Partie sein, auch wenn man nicht genau weiß, wieso eigentlich.

Die sozialen Medien stellen das klassische Kommunikationsmodell vom „Sender und Empfänger" in die Besenkammer und verlangen von Unternehmen Dinge wie Dialogfähigkeit, Transparenz und Offenheit – und vor allem auch funktionierende Geschäftsprozesse. Dass eine Social-Media-Präsenz aber nicht immer der richtige Schritt ist, zeigt das Beispiel des Billigstromanbieters TelDaFax.

Wie alles begann

TelDaFax hatte neben einem **Twitter**- und einem **YouTube**-Konto auch eine **Facebook-Präsenz**. Man wolle die Fans informieren und unterhalten, mit ihnen interagieren und einen Dialog aufnehmen, so die Beschreibung auf der Seite. Ein Jahr lang unterhielt TelDaFax seine Kunden mit Pressemitteilungen, Medienartikeln und Informationen zum Sponsoring von Bayer Leverkusen, ohne dass groß jemand davon Notiz genommen hat.

Ein Schlagabtausch auf der TelDaFax-Facebook-Seite.

Dann begannen Kunden damit, **erste Beschwerden** auf Facebook öffentlich zu machen. Auf diese Kritik am Kundenservice wurde allerdings nicht immer geantwortet, stattdessen wurden Beiträge gelöscht oder als „unüberlegte Behauptung ohne Hand und Fuß" **kommentiert**.

Der „Shitstorm" beginnt

Als sich immer mehr Kunden auf der Facebook-Seite beschwerten, bezog **TelDaFax Stellung und merkte an**, dass „die Seite echt nicht der geeignete Platz für Beschwerden und Kundenanliegen [sei]". Man wolle die Kunden „unterhalten, informieren, auf verschiedene Themen aufmerksam machen". Anfragen könnten per E-Mail, Telefon oder Post gestellt werden. Es zwinge ja auch niemand die Menschen dazu, **„diese Seite zu besuchen oder Fan zu sein"**.

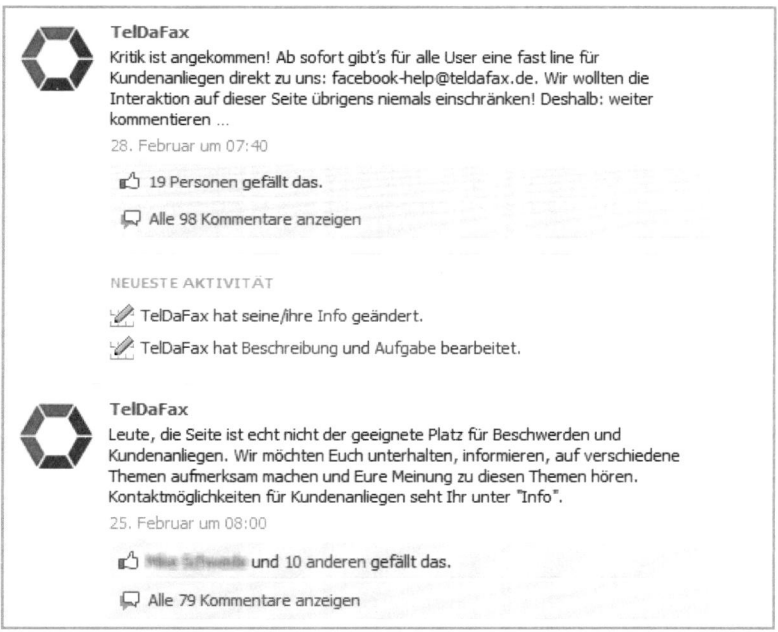

TelDaFax bezieht auf der Facebook-Seite Stellung.

Frustrierte Kunden machen ihrem Unmut Luft, und unter kaum einem Beitrag waren keine negativen Kommentare zu finden. Auch die spätere **Ankündigung**, dass das Kommentieren weiterhin erwünscht sei und dass man für Kundenanliegen nun eine spezielle E-Mail-Adresse eingerichtet habe, hielt die Flut der negativen Kommentare nicht auf.

Das geballte Aufkommen von Kritik und Problemen, umgangssprachlich auch als „Shitstorm" bekannt, **fand ebenfalls seinen Weg zu Twitter**, und die Facebook-Seite **TelDaFail** sammelt weiterhin alle negativen Schlagzeilen des rheinländischen Energieversorgers.

Social Media nicht praktizieren, nur um „dabei zu sein"

Dieses Beispiel zeigt, dass ein Unternehmen nicht ohne Vorbereitung im Social Web agieren sollte. „Hauptsache dabei sein" – dieses Motto einiger Manager birgt nicht nur Chancen, sondern auch große Risiken.

Im sozialen Web präsent zu sein, bedeutet natürlich mehr, als nur Pressemitteilungen auf Facebook zu veröffentlichen. Wenn der Kundendienst versagt oder das Unternehmen generell mit Problemen zu kämpfen hat, werden soziale Kanäle sehr schnell als Ventil genutzt – und dann muss man das Feedback adressieren und die Probleme beheben können!

Das bittere Ende

Bei TelDaFax nahm die Geschichte leider kein gutes Ende. Das Handelsblatt hatte bereits vorher berichtet, dass eine Pleite des Unternehmens in der Vergangenheit nur mit Bilanztricks vermindert worden sei. Es liege eine Überschuldung vor, und man finanziere sich wie ein Schneeballsystem aus Neukunden, mit deren Vorauszahlungen Strom eingekauft werde.

Mitte Juni 2011 stellte das Unternehmen beim Amtsgericht Bonn den Antrag auf ein Insolvenzverfahren, das am 1. September 2011 dann seinen Lauf nahm. Der Insolvenzverwalter fand chaotische Zustände vor, als er seinen Posten antrat. Es seien fast 240.000 Briefe ungeöffnet gewesen, und die Mengen der neu eintreffenden Post seien nur mit erheblichem Aufwand zu bewältigen gewesen. Der Insolvenzverwalter geht dabei von 700.000 Gläubigern aus – die bislang größte Zahl bei einer Einzelinsolvenz in Deutschland! Allein die Portokosten zur Abwicklung betragen 1,2 Millionen Euro ...

Auf Facebook hat sich TelDaFax ebenfalls aus dem Staub gemacht und die offizielle Seite gelöscht. Stattdessen haben sich nun Gruppierungen von Geschädigten gebildet.

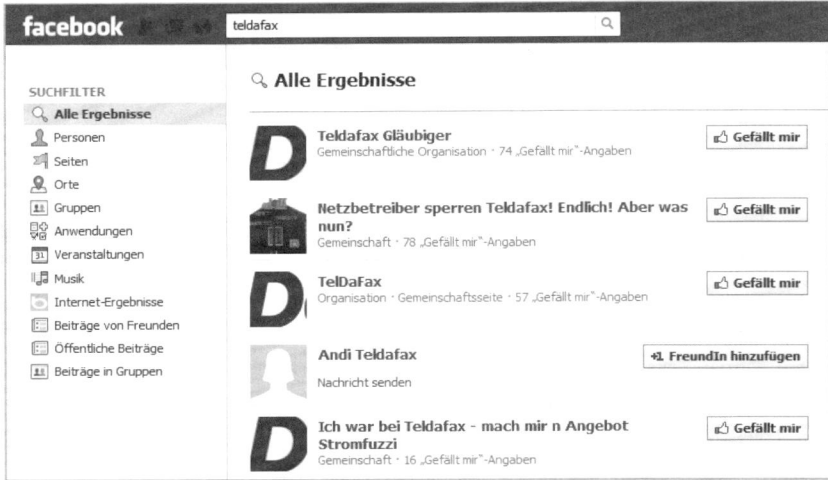

Facebook wird von Anti-TelDaFax-Seiten bevölkert.

Der **Twitter-Account** ist in der Hitze des Gefechts aber vergessen worden. Dort sind immer noch die Beiträge aus dem Frühling 2011 zu sehen, und es wird davon gesprochen, dass „die Liquiditätssituation sich entspanne". In diesem Fall war das Unvermögen struktureller Natur und die Auswüchse im Bereich Social Media nur die Spitze des Eisbergs.

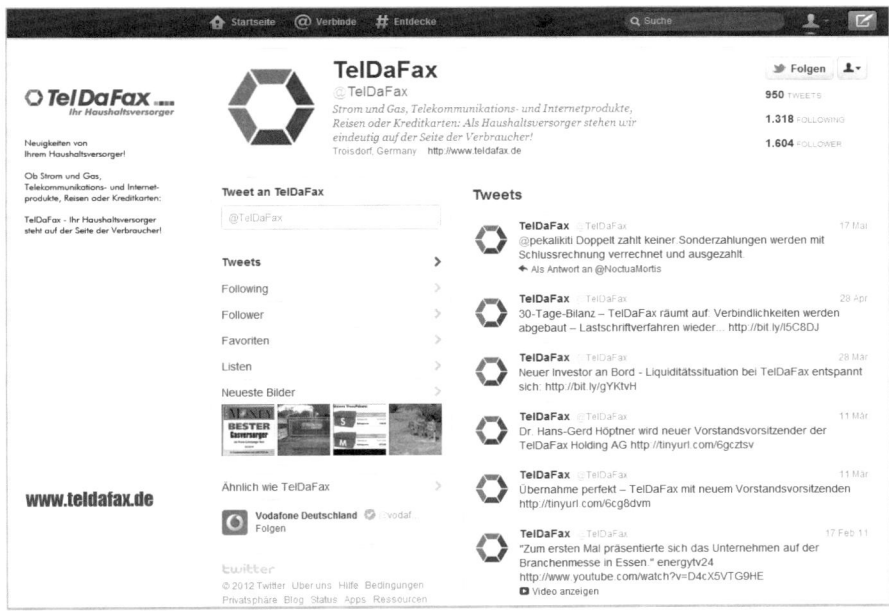

Der verwaiste Twitter-Account macht noch gute Miene zum bösen Spiel.

2.9 Der OTTO-Modelcontest demonstriert die Macht der Community

Ein Modelcontest des OTTO-Versandhauses hat hohe Wellen geschlagen: Nicht nur Blogs berichteten über das große Interesse an der Social-Media-Kampagne auf Facebook – sie erhielt auch vom **Spiegel** und **anderen Medien** Aufmerksamkeit. Warum, das erfahren Sie gleich!

OTTO rief auf der eigenen **Facebook-Seite** die Nutzer dazu auf, Fotos von sich hochzuladen. Danach sollte abgestimmt werden, wer ein Fotoshooting und 400 Euro gewinnt und für zwei Wochen das Gesicht der Fanseite wird. Das Resultat dieser Kampagne konnte aber niemand voraussehen ...

Großer Benutzeransturm sorgt für Probleme mit der Technik

Die Kampagne wurde mit einer einfachen Ankündigung auf Facebook gestartet, andernorts wurde sie nicht beworben. Das war aber auch gar nicht nötig! In kurzer Zeit nahmen über **30.000 Menschen** mit ihrem Foto teil, und OTTO musste den Wettbewerb verkürzen, denn die Serverkapazitäten waren bis zum Maximum ausgereizt!

„Brigitte" bewirbt sich als Model für den Contest auf der OTTO-Facebook-Seite.

„Wir hatten nicht mit so vielen Teilnehmern gerechnet (ihr seid schon über 30.000), und deshalb müssen wir den Contest leider VORZEITIG ABBRECHEN.

Unsere Systeme gehen hier regelmäßig in die Knie. Wir haben gestern noch einen Server dazubestellt, doch der ist nun auch schon voll ausgelastet. Wir schaffen es so kurzfristig nicht, die Kapazitäten aufzustocken. Um einen Systemabsturz zu verhindern, bleibt uns leider keine andere Wahl", gab OTTO bekannt.

Und die Gewinnerin ist ... der „Brigitte"!

Bei der anschließenden Abstimmung zum Model gewann aber nicht wie erwartet eine junge, attraktive Frau. Stattdessen machte **der 22-jährige Sascha, als „Brigitte" verkleidet**, das Rennen! Er war so genervt von den Pinnwandnachrichten über die OTTO-Aktion, dass er sich in viel zu enge Klamotten seiner Mutter gequetscht und in Brigitte verwandelt habe, wie er gegenüber **Spiegel Online** erklärte.

Mit fast 25.000 Stimmen gewann der Koblenzer BWL-Student in seinem Outfit mit blonder Perücke, Netzhandschuhen und Lippenstift den Contest – und durfte dann zum Fotoshooting bei OTTO antraben.

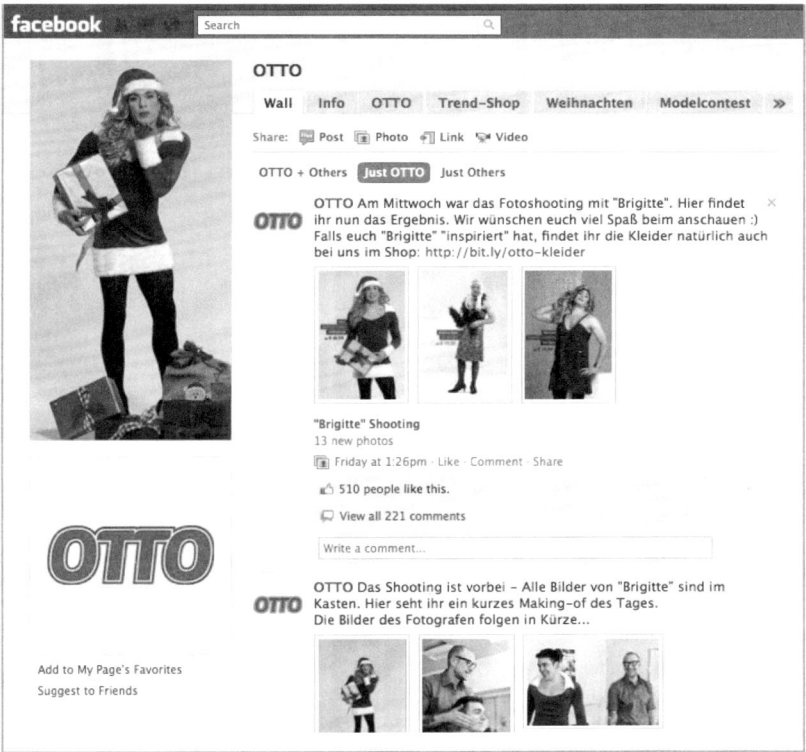

OTTO lud „Brigitte" zum Fotoshooting ein und veröffentlichte die Bilder auf der Facebook-Seite.

OTTO steht zum eigenen Wort

Man kann sich denken, dass OTTO beim Start des Contests etwas anderes im Kopf hatte. Die Webcommunity ist aber unberechenbar und erlaubte sich hier einen Spaß. Auch wenn nicht alle Nutzer mit dem Resultat zufrieden waren, **machte OTTO gute Miene zum bösen Spiel** und ließ den **Gewinner ablichten.**

„Wir freuen uns über die riesige Resonanz auf diese Aktion, danken allen Teilnehmern und sind vom Ergebnis wirklich überrascht. Humor ist, wenn man trotzdem lacht", **so der Unternehmenssprecher Thomas Voigt.** Die Fans zollten OTTO Respekt, da das Unternehmen zu seinem Wort stand und die Aktion durchzog.

Positiver Effekt: 140.000 neue Fans, die nun auf Facebook gepflegt werden

Der Wettbewerb war neben der (nicht in dieser Form geplanten) Medienpräsenz auch ein voller Erfolg für die Facebook-Seite von OTTO. Vor der Kampagne hatte diese 25.000 Fans, doch während des Model-Contents gewann die Seite weitere **140.000 Fans dazu!**

Die Nutzer zollen OTTO Respekt auf der Facebook-Seite.

Das Unternehmen hat sich im Verlauf der Aktion als ehrlich, transparent und souverän präsentiert. Für die Zukunft hat aber nicht nur OTTO gelernt, dass man sich nicht voll und ganz auf die Community verlassen sollte.

Der Kundenservice bei OTTO in 2012

Klar war aber, dass man den Fans weiterhin Tipps zu aktuellen Trends, exklusive Gewinnspiele oder Schnäppchen anbieten will. Die Seite ist heute zudem Anlaufstelle für diverse Kundenanfragen, die vom OTTO-Team auch direkt beantwortet werden. Dabei sind rund **30 Personen im OTTO-Kunden-Center** für das Feedback auf den sozialen Medien zuständig. Diese Mitarbeiter bedienen zudem die klassischen Kanäle.

Bereits seit 2006 nimmt OTTO auf seiner Webseite Kundenfeedbacks zu Produkten entgegen. Ende 2009 hat dann ein kleines Team bei OTTO mit der Betreuung einer Facebook-Seite und eines Twitter-Accounts begonnen und diese Kanäle parallel zum eigentlichen Job betreut.

Neben den operativen Arbeiten wird natürlich auch über die strategische Ausrichtung der Social-Media-Aktivitäten nachgedacht. Dabei wird ein starkes Augenmerk auf das Social Media Monitoring gelegt. Damit lässt sich klären, was die Kunden wünschen und was man besser machen kann. Der Versuchsballon Social Media wurde rasch zu mehr als nur einem „Nebenjob", und OTTO ist für dieses Thema personell gut gerüstet.

3. Erfolgreicher Praxiseinsatz von Social Media – So geht's!

Nach diesen Pleiten, Pech und Pannen lassen sich einige Dinge festhalten, die man sich in den sozialen Medien **nicht leisten sollte**. Hier die wichtigsten Punkte:

➢ Unvollständige Profile.

➢ Unregelmäßige Kommunikation.

➢ Widersprüchliche Aussagen, emotionale Diskussionen und unüberlegte Antworten.

➢ Zu lange Reaktionszeiten, zu wenige Mitarbeiter.

➢ Einsatz von vorgefertigten Textbausteinen, Marketingsprache.

➢ Lügen, Fehler nicht eingestehen.

➢ Kein Monitoring (siehe Kapitel 5.5 „Managen – So richten Sie sich eine Social-Media-Kommandozentrale ein").

➢ Fehlende Richtlinien (siehe Kapitel 1.10 „Rechte und Pflichten beim Einsatz").

Schauen wir uns nun einige Kampagnen an, die sehr erfolgreich waren!

3.1 Old Spice Man – was die erfolgreichste Social-Media-Kampagne aller Zeiten richtig gemacht hat

Erfolgreicher kann eine Werbekampagne kaum laufen: ein Wachstum der Verkaufszahlen um sagenhafte 107 % innerhalb eines Monats, ein Millionenpublikum aus aller Welt, ein Preis beim Filmfestival in Cannes, ein **Emmy-Award** und zahlreiche Berichte in den unterschiedlichsten internationalen Medien.

Die Marke „Old Spice", die Männerdüfte herstellt, scheint alles richtig gemacht zu haben – aber überzeugen Sie sich selbst, **unter http:// www.oldspice.com/videos/all/** finden sich alle Videospots.

Der geschickte Einsatz verschiedener sozialer Netzwerke ist ein exemplarisches Beispiel dafür, welches Potenzial ein zielgruppenorientiertes Marketing bietet. Andere Unternehmen mühen sich damit ab, Werbeanzeigen auf Facebook mithilfe von Nutzerdaten möglichst genau auf das jeweilige Profil abzustimmen. Der Inhaber der Marke „Old Spice", Procter & Gamble, ging einen anderen Weg.

Nackte Haut und klare Worte

Am Anfang stand ein TV-Spot: Der durchtrainierte Ex-Footballer und bis dato eher unbekannte Schauspieler **Isaiah Mustafa** spielte darin einen überzeugten Nutzer der Marke „Old Spice".

Dabei steht aber nicht das Produkt im Mittelpunkt, sondern der Körper Mustafas. Mit lediglich einem Handtuch beschürzt, lässt der Sportler seine Muskeln spielen. Nackte Haut und körperliche Reize sind ja heutzutage nichts Ungewöhnliches mehr. Richtig interessant wird es, wenn Mustafa seinen Text aufsagt. Denn anders als bei einem Männerartikel zu erwarten, richtet er sich direkt an die weibliche Bevölkerung – und das ziemlich offensiv.

Das Video beginnt mit seiner Aufforderung an die Damen, zuerst ihren Partner und dann den durchtrainierten Werbeträger anzusehen. Es folgt die rhetorische Frage, ob sich Frau nicht wünsche, dass ihr Partner so aussähe wie er. Dies sei leider nicht möglich, so der selbstbewusste Schauspieler weiter, doch sie könnten zumindest riechen wie er. Es folgt eine Liste von Aufzählungen, die den typischen Traummann in den gängigen Rollenbildern ausmachen. Neben Abenteuerlust und handwerklichem Geschick sollten ihm demnach auch Fürsorge und Backkünste gegeben sein.

Der Old Spice YouTube Channel.

Damit endet der erste Clip, doch die Werbekampagne „Smell Like a Man, Man" beginnt erst richtig.

Zahlen des Erfolgs – wie aus einem Clip Hunderttausende Fans und mehr als 180 Videoantworten entstehen

Dieses Video wurde zuerst während des „Superbowl" **gezeigt**, das ist das Endspiel in der amerikanischen Football League. Dies ist für die Werbebranche ein strategischer Anlass, denn bei keinem anderen Ereignis sitzen mehr Amerikaner vor dem Fernseher.

Dort stieß der Spot auf reges Interesse und wurde in den nächsten Monaten von über zehn Millionen Menschen auf **YouTube** angesehen. Damit wurde er zu einem der erfolgreichsten Clips aller Zeiten gemacht. In Cannes erhielt er zudem einen **Hauptpreis**.

Doch damit nicht genug! Aufbauend auf dieser Popularitätswelle, beantwortete der „Old Spice Guy" Mustafa während einer drei Tage dauernden Kampagne via Videobotschaft die Fragen der Fans auf Facebook und Twitter. Das Ergebnis: Der „Old Spice Guy" hat über 180 Videoantworten auf das Feedback der Nutzer gegeben – und das annähernd in Echtzeit.

Dieses Prinzip führte bei **Twitter** zu mehr als 100.000 Followern und fast zehnmal so vielen Fans auf **Facebook**. Die Videos selbst wurden in einer Woche **über 35 Millionen** Mal angesehen. Ein solches Engagement kam an und verbreitete sich wie ein Buschfeuer, was sich wiederum auf ein massives **Verkaufswachstum** der Produktlinie „Old Spice Body Wash" niederschlug – dabei ist von bis zu 107 % die Rede.

Das Ergebnis einer geschickten Strategie – Virusverbreitung über das Internet

Procter & Gamble ist es damit gelungen, die mehrere Jahrzehnte alte und schon angestaubte Marke „Old Spice" wiederzubeleben. Dabei wurde ein ganz anderer Werbeansatz gewählt, als das bei den **Spots in der Vergangenheit** der Fall war. Der beispiellose Erfolg dieser Kampagne ist natürlich nicht nur auf Zufall zurückzuführen. Dahinter steckte eine **ausgetüftelte Strategie**, für die die Marketingfirma Wieden & Kennedy verantwortlich ist. Doch jede noch so perfekte Strategie lässt sich nur bis zu einem gewissen Grad in der Umsetzung planen. Es braucht einen Nährboden und positive Umstände, damit alles aufgeht.

Das ungewöhnliche Video war ein guter Einstieg in die Werbewelt des Internets, wo bekanntlich alles Skurrile gern verlinkt und weiterverschickt wird. Die Idee dahinter: Nutzer aus Facebook, Twitter und YouTube können die Videos kommentieren und dem „Old Spice Guy" Fragen stellen. Ein Marketingteam arbeitete daraufhin an den Antworten, die wenige Stunden später als Filmchen eingestellt wurden – direkt auf die jeweilige Frage des Nutzers zugeschnitten. Das erzeugte bei allen das Gefühl, direkt am Geschehen mitwirken zu können, und schaffte gleichzeitig eine persönliche Atmosphäre.

Als Folge davon verlinkten viele Nutzer auf die neuen Videos, die humorvoll wieder aus der Masse hervorstachen. Durch die laufende Produktion von neuem Material versiegte der Inhaltsstrom nicht. Die Verlinkungen riefen neue Fragen und Kommentare auf den Plan, auf die man wieder mit einer Botschaft reagieren konnte – eine klassische Kettenreaktion mit viralem Effekt. Diese Strategie traf den Nerv der sozialen Netzwerke und ist blendend aufgegangen.

Hausaufgaben gemacht und einen Plan entwickelt

Der Markt für Hygieneartikel ist in den USA in den letzten fünf Jahren stark gewachsen, es handelt sich um eine aufstrebende und lukrative Branche. Auch in Sachen Marktanalyse wurden die Hausaufgaben gemacht, die relevante Zielgruppe wurde bestimmt. Das Publikum des TV-Spots sind Frauen – denn diese entscheiden oftmals darüber, welche Produkte der Partner benutzt. „Old Spice" spricht daher in dem Werbespot genau dieses Publikum an.

Dabei wurden die Clips aber nicht einfach auf einer autonomen Webseite publiziert, sondern es wurde geschickt auf der Klaviatur der sozialen Netzwerke gespielt. YouTube, Twitter und Facebook dienten als Kanal für die Verbreitung und auch als Auffangbecken für die Fragen der Benutzer.

Prominente einspannen und auf aktuelle Ereignisse reagieren

Das Konzept der Clips, die simpel und verspielt sind, ist aufgegangen. Das liegt auch daran, dass Isaiah Mustafa als relativ unbekannter Charakter glaubhafter die persönliche Note in den Videoantworten verkörpern konnte als irgendwelche Promigrößen. Genau diese wiederum haben aber einen erheblichen Teil zum Erfolg der Kampagne beigetragen, denn es wurden gezielt prominente Twitter-Accounts adressiert.

So lag **Kevin Rose, damaliger** CEO des populären Onlineportals **http://www.Digg.com**, mit Fieber im Bett und wünschte seiner Gefolgschaft auf Twitter – weit über einer Million Menschen – einen schönen Samstag. Als Antwort darauf gab es nicht einfach eine kurze Nachricht, sondern ein **witziges Video** vom „Old Spice Man", der ihm gute Besserung wünschte.

Das zog auch die Aufmerksamkeit von **Ashton Kutcher** auf sich. Er hatte zu dem Zeitpunkt bereits weit über sechs Millionen Follower und gehörte zu den Top 10 der **weltweiten Twitter-Charts**. Dieser verlinkte auf das Video und schrieb:

„If you don't feel better after this @kevinrose I don't know what will help – wenn du dich danach nicht besser fühlst, @kevinrose, dann weiß ich nicht, was helfen wird http://bit.ly/bZn4hu."

Dieser von Kutcher publizierte Link sorgte für weit über 50.000 Klicks. Auch teilten Tausende Menschen die Nachricht in ihren sozialen Netzwerken, wie die **Statistik** des Links zeigt.

Statistik zu der von Ashton Kutcher geteilten Videobotschaft des „Old Spice Man".

Kutchers Ex-Gattin **Demi Moore** (früher unter @mskutcher zu finden, nun unter @justdemi) gehört auch zu den Top 100 der Twitterer und bringt es im Juni 2012 auf eine Gefolgschaft von über 5 Millionen Usern. Auch sie wollte eine spezielle Botschaft vom „Old Spice Man", und der Wunsch wurde **erhört**. Weitere Prominente waren Talkmasterin **Ellen DeGeneres**, Promiblogger **Perez Hilton** sowie die Schauspielerinnen **Rose McGowan** und Alyssa Milano. Alle diese Interaktionen mit den prominenten Menschen wurden natürlich auch gern von deren Fangemeinde aufgegriffen und weiterverbreitet.

Man war von Alyssa Milano anscheinend besonders angetan, denn es wurden ganze vier Videos an die Schöne adressiert. Aber damit nicht genug, ein Strauß roter Rosen und eine handgeschriebene Karte entzückten die Schauspielerin sehr. Sie publizierte deshalb selbst ein **Video** – ganz in Old-Spice-Manier mit nur mit einem Badetuch bekleidet.

Aber auch der gewöhnliche Internetnutzer kam zum Zug, denn kreative Fragen sorgten dafür, dass in den Videos Abwechslung herrschte. Ein Nutzer bat darum, für ihn seiner Freundin einen Heiratsantrag zu machen. Dem ist der Muskelmann nachgekommen – und die Freundin hat dem Antrag freudig zugestimmt. Er beantwortete auch die **Frage seiner Tochter**, warum er denn wie ihr Dad aussehe.

Kein Wunder, dass solche Aktionen auch die klassischen Medien auf den Plan riefen. In Zeitungen und Fernsehsendungen wurde fortan über die

Kampagne berichtet, von der New York Times über FOX News bis hin zum ZDF und dem Handelsblatt. Die Macher durften sich dabei über zusätzliche Gratiswerbung freuen.

Die nächsten Streiche von „Old Spice"

Die Möglichkeiten der sozialen Netzwerke wurden hier kreativ genutzt, die Community wurde aktiv eingebunden. Damit konnte die Identifikation mit dem Produkt gestärkt werden. Eine gut gemachte Reklame kann Millionen zusätzlicher Konsumenten erreichen. Allerdings ist diese Methode auch mit Aufwand verbunden. In diesem Fall saßen mehrere Mitarbeiter daran, ständig neue Videos zu produzieren – aber es hat sich gelohnt!

Es kamen zahlreiche Faktoren zusammen, die den Erfolg der Kampagne ermöglichten. Doch mit dem Debüt in 2010 war die Erfolgsstory nicht etwa abgeschlossen, ganz im Gegenteil. Die Köpfe hinter der Kampagne haben den Erfolg auch auf die **Folgekampagnen** übertragen können.

Der Spot **„Scent Vacation"** wurde Anfang Februar 2011 lanciert und hatte in der ersten Woche laut **Visible Measures** bereits 3,4 Millionen Ansichten generiert. Zum Vergleich: Der Originalspot generierte 2,1 Millionen Ansichten, und das Sequel brachte es in der ersten Woche auf 2,5 Millionen Ansichten.

Im August 2011 gab es eine Überraschung: Das bekannte Model Fabio **forderte den „Old Spice Guy" heraus** – diese Herausforderung wurde über 3,3 Millionen Mal angesehen! Das ließ der „Old Spice Guy" natürlich nicht auf sich sitzen und las dem Herausforderer die Leviten.

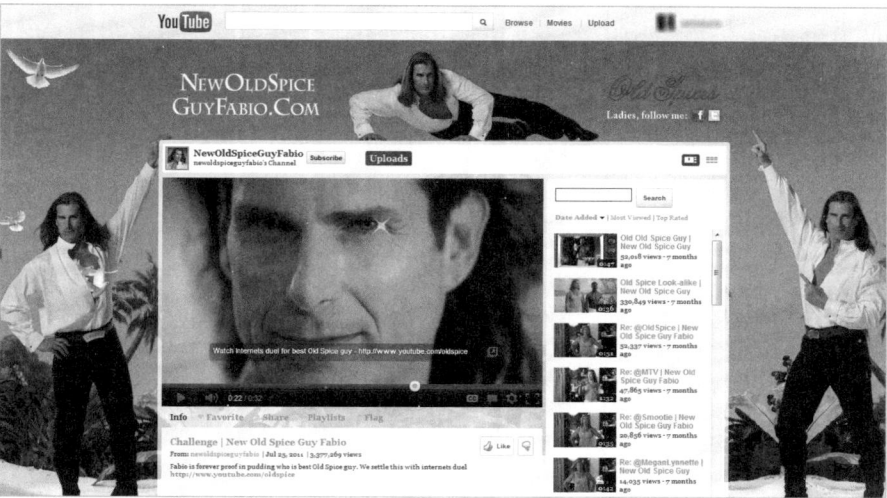

Der „New Old Spice Guy" Fabio fordert den „Old Spice Guy" Isaiah heraus.

„Es kann nur einen geben", doch bis diese Botschaft auch bei Fabio angekommen war, gab es eine Reihe weiterer Spots zu sehen – ganz zum Vergnügen der vielen Millionen Zuschauer, die auch wieder fleißig interagierten und auf Twitter Fragen stellten.

Es kann nur einen „Old Spice Guy" geben!

Hybride Werbung – wie der „Old Spice Guy" andere Spots übernimmt

Im Februar 2012, fast zwei Jahre nachdem der ursprünglichen Spot präsentiert wurde, überraschte der Hersteller Procter & Gamble mit einer Serie an neuen Spots. Darin stellt Terry Crews, ebenfalls ein ehemaliger NFL-Spieler, sein Talent unter Beweis, indem er **andere Werbespots kidnappt**.

So beginnt der Werbespot ganz gemütlich: Man sieht eine Frau, die vor der Waschmaschine steht und ein anderes Produkt vorstellt. Plötzlich gibt es eine Explosion, und Terry Crews fährt direkt mit einem Jetski durch die Mauer und schreit aus voller Kehle: „Old Spice Body Spray lässt dich nach Power riechen! Es ist so kraftvoll, dass es sich sogar in den Werbespots von anderen Produkten verkauft."

Old Spice kidnappt einen anderen Werbespot.

Das gleiche Schicksal widerfährt auch einem anderen Toilettenartikel. Procter & Gamble nutzt hier also eine geschickte Strategie, um mehrere Produkte aus dem eigenen Haus gleichzeitig mit einem Knalleffekt dem Publikum zu präsentieren.

Die Old-Spice-Kampagne begeistert durch eine laufende Weiterentwicklung und kann als Vorzeigebeispiel dafür genommen werden, wie man mit geschicktem Marketing einer abgehalfterten Marke wieder neues Leben einhauchen kann.

3.2 Virales Gewinnspiel für den Launch des TrafficPrisma von Onlinemarketer Tobias Knoof

Jede Webseite lebt von Besuchern, denn erst mit dem Traffic kommen Kunden, Umsätze und steigende Bekanntheit. Der deutsche Onlinemarketing-experte Tobias Knoof betreibt die Plattform **http://www.digitale-infopro dukte.de** und kennt diese Hürden aus eigener Erfahrung. Doch er hat diese Probleme hinter sich gelassen und seinen eigenen Auftritt von null in **die Top-1000-Webseiten** Deutschlands gebracht – und das bei insgesamt 13 Millionen .*de*-Domainnamen.

Er hat deshalb sein Wissen in dem Produkt „**TrafficPrisma**" festgehalten. Dieses ermöglicht Webseitenbetreibern, mehr Besucher auf ihre Präsenz zu leiten. Das TrafficPrisma kam in einer limitierten Auflage von 1.000 Stück auf den Markt. Es wurde während der Einführungsphase zu einem reduzierten Preis von knapp 300 Euro verkauft, der danach anstieg. Exklusiv finden Sie im Folgenden einen Abdruck des „TrafficPrisma" sowie des „schwarzen TrafficPrisma für Profis".

Der Aufbau eines Spannungsbogens erhöht den Kaufwunsch

Bei der Lancierung des Produkts hat Knoof dieses aber nicht einfach in einen Onlineshop gestellt und zum Kauf angeboten. Vielmehr hat er mithilfe der sozialen Medien im Vorfeld einen Spannungsbogen für die Vermarktung geschaffen, der sich dann während der Einführungsphase entladen konnte. Solche Prelaunch-Phasen wecken das Interesse der potenziellen Kunden und helfen beim Aufbau der eigenen Marke.

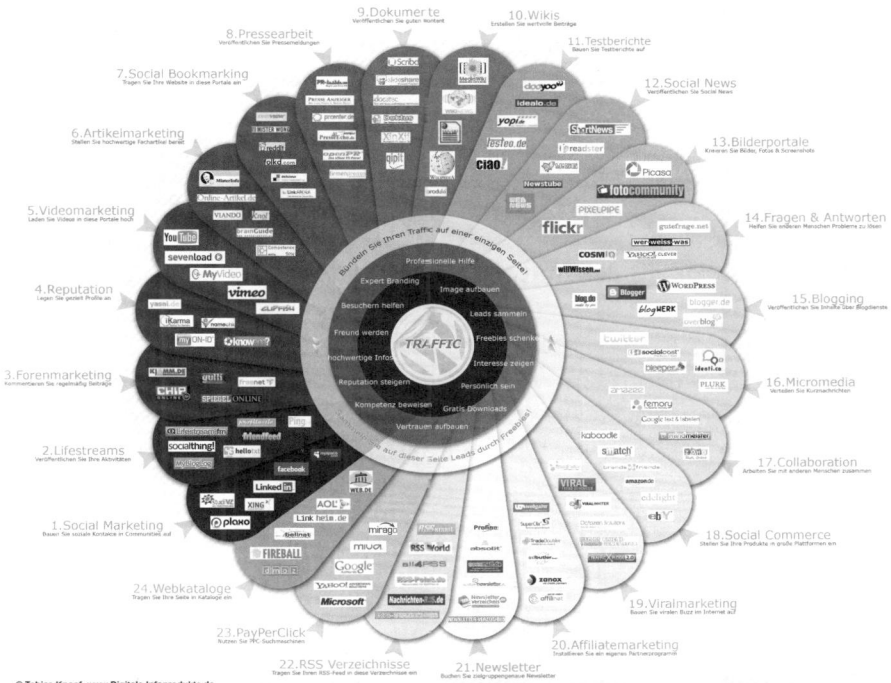

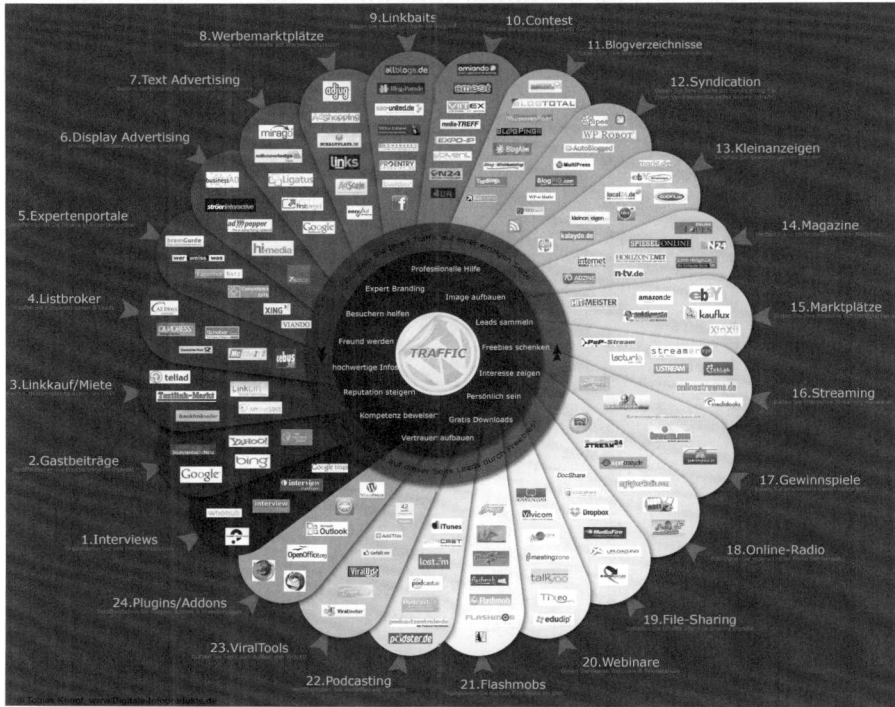

*Die Komponenten des TrafficPrisma sorgen für Erfolg im Internet
(Grafik mit freundlicher Genehmigung von Tobias Knoof).*

„Wenn ein neues Produkt bei einer Markteinführung gleich zum Verkauf steht, entlädt sich das Interesse der Kunden und die Neugierde des Markts gleich nach dem Kauf. Wenn dieser Moment aber hinaus-gezögert wird, kann die Spannung sich nicht ab-bauen, und es entsteht ein regelrechter Kaufwunsch seitens des Kunden", erklärt Knoof.

Gewinnspiel sorgt für Bekanntheit während der Prelaunch-Phase

Der zentrale Aspekt bei diesem Vorgehen ist aber der Mehrwert für den Nutzer. Dieser wurde im Fall des TrafficPrisma mit einem großen Gewinnspiel sichergestellt, das Preise im Wert von fast 25.000 Euro verlost hat.

Das TrafficPrisma-Produkt von Tobias Knoof.

Die attraktiven Preise sorgten dafür, dass sich 72 Stunden nach dem Start-schuss bereits über 750 Leute für die Teilnahme am Gewinnspiel eingetra-gen hatten.

Jeder Teilnehmer am Gewinnspiel konnte mit verschiedenen Aktionen Lose für sich sammeln – und je mehr Lose, desto größer wurden die Gewinn-chancen. Dies war der eigentliche Schlüssel, um die Leser zu Botschaftern zu machen und für das Produkt zu begeistern.

Virale Verbreitung mithilfe der sozialen Medien

Die Teilnehmer erhielten dabei pro realisierte Aktion eine unterschiedliche Anzahl an Losen, je nach deren Komplexität, Zeitbedarf und Reichweite. Dank der attraktiven Gewinnspielpreise waren die Teilnehmer bereit, die Botschaft des neuen Produkts über ihre eigenen Kanäle zu verbreiten.

Hier einige der **möglichen Aktionen**:

➢ Ein Video auf der eigenen Website einbinden.

➢ Einen Blogbeitrag über das Gewinnspiel verfassen.

➢ Einen Link setzen.

➢ Eine Nachricht auf Twitter oder Facebook verfassen.

➢ Freunde zum Gewinnspiel einladen.

➢ Den RSS-Newsfeed des Blogs abonnieren.

➢ Kommentare im Blog hinterlassen.

➢ Die Webseite auf Social-Bookmarking-Plattformen verlinken.

> ➢ Eine Infografik erstellen.

> ➢ Weitere Preise für das Gewinnspiel sponsern.

> ➢ Werbebanner auf der eigenen Seite einbauen.

> ➢ Eine E-Mail an die eigene Newsletterliste versenden.

> ➢ Die Verlosung bei einer Gewinnspielseite anmelden.

> ➢ Den Link in der eigenen E-Mail-Signatur einbauen.

> ➢ Ein Video dazu erstellen.

> ➢ Ein anderes Produkt kaufen etc.

Hebelwirkung durch Affiliate Marketing

Knoof nutzte neben dem Gewinnspiel auch Partnerschaften im Sinne des Affiliate Marketing, um mehr Leute zu erreichen. Seine Partner boten dabei das Produkt ihren Kunden an und erhielten für jedes verkaufte Exemplar eine entsprechende Provision.

Er konnte während der Lancierung des TrafficPrisma auch die Anzahl seiner eigenen Newsletterabonnenten um fast zwei Drittel steigern! Die eigene Mailingliste ist für jeden Onlinemarketer ein zentrales Element, um seine Produkte zu verkaufen.

Zudem verknüpfte er das sogenannte Butterfly-Marketing-Skript mit der Produkteinführung und dem Gewinnspiel selbst. Dabei erhält jeder neu registrierte Interessent eine eigene Partner-ID, mit der er im nächsten Schritt das Produkt selbst bewerben kann Für jeden erfolgreichen Verkaufsabschluss gibt es dann eine entsprechende Provision. Dabei ist jeder Kunde, Benutzer und Interessent ein möglicher Partner, was den Butterfly-Effekt fördert und die Besucherzahl auf der Seite steigert.

Lassen wir Zahlen sprechen

Damit hat Tobias Knoof in kurzer Zeit viel Aufmerksamkeit erzeugt. Es gab rund 2.200 Reservierungen für das TrafficPrisma, und knapp 400 Stück wurden in den ersten 72 Stunden nach dem Prelaunch verkauft.

Auf der für das Produkt neu registrierten Domain **http://www.trafficprisma.de** wurden innerhalb von zwei Wochen mehr als 43.000 Zugriffe gemessen, und das dazugehörige Video wurde fast 10.000 Mal angesehen. Während des gesamten Prelaunchs erreichte die frisch registrierte Domain sogar knapp 100.000 Zugriffe potenzieller Kunden und über 40.000 Aufrufe des Videos.

Lesen Sie dazu auch das Interview in Kapitel 4.3 „Interview mit Tobias Knoof, Inhaber von Digitale-Infoprodukte.de"

3.3 Warum Linsenmax.ch auf Erfolgskurs ist

Die Linsenmax AG wurde Ende 2006 aus der Taufe gehoben und hat sich auf den Onlineverkauf von Originalkontaktlinsen spezialisiert. Das Unternehmen entwickelte sich rasch zu einem der wichtigsten Kontaktlinsenanbieter im Schweizer Markt.

Soziale Medien und Suchmaschinenoptimierung zur Bekanntmachung des Angebots genutzt

Um das Angebot bekannt zu machen, haben die Verantwortlichen vor allem auf Suchmaschinenoptimierung gesetzt. Damit konnte der Onlineshop in die Liste der Topresultate für wichtige Suchbegriffe gebracht werden. Außerdem wurde durch eine **gezielte Kampagne** auch die Bloggergemeinde auf das neue Angebot aufmerksam gemacht, was sich wiederum positiv auf die Suchmaschinenoptimierung auswirkte.

So präsentiert sich das Angebot von Linsenmax.ch.

Die Präsenz in den sozialen Netzwerken von Facebook und Twitter stützt den langfristigen Erfolg und hält die loyalen Kunden und Fans auf dem Laufenden – jeder dritte Kunde gibt auch eine Bewertung auf dem neutralen Bewertungsportal eKomi ab. Social Media ist dabei ein zusätzlicher Kommunikations- und Marketingkanal und kein Ersatz für andere Kanäle.

Facebook als Umsatzbringer

Auf der **Facebook-Fanseite** konnten seit Januar 2009 durch verschiedene Aktionen um die 4.000 Fans gewonnen werden. Jeder Facebook-Fan erhielt einen Gutscheincode für einen Rabatt auf seine Bestellung. Dieser wurde in den ersten 18 Monaten von der Hälfte der Fans eingelöst.

Allein mit diesem Gutscheincode wurde ein Umsatz von über 200.000 Euro erwirtschaftet. Hierbei gab es nur eine Bestellung pro Fan, alle Folgebestellungen sind dabei nicht einkalkuliert.

Außerdem gab es verschiedene Wettbewerbe, die teilweise sogar monatlich durchgeführt wurden. Dabei konnte man ein Jahrespaket an Kontaktlinsen gewinnen. Auch dabei hat knapp die Hälfte der Fans mitgemacht.

Für die Betreiber von Linsenmax ist es wichtig, sich an den Kundenwünschen zu orientieren. So wurde in diesem Beispiel das Angebot angepasst, nachdem eine Leserin auf die tieferen Preise der Mitbewerber aufmerksam gemacht hatte.

Auch Supportanfragen werden über Facebook gelöst und Produkte innerhalb kurzer Zeit ins Sortiment aufgenommen.

Feedback von Fans wird aufgenommen und berücksichtigt.

Shop erlaubt Bestellabwicklung direkt auf Facebook

Linsenmax bietet auch die Möglichkeit an, direkt auf Facebook in einem Shop einzukaufen. Bereits 6 % aller Neuanmeldungen kommen über diesen Kanal. Der Shop ist direkt mit dem Hauptsystem gekoppelt, Produkte müssen deshalb nicht extra erfasst werden.

Der Onlineshop auf Facebook bietet dabei dieselben Möglichkeiten wie der reguläre Shop. Darunter fallen Onlinebonitätsprüfungen, die Anbindung verschiedener Zahlungssysteme, die Nutzung von Promotion-Codes etc.

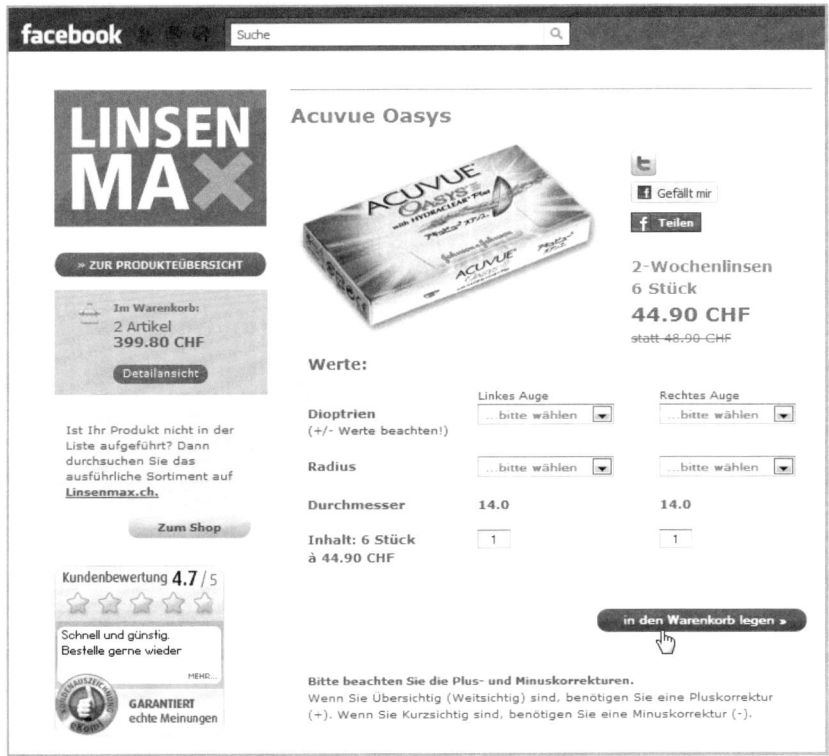

Der Linsenmax-Facebook-Shop ermöglicht ein bequemes Einkaufen.

Diese Lösung nutzt auch den Open Graph von Facebook. Damit kann ein Kunde zum Beispiel nach erfolgtem Einkauf seinen Freunden einen Promotion-Code zur Verfügung stellen, damit diese günstiger einkaufen können. Löst dann einer der Freunde einen solchen Code ein, profitiert auch der Urheber wieder von Vergünstigungen. Diese Applikation ist ein gutes Beispiel dafür, wie man Facebook auch als attraktiven Absatzkanal nutzen kann.

Ein Facebook-Nutzer kann sich zudem im regulären Onlineshop mit seinen Facebook-Log-in-Daten anmelden.

Innovatives Group-Buying-Angebot auf Facebook

Mit dem sogenannten **Group Buying** hat Linsenmax dann wieder die eigene Innovationskraft unter Beweis gestellt. Dabei erhalten alle Kaufwilligen einen Rabatt auf ein bestimmtes Produkt, wenn innerhalb einer bestimmten Zeitspanne die vorgegebene Anzahl an Interessenten zusammenkommt. Dieses Konzept des gemeinsamen Einkaufens ist weltweit rasant auf dem Vormarsch – schließlich profitieren Konsument und Anbieter davon.

Linsenmax präsentiert ein Group-Buying-Angebot auf Facebook.

3.4 Personalsuche in 140 Zeichen – Social Media macht es möglich

Unternehmen haben seit Urzeiten Stellen in Zeitungen ausgeschrieben und darauf unzählige Bewerbungen erhalten. Doch kaum jemand glaubt noch daran, dass dieses Modell als das allein selig machende für die Ewigkeit Bestand hat.

Mit welchen Tipps und Tricks Sie am besten auf XING passendes Personal rekrutieren, wird in Kapitel 8.2 „XING – wo sich das Business trifft und austauscht" detailliert beschrieben. Doch schauen wir uns zuerst einmal an, wie es um die Thematik als solches steht.

Die Zeiten ändern sich – auch wenn es um die Rekrutierung geht

Die Zeiten, da Bewerbungsdossiers ausschließlich per Post versandt wurden, sind vorbei. Seit man sich auf viele Jobs online bewerben kann, wird der Bewerbungsvorgang sowohl für Stellensuchende als auch für die Personalabteilung deutlich erleichtert.

Social Employer Branding und Social Media Recruiting sind für viele Personalverantwortliche zwar keine unbekannten Wörter mehr, aber von der Theorie in die Praxis ist es dennoch ein weiter Weg. Das Internet verändert die Art, qualifizierte und motivierte Mitarbeiter zu finden.

Die Vielfalt der Kanäle wird zunehmend größer: Jobbörsen und Stellenanzeigen in den Zeitungen sind schon lange nicht mehr die einzigen Orte, an denen Personalverantwortliche präsent sind (oder sein sollten). Onlinejobbörsen und die unternehmenseigenen Auftritte auf den sozialen Plattformen sind immer wichtiger.

Doch wo kommunizieren die Talente von morgen? Wie beginnt man einen Dialog? Welche Kanäle müssen Unternehmen nutzen? Mit welchen Werkzeugen kann man die Rekrutierung über die sozialen Medien erleichtern? Diesen Fragen wollen wir im Folgenden auf den Grund gehen und Lösungsansätze aufzeigen.

Ist Social Media Recruiting nur ein Hype?

In unserer schnelllebigen Zeit ist es nicht immer einfach, den Hype von nützlichen und nachhaltigen Entwicklungen zu unterscheiden. Personalverantwortliche reflektieren deshalb über die Frage, ob Social Media Recruiting auch so ein Hype ist, der viel Arbeit macht und kaum Nutzen nach sich zieht.

Anstatt zu mutmaßen, wenden wir uns **den Fakten** zu. An der Umfrage „ICR Social Media Recruiting Report 2011" des Institute for Competitive Recruiting haben über 8.000 Personalverantwortliche teilgenommen. Nur 7 % der Befragten gaben dabei an, gänzlich ohne Probleme offene Stellen besetzen zu können. Rund ein Drittel der Befragten hat große Schwierigkeiten, geeignete Bewerber zu finden.

Das Recruiting von Berufserfahrenen, Employer Branding und die Professionalisierung des Prozesses sind die wichtigsten Themen auf der Agenda der Zukunft. Rekrutierung via Social Media folgt auf Platz 7 und gehört damit zu den Herausforderungen, die bewältigt werden müssen.

Interessant wird es, wenn man die Studie mit dem Jahr zuvor vergleicht! Dabei wird deutlich, dass kein anderes Thema für die Personalverantwortlichen bedeutender geworden ist. Doch nur wenige Personalverantwortliche sind aktive Social-Media-Recruiter und fühlen sich auf das Thema gut vorbereitet.

Das „Institute for Competitive Recruiting" deckt in der Studie große Potenziale für den neuen Weg der Rekrutierung auf. Diese Studie widerlegt den vermuteten Hype um die Rekrutierung 2.0 und zeigt auf, dass ein echtes Bedürfnis besteht, diese Kanäle zu erschließen.

Unternehmen in Deutschland müssen den Worten nun Taten folgen lassen

Eine deutsche Studie, die Ende Januar 2012 veröffentlicht wurde, hat 230 Unternehmen untersucht und kommt zu ähnlichen Ergebnissen. Der Studienleiter Gero Hesse konstatiert:

„[Es wird] immer noch zu viel über die Bedeutung von Social Media geredet, anstelle es wirklich ernsthaft einzusetzen. Im Klartext: Ja, es gibt eine vorsichtige Tendenz, dass die Bedeutung von Facebook & Co. zunimmt, aber viele Unternehmen scheuen sich entweder noch, überhaupt aktiv in das Thema einzusteigen, oder aber starten ihre Social-Media-Aktivitäten nur halbherzig. Natürlich gibt es auch herausragende Beispiele von Unternehmen, welche die Social-Media-Klaviatur souverän spielen. Das sind zurzeit aber immer noch eher Ausnahmeerscheinungen."

Die wichtigsten Ergebnisse zu den untersuchten Unternehmen:

➢ Nur 27 % binden Social Media auf den Karriere-Websites in Form von nutzergenerierten Inhalten oder „Tell a friend"-Funktionen ab.

➢ 87 % sind zwar auf Facebook präsent, jedoch haben nur 8 % eine Karriereseite. Die meisten Unternehmensprofile auf Facebook sind nicht sehr gut ausgebaut.

➢ Auf Twitter sind nur 7 % mit einem Karriere-Account aktiv.

➢ Vier von fünf Unternehmen haben Videos auf YouTube, davon können aber nur 22 % Karrierevideos vorweisen.

➢ Sagenhafte 94 % aller Unternehmen sind auf XING vertreten, zwei von drei nutzen auch LinkedIn und das Arbeitgeberbewertungsportal kununu.com.

➢ Immerhin 52 % sind auf StudiVZ vertreten, und SchülerVZ bringt es noch auf 20 %.

Bewerbung über soziale Netzwerke kommt

Immer mehr Firmen nutzen die sozialen Netzwerke, um neue Mitarbeiter zu finden. Meist wird dabei einfach das Stellenangebot auf einer Webseite im sozialen Netzwerk verlinkt. Auf Twitter sind zum Beispiel mehrere Hunderttausend Stellen zu finden.

Viele der elektronischen Jobbörsen erlauben dem Bewerber bereits, den Lebenslauf online zu speichern und Bewerbungen auf einzelne Stelleninserate mit wenigen Klicks zu realisieren. Einige der Rekrutierungsspezialisten sind gar überzeugt, dass in wenigen Jahren die klassischen Lebensläufe verschwinden werden.

Der Grund: Stellensuchende werden ihr Profil **in einem sozialen Netzwerk verwalten**. So bietet LinkedIn zum Beispiel bereits heute die Möglichkeit, dass Interessenten sich über einen speziellen Button direkt auf der Webseite eines Unternehmens mit ihrem Profil bewerben können.

Bewerbercheck im Netz

Die Rekrutierung über soziale Netzwerke ist **in den USA** bereits stärker verbreitet als in Europa. Wer Personal rekrutiert, prüft immer öfter die Namen der Kandidaten über Suchmaschinen und soziale Netzwerke. Auch wenn das rechtlich fragwürdig ist, sieht in der Praxis niemand hinter die verschlossenen Türen der Personaler. Neben der klassischen Google-Suche und dem Facebook-Check haben sich folgende Kandidaten für die Personensuche etabliert:

➢ http://www.yasni.de

➢ http://www.zoominfo.com

➢ http://www.123people.com

➢ http://www.pipl.com

➢ http://www.spock.com

Was Kandidaten von Unternehmen erwarten

Andererseits: Die Kandidaten bewerben sich nicht mehr nur beim Unternehmen, sondern die Unternehmen bewerben sich auch bei den Kandidaten! Wichtig ist deshalb eine konsistente, glaubwürdige Darstellung der eigenen Organisation in den entsprechenden Kanälen. Der Arbeitgeber soll fassbar und erlebbar gemacht werden. Es muss für den Bewerber klar werden, was das Unternehmen ihm zu bieten hat.

Kandidaten erwarten authentische Einblicke in den Alltag eines Unternehmens anstelle von Hochglanzbroschüren. Sie wollen wissen, auf was sie sich einlassen, und sich ein umfassendes Bild von ihrem künftigen Arbeitgeber machen. Bewerber können sich dabei über die sozialen Plattformen nicht nur bei Bekannten mit einer einfachen Nachricht über den potenziellen Arbeitgeber informieren, sondern auch Bewertungen von bisherigen und vorherigen Mitarbeitern auf Plattformen wie kununu.com abrufen.

Personalsuche für Unternehmen in Echtzeit und zum Nulltarif

Die im schweizerischen Olten beheimatete Crossmedia-Agentur MySign hatte **den Ansatz** gewählt, auf Twitter einen Social-Media-Manager zu finden. Dabei wurde die Ausschreibung selbst über Twitter beworben, der Originaltext der Meldung lautete:

„@MySign sucht #SocialMedia Manager. Belohnung für Vermittlung 5000 CHF! Jeder RT zählt. http://ow.ly/1Bb2l #rp10 #smm #jobsuche"

Die Meldung wurde von der Twitter-Community aufgenommen und weiterverbreitet. Nach einer halben Stunde gab es bereits die erste Bewerbung. Innerhalb von 24 Stunden wurde die ursprüngliche Nachricht mittels Retweets 82 Mal weitergeleitet und hatte damit ca. 20.000 Twitterer erreicht. Der in der Meldung enthaltene Link zum Jobprofil wurde von knapp 1.000 Benutzern angeklickt, und nach 24 Stunden gab es elf Bewerbungen. Darunter fand sich dann auch der passende Kandidat, der die Vermittlungsprämie gleich selbst einstreichen konnte.

Twitter-Rekrutierung über 140 Zeichen

Der deutsche **PR-Blogger Klaus Eck** ging sogar noch einen Schritt weiter. Eck hat sich auf Onlinereputationsmanagement, Social Media Marketing und Onlinekommunikation spezialisiert. Er benötigte Unterstützung und hat deshalb bei der Rekrutierung eines Social-Media-Beraters neue Wege beschritten, indem er sich voll auf die sozialen Medien stützte. Er beschreibt das Bewerbungsprozedere auf seinem Blog wie folgt:

„Bewerben Sie sich bitte per E-Mail bei ke@eck-kommunikation.de, folgen Sie uns auf Twitter via Eckkommunikation, damit wir Ihnen folgen und Sie uns per Tweet Ihre Informationen via Direct Message zusenden können.

In der E-Mail sollten daher nur Ihr Twitter-Account, die Zahl Ihrer Follower sowie Ihre Kontaktdaten zu finden sein.

1. Wenn wir Ihnen via @Eckkommunikation auf Twitter folgen, sollten Sie als Nächstes via Tweet schreiben, welche Erfahrungen Sie im Bereich Social Media haben.

2. Warum sind Sie der oder die Richtige für diesen Job? (1 Tweet = DM)

3. Empfehlen Sie mir drei gute Twitterer aus dem deutschsprachigen Raum und erklären Sie, warum Sie ihm oder ihr folgen (jeweils 1 Tweet = DM pro Empfehlung).

4. Was ist der beste Weg, mehr Follower zu generieren? (1 Tweet = DM)

5. Ihre Gehaltsvorstellung für ein Jahr und möglicher Arbeitsbeginn. (1 Tweet = DM)

6. Verweisen Sie auf einen Blogbeitrag, in dem Sie erklären, wie sich die Markenführung in Social Media verändert hat. (1 Tweet = DM)"

Qualifizierte Bewerbungen in kürzester Zeit

Twitter wurde dabei als Kanal für die Bewerbung gewählt, weil man sich auf dieser Plattform nicht innerhalb von wenigen Tagen als Autorität etablieren kann. Die Nachricht verbreitete sich durch Retweets, und viele Interessierte meldeten sich auf das Jobangebot.

Im Gegensatz dazu hätte eine klassische Stellenanzeige mehr Aufwand und Kosten verursacht, ohne dass es vergleichbare Resultate gegeben hätte. **Laut Eck** haben sich innerhalb von weniger als 24 Stunden 13 qualifizierte Personen beworben, im weiteren Verlauf der Ausschreibung meldeten sich rund **23 Bewerber.**

Diese Beispiele zeigen, dass soziale Netzwerke es möglich machen, innerhalb kürzester Zeit die relevante Zielgruppe zu adressieren und die passenden Bewerber zu finden.

Sie suchen einen neuen Job?

Wenn Sie nun selbst eine neue Herausforderung suchen, können Ihnen die sozialen Netzwerke zugutekommen. Wichtig ist dabei, dass Sie sich von Ihrer besten Seite zeigen und durch relevante, hochwertige Informationen auf sich aufmerksam machen. Kontakte in den Fachcommunitys und zu Branchenexperten sind dabei Gold wert. Pflegen Sie Ihr Netzwerk aktiv, bevor Sie es wirklich benötigen.

Tipps zur Stellensuche finden Sie in Kapitel 8.2 „XING – wo sich das Business trifft und austauscht".

Sie wollen über Social Media rekrutieren?

Wenn Sie über die sozialen Medien neue Mitarbeiter rekrutieren möchten, sollten Sie Ihr Netzwerk laufend auf verschiedenen Plattformen ausbauen. Beginnen Sie frühzeitig damit, Ihr Unternehmen vorzustellen und in einen Dialog mit den Anspruchsgruppen zu treten.

Bringen Sie dabei in Erfahrung, welche Zielgruppen Sie ansprechen wollen (und wo sich diese aufhalten). Die verschiedenen Plattformen haben unterschiedliche Nutzerprofile – Alter, Bildung, Berufsstand, Berufserfahrung etc. variieren. Während zum Beispiel auf Google+ eher die webaffinen, motivierten Studenten ohne langjährige Berufserfahrung zu finden sind, tummeln sich auf LinkedIn eher die erfahrenen Mitarbeiter mit langjähriger Berufserfahrung und internationalen Kontakten.

Die Social-Media-Welt ist schon jetzt voller Jobsuchender und Headhunter. Ihre Nachrichten müssen aus der Masse herausstechen – seien Sie deshalb kreativ! Nutzen Sie interaktive Webseiten, Videos etc. und verbinden Sie diese Inhalte optimal mit der Veröffentlichung von Stellenangeboten.

Kommunizieren Sie mit den Nutzern, treten Sie in einen Dialog, stellen Sie Ihr Unternehmen vor und bringen Sie den Interessenten die Vorteile Ihres Unternehmens näher. Konvertieren Sie Bewerber, die für eine Stellenausschreibung nicht berücksichtigt werden konnten, zu Kontakten in Ihren sozialen Netzwerken.

Zapfen Sie auch das Potenzial an, das in den Kontakten Ihrer Mitarbeiter schlummert! Wenn Ihre Mitarbeiter eine Stellenausschreibung teilen und auf das Unternehmen aufmerksam machen, ist die Glaubwürdigkeit und Authentizität um ein Vielfaches höher als bei Unternehmenssprechern. Fordern Sie deshalb Ihre Mitarbeiter zum Weiterempfehlen auf und werten Sie die Ergebnisse aus.

3.5 Der Fall des Charlie Sheen – und sein Twitter-Weltrekord

Für Aufsehen und Medienrummel in den (sozialen) Medien sorgte Hollywood- und TV-Star Charlie Sheen, bekannt aus Filmen wie „Scary Movie" und der „Hot Shots"-Reihe. Ab 2003 spielte er die Hauptrolle des notorischen Schwerenöters Charlie Harper in der äußerst erfolgreichen Fernsehserie „Two and a Half Men".

Futter für die Boulevardpresse

Im echten Leben machte **Charlie Sheen** durch Drogenkonsum, Drohungen und Randale auf sich aufmerksam. Er lebte mit der 20 Jahre jüngeren Erotikdarstellerin Bree Olson und der Grafikdesignerin Natalie Kenly zusammen und gab der Boulevardpresse immer wieder Anlass zur Berichterstattung.

So beleidigte er in aller Öffentlichkeit den Produzenten von „Two and a Half Men", sodass ihn die Produktionsfirma Warner Bros. Television am 7. März 2011 schließlich vor die Tür setzte. Mitte Mai 2011 gab CBS bekannt, als Nachfolger von Sheen den Social-Media-affinen Ashton Kutcher gefunden zu haben.

Zweifacher Rekordhalter des „Guiness World Record"

Sheen erhielt nach seinem Rauswurf ausreichend Presse und Publicity im konventionellen Sinne und mischte eben mal so die komplette Twitter-Welt auf. Er stellte einen neuen **Guinness World Record** in der Kategorie „Benötigte Zeit, um 1 Million Follower zu erreichen" auf! Einen Rekord hatte Sheen bereits verbucht, nämlich den des bestbezahlten Seriendarstellers pro Episode („Highest Paid TV Actor Per Episode").

Die Follower-Anzahl des Twitter-Accounts von Charlie Sheen wächst und wächst!

Charlie Sheen war zum richtigen Zeitpunkt am richtigen Ort

Doch beginnen wir von vorn: Während der Skandal um Charlie Sheen Ende Februar 2011 entflammte und bekannt wurde, dass ihm der Rauswurf bei Warner Bros. drohte, eröffnete er – vermutlich getrieben vom Wirbel um seine Person – am 1. März einen Account auf Twitter.

„Born Small... Now Huge... Winning... Bring it...! (unemployed winner...)", – in Deutsch etwa: *„Klein geboren... Jetzt riesig... Am Gewinnen... Lass sehen...! (arbeitsloser Gewinner)"* – so lautet seine selbst verfasste Biografie auf Twitter.

Viel Einfluss und Reichweite dank Twitter

Der Account wurde mit der Hilfe von **Ad.ly** lanciert. Dieser Anbieter vermittelt Werbung an über 1.000 Berühmtheiten auf Twitter und hilft auch bei der Sicherung eines verifizierten Accounts. Genau zum Höhepunkt des Skandals kurbelte Sheen seine Twitter-Aktivität an, und binnen weniger Minuten hatte sein Twitter-Konto **@CharlieSheen** bereits über 60.000 Follower. Sheen hatte zu diesem Zeitpunkt noch nicht einen einzigen Tweet in die Welt gesetzt, aber alle warteten gespannt darauf!

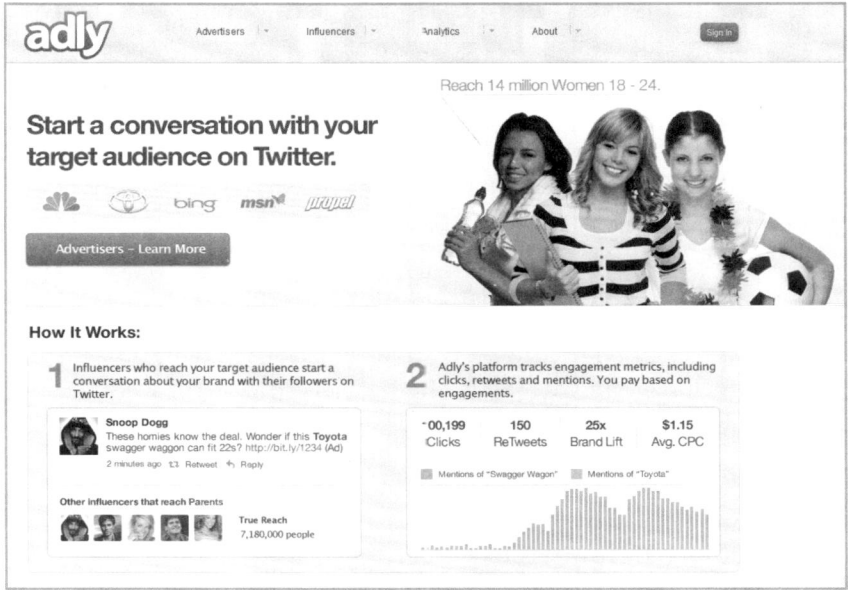

Ad.ly hilft Persönlichkeiten dabei, in den sozialen Medien Produkte zu empfehlen und damit Geld zu verdienen.

Experten prognostizierten, dass Sheen schon in wenigen Tagen die magische Eine-Million-Follower-Grenze überschreiten würde. Doch die Realität überholte die Prognosen: Nach 25 Stunden und 17 Minuten folgten ihm bereits 1.000.000 Twitter-User, ein neuer Weltrekord! Anfang April 2011 hatte Charlie Sheen bereits um die 3,5 Millionen Follower bei etwas mehr als 150 Tweets, und im Juni 2012 kam er mit um die 1.000 Tweets auf 7,2 Millionen Follower.

Schauen wir uns mal an, wie einflussreich Sheen denn nun ist. Mit dem Dienst **http://www.klout.com** wird der Einfluss von Sheens Social-Media-Präsenz gerankt. Als er seinen Account ursprünglich etabliert hatte, gehörte er mit einem Score von 94 zu den absoluten Top-Shots. Im März 2012 liegt er mit einem Score von 79 immer noch sehr hoch.

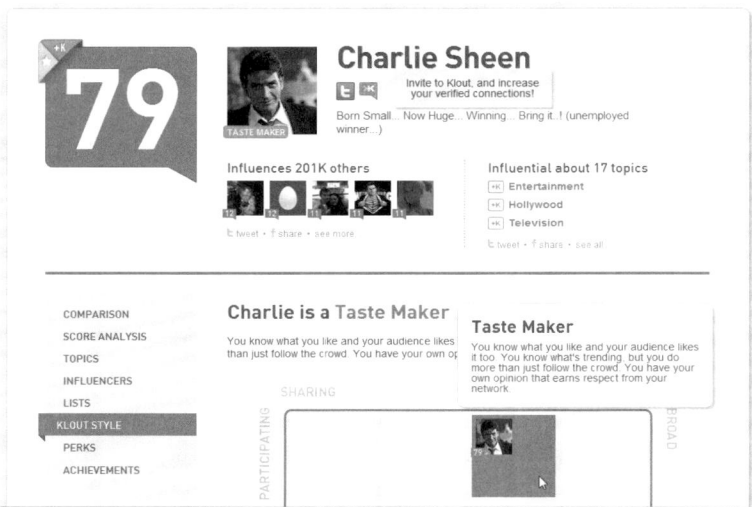

Charlie Sheens Klout Score zeigt auf, dass er zu den Trendsettern gehört.

Doch was bedeutet dieser Klout Score? Die Zahl misst den gesamten Einfluss einer Onlinepräsenz auf einer Skala von 1 bis 100 – je höher, desto besser. Der auf Twitter unangefochtene Teeniestar Justin Bieber kommt sogar auf den maximalen Score von 100 (siehe Kapitel 3.6 „Sänger Justin Bieber, Superstar dank Social Media")!

Ein Drittel der Twitter-Reichweite auch auf Facebook

Wenn es mit Charlie auf Twitter so boomt, wie sieht es dann eigentlich auf Facebook aus? Auch nicht schlecht, könnte man sagen.

Facebook hat zwar viel mehr aktive Nutzer als Twitter, doch Charlie Sheens Fanpage erreicht dort nur ein knappes Drittel an Reichweite, die er auf Twitter hat. Das sind aber dennoch rund 2,3 Millionen. Um das Social-Media-Spektrum abzurunden, hat Sheen auch einen eigenen YouTube-Channel unter **http://www.youtube.com/charliesheen** eingerichtet, der es auf rund 40.000 Abonnenten bringt.

Dank seiner Medienpräsenz waren die Tickets für die ersten Auftritte seiner Comedytour „My Violent Torpedo of Truth/Defeat is Not an Option" in **18 Minuten ausverkauft!** Dass Sheen für die mangelhafte Darbietung dann **von der Bühne gebuht** wurde, ist eine andere Geschichte.

Das Fallbeispiel Charlie Sheen zeigt deutlich, welch eine Kraft soziale Medien – vor allem auch gekoppelt mit konventionellen Massenmedien – haben können. Sheen versorgt seine Fans und Follower mit News direkt „von der Front" und hat so in kürzester Zeit ein Millionenpublikum erreicht, das ihn auch bei seinen künftigen Abenteuern begleitet.

Die Fanseite von Charlie Sheen auf Facebook präsentiert sich ohne große Schnörkel.

3.6 Sänger Justin Bieber, Superstar dank Social Media

Social Media kann als Vehikel für die Selbstvermarktung eine große Rolle spielen. Ein Musterbeispiel dafür ist das kanadische Musiktalent Justin Bieber. Ohne Social Media wäre sein rasanter Aufstieg undenkbar gewesen.

Während andere Unternehmen und Persönlichkeiten Tausende von Dollars dafür ausgeben, sich ins Gespräch zu bringen, hat er von Anfang an direkt mit seiner Fangemeinde interagiert.

Talent via YouTube entdeckt und unter Vertrag genommen

Alles begann mit einem Video, das Biebers Mutter 2007 für die Familie und Freunde ihres Sohns bei **YouTube hochlud**. Ahnen konnten sie zu der Zeit die Macht der sozialen Medien sicher noch nicht ... Immer mehr Menschen schauten sich das Video an und teilten es. Dank der Mundpropaganda seiner frühen Fans erreichten Biebers erste Videos Millionen an Klicks völlig ohne Marketingaufwand!

Auch Scooter Braun, sein späterer Manager, und der R&B-Sänger Usher wurden über YouTube auf ihren späteren Schützling und Erfolgsgaranten aufmerksam. Ende 2008 unterzeichnete er den Deal mit der Raymond Braun Media Group, einem Joint Venture zwischen Braun und Usher.

Er wird im Netz diskutiert wie kaum ein anderer Künstler. Sein Bekanntheitsgrad stieg noch weiter, als er dank seiner Popularität im Internet auch in den klassischen Medien den Durchbruch schaffte.

Lassen wir Zahlen sprechen – die Videos von Bieber stechen alle anderen aus!

Sein Song „**Baby**" ist in den **YouTube-Charts** mit weit über 700 Millionen Klicks der absolute Spitzenreiter, deutlich vor Jennifer Lopez' „On the floor" (500 Millionen Views) und Lady Gagas „**Bad Romance**" mit 450 Millionen Klicks.

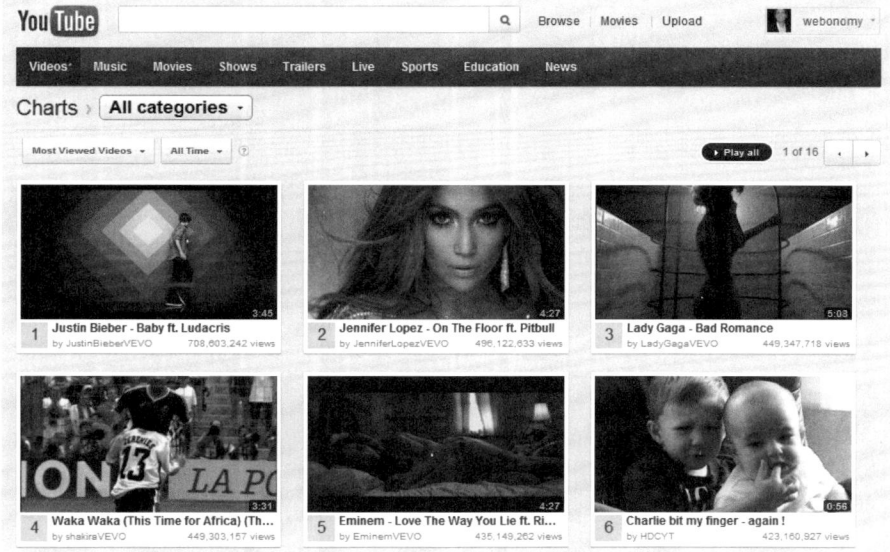

Die am häufigsten angesehenen Videos aller Zeiten auf YouTube, Stand März 2012.

Zum Vergleich: Das Video „**Evolution of Dance**" des Comedians Judson Laipply war mit annähernd 56 Millionen Klicks in 2007 auf Platz 1 der Rangliste, per Ende Februar 2012 wurde es insgesamt 190 Millionen Mal angeschaut und stand auf Platz 30.

Doch was dieses Video in fünf Jahren erreichte, toppte Justin Bieber gemeinsam mit Jaden Smith (dem Sohn des Schauspielers Will Smith) innerhalb von neun Monaten mit dem Song „**Never say never**"!

„Evolution of Dance" von Judson Laipply war vor langer Zeit einmal die Nummer 1 auf YouTube.

Und noch einen weiteren Rekord stellte Justin Bieber auf: Er ist der Star mit den meisten „Dislikes" auf YouTube. Die einen lieben ihn, andere können sich nicht für ihn erwärmen und tun das auch kund.

Auch Twitter wird vom jungen Star dominiert

Und als ob das nicht schon genug der Superlative wäre: Seit Mitte 2009 ist Bieber auch auf Twitter aktiv und hat eine zum Teil fanatische Gefolgschaft um sich geschart. **Im Juni 2012** folgten dem 18-Jährigen fast 23 Millionen Menschen – das kann nur noch Lady Gaga **mit 25 Millionen** übertrumpfen. Der Jüngling gewinnt über 50.000 Follower pro Tag!

Regelmäßig gehören der Name „Justin Bieber" und die von ihm verwendeten Kategorisierungen (Hashtags) zu den Trendthemen auf Twitter. In den **Twitter-Trends 2010** und **2011** belegte er **Platz 1**. Im September 2010 war er – unbestätigten **Aussagen eines Twitter-Mitarbeiters** zufolge – **für 3 % des gesamten Twitter-Aufkommens** verantwortlich!

Ein Beispiel für die Follower-Power war Biebers **Spendenaufruf** zu seinem 17. Geburtstag. Anstelle von Geschenken wünschte er sich von seinen Fans, dass sie je 17 US-Dollar an „**Charity:Water**" spendeten. Diese wohltätige Organisation sammelt Spenden, um Entwicklungsländer mit sauberem Trinkwasser zu versorgen. Innerhalb von nur 24 Stunden folgten etliche Fans seinem Aufruf und **spendeten** zusammen **47.148 US-Dollar**. Ein einziger Tweet hat Tausende von Jugendlichen und deren Kontakte aktiviert! Zu seinem 18. Geburtstag lancierte Bieber dann einen erneuten Aufruf.

			followers	following	tweets
1		**Lady Gaga Twitter Stats** (@ladygaga) mother monster	**23,834,720**	**139,011**	**1,423**
2		**Justin Bieber Twitter Stats** (@justinbieber) BOYFRIEND on ITUNES NOW! - I GOT SO MUCH LOVE FOR THE FANS...you are always there for me and I will always be there for you. MUCH LOVE. thanks	**21,356,678**	**122,945**	**15,401**
3		**Katy Perry Twitter Stats** (@katyperry) Santa Barbara raised, California gal...doing stuff. Working on my mom-esque dance moves in my spare time. How embarrassing.	**18,994,819**	**90**	**3,991**
4		**Rihanna Twitter Stats** (@rihanna) Talk That Talk in stores now! http://www.smarturl.it/TTT	**18,385,412**	**770**	**5,053**
5		**Britney Spears Twitter Stats** (@britneyspears) It's Britney Bitch!	**16,316,561**	**416,070**	**1,427**

Die Twitter-Charts von **http://twittercounter.com** *zeigen die Top-5-Accounts im Mai 2012.*

Als sich der Mädchenschwarm im Februar 2011 seiner Beatles-ähnlichen Frisur zugunsten eines kürzeren Haarschnitts entledigte, musste er jedoch auch den Ärger seiner Fans spüren. Die Haare übergab er an die Talkmasterin Ellen DeGeneres für wohltätige Zwecke. Das „kostete" ihn zwar **80.000 Follower** auf Twitter, doch die Versteigerung auf **eBay erbrachte 40.668 US-Dollar** ein!

Die „Biebermania" zieht weitere Kreise

Weit über 40 Millionen Justin-Bieber-Fans verfolgen die News ihres Idols bei **Facebook** und kommentieren auch fleißig jeden Eintrag. Biebers Seite kann dabei laut **AllFacebook.com** die dritthöchste Interaktionsrate vorweisen – und wird nur noch von religiösen Seiten „geschlagen". Auf dem ehemaligen Vorzeige-Social-Network **MySpace** versammeln sich immerhin noch 1,7 Millionen Bieber-Fans, die seine Songs millionenfach anhören.

Im Dezember 2010 wurden von **Billboard.com** zum ersten Mal die „**Social Charts**" zusammengestellt. Dabei wird bewertet, wie intensiv die Fans von Interpreten deren Twitter-, YouTube-, Facebook-, MySpace und iLike-Präsenzen nutzen. Kein Wunder, dass Bieber auch hier immer ganz vorne mit dabei ist!

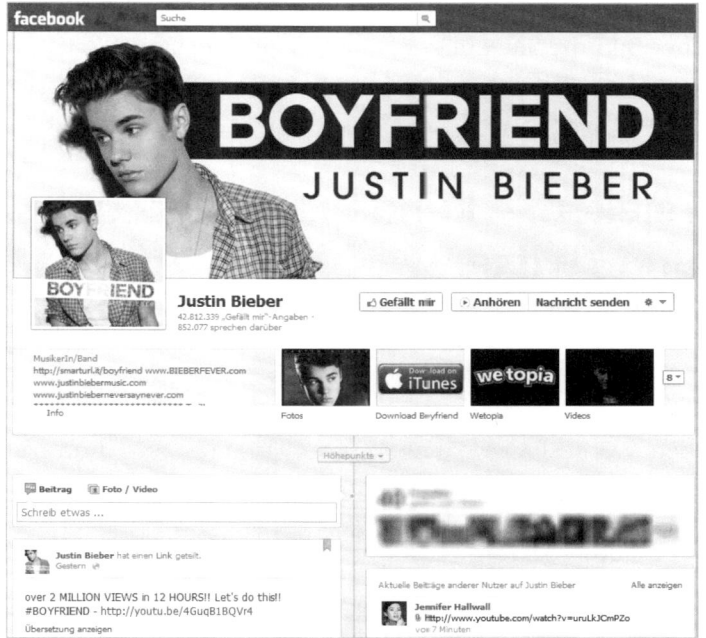

So präsentiert sich Justin Bieber auf Facebook.

Das Rezept hinter dem Social-Media-Erfolg

In einem **Interview mit Promiblogger Perez Hilton** verrät Manager Scooter Braun die Social-Media-Erfolgsrezepte, die seinen Schützling zum Star gemacht haben.

Die wichtigsten Aussagen daraus:

➢ Seine Debütsingle „One Time" war so erfolgreich, weil er bereits eine breite Fanbasis aufgebaut hatte. Über ein Jahr lang hatte er über YouTube und insbesondere über Twitter mit seinen Fans kommuniziert. Genau diese „Aufbauarbeit" hat dazu beigetragen, dass die Single in mehreren Ländern direkt in die Charts kam. Seine loyalen Fans haben ihn zum Star gemacht.

➢ Bieber und sein Management nutzen die Social-Media-Kanäle, um das Feedback der Fans als Input für künftige Vorhaben zu nutzen. *„Man muss den Fans geben, was sie verlangen. Wir wussten, dass eine Menge Kids Justin in einem Film sehen wollen"*, so Braun in einem Interview im Juli 2010 – und im Frühling 2011 kam der Film „Never Say Never" in die Kinos.

➢ Braun hat die Karrieren heute mittlerweile vergessener Kinderstars analysiert und fand dabei heraus, dass diese zwar talentiert waren, aber irgendwann abhoben und vergaßen, dass sie ohne treue Fans nichts sind. Der Dialog mit den Fans darf deshalb nie aufgegeben werden.

Innerhalb kürzester Zeit wurde aus einem Jungen, der auf der Straße die Passanten mit seiner Stimme verzauberte, ein waschechter Popstar. Justin Bieber ist ein eindrucksvolles Beispiel dafür, wie man dank Social Media die eigene Marke positionieren kann!

3.7 Deutsche Telekom – Kundenservice 2.0 via Facebook und Twitter

Mit einem gewagten, aber innovativen Projekt wollte die Deutsche Telekom ihren Service verbessern – und hat nebenbei Social-Media-Pionierarbeit in Deutschland geleistet!

Getreu dem eigenen Werbeslogan „Erleben, was verbindet" hat Europas größtes Telekommunikationsunternehmen Anfang Mai 2010 das Service-angebot „Telekom hilft" bei Twitter **gestartet**. Damit wollte man mit den Kunden dort in Kontakt treten, wo sich diese aufhalten.

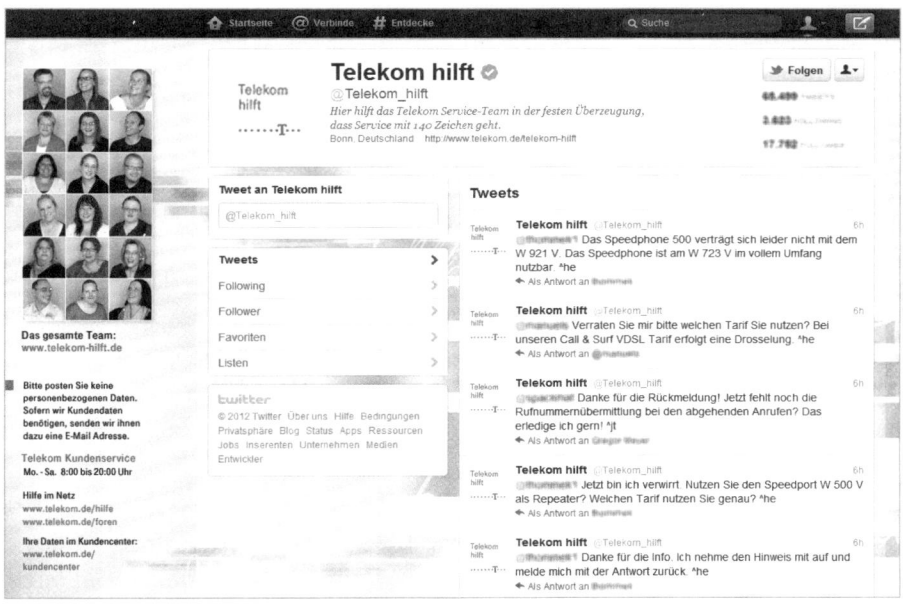

Die Telekom twittert fleißig und hilft bei Kundenfragen auf Twitter.

Twitter als Servicekanal

Das 15-köpfige **Twitter-Team** der Telekom nimmt seitdem Anfragen entgegen – fast 18.000 Follower und nahezu 70.000 Tweets sind Stand März 2012 die **Bilanz** der 140-Zeichen-Kundenhilfe. Die meisten Hilfesuchenden fühlen sich **gut beraten** und bedanken sich bei dem Team. Dies zeigt, dass „Service mit 140 Zeichen" funktionieren kann!

Das **bestätigt** auch Andreas Bock, Leiter Social Media Vertrieb & Service bei der Telekom Deutschland GmbH: *„Nicht nur der Twitter-Account wird positiv gesehen, sondern auch die Supportleistungen der Kollegen, die hier arbeiten. Dies liegt vor allem daran, dass wir unkomplizierten Service in aller Öffentlichkeit bieten, und das ist gleichzeitig gute PR fürs Unternehmen."*

Getwittert wird mit dem Tool **CoTweet**, das zahlreiche Möglichkeiten für Unternehmen bietet und auch vom Softwarekonzern Microsoft, dem Autohersteller Ford, den Entwicklern des Firefox-Browsers und anderen Großfirmen genutzt wird.

Dialog auf Facebook – und Kunden helfen sich auch gegenseitig

Im **September 2010** setzte die Telekom mit der **Facebook-Seite** „Telekom hilft" noch einen drauf! Eine Atmosphäre der Nähe zu schaffen, ist bei der Onlinekommunikation im Gegensatz zu einem Telefongespräch etwas schwieriger, da sich Emotionen und Empathie in schriftlicher Form weniger gut transportieren lassen.

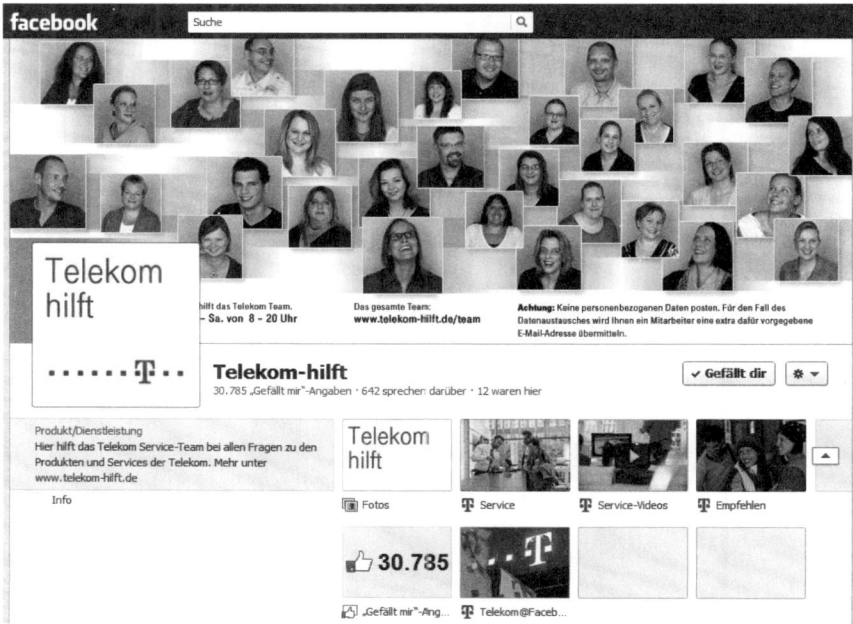

So präsentiert sich „Telekom hilft" auf Facebook.

Deshalb wurden die Mitarbeiter einen Monat lang darin geschult, wie sie Serviceanfragen kurz, verständlich und zufriedenstellend beantworten können. Im Mai 2012 hat die **Facebook-Seite** schon über 30.000 Fans gewonnen, und die Kunden geben sich auch untereinander Hinweise, Tipps oder bieten Lösungsansätze, was das Team von „Telekom hilft" entlastet.

Montags bis freitags steht das Facebook-Team von 8 bis 20 Uhr den Kunden zur Verfügung und hilft bei Fragen zum Festnetz-, Mobil- oder DSL-Anschluss. Am Wochenende helfen sich Kunden oftmals selbst, in Ausnahmefällen antwortet auch jemand vom offiziellen Support. Das Twitter-Team steht sogar an Samstagen den Kunden mit Rat und Tat zu Seite.

Die Rahmenbedingungen müssen stimmen – Datenschutz, Begleitkommunikation und Prozessoptimierung

Auch der Datenschutz kommt nicht zu kurz: Es wird darauf hingewiesen, dass personenbezogene Daten auf keinen Fall veröffentlicht werden dürfen. Zur Anbahnung der Übermittlung von Kundendaten darf die Twitter-Direktnachricht oder das Facebook-Mailsystem verwendet werden, die eigentlichen Daten werden dann aber per E-Mail oder Telefon weitergegeben.

Wichtige Hinweise und Tipps veröffentlicht die Telekom auf der Seite **http:// www.telekom-hilft.de** als „Service-Notizen". Auch hier gibt sich der Konzern Web-2.0-sicher: Die Inhalte lassen sich per RSS-Newsfeeds abonnieren und über verschiedene Social Networks direkt teilen.

Zudem wurden die Serviceforen der Telekom im Rahmen der organisatorischen Zusammenführung von Mobilfunk- und Festnetzbereichen überarbeitet. Seit Beginn des Jahres 2011 wird damit auch die Beratung und die inhaltliche Betreuung von Mobilfunkthemen sichergestellt.

Der Schritt, die Beratung in sozialen Netzwerken praktisch öffentlich zu machen, war mutig. Die Telekom weiß sehr wohl, dass die Nutzung der sozialen Medien nicht ein einmaliges Projekt ist, sondern ein laufender Prozess.

Andreas Bock bestätigt: *„Wir passen laufend unsere Prozesse an, um die bereichsübergreifende Abstimmung von Inhalten und Themen mit Kundenservice, Vertrieb, Marketing und Unternehmenskommunikation sicherzustellen. Diese neue Art der Kundenkommunikation lernt man als Unternehmen nicht von heute auf morgen, aber wir sind sehr zufrieden mit der Entwicklung! Unsere Teamkollegen freuen sich über die Projekte und sind stolz auf das tolle Serviceteam am Standort Kiel."*

Dienstleister im Fokus der Öffentlichkeit stehen unter einem enormen Druck, guten Kundendienst zu leisten – ansonsten droht ein „Social-Media-Desaster" und ein damit verbundener Imageverlust über die Grenzen der Netzgemeinde hinaus. Die Deutsche Telekom hat bewiesen, dass sie auf der Klaviatur der sozialen Medien spielen kann!

4. Social-Media-Experten im Gespräch – Erfahrungen, Einblicke und Zukunftsmusik

„If you don't get noticed, you don't have anything. You just have to be noticed, but the art is in getting noticed naturally, without screaming or without tricks." Leo Burnett, amerikanischer Werber (1891–1971)

Ich hatte die Möglichkeit, Interviews mit verschiedenen Menschen zu führen, die sich privat oder beruflich intensiv mit den Möglichkeiten der sozialen Medien auseinandersetzen. Jeder hat einen anderen Hintergrund, was das Spektrum der sozialen Medien aus verschiedenen Sichtweisen beleuchtet und interessante Einblicke gibt. Viel Spaß dabei!

4.1 Interview mit Philipp Roth und Jens Wiese, Macher von AllFacebook.de

„Es gibt nicht DIE Strategie!"

AllFacebook.de ist die beliebteste deutschsprachige Ressource im Bereich Facebook, Facebook-Marketing und -Werbung und wurde in 2010 und 2011 unter die Top 3 der „Blogs des Jahres" gewählt. Das Blog erreicht Tausende von Menschen in verschiedenen Kanälen, was die Seite seit Langem zu einem festen Bestandteil in den Top 10 der deutschen Blogcharts macht.

Das Blog startete im Juni 2009 unter dem Namen FacebookMarketing.de und hat sich auf Analysen, News, aktuelle Ereignisse und Anleitungen zu Facebook spezialisiert. Im März 2011 hat die Firma WebMedia-Brands (die auch hinter den führenden englischsprachigen Seiten AllFacebook.com und Inside-Facebook.com steht) das Blog **gekauft** und in AllFacebook.de umbenannt.

Philipp Roth und Jens Wiese, die Köpfe hinter dem AllFacebook.de-Blog.

Ich hatte die Gelegenheit, mit den zwei Machern Philipp Roth und Jens Wiese zu sprechen, die übrigens auch nach der Akquise für die inhaltliche Ausrichtung verantwortlich bleiben.

Was sind die wichtigsten „Lessons learned", die ihr im Bereich der sozialen Medien gemacht habt?

In den letzten Jahren haben wir viele Unternehmen bei ihren kurz- und langfristigen Facebook-Marketingaktionen unterstützt und beraten. Dabei haben wir natürlich einiges an Erfahrung gesammelt. Wir haben deshalb fünf Thesen abgeleitet, die so auf viele Unternehmen zutreffen.

➢ **These 1: Es gibt nicht DIE Facebook-Erfolgsstrategie.**

Wie auch in anderen Bereichen des Social Web gibt es bei Facebook nicht die eine Erfolgsstrategie. Was für ein Unternehmen gilt, lässt sich nicht beliebig reproduzieren. Imitationen sind meist wenig erfolgreich und helfen der Marke kaum. Vielmehr ist es wichtig, einen auf das eigene Unternehmen abgestimmten Plan zu entwickeln.

➢ **These 2: Relevanz ist ein zentraler Erfolgsfaktor.**

Jedes Unternehmen, das auf Facebook aktiv ist, kämpft um langfristige Aufmerksamkeit. Dabei steht es keinen leichten Kontrahenten gegenüber, denn im Schnitt hat jeder Facebook-Nutzer 130 Freunde, die ebenfalls um seine Aufmerksamkeit buhlen.

Um im Blickfeld des Nutzers zu bleiben, muss ein Unternehmen interessanter sein als dessen beste Freunde und Bekannten. Möglich ist das nur durch ein höchstes Maß an Relevanz. Diese Relevanz wird aber nur selten durch starre Redaktionspläne und genau getaktete Statusupdates erreicht.

Wer sich dem Zwang unterordnet, „jeden Tag einen Beitrag" oder „jede Woche zwei bis drei Beiträge" zu verfassen, sollte diese Taktik überdenken. Wenn sich der Nutzer durch nicht relevante Updates gestört fühlt, verbirgt er diese Inhalte – und man schafft es so gut wie nie wieder zurück in seinen Newsfeed.

➢ **These 3: Qualität bei den Fans ist wichtiger als Quantität.**

Wichtig erscheint uns die Unterscheidung zwischen qualitativen und quantitativen Nutzern. Wir sind der Ansicht, dass es besser ist, 1.000 Nutzer zu erreichen, die sich für das Produkt interessieren. Das bringt mehr als 10.000 Leute, die keinen Bezug dazu haben und nur wegen einer kurzfristigen Aktion Fan werden.

Viele Unternehmen haben aber das Ziel, möglichst viele Fans zu erreichen. Eine große Menge an nicht relevanten Nutzern hat allerdings den Nachteil, dass diese kaum Interaktion, Viralität und Relevanz erzeugen. Das ist kontraproduktiv.

> **These 4: Wer langfristig Erfolg haben will, muss mehr als Entertainment bieten.**

Facebook ist im Kern ein privates Netzwerk, deshalb sind auch Inhalte aus dem privaten Umfeld am beliebtesten. Wenn ein Unternehmen nun zum Spaßmacher auf Facebook verkommt, ist das aber wenig sinnvoll – außer natürlich, wenn es aus der Unterhaltungsbranche kommt.

Unternehmen aus anderen Branchen müssen zum Beispiel ihre Fans mitbestimmen lassen und mit diesen interagieren, um erfolgreich zu sein. Auf den Punkt gebracht: Ein reines Entertainmentprogramm macht das Unternehmen hinter der Aktion austauschbar. Das liegt daran, dass die durchgeführten Aktionen meist weit entfernt vom Kerngeschäft sind und nur wenig zum Erfolg beitragen.

> **These 5: Die positive Nachricht – gute Produkte und Marken haben es leichter.**

„Likes" sind das zentrale Element vieler Facebook-Aktionen. Nur wer von den Nutzern mit einem Klick auf *Gefällt mir* versehen wird, hat Erfolg. Dies lässt sich in großen Teilen auch auf die realen Produkte und Dienstleistungen von Unternehmen übertragen.

Gefällt den Kunden ein Produkt dort, ist es ein Leichtes, sie auch für Aktionen auf sozialen Netzwerken zu gewinnen. Für Produkte, die schon in der Realität nicht funktionieren, ist Facebook leider auch kein wundersames Heilmittel, um die Verkaufszahlen anzukurbeln.

Wie würdet ihr einen CEO davon überzeugen, dass es wichtig ist, sich in den sozialen Medien zu bewegen?

Der einfachste Weg dazu ist, Zahlen und Fakten aufzuführen. Das ist aber nicht unbedingt der beste Ansatz. Im ersten Schritt lässt sich zwar die Größe der sozialen Medien sehr einfach verdeutlichen. Im zweiten Schritt gilt es aber, dem CEO die Konzepte und Potenziale zu vermitteln, die in den sozialen Medien für sein eigenes Unternehmen schlummern.

Hier ist es wichtig, möglichst praxisnahe Beispiele zu seinen eigenen Produkten aufzuzeigen und nicht nur auf einem abstrakten Level zu argumentieren. Dabei muss angesprochen werden, welche Vorteile ihm das bringt, was es kostet, welchen Gewinn die Maßnahmen versprechen, was die Konkurrenz macht etc.

Was sind die erfolgversprechendsten Ansätze für ein Unternehmen, das noch keine Präsenz hat?

Wir sind der Meinung, dass man vor dem Aktivwerden eine Strategie entwickeln muss und Ziele festlegt – und nicht einfach loslegt. Natürlich kann es passieren, dass sich Strategie und Ziele nach wenigen Wochen ändern oder weiterentwickeln.

Die Strategie ist dabei kein festes Dokument, sondern ein fortlaufender Prozess, der auch mal angepasst werden muss. Ein wichtiger Erfolgsfaktor ist ebenfalls, wie das Thema im Unternehmen selbst gelebt wird. Es ergibt oft nur wenig Sinn, einen Mitarbeiter für Facebook, Twitter, YouTube & Co. einzusetzen, der sich nicht ausreichend mit der Materie auskennt und das Thema nicht verinnerlicht hat.

Man kann dann damit beginnen, bestehende treue Kunden in den sozialen Medien anzusprechen. Da sich die Kommunikation dabei meist einfacher gestaltet, breiten sich die Aktivitäten auch automatisch auf die Neukunden aus. Der Vorteil ist, dass man bis dahin schon die ersten Erfahrungen gemacht hat und besser reagieren kann.

Was ist der beste Weg, um Traffic zu generieren und Leser anzuziehen, und wie messt ihr den Erfolg?

Hier können wir zwei unserer Thesen aufgreifen. Um das Potenzial von Facebook oder den sozialen Medien dauerhaft zu nutzen, muss man dem Nutzer relevante Inhalte bieten. Die Qualität muss dabei dauerhaft auf einem hohen Niveau gehalten werden.

Der Erfolg kann nur gemessen werden, wenn man sich vorher auch Ziele gesetzt hat. Ansonsten ist es schwer, zu bestimmen, ob man nun mit 1.000 Fans erfolgreich ist oder doch eher mit 100.000 Fans.

Dabei gibt es qualitative und quantitative Erfolgsfaktoren. Diese unterscheiden sich von Unternehmen zu Unternehmen und richten sich nach der jeweilig verfolgten Strategie.

Was wird in den nächsten Jahren passieren, was sind die Treiber und die entscheidenden Faktoren dahinter?

Social Media Marketing und auch das Facebook-Marketing werden professioneller. Wo heute noch das „Trial-and-Error"-Prinzip vorherrscht, wird sich schon bald eine Wissenschaft etablieren, mit der dieses Medium genutzt werden kann. Wer die Unternehmen dort unterstützt, wo die Facebook-Hilfefunktion aufhört, wird sich am Markt etablieren und auch mit Nischenangeboten Erfolg haben.

Es bleibt abzuwarten, wie sich Facebook selbst weiterentwickelt. Erfahrungsgemäß wandelt sich Facebook sehr schnell, in den letzten Jahren haben wir beobachtet, wie sich die Plattform Jahr für Jahr extrem weiterentwickelt. In den nächsten Jahren dürfen wir deshalb weit mehr als nur neue Werbeformate auf Facebook erwarten.

Welche sind aus eurer Warte die wichtigsten Ressourcen und Webseiten in diesem Umfeld?

Die Liste ist wohl ewig lang. Allein in Sachen Facebook existieren neben unserem **AllFacebook.de**-Blog noch weitere Blogs wie **InsideFacebook.com** oder **Allfacebook.com** aus den USA.: Wir lesen auch noch gern **TechCrunch.com**, **Mashable.com**, **Netzwertig.de**, **Deutsche-Startups.de** und **BasicThinking.de** – um nur ein paar zu nennen.

Wirklich empfehlen können wir allerdings auch Events. In wenigen Stunden Networking auf einem Barcamp in der Nähe lernt man oft mehr als aus vielen Blogbeiträgen.

Gibt es noch etwas, das ihr gern mit den Lesern teilen möchtet?

Es ist wichtig, mit Realismus ans Werk zu gehen. Die sozialen Medien sind kein Wundermittel, das auf einmal alle Probleme beseitigt und sofort die Verkäufe ankurbelt. Wer mit realistischen Zielen startet, wird auch die bessere Strategie entwickeln.

Jens und Philipp, vielen Dank für diese Informationen.

4.2 Interview mit Carisa Miklusak, Chief Social Media Consultant bei Careerbuilder.com

„Mobile Technologien sind der Schlüssel zur Integration von Social Media in den Alltag!"

Carisa Miklusak unterstützt als Chief Social Media Consultant mit ihrem Unternehmen **tMedia Strategies** den Web-2.0-Auftritt von **Careerbuilder.com**. Careerbuilder ist die größte Onlinejobplattform in den USA mit mehr als 1,6 Millionen Jobs und 24 Millionen Besuchern pro Monat.

Ihr eigenes Unternehmen hat sich auf Lösungen in den sozialen, mobilen und digitalen Medien spezialisiert. Sie hat mit verschiedenen Klienten zusammengearbeitet, von Start-ups bis zu Fortune-500-Firmen.

Carisa Miklusak, Chief Social Media Consultant von Careerbuilder.com.

Carisa, wie konntest du die Macht von sozialen Medien für deine eigene Präsenz im Web nutzen?

Social Media wurde zu einem wichtigen Bestandteil meiner gesamten Onlinestrategie. Ich habe Social Media sowohl privat als auch für mein eigenes Business verwendet, um Dinge wie Markenbewusstsein, Glaubwürdigkeit und eine Kundenbeziehung auf dem Onlinemarkt aufzubauen. Das alles sind Faktoren, die die Besucherzahlen auf meiner Webseite sowie meinen Profilen in den sozialen Netzwerken drastisch erhöht haben.

Was waren die wertvollsten Lektionen, die du bei deiner Arbeit in den sozialen Medien gelernt hast?

Die wichtigste Lektion, die man aus den sozialen Medien lernen kann, ist, seinem Publikum stets zuzuhören. Social Media bietet die bisher größte Gelegenheit, mehr über die eigene Zielgruppe zu vernehmen und sie zu verstehen. Wenn wir ihnen zuhören, können wir direkt von ihnen selbst erfahren, mit was sie sich beschäftigen und wie sie sich fühlen. Schließlich erwartet unser Publikum von uns, dass wir zuhören, da es bei Social Media um einen Dialog mit der Zielgruppe geht. Wenn wir dieses Ziel verfehlen, kann das die Markenwahrnehmung verschlechtern.

Ich habe auch gelernt, dass die eigene professionelle Onlinepersönlichkeit eine mächtige Sache ist. Wenn Sie strategisch daran arbeiten, sich im Netz zu positionieren, kann sich Ihr Publikum schnell ein Bewusstsein aufbauen. Nutzen Sie auch die Möglichkeiten der Suchmaschinenoptimierung. Darüber hinaus gewinnen Sie durch solche Maßnahmen an Sichtbarkeit und Glaubwürdigkeit bei Ihrer Zielgruppe. Auf der anderen Seite kann eine schwache Onlinepräsenz negative Auswirkungen auf die Marke haben.

Soziale Medien reichen auch weit über die Grenzen des Internets hinaus. Der wahre Wert liegt darin, das Wissen über seine Zielgruppe und die öffentliche Aufmerksamkeit von der virtuellen in die reale Welt zu übertragen. Und dies ist der springende Punkt! In den meisten Fällen ist es unser Ziel, die Konsumenten unserer Social-Media-Kanäle dazu zu bringen, unsere Produkte auch in der „echten Welt" wahrzunehmen und schlussendlich zu kaufen. Dieser Aspekt muss daher einen wichtigen Bestandteil der eigenen Strategie darstellen.

Wie würdest du einen Geschäftsführer davon überzeugen, sich in den sozialen Medien zu engagieren, um erfolgreich zu sein?

Der stärkste Anreiz ist, dass die sozialen Medien auch unabhängig vom Eingreifen der Geschäftsführung Einfluss auf das Unternehmen nehmen werden. Dies ist nicht kontrollierbar, und daher haben die Geschäftsführer eines Unternehmens zwei Möglichkeiten: mitmachen oder ignorieren. Im letzteren Fall bedeutet dies, dass die Markenautorität vollumfänglich an das Publikum delegiert wird – nicht wirklich ein empfehlenswertes Vorgehen ...

Der Umgang mit sozialen Medien betrifft jede einzelne Abteilung – vom Marketing über den Kundenservice bis hin zur Forschung und Entwicklung. Führungskräfte sind oftmals die Einzigen, die den Gesamtüberblick über die Geschäftsabläufe, Ziele und Strategien haben. Sie sind damit prädestiniert, die Initiativen in den sozialen Medien zu begleiten.

Zudem sind die Führungskräfte auch das Gesicht eines Unternehmens. Das Führen eines Dialogs im Raum der sozialen Medien ist eine der besten Methoden, um die eigene Präsenz zu erhöhen und ein breiteres Publikum zu gewinnen.

Welcher ist der beste Weg, um Traffic aufzubauen und neue Leser anzulocken? Wie misst du den Erfolg bei Social-Media-Maßnahmen?

Als Ausgangspunkt sollte ein Unternehmen zunächst herausfinden, welcher Kanal die höchste Dichte an Personen der gewünschten Zielgruppe bereithält. Hat man erst einmal eine zentrale Social-Media-Plattform ausgemacht, sollte man diese auch als wichtigsten Kanal nutzen.

Das erlaubt dem Unternehmen, die Kräfte zu fokussieren und reichhaltige Inhalte anzubieten. Dann sollte das Unternehmen gezielt auf anderen sinnvollen Kanälen Links platzieren, um die Besucher auf die Hauptseite zu bringen. Sobald eine Struktur vorhanden ist, sollte man regelmäßig neue Inhalte auf der zentralen Plattform publizieren. Diese lassen sich dann auch auf den umliegenden Plattformen verlinken.

Für die Messung gibt es viele kostenlose und kostenpflichtige Tools. Man sollte dabei sowohl klassische Webstatistik- wie auch Aktionsanalysen machen, die Engagement, Tonalität etc. berücksichtigen. Als Ausgangspunkt kann man die Webpräsenz mit Google Analytics ausstatten, um daraus grundlegende Daten zu ziehen. Darüber hinaus bieten Facebook und LinkedIn Statistiken über das jeweilige Netzwerk und die Verhaltensweise des Publikums darin.

Was wird in den nächsten Jahren in den sozialen Medien passieren, was sind die wichtigsten Einflüsse dahinter?

In den nächsten Jahren werden wir noch mehr Menschen sehen, die das Social Web aktiv nutzen. Und genauso wie ein Großteil der Bevölkerung auf Computer und Internet zugreift, werden sich auch soziale Medien immer mehr als „Mainstream" durchsetzen. Mobile Technologien und Geräte werden dabei weiterhin wegweisend für die Ausweitung der „virtuellen Kommunikationslandschaft" auf den Alltag sein.

Aus Perspektive des Marketings wird Social Media ein wichtiger Teil zahlreicher Markenstrategien sein, sich aber mit der Zeit mit neu entstehenden Medientaktiken koppeln. „Transmedia" ist zum Beispiel die Methode der Aufteilung einer Nachricht auf mehrere Plattformen, um verschiedenartige Einstiegspunkte für das Publikum zu schaffen. Wer eine gute Basis gelegt hat, kann damit rasch in neue Bereiche vordringen.

Gibt es noch etwas, das du mit den Lesern teilen möchtest?

Social Media ist ganz einfach die fortgesetzte Evolution der Kommunikation. Es ist jedoch eine disruptive Technologie, die die Art unserer Kommunikation verändert. Jeder kann über Nacht zum Verleger, Produzenten, Autor oder Schauspieler werden. Wir können Unternehmen und der Öffentlichkeit jederzeit mitteilen, wie wir uns fühlen. Gleichzeitig hat unsere Haltung Einfluss auf die Wahrnehmung und die Verhaltensweise anderer.

Social Media ist mächtig und wird nicht verschwinden. Die sozialen Medien sind das erste sichtbare Werkzeug, mit dem Organisationen ihr Publikum in diesen „offenen Dialog" führen können. Aber wie bereits erwähnt, werden früher oder später auch wieder andere solcher Werkzeuge entstehen.

Carisa, vielen Dank für das Interview.

4.3 Interview mit Tobias Knoof, Inhaber von Digitale-Infoprodukte.de

„Kunden können virale Multiplikatoren werden!"

Tobias Knoof ist Internetmarketer und Unternehmer. Er ist Gründer verschiedener Internet-Start-ups und Initiator von **http://www.Digitale-Infoprodukte.de**.

Internetmarketing-Experte Tobias Knoof von Digitale-Infoprodukte.de.

Diese Plattform bietet einen ganzheitlichen Überblick über zahlreiche Internetmarketingkonzepte. Anhand praxisnaher Inhalte zeigt er auf, wie man seine Produkte erfolgreich im Internet vertreibt. Knoof hat sein umfassendes Wissen in verschiedenen Online- und Printprodukten veröffentlicht.

Tobias, was sind die wichtigsten „Lessons learned" aus dem Launch deines letzten Produkts (siehe Kapitel 3.2 „Virales Gewinnspiel für den Launch des TrafficPrisma von Onlinemarketer Tobias Knoof")?

Wir haben es geschafft, die Leute zu einem Teil des Produkts werden zu lassen. Es wurde damit auf eine gewisse Art und Weise „ihr Baby", und sie gehen ganz anders mit so einer Produkteinführung um. Es nimmt den Geschmack von Werbung und Promotion.

Ein wichtiges Element war dabei, dass wir Menschen motivieren konnten, bei unserem Gewinnspiel aktiv mitzumachen. Das ist nicht selbstverständlich, denn bei vielen Gewinnspielen tragen sich die Leute einmalig ein, und das war es. Dies hat für den Werbetreibenden natürlich nur einen geringen Nutzen. Bei uns haben sich die Leute aber reingehängt, um die Gewinnchancen zu verbessern. Dafür haben wir die Teilnehmer mit wertvollen Preisen oder Affiliate-Provisionen belohnt.

Es ist also möglich, potenzielle Kunden so in den Prelaunch oder das Produkt zu integrieren, dass sie einen gehörigen viralen Multiplikator darstellen – ohne sich dabei ausgenutzt zu fühlen. Dadurch entsteht für Produktanbieter und für den potenziellen Kunden eine Win-win-Situation.

Wir haben dabei außerdem gelernt, dass die Wachstumseffekte besonders in den sozialen Netzwerken exponentiell sein können. Soziale Medien sind Multiplikatoren, im positiven wie im negativen Sinn. Dabei werden Stimmungen, Meinungen, Glaubenssätze und Einstellungen übertragen, die die Grundhaltung derer multiplizieren, die den größten Stellenwert und das größte Gewicht in einer Branche oder Nische haben. Man kennt das ja auch aus den Massenmedien, wo die „Big Player" die Meinungsmacher sind.

Bei den sozialen Medien gibt es einen kleinen, aber feinen Unterschied in diesem Zusammenhang: Gerade soziale „Multiplikatoren" sind extrem konservativ, kritisch und zurückhaltend, wenn es um die Promotion von anderen geht. Weil das so ist und weil sie sozial so stark vernetzt sind, haben sie eine hohe Glaubwürdigkeit und erhalten viel Vertrauen. Wird nun ein neues Produkt von sozialen Leadern in einer Branche besprochen, sind die Verbreitungseffekte ganz besonders stark.

Wie würdest du einen Manager einer großen Firma davon überzeugen, dass es wichtig ist, sich in sozialen Medien zu engagieren?

Entscheider in der Wirtschaft und Manager in großen Firmen müssen verstehen, dass sich das Spielfeld und die Spielregeln ändern. Es nützt nichts, mit voller Kraft in die Pedale des eigenen Fahrrads zu treten, ein Auto wird trotzdem schneller sein. So funktioniert das auch im Onlinebusiness ...

Das Marketing über soziale Medien erfreut sich immer größerer Beliebtheit, gerade weil es so wirksam und erfolgreich ist. Dabei geht es nicht darum, die „dummen Kunden vor den Karren zu spannen". Im Gegenteil, es sollen echte Beziehungen aufgebaut und Mehrwert geschaffen werden. Die Menschen sind im Social Web unterwegs und nicht auf Linkfarmen und Bannerfriedhöfen. Firmen sollten also dorthin gehen, wo die Kunden sind, und sich unter die Leute mischen. So lernt der eine oder andere seine Zielgruppe vielleicht zum allerersten Mal kennen.

Bei unserem Produktlaunch haben wir genau diese Art und Weise zelebriert. Die potenziellen Kunden konnten an der Entwicklung live teilhaben. Sie konnten in die Entwicklungsphasen und den Büroalltag bei der Erstellung und Planung eintauchen, Meinungen von Betatestern lauschen, die ersten Bilder aus der Druckerei verfolgen oder die „Geburt" des ersten Prototyps. Das Ganze wurde gegen Ende fast zu einer Dokuserie, und die Besucherzahlen schossen förmlich in die Höhe. Diese Art der Produkteinführung funktioniert sehr gut über soziale Medien, da sie praktisch völlig werbefrei den Wert des kommenden Produkts demonstriert.

Ich nenne dies das „Big-Brother-Phänomen", Menschen möchten wissen, was andere Menschen machen. Dabei erzählt man einfach, was kommen wird und in den nächsten Tagen passiert. Solche Informationen im Seriencharakter, die werbefrei daherkommen und eine Geschichte erzählen, sind sehr beliebt.

Was sind denn aus deiner Warte für Unternehmen die einfachsten Möglichkeiten, um rasch Resultate zu sehen – auch wenn sie gerade erst beginnen?

Ganz klar der Aufbau der vielen wertvollen Inhalte. Denn Inhalte sorgen bei Veröffentlichung nicht nur für Links und Besucher von anderen Seiten, sondern dienen auch der Imagepflege und stärken die eigene Reputation.

Viele Firmen denken, dass ihr Image nur durch Pressearbeit beeinflusst wird. Natürlich ist diese wichtig, aber man darf nicht vergessen, dass jede Veröffentlichung von Inhalten das Image formt. Genau weil das so ist, kann man durch die Publikation vieler hochwertiger Informationen rasch Resultate im Internet erzielen. Unternehmen sollten deshalb die sozialen Leader, Multiplikatoren und „Leuchttürme" in ihren Branchen ausfindig machen. Dann kann man versuchen, auf konstruktive Art und Weise mit diesen ins Gespräch zu kommen.

Um die Reichweite in der Onlinewelt zu vergrößern, sollte man auch Warenproben und Kostproben der eigenen Produkte oder Dienstleistungen anbieten. Da das Internet aber ein digitales Medium ist, beschränkt sich dies meist auf Texte, Fachartikel, Interviews, Blogposts, Fachbeiträge, Kundenmeinungen, Statements, Tipps, Tutorials etc. Das sind die Kost- und Warenproben des Internets! Je hochwertiger diese Informationen sind, desto mehr wird es dem Kunden nutzen. Kostenlose Informationen schwächen daher nicht die Kaufkraft des Kunden, sondern verstärken diese sogar noch.

Es gibt auch Dienste, mit denen man eigene wertvolle Inhalte gezielt in mehrere soziale Profile streuen kann, ohne dass man sich in jeden einzelnen Account einloggen muss. Diese Tools haben eine starke Hebelwirkung und sparen Zeit. Sie sind jedoch mit Vorsicht zu genießen, denn die bei manchen Leuten im Internet sehr beliebte Methode „Viel hilft viel" geht oftmals nach hinten los. Ich würde eher sagen: „Weniger ist mehr."

Was wird in den nächsten Jahren im Bereich Social Media passieren, was sind die wichtigsten Treiber und Einflussfaktoren?

In den nächsten Jahren wird auf jeden Fall eine ganze Menge passieren. Immer mehr Menschen werden das Internet nutzen, gerade für soziale Kontakte. Dadurch ergibt sich zwangsläufig eine noch viel stärkere Vernetzung in und mit den sozialen Medien, mit der Blogosphäre und mit den vielen großen Social-Media-Communitys.

Das wiederum führt dazu, dass soziale Netzwerke für Werbetreibende immer attraktiver werden. Sie müssen jedoch lernen, dieses neue Spielfeld zu verstehen und die Regeln sauber anzuwenden. Es ist kein Medium wie das Fernsehen, in dem man Werbung unbegrenzt hart pushen kann. In sozialen Gemeinschaften hat man unter Umständen nach wenigen Sekunden bereits erste messbare Reaktionen und kann aktiv in das Geschehen eingreifen.

Social Media Marketing ist kein Trend mehr, sondern ein Muss! Ansonsten wird man die Kunden nur über die üblichen (und aussterbenden) Werbemethoden erreichen, was auf lange Sicht zu wenig ist. Da Kunden durch das soziale Netz viel selbstbestimmter und selbstbewusster werden, lassen sie sich auch nicht mehr alles gefallen. Sie sind keine passiven Informationskonsumenten mehr und entwickeln eine Eigendynamik.

Intelligente Unternehmen können dies gewinnbringend für sich nutzen, ohne dass die Leute sich ausgenutzt fühlen. Das würde ohnehin zu drakonischen Strafen im Social Web führen. Wer glaubt, das kollektive Bewusstsein hinterlistig täuschen zu können, wird gnadenlos scheitern – die Weisheit der Masse ist stärker als jedes Unternehmen dieser Welt.

Tobias, besten Dank für diese Einblicke.

4.4 Interview mit Jim Cahill, Chief Blogger und Social-Media-Verantwortlicher bei Emerson Electric Company

„Beginnen Sie mit Zuhören!"

Jim Cahill ist Chief Blogger und Social-Media-Verantwortlicher für die Prozessgruppe bei dem Fortune-100-Unternehmen Emerson. Als Blogger schreibt er für das **Emerson-Prozess-Experten-Blog**.

In seiner Rolle als Social-Media-Verantwortlicher tauscht er optimale Herangehensweisen sowie grundlegende Richtlinien und Leitfäden für die Teilnahme an Social Media mit seinen Anspruchsgruppen aus. Neben den Blogs ist Emerson auch auf Twitter, YouTube, Flickr, Slideshare, LinkedIn und Facebook vertreten.

Jim Cahill, Chief Blogger und Social-Media-Verantwortlicher bei Emerson.

Wie nutzen Sie die Möglichkeiten von Social Media, um Ihre Webpräsenz zu vermarkten?

Das Emerson-Prozess-Experten-Blog startete vor viereinhalb Jahren mit der Idee, Geschichten unserer Experten zu erzählen und wie sie unsere Kunden bei Automatisierungsprojekten, laufender Prozessoptimierung, Sicherheitsverbesserungen bei Prozessen etc. unterstützen. Wir wollten damit das Expertenwissen besser durch Suchmaschinen zugänglich machen. Dies führte zum persönlichen Kontakt mit mir oder dem jeweiligen Experten, und das wiederum eröffnete neue Geschäftsfelder.

Was sind die drei wichtigsten Erkenntnisse, die Sie bei Ihrer Tätigkeit in den sozialen Medien erworben haben?

1. Zuhören hat oberste Priorität. Meine besten Artikel entstanden aus Ideen, die ich durch Input aus meinen RSS-Newsfeeds, meinem Twitter-Verlauf oder durch persönliche Kontakte via E-Mail, Telefon, Skype etc. gewonnen habe.

2. Reagieren Sie schnell auf Anfragen. Ich bestätige jeweils den Erhalt einer Anfrage und teile mit, dass ich mit Experten daran arbeite und wir uns wieder in Verbindung setzen werden.

3. Behalten Sie die Kraft und den Enthusiasmus. Wenn Sie sich an Social Media beteiligen, wird ein halbherziger Einsatz schnell erkannt, und das wirkt sich negativ auf Ihre Marke aus.

Wie würden Sie eine Führungskraft davon überzeugen, dass ein Engagement in den sozialen Medien vonnöten ist?

➤ Zeigen Sie die eindrucksvollen Trends auf, zum Beispiel im Video „Social Media Revolution" auf http://www.socialnomics.net/video.

➤ Entwickeln Sie klare Unternehmensziele. Das Buch **„Groundswell"** (ISBN: 978-1422125007) von Charlene Li und Josh Bernoff ist eine gute Vorlage, um Ziele zu erkennen und Strategien auszuarbeiten.

➤ Lassen Sie in Ihrem Plan kleine „Babyschritte" zu, damit Sie den Erfolg sehen und Glaubwürdigkeit aufbauen können.

Was sind die ersten Schritte, die ein Unternehmen gehen sollte, wenn es gerade mit dem Aufbau seiner Social-Media-Präsenz startet?

Fangen Sie mit dem Zuhören an. Nutzen Sie **Google Alerts**, die RSS-Newsfeeds von **Google News** und **Googles Blogsuche** sowie die **Twitter-Suche**, um zu erfahren, was über Ihr Unternehmen und Ihre Kernmarken geschrieben wird. Beauftragen Sie eine Person für diese Aufgaben. Finden Sie Möglichkeiten, mit den Leuten, die über Ihr Unternehmen oder Ihre Marken sprechen, ins Gespräch zu kommen.

Es ist wichtig, dass man sein Augenmerk auf die Social-Media-Bemühungen legt. Dabei ist es besser, eine Person mit voller Verantwortung auszustatten, als zehn Personen mit 10 % Einsatz zu haben.

Welcher ist der beste Weg, um viele Besucher anlocken?

Tun Sie sich mit anderen aus dem Gebiet Ihres Fachwissens zusammen. Seien Sie großzügig mit Links, Kommentaren, Retweets und Bewertungen. Wenn Sie das Zehnfache von dem, was Sie selbst kreieren, von anderen dazugeben, werden diese Ihre größten Unterstützer sein. Damit haben Sie Supporter, die Sie bei der Verbreitung unterstützen.

Wie messen Sie den Erfolg von Social Media?

Bei meinem Blog messe ich den Erfolg anhand der Kontaktanfragen, die ich per Telefon, E-Mail, Twitter, Skype und Blogkommentare bekomme. Jeder Kontakt bietet die Möglichkeit, sich zu bedanken und den Kontakt bei uns in der Organisation einzubinden.

Das eröffnet nicht nur Möglichkeiten fürs Geschäft, es verschafft vor allem Emerson auch ein Gesicht, eine Persönlichkeit. Ich erhalte jede Woche 10 bis 15 Kontaktanfragen. Andere Kennzahlen sind die monatlichen Aufrufe, die Zahl der RSS-Newsfeed-Leser, die Anzahl an Klicks auf YouTube, Flickr, SlideShare etc.

Was wird sich in den nächsten Jahren im Social-Media-Bereich tun? Was sind Antriebsmotoren und Einflüsse?

Ich glaube, dass die Kommunikation über Social Media genauso Teil unseres Kommunikationsprozesses wie E-Mail wird. Entscheidungen darüber, was der Welt mitgeteilt werden soll und was im Posteingang/Postausgang verbleiben sollte, werden getroffen, wenn die Information eintrifft.

Überwachungswerkzeuge werden kein Buch mit sieben Siegeln sein, denn sie werden integriert und jedem zugänglich sein. Ein wesentlicher Antreiber wird die wachsende Onlinebeteiligung sein. Selbst jetzt ist es bereits zu wichtig, als dass Organisationen diesen Fakt ignorieren könnten.

Wer oder was sind Ihre wichtigsten Informationsquellen für Social Media Marketing und Onlinemarketing?

Die wichtigsten Informationsquellen sind die Experten, denen ich auf Twitter folge. Der Wert der Links, die sie tagein, tagaus teilen, ist gewaltig. Hier sind einige, die ich nennen möchte: @GuyKawasaki, @SteveRubel, @ChrisBrogan, @BrianSolis, @Armano, @SocialNetDaily. Außerdem schätze ich die Untersuchungen und Analysen des Forrester-Research-Teams und ihrer ehemaligen Mitglieder Charlene Li und Jeremiah Owyang von der Altimeter Group.

Welche Werkzeuge und Anwendungen nutzen Sie?

Um Twitter zu beobachten, nutze ich **TweetDeck**. Ich überwache Gruppen und Suchvorgänge zu Stichwörtern, passend zu meiner Industrie, zu Redakteuren, Analysten, Hauptmarken etc. Um Gespräche über Marken zu beobachten, nutze ich Radian6. Google Reader hilft mir dabei, branchenrelevante RSS-Newsfeeds und RSS-Suchen im Auge zu behalten.

Jim Cahill, besten Dank für das Interview.

4.5 Interview mit Will Curran, Inhaber von Arizona Pro DJs

„Unsere Kunden werden auf Facebook wie Rockstars gefeiert!"

Will Curran ist Baujahr 1989 und Inhaber von Arizona Pro DJs. Sein Unternehmen aus Phoenix, Arizona, hat sich auf innovative Unterhaltung für Jugendevents wie Schultanzveranstaltungen, Sweet-Sixteen-Partys, Bar/Bat Mitzwas und Tanzpartys spezialisiert.

Will Curran, der Inhaber von Arizona Pro DJs.

Ein Großteil des Social Media Marketing findet über **Facebook** statt, daneben existieren auch Präsenzen auf **YouTube** und **Twitter** sowie ein eigenes **Blog**.

Anstelle von klassischer Werbung (beispielsweise in den Gelben Seiten, durch Google Ads, Anzeigen in Magazinen etc.) wurde auf die sozialen Medien, zwei Fachmessen und Mund-zu-Mund-Propaganda vertraut. Das Ergebnis waren Buchungen für größere Veranstaltungen und signifikante Einsparungen, die bisher für Marketingaufwände eingesetzt wurden.

Will, was sind die drei wichtigsten Erkenntnisse, die du in den sozialen Medien erworben hast?

Man muss sich von alten Denkmustern lösen und neue Wege gehen. In der heutigen Zeit, da wir jede Sekunde mit Botschaften bombardiert werden, muss man nicht nur über den Tellerrand hinausschauen. Man muss bis ans Ende des Horizonts schauen. Wie bei jeder Art von Marketing geht es auch in den sozialen Medien um Kreativität. Es ist keine Form von Werbung, es ist ein Gespräch zwischen Menschen.

Die Leute wollen nicht, dass man ihnen einfach etwas verkauft. Sie wollen Freundschaften schließen. Anstatt etwas direkt verkaufen zu wollen, sollte man mit ihnen interagieren. Menschen werden viel lieber etwas kaufen, wenn sie mit dem Verkäufer befreundet sind.

Unsere Gesellschaft will auch Informationen. Ich bin 23 Jahre alt und kann nicht still sitzen, wenn jemand eine Frage stellt und niemand darauf antwortet! Gebt den Menschen, was sie wollen, und zwar sofort.

Wie würdest du eine Führungskraft davon überzeugen, dass ein Engagement in sozialen Medien vonnöten ist?

Facebook ist nach Google die meistbesuchte Internetseite! Als ich heranwuchs, haben Marketingfachleute versucht, die Führungskräfte von einer Unternehmenswebseite zu überzeugen. Die Führungskräfte dachten damals, das wäre Unsinn. Doch wenn heute ein Unternehmen keine Internetpräsenz hat, werde ich dort nicht einkaufen.

Heute heißt dieser Trend Social Media. Junge Käufer sind heute so mit sozialen Medien verbunden, als wären diese essenziell für ihr Leben. Warum sollte eine Organisation also nicht an diesem Leben teilnehmen?

Was sind die ersten Schritte, die ein Unternehmen gehen sollte, wenn es gerade mit dem Aufbau seiner Social-Media-Präsenz startet?

Das Beste an den sozialen Medien ist, dass sie kostenlos sind. Um Kunden einzubinden und ihre Aufmerksamkeit zu gewinnen, braucht man im Gegensatz zum traditionellen Marketing weder ein gigantisches Budget noch hoch bezahlte Darsteller oder Unterstützer etc. Um die Aufmerksamkeit der Kunden zu gewinnen, braucht es nur Kreativität.

Dies wurde anhand der viralen Videokampagne von Old Spice gut gezeigt (siehe Kapitel 3.1 „Old Spice Man – was die erfolgreichste Social-Media-Kampagne aller Zeiten richtig gemacht hat"). Sicher, die hatten einen Schauspieler, aber um diese Begeisterung zu erzeugen, beantworteten sie nur Fragen interessanter Leute. Bevor man sich versah, sprach jeder darüber!

Was ist der beste Weg, einen Besucheransturm zu erzeugen und die allgemeine Leserschaft anzulocken? Wie misst du den Erfolg von Social Media?

Alles hängt vom Zielmarkt ab. Wichtig ist, dass man wie seine Zielgruppe denkt. Die meisten meiner Mitarbeiter sind unter 21 Jahre alt und somit Teil unseres Zielmarkts, deshalb ist es für uns einfacher. Wenn man nicht weiß, wie man mit den Menschen interagieren soll, lohnt sich eine Fokusgruppe oder das direkte Gespräch mit den Kunden.

Auch kostenlose Geschenke kommen gut an. Wir verlosen CDs oder einen iPod, damit die Nutzer ihren Freunden von uns erzählen und auf unserer Facebook-Seite kommentieren.

Ob Social Media Erfolg hatte, ist für uns dann sehr einfach mit der Frage „Wo haben Sie von uns gehört?" beantwortet. Wir haben mit unseren Kunden gesprochen und sie gefragt, ob sie unsere Facebook-Seite gesehen haben oder durch Social Media auf uns aufmerksam wurden. Die Mehrheit bestätigte das. Das war unglaublich zu hören. Seither haben wir Facebook als weiteres eigenständiges Marketingmedium wahrgenommen.

Wir haben unsere **Facebook-Seite** als zweite Homepage mit einigen Videos, Fotos, Neuigkeiten, neuer Musik und mehr gestaltet – und die Besucherzahlen stiegen! Wir stellen überall im Web sicher, dass nicht nur auf unsere Homepage, sondern auch auf unsere Facebook-Seite verwiesen wird. Darüber können wir mit unseren Kunden kommunizieren und ihnen ein „Rockstar"-Gefühl geben, wenn wir unseren Fans von ihrer Veranstaltung berichten.

Was wird sich in den nächsten Jahren im Social-Media-Bereich tun? Was sind Antriebsmotoren und Einflüsse?

Ich prognostiziere, dass Video immer beliebter wird. Diese Entwicklung wird durch günstigere und bessere Videokameras gestützt. Es werden auch mehr Produktbesprechungen sowie Videos von Veranstaltungen und anderen Dingen veröffentlicht.

Auch sehe ich mehr und mehr Unternehmen auf den Social-Media-Zug aufspringen. Es wird immer leichter, professionelle und mit guten Inhalten bestückte Seiten einzurichten und damit Erfolg zu haben.

Auch lokationsbezogene Dienste wie Foursquare werden in unserem Alltag an Bedeutung gewinnen, und Unternehmen werden Kunden für die Nutzung dieser Dienste belohnen.

Wer oder was sind deine Topinformationsquellen für Social Media Marketing und Onlinemarketing?

Mashable.com ist sehr gut. Die Artikel bestehen nicht nur aus Marketing-Kauderwelsch, jeder kann die neusten Trends verfolgen. Ich habe mir meine Kenntnisse auf Hunderten verschiedener Blogs zusammengesucht. Als Nutzer von StumbleUpon.com habe ich mir auch Kanäle zu Marketing- und Geschäftsführungsthemen abonniert.

Welche Werkzeuge und Anwendungen nutzt du, um deine Arbeit zu erleichtern?

HootSuite.com. Ich weiß nicht, wie ich die Aufgaben davor erledigt habe. Ich habe vier Twitter-Konten, zwei Facebook-Profile und drei Fanseiten zu verwalten und daneben noch eine ganze Menge bei anderen Seiten (LinkedIn etc.). HootSuite macht es einfach, jede Seite zu aktualisieren, ohne sich immer wieder neu anmelden zu müssen. Außerdem erlaubt es das Beobachten von Listen, Feeds, @Erwähnungen und mehr. Damit spare ich eine Menge Zeit.

Will, vielen Dank für das Interview.

4.6 Interview mit Alain Chuard, Mitgründer der Facebook-Applikation Wildfire

„Die Zeit war nie besser, um in den sozialen Medien Fuß zu fassen!"

Alain Chuard war an der Entwicklung verschiedener innovativer Softwarelösungen beteiligt. Er ist Mitgründer von Wildfire Interactive Inc. und hat einen Master of Business Administration an der Stanford Graduate School of Business absolviert. Daneben war er als Profi-Snowboarder bei der World-Cup-Pro-Tour mit von der Partie, daher stammt auch seine Begeisterung für das Snowboarden, Surfen, Mountainbiking und das Reisen.

Alain Chuard,
Co-Founder von Wildfire.

Seine Firma Wildfire Interactive ist ein stark expandierendes Start-up. Es bietet Markenverantwortlichen und Marketingfachleuten aller Couleur die Möglichkeit, schnell eine Vielfalt an Werbekampagnen in sozialen Medien zu erstellen, wodurch sie mit Nutzern und Fans der Marken in Kontakt treten und interagieren können. Dazu gehören interaktive Markenkampagnen, Wettbewerbe, Verlosungen und Give-aways. Seit 2011 bietet Wildfire eine komplette Lösung für Social-Media-Kampagnen. Dazu gehören nicht nur

Applikationen für Wettbewerbe, sondern auch eine Content-Management-Plattform, Messaging und Analytics.

Wildfire ist Gewinner des Facebook-Fonds „fbFund" und wurde für den Tech-Crunch Crunchies Award nominiert sowie in die 2010-AlwaysOn-Global-250-Liste als eines der 250 Top-Privatunternehmen der Welt aufgenommen.

Alain, ihr habt mit vielen namhaften Unternehmen zusammengearbeitet. Welche Rolle nahm Wildfire in diesen Kampagnen ein, und wie habt ihr die sozialen Medien genutzt, um den Kampagnen zum Durchbruch zu verhelfen?

Ja, Wildfire hat mit vielen **weltweit bekannten Marken** zusammengearbeitet. Dazu gehören beispielsweise Pepsi, Facebook, Victoria's Secret, Gatorade und Unilever. Wir helfen diesen Marken, ihre Ziele zu erreichen. Das sind zum Beispiel: Verkäufe ankurbeln, die Markenwahrnehmung verbessern, eine Nutzergemeinschaft und eine Fanbasis aufbauen oder noch mehr Fans gewinnen. Wir finden gemeinsam die geeignete Werbeform und erarbeiten eine individuelle Werbekampagne, die dem Markenauftritt entspricht und zur Kundschaft passt.

Was sind die wichtigsten Erkenntnisse, die du in den sozialen Medien gewonnen hast?

1. Man muss interessant sein! Interagieren Sie mit Ihren Nutzern über interessante Inhalte. Publizieren Sie regelmäßig interessante und passende Informationen, verweisen Sie auf tolle Artikel, die Sie geschrieben oder gefunden haben, oder verlinken Sie auf unterhaltsame Anekdoten oder Videos. Die Nutzerschaft wird Ihre Empfehlungen mit ihrem Umfeld teilen wollen, und Sie lernen, welche Inhalte gefragt sind und welche keinen viralen Effekt haben.

2. Machen Sie das ganze Erlebnis sozial! Geben Sie den Nutzern einen Grund, etwas den eigenen Freunden weiterzuempfehlen. Erstellen Sie zum Beispiel eine Werbeaktion, bei der man einen Trip mit zwei oder drei Freunden gewinnen kann, wenn diese sich auch an der Aktion beteiligen. Auf diese Weise lernen Sie noch mehr von den Leuten, und Sie bekommen noch mehr Aufmerksamkeit von deren Freunden, die auch gewinnen wollen.

3. Fragen kostet nichts. Sie werden niemals erfahren, was die Nutzer über Ihre Seite, Ihre Statusnachrichten oder Ihre Neuigkeiten denken, wenn Sie sie nicht danach fragen! Es klingt lächerlich, aber Sie werden von den Rückmeldungen überrascht sein. Hängen Sie bei der nächsten Nachricht einfach eine Bitte wie diese an: „Gefiel Ihnen das? Klicken Sie auf *Gefällt mir* oder sagen Sie uns, was Ihnen nicht gefallen hat."

Wie würdest du eine Führungskraft davon überzeugen, dass ein Engagement in den sozialen Medien nötig ist?

In der jetzigen Phase kann Social Media als natürliche Evolutionsstufe des traditionellen Marketings gesehen werden. Die Menschen verbringen immer mehr Zeit mit der Familie und mit Freunden in sozialen Netzwerken und auf anderen Seiten im Internet.

Die Marketingabteilungen der Unternehmen müssen ihre Reichweite dorthin ausweiten, wo die Menschen sich aufhalten – und das ist heute ganz klar das Web. Außerdem sind die Internetnutzer cleverer, als Werbung nur passiv aufzunehmen und zu akzeptieren, wie das noch in den ersten Tagen des Internets der Fall war. Sie suchen heute verstärkt nach Interaktionen.

Mit Social Media Marketing finden Sie Ihre interessierten Nutzer, und mit interessanten Marketingmethoden interagieren Sie mit ihnen. Beginnen Sie darüber einen bedeutungsvollen Dialog mit der Nutzergemeinschaft Ihrer Marke.

Was sind die ersten, leicht erreichbaren Ziele für ein Unternehmen, das sich gerade seine Social-Media-Präsenz aufbaut?

Die Präsenzen auf Facebook und Twitter sollten in einem Schritt erstellt werden. Die Profile sind kostenlos, und das Erstellen von Twitter-Konten und Fanseiten für Ihre Marke ist simpler, als viele denken. Die nächste Herausforderung besteht dann darin, diese Werkzeuge bei der Kommunikation einzusetzen. Aber zunächst mal muss der erste Schritt – das Eröffnen der Konten – getan werden.

Was ist der beste Weg, um einen Besucheransturm zu erzeugen und die allgemeine Leserschaft anzulocken? Wie kann Wildfire die Unternehmen darüber hinaus unterstützen? Wie messt ihr den Erfolg von Social Media?

Die Nutzer lieben interessante Erfahrungen. Neben dem reinen Erstellen von interessanten Informationen müssen Sie diese auch präsentieren und die Nutzer dazu bringen, dass sie sie weiterempfehlen! Wenn Sie noch nichts Eigenes erstellen, teilen Sie interessante Links und Geschichten aus anderen Quellen, um den Leuten Ihrer Nutzerbasis etwas zu bieten.

Wildfire kann dabei helfen, Aufmerksamkeit mit interaktiven Werbeaktionen zu erzeugen. Damit werden die Nutzer zu einem Teil dieser Aktion. Interessante Dinge werden gern untereinander geteilt. Sie können Wildfire zum Beispiel für folgende Aktionen benutzen:

➢ ein verrücktes virtuelles Geschenk,

➢ ein Gewinnspiel mit einem coolen Werbegeschenk,

➢ einen Wettbewerb,

➢ ein interessantes Video mit viralen Effekten oder für

➢ ein Produktschaufenster mit Link zum Onlineshop.

Was wird sich in den nächsten zwei bis fünf Jahren im Social-Media-Bereich tun? Was sind Antriebsmotoren und Einflüsse?

Zwei bis fünf Jahre sind eine Ewigkeit im Social Media Marketing. In fünf Jahren wuchs Facebook aus seiner College-Idee zu einem Dienst mit einer halben Milliarde Nutzern. So weit vorauszublicken, ist schwierig, aber einiges kann man ohne Probleme vorhersehen: Standortbezogene Dienste, die in herkömmliche soziale Netzwerke eingebunden werden, sind bei den Innovationen vorne dabei. Die Verbindung zwischen Netzwerk und Nutzer wird intensiver.

Das alles wird schneller passieren als angenommen. Wir haben Wildfire so organisiert, dass wir schnell auf Veränderungen reagieren und neue Funktionen anbieten können. Was immer in der Zukunft passieren wird, wir werden ein Teil dieser Zukunft sein.

Wer oder was sind deine Topinformationsquellen für Social Media Marketing und Onlinemarketing?

Es gibt einige tolle Blogs und andere Newsquellen, die normalerweise von aktuellen und Trendthemen der Branche berichten. Darunter sind: **Hubspot.com**, das **American Express OPEN Forum**, **Mashable.com**, **Tech Crunch.com**, **ReadWriteWeb.com**, **InsideFacebook.com** und **AllFacebook.com**. Natürlich versuchen wir, auch Tipps und Ratschläge in unserem eigenen, regelmäßig aktualisierten **Blog** unter **http://blog.wildfireapp.com** zu geben.

Gibt es noch etwas, das du den Lesern mitteilen möchtest?

Die Zeit war nie besser, um mit Ihrem Unternehmen die Welt der sozialen Medien zu betreten. Es gibt überall Ratgeber, Schritt-für-Schritt-Anleitungen und Hilfestellungen.

Das Beste aber ist doch, dass die Nutzer schon auf Sie warten. Sie müssen nur noch herausfinden, wie Sie mit ihnen in Kontakt treten können. Ein Weg sind Werbeaktionen, denn jeder ist begeistert von Werbegeschenken, einem großen Preisvorteil oder einem kostenlosen Produkt.

Nutzen Sie die Kraft von Social Media und halten Sie mit Ihren Nutzern Kontakt. Interagieren und reden Sie mit ihnen über Ihre Marke. Es gibt keinen Grund, damit zu warten. Es ist auch gar nicht so schwierig, wie es scheint – die größte Hürde ist nur der Startschuss.

Alain, danke für das Interview.

4.7 Interview mit Robert Beer, Geschäftsführer XING Schweiz & Österreich

„Social media rocks!"

Robert Beer ist der Geschäftsführer von XING Schweiz & Österreich und für den weiteren Ausbau dieser Märkte verantwortlich. Er verfügt über breite Erfahrungen in der strategischen Markterschließung von Online- und Crossmedia-Flattformen.

Vor seinem Wechsel zu XING war er in leitender Funktion bei Schweizer Marktführern in den Bereichen Onlinevideo und Online-Ticketing sowie bei der B2B-Suchmaschine „Wer liefert was" tätig. Der gebürtige Schweizer hat zudem einen Executive MBA an der britischen Strathclyde Graduate Business School gemacht.

Robert Beer, der XING Country Manager für die Schweiz & Österreich.

Was sind die drei wichtigsten „Lessons learned", die Sie im Bereich Social Media gemacht haben?

1. Authentizität und Glaubwürdigkeit sind zentrale Güter in der Social-Media-Welt – Kommunikation im Web 2.0 muss echt sein, Beiträge sollten persönlich und ungekünstelt sein. Wer das nicht beachtet und sich verstellt, verspielt schnell seine Glaubwürdigkeit.

2. Dabei entscheiden die Inhalte: Content is king! Will man die Aufmerksamkeit der Nutzer auf sich lenken, muss man in der Lage sein, Inhalte zu generieren, die interessant und originell sind und dem Leser echten Mehrwert bieten. Fasst man Social Media nur als Plattform auf, über die Werbebotschaften in die Welt posaunt werden, wird man keinen Erfolg haben.

3. Erfolgreiche Netzwerker behandeln ihre Kontakte wie Freunde, nicht wie Kunden. Wer seinem Netzwerk immer wieder Nutzen stiftet – ohne eine Gegenleistung zu erwarten –, wird früher oder später selbst erheblich von diesem Netzwerk und seiner eigenen Reputation profitieren. Dasselbe gilt auch für Firmen, Verbände oder Alumni-Organisationen, die erfolgreich eine Community aufbauen wollen.

Wie würden Sie einen CEO davon überzeugen, dass es wichtig ist, sich in den sozialen Medien zu bewegen?

Auch wenig internetaffine CEOs sind beeindruckt, wenn man Zahlen sprechen lässt. Bereits heute verbringen die Nutzer weltweit im Internet mehr

Zeit in sozialen Netzwerken als mit anderen Anwendungen. Inzwischen hat Social Media die E-Mail als Internetaktivität Nummer eins überholt. Die Diskussionen in solchen Netzwerken sind meist sehr offen und konstruktiv. Ein optimaler Ort also, um Kundennähe zu leben!

Außerdem wachsen die sozialen Medien ungebremst, und dieses Wachstum wird künftig von einem weiteren Megatrend – der mobilen Kommunikation – noch verstärkt. Bei XING wird bereits 20 % des Traffic über mobile Endgeräte generiert. Zudem gilt es, die Bedenken bezüglich Seriosität und Datenschutz ernst zu nehmen.

Was sind die erfolgversprechendsten Social-Media-Ansätze für ein Unternehmen, das noch keine Präsenz hat?

Unternehmen, die noch ganz am Anfang stehen, rate ich, sich zuerst Gedanken über das „Warum" zu machen. Möchten Sie primär Ihre Reputation verbessern, Kunden binden, neue hinzugewinnen oder als Arbeitgeber attraktiver werden? In welchem Umfeld wollen Sie Menschen erreichen – freizeitorientiert oder geschäftlich?

Danach ist eine klare Zielsetzung notwendig. Je nach Zielgruppe sind unterschiedliche Plattformen besser dafür geeignet. Bei der Auswahl der Dienste empfiehlt es sich, den Fokus auf einen oder maximal zwei Marktführer in einem bestimmten Bereich (z. B. Businessnetzwerke) und auf zwei bis maximal drei Bereiche zu legen. Die Ziele definieren das Vorgehen. Planlos „Social Media machen" bringt nichts.

Trotzdem ergibt es durchaus Sinn, 20 % der verfügbaren Ressourcen anfangs für „Versuchsballons" einzusetzen, um Neues und Ungewohntes auszuprobieren. Oft ist das auch ohne Einsatz finanzieller Mittel machbar, etwas Zeit und Neugier genügen.

Was ist der beste Weg, um Traffic zu generieren und Leser anzuziehen? Und wie misst man dann den Erfolg von Social Media?

Das kommt ebenfalls auf das Unternehmen und seine Ziele an. Nicht immer ist die Anzahl der generierten Klicks der geeignete Gradmesser für Erfolg. Geht es dem Unternehmen zum Beispiel darum, mithilfe von Social Media schnell die richtigen Mitarbeiter zu finden, ist eher die Zahl der darüber erfolgreich besetzten Stellen ausschlaggebend.

Im Bereich der Businessnetzwerke ist auch nicht die Anzahl der Kontakte maßgebend, sondern deren Qualität. Das ist natürlich nicht ohne Weiteres messbar. Die Größe, mit der man hier arbeitet, kann man als „soziales Kapital" bezeichnen. Diese Geschäftskontakte der Mitarbeiter einer Firma sind für das Unternehmen äußerst wertvoll.

Was wird in den nächsten zwei bis fünf Jahren passieren, was sind die Treiber und entscheidenden Faktoren dahinter?

Im Bereich Social Media sind zwei bis fünf Jahre eine lange Zeit, insofern werden sicher Dinge passieren, an die wir momentan noch nicht einmal denken. Die Trends für die nächsten Monate sind klar: Internetnutzung wird mobiler, sogenannte Location Based Services gewinnen stark an Bedeutung, die Verknüpfung von offline und online spielt eine große Rolle, um nur ein paar Trends zu nennen.

Bei XING (siehe Kapitel 8.2 „XING – wo sich das Business trifft und austauscht") bieten wir mit dem im Januar 2012 eingeführten „Beam" eine neue mobile Funktion für Android-Smartphones. Via „Near Field Communication" wird die schnelle, sichere Drahtlosübertragung von Informationen auf kurze Entfernung ermöglicht. So können Kontakte geknüpft oder Profile empfohlen werden, indem die Rückseiten von zwei Telefonen aneinandergehalten werden. Insbesondere auf Konferenzen oder Messen ist das praktisch. Auf der intelligenten Nutzung von ortsbasierten Diensten im Geschäftskontext basiert auch der bereits 2010 eingeführte mobile Handshake.

Zudem haben wir die Online-offline-Verknüpfung ausgebaut. Nach dem Erwerb der amiando AG – eines Spezialisten für Onlineevents – wurden anschließend deren Dienstleistungen in die XING-Plattform integriert und können direkt auf XING genutzt werden. So ist es erstmals möglich, Eventtickets über die XING-Plattform anzubieten und zu verkaufen.

Was sind aus Ihrer Warte die wichtigsten Ressourcen/Websites für Social Media und Onlinemarketing?

Internetforen sind sehr nützlich, weil man die Möglichkeit hat, an einer Diskussion teilzunehmen und Fragen zu stellen. Beispielsweise beschäftigt sich die Expertengruppe „e-Commerce" auf XING intensiv mit allen Themen rund um Internet und Marketing. Im Forum der Gruppe tauschen sich Experten aus, und man hat als Laie die Möglichkeit, Fragen zu stellen und vom Expertenwissen zu profitieren.

Blogs sind auch eine tolle Informationsquelle für aktuelle Themen und Trends. Das Blog **Netzwertig** oder die Blogs von **Namics**, **Thomas Hutter**, **Joachim Rumohr** oder **Sabine Dufaux** (auf Französisch) sind für die Schweiz sehr interessant. Globale Meinungsführer sind **Mashable.com** oder **TechCrunch.com**.

Welche Tools nutzen Sie, um die tägliche Social-Media-Arbeit leichter zu managen?

Natürlich nutze ich in erster Linie XING, um mit Geschäftspartnern, Journalisten und Kunden in Kontakt zu bleiben. In Vorbereitung auf ein Gespräch schaue ich mir das XING-Profil meines Gesprächspartners an. So kann ich mich auf mein Gegenüber vorbereiten: Haben wir gemeinsame Kontakte? Welche Stationen kennzeichnen den beruflichen Weg? Damit ergeben sich oft interessante Anknüpfungspunkte im Gespräch.

Auf Twitter bin ich vorwiegend beruflich und in meiner Funktion als Dozent unterwegs, Facebook nutze ich ausschließlich privat. Dabei verschiebt sich meine Onlinezeit immer mehr auf die mobilen Geräte – fast alle Anbieter bieten heute schon passable mobile Anwendungen an.

Gibt es noch etwas, das Sie gern mit den Lesern teilen möchten?

Social Media ist kein kurzfristiger Hype. Die geschäftliche und private Kommunikation wird von den sozialen Medien revolutioniert. Und dabei stehen wir erst am Anfang! Digitale Dienste wie Internet, TV, Radio und Telefonie verschmelzen und sind schon bald überall von jedermann und in Echtzeit verfügbar.

Informationen, die wir von unseren Freunden und Kontakten erhalten, sind glaubwürdiger und daher relevanter als Werbetexte. Diese werden zum wichtigsten Kriterium für unsere persönlichen Entscheide, und das ist gut so. Social Media rocks!

Herr Beer, vielen Dank für diese Einblicke.

4.8 Interview mit Cristian Cussen, Head of Marketing EMEA, Google+

„Man muss die eigene Zielgruppe kennen!"

Cristian Cussen ist Head of Marketing bei Google+ für Europa, den Mittleren Osten und Afrika (EMEA).

Vor seinem Wechsel zu Google war Cussen Vice President & Managing Director für Europa und Lateinamerika bei Ning. Davor hatte er als Director of Content & Marketing bei MySpace unter anderem die Video-Content-Strategie verantwortet, die die monatlichen Videozuschauer von 20 Millionen auf mehr als 55 Millionen erhöhte. Er hat auch im Filmbusiness Erfahrungen gesammelt und wirkte an Produktionen wie „The Hours", „Team America" und zwei James-Bond-Filmen mit. Cussen hat seinen Bachelor-Abschluss in Wirtschaftswissenschaften an der Stanford University absolviert.

Cristian Cussen ist für das Marketing bei Google+ in Europa, dem Mittleren Osten und Afrika verantwortlich.

Cristian, wie warst du dazu in der Lage, die Kraft von Social Media für das Marketing wirksam einzusetzen?

Die erste Regel, die ich gelernt habe: Kenne deine Zielgruppe! Große „One-size fits all"-Communitys wie YouTube und Facebook sind Bestandteile von so gut wie jeder Onlinestrategie. Man sollte definitiv dort fischen, wo die Fische sind!

Junge Marken oder Individuen müssen jedoch vorsichtig ihre Zielgruppe identifizieren und entwickeln, indem sie diese zum Beispiel gezielt auf Blogs oder Foren ansprechen. Auch wenn die Zahlen am Anfang gering sind, wird es sich langfristig bezahlt machen, denn diese Fans lassen sich zu Botschaftern entwickeln.

Was sind die wichtigsten „Lessons learned", die du im Bereich Social Media gemacht hast?

Seien Sie authentisch! Immer wieder sehe ich, dass Leute die Intelligenz ihrer Zielgruppe unterschätzen. Versuchen Sie auch nicht, es jedem recht zu machen. Das ist eine unmögliche Aufgabe und wird die Leute vergraulen, die tatsächlich wollen, dass Sie erfolgreich sind.

Hören Sie gut zu, was Ihr Publikum will – aber bleiben Sie fokussiert. Wenn Sie eine Vision haben, lassen Sie sich nicht von bösen Zungen davon abhalten, diese in die Realität umzusetzen. Natürlich sollten Sie Feedback auch nicht blind ignorieren, aber es gibt einen Unterschied zwischen Fokussieren und Ignorieren – die Balance zu finden, ist der Schlüssel zum Erfolg.

Seien Sie mobil! Stellen Sie zuerst sicher, dass Ihre Webseite für das mobile Web funktioniert, und denken Sie dann über eine systemeigene Applikation nach. Es gibt günstige, sogar kostenlose Wege, mobile Applikationen zu erstellen (zum Beispiel **AppMakr.com**). Die Benutzererfahrung auf einem Mobilgerät oder Tablet-PC muss gut durchdacht sein, denn dies wird künftig ein zentraler Ort sein, an dem man Ihren Inhalt entdeckt.

Wie würdest du einen CEO davon überzeugen, dass es wichtig ist, sich in den sozialen Medien zu bewegen (vorausgesetzt, die Person weiß noch nicht viel über Social Media)?

Im Jahr 2009 war es eine Herausforderung, einen CEO davon zu überzeugen, Social Media voll in Anspruch zu nehmen. Heute scheint wenig bis gar keine Überzeugungsarbeit mehr nötig zu sein.

Social Networking ist die am weitesten verbreitete Onlineaktivität; sei es durch Spiele, Livestream-Channels oder Communitys. Kunden erwarten mittlerweile eine Feedbackschleife zwischen ihnen und den Unternehmen, die ihnen wichtig sind.

Die Möglichkeiten von Social Media nicht voll auszunutzen, ist beim heutigen Stand der Evolution des Internets wirklich keine Option mehr, wenn man das eigene Business voranbringen will!

Was sind die erfolgversprechendsten Social-Media-Ansätze für ein Unternehmen, das noch keine Präsenz hat?

Der größten Erfolg verspricht eine Website. Sie brauchen etwas, dass Sie Ihr Eigen nennen können. Dienste wie Twitter und Facebook sind ausgezeichnete Ergänzungen zu Ihrer Präsenz, doch ohne eine Website treten Sie zu viel Kontrolle (Marke, Traffic und Daten) an Drittanbieter ab.

Sobald Ihre Basis-Website in Betrieb oder aufgerüstet ist, sollten Sie sie als digitale Plakatwand sehen und zusätzliche Dienste benutzen, um Traffic darauf zu bekommen.

Was ist der beste Weg, um Traffic zu generieren und Leser anzuziehen? Und wie misst du dann den Erfolg von Social Media?

Der beste Weg, um Traffic zu generieren und Leser anzuziehen, ist das, was wir „Social Capital" nennen. Dieses soziale Kapital ist Ihre beste Währung und besteht aus den Leuten, die Sie kennen – entweder im echten Leben oder online. Diese werden Ihre Unterstützer und helfen Ihnen, mehr Besucher zu generieren.

Finden Sie Menschen, die Ihr jeweiliges Thema online mitprägen, und bieten Sie diesen einen Anreiz, für Ihre Marke zum Botschafter zu werden. Sie können das kostenlos tun, indem Sie zum Beispiel exklusiven Inhalt oder Wettbewerbe anbieten, oder auch für begrenzte Kosten, zum Beispiel für Werbegeschenke etc.

Abgesehen davon ist das Wichtigste bei Social Media nicht der Traffic, sondern das Engagement und die Zeit, die ein Benutzer aufwendet. Sie können Traffic kaufen, doch was bringen Ihnen 10.000 Besucher, wenn alle Ihre Webseite gleich wieder verlassen? Beginnen Sie mit Qualität und bauen Sie dann aus.

Was wird in den nächsten zwei bis fünf Jahren passieren, was sind die Treiber und entscheidenden Faktoren dahinter?

Mobile, mobile, mobile. Es gibt heute bereits über 4 Milliarden aktive Handyabonnements rund um den Globus. Ich war kürzlich in Indien, wo im Jahr 2012 über 230 Millionen Mobiltelefone verkauft werden. Etwa 75 % der Zeit, die auf Japans größtem Social Network Mixi.jp verbracht wird, geht auf das Konto der mobilen Geräte.

Ich glaube, dass in den nächsten zwei bis fünf Jahren jede Webseite sowohl „mobile" als auch „social" sein wird. Man sollte deshalb die eigenen Auftritte für Mobilgeräte und Tablet-PCs optimieren.

Was sind aus deiner Warte die wichtigsten Ressourcen/Websites für Social Media und Onlinemarketing?

Eine sehr fokussierte Social-Media-Quelle ist **Mashable.com**, denn die machen einen tollen Job, was die Gesamtsicht der globalen Social-Media-Landschaft angeht. Der Sammeldienst **Techmeme.com** ist eine ausgezeichnete, wenn auch potenziell überbordende Quelle für digitale Neuigkeiten. Leute wie **Robert Scoble** oder **Gary Vaynerchuck** sind ebenso sehr bewandert in Social Media. Folgen Sie ihnen auf Twitter, um auf dem neusten Stand zu bleiben.

Cristian, vielen Dank für dieses Gespräch!

5. Stellen Sie Ihre Social-Media-Strategie nach der ZEMM-MIT-Methode zusammen

„The essence of strategy is choosing what not to do." Michael Porter

5.1 Die ZEMM-MIT-Methode: Erarbeiten Sie Ihre integrierte Social-Media-Marketing-Strategie

Vielleicht haben Sie sich in der Zwischenzeit schon ein paar Gedanken darüber gemacht, wie Ihre Social-Media-Strategie aussehen könnte.

Oftmals entwickelt sich eine Social-Media-Präsenz organisch. Als Privatperson ist das die Regel und auch kein Problem, als Unternehmen sollten Sie sich aber intensiver damit befassen und wissen, was Sie erreichen wollen. Dieser Thematik widmen wir uns im Folgenden.

Accounts einrichten ist keine Strategie – machen Sie eine Standortbestimmung

Es muss nicht zwingend schlecht sein, wenn Ihre Präsenz in den sozialen Medien evolutionär entsteht. Aber klar ist, dass mit einem Plan eine zielgerichtete Entwicklung besser möglich ist – denn einfach Accounts auf den sozialen Plattformen zu eröffnen, ist keine Strategie!

Bevor man sich auf die verschiedenen Plattformen einlässt, steht immer die Frage im Zentrum, was man denn damit erreichen will. Erst wenn das geklärt ist, sollte man die passenden Werkzeuge wählen.

Warum Unternehmen in den sozialen Medien präsent sind

Unternehmen können sich zum Beispiel aus folgenden Gründen eine Präsenz in den sozialen Medien aufbauen wollen:

➢ Steigern der Präsenz und Interaktion in den sozialen Kanälen, damit sich mehr Menschen mit der eigenen Organisation auseinandersetzen. Dies können die Follower auf Twitter, die Fans auf Facebook oder die Kommentatoren im Blog sein. Auch die Häufigkeit, in der man von anderen erwähnt wird, spielt eine Rolle.

166

➤ Eine positive Beeinflussung des eigenen Images erreichen, indem die Anzahl an positiven Meinungen über die eigene Marke gesteigert wird. Gleichzeitig auch die Kritik zur Kenntnis nehmen und in der eigenen Organisation adressieren.

➤ Aufbau von Geschäftsbeziehungen fördern, indem mit relevanten Kontakten gezielt interagiert wird. Dabei sollen tragfähige Beziehungen über echte Konversationen entwickelt werden.

➤ Die Anzahl Besucher auf der eigenen Webseite oder dem Onlineshop erhöhen, indem durch gezielte Aktionen in den sozialen Medien darauf aufmerksam gemacht wird.

Die ZEMM-MIT-Methode für eine integrierte Strategieentwicklung

Es lohnt sich dabei, den Prozess der Strategieentwicklung „Top-down" in Abstimmung mit den relevanten Anspruchsgruppen in der Organisation anzugehen. Überlegen Sie sich, wie Social Media auf Ihre übergeordnete Unternehmensvision und Mission einzahlen kann.

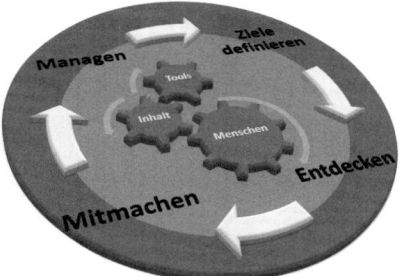

Ich habe dafür die ZEMM-MIT-Methode entwickelt, die die Entwicklung und Umsetzung einer Social-Media-Strategie begleitet. Es handelt sich um einen pragmatischen, praxisorientierten Leitfaden, der nach folgendem Schema abläuft:

Die ZEMM-MIT-Methode beschreibt den Prozess der Entwicklung und Umsetzung einer Strategie für die sozialen Medien.

➤ **Z**iele definieren: Als Grundlage muss definiert werden, welche Ziele durch eine Präsenz in den sozialen Medien erreicht werden sollen.

➤ **E**ntdecken: Dann geht es darum, herauszufinden, wer wann wo warum wie über Sie spricht. Hören Sie genau hin, was gesagt wird – und was Sie daraus lernen können.

➤ **M**itmachen: Nun steht der große Schritt an – Sie schaffen sich selbst eine Präsenz in den sozialen Medien. Reagieren Sie, wo nötig und sinnvoll, auf die Diskussionen. Belassen Sie es aber nicht dabei, einfach ein Statement abzusetzen, denn hier beginnt der Prozess der Interaktion mit den Menschen!

➤ **M**anagen: In der Praxis ist es wichtig, dass Sie den gesamten Prozess möglichst effizient und effektiv begleiten können. Messen Sie Kennzahlen, bauen Sie ein Monitoring auf etc.

Im Zentrum all dieser Aktivitäten stehen drei zentrale Aspekte, die die sozialen Medien ausmachen.

➢ **M**enschen: Menschen stehen bei allen Diskussionen im Mittelpunkt.

➢ **I**nhalte: Es sind gute Inhalte nötig, die verteilt und kommentiert werden können.

➢ **T**ools: Die Aktivitäten finden auf unterschiedlichen Plattformen statt und werden durch verschiedene Hilfsmittel unterstützt.

Im Folgenden schauen wir uns nun die einzelnen Elemente an.

5.2 Ziele definieren – SMARTe Ziele formulieren und den Return on Investment (ROI) messen

„Dem weht kein Wind, der keinen Hafen hat, nach dem er segelt."

Schon der französische Philosoph und Schriftsteller Michel de Montaigne (1533–1592) wusste, dass man seine Aktivitäten auf ein Ziel hin ausrichten muss. Die Unternehmensvision bietet Ihnen dabei eine Identifikationsfläche und zeigt auf, wohin das Unternehmen will. Es handelt sich um Ihren Fixstern am Horizont. Richten Sie sich auch danach aus, was Ihre Kunden von Ihnen erwarten und wie sie das Unternehmen wahrnehmen sollen.

Die Social-Media-Strategiepyramide

Jedes Unternehmen hat eine andere strategische Ausrichtung und darauf basierend auch eine differenzierte Zieldefinition. Mit dieser stellen Sie sicher, dass sich Ihre Aktivitäten nahtlos in die Stoßrichtung Ihrer Organisation einfügen.

Die Aktivitäten in den sozialen Medien müssen immer die Geschäftsziele unterstützen. Je nach gewähltem Einsatzgebiet können die sozialen Medien die Bereiche Kommunikation, Marketing, Kundendienst etc. unterstützen.

Wenn Sie sich über die Ziele im Klaren sind, müssen Sie sie nun mit einer Strategie adressieren. Erstellen Sie deshalb nicht einfach willkürlich eine Präsenz in den sozialen Medien. Nehmen Sie sich stattdessen die Zeit, sich zu überlegen, warum Sie aktiv werden wollen – sonst stellen Sie den Nutzen des Ganzen infrage. Wenn Sie keinen Plan haben, ist das einfach eine nette Spielerei, die aber nur einen beschränkten Mehrwert bietet und Ihre Ressourcen bindet.

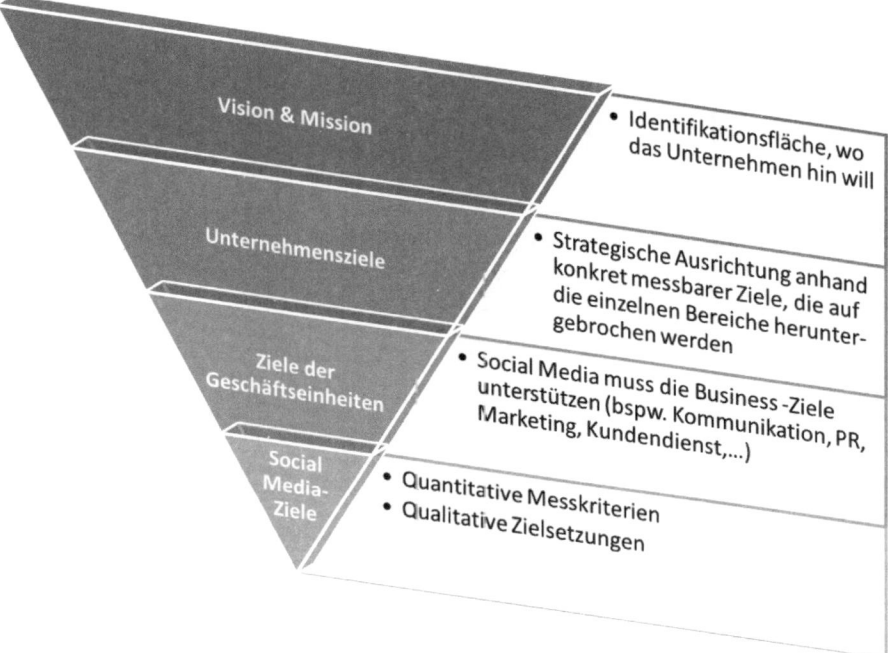

Die umgekehrte Strategiepyramide für die Definition der Social-Media-Ziele.

Die Zieldefinition darf nicht im Glashaus stattfinden

Neben den organisatorischen Herausforderungen stellt sich die Frage, wie Sie die konkreten Ziele formulieren und messen. Diese müssen sich dabei am gewünschten Effekt auf die eigene Organisation und deren Strategie ausrichten.

Diese Zieldefinition ist in der Praxis normalerweise ein iterativer Prozess. Sie haben eine ungefähre Zielvorstellung, die Sie dann innerhalb Ihrer Organisation mit verschiedenen Anspruchsgruppen verfeinern. Am besten machen Sie sich unabhängig von spezifischen Plattformen oder Technologien Gedanken darüber, was Sie mittels eines Engagements in den sozialen Medien erreichen möchten.

Erst danach werden die passenden Plattformen ausgewählt, auf denen die für Ihr Business relevanten Diskussionen stattfinden. Diese Plattformstrategie fließt dann wiederum in die Zieldefinition ein.

Natürlich werden dann vielfach die hier im Buch vorgestellten sozialen Netzwerke zur Umsetzung gewählt werden, weil diese populär und weit verbreitet sind. Aber Sie sollten sich nicht darauf limitieren, denn vielfach kann eine hochgradig spezialisierte Plattform in Ihrer Nische mindestens genauso effektiv sein, weil sich da Ihre Zielgruppe versammelt.

SMART-Ansatz: Ziele herunterbrechen und messbar machen

Damit haben Sie die ersten Grundlagen gelegt – klar ist aber, dass auch diese Ziele einem laufenden Wandel unterworfen sind. Das Engagement in sozialen Netzwerken ist kein einmaliges Unterfangen in Sinne eines Projekts, sondern ein laufender Prozess! Neue Erkenntnisse und Erfahrungen müssen immer reflektiert und integriert werden.

Wir können uns dafür den Techniken des Projektmanagements bedienen. Bei der Zieldefinition kommt oftmals der SMART-Ansatz zum Einsatz. Ähnlich kann man das auch für unsere Zwecke übernehmen, um eine Leitlinie zu haben.

SMART steht dabei als Akronym für **S**pecific, **M**easurable, **A**ccepted, **R**ealistic und **T**imely, was sich im Deutschen wie folgt übersetzen lässt:

1. Specific (spezifisch): Die Ziele müssen eindeutig und präzise definiert sein.

2. Measurable (messbar): Es müssen Messbarkeitskriterien vorhanden sein, die auch mit geeigneten Methoden überprüft werden können.

3. Accepted (akzeptiert): Der Auftraggeber bzw. Empfänger hat die Ziele akzeptiert.

4. Realistic (realistisch): Die Ziele dürfen nicht utopisch sein, sondern müssen mit den zur Verfügung stehenden Mitteln erreichbar sein.

5. Timely (zeitgerecht): Es wird eine Terminvorgabe benötigt, die bestimmt, bis wann ein Ziel erreicht sein soll.

Nehmen Sie sich Zeit, die Ziele so konkret wie möglich zu definieren. Wenn Sie sich damit auseinandersetzen, werden Sie auch eine klarere Vorstellung davon bekommen, was Sie eigentlich erreichen wollen. Das bildet die Basis für Ihre nächsten Schritte.

Definieren Sie quantitative und qualitative Ziele

Der genannte SMART-Ansatz hilft Ihnen dabei, Ihre Ziele zu schärfen. Ihr Ziel lautet dann nicht mehr: „Wir wollen mehr Kunden in den sozialen Netzwerken gewinnen und dadurch den Umsatz steigern", sondern so:

➢ Innerhalb der nächsten sechs Monate wollen wir durch gezielte Kommunikationsmaßnahmen auf unserer Webseite und im Newsletter im Schnitt jeden Monat auf Facebook 1.000 Fans gewinnen.

➢ Diese sollen über regelmäßige, exklusive Spezialangebote 10 % zum gesamten Onlineumsatz beisteuern.

> Es erfolgt eine monatliche Berichterstattung zu Händen der Geschäftsleitung mit Zielerreichungsgrad, Rückblick, Ausblick und Maßnahmenkatalog.

Dass der Verkauf über soziale Medien eine Gratwanderung ist, steht auf einem anderen Blatt in diesem Buch geschrieben (siehe Kapitel 6.11 „F-Commerce – So verkaufen Sie auf Facebook"). Hier einige Beispiele für weitere quantitative Ziele:

> Für eine offene Stelle im Unternehmen kommen 10 % der Bewerbungen aufgrund einer Verlinkung zur Ausschreibung zustande, die auf dem XING-Profil von bestehenden Mitarbeitern publiziert wurde.

> Beim Launch des Produkts X werden mindestens 25.000 Euro Umsatz in der Zielgruppe der 20- bis 25-Jährigen während der ersten 30 Tage durch kostenpflichtige Werbung auf Facebook erzielt.

> Die Kundenzufriedenheit beim Einsatz von Twitter im Kundendienst soll mindestens genauso hoch sein wie bei einem Anruf im Callcenter. Die Angaben sind bei Kundenkontakten via Twitter durch eine zeitnahe Onlineumfrage zu erheben.

Daneben gibt es aber auch die qualitativen Ziele, die sich nur schwer in konkret messbare Werte fassen lassen. Dies können zum Beispiel folgende sein:

> Das eigene Image positiv besetzen.

> Eine stärkere Kundenbindung erreichen.

> Öfter ins Gespräch kommen (online und offline).

> Im Vergleich zu den Mitbewerbern besser positioniert sein.

> Botschafter für das eigene Anliegen gewinnen.

Ihre Social-Media-Strategie ordnet sich den Zielen unter. Basierend auf den Zielen, entscheiden Sie, mit welchem Vorgehen Sie diese erreichen wollen. Die Messung der Zielerreichung hilft Ihnen dabei, dass Sie nicht im Blindflug unterwegs sind. Sie werden neue Erkenntnisse gewinnen und diese direkt in Ihre Aktivitäten einbringen können. Dabei werden Sie rasch lernen, was funktioniert und was nicht.

Return on Investment: Messen Sie Ihren Erfolg

„Wer fragt denn schon nach dem Return, wenn das Investment praktisch null ist?", sagte mir kürzlich jemand. Diese Haltung hat insofern eine Berechtigung, da die Einstiegshürden bei Social Media niedrig sind und keinen hohen

Mitteleinsatz erfordern. Wer aus seiner Präsenz aber das Optimum herausholen will, kommt um einen gewissen Einsatz an Ressourcen nicht herum.

Dass dies nicht kostenlos ist, liegt auf der Hand. Es fallen auf jeden Fall Personalaufwände an. Oftmals ist auch mit spezifischen projektbezogenen oder laufenden Aufwänden für Beratungen oder Dienstleistungen zu rechnen.

Der Begriff ROI – **R**eturn **o**n **I**nvestment – wurde bereits zweckentfremdet und adaptiert, und zwar ganz im Sinne der Kultur der sozialen Netzwerke. Man spricht dann davon, wie man den Wert des Mitmachens misst – vom „Return on Engagement" oder dem „Return on Participation" ist die Rede. Aber auch das Vertrauen der Zielgruppe wird mit dem „Return on Trust" erhoben, um herauszufinden, ob der Nutzer zu einem Botschafter wird.

Wir müssen diese Debatte nicht auf die Spitze treiben. Sie sollten einfach ein Gefühl und **eine Metrik dafür entwickeln**, was Sie für die investierten Ressourcen im Gegenzug erhalten. Eine öffentliche Präsenz lässt sich nicht bis ins letzte Element messen und bewerten – und das wäre auch nicht sinnvoll. Es ist eine Herausforderung (und ein Ding der Unmöglichkeit), den Wert einer menschlichen Interaktion zu quantifizieren.

Es gibt **viele Beispiele** von Menschen und Unternehmen, die ihre Erfolge den sozialen Medien verdanken.

➢ US-Präsident Barack Obama **mobilisierte Spendengelder und Unterstützer** für seinen Wahlkampf.

➢ **Gary Vaynerchuk** baute das Weingeschäft seiner Familie unter anderem dank der sozialen Medien von 4 Millionen Dollar auf über 50 Millionen Dollar aus.

➢ Die Firma **Blendtec** hat mit Videos auf YouTube gezeigt, dass ihre Mixer alles zerkleinern – von **Golfbällen** über eine **Vuvuzela** bis zum **Apple iPad**. Die Verkäufe haben sich verfünffacht.

Der Weg dahin ist aber auch gepflastert von Misserfolgen, um herauszufinden, **was funktioniert** – und was eben nicht.

Es findet auch offline ein starker Austausch unter Menschen statt, das darf ob dieser ganzen Überlegungen nicht vergessen werden. Es handelt sich bei den sozialen Medien nur um zusätzliche Kanäle, damit Sie besser verstehen, was Ihre Kunden wirklich wollen!

5.3 Entdecken – Finden Sie die relevanten Konversationen und Zielgruppen

Nachdem mit der Zieldefinition die Leitplanken gesetzt sind, springen Sie natürlich nicht kopfüber in trübe Gewässer. Im Gegenteil, Sie verschaffen sich zuerst einen Überblick. Dabei finden Sie heraus, was über Sie oder das für Sie relevante Themengebiet gesprochen wird – und wo es angebracht ist, sich zu positionieren.

Selbst wenn Sie selbst noch nicht in den sozialen Medien aktiv sind, haben andere Menschen vielleicht bereits über Sie gesprochen. In jedem Fall wollen Sie herausfinden, wo die für Sie relevanten Diskussionen stattfinden.

Jeder findet seine Nische im Long Tail

Die Theorie des „Long Tail", des „langen Schwanzes", besagt im Kern, dass im Internetzeitalter Nischenprodukte aufstreben und man damit genau das haben kann, was man will. Da im Internet praktisch jeder mit relativ geringem Aufwand etwas anbieten kann (beispielsweise über eBay), stehen die Chancen gut, dass man auch Käufer findet. Die Nische ist dabei der Ort, an dem Menschen mit demselben Bedürfnis oder Problem zusammenkommen.

Je granularer die Segmentierung der Nische, desto besser kann man damit auch den Ansprüchen der Menschen gerecht werden. Das Konsumverhalten verändert sich hinsichtlich der Produkte, Dienste und Inhalte – Massenmärkte verlieren an Bedeutung.

Finden Sie Ihre Kommunikationshubs

In den sozialen Medien gibt es zu praktisch jedem Themengebiet eine Nische, in der ein Austausch stattfindet – und dort müssen Sie sich einklinken! Das kann in sozialen Netzwerken sein, auf Shoppingseiten, aber auch in Blogs oder themenspezifischen Foren.

Es gilt die Grundregel, dass Sie dort präsent sein müssen, wo sich Ihre Ziel- oder Anspruchsgruppe aufhält. Achten Sie dabei aber auf das **Pareto-Prinzip**: Mit 20 % der möglichen Kommunikationskanäle erreichen Sie in der Regel rund 80 % der möglichen Benutzer. Verzetteln Sie sich also nicht auf zu vielen Kanälen.

Charakterisieren Sie Ihre Zielgruppe – und zwar bis ins Detail

Wissen Sie, wie Ihre Zielgruppe tickt? Machen Sie sich doch eine Liste mit Notizen darüber, wie die Menschen in Ihrer Zielgruppe aussehen. Seien Sie dabei sogar so spezifisch, dass Sie einen oder mehrere Charaktere zum Leben erwecken – mit einem Bild, einem Tagesablauf, einem Interessenprofil, einem Budget etc.

Diese „Spielerei" wird Ihnen eine Menge neuer Erkenntnisse darüber bringen, wie die von Ihnen anvisierten Leute denken – und wie Sie sie am besten ansprechen können.

Was Sie über Ihre Zielgruppe in Erfahrung bringen müssen

Folgende übergeordnete Fragen sollten nicht vergessen werden:

➢ Wo hält sich Ihre Zielgruppe auf, und wie ist das Verhaltensmuster im Kontext der sozialen Medien?

➢ Wie und über welche Kanäle möchten diese Menschen mit Ihnen interagieren?

➢ Auf welchen Informationen basierend bilden diese Menschen sich eine Meinung?

➢ An wen tragen sie ihre Meinung weiter, und wie relevant wird diese beim Empfänger gewichtet?

Business to Business (B2B) versus Business to Consumer (B2C)

Bei der Zielgruppendefinition gilt es natürlich auch zu unterscheiden, in welchem Segment ein Unternehmen tätig ist. Als „Business to Business" (B2B) versteht man die Beziehung zwischen Unternehmen, zum Beispiel zwischen einem Zulieferer von Präzisionsteilen und einem Autohersteller.

Diese Geschäftsform unterscheidet sich aufgrund ihrer Spezialisierung von der Beziehung zwischen Unternehmen und Endkunden (B2C), die zum Beispiel beim Händler ein neues Auto kaufen wollen oder beim Bäcker ein Brot besorgen.

Im B2B-Bereich gibt es oft nur eine begrenzte Anzahl an potenziellen Kunden, während im B2C-Bereich der Massenmarkt adressiert wird. Das müssen Sie auch in Ihrer Strategie entsprechend berücksichtigen.

Was Sie herausfinden möchten

Es geht in diesem Schritt also darum, die Ist-Situation zu analysieren. Damit finden Sie heraus, bei welchen Diskussionen Sie mit von der Partie sein sollten oder zumindest ein Auge darauf halten müssen.

Folgende Fragen wollen wir dabei adressieren:

➢ Wer spricht über Sie oder Ihr Themengebiet?

➢ Auf welchen sozialen Medien und Netzwerken?

➢ Ist die Tonalität positiv, neutral oder negativ?

> Gibt es bereits Mitarbeiter oder Bereiche aus den eigenen Reihen, die aktiv sind – unter der Flagge der Organisation oder privat?

> Wenn ja: Kann darauf aufgebaut werden?

> Was machen Ihre Mitbewerber?

> Wo gibt es Nischen oder Diskussionen, in denen Sie einen Mehrwert bieten können?

Finden Sie heraus, nach was Sie suchen wollen

Überlegen Sie sich als Erstes, nach welchen Suchbegriffen Sie recherchieren möchten. Versuchen Sie es mit:

> dem persönlichen Namen, dem Firmennamen, dem Produktnamen,

> den Namen der Mitbewerber und deren Produkten,

> Stichwörtern zu Ihnen, Ihrem Unternehmen, Ihrer Nische oder Ihren Produkten,

> Synonymen, Abkürzungen etc. sowie

> Wörtern mit Rechtschreibfehlern, die bei diesen Begriffen häufig vorkommen.

Mit diesen Tools können Sie die Recherche starten

Führen Sie nun diese Recherchen durch oder beauftragen Sie jemanden damit (siehe Kapitel 12.1 „Outsourcing – was Sie auslagern können und wer Ihnen hilft"). Dabei findet die Diskussion eben nicht nur auf den sozialen Netzwerken statt, die wir in diesem Buch schwerpunktmäßig betrachten. Vor allem auch auf Blogs, Foren und Webseiten gibt es einen regen Austausch, von wo aus die Inhalte dann auf den sozialen Netzwerken geteilt werden.

Die folgende Erhebung soll deshalb nicht nur ein mechanisches Abtippen von Links sein. Seien Sie dabei wachsam und passen Sie gut auf, über was die Leute sprechen und was sie bewegt. Sie lernen dabei, wo sich Ihre Zielgruppe aufhält und austauscht, wie der Umgang untereinander ist, was ankommt und was eben nicht.

Dabei erhalten Sie ein Gefühl dafür, wie Sie Ihre eigene Kommunikation in diesen Kanälen gestalten können. Lesen Sie unbedingt auch die führenden Blogs und die dazugehörigen Kommentare. Goethe hat uns dazu eine schöne Erkenntnis hinterlassen:

„Schon das Interesse der verschiedenen Menschen kennenzulernen in einer Sache, die uns selbst beschäftigt, ist höchst bedeutend."

Ich habe im Folgenden eine Auswahl an empfehlenswerten Diensten zusammengestellt, die Sie bei der Recherche in spezifischen Bereichen unterstützen.

Bereich	Suchanbieter
Webseiten	http://www.google.de/news * http://www.google.de http://www.google.de/alerts * http://alerts.yahoo.com/knews_editalert.php *
Blogs und Foren	http://blogsearch.google.de * http://www.forum-kompass.de http://www.icerocket.com * http://www.technorati.com * http://www.boardreader.com http://www.omgili.com
Social Media generell	http://www.addictomatic.com http://www.socialmention.com * http://www.trackur.com * http://www.greplin.com http://www.whostalkin.com http://www.bing.com/social http://spy.appspot.com http://www.heapr.com http://www.kurrently.com
Facebook	https://www.facebook.com/search http://www.booshaka.com http://www.social-searcher.com http://www.youropenbook.org
Twitter	http://search.twitter.com * http://www.topsy.com * http://www.snapbird.org

Bei den mit einem Stern versehenen Links können Sie sich die News zu bestimmten Stichwörtern per E-Mail oder RSS-Newsfeed abonnieren.

Relevante Diskussionen aufdecken und registrieren

Beginnen Sie mit der Suche in den relevanten Bereichen und tragen Sie die Angaben dann in eine simple Tabelle ein. Diese kann zum Beispiel so aussehen:

Suche nach Stichwort X		
ID	URL	Absender, Datum
1	https://www.facebook.com/seite123/...	Hans Müller, 01.10.2012
2	...	

Im aktuellen Prozessschritt des „Entdeckens" geht es vor allem darum, einen ersten Überblick zu gewinnen. Im folgenden Schritt des „Mitmachens" entscheiden Sie dann, ob und wie Sie im Einzelfall reagieren möchten.

Professionelle Tools für die Entdeckung, Überwachung und Auswertung

Diese Erhebung stellt einen einfachen, pragmatischen „Do-it-yourself"-Ansatz dar. Wenn Sie über das nötige Kleingeld verfügen oder für die Social-Media-Analyse in einem Großunternehmen verantwortlich sind, können Sie natürlich auch entsprechend professionelle und kostenpflichtige Tools mit **weitergehenden Analysemöglichkeiten** zurate ziehen.

Weitere Details zum Thema des laufenden Monitorings schauen wir uns in Kapitel 5.5 „Managen – So richten Sie sich eine Social-Media-Kommandozentrale ein" an.

5.4 Mitmachen – Interagieren Sie mit den Meinungsmachern und bringen Sie Ihre Organisation auf Trab

Im nächsten Schritt geht es darum, dass Sie sich aktiv einbringen. Sie wollen Ihren Platz besetzen und auch die eigene Organisation so weit bringen, dass sie in den sozialen Medien geschickt agieren kann.

Aber Achtung: Bleiben Sie Ihrer Strategie treu!

Doch wie wählen Sie im Meer der unzähligen Plattformen Ihre passenden Aufenthaltsorte? Es gibt Hunderte sozialer Netzwerke, Tausende Foren und Millionen an Blogs – die Interaktionsmöglichkeiten im Mitmachweb sind unendlich!

Lassen Sie sich aber nicht von der Vielfalt einlullen – denken Sie primär an die Ziele, die Sie sich gesetzt haben. Einige Organisationen werden sich so breit wie möglich aufstellen und Beiträge querbeet kommentieren. Damit wollen sie Leute auf ihre „Homebase", sprich die eigene Webseite oder das Blog, bringen.

Andere hingegen werden sich auf eine Präsenz in den wichtigsten Netzwerken wie Facebook und Twitter beschränken. Und wieder andere werden auf XING und LinkedIn ein spezifisches Forum betreuen oder sich über ein Nischen-Social-Network positionieren.

Klassifizieren Sie die Inhalte nach Relevanz

Nachdem Sie aufgrund der vorherigen Erhebung eine Übersicht der relevanten Inhalte haben, versuchen Sie, diese nun zu klassifizieren. Dabei gilt es, herauszufinden, wie relevant die jeweilige Diskussion ist und ob Sie sich da einbringen sollten. Damit stellen Sie sicher, dass Sie Ihre Ressourcen fokussiert dort einsetzen, wo Sie auf Ihre Zielerreichung hinarbeiten können.

Folgende Indikatoren helfen Ihnen dabei, die Relevanz eines Beitrags zu bestimmen:

➢ Zeitpunkt der Veröffentlichung – Kalter Kaffee muss nicht zwingend aufgewärmt werden, besser ist es, rasch auf neue Inhalte zu reagieren.

➢ Bekanntheit des Autors oder Mediums – Der Beitrag eines Twitter-Benutzers mit zehn Followern ist weniger relevant als ein Beitrag auf dem Blog einer großen Tageszeitung.

➢ (Potenzielle) Auswirkung auf das eigene Business – Prüfen Sie, ob der Beitrag Ihr Geschäft nachhaltig positiv oder negativ beeinflussen kann.

➢ Anzahl Reaktionen, Kommentare, Qualität der Kommentare – Je mehr darüber gesprochen wird, desto heißer wird das Ganze meist gegessen.

➢ Übernahme und Weiterverteilung auf anderen Netzwerken (beispielsweise auf Facebook geteilt, Anzahl Retweets, Pingbacks etc.) – Je stärker die Verbreitung, desto eher sollten Sie aktiv werden.

➢ Stimmung und Emotionalität – Es wird ein angemessener Umgangston erwartet, um sich nicht auf Diskussionen unterhalb der Gürtellinie einzulassen. Sie können aber die Stimmung beeinflussen, indem Sie sich um ein Anliegen kümmern, auch wenn die Emotionen hochkochen.

Bewerten Sie die Relevanz des Beitrags auch anhand quantitativer Faktoren

Sie können also diese qualitative Einschätzung basierend auf Ihrem persönlichen Empfinden treffen. Alternativ können Sie auch alle relevanten und messbaren Werte in einer Liste erfassen und damit quantitativ auswerten.

Quantitative Werte lassen sich in der Regel bei dem Beitrag direkt auslesen oder über entsprechende Tools in Erfahrung bringen. Die entscheidende Frage für Sie bei dieser Erhebung ist einzig und allein, wie viel Aufwand dafür gerechtfertigt erscheint.

Mögliche Erfassungskriterien können folgende sein:

➢ Anzahl Kommentare.

➢ Anzahl Erwähnungen (Mentions) und Antworten (@replies) auf Twitter.

➢ Anzahl **Shares, Likes und Kommentare** auf Facebook.

➢ Anzahl Trackbacks/Pingbacks.

➢ Der Google Pagerank (**Google Toolbar** oder **http://www.prchecker.info**).

➢ Der Alexa Rank (**http://www.alexa.com**).

Wie ist die Befindlichkeit?

Sie müssen ein guter Zuhörer sein. Versuchen Sie deshalb, die Stimmungslage des Beitrags zu ergründen. Handelt es sich um eine positiv besetzte Nennung, eine nüchterne Berichterstattung oder um eine negative Stimme? Bewerten Sie dies auf einer Skala von 1 bis 10 oder einfach mit entsprechenden Smileys (☺ – ☺ – ☹).

Sollen Sie auf einen Beitrag reagieren oder nicht?

Nachdem nun die Fakten erhoben wurden, überlegen Sie sich, ob eine Reaktion angemessen ist und in welcher Form sie ausfallen sollte. Oftmals dient die Erhebung aber primär dem Zweck, ein Gefühl zu erhalten, welche Themen und Anliegen aufkommen. Alte Beiträge zu beantworten, bringt in der Regel nicht mehr viel.

	Suche nach Stichwort X					
ID	**URL**		**Absender, Datum**	**Stimmung, Einschätzung**	**Relevanz**	**Bemerkung, Reaktion**
1	www.facebook.com/ seite123/...		Hans Müller, 01.10. 2012	☺ Experte	Hoch	Problem mit Produkt XY, Handlungsbedarf für Kundendienst
2	...					

Sie können aber die begonnene Tabelle mit entsprechenden Spalten erweitern, um eine Zuordnung und Qualifizierung vorzunehmen. In einer Organisation kann diese Übersicht auch als Aufgabenliste dienen, in der Sie die einzelnen Reaktionen den verantwortlichen Bereichen zuweisen. Dabei müssen Sie aber nicht nur auf Kritik antworten, sondern auch Lob, Fragen, Kommentare etc. gehören auf die Agenda.

Stellen Sie Ihre Antwort zusammen

Wenn Sie der Meinung sind, dass eine Antwort angebracht ist, bereiten Sie diese entsprechend vor. Überlegen sich dabei folgende Punkte:

➢ Zunächst überlegen Sie sich, welchen Mehrwert ein Beitrag Ihrerseits bei den Lesern schaffen kann. Was möchten diese wohl hören oder wissen?

➢ Finden Sie heraus, wer in Ihrer Organisation am besten darauf antworten kann (beispielsweise Pressestelle, Kundendienst, Produktmanager, ...) oder Ihnen zumindest die relevanten Fakten liefern kann.

➢ Recherchieren Sie, welche Inhalte Sie am besten bei einer Antwort referenzieren (beispielsweise Bedienungsanleitung, Pressemeldung, Video, Kontaktformular oder Ähnliches).

➢ Formulieren Sie die Antwort in einer passenden Tonalität und orientieren Sie sich, wenn sinnvoll, an den W-Fragen (**W**as?, **W**er?, **W**o?, **W**ann?, **W**ie?, **W**arum?).

Mit der Antwort ist es nicht getan – ein Reaktionsprozess zur Orientierung

Nachdem also alle Vorarbeiten erledigt sind, publizieren Sie die Antwort. Durch Ihren Beitrag haben Sie eine Stimme in der Diskussion erhalten. Sie sollten deshalb auch in der weiteren Diskussion zeitnah mit von der Partie sein.

➢ Stellen Sie sicher, dass Sie rasch auf weitere Kommentare antworten können, wenn diese für Sie relevant sind.

➢ In den sozialen Netzwerken können Sie sich automatisch über neue Feedbacks zu Ihrem Beitrag benachrichtigen lassen.

➢ Auf Blogs oder Webseiten gibt es vielfach eine Funktion, die Sie beim Kommentieren aktivieren können und die Ihnen dann eine E-Mail bei neuen Kommentaren zustellt. Oftmals können Sie sich die Kommentare auch via RSS abonnieren.

➢ Das Internet vergisst nie! Lassen Sie sich zu keinen unüberlegten Äußerungen hinreißen, die Sie später bereuen könnten.

Folgender **Prozess** soll Ihnen als Entscheidungshilfe dienen, wann welche **Reaktion angebracht** ist.

Reaktionsprozess

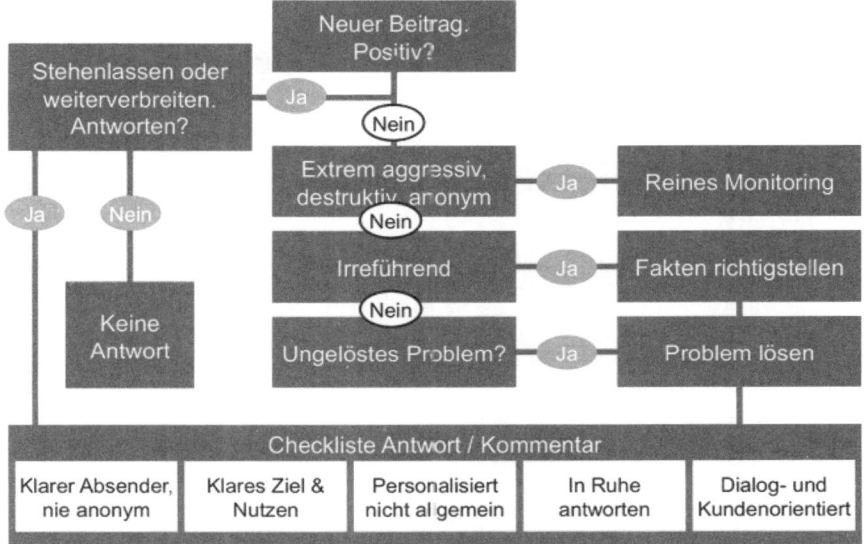

*Weiterentwickelte Form des Blog-Assessment-Prozesses der US Navy (Grafik mit freundlicher Genehmigung von Mike Schwede, Social-Media-Stratege und Unternehmer, **http://mike.schwede.ch**).*

Kommen Sie auf das Radar der Meinungsmacher

Neben Reaktionen auf bestehende Inhalte müssen Sie auch herausfinden, wer die relevanten Persönlichkeiten in Ihrer Nische sind. Die genannten Suchfunktionen helfen Ihnen dabei.

Suchen Sie sich also die relevanten Themenführerblogs aus Ihrer Nische heraus und abonnieren Sie sich deren RSS-Newsfeed. Halten Sie dann nach neuen Beiträgen Ausschau und kommentieren Sie sie – sofern Sie etwas dazu zu sagen haben!

Damit schlagen Sie gleich drei Fliegen mit einer Klappe:

➢ Sie machen sich einen Namen als Experte, der wertvolle Beiträge zur Diskussion liefern kann. Vielleicht verweisen Sie sogar auf einen eigenen Beitrag, der zum Thema passt. Dadurch werden Sie vom Blogbetreiber und den anderen Lesern wahrgenommen und erhalten ein Profil.

➢ Wenn Sie einen Kommentar abgeben, wird dabei auch Ihre Webseite verlinkt, und Sie erhalten einige interessierte Besucher.

> ➢ Damit zeigt automatisch ein Link von einer themenrelevanten Webseite auf Ihren eigenen Auftritt. Das kann auch von Google & Co. aus Sicht der Suchmaschinenoptimierung positiv gewertet werden.

Bleiben Sie also am Ball, um von den Meinungsführern positiv wahrgenommen zu werden. Überlegen Sie sich, in welchem Bereich Sie einen Mehrwert für diese Leute schaffen können. Das kann ein hilfreicher Kommentar sein, der Vorschlag für einen Gastbeitrag, das Angebot eines Joint Ventures – was immer eine Win-win-Situation schafft!

Schaffen Sie sich Ihre Kommunikationshubs und verlagern Sie die Diskussion darauf

Bis hierhin haben wir nur vom Reagieren auf Inhalte auf anderen Auftritten gesprochen. Doch nun wollen Sie ja auch Ihre eigene Präsenz in den sozialen Medien ausbauen. Das kann über ein Blog, eine Facebook-Seite, einen Twitter-Account, ein Forum etc. geschehen.

Diese Plattformen sind Ihre Kommunikationshubs, auf denen Sie eigene Inhalte kreieren. Damit verlagern Sie auch einen Teil der Diskussionen auf Ihr eigenes Feld, wo Sie einen gewissen Heimvorteil haben.

Es liegt in der Natur der sozialen Medien, dass die Konversationen über verschiedene Netzwerke reisen und sich ausbreiten. Doch wenn Sie für die Quelle verantwortlich sind, stehen die Chancen gut, dass die Leute auch wieder bei Ihnen landen.

Wenn Sie die Diskussion auf Ihre Kommunikationshubs verlagern wollen, bedarf es einer guten Vorbereitung. Als Erstes müssen Sie diese Hubs aufbauen. Wie das in den großen sozialen Netzwerken funktioniert, schauen wir uns in den folgenden Kapiteln an.

Für den Aufbau von Blogs, Foren und weiteren Kanälen können Sie im Internet die passende Plattform oder Software recherchieren. Für Foren bietet sich zum Beispiel die Open-Source-Software phpBB an (**http://www.phpbb.de**), für Blogs ist WordPress (**http://de.wordpress.org/download**) eine gute Basis.

Holen Sie sich ein Commitment in Ihrer Organisation ab

Neben der technischen Umsetzung bedarf es aber auch einiger organisatorischer Überlegungen. Vermutlich werden Sie auf Hürden in Ihrer Organisation stoßen. Der Chef hat „keine Zeit für diesen neumodischen Kram", der Divisionsleiter findet das zwar gut, „aber die Mitarbeiter werden nicht fürs Rumsurfen bezahlt", und der Teamleader sperrt sich, „weil wir das nicht auch noch machen können".

Rüsten Sie sich also gut, um diesen Argumenten zu begegnen und den Businessnutzen in Ihrem konkreten Fall zu demonstrieren! Es lohnt sich, Zeit in die Vorbereitung zu investieren. Hier ein paar Gedankenstützen dazu, worauf es innerhalb einer Organisation zu achten gilt, damit Sie gut eingestellt sind:

➤ Bereiten Sie sich auf Ihre spezifische Situation vor. Finden Sie Material, das Ihre Argumentation unterstützt. Das können Statistiken, Kundenaktivitäten, Kampagnen von Mitbewerbern, Trendberichte aus Ihrer Branche, Fallstudien etc. sein.

➤ Holen Sie Ihre Anspruchsgruppen einzeln ab und sichern Sie sich die Unterstützung – vom Management, Kommunikationsabteilung, Marketing, Kundendienst, Recht, Personal, IT etc.

➤ Bringen Sie alle an einen Tisch, um die Strategie zu verabschieden. Identifizieren Sie die verantwortlichen Personen und legen Sie das weitere Vorgehen fest.

Ein Tipp aus eigener Erfahrung: Wenn sich die Begeisterung in Grenzen hält, deklarieren Sie das Vorhaben als einen Piloten, einen Test, einen (befristeten) Versuch. Damit gewinnen alle Beteiligten an Erfahrung – und durch die geschaffenen Fakten werden die Hürden höher, das Ganze wieder abzubrechen. Und falls sich die gesetzten Erwartungen nicht erfüllen, können Sie „den Stecker ziehen", ohne dabei das Gesicht zu verlieren.

So stellen Sie sich optimal auf

Jedes Unternehmen muss für sich selbst festlegen, wie die Betreuung der Social-Media-Kanäle organisiert werden soll. Es gibt dabei prinzipiell folgende Ansätze:

➤ Zentral organisiert und gemanagt

Eine Einheit innerhalb der Organisation stellt die zentrale Schnittstelle zu den sozialen Medien dar. Dabei wird alles von einer Stelle aus abgewickelt, Entscheidungen werden von anderen Bereichen abgeholt, und die Kommunikation mit den Anspruchsgruppen wird sichergestellt. Dies ist insbesondere in kleinen und mittleren Unternehmen oft die bevorzugte Organisationsform. Vielfach wird diese Rolle vom Geschäftsführer wahrgenommen.

➤ Organisches Wachstum

Dabei gibt es einerseits die Grundhaltung, dass man die Mitarbeiter einfach machen lässt, wie zum Beispiel beim Technologiekonzern SUN. Andererseits kann man das Personal auch aktiv dazu ermuntern, in den sozialen Medien mitzumachen – das ist zum Beispiel beim Computerhersteller **Dell** der Fall.

➢ Zentral koordiniert, dezentral realisiert

Bei dieser Organisationsform gibt die zentrale Stelle gewisse Mindestanforderungen und Standards vor. Die amerikanische Kette „Wholefoods" hat zum Beispiel für jeden Standort eine eigenständige Präsenz auf Facebook und Twitter, die dezentral von den jeweiligen Verantwortlichen gemanagt wird.

Jede Organisation muss natürlich selbst herausfinden, wie sie sich intern organisieren will. Die wichtigsten Organisationsformen sind in folgender Grafik aufgeführt. Es zeigt sich, dass in der Praxis ein interdisziplinäres Team mit Vertretern aus verschiedenen relevanten Einheiten die bevorzugte Organisationsform ist.

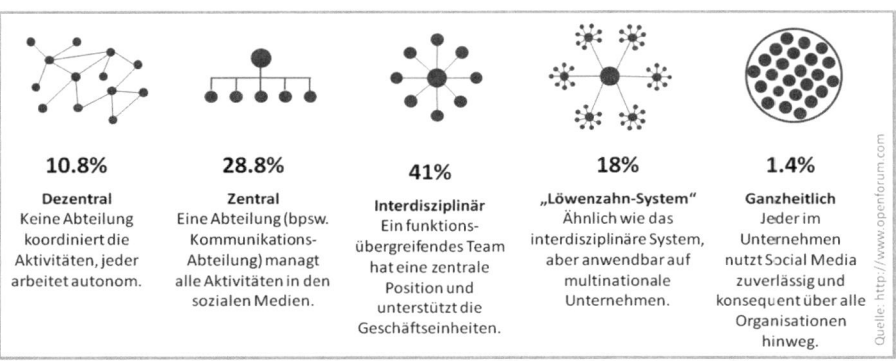

10.8%	28.8%	41%	18%	1.4%
Dezentral Keine Abteilung koordiniert die Aktivitäten, jeder arbeitet autonom.	**Zentral** Eine Abteilung (bpsw. Kommunikations-Abteilung) managt alle Aktivitäten in den sozialen Medien.	**Interdisziplinär** Ein funktionsübergreifendes Team hat eine zentrale Position und unterstützt die Geschäftseinheiten.	**„Löwenzahn-System"** Ähnlich wie das interdisziplinäre System, aber anwendbar auf multinationale Unternehmen.	**Ganzheitlich** Jeder im Unternehmen nutzt Social Media zuverlässig und konsequent über alle Organisationen hinweg.

Quelle: http://www.openforum.com

Es gibt verschiedene Ansätze, wie man Social Media im Unternehmen organisieren kann.

Regeln Sie die Grundsätze und bringen Sie Ihre Mannschaft in Form

Es ist wichtig, dass Sie klare Rahmenbedingungen in Ihrer Organisation schaffen. Auch die mit der Betreuung der sozialen Medien beauftragten Mitarbeiter müssen für ihre Aufgaben gerüstet sein.

➢ Regeln Sie die Grundsätze und die Steuerung des Themas innerhalb Ihrer Organisation. Legen Sie die Ressourcen fest (Budget, Personal).

➢ Definieren Sie die Rollen in Ihrem Unternehmen (Social-Media-Manager, Social-Strategist, Community-Manager, …) und legen Sie Aufgaben, Kompetenzen und Verantwortlichkeiten fest.

➢ Relevante Prozesse müssen aufeinander abgestimmt werden. Eine Feinabstimmung wird sich naturgemäß mit der Zeit ergeben.

➢ Bauen Sie Ihre Kommunikationshubs in den sozialen Medien auf. Erweitern Sie diese laufend!

➤ Schulen Sie die Mitarbeiter im Umgang mit den sozialen Medien. Kommunizieren Sie die Erwartungen und geben Sie Verantwortung ab.

➤ Die sozialen Medien kennen keinen Feierabend und kein Wochenende. Überlegen Sie sich, ob Sie ein Monitoring oder eine Betreuung der wichtigsten Kanäle auch außerhalb der Bürozeiten aufrechterhalten können.

Schaffen Sie Leitplanken für die Mitarbeiter im eigenen Unternehmen

Eine Befürchtung der Unternehmen besteht darin, dass Mitarbeiter ihre Zeit auf sozialen Netzwerken verbringen, anstatt zu arbeiten. Das Argument lässt sich nicht von der Hand weisen, da Menschen immer viel Zeit online auf sozialen Netzwerken verbringen.

Thematisieren Sie deshalb offen die Rechte und Pflichten beim Einsatz von sozialen Netzwerken. Natürlich werden Ihre Mitarbeiter Zeit auf diesen Netzwerken verbringen und private Gespräche führen. Aber das machen sie auch in Pausengesprächen, beim Rauchen etc.

Verbote oder technische Restriktionen sind zwar ein Ansatz, aber um diese zu umgehen, kann man einfach sein Smartphone nutzen. Technisch versiertere Benutzer wissen auch längst, dass sie sich über einen SSL-Proxyserver trotz Restriktionen auf den sozialen Netzen anmelden können.

Wichtig ist deshalb, dass man verbindliche Leitplanken für die Mitarbeiter festlegt. Geben Sie vor, wie man nach außen als Vertreter des Unternehmens auftreten soll und was man sagen darf. Sie finden dazu Inspirationen in einer Liste mit mehr als 100 verschiedenen solcher „Social Media Policies", die der deutsche PR-Berater Klaus Eck **zusammengestellt** hat.

Wie mehrere Personen eine Präsenz betreuen können

Es kann gut sein, dass mehrere Personen die Präsenz Ihrer Organisation betreuen. Dabei kann es helfen, wenn sich die verantwortlichen Personen eindeutig identifizieren und damit dem Unternehmen ein Gesicht verleihen. Als Erkennungzeichen können zum Beispiel die jeweiligen Initialen genutzt werden.

Bei UPS geben sich die verantwortlichen Personen mit einem Bild und ihrem Kürzel auf Twitter zu erkennen.

Machen Sie Ihre Mitarbeiter zu Botschaftern

Schaffen Sie einen Raum für Ihre Mitarbeiter, damit diese sich in sozialen Netzwerken untereinander und auch mit Ihrem eigenen Netzwerk austauschen können. Dass dabei keine Interna ausgeplaudert werden, versteht sich von selbst. Es schadet aber nicht, die Mitarbeiter auf ihre Rechte und Pflichten hinzuweisen und die geltenden Regeln verbindlich festzulegen.

Jeder Mitarbeiter ist auch ein Botschafter des Unternehmens und kann dieses in seinem sozialen Netzwerk repräsentieren – sowohl online wie offline. Genau wie Sie Ihre Kunden zu Markenbotschaftern machen wollen, sollten Sie das auch bei den eigenen Mitarbeitern anstreben.

5.5 Managen – So richten Sie sich eine Social-Media-Kommandozentrale ein

Sie haben nun Ziele gesetzt, die relevanten Konversationen entdeckt, intensiv zugehört, mit vollem Elan mitgemacht – und sogar die eigene Organisation eingespannt.

Der ZEMM-MIT-Kreis schließt sich mit dem Aspekt des Managens

Doch damit ist noch nicht aller Tage Abend! Nun geht es darum, diesen Prozess zu etablieren. Im letzten Schritt der Methode, dem Managen, werden die ersten drei Schritte in einen dauerhaften, iterativen Prozess überführt.

Das Managen der eigenen Präsenz umfasst dabei folgende Aspekte:

➢ Prozessunterstützung: Werkzeuge erleichtern anfallende Aktivitäten.

➢ Automation: Wiederkehrende Abläufe werden automatisiert.

➢ Monitoring: Die Überwachung stellt sicher, dass keine relevanten Inhalte verpasst werden.

➢ Messen: Mit der Messung wird die Zielerreichung laufend überprüft.

➢ Netzwerken: Eine aktive Netzwerkpflege stärkt die eigene Präsenz.

Dabei interessiert vor allem, wer mit den eigenen publizierten Inhalten interagiert hat, was es für neue Nachrichten aus dem eigenen Netzwerk gibt und welche relevanten Dinge sich außerhalb des eigenen Netzwerks ereignet haben.

Wie die Social-Media-Management-Plattform die Prozesse unterstützt

Wer in unterschiedlichen sozialen Medien vertreten ist, muss auch regelmäßig Inhalte publizieren und diese aktiv vermarkten. Das Ziel ist es, die Inhalte bei möglichst vielen relevanten Leuten auf den Bildschirm zu bringen und diese im Gespräch zu halten. Eine **Social-Media-Management-Plattform** unterstützt die Workflows einer auf mehreren Plattformen verteilten Präsenz:

➢ Mehrere Accounts auf verschiedenen Plattformen verwalten.

➢ Einen Beitrag gleichzeitig auf mehrere Plattformen verteilen.

➢ Zugang für mehrere Teammitglieder.

➢ Aggregation und Auswertung der Reaktionen in den sozialen Medien.

➢ Koordinierte Partizipation an Diskussionen.

Wenn Sie solche Anforderungen abdecken müssen, sollten Sie zum Beispiel die folgenden Tools **genauer unter die Lupe nehmen**:

➢ http://www.tweetdeck.com

➢ http://www.hootsuite.com

➢ http://www.gremln.com

➢ http://www.socialoomph.com

➢ http://www.postling.com

➢ http://www.nutshellmail.com

➢ http://www.cotweet.com

187

Automatische Content-Distribution – So publizieren Sie gleichzeitig in mehreren Netzwerken

Neben dem, was diese ausgereiften Plattformen alles bieten, kann es natürlich sein, dass Sie nur einzelne Abläufe automatisieren möchten, wie zum Beispiel das Publizieren des Status von Facebook auch auf Twitter.

Die folgende Tabelle zeigt die Möglichkeiten auf, wie Sie die Inhalte von einem Netzwerk möglichst automatisiert in ein anderes bringen. Dabei lassen sich auch mehrere Schritte kombinieren, beispielsweise werden Aktualisierungen von Facebook auf Twitter publiziert und dann von Twitter nach LinkedIn übertragen.

Nach Von	Facebook	Twitter
Facebook		Verknüpfung unter **https://www.facebook.com/twitter** einrichten.
Twitter	Alle Tweets: **http://apps.facebook.com/twitter** Nur selektive Tweets: **http://apps.facebook.com/selectivetwitter** Rich Media Integration: **http://tweetpo.st**	
LinkedIn	LinkedIn kann Twitter aktualisieren (**http://learn.linkedin.com/twitter**), und Twitter kann dann Facebook aktualisieren (siehe Feld oben).	Erfassung als Statusnachricht auf LinkedIn, Konto mit Twitter verbinden (**http://learn.linkedin.com/twitter**).
XING	Erfassung als Statusnachricht auf XING, Konto mit Facebook verbinden.	Erfassung als Statusnachricht auf XING, Konto mit Twitter verbinden.
YouTube	Verknüpfung unter **http://www.youtube.com/account_sharing** einrichten.	Verknüpfung unter **http://www.youtube.com/account_sharing** einrichten.
Webseite/Blog	Die Facebook-Applikationen RSS Graffiti (**https://apps.facebook.com/rssgraffiti**) oder Networked Blogs (**https://apps.facebook.com/blognetworks**) nutzen.	Die Dienste **http://www.twitterfeed.com** oder **http://dlvr.it** nutzen, und auch **http://www.feedburner.com** bietet eine solche Möglichkeit.

Nach Von	LinkedIn	XING
Facebook	Facebook kann Twitter aktualisieren (siehe Feld oben), und Twitter kann dann LinkedIn aktualisieren: **http://learn.linkedin.com/ twitter**	Manuelle Erfassung als Statusnachricht auf XING.
Twitter	Twitter kann LinkedIn aktualisieren: **http://learn.linkedin.com /twitter**	Manuelle Erfassung als Statusnachricht auf XING.
LinkedIn		Manuelle Erfassung als Statusnachricht auf XING.
XING	Manuelle Erfassung als Statusnachricht auf LinkedIn.	
YouTube	Manuelle Erfassung als Statusnachricht auf LinkedIn. Einbinden des RSS-Newsfeeds von YouTube unter den eigenen Links und Blogapplikationen einrichten (siehe Feld unterhalb).	Manuelle Erfassung als Statusnachricht auf XING.
Webseite/ Blog	Die Bloglink-Applikation erkennt im Profil verlinkte Blogs: **http://learn.linkedin.com/ apps/bloglink** Die WordPress-Applikation stellt ein beliebiges Blog dar: **http://learn.linkedin.com/ apps/wordpress**	Einbinden eines Buttons, der das Teilen von Inhalten manuell erlaubt – siehe **https:// www.xing.com/app /user?op=downloads;tab= widgets**.

Nach Von	YouTube	Webseite/Blog
Facebook	Keine automatische Publikation, manuelle Erfassung als Beitrag im eigenen YouTube-Kanal.	Einbinden eines sozialen Plug-ins von **http://developers.face book.com/Plug-ins** auf der Webseite.
Twitter	Keine automatische Publikation, manuelle Erfassung als Beitrag im eigenen Kanal.	Einbinden eines Widgets von **http://twitter.com/widgets**, **http://widgetbox.com/ search?q=twitter**, **http://twitterbadge.com**, ... auf der Webseite.
LinkedIn	Keine automatische Publikation, manuelle Erfassung als Beitrag im eigenen Kanal.	Widgets von **http://developer. linkedin.com/community/ widgets** zeigen Profilinformationen an.

XING	Keine automatische Publikation, manuelle Erfassung als Beitrag im eigenen Kanal.	Einbinden eines Widgets von **https://www.xing.com/app /user?op=downloads;tab= widgets** (erlaubt aber keine direkte Statusanzeige).
YouTube		Details siehe **http://www.youtube.com/ youtubeonyoursite**.
Webseite/ Blog	Keine automatische Publikation, manuelle Erfassung als Beitrag im eigenen Kanal.	

Ich habe bereits die wichtigsten übergreifenden Dienste zum Management der eigenen Präsenz angesprochen. Im Folgenden finden Sie neben den oben bereits erwähnten Links noch einige weitere Tools, mit denen Sie mehrere Netzwerke von einer zentralen Oberfläche aus ansteuern können:

- ➤ http://www.hellotxt.com
- ➤ http://www.ping.fm
- ➤ http://www.pixelpipe.com
- ➤ http://www.sendible.com
- ➤ http://www.digsby.com
- ➤ http://www.seesmic.com

Vernachlässigen Sie das Monitoring nicht und sorgen Sie für Ihr eigenes Reputationsmanagement

Zur Präsenz und Partizipation in den sozialen Medien gehört auch das Monitoring. Darunter fallen Erhebung und Analyse von Konversationen im sozialen Web. Damit können Sie Ihre eigene Reputation, aber auch Mitbewerber und Marken etc. im Auge behalten. Sie können dann zeitnah reagieren, Tendenzen erkennen, daraus lernen und Erkenntnisse in der eigenen Organisation platzieren.

Oftmals kommt dies in der Praxis zu kurz, weil es nicht genügend Ressourcen oder kein Budget dafür gibt – oder weil es schlichtweg vergessen wird! Dabei liegt der Nutzen auf der Hand: Sie wissen, wer wo wann was über Sie sagt.

Darauf basierend, können Sie entscheiden, ob Sie passiv ein Auge darauf halten wollen oder aktiv mit den Leuten interagieren. Beobachten Sie also, was auf Ihren sozialen Präsenzen passiert.

Zu wissen, was außerhalb Ihrer eigenen Präsenz passiert, gehört natürlich auch dazu. Fokussieren Sie sich dabei nicht nur auf soziale Netzwerke, sondern auf die sozialen Medien als Ganzes – insbesondere in Blogs und Foren wird oftmals intensiv diskutiert.

Diese Tools helfen Ihnen beim Monitoring

Einige der bereits genannten Tools haben eingebaute Monitoring-Funktionen, die sich primär auf die unterstützten Plattformen fokussieren (beispielsweise Twitter). Wenn Sie sich aber ebenfalls für die Konversationen auf Blogs und Foren etc. interessieren, werden Sie damit nicht glücklich.

Sie können deshalb für das Monitoring auch die Tools nutzen, die in der Tabelle in Kapitel 5.3 „Entdecken – Finden Sie die relevanten Konversationen und Zielgruppen" aufgeführt sind – bevorzugt diejenigen, die Ihnen eine Notifikation senden.

Sie finden außerdem eine umfassende Liste an Monitoring-Tools im Wiki von Ken Burbary unter **http://wiki.kenburbary.com**. Bekannte kostenpflichtige Anbieter für das Social Media Monitoring sind die folgenden:

- ➤ http://www.radian6.com
- ➤ http://www.infegy.com
- ➤ http://www.visibletechnologies.com
- ➤ http://www.spredfast.com
- ➤ http://www.viralheat.com

An dieser Stelle möchte ich Sie noch auf die Applikation **http://www.defensio.com** aufmerksam machen. Diese hat das Ziel, Blogs, Webseiten oder Facebook-Seiten vor Spam und schädlichen Inhalten zu schützen, und sendet Ihnen zeitnah eine Nachricht zu. Unterstützt werden dabei Facebook, WordPress, Drupal, Pixelpost, Textcube und weitere Anbieter.

Schützen Sie Ihre Onlinepräsenz mit Defensio!

Stellen Sie sich Ihr eigenes „Social-Media-Cockpit" zusammen

Wenn Sie sich ein eigenes Cockpit zusammenstellen wollen, benötigen Sie primär die relevanten RSS-Newsfeeds oder Links zu den Monitoring-Tools. Damit können Sie sich dann mittels **http://www.netvibes.com** oder **http://www.google.com/ig** ein Dashboard nach Ihren Wünschen zusammenklicken.

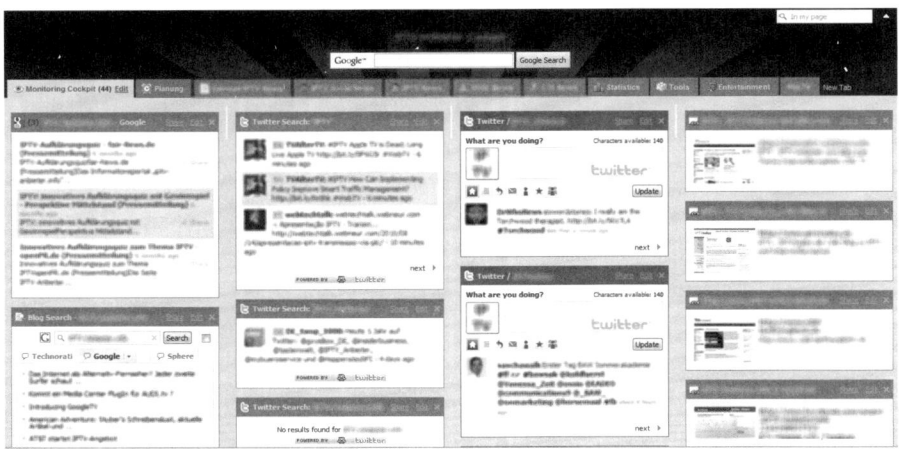

Beispiel eines Social-Media-Monitoring-Cockpits auf Netvibes.com.

Warum Sie Ihre Social-Media-Präsenz messen sollten

Aber am Ende des Tages benötigen Sie eine Übersicht, die Ihnen aufzeigt, wo Sie herkommen, wo Sie stehen und wo Sie hinwollen. Einige der erwähnten Social-Media-Management-Plattformen bieten entsprechende Auswertungen, doch auch hier gilt: Diese Anhaltspunkte beziehen sich nur auf die jeweiligen Plattformen.

Messen Sie aber auf jeden Fall Ihre Aktivitäten, dann haben Sie auch eine Grundlage für kommende Entscheidungen. Die Messung der „Baseline" – der Ausgangssituation – ist dabei ein wichtiger Faktor. Damit haben Sie eine Referenz, die Ihnen zeigt, auf welchem Stand Sie begonnen haben. Und vor allem: Wer misst, der weiß, was funktioniert (hat) und was nicht. So stellen Sie auch sicher, dass Sie Ihre Kräfte richtig fokussieren.

Bei Messungen in den sozialen Medien ist vor allem das Engagement der Nutzer ein wichtiger Faktor, deshalb wird der klassische Faktor der Anzahl an Besuchern geringer gewichtet. Stattdessen will man Empfehlungen erhalten und darüber die Botschaft verbreiten. Herz und Geist stehen im Fokus, und Qualität hat Vorrang vor Quantität.

Ein Indikator zur Messung Ihrer Reputation in den sozialen Medien ist der „Social Media Reputation Score" (SMR) von **http://www.mysocialmediareputa tion.com**. Damit kann die Popularität von verschiedenen Marken gegenübergestellt werden.

Die Punktzahl ergibt sich dabei aus einer Kombination folgender Werte:

➢ Reichweite (*Reach*)

➢ Neuheit (*Recency*)

➢ Zufriedenheit (*Satisfaction*)

Quantität vs. Qualität – Social Media lässt sich messen, aber ...

Statistiken dienen oftmals als wichtiges Instrument, um eine Aktion als Erfolg oder Misserfolg einzustufen. Der Erfolg ist dabei immer abhängig von der jeweiligen Situation und den gewünschten Zielen. Aber wir können uns daran festhalten, dass es grundsätzlich qualitative und quantitative Einflussfaktoren gibt. Die quantitativen Aspekte lassen sich dabei gut messen, wogegen die qualitativen Ergebnisse schwieriger zu erheben sind.

Verfallen Sie aber nicht die Illusion, dass es sich um ein reines Zahlenspiel handelt. Die Zahl der Fans oder Klicks lässt sich mit einfachen Mitteln in die Höhe treiben, was jedoch über das effektive Engagement gar nichts aussagt.

Zu Beginn jeder Aktivität sollte die Frage beantwortet werden, was Sie erreichen wollen. Deshalb ist es wichtig, dass man sich über die eigenen Ziele im Klaren ist. Im Folgenden zeige ich Ihnen eine einfache Scorecard auf, die einen ersten Einstieg in die Materie ermöglicht. Wenn Sie aber eine wirklich umfassende, professionelle Lösung benötigen, sollten Sie sich intensiver mit der Thematik auseinandersetzen und auch ein entsprechend professionelles Tool dafür nutzen.

Messung der quantitativen und qualitativen Erfolgsfaktoren

Qualitative Messungen sind in der Regel sehr aufwendig und werden oftmals von Agenturen durchgeführt, die sich darauf spezialisiert haben.

Quantitative Messungen lassen sich hingegen einfacher realisieren. Diese geben zum Beispiel Auskunft über die Anzahl Besucher, Verkäufe etc.

Grundlegende Messfaktoren sind zum Beispiel folgende:

➢ Anzahl Menschen, die sich die Information abonniert haben (beispielsweise Fans, Follower, RSS-Newsfeed-Abonnenten, E-Mail-Subscribers, ...).

193

> ➢ Anzahl Shares (beispielsweise wie oft ein Beitrag auf Facebook, Twitter, per E-Mail etc. geteilt wurde).

> ➢ Anzahl Interaktionen (beispielsweise Kommentare zu einem Beitrag).

> ➢ Anzahl Klicks (beispielsweise auf einen Link).

> ➢ ...

So erstellen Sie Ihre spezifische Social-Media-Scorecard

Ein Ansatz ist das Konzept der „Social-Media-Scorecard". Diese dient als Instrument zur Messung, Dokumentation und Steuerung der Aktivitäten. Eine solche Scorecard muss natürlich individuell auf Ihre Bedürfnisse abgestimmt sein und kann auch in ein umfassenderes Konzept, zum Beispiel ein „Balanced-Scorecard-Modell", integriert werden.

Als Beispiel folgt die quantitative Auswertung einer Videokampagne. Sie können diese Angaben als Grundlage nehmen und auf Ihre eigenen Bedürfnisse anpassen. Je nach Art der eingesetzten Plattformen lassen sich aber nicht alle aufgeführten Angaben statistisch erheben oder auswerten.

Die Tabelle liest sich wie folgt:

> ➢ Die **Kontrollgröße** zeigt an, welches Element gemessen wird.

> ➢ Die **Gewichtung** gibt an, wie wichtig die Kontrollgröße aus Gesamtsicht ist.

> ➢ Unter **Wert** werden die effektiv erhobenen Angaben im Erhebungszeitraum eingetragen.

> ➢ Wenn man die Gewichtung mit dem Wert multipliziert, erhält man die **Summe**.

> ➢ Die Summe wird dem **Zielwert** gegenübergestellt. Dabei wird farblich visualisiert, ob der gewünschte Wert erreicht wurde oder nicht.

Wenn Sie mit den Messungen starten, erheben Sie die „Baseline". Als Erweiterung der Tabelle kann man selbstverständlich auch noch eine weitere Spalte hinzufügen, die jeweils die Werte der vorhergehenden Messung enthält. Das kann von Vorteil sein, wenn Sie die Differenz zum letzten Messzeitpunkt einfach ausrechnen wollen. Es empfiehlt sich auch, einen Maßnahmenkatalog zu definieren, um insbesondere die aus der Reihe tanzenden Zielwerte zu optimieren.

Kontrollgröße	Gewichtung	Wert	Summe	Zielwert	Beschreibung
Videoansichten	0,1	800	80	80	Zeigt an, wie oft das Video abgespielt wurde – kann je nach Webseite auch mehrfach durch denselben Benutzer abgespielt worden sein. Bei Bedarf kann eine demografische Unterteilung vorgenommen werden. Wenn zum Beispiel ein Produkt für eine junge weibliche Zielgruppe beworben wird, werden Visits aus dieser demografischen Gruppe höher gewichtet als die der restlichen Besucher.
Videoratings positiv	4	25	100	140	Gibt die Anzahl positiver Ratings an, beispielsweise 3 bis 5 Sterne oder „Daumen hoch".
Videoratings negativ	–7	1	–7	0	Gibt die Anzahl negativer Ratings an, beispielsweise 1 bis 2 Sterne oder „Daumen runter".
Video als Favorit hinzugefügt	4	10	40	30	Zeigt an, wie oft jemand das Video als Favorit hinzugefügt hat.
Video positiv kommentiert	5	7	35	30	Gibt an, wie oft ein positiver Kommentar hinterlassen wurde – kann auch mehrere Kommentare einer Person enthalten, beispielsweise wenn auf ein Feedback geantwortet wird.
Video negativ kommentiert	–10	1	–10	0	Gibt an, wie oft ein negativer Kommentar hinterlassen wurde – kann auch mehrere Kommentare einer Person enthalten, beispielsweise wenn auf ein Feedback geantwortet wird.
Video geteilt (via E-Mail und Social Networking)	7	12	84	100	Gibt an, wie oft das Video auf sozialen Netzwerken oder via E-Mail geteilt wurde – allenfalls Aufschlüsselung nach spezifischen Kanälen möglich, beispielsweise um E-Mail höher zu gewichten als ein Sharing via Twitter.
Video extern eingebunden	10	10	100	60	Gibt an, wie oft das Video in einer anderen Webseite eingebunden wurde.
Eigenes (Antwort) Video erstellt	20	2	40	10	Anzahl der Antwortvideos/Videokommentare – kann bei Bedarf auch mit negativen oder positiven Zahlen gewichtet werden, je nachdem, wie die Stimmung des Videos ist.
Videokanal abonniert	10	10	100	80	Anzahl Benutzer, die sich den Videokanal abonniert haben und dadurch direkt über neue Videos informiert werden.

Wie Sie die Details messen und auswerten können

Folgende Tools können Sie bei diesen Messungen unterstützen. Weitere Details zur Messung der eigenen Präsenz auf den sozialen Netzwerken finden Sie im dazugehörigen Kapitel.

> ➤ Bei Facebook können Sie die Statistiken unter **https://www.facebook.com/insights** ansehen (siehe Kapitel 6.13 „Statistiken Ihrer Facebook-Seite").

> ➤ Für Twitter können Sie Dienste wie **http://www.twittercounter.com** und **http://www.tweetstats.com** nutzen.

> ➤ Google+-Auswertungen finden Sie unter **http://www.socialstatistics.com** und **http://www.circlecount.com**.

> ➤ Auch auf YouTube finden Sie Details zu Ihren Videos unter **https://www.youtube.com/analytics**.

> ➤ Eine Übersicht des eigenen Profils/der eigenen Seite auf Facebook und Twitter bietet der Dienst **http://www.twentyfeet.com**, der in der Basisversion kostenlos ist.

> ➤ Um auszuwerten, wie oft Ihre Inhalte auf sozialen Netzwerken geteilt wurden, können Sie Dienste wie **http://www.socialsignals.de**, **http://www.sharedcount.com** oder **http://www.socialyser.de** nutzen.

> ➤ Um die Anzahl der Abonnenten des RSS-Newsfeeds zu messen, kann man auf **http://www.google.com/feedburner** zurückgreifen.

> ➤ Die kostenlose Statistiklösung Google Analytics finden Sie unter **http://www.google.com/analytics;** sie hilft auch bei der Analyse des eigenen Webauftritts.

> ➤ Eine einfache Messung der Klicks und Shares eines Links bietet der URL-Shortener **http://www.bit.ly**. Wer am Ende einer gekürzten URL ein Piuszeichen anfügt, sieht die Statistik dieses Links. Das funktioniert nicht nur mit Ihren eigenen Links, sondern mit allen auf bit.ly geteilten Links. Sie sehen dabei auch, wie oft dieser Inhalt auf sozialen Netzwerken wie Twitter und Facebook geteilt wurde.

Netzwerken Sie mit Elan und Spaß

Eine aktive Netzwerkpflege gehört natürlich auch unter den Aspekt des Managens, damit Ihre Netzwerke weiter wachsen und gedeihen. Fügen Sie aktiv Personen als Kontakte zu den verschiedenen sozialen Netzwerken hinzu und bauen Sie damit Ihren Expertenstatus und Ihr Kontaktnetz aus.

Gleichen Sie Ihre Kontakte auch regelmäßig in den einzelnen Netzwerken ab, damit Sie möglichst überall up to date sind. Viele Netzwerke bieten diese Möglichkeit, entweder automatisiert oder indem Sie die Kontaktdaten aus einem Netzwerk exportieren und in einem anderen wieder importieren. Es heißt nicht umsonst:

„Kontakte sind das Kapital der Zukunft!"

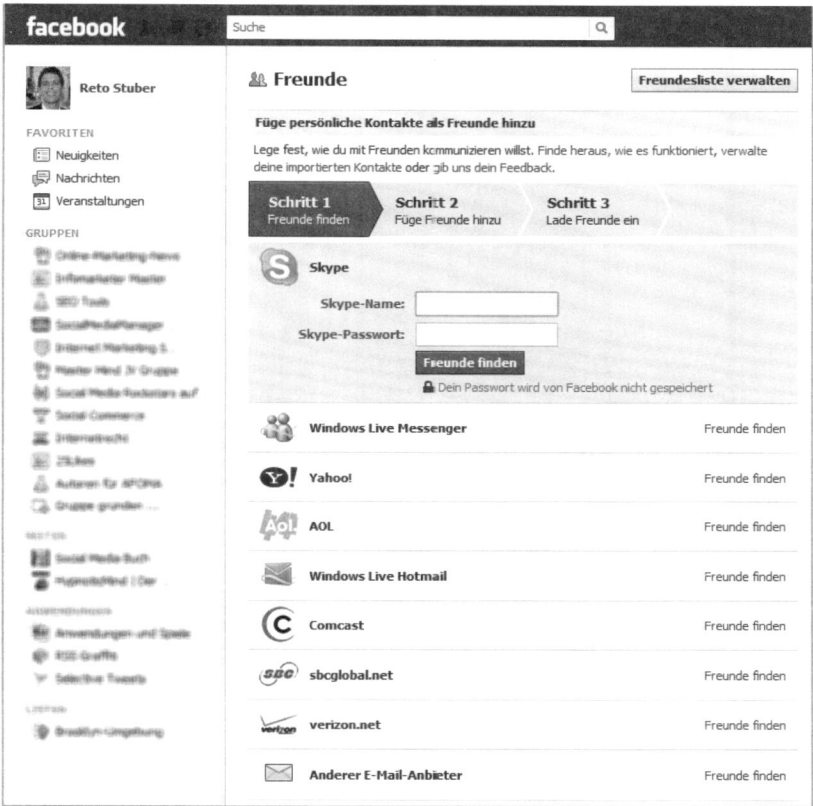

Facebook bietet Ihnen die Möglichkeit, neue Kontakte zu finden.

5.6 Menschen – der Schlüsselfaktor für den Erfolg

„Das unfehlbarste Mittel, Autorität über die Menschen zu gewinnen, ist, sich ihnen nützlich zu machen." Freifrau Marie von Ebner-Eschenbach, österreichische Schriftstellerin (1830–1916)

Ich habe es bereits mehrfach angesprochen: Menschen machen die sozialen Medien aus! Ohne die Menschen, die Inhalte kreieren, kommentieren, adaptieren oder konsumieren, gäbe es keine sozialen Medien. Ich bin der festen Überzeugung, dass Sie, wenn Sie Menschen helfen, auch etwas zurückerhalten – so funktioniert das „Social-Media-Karma".

Die Stufen des Mitmachens

In den sozialen Netzwerken gibt es verschiedene Typen von Teilnehmern. Da sind Zuschauer, Mitmacher, Sammler, Kritiker und auch die Kreatoren anzutreffen. Der Anteil der Kreatoren ist dabei verglichen mit den anderen Gruppen relativ gering – aber ausgesendete Botschaften kommen trotzdem an und werden konsumiert, auch wenn Sie nicht immer ein direktes Feedback erhalten.

Wenn wir uns im sozialen Web bewegen und dort interagieren, gibt es verschiedene Stufen dieser „Onlinefreundschaften". David J. Carr hat das treffend visualisiert.

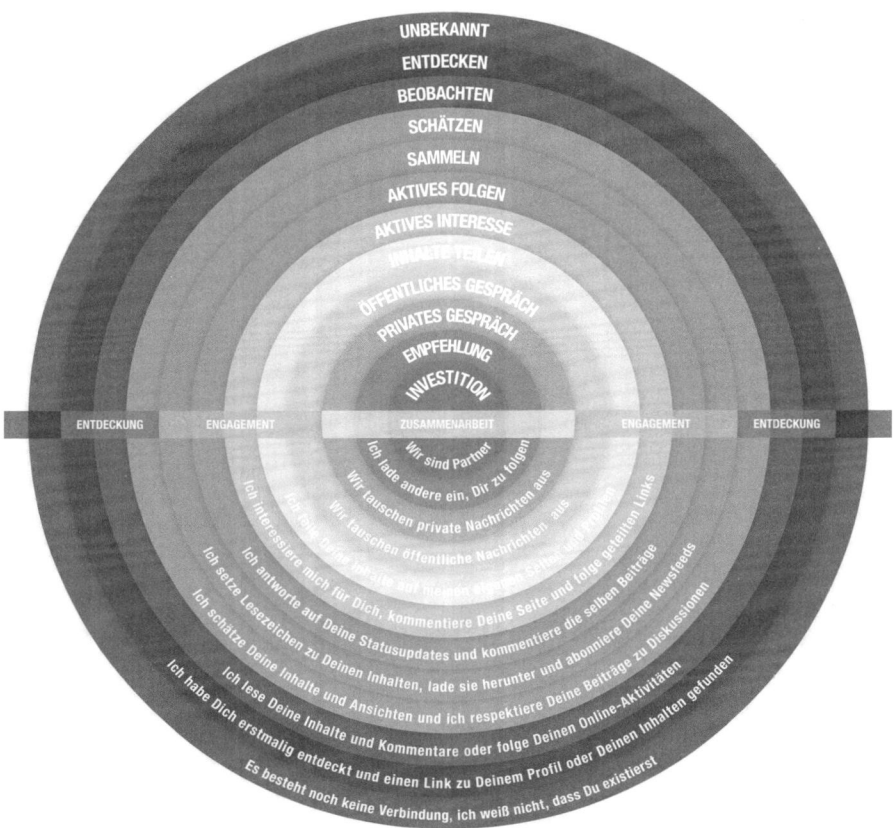

Spektrum der sozialen Beziehungen (Grafik unter der Creative-Commons-Lizenz mit freundlicher Genehmigung von David J. Carr, vom Autor ins Deutsche übertragen).

Die Präsenz allein hilft noch nicht – die Interaktion ist die geheime Zutat im Social-Media-Rezept

Eine Präsenz in den sozialen Medien ist der erste Schritt in die richtige Richtung. Doch wer sie nicht pflegt, schadet seiner Organisation manchmal sogar mehr, als er hilft! Eine Präsenz ist auch eine Verpflichtung, denn damit öffnen Sie einen neuen Kommunikationskanal.

Stellen Sie sicher, dass Sie nicht nur Ihren Auftritt in den sozialen Medien haben, sondern dass dort auch etwas passiert und Sie mit den Kontakten in Ihren Netzwerken interagieren. Der Kunde, dem Sie aus der Patsche geholfen haben, wird in seinem Freundeskreis positiv über Sie sprechen – sei es in der digitalen oder analogen Welt.

Dieses Engagement erreichen Sie nur durch eine lebendige Interaktion mit den Menschen. Sehen Sie in Ihrem Gegenüber nicht einfach einen Namen und ein pixeliges Profilbild, sondern die Person dahinter. Beginnen Sie, mit den Menschen Beziehungen aufzubauen.

Wer sich engagiert, profitiert auch finanziell davon!

Die quantitativen Untersuchungen der **Altimeter Group** und **Wetpaint** im Rahmen des „**ENGAGEMENTdb Report**" haben ergeben, dass Marken mit einem hohen Engagement auf verschiedenen sozialen Kanälen die größten Erfolge erzielen. Es lässt sich sogar ein Zusammenhang zwischen einem hohen Engagement auf verschiedenen Kanälen und den finanziellen Kennzahlen Umsatz und Gewinn erkennen!

Oder anders gesagt: Wer sich reinhängt und auf breiter Front aktiv ist, kann die finanziellen Lorbeeren ernten – so geschehen bei Firmen wie Dell (**6,5 Millionen US-Dollar Umsatz** in zwei Jahren via Twitter), Starbucks (am „**Free Pastry Day**" eine Million Kunden **in die Filialen** gebracht) und Konsorten.

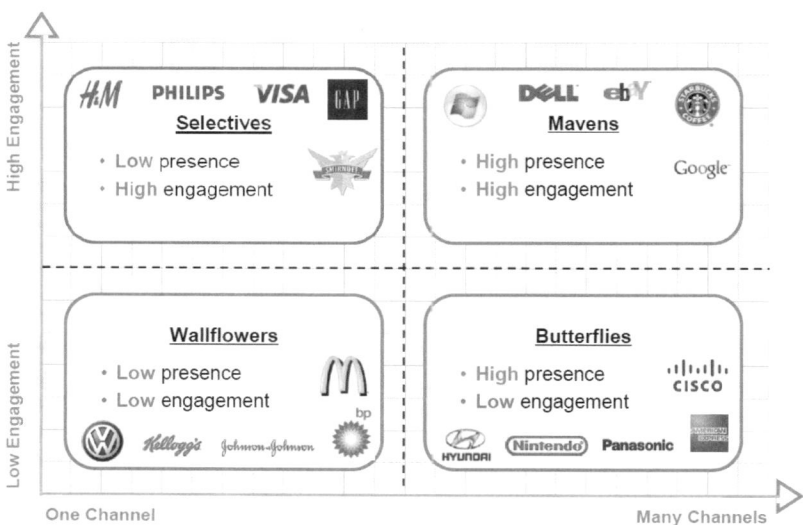

*Der größte Mehrwert ergibt sich aus einem hohen Engagement, das breit gefächert ist (Grafik aus dem **http://www.engagementdb.com/Report** mit freundlicher Genehmigung von **Wetpaint**).*

5.7 Inhalt – die Substanz Ihres Auftritts

Inhalte sind für jede Internetpräsenz substanziell. Leider trifft man immer wieder auf Auftritte in den sozialen Medien, die diesbezüglich noch großes Optimierungspotenzial aufweisen.

In diesem Kapitel möchte ich Sie dazu ermuntern, ein bisschen vertiefter in das Gebiet der Inhaltserstellung einzutauchen. Dabei liegt der Fokus insbesondere auf Nachrichten, die in sozialen Netzwerken und Medien veröffentlicht werden. Sie schreiben zum Beispiel einen Beitrag für Ihr Blog, den Sie dann von den sozialen Netzwerken aus verlinken.

Warum Inhalte nicht mehr König sind

Bevor wir uns dem Handwerk widmen, möchte ich den oft zitierten Ausspruch „Content is king – Inhalt ist König" in den Raum stellen. Der Social-Media-Vordenker **Chris Brogan** sieht zwar die Wichtigkeit von Inhalten ein, **stimmt dieser Phrase aber nur bedingt zu.**

„Content is not king. You are. (Or Queen.) Content is currency.
You're the king."

Er bringt damit zum Ausdruck, dass nicht Inhalte das Wichtigste sind, sondern die Personen dahinter. Inhalte seien lediglich die Währung, um Interessen zu befriedigen. Dieser Ansatz spielt den Ball wieder in Ihre Hände. Ihre Aufgabe ist es, für gute Inhalte zu sorgen. Behalten Sie dabei immer die Beziehungen zu den Menschen im Fokus, die Ihre Beiträge lesen werden.

Was ist Ihre Inhaltsstrategie?

Sie haben Ihre individuellen Ziele für die sozialen Medien definiert und eine Strategie dazu entwickelt, wie Sie diese erreichen werden. Ein nicht unwichtiger Teil davon ist auch Ihre Inhaltsstrategie. Diese adressiert folgende Fragen:

➢ Welche Art von Inhalten publizieren Sie?

➢ Welche Themengebiete wollen Sie abdecken?

➢ Wie ist die Planung organisiert?

➢ Wann und wie häufig publizieren Sie?

➢ Wie ist die Verbreitung der Inhalte organisiert?

➢ Wer betreut die Reaktionen darauf?

➢ ...

Ein Ansatz aus der Praxis: Ideengenerierung und passende Werkzeuge

Kennen Sie die brennenden Fragen Ihrer Zielgruppe? Was können Sie Ihren Lesern bieten? Machen Sie sich am besten ein paar Notizen dazu, an welchen Themen die Leser interessiert sein könnten.

Ich nutze zum Beispiel **Brainstorming** und **Mindmapping**, um den Gedanken freien Lauf zu lassen und diese gleichzeitig zu ordnen. Passende Tools dafür sind:

➢ http://www.mindmeister.com

➢ http://www.xmind.net

➢ http://www.mind42.com

➢ http://www.mindjet.com

Wenn Sie nun Ihre Ideen zu Papier gebracht haben, geht es an die konkrete Planung. In diese Planung tragen Sie alle relevanten Details ein. Ich nutze dafür eine rollende Agenda, die aus einer einfachen Tabelle besteht und Themen, Termine, Quellen, Notizen etc. enthält. Dank Tools wie **http://docs.google.com** und **http://www.zoho.com** können Sie sie auch ins Netz stellen und mit mehreren Personen simultan bearbeiten.

Ich trage immer einen Notizblock bei mir, um alle Ideen sofort niederzuschreiben. Die besten Ideen kommen meistens dann, wenn man sie nicht erwartet – und ich will sicher sein, dass sie mir nicht wieder entwischen. Wenn ich einen Geistesblitz habe, wird dieser sofort aufgeschrieben oder ins Mobiltelefon getippt.

Praktische Tools zur Notizen- und Aufgabenverwaltung sind:

➢ http://www.evernote.com

➢ http://www.workflowy.com

Sie wissen nicht, was Sie schreiben sollen? Starten Sie hier!

Vielleicht fragen Sie sich, über was Sie eigentlich schreiben sollen respektive auf welche Art von Inhalten Ihre Zielgruppe wohl anspricht. Hier ein paar Ideen dazu, was in der Regel gut ankommt:

➢ Erstellen Sie Best-of- oder Top-10-Listen.

➢ Stellen Sie Produkte vor und machen Sie Reviews.

➢ Erläutern Sie einen Sachverhalt und erstellen Sie Anleitungen („How-tos").

- ➢ Berichten Sie über Events (Veranstaltungen, Feiertage, Jubiläen, …).

- ➢ Aktuelle News und heiße Themen sind immer gefragt.

- ➢ Schreiben Sie persönliche Einschätzungen und Kolumnen.

- ➢ Sorgen Sie für Gastbeiträge von anderen.

- ➢ Machen Sie Interviews (Text, Audio oder Video).

- ➢ …

Werden Sie zum Journalisten und finden Sie die Newsperlen

Wenn Sie Informationen auf sozialen Medien veröffentlichen, werden Sie automatisch zum Journalisten. Sie müssen sich dabei fragen, was Ihre Leser wirklich hören und sehen wollen. Ihre Aufgabe ist es, relevante Inhalte zu kreieren. Dabei ist es wichtig, dass Sie entweder zeitlose Inhalte publizieren oder aktuelle Informationen zeitnah publizieren. Die Zeitung von gestern ist heute auch nicht mehr interessant, oder?

Wenn Sie Inhalte aus anderen Quellen teilen, sollten diese vertrauenswürdig sein. Geben Sie dazu auch Ihre persönliche Einschätzung ab. Die Leser haben nicht immer das gleiche Expertenwissen wie Sie – erklären Sie deshalb, warum etwas wichtig und relevant ist.

So schreiben Sie Inhalte, die gelesen werden

Die Aufmerksamkeitsspanne der Menschen nimmt in unserer Gesellschaft grundsätzlich ab, die Medienvielfalt aber exponentiell zu. Schaffen Sie deshalb einen Mehrwert bei dem Empfänger, dann wird er sich auch länger mit Ihnen und Ihren Inhalten auseinandersetzen. Vielleicht wird er sogar gewillt sein, Ihre Inhalte mit seinem Netzwerk zu teilen. Bevor Sie sich hinsetzen und zu schreiben beginnen, können Sie sich folgende Fragen stellen:

- ➢ Was will ich weitergeben, wie lautet meine Botschaft?

- ➢ Wer liest den Text mit welcher Erwartung im Kopf?

- ➢ Und: Zu welcher Handlung will ich den Leser animieren?

Nun geht es um die Wurst: ein paar Tipps, wie Sie gute Inhalte verfassen

Sie haben jetzt geplant, was Sie mit Ihrem Text erreichen wollen? Perfekt, legen Sie los.

- ➢ Der Titel muss sitzen! Denn dieser bestimmt, ob jemand auf Ihren Beitrag klickt oder nicht. Provozieren Sie dabei ruhig ein wenig und bringen Sie den Besucher in erster Linie auf Ihren Inhalt.

➢ Schreiben Sie klar, einfach, verständlich, interessant, bildhaft und aktiv.

➢ Schreiben Sie Keyword-orientiert. Überlegen Sie sich, über welche Suchbegriffe Ihr Beitrag in den Suchmaschinen auftauchen sollte – und dann schreiben Sie auch danach.

➢ Seien Sie persönlich. Entwickeln Sie Ihre eigene Stimme und helfen Sie damit, einen Dialog anzustoßen.

➢ Fördern Sie das Teilen von Informationen und Ideen aus anderen Quellen und anderen Personen.

➢ Lockern Sie die Textwüste mit Bildern, Grafiken und Formatierungen auf. Lange Texte können den Leser rasch vergraulen, wenn diese nicht sauber gegliedert sind. Nutzer Sie deshalb Illustrationen, arbeiten Sie mit Absätzen, Zwischentiteln, Auflistungen etc.

➢ Achten Sie auf korrekte Rechtschreibung. Es wirkt nicht professionell, wenn Sie Schreibfehler oder Vertipper in Ihren Beiträgen haben. Nutzen Sie dafür die in den gängigen Schreibprogrammen eingebaute Rechtschreibkorrektur, die kostenlose Onlineplattform **http://www.rechtschreib pruefung24.de** oder die Software **Duden Korrektor Plus**.

➢ Sorgen Sie für eine Qualitätssicherung. Schauen Sie sich einen publizierten Beitrag immer noch einmal an. Stimmt die Darstellung der Bilder? Funktionieren die Links? Haben sich keine Vertipper eingeschlichen?

➢ Verweisen Sie auf Quellen und weiterführende Links. Geben Sie an, woher Sie Ihre Informationen beziehen und wo der geneigte Leser weitere Details findet.

➢ Seien Sie konsistent und kohärent. Stellen Sie sicher, dass Sie auf allen sozialen Plattformen, auf denen Sie aktiv sind, eine kohärente Botschaft senden. Vermeiden Sie Widersprüche, denn das Internet ist transparent. Natürlich kann die Tonalität variieren, denn jede Gemeinschaft hat andere Nuancen in der Sprache. Zum Beispiel ist auf Facebook das „Du" weit verbreitet, dagegen treffen Sie auf XING eher eine förmliche Anrede an.

Planen und terminieren Sie Ihre Inhalte

Wir leben in einer hektischen Zeit und haben viele Verpflichtungen. Da kann es vorkommen, dass die Betreuung der sozialen Präsenz nach der ersten Euphorie in Vergessenheit gerät.

Steuern Sie gegen! Eine gute Möglichkeit ist es, sich dafür eine feste Zeit zu reservieren, um Inhalte aufzubereiten und diese im jeweiligen Publikationssystem zu erfassen. Sie können dann auch eine Publikation planen, sodass der Inhalt erst zu einem späteren Zeitpunkt freigeschaltet wird. Damit ist es ein Leichtes, sich hinzusetzen, mehrere Inhalte auf einmal vorzubereiten und diese dann häppchenweise zu veröffentlichen.

Passende Tools wie **http://www.tweetdeck.com**, **http://www.hootsuite.com** etc. haben wir ja bereits in Kapitel 5.5 „Managen – So richten Sie sich eine Social-Media-Kommandozentrale ein" angesprochen.

Content-Recycling und Mehrfachpublikation

Sie können auch bereits bestehende ältere Inhalte auf Ihrer Webseite oder Ihrem Blog wiederbeleben. Aktualisieren Sie diese oder verlinken Sie aufgrund einer aktuellen Entwicklung von anderen Beiträgen darauf.

Wenn Sie einen neuen Beitrag veröffentlichen und diesen auf den sozialen Netzwerken verlinken, werden Sie nur einen Teil Ihres Netzwerks erreichen. Das liegt daran, dass nicht alle Ihre Kontakte diesen sehen werden, weil sie zum Veröffentlichungszeitpunkt nicht online sind. Wenn sich diese Kontakte dann das nächste Mal anmelden, ist Ihre Meldung vermutlich schon ganz weit hinten im nie versiegenden Informationsstrom gelandet.

Deshalb kann es sich lohnen, gewisse Beiträge mehrfach in Ihren sozialen Netzwerken zu verlinken. Natürlich sollten Sie dabei die Newsstreams Ihrer Gefolgschaft nicht verstopfen, indem Sie den Beitrag stündlich publizieren. Wenn Sie ihn aber während einer Woche zwei- bis dreimal zu unterschiedlichen Zeiten veröffentlichen, werden Sie mehr Menschen damit erreichen. Sie können dabei auch auf aktuelle Entwicklungen oder Diskussionen eingehen.

5.8 Tools – Ihre Effizienz- und Effektivitätsmaschinen

Die richtigen Werkzeuge für die Betreuung Ihrer Social-Media-Präsenz sind ein essenzieller Erfolgsfaktor. Sie helfen Ihnen dabei, keine wichtigen Diskussionen zu verpassen, immer auf dem Laufenden zu bleiben und die Arbeitsabläufe zu vereinfachen.

In den vorhergehenden Kapiteln haben Sie bereits wichtige Werkzeuge zur Suche von Inhalten, zum Management Ihrer Profile sowie zur Automatisierung kennengelernt. Mit diesen Tools konnten Sie Ihren Werkzeugkasten in jedem einzelnen Schritt der ZEMM-MIT-Methode erweitern, um für Ihre Anwendungsfälle auf das passende Tool zurückgreifen zu können. In den Kapiteln zu den einzelnen Netzwerken finden Sie ebenfalls weitere passende Anwendungen.

Dabei geht es nicht darum, möglichst viele verschiedene technische Spielereien zu nutzen. Wichtiger ist es, dass Sie basierend auf Ihrer Strategie die für Ihre Organisation richtigen Tools auswählen. Diese helfen Ihnen dann dabei, effizient (etwas richtig tun) und effektiv (das Richtige tun) zum Ziel zu kommen.

Abschließend noch ein paar Empfehlungen, um Ihnen die Arbeit mit Kontakten aus Ihren Netzwerken zu erleichtern:

➢ http://www.backupify.com: Sichern Sie automatisch Ihre Accounts von Facebook (inkl. Fanseiten), Twitter, LinkedIn, Gmail, Flickr, Picasa etc.

➢ http://www.socialsafe.net, http://www.thinkupapp.com und http://www.sosonlinebackup.com: Alternative Lösungen zur Sicherung der Daten in Ihren sozialen Netzwerken.

➢ http://www.xobni.com: Sehr praktische Lösung, die die Profile in den sozialen Netzwerken Ihres E-Mail-Kontakts in Gmail oder Microsoft Outlook anzeigt, zum Beispiel für Facebook und LinkedIn. Damit können Sie sich mit wenigen Klicks direkt mit den jeweiligen Kontakten vernetzen.

➢ http://www.plaxo.com: Das Adressbuch von Plaxo aktualisiert sich automatisch, wenn Kontakte ihre Daten anpassen. Im Premium-Angebot lässt es sich auch mit Microsoft Outlook synchronisieren.

➢ http://www.jigsaw.com: Hier finden Sie direkte Kontaktinformationen zu Unternehmen und Personen, auf die Sie sonst nur schwerlich Zugang erhalten.

RSS – Really Simple Syndication – verteilt Ihre Inhalte

Neben den erwähnten Tools möchte ich Ihnen noch einen Mechanismus näherbringen, der den Erfolg der sozialen Medien maßgeblich beschleunigt hat. Die sogenannten RSS-Newsfeeds sind eines der bestechendsten Konzepte im Web!

Sie bilden die Grundlage für eine automatisierte Informationsverteilung in den sozialen Medien. Der Begriff RSS steht für **R**eally **S**imple **S**yndication. Inhalte können damit in einem standardisierten Format automatisiert ausgetauscht, verteilt und aggregiert werden.

So funktionieren RSS-Newsfeeds aus Benutzersicht

Stellen Sie sich vor, Sie haben zehn Lieblingswebseiten, bei denen Sie nichts verpassen möchten. Also surfen Sie jeden Tag dort vorbei, nur um festzustellen, dass es nichts Neues gibt. Oder noch schlimmer: Sie vergessen, vorbeizusurfen, und verpassen die besten News!

Doch das muss nicht sein – dank RSS-Newsfeeds können Sie sich diese Webseiten abonnieren. Sie erhalten dann alle Beiträge in einer zentralen Übersicht präsentiert, dem sogenannten RSS-Reader. Darin können Sie die News bequem lesen und verpassen garantiert nichts mehr. Außerdem verschwenden Sie keine Zeit mehr damit, auf diesen Seiten herumzusurfen – nur um zu sehen, dass es nichts Neues gibt. Die Welt verändert sich rasant von einer „Push-basierten" Informationsverteilung hin zu dieser „Pull-orientierten" Struktur.

Eine Analogie zu RSS aus Sicht des Inhaltsproduzenten

Zwei Kernkonzepte von Social Media Marketing stehen bei RSS im Zentrum: die Aggregation und die Syndikation von Inhalten. Sie selbst sind ja auch in der Rolle als Produzent von Inhalten unterwegs und möchten Ihre News verteilen.

Stellen Sie sich Ihre Webseite, Ihr Blog oder das Profil in einem sozialen Netzwerk deshalb als Ihre Radiostation vor. In dieser Radiostation produzieren Sie Ihre Inhalte und senden sie in die große weite Welt hinaus. Auf der anderen Seite stehen die Empfänger, die Radiozuhörer – oder übertragen auf das Internet eben die Besucher und Leser.

RSS bringt wie die Radiowellen die Inhalte zu den Empfängern. Dabei spielt es keine Rolle, an welchem Ort sich diese befinden. Anstelle des Radioempfängers kommt bei RSS ein sogenannter RSS-Reader zum Einsatz, der die Datenströme in für den Menschen lesbare Informationen umwandelt. Wenn Ihre Inhalte als RSS-Newsfeed zur Verfügung stehen, können die Interessierten sich diese abonnieren. RSS ist der Informationsstrom, der Ihre Inhalte in die weite Welt hinaus an beliebig viele Orte trägt, damit diese dort gelesen und genutzt werden können.

Wenn man das mit den klassischen E-Mail-Marketing-Möglichkeiten vergleicht, gibt es aber einen gewichtigen Unterschied: Sie wissen nicht, wer Ihren RSS-Newsfeed abonniert hat. Der Leser muss ja seine Identität nicht preisgeben, sondern kann sozusagen einfach sein Radio einschalten und mithören. Damit ist auch die Hürde viel geringer, den RSS-Newsfeed wieder zu entfernen, wenn die Inhalte nicht mehr interessant sind.

Inhaltsproduzenten sollten auf ihren Auftritten RSS-Newsfeeds anbieten

Wenn Sie Inhalte produzieren, müssen Sie es den Lesern so einfach wie möglich machen, sich diese zu Gemüte zu führen und damit Ihren Aktivitäten zu folgen. Das gilt für Ihre Webseite, das Blog, die Facebook-Seite etc. Dadurch stellen Sie eine laufende Verteilung sicher und müssen nicht für jeden neuen Inhalt den Leser wieder auf die eigene Seite locken.

Viele der sozialen Netzwerke und Blogs bieten RSS-Newsfeeds bereits von Haus aus an. Es schadet aber nicht, die Leser auch proaktiv darauf hinzuweisen, dass sie sich die News abonnieren können. Jeder gewonnene Leser ist ein potenzieller Botschafter Ihrer Inhalte, und Sie können eine stärkere Bindung der Menschen erreichen, die sich für das Thema interessieren.

Die Webseite **http://www.allfacebook.com** begrüßt neue Leser zum Beispiel mit dem Aufruf, ein Fan der Facebook-Seite zu werden, sich den RSS-Newsfeed zu abonnieren und sich außerdem für Twitter oder den Newsletter anzumelden.

Wie Sie einen RSS-Newsfeed ausfindig machen

 Sie erkennen einen RSS-Newsfeed an diesem Zeichen.

Nachdem wir uns bereits mit den Grundlagen von RSS auseinandergesetzt haben, schauen wir uns die Anwendung in der freien Wildbahn an.

Halten Sie nach einem orangefarbenen Icon Ausschau und klicken Sie dieses an, um sich den entsprechenden RSS-Newsfeed zu abonnieren.

Ihr Browser besitzt meist eine eingebaute Erkennung für RSS-Newsfeeds, was Sie zum Beispiel an dem entsprechenden orangefarbenen Symbol neben der Adressleiste erkennen.

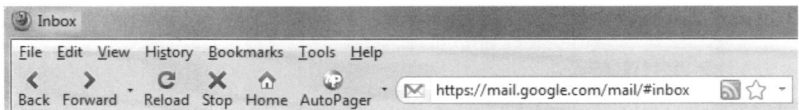

Rechts neben der Adresszeile im Browser sehen Sie das orangefarbene RSS-Icon.

Behalten Sie die Übersicht dank eines RSS-Readers

Um sich RSS-Newsfeeds zu abonnieren, können Sie auf verschiedene Gratisdienste zurückgreifen.

➢ Im Web: beispielsweise **http://www.google.com/reader**, **http://www.bloglines.com**, **http://my.yahoo.com** etc.

➢ Im Browser: Firefox via Live Bookmarks, Safari via Feed Support, Internet Explorer mittels Favorites Center etc.

➢ Auf dem **Desktop**: **http://www.feedreader.com**, **http://www.awasu.com** etc.

➢ Im E-Mail-System: integriert ab Microsoft Outlook 2007, Thunderbird etc.

Detaillierte Reichweite und Statistik mittels FeedBurner

Wenn Sie nun die Reichweite Ihrer eigenen RSS-Newsfeeds messen möchten, empfiehlt sich der Einsatz von **FeedBurner**. Dieser Dienst verwaltet Ihre RSS-Newsfeeds und ermöglicht deren Auswertung. Sie sehen zum Beispiel, wie sich die Leserzahlen entwickeln, was die Lesegewohnheiten sind, welche Links angeklickt werden etc. Außerdem optimiert FeedBurner die Darstellung des RSS-Newsfeeds auf die verschiedenen RSS-Reader hin.

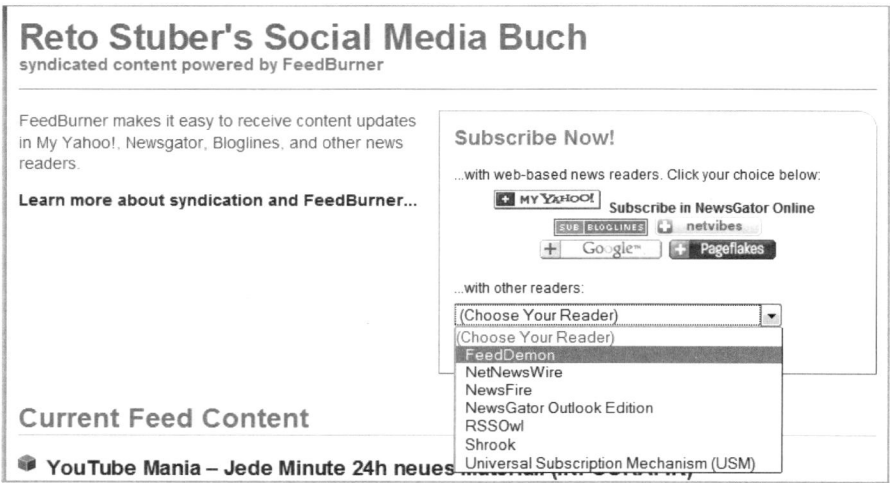

Die FeedBurner-Übersichtsseite erlaubt es, den gewünschten RSS-Reader auszuwählen.

FeedBurner kann in wenigen Schritten eingerichtet werden:

1 Kopieren Sie sich die URL Ihres bestehenden RSS-Newsfeeds.

2 Wechseln Sie zu **http://feedburner.google.com**.

3 Melden Sie sich mit Ihrem Google-Konto an (oder erstellen Sie ein neues).

4 Fügen Sie auf der folgenden Seite den bestehenden RSS-Newsfeed ein.

5 Sie können die URL für den neuen RSS-Newsfeed festlegen (Beispiel: **http://feeds.feedburner.com/SocialMediaBuch**).

6 Tragen Sie dann diese neue RSS-Newsfeed-URL in Ihren Auftritt anstelle der bestehenden ein.

Übrigens: Mit FeedBurner können Sie auch von jedem neuen Eintrag im RSS-Newsfeed automatisch einen Tweet auf Ihren Twitter-Account absetzen lassen.

RSS-Newsfeed für eine beliebige Seite erstellen

Wenn Sie eine eigene Seite haben, die keinen RSS-Newsfeed anbietet, können Sie sich selbst einen dafür zusammenstellen. Das kann zum Beispiel für Ihre eigene Seite hilfreich sein, aber auch wenn Sie die Informationen von anderen verfolgen möchten – zum Beispiel von Ihren Mitbewerbern!

Folgende Dienste helfen Ihnen dabei:

> http://www.page2rss.com

> http://www.webrss.com

> http://www.feed43.com

Erstellen Sie einen eigenen RSS-Newsfeed einer beliebigen Webseite mittels feed43.com.

Weitergehende Ansätze mit RSS-Newsfeeds

Es kann hilfreich sein, mehrere RSS-Newsfeeds in einem einzigen zusammenzuführen. Damit können Sie zum Beispiel Ihre offiziellen Pressemeldungen mit den Blogbeiträgen kombinieren. Oder Sie ermöglichen dem

Benutzer, sich alle Informationen mit einem Klick zu abonnieren – anstatt mehrere verschiedene RSS-Newsfeeds hinzufügen zu müssen.

Dafür können folgende Dienste genutzt werden:

➢ http://www.feedmingle.com   ➢ http://www.feedrinse.com

➢ http://www.feedstitch.com   ➢ http://www.rssmix.com

Es kann ebenfalls helfen, diese kombinierten RSS-Newsfeeds auf einer beliebigen Webseite darstellen zu lassen. Sie können mit folgenden Diensten ein entsprechendes Widget erstellen.

➢ http://www.widgetbox.com

➢ http://www.webrss.com

So erhalten Sie mehr Besucher über Einträge in RSS-Verzeichnissen

Durch den RSS-Newsfeed in Ihrem Auftritt ermöglichen Sie es den Besuchern, sich Ihre Inhalte zu abonnieren. Wenn Sie eine noch größere Reichweite der Inhalte und dadurch mehr Besucher erreichen möchten, können Sie Ihren RSS-Newsfeed auch in Blog- und RSS-Verzeichnissen anmelden.

Folgende Verzeichnisse im deutschsprachigen Raum sind beliebt:

➢ http://www.rss-world.de

➢ http://www.rss-nachrichten.de

➢ http://www.rss-scout.de

➢ http://www.rss-verzeichnis.de

➢ http://www.free-rss.de

➢ http://www.rsskatalog.de

International können Sie Ihre Feeds in folgende **Verzeichnisse** eintragen:

➢ http://www.1800rssfeeds.com

➢ http://www.feednuts.com

➢ http://www.blogburst.com

➢ http://www.feedage.com

Sie finden weitere Verzeichnisse bei der Suche nach „RSS Directories" oder „Deutsche RSS-Verzeichnisse".

6. Facebook: wie Sie sich und Ihre Organisation optimal vermarkten

6.1 Die Facebook-Saga

Man darf Facebook getrost als das erfolgreichste soziale Netzwerk der Welt bezeichnen. Bald tummeln sich bereits 1 Milliarde aktive Nutzer auf der Plattform, keiner anderen Webseite kommt die gleiche Aufmerksamkeit zuteil. Der Gründer Mark Zuckerberg wurde vom renommierten Time-Magazin als „**Person of the year 2010**" gewählt, und der Film über Facebook, „The Social Network", räumte **drei Oscars** ab. Weitere Informationen gibt es im Pressebereich von Facebook unter **http://newsroom.fb.com** und **http:// www.socialmediabuch.com/facebookhistory**.

Alles begann mit einer College-Spielerei

Der Name „Facebook" stammt ursprünglich von den Jahrbüchern, die an einigen amerikanischen Colleges an die Studierenden verteilt werden. In ihnen werden die Gesichter aller dortigen Studenten abgebildet.

Im Frühjahr 2004 fand die Saga an der Harvard University ihren Anfang, damals noch unter dem Namen „thefacebook.com". Zu diesem Zeitpunkt schrieb **Mark Zuckerberg** gemeinsam mit seinen **Studienkollegen** Eduardo Saverin, Dustin Moskovitz und Chris Hughes die ersten Zeilen des Quelltexts von Facebook. Kurz darauf ging Facebook erstmals online, doch war die Plattform noch längst nicht für jedermann offen, sondern lediglich den Studenten der Harvard University vorbehalten.

Facebook schlug an der Harvard University wie eine Bombe ein. Deshalb gaben die Entwickler die Plattform schließlich auch für Studenten der Universitäten von Stanford, Columbia und Yale frei. Dann öffnete das Portal seine Pforten für alle Studenten in ganz Amerika. Im September 2005 wurde die Plattform ebenfalls für die Schüler an Highschools geöffnet.

Facebook wächst und wächst

Und das mit nicht wenig Erfolg: Nur drei Monate später konnte Facebook den nächsten Meilenstein verzeichnen und mehr als 5,5 Millionen aktive Nutzer vermelden. 2006 wurde Facebook für alle Nutzer öffentlich zugänglich, und noch bis zum Dezember 2006 wuchs die Anzahl an aktiven Mitgliedern auf 12 Millionen.

Damit bekam die Erfolgsgeschichte um Mark Zuckerberg und sein Facebook nochmals einen Schub, der **bis heute anhält**. Bald wird es **eine Milliarde Menschen** geben, die auf Facebook aktiv sind.

Im Mai 2007 erhielten Entwickler von außerhalb die Möglichkeit, zusätzliche Anwendungen zu programmieren, die auf Funktionen und Nutzerdaten von Facebook zugreifen können. Der Clou hinter diesen Applikationen von Drittanwendern: Durch die Veröffentlichung von beispielsweise Spielständen oder Quizergebnissen wird die Applikation im Schneeballprinzip von Nutzer zu Nutzer weiterempfohlen.

Das Onlinespiel CityVille wird dabei von mehr als 47 Millionen aktiven Spielern jeden Monat genutzt! Dahinter steckt die Firma Zynga, die sich als Platzhirsch mit Applikationen wie „Mafia Wars", „FarmVille" oder „Zynga Poker" einen Namen gemacht hat.

Facebook verdient Geld mit Werbung und Applikationen

Der Kauf von virtuellen Gütern in solchen Applikationen sorgt für klingelnde Kassen. Ein Nutzer kann sich zwar Pokerchips in einem Spiel kaufen, **bezahlen** muss er aber mit der Facebook-Währung **„Facebook Credits"**. Der Umsatz wird dann zwischen dem Applikationsentwickler und Facebook aufgeteilt, 30 % vom Umsatz fließt in die Kassen von Facebook. Dazu hat Facebook sogar eine eigene Firma zur Abwicklung gegründet, die **Facebook Payments Inc**.

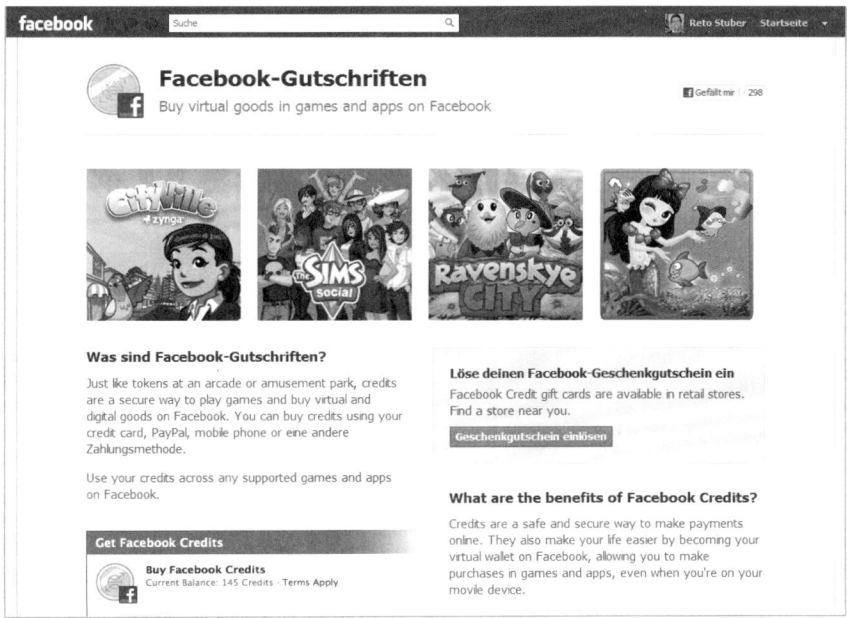

Die virtuelle Währung Facebook Credits hat großes Potenzial.

Seit Ende 2007 kann man auf Facebook auch Werbeanzeigen schalten. Dabei werden den Werbetreibenden Interessen und auch Nutzerdaten wie Alter, Geschlecht, Wohnort etc. zur Verfügung gestellt, was eine sehr ausgefeilte Zielgruppenauswahl ermöglicht und zu scharfer Kritik geführt hat. Durch diese Profilierung wird Werbung für den Nutzer relevant und führt zu einem stärkeren Engagement. Facebook verdient sein Geld also **primär über Werbeanzeigen und virtuelle Güter.**

Die Zukunft von Facebook ist mobil

Die mobile Nutzung nimmt weltweit gewaltig zu und sorgt dafür, dass man sich überall anmelden kann. Mehr als die Hälfte der Facebook-Nutzer macht bereits davon Gebrauch, und täglich werden es mehr.

Für Mobiltelefone ohne mobile Datenanbindung existiert zudem ein Service, der Statusaktualisierungen und andere Funktionen durch den Versand und Empfang von SMS-Nachrichten zulässt.

Wie es um die Finanzen von Facebook steht

Seit 2004 wird Facebook in unregelmäßigen Zeitabständen finanziell aus verschiedensten Quellen gefördert. Ende 2010 hatte Facebook mit der Bank Goldman Sachs den Deal gemacht, Aktienanteile im Wert von rund **1,5 Milliarden US-Dollar** an Investoren außerhalb der USA zu vergeben.

Anteilseigner sind heute beispielsweise Digital Sky Technologies, Microsoft, (ehemalige) Mitarbeiter von Facebook, Napster-Gründer Sean Parker, der vorherige MySpace-CEO Owen Van Natta, verschiedene Investorengruppen und weitere Exponenten. Der deutsche **Großinvestor Peter Thiel** und die Gebrüder Samwer haben sich ebenfalls Anteile gesichert. Und selbst die Winkelvoss-Zwillinge, die behaupten, Mark Zuckerberg hätte ihre Idee gestohlen, sind jeweils mit 22 Promille am Unternehmen beteiligt. Eine Übersicht der Teilhaber gibt es unter **http://www.whoownsfacebook.com**.

Der **Marktwert** von Facebook geht dabei nur in eine Richtung: nach oben! Per Februar 2011 wurde er mit **bis zu 67,5 Milliarden US-Dollar** beziffert, doppelt so viel wie noch ein halbes Jahr zuvor. Beim Börsengang im Mai 2012 lag die Bewertung bei **104 Milliarden US-Dollar**. Das ist die genau **gleich hohe Bewertung**, die auch das Interneturgestein Amazon zu bieten hat!

Durch den Verkauf der eigenen Aktienanteile wurden dann auch **16 Milliarden US-Dollar** in die Kriegskassen von Facebook gespült! Kurz vor dem Börsengang hat sich Facebook Anfang April 2012 auch noch die Fotocommunity Instagram für **1 Milliarde US-Dollar** einverleibt und mit **Yahoo! Patentstreitigkeiten** zu klären.

Wovor Facebook Angst hat

Vor dem Börsengang musste Facebook in den USA in einem Bericht mögliche Risikofaktoren für den künftigen Erfolg des Unternehmens darlegen. Diese Liste gibt einen tiefen Einblick in die Gedanken der Führungsebene und zeigt, welchen Herausforderungen Facebook in den nächsten Jahren gewachsen sein muss. Im Vordergrund stehen vor allem die Fragen:

➢ Wie kann Facebook Einnahmen generieren und weiter ausbauen?

➢ Wie kann die Mitgliederbasis weiter wachsen?

➢ Kann Facebook sich gegen die wachsende Konkurrenz durchsetzen?

➢ Wie geht Facebook mit Datenschutzbestimmungen um?

Indirekt kann aus vielen Punkten eine Erkenntnis abgeleitet werden, die nicht überrascht: Das wichtigste Kapital von Facebook sind seine Mitglieder! Außerdem wird deutlich, dass Facebook im mobilen Bereich noch weiteres Potenzial sieht. Wenn es aber nicht gelingt, die Mitgliederbasis und auch deren Nutzungsintensität zu halten oder auszubauen, können die angepeilten Einnahmen nicht erreicht zu werden.

Deshalb sind Werbetreibende für das Unternehmen zentral. Wenn die Werber andere Plattformen bevorzugen oder das Budget auf Facebook kürzen, wirkt sich das negativ auf die Einnahmeseite aus.

Das Image der Marke Facebook ist einer der wichtigsten Faktoren für den Erfolg, doch was würde bei einer Schädigung der Marke passieren? Mitglieder- und Entwicklerzahlen gingen zurück, und Werbetreibende würden sich von Facebook als Werbeplattform verabschieden.

Auch die Konkurrenz, womit vornehmlich Twitter und Google+ gemeint sein werden, wird als Risikofaktor für Facebooks Erfolg genannt. Facebook wird sich in Zukunft im Wettbewerb mit diesen zwei und einigen weiteren Mitbewerbern messen lassen müssen.

Auch die Abhängigkeit vom Browserspieleentwickler Zynga bereitet Kopfzerbrechen, denn eine Einschränkung dieser Partnerschaft könnte enorme Einkommenseinbußen nach sich ziehen.

Akquise von anderen Unternehmen und der Umgang mit rechtlichen Vorgaben

Interessant ist die Aussage, dass Facebook auch künftig weitere Unternehmen akquirieren möchte. Mit Übernahmen werden nicht nur innovative Technologien an Bord geholt, sondern auch qualifizierte Mitarbeiter. Neben der Gewinnung von neuen Mitarbeitern wird aber auch das Halten von bestehenden Mitarbeitern als wichtig erachtet.

Neben Mitgliederstagnation oder -schwund und starker Konkurrenz könnten aber auch Regierungen die Plattform mit Beschränkungen hemmen. Im Arabischen Frühling oder bei Protesten im Iran war Facebook eine der wichtigsten Plattformen der Protestbewegung.

Weitere Fragen tauchen in Zusammenhang mit den vielen Gesetzen und Vorschriften der USA und der anderen Länder auf, in denen Facebook aktiv ist. Wie kann Facebook die Datenschutzvorschriften der verschiedenen Länder einhalten? Wird dies höhere Aufwände verursachen? Schränken die Datenschutzbestimmungen die Werbemöglichkeiten ein?

Bei all diesen Herausforderungen wird klar, dass Mark Zuckerberg & Co. sich nicht auf den Lorbeeren ausruhen können.

6.2 Die Vielfalt der Facebook-Präsenzen

Nach dem unternehmerischen Abriss widmen wir uns nun den Wegen, eine Präsenz auf Facebook einzurichten. Die folgenden Informationen zu den Möglichkeiten von Facebook sind nach einer generellen Einführung darauf ausgerichtet, wie Sie sich selbst und Ihre Organisation aus Marketingsicht am besten positionieren können.

Wenn Sie eine umfassende Einführung in Facebook suchen und sich vertieft mit allen Möglichkeiten auseinandersetzen möchten, empfehle ich Ihnen die ausführliche Hilfefunktion von Facebook unter **https://www.face book.com/help**.

Auf Facebook gibt es grundsätzlich folgende Möglichkeiten einer Präsenz:

➢ Ein persönliches Facebook-Profil ermöglicht es Ihnen, mit den Menschen in Ihrem Leben in Verbindung zu treten und Inhalte mit ihnen zu teilen. Sie können Ihr persönliches Netzwerk aufbauen und darüber Fotos, Videos, Texte, Links etc. publizieren.

➢ Eine offizielle Facebook-Seite (Official page) erlaubt Ihnen, mit Ihrer Anspruchsgruppe in Kontakt zu bleiben. Auf dieser Seite können Informationen aller Art unter den Beteiligten ausgetauscht werden. Umgangssprachlich wird dabei auch von der „Fanseite" gesprochen.

➢ Eine Gruppe (Group) ermöglicht es Ihnen, sich direkt mit anderen Facebook-Nutzern auszutauschen, die ein gemeinsames Interesse teilen.

Mitglieder können Inhalte teilen, gemeinsam an Dokumenten arbeiten, einen Gruppenchat nutzen und Aktivitäten kommentieren. Diese Gruppe lässt sich auch als geschlossene Community nutzen.

➢ Eine Gemeinschaftsseite (Community page) ist für allgemeine Themen und alle Arten von interessanten, aber nicht offiziellen Meldungen gedacht. Sie ist als Wissenssammlung zu verstehen und basiert auf Informationen aus dem Netz (beispielsweise Wikipedia). Im Folgenden wird nicht weiter darauf eingegangen, da diese Seiten keine Gestaltungsmöglichkeiten mit sich bringen.

Diese Grafik zeigt die Zusammenhänge zwischen persönlichem Konto, Seiten und Gruppen in einer **schematischen Übersicht**. Wir werden uns nun den verschiedenen Möglichkeiten widmen und dabei ausloten, wie Sie erfolgreiches Social Media Marketing mittels Facebook betreiben können.

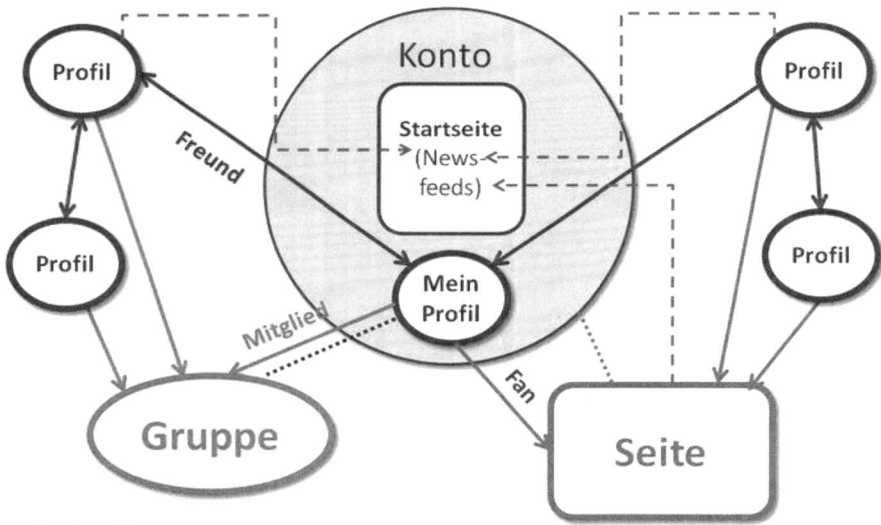

Grafik: schwindt-pr

Die Visualisierung der Zusammenhänge von Facebook-Konto, -Profil, -Seiten und -Gruppen (Grafik mit freundlicher Genehmigung von Annette Schwindt, http://www.schwindt-pr.com).

6.3 Wie Sie Ihr persönliches Profil einrichten, Freunde finden und Inhalte teilen

Facebook basiert auf der Idee, mit Personen aus dem eigenen Umfeld in Verbindung zu bleiben. Dabei kann man Informationen wie Nachrichten, Fotos, Videos und Links teilen. Damit dieser Austausch und die Kommunikation möglichst reibungslos funktionieren, hat Facebook einige Communitystandards zusammengestellt. Diese sind unter **https://www.facebook.com/ communitystandards** zu finden und lesen sich wie folgt:

„Facebook ist eine globale Gemeinschaft, in der sich Millionen von Menschen miteinander verbinden. Jede dieser Personen repräsentiert einzigartige Meinungen, Ideale und kulturelle Werte. Aus Rücksicht auf diese Vielfalt arbeiten wir daran, ein Umfeld herzustellen, in dem jeder offen Probleme diskutieren sowie seine Ansichten kundtun kann und dabei gleichzeitig die Rechte anderer respektiert.

Wenn Millionen von Menschen zusammenkommen und Dinge miteinander teilen, die ihnen wichtig sind, enthalten diese Diskussionen und Beiträge manchmal kontroverse Themen und Inhalte. Wir glauben, dass dieser Onlinedialog den Austausch von Ideen und Meinungen widerspiegelt, der im alltäglichen Leben offline, in Unterhaltungen zu Hause, in der Arbeit, in Cafés und in Klassenzimmern stattfindet.

Als zuverlässige Gemeinschaft von Freunden, Familienmitgliedern, Arbeitskollegen und Klassenkameraden reguliert sich Facebook weitgehend selbst. Menschen, die Facebook nutzen, können Inhalte melden, die sie fraglich oder anstößig finden, und tun dies auch."

Erstellen Sie Ihr Facebook-Profil

Ein persönliches Konto mit einem persönlichen Profil ist die Grundlage für Ihre Aktivitäten auf Facebook. Falls Sie noch kein persönliches Profil auf Facebook haben, können Sie es in wenigen Minuten unter **https://www.face book.com** erstellen. Die Erstellung ist kostenlos, und entgegen den immer wieder aufkommenden Unkenrufen wird das laut Facebook auch immer so bleiben. Fügen Sie Ihre persönlichen Angaben ein, und Sie werden Schritt für Schritt durch den Erstellungsprozess geleitet.

Es gibt auch die Möglichkeit, dass Sie mit dem Link unten auf der Anmeldeseite von Facebook ein unpersönliches Unternehmenskonto erstellen. Dabei sind die Funktionen aber eingeschränkt, das Konto wird eigentlich nur zur Verwaltung einer Seite verwendet und bietet sonst keinen Nutzen. Deshalb gehen wir bei den folgenden Betrachtungen von einem persönlichen Profil aus.

Einzelunternehmer und Freelancer nutzen oftmals auch direkt ihr persönliches Profil, um auf sich und ihr Business aufmerksam zu machen – was suboptimal sein kann, denn alle kommerziellen Aktivitäten sollten über eine Seite laufen.

Finden Sie Ihre Freunde über das Adressbuch

Nun können Sie Ihre Freunde auf Facebook finden. Dies geschieht entweder über die Suchfunktion von Facebook oder über Ihr persönliches Adressbuch. Bei den ersten Schritten auf Facebook werden Sie deshalb nach dem Zugang zu Ihrem E-Mail-System gefragt. Beachten Sie, dass Facebook damit Zugang zu Ihren Adressdaten hat und diese auch zwischenspeichert.

Falls Ihr E-Mail-System nicht direkt von Facebook angesteuert werden kann, können Sie die Daten auch von dort aus extrahieren und später manuell auf Facebook zum Abgleich hochladen. Verbinden Sie also Ihr Adressbuch und laden Sie die gewünschten Personen ein. Nachdem Sie Ihre Freundschaftsanfragen versandt haben, kann es einen Moment dauern, bis Sie die ersten Kontaktbestätigungen erhalten.

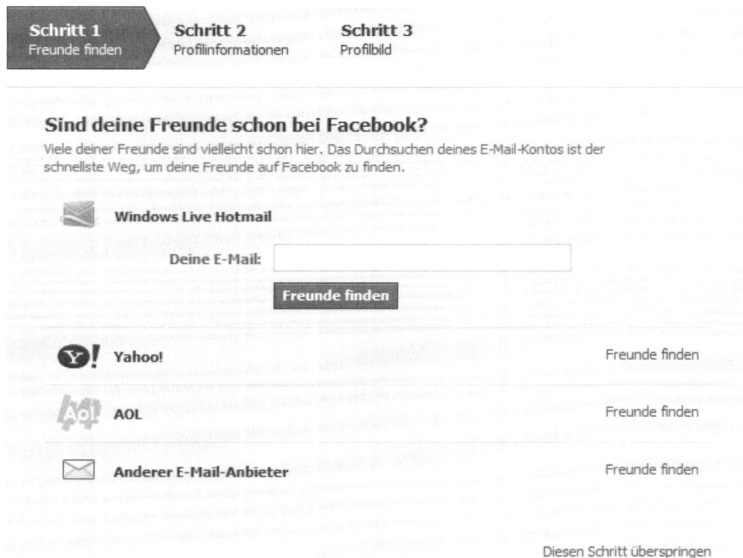

Facebook lädt Sie ein, Freunde aus Ihrem E-Mail-Adressbuch zu importieren.

Tragen Sie weitere Details zu Ihrer Person ein

Im nächsten Schritt werden Sie aufgefordert, weitere Angaben zu Ihrer Person zu machen. Diese Angaben helfen Facebook dabei, Ihnen passende Freunde vorzuschlagen und ein genaueres Profil zu erhalten. Natürlich haben dann auch die Werbetreibenden einen Nutzen davon, um Ihnen möglichst relevante Anzeigen präsentieren zu können.

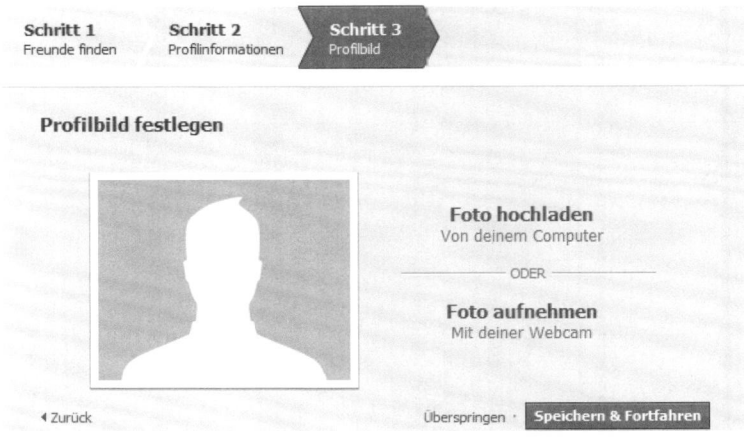

Geben Sie weitere Details zu Ihrer Person ein.

Namen sind bekanntlich Schall und Rauch, ein Bild sagt dagegen mehr als tausend Worte. Kommen Sie der Aufforderung nach und laden Sie ein ansprechendes Foto von sich hoch, damit Ihre Kontakte Sie darauf auch erkennen. Alternativ können Sie ein Bild mit Ihrer Webcam aufnehmen.

Laden Sie ein Profilbild von sich hoch.

In Ihrem Postfach haben Sie nun eine E-Mail von Facebook mit einem Link zur Bestätigung Ihrer Profilerstellung erhalten. Nach einem Klick darauf wird Ihr Konto bestätigt, und es stehen Ihnen alle Möglichkeiten von Facebook zur Verfügung.

Erkunden Sie die Seiten, Gruppen und Anwendungen auf Facebook!

Nun können Sie auf Erkundungstour gehen und zum Beispiel die unzähligen Gruppen, Seiten und Anwendungen entdecken, die Facebook zu bieten hat. Geben Sie dazu einfach im Suchfeld oben einen Begriff ein, der Ihren Interessen entspricht, und lassen Sie sich überraschen. In den Suchresultaten finden Sie dann vielfältige Inhalte, bei denen Sie sich auch an den Diskussionen beteiligen können.

Jedes persönliche Profil kann übrigens Fan von maximal 500 Seiten und Mitglied in bis zu 300 Gruppen werden. Die Anzahl der Freunde im persönlichen Profil sind auf eine Obergrenze von 5.000 limitiert. Mit der *Abonnieren*-Funktion (Kapitel 6.6 „Mit der Abonnieren-Funktion öffentliche Beiträge abonnieren, ohne befreundet zu sein") können Sie aber auch den Inhalten von mehr Leuten folgen, respektive diese den ihren.

Übrigens, wenn Sie auf Facebook neue (Business-)Bekanntschaften schließen möchten, können Sie nach dem Begriff „Kontaktmaschine" suchen. Sie stoßen dann auf eine Reihe von Gruppen, in denen sich Menschen zusammengefunden haben, die an neuen Kontakten und Networking interessiert sind (siehe dazu auch den Abschnitt zur „Kontaktmaschine" in Kapitel 8.2 „XING – wo sich das Business trifft und austauscht"). Treten Sie diesen Gruppen bei und fügen Sie die Mitglieder als Freunde auf Facebook hinzu.

Haben Ihre Kontakte die Freundschaftsanfragen bestätigt, beginnt sich der Facebook-*Neuigkeiten*-Bereich mit Leben zu füllen, und Sie werden mehr über diese Personen erfahren.

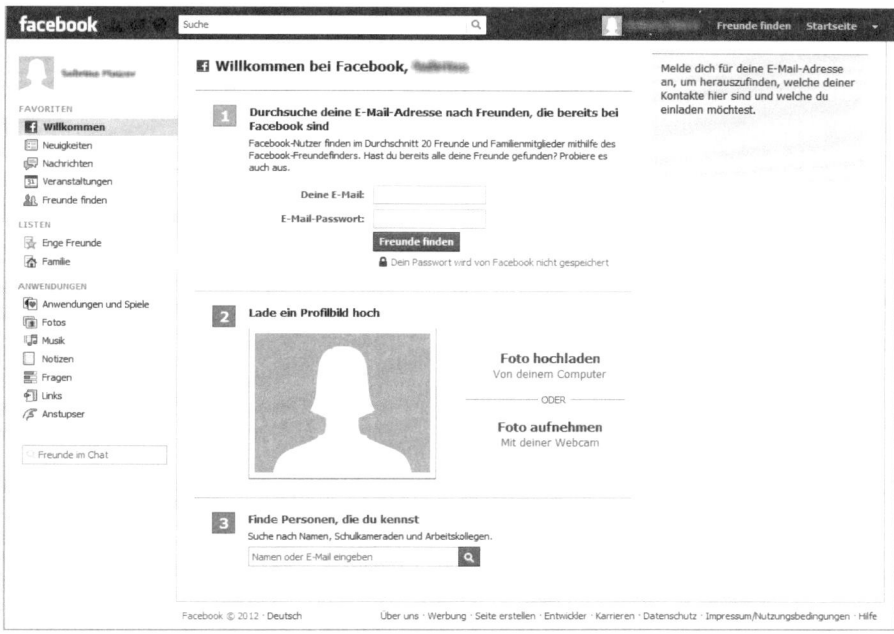

So sieht ein neu erstelltes Profil aus, das Sie nun mit Leben füllen können.

Erfahren Sie mehr über Ihr Umfeld im Neuigkeitenbereich

Der Neuigkeitenbereich ist Ihr Startpunkt, wenn Sie sich auf Facebook anmelden. Dort finden Sie aktuelle Meldungen aus Ihrem eigenen Netzwerk. Viele der Facebook-Nutzer halten sich vorwiegend in diesem Bereich auf. Dieser Nachrichtenstrom wird dabei von Ihren Freunden, Seiten oder Gruppen mit deren Aktivitäten gespeist.

Es gibt dabei einerseits die Standardansicht der *Hauptmeldungen*, die die Meldungen nach Wichtigkeit ordnet. Andererseits gibt es die Alternative *Neuste Meldungen*, in der die aktuellsten Meldungen zuerst angezeigt werden. Mit einem Klick auf *Sortieren* können Sie die Auswahl anpassen.

In der linken Navigation sehen Sie die verschiedenen Hauptfunktionen von Facebook, in denen Sie auch selbst **Anpassungen vornehmen können**. Auf der rechten Seitenleiste gibt es einen *Newsticker*, in dem in Echtzeit alle Updates aus dem Freundeskreis angezeigt werden.

Darin kann auch direkt interagiert werden: Kommentieren, auf *Gefällt mir* klicken und neue Freundschaften schließen – all das ist mit einem Klick möglich. Unterhalb des *Newsticker* ist der *Chat* eingeblendet, über den man mit anderen Nutzern direkt kommunizieren kann. Der *Newsticker* kann auch ausgeblendet werden, indem man das Chatfenster nach oben zieht.

Der Neuigkeitenbereich mit Inhalten aus dem eigenen Netzwerk.

Veröffentlichen Sie Nachrichten

Wollen Sie selbst einen Inhalt veröffentlichen, können Sie das entweder direkt im Neuigkeitenbereich oder in Ihrer Chronik tun. Klicken Sie dazu einfach in das Feld *Was machst du gerade?* und geben Sie Ihre Nachricht ein.

Dafür stehen Ihnen rund **60.000 Zeichen zur Verfügung** – eine ganze Menge, im Gegensatz zu beispielsweise Twitter mit nur 140 Zeichen. In der *Chronik*-Ansicht können Sie zudem noch ein Datum festlegen, zum Beispiel wenn Sie vergangene Erlebnisse erfassen möchten.

Auch von Ihrer Profilseite/Chronik können Sie ein Statusupdate veröffentlichen.

Wenn jemand Sie begleitet, können Sie diese Person in der Nachricht markieren. Zudem ist es möglich, dass Sie den passenden Ort dazu auswählen. Wenn Sie jemanden markieren, wird diese Person entsprechend notifiziert. Es kann auch sein, dass Sie die gewünschte Person nicht markieren können, weil diese das nicht möchte.

Legen Sie fest, wer Sie begleitet und wo Sie sich gerade aufhalten.

Sobald Sie Ihren Eintrag mit einem Ort versehen, ist das auch auf der Karte in Ihrer Chronik zu sehen. Zudem kann über die Datumswahl eine Eingrenzung erfolgen, und es werden nur die Beiträge aus dem gewählten Zeitraum angezeigt.

Sie können für jeden einzelnen Beitrag bestimmen, wer diesen sehen darf. Klicken Sie dazu auf das Auswahlfeld neben dem *Posten*-Button und wählen Sie die gewünschte Berechtigungsstufe aus.

Statusmeldungen mit Ortsangaben und Fotos können auf der Karte in Ihrer Chronik eingesehen werden.

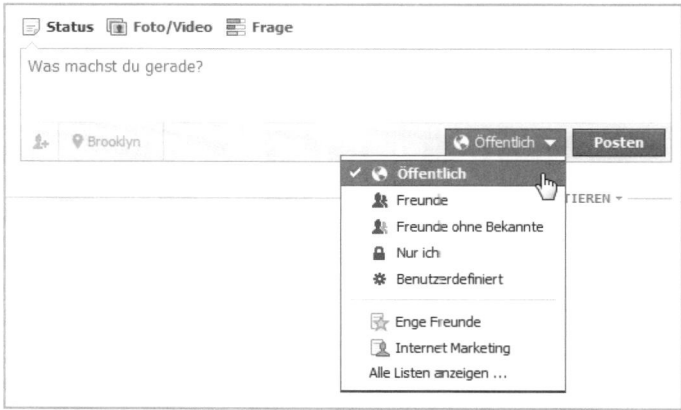

Erfassen Sie eine Statusmeldung oberhalb des Neuigkeitenbereichs.

Facebook-Chronik (Timeline) – Nutzen Sie Ihr Profil als Tagebuch

Als Benutzer hat man auch einen eigenen Profilbereich, auf dem man sich vorstellen und Inhalte publizieren kann. Dieser ist mit Klick auf Ihren Namen im oberen rechten Bereich der Navigation zu erreichen. In dieser Chronik können Sie und andere Nutzer Nachrichten und Kommentare hinterlassen.

Die **Facebook-Chronik (im Englischen „Timeline")** will mehr sein als nur ein Steckbrief. Sie soll das Leben des Benutzers abbilden, Erinnerungen sammeln und verknüpfen – praktisch ein interaktiver, digitaler Lebenslauf mit Tagebuchcharakter. Mit der Applikation **http://www.timelinemoviemaker.com** können Sie sogar ein personalisiertes Video erstellen, und über die Applikation **http://www.1000memories.com** lassen sich alte Fotos einlesen und veröffentlichen! Falls Sie auch über Ihren **letzten Willen** verfügen wollen, hilft die Applikation **http://www.ifidie.net**.

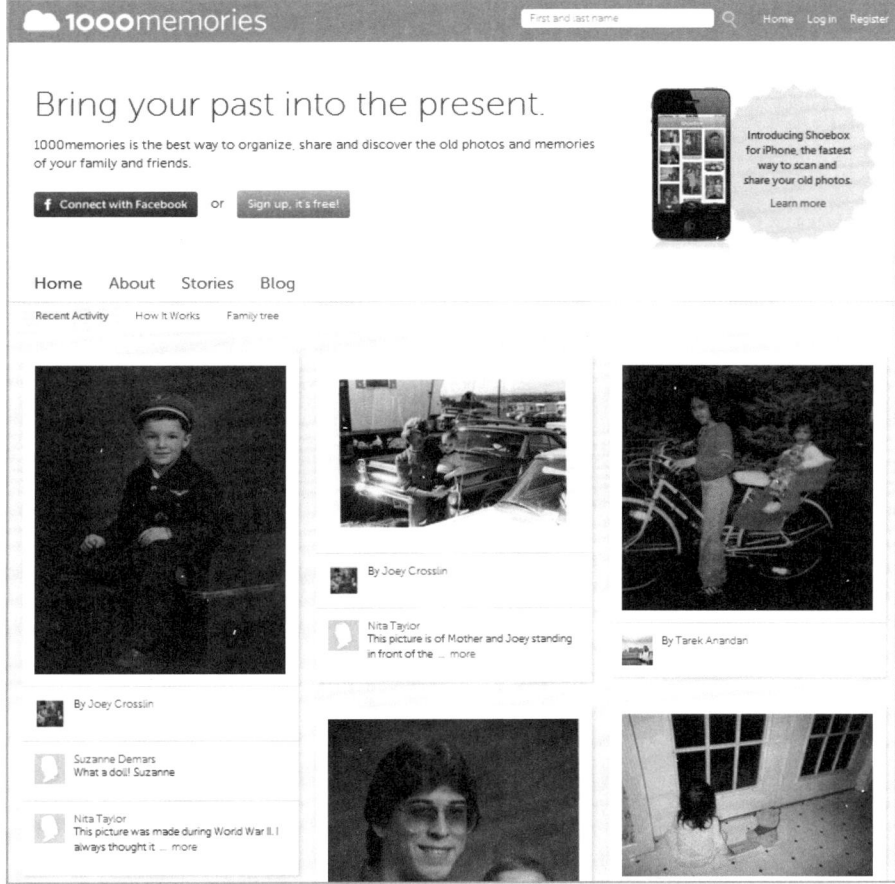

Mit der Applikation 1000memories.com lassen sich alte Fotos einlesen.

So finden Sie das passende Titelbild für Ihre Chronik

Werfen wir einen genaueren Blick auf das Design der Chronik: Im Zentrum der Seite steht eine Grafik am oberen Bildschirmrand. Hier können Sie sich selbst präsentieren, und mit etwas Kreativität kann das Titelbild zum absoluten Blickfänger für Besucher Ihres Profils werden. Ihr bisheriges Profilbild überlagert das Titelbild am unteren linken Bildrand. Direkt unter dem Bild finden sich prominent weitere Informationen wie Beruf, Wohnort, Beziehungsstatus und Sprachen.

Um ein passendes Titelbild zu finden, haben Sie folgende Möglichkeiten:

➢ Nutzen Sie ein eigenes Bild aus Ihren Fotos oder laden Sie eines hoch.

➢ Unter **http://www.socialmediabuch.com/timelinephotos** finden Sie eine Auswahl an tollen Bildern von den Kollegen von AllFacebook.de, die Sie nutzen können.

➢ Die Seite **http://facebook.coversdaddy.com** bietet Hunderte von beeindruckenden Bildern zur Auswahl. Beachten Sie aber, dass die Herkunft der Bilder bei diesem Anbieter nicht immer klar ist und dabei möglicherweise eine Urheberrechtsverletzung stattfinden könnte.

➢ Alternativ steht die Applikation **https://www.facebook.com/GratisTimeline Cover** zur Verfügung.

Behalten Sie beim Einsatz von Titelbildern **die rechtlichen Aspekte** im Hinterkopf. Einerseits müssen die Urheber der Nutzung zustimmen und andererseits auch allfällige abgebildete Personen. Die Facebook-Nutzungsbedingungen (**http://www.facebook.com/terms.php**) untersagen zudem anstößige Bilder oder Nacktheit.

Beachten Sie ebenfalls, dass Sie mit dem Hochladen des Bilds die Nutzungsrechte an Facebook übertragen. Bei vielen Bildern von Stockbildagenturen wäre das eine Verletzung der Lizenzbestimmungen. Auch Bilder unter der Creative-Commons-Lizenz lassen sich deshalb nicht nutzen. Wenn auf dem Bild Markenprodukte oder Zitate abgebildet sind, befindet man sich ebenfalls in einer Grauzone. Am besten fahren Sie deshalb mit einem Foto, das Sie selbst gemacht haben.

Sie können ein Titelbild auch manuell wie folgt anfertigen:

1 Erstellen Sie mit dem Grafikprogramm Ihrer Wahl ein Design mit den Abmessungen 851 × 315 Pixel. Achten Sie auf die Aussparung für das Profilbild.

2 Navigieren Sie zu Ihrem Profil und fahren Sie mit der Maus über das Titelbild.

3 Klicken Sie auf den Button *Titelbild ändern* und laden Sie das gewünschte Bild hoch.

Fahren Sie mit der Maus über das Titelbild und laden Sie dieses hoch oder wählen Sie ein bestehendes aus.

Hier **einige kreative Entwürfe** von anderen Nutzern, die das Profilbild sehr schön mit dem Titelbild integriert haben.

Eine kreative Gestaltung des Titelbilds im „Simpsons"-Style
(Abdruck mit freundlicher Genehmigung von Annalisa Modotto).

Wer etwas grafisches Geschick mitbringt, kann sich schön positionieren
(Abdruck mit freundlicher Genehmigung von Abarai Rj Javaluyas).

Der Kreativität sind keine Grenzen gesetzt
(Abdruck mit freundlicher Genehmigung von Giuseppe Draicchio).

Die Werbung kommt dank der Facebook-Chronik besser an

Das Titelbild ist tatsächlich ein wichtiges Element in der Chronik, denn Besucher des Profils nehmen dieses laut einer **Eye-Tracking-Studie** intensiv wahr. Dennoch bleibt auch das kleinere Profilbild wichtig: Dieses wird am längsten angeschaut und wird als Avatar-Icon bei allen Aktivitäten auf Facebook angezeigt.

Eine erfreuliche Nachricht für Werbetreibende hat die Studie auch noch: Seit die Facebook-Chronik Anfang 2012 für alle Benutzer zur Verfügung steht, werden die Facebook-Werbeanzeigen besser wahrgenommen als zuvor. In dem neuen Design nehmen rund zwei Drittel der Nutzer die Werbeanzeigen wahr, vorher waren es weniger als die Hälfte.

Facebook gestattet auf den Titelbildern selbst allerdings keine Banneranzeigen oder andere (kommerzielle) Werbung. Auch die Nutzung des privaten Profils zur Eigenwerbung hat Grenzen, denn dafür sind Seiten der passende Kanal! Wer sein privates Profil oder ein gefälschtes Profil für Marketingaktivitäten nutzt, verstößt gegen die **Nutzungsbedingungen** von Facebook.

Diese besagen unter anderem Folgendes:

➢ Keine nicht genehmigte Werbekommunikationen (beispielsweise Spam) auf Facebook verwenden oder auf andere Art auf Facebook posten.

➢ Keine falschen persönlichen Informationen auf Facebook bereitstellen oder ohne Erlaubnis ein Profil für jemand anderen erstellen.

➢ Das persönliche Profil nicht zu kommerziellem Nutzen verwenden (wie beispielsweise durch den Verkauf der Statusmeldung an Werbetreibende).

Wer sich nicht an diese Richtlinien hält, setzt sein persönliches Profil aufs Spiel.

Lebensereignisse – Facebook als interaktiven Lebenslauf nutzen

Unterhalb des Bilds findet sich die zweispaltige Chronik. Sie können darüber nicht nur Statusmeldungen, Fotos oder Ortsmarkierungen publizieren, sondern auch Lebensereignisse einfügen.

Facebook hat bereits das Ereignis Ihrer Geburt angelegt, nun können Sie noch jede Menge weiterer Events mit Zeitangaben hinzufügen – seien es persönliche Meilensteine oder Ereignisse, Heirat (oder Trennung), Ortswechsel, neue Jobs und vieles mehr. Alle Lebensereignisse können zusätzlich mit Fotos versehen und so auffälliger gestaltet werden.

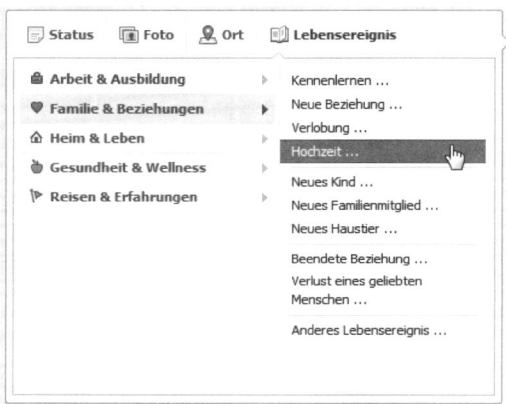

Fügen Sie wichtige Ereignisse aus Ihrem Leben in Ihre Chronik ein.

Wollen Sie Facebook als digitalen Lebenslauf nutzen? Dann tragen Sie die abgeschlossenen Aus- und Weiterbildungen, Arbeitsstellen, Projekte und Erfahrungen (z. B. Sprachen, Programmiersprachen, ...) als Lebensereignis in die Kategorien *Arbeit & Ausbildung* sowie *Reisen & Erfahrungen* ein.

Erfassen Sie wichtige Lebensereignisse in Ihrer Chronik.

Übrigens brauchen Sie die Details nicht noch zusätzlich in den Bereich *Informationen* eintragen. Das geschieht automatisch und funktioniert auch umgekehrt.

Die Details aus dem Info-Bereich werden direkt in die Chronik übernommen.

Neben der Chronik finden Sie auf der rechten Seite eine Zeitleiste mit allen Jahren, in denen Sie Markierungen oder Einträge vorgenommen haben. Durchstöbern Sie doch einmal Ihre eigene Chronik und stoßen Sie bei Ihrer Zeitreise auf nette Erinnerungen.

Wichtige Ereignisse, Meldungen, Fotos, Videos oder anderes können Sie dabei hervorheben, sodass diese die ganze Breite der zwei Spalten einnehmen. Fahren Sie dazu mit der Maus über die Meldung und klicken Sie auf den Stern in der rechten oberen Ecke. Soll ein Beitrag ganz verschwinden, können Sie ihn löschen. Bewegen Sie dazu die Maus über die Meldung und klicken Sie auf das Stiftsymbol. Nun können Sie den Beitrag aus Ihrer Chronik oder auch völlig entfernen.

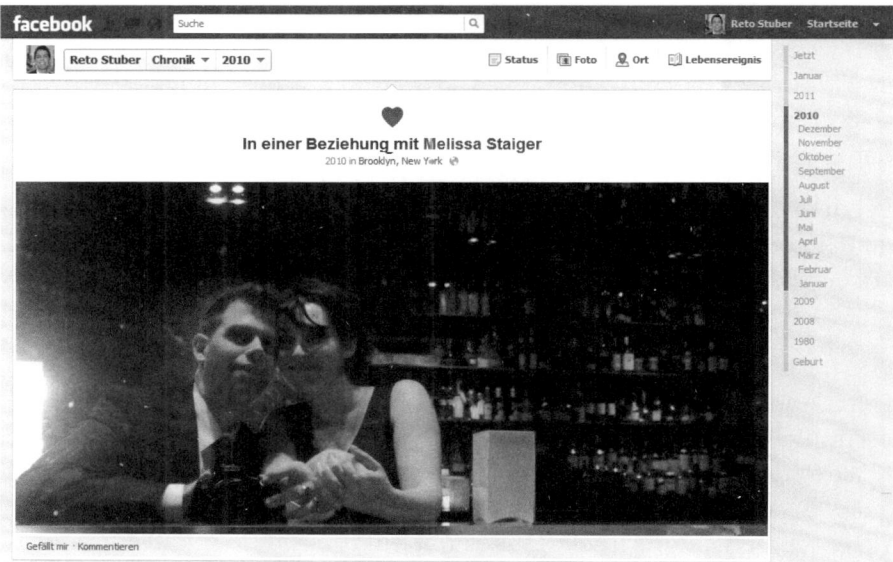

Hervorgehobene Lebensereignisse erscheinen prominent auf der ganzen Breite Ihrer Chronik.

Social Apps – Applikationen sorgen für ein detailreiches Benutzerprofil

Früher musste man auf Facebook als Nutzer immer aktiv eine Nachricht verfassen, damit die Kontakte darüber informiert wurden. Dank des „Frictionless Sharing", des reibungslosen Teilens, und der Schnittstelle „Open Graph" ist das nun nicht mehr nötig.

Social Apps, wie sie von dem Videodienst Netflix, dem Musikdienst Spotify oder vom Wall Street Journal angeboten werden, können automatisch einen Eintrag veröffentlichen, wenn der Nutzer ein Video gesehen, einen Song gehört oder einen Artikel gelesen hat.

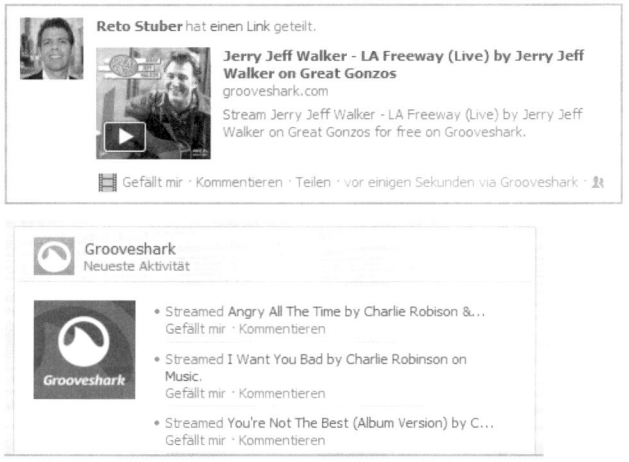

Ein auf Grooveshark.com favorisierter Song wird automatisch auf Facebook veröffentlicht und die letzten gespielten Stücke ebenfalls.

Wer das nicht möchte, kann es in den jeweiligen Einstellungen der Apps selbstverständlich unterbinden oder diese nicht nutzen. Eine Übersicht finden Sie unter **https://www.facebook.com/about/timeline/apps**.

Bei dem Musikdienst Spotify wird beispielsweise eine Nachricht im laufenden Stream dargestellt, und der interessierte Nutzer kann mit einem Klick auf den Button diesen Song direkt auf Spotify hören. Das Gleiche ist auch für Videos möglich. Sollte die zugehörige Applikation noch nicht installiert sein, wird dieser Prozess direkt angestoßen.

Diese Apps sind sehr mächtig, da sie nach einem initialen Setup automatisch Inhalte veröffentlichen und damit die Verbreitung der App auf Facebook fördern. Je mehr eine Applikation verwendet wird, umso größer ist auch die Verbreitung und Aufmerksamkeit bei anderen Nutzern, was für Unternehmen natürlich sehr interessant ist!

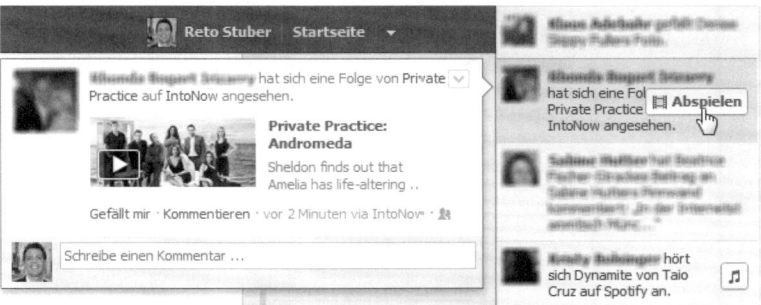

Musik und Videos werden direkt auf Facebook publiziert, bei einem Klick auf den Button kann man sie direkt starten.

Eine externe Applikation wird aus Facebook heraus angesteuert, um einen Song abzuspielen.

So könnten auch Onlineshops gekaufte Produkte prominent in der Chronik des Nutzers platzieren und darüber weitere Kunden finden. Natürlich wird dabei gleichzeitig das Interessenprofil des Nutzers weiter verfeinert.

Kauft zum Beispiel jemand Musik online, kann diese Information direkt im Profil hinterlegt werden. Im Zusammenspiel mit anderen Nutzerdaten (beispielsweise Wohnort, Geschlecht, ...) können Werbetreibende dann eine genaue Zielgruppenbestimmung machen und damit Konzerte in der Region des Nutzers oder neue Alben des Künstlers gezielt ins Blickfeld manövrieren.

Weitere Faktoren für ein erfolgreiches Facebook-App-Marketing finden Sie unter **http://www.allfacebook.com/facebook-apps-marketing-2012-02**.

Spam-Alarm – So sind Sie sicher auf Facebook unterwegs!

Facebook ist aufgrund seiner Popularität und Reichweite oft das Ziel von Cyberkriminellen. Häufig werden vermeintlich schockierende oder anzügliche Videos mit einer entsprechenden Nachricht als Auslöser einer solchen Aktion genutzt. Der neugierige Nutzer **klickt diese an** – und **verbreitet damit** ungewollt die betrügerische Nachricht an die eigenen Freunde.

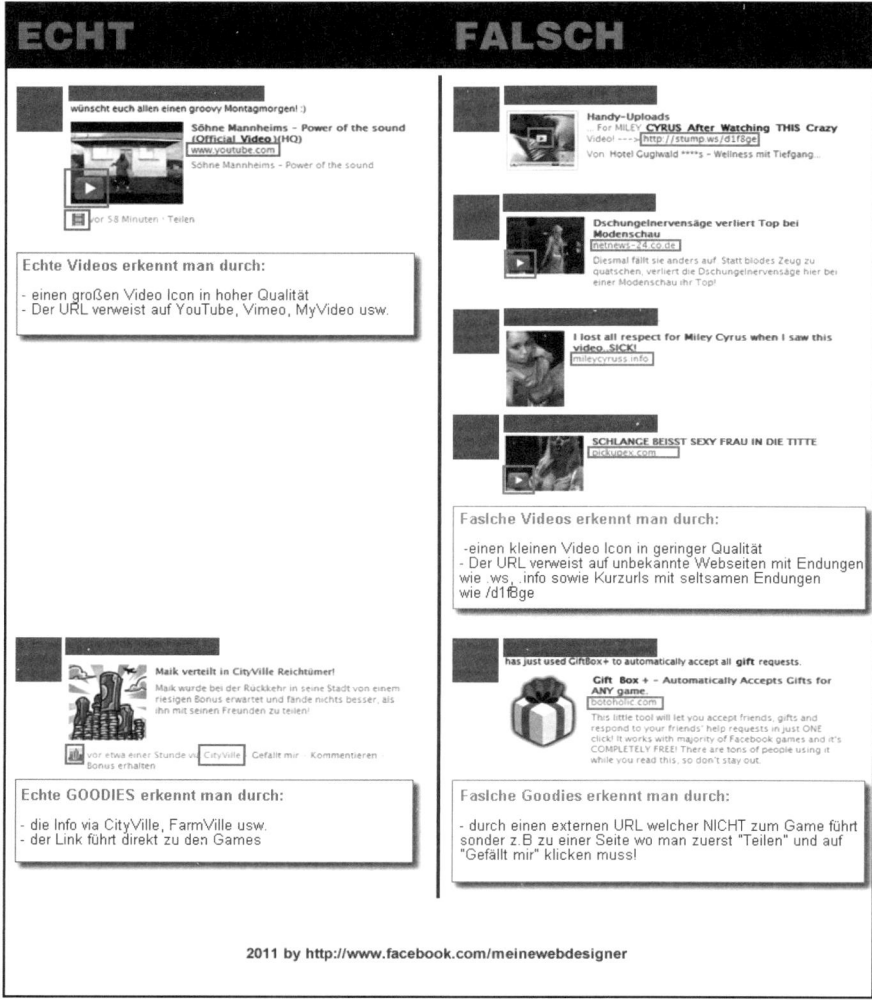

*Diese Übersicht zeigt Ihnen, wie Sie echte Videos und Goodies von falschen unterscheiden (Abdruck mit freundlicher Genehmigung von **http://www.wi3.at**).*

Wer das vermeintliche Video ansehen will, wird zum Beispiel auf eine Webseite geleitet, auf der mit dem nächsten Klick ein unsichtbarer *Gefällt mir*-Button betätigt wird. Da der Nutzer noch auf Facebook angemeldet ist, erscheint dadurch automatisch eine Meldung in der eigenen Chronik, die auch bei den eigenen Kontakten in deren Neuigkeitenbereich dargestellt wird.

Hier spricht man von „Clickjacking", einem Kunstwort aus den Begriffen „Click" (Klick) und „Hijacking" (Entführung). Ein falscher Klick kann also schon genügen, und man landet auf einer Webseite, die mit Malware oder Viren verseucht ist.

Oftmals wird der Nutzer dann aufgefordert, ein Quiz auszufüllen, seine Adresse oder Telefonnummer zu nennen oder an einer Umfrage teilzunehmen, bevor er das Video sehen kann. Das vermeintliche Video existiert natürlich nicht, aber der Betrüger kassiert für jede eingegebene Information eine Provision, weil die eingegebenen Informationen dann für weitere „Marketingaktivitäten" verwendet werden (siehe auch Kapitel 12.2 „So verdienen Sie Geld mit Social Media").

Die Facebook-Seiten **https://www.facebook.com/security** und **https://www. facebook.com/Facecrooks** bieten Ihnen jeweils aktuelle News zur Sicherheit auf Facebook.

*Facebook betreibt unter **https://www.facebook.com/security** eine eigene Seite, die sich mit dem Thema Facebook-Sicherheit beschäftigt.*

Privatsphäre sinnvoll festlegen und Konto verifizieren

Zum Thema Sicherheit und Datenschutz gehört auch die Einstellung der eigenen Privatsphäre. Grundsätzlich kann jeder Benutzer deren Grad selbst festlegen und mit einem granularen Berechtigungssystem steuern.

Doch gerade neue Benutzer gehen oft fahrlässig mit persönlichen Informationen um und geben der Öffentlichkeit mehr preis, als ihnen lieb ist (siehe dazu auch das Kapitel 1.8 „Ihre Privatsphäre und die Krux der öffentlichen Diskussion"). Es ist deshalb wichtig, die persönlichen Einstellungen zu kennen.

Diese lassen sich über das Drop-down-Menü oben rechts im Bereich *Privatsphäre-Einstellungen* anpassen. Der Leitfaden unter **https://www.facebook. com/about/privacy** zeigt die einzelnen Einstellungen und deren **Auswirkungen** im Detail auf. Damit lässt sich Sichtbarkeit des eigenen Profils, die persönlichen Aktivitäten und auch die Anzeige in Suchresultaten steuern. Unter **https://www.secure.me** finden Sie eine weitere Möglichkeit, die Ihnen bei dem Management der Einstellungen hilft.

Am besten **verifizieren** Sie Ihr eigenes Facebook-Konto via Telefon (**https:// www.facebook.com/confirmphone.php**) oder Kreditkarte (**https://secure.face book.com/cards.php**) – dann weiß Facebook, dass Sie eine reale Person sind.

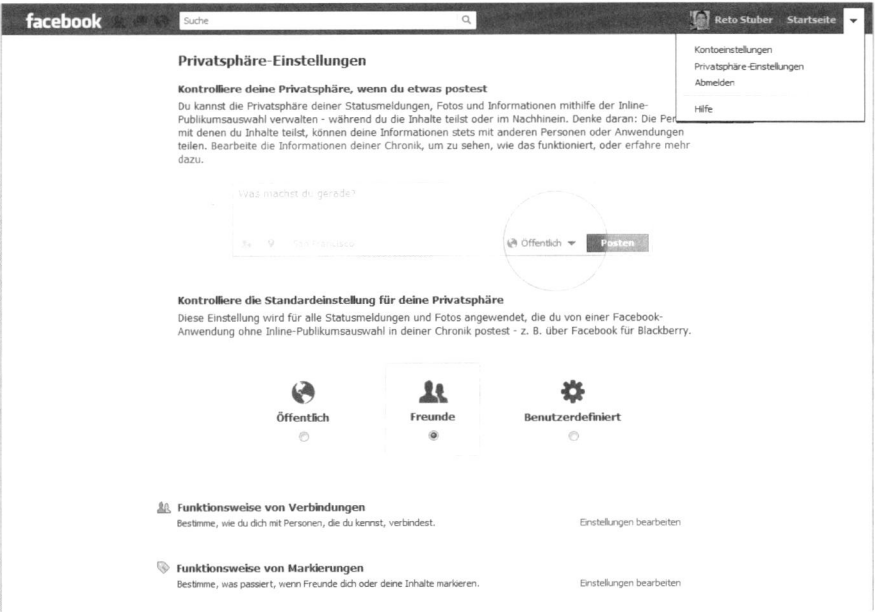

Richten Sie die Privatsphäre nach Ihren Vorstellungen ein.

Verwalten Sie Ihre Freunde in Listen

Eine Möglichkeit zur Berechtigungssteuerung und Organisation der Kontakte ist die Erstellung von verschiedenen *Listen*, in die Sie Ihre Freunde einteilen. Mögliche Kategorisierungen können zum Beispiel Familie, enge Freunde, Leute aus Ort X, Arbeitskollegen, entfernte Bekannte, Vereinsmitglieder, Geschäftspartner etc. sein.

Dadurch lassen sich Meldungen, die in den *Neuigkeiten* angezeigt werden, filtern oder Meldungen nur für bestimmte Personen veröffentlichen, z. B. Arbeitskollegen oder Freunde, die in der Nähe wohnen. Die Kontakte werden selbstverständlich nicht benachrichtigt, wenn sie zu Listen hinzufügt werden. Die Nutzung der *Listen* ist eine optionale Möglichkeit, um den Zugang zu den eigenen Inhalten detaillierter festzulegen. Sie finden die Listenfunktion auf der Facebook-Hauptseite in der linken Navigation. Bei einem Klick auf die gewünschte Liste werden Ihnen dann die Beiträge der Personen aus der jeweiligen Liste angezeigt.

Listen auf Facebook erlauben eine granulare Berechtigungssteuerung für alle Inhalte.

Es gibt bereits folgende vordefinierten Listen:

➤ *Enge Freunde*: Dort lassen sich die besten Freunde hinzufügen. Dadurch werden auch mehr von den Inhalten dieser Personen in Ihren *Neuigkeiten* angezeigt.

➢ *Bekannte*: Diese Liste ist für Kontakte gedacht, mit denen man keinen engen Austausch pflegen möchte. Personen aus der Bekanntenliste tauchen deshalb seltener in den Neuigkeiten auf. Diese Personen lassen sich auch von Beiträgen ausschließen, wenn bei der Veröffentlichung einer Nachricht die Auswahl *Freunde, außer Bekannte* in der Zielgruppenauswahl ausgewählt wird.

➢ *Eingeschränkt*: Diese Liste ist für Personen gedacht, die zwar als Freunde hinzugefügt wurden, mit denen man aber nichts teilen möchte – wie z. B. ein Vorgesetzter. Wenn Nutzer zu der eingeschränkten Liste hinzugefügt werden, erhalten sie nur die öffentlichen Inhalte oder Beiträge angezeigt, in denen sie markiert wurden.

Zu diesen Standardlisten kommen außerdem intelligente und benutzerdefinierte Listen dazu.

➢ Intelligente Listen sind Freundeslisten, die automatisch aufgrund von Informationen, z. B. Schule, Arbeit oder Stadt, aktualisiert werden. Wenn jemand zum Beispiel in Stuttgart wohnt, gibt es eine Liste mit den Facebook-Kontakten, die im Umkreis von 80 km wohnen. Die Entfernung lässt sich ändern, und man kann auch manuell Personen hinzufügen oder entfernen. Die Liste wird automatisch aktualisiert, wenn Freunde ihre Profilangaben entsprechend ändern.

➢ Es lassen sich außerdem benutzerdefinierte Listen erstellen, um selbst Kontakte in Gruppen zusammenzufassen. Dabei legt der Inhaber fest, wer zu welcher Liste hinzugefügt wird und welche *Privatsphäre-Einstellungen* dafür zum Tragen kommen.

Das Nachrichtensystem von Facebook

Wenn Sie private Nachrichten an andere Nutzer versenden möchten, können Sie die Nachrichten-Funktion von Facebook nutzen. Diese erreichen Sie entweder über das mittlere Nachrichtensymbol in der oberen Navigationsleiste oder auf der Startseite mit einem Klick auf *Nachrichten* in der linken Seitennavigation.

Es wird auch **automatisch** Ihre E-Mail-Adresse festgelegt. Diese wird nach dem Schema **profilname@facebook.com** erstellt, in meinem Fall beispielsweise **retostuber@facebook.com**. Sie erhalten dann E-Mails an diese Adresse direkt in Ihrem Facebook-Nachrichteneingang, auch wenn der Absender selbst nicht bei Facebook ist. Mitarbeiter von Facebook selbst sind übrigens unter der Maildomain *fb.com* erreichbar.

Sie erhalten auch E-Mails von externen Absendern direkt in Ihr Facebook-Mailsystem.

Neben den klassischen Facebook-Mails werden im *Nachrichten*-Bereich auch Chatnachrichten, SMS und bei der Verwendung der *@facebook.com*-E-Mail-Adresse darüber versendete und empfangene Nachrichten aufgelistet.

Wenn man eine Nachricht von einer Person auswählt, sieht man somit die gesamte Kommunikationshistorie. Es kann auch gut passieren, dass Sie jemandem eine Mitteilung senden, sofort eine Antwort erhalten und dann sozusagen in der Nachrichtenverwaltung miteinander ins Chatten geraten (anstatt über die reguläre Chat-Funktion).

Was die meisten Nutzer nicht wissen: Wenn Sie in den Facebook-Nachrichten eine Notifikation für Ihr reguläres E-Mail-System eingerichtet haben und die Nachricht dort empfangen, können Sie auch einfach darauf antworten. Die Antwort wird dann via Facebook an den Adressaten übermittelt und in Ihrem Nachrichtenverlauf gespeichert.

Sie können in dem Drop-down-Menü der Suchbox rasch zwischen den einzelnen „Ordnern" umschalten oder direkt einen der entsprechenden Befehle eingeben, um die Nachrichten auf Facebook zu filtern.

Finden Sie bestimmte Nachrichten auf Facebook über den passenden Befehl.

Die verfügbaren Befehle lauten:

➢ *is:unread* -> Anzeige aller ungelesenen Nachrichten

➢ *is:read* -> alle gelesenen Nachrichten

➢ *is:archived* -> alle archivierten Nachrichten

> *is:sent* -> alle gesendeten Nachrichten

> *is:email* -> alle Nachrichten, die per E-Mail angekommen sind

> *is:spam* -> alle als Spam markierten Nachrichten

So laden Sie sich alle Ihre persönlichen Facebook-Informationen herunter

Facebook bietet Ihnen die Möglichkeit, sich eine Sicherungskopie der eigenen Informationen als ZIP-Datei herunterzuladen. Dies umfasst Fotos, Videos, Beiträge, Nachrichten, Freundeslisten sowie andere Inhalte, die auf dem Profil geteilt wurden.

1 Klicken Sie dazu oben rechts im Auswahlmenü den Menüpunkt *Konto-einstellungen* an.

2 Unten im Bereich *Allgemein* klicken Sie auf den Punkt *Lade eine Kopie deiner Facebook-Daten herunter.*

3 Es öffnet sich eine neue Seite, in der Sie den Download mit einem Klick auf *Mein Archiv aufbauen* in Auftrag geben können.

4 Sie erhalten danach eine E-Mail mit dem Download-Link.

5 Identifizieren Sie sich und speichern Sie die Daten sicher ab.

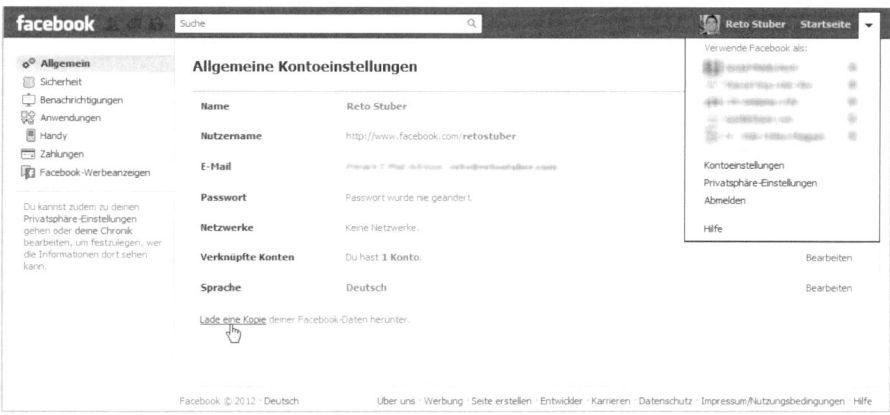

Laden Sie ein Kopie Ihrer Daten herunter.

Diese Elemente befinden sich im Archiv:

> Fotos oder Videos, die auf Facebook geteilt wurden.

> Pinnwandeinträge, Nachrichten und Chatunterhaltungen.

> Die Namen der Freunde und deren E-Mail-Adressen, sofern dies in den Kontoeinstellungen der Person gestattet ist.

Was befindet sich nicht im Archiv?

➢ Fotos und Statusmeldungen der eigenen Freunde.

➢ Persönliche Informationen von anderen Personen.

➢ Kommentare, die zu Beiträgen anderer Personen hinterlassen wurden.

Alternative Anbieter für eine Sicherung der eigenen Daten von Facebook & Co. sind:

➢ http://www.backupify.com

➢ http://www.socialsafe.net

➢ http://www.sosonlinebackup.com/facebook

Anbieter wie Socialsafe.net sichern die Daten von Facebook und Konsorten.

Schneller mit Tasten auf Facebook navigieren

Wer sich häufig auf Facebook bewegt, wird auch diese **Shortcuts** zu schätzen wissen. Sie sind jedoch abhängig von Betriebssystem und Browser, die Sie verwenden.

➢ Windows/Firefox: Tastenkombination ⸢Alt⸣+⸢Umschalt⸣ drücken

➢ Windows/Chrome: ⸢Alt⸣-Taste drücken

➢ OS X/Firefox: Tastenkombination ⸢Fn⸣+⸢Ctrl⸣ drücken

➢ OS X/beliebiger Browser: Tastenkombination ⸢Ctrl⸣+⸢Alt⸣ drücken

Halten Sie diese Tasten gedrückt und drücken Sie anschließend zusätzlich eine der folgenden Tasten. Damit gelangen Sie in die entsprechenden Menüs von Facebook.

➢ 1 = öffnet Ihre Homepage/Startseite

➢ 2 = bringt Sie zur *Chronik/Profilansicht*

➢ 3 = öffnet das Menü *Freundschaftsanfragen*

➢ 4 = öffnet das Menü *Nachrichten*

➢ 5 = öffnet das Menü *Benachrichtigungen*

➢ 6 = öffnet die generelle *Kontoübersicht*

➢ 7 = öffnet die *Privatsphäre-Einstellungen*

➢ 8 = öffnet die offizielle Seite von Facebook

➢ 9 = öffnet die Facebook-Richtlinien

➢ 0 = öffnet die Hilfe

➢ ? = platziert den Cursor in der Suchbox

➢ M = öffnet ein Fenster, um eine neue Nachricht zu schreiben

In der Foto-Lightbox-Ansicht:

➢ L = *Gefällt mir* bei einem Foto hinzufügen/entfernen

➢ Linke/rechte Pfeiltaste = Navigation zwischen den Fotos im Album

6.4 Die Standardanwendungen für den Austausch im Netzwerk

Facebook beinhaltet eine Standardausrüstung an Anwendungen und Funktionen. Die primär auf den privaten Gebrauch ausgerichteten Funktionen werden wir in diesem Kapitel abschließend behandeln, andere Funktionen werden uns später noch ausführlicher begleiten.

Die Kommentarfunktion macht Facebook interaktiv

Die veröffentlichten Beiträge lassen sich kommentieren, sodass dadurch die echte soziale Interaktion stattfindet. Die Kommentare auf Facebook sind das Salz in der Suppe, könnte man fast sagen!

Wie in den regulären Statusnachrichten lassen sich auch in den Kommentaren durch die sogenannte @-mention-Funktion andere Personen, Seiten etc. **verlinken**. Dazu geben Sie einfach ein @-Zeichen in das Eingabefeld ein, gefolgt vom Anfangsbuchstaben des zu verlinkenden Objekts.

Gefällt mir – die Like-Funktion

Ein zentrales Element von Facebook ist die *Gefällt mir*-Funktion. Damit lassen sich Inhalte aller Art mit einem positiven Feedback besetzen und automatisch mit Freunden teilen. Zudem wird darüber das persönliche Interessenprofil im Hintergrund weiter ausgebaut.

Diese Funktion ist auf Facebook selbst im Einsatz, der *Gefällt mir*-Button (im Englischen *Like*-Button) wird dabei für einzelne Beiträge oder Kommentare genutzt, und auch wenn Sie ein Fan einer Seite werden, geschieht das darüber.

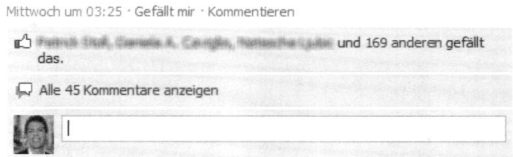

Die Integration des Buttons Gefällt mir auf Facebook.

Aber auch jede beliebige Webseite kann den Button **einbauen**. Dabei lassen sich verschiedene Darstellungen auswählen, die zum Beispiel mit einer Box anzeigen, wie viele Personen bereits auf *Gefällt mir* geklickt haben.

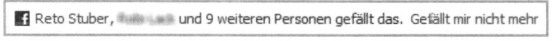

Die Integration des Buttons Gefällt mir auf einer Webseite.

Außerdem kann bei diesem *Gefällt mir*-Button die Kommentarfunktion genutzt werden. Damit können Benutzer noch einen eigenen Hinweis zum Inhalt abgeben, der dann auf Facebook veröffentlicht wird.

Ein angeklickter Gefällt mir-Button mit Kommentar.

Diese Funktion ist ein Kernelement von Facebook. Sie erlaubt eine ausgefeilte Personalisierung der Benutzerinhalte und gibt Facebook die Hoheit über diese Daten. Datenschutzrechtlich ist die Funktion **nicht unbedenklich,** wird aber in der Praxis rege genutzt – der Mehrwert wird hier von den Nutzern höher gewichtet als das Risiko. Wer den Button auf seiner Seite einbauen will, sollte dazu Kapitel 1.10 „Rechte und Pflichten beim Einsatz" konsultieren.

Mit Fotos Erinnerungen teilen und kommentieren

Facebook ist die beliebteste Internetseite für das Teilen von Fotos. Sie haben dabei die Möglichkeit, einzelne Fotos hochzuladen oder ganze Alben zu erstellen. Pro Album können Sie Berechtigungen vergeben und damit festlegen, wer auf Ihre Bilder Zugriff hat. Pro Album können maximal 200 Fotos erfasst werden, Sie können aber beliebig viele Alben erstellen.

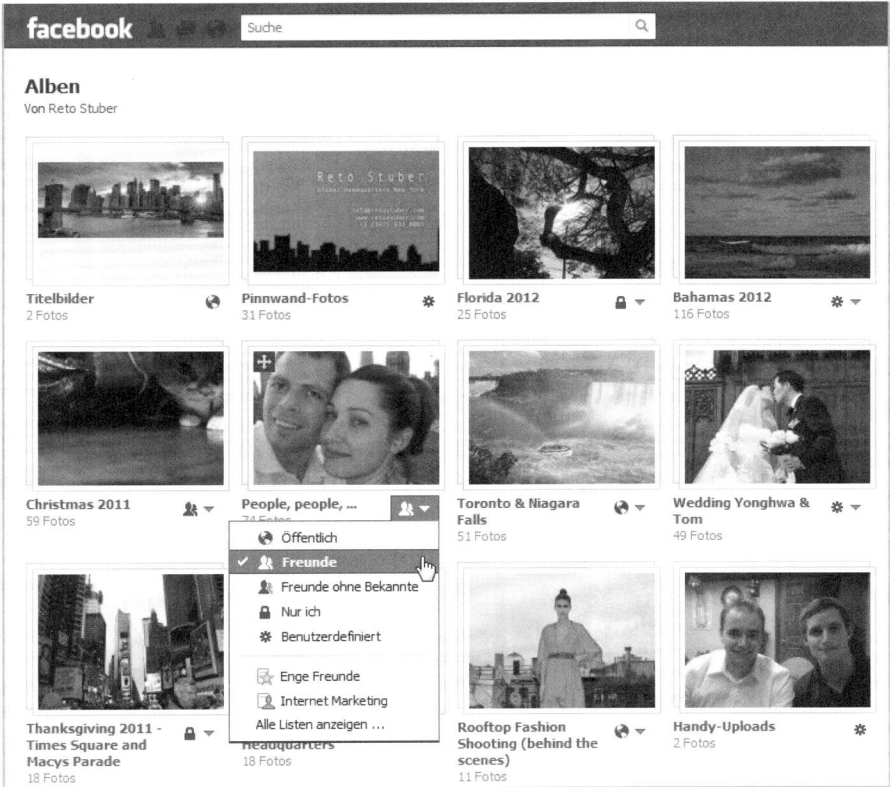

Die Verwaltung der Fotoalben auf Facebook.

In der Detailansicht können Sie die Fotos rotieren lassen, mit einer Bildunterschrift versehen, Leute darauf markieren, den Link dazu verschicken, kommentieren etc. Sie haben auch die Möglichkeit, einzelne Fotos herunterzuladen. Nutzen Sie dazu den Download-Button oder **andere Tools** wie **http://www.picknzip.com** oder **http://code.google.com/p/photograbber**.

Bearbeiten Sie ein einzelnes Foto auf Facebook.

Wenn Sie von anderen nicht markiert werden oder die **Gesichtserkennung ausschalten** wollen, können Sie das in den *Privatsphäre-Einstellungen* unter **https://www.facebook.com/settings/?tab=privacy** tun.

Bevor eine Markierung auf einem Foto etc. für andere Nutzer ersichtlich ist und damit das Objekt in der eigenen Chronik geteilt wird, wird dies zuerst durch die markierte Person freigegeben.

Dies funktioniert über das *Aktivitätenprotokoll,* das **in der Chronik** abrufbar ist. Unter **https://www.facebook.com/about/control** können Sie die Einstellungen im Detail festlegen. Diese Übersicht ist übrigens nur für Sie einsehbar.

Nutzen Sie das Aktivitätenprotokoll in Ihrer Chronik, um Markierungen freizugeben.

Videos – Teilen Sie Ihre bewegten Bilder

Auch Videos können Sie in allen gängigen Formaten hochladen, solange diese kleiner als 1 GByte und kürzer als 20 Minuten sind. Alternativ bietet Facebook die Möglichkeit, ein Video direkt mit Ihrer Webcam aufzuzeichnen und dann zu veröffentlichen.

Was die Berechtigungen und Funktionen betrifft, gelten die gleichen Einstellungsmöglichkeiten wie bei den Fotos. Selbstverständlich können Sie Freunde in den Videos markieren, sie via Nachricht weiterleiten oder über die Chronik eines Freundes oder einer Seite teilen.

Um Videos von YouTube oder anderen populären Videoportalen zu teilen, kopieren Sie einfach den entsprechenden Link und teilen ihn als Statusupdate. Untersagt ist dabei das Übliche: Nacktheit und Pornografie, übertriebene Grausamkeiten und Gewalt, Rassismus und hasserfüllte Inhalte, Drogenmissbrauch, gegen Einzelpersonen gerichtete Beiträge etc.

Notizen – „Bloggen" Sie direkt auf Facebook

Notizen sind Beiträge, die Sie auf Facebook veröffentlichen können. Funktional entsprechen sie regulären Blogbeiträgen. Sie können mit einfachen Formatierungen wie fett, kursiv und unterstrichen formatiert werden. Es besteht auch die Möglichkeit, dass Sie Fotos und Links hinzufügen. Sie finden die *Notizen*-Funktion auf Ihrer persönlichen Profilübersicht, wenn Sie die Ansicht im rechten Bereich der Applikationen aufklappen.

Auf Ihrer Profilseite können Sie rechts das Menü erweitern und dann die Notizen-Funktion auswählen.

Alternativ können Sie auch **https://www.facebook.com/notes/** eingeben, um dann in der linken Navigation mit einem Klick auf *Meine Notizen* direkt zu den eigenen Notizen kommen. Die Notizen können kommentiert werden, und es lassen sich auch Ihre Freunde darin markieren.

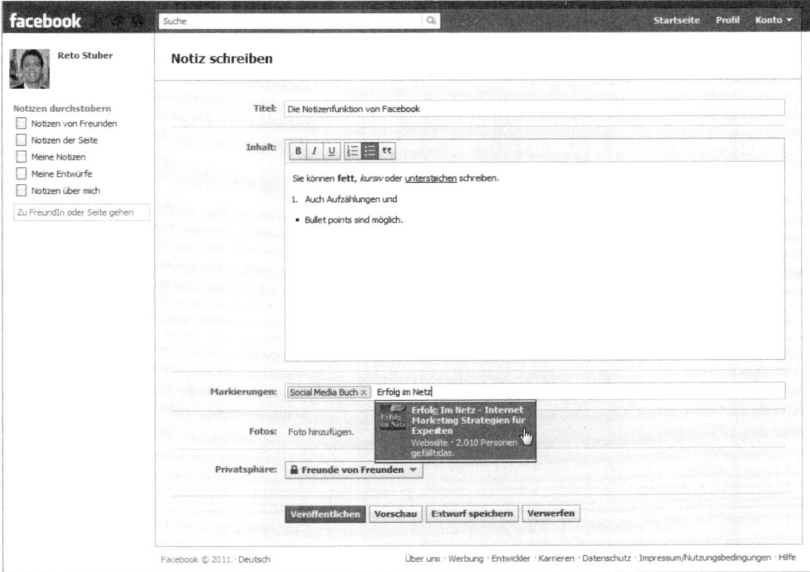

So präsentiert sich die Oberfläche für die Erfassung von Notizen auf dem persönlichen Profil.

Karte – Bekennen Sie Flagge, wo Sie sich rumtreiben

In Ihrer Chronik gibt es eine *Karte,* auf der Inhalte dargestellt werden, die von einem Nutzer mit einem Ort versehen wurden. Das umfasst zum Beispiel mobile Check-ins oder Fotos, denen ein Ort hinzugefügt wurde.

Nutzen Sie Standortangaben bei den Inhalten, die Sie teilen.

245

Diese Verortung kann im Nachhinein erfolgen und auch jederzeit wieder entfernt werden. Zudem können ehemalige Wohnorte und Lebensereignisse auf der Karte angezeigt werden. Die auf der Karte angezeigten Orte basieren auf den jeweiligen *Privatsphäre-Einstellungen* der Person, die sich die Karte ansieht – jeder sieht nur die Inhalte, für die er auch berechtigt ist. Oberhalb der Karte gibt es einen Button *Fotos zur Karte hinzufügen*. Damit kann man die letzten hochgeladenen Fotos mit einem Ort hinterlegen.

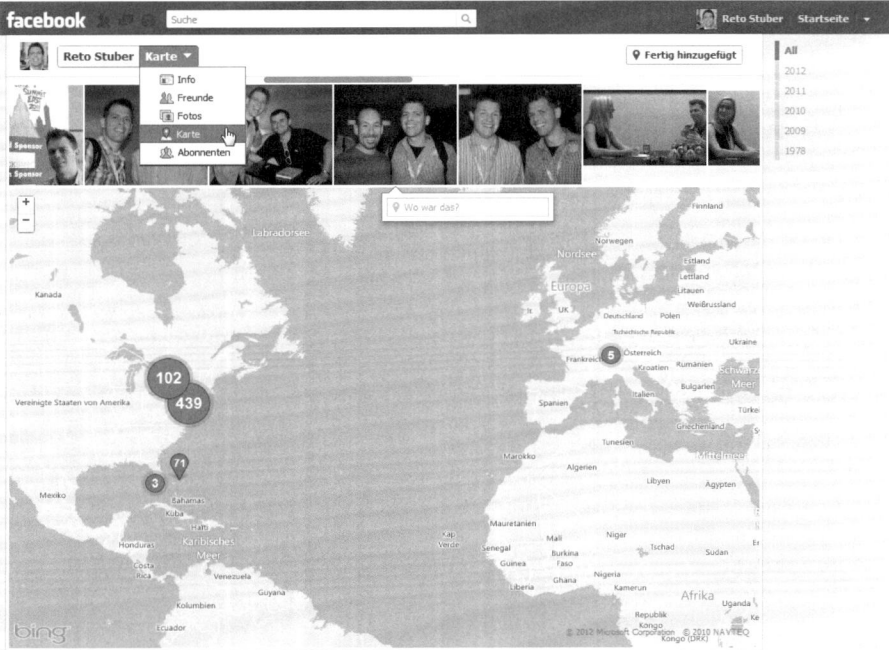

Auf der Karte sehen Sie, wo die Person Statusmeldungen und Fotos veröffentlicht hat.

Wenn Sie nicht möchten, dass Ihre Fotos auf der Karte angezeigt werden, sollten Sie Alben ohne Ortsangabe publizieren. Sie können die Karte auch aus den Favoriten Ihrer Chronik entfernen, um damit den Zugang zu erschweren – die Funktion selbst lässt sich jedoch nicht aus der Chronik entfernen, sondern lediglich verstecken.

Um eine Funktion wie die Karte aus den Favoriten zu entfernen, gehen Sie wie folgt vor:

1 Navigieren Sie zu Ihrer Chronik und klicken Sie bei den Anwendungen auf das Dreieckssymbol rechts davon, um das ganze Menü aufzuklappen.

2 Fahren Sie mit der Maus über das Element, das Sie aus den Favoriten entfernen möchten.

3 Klicken Sie auf das Bleistiftsymbol.

4 Wählen Sie im sich öffnenden Menü den Eintrag *Von den Favoriten entfernen*.

Entfernen Sie die gewünschte Applikation aus den Favoriten in Ihrer Chronik.

Veranstaltungen – Verwalten Sie Ihre Events über Facebook

Personen, Seiten oder Gruppen können Sie zu Veranstaltungen einladen. Sie erhalten dann eine Benachrichtigung und können entscheiden, ob Sie *teilnehmen*, *vielleicht teilnehmen* oder *nicht teilnehmen* möchten. Wenn Sie *teilnehmen*, ist das bei öffentlichen Veranstaltungen auch für Ihre Freunde ersichtlich.

Administratoren legen fest, ob die Veranstaltung *Offen*, *Geschlossen* oder *Geheim* ist und ob Gäste Freunde mitbringen können. Es kann auch definiert werden, ob Fotos, Videos und Links zu einer Veranstaltung hinzugefügt werden können. Auf der Seite *Veranstaltungen* im Hauptmenü auf der linken Seite finden Sie eine Übersicht der vergangenen und künftigen Events.

Chat – Tauschen Sie sich mit Facebook-Freunden aus

Mit der **Chatfunktion** können Sie sich mit Ihren Freunden austauschen. Die Funktion ist unten rechts auf Facebook zu sehen. Sie haben dabei die Möglichkeit, Ihren eigenen Status als online oder offline einzustellen.

Wenn Sie Ihre Freunde in Freundeslisten unterteilt haben, können Sie den Status individuell pro Liste festlegen. So erscheinen Sie zum Beispiel als online für Ihre engen Freunde, aber als offline für Ihre Arbeitskollegen. Sie können in den erweiterten Einstellungen Ihren Status auch **für einzelne Personen anpassen**.

Passen Sie die erweiterten Chateinstellungen an.

Es lassen sich mehrere einzelne Chats mit unterschiedlichen Personen führen, und auch Chats mit mehr als zwei Teilnehmern im gleichen Fenster sind möglich. Dazu gibt es eine Facebook-Messenger-Applikation für Windows (**https://www.facebook.com/help/messenger-for-windows**) sowie verschiedene andere Desktopapplikationen wie **Adium.im** oder **ChitChat.org.uk**, die über das **XMPP**-Protokoll (vormals Jabber) den Facebook-Chat ohne geöffnetes Browserfenster direkt nutzbar machen.

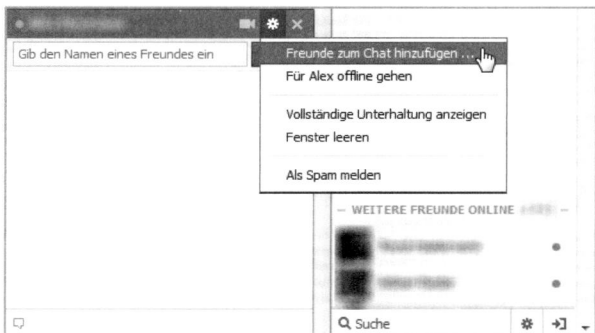

Sie können einen Facebook-Chat mit mehreren Personen halten.

Dabei können Sie auch eine Reihe an Emoticons nutzen (Quelle: **AllFace book.de**). Es ist sogar möglich, das **Profilbild eines Nutzers als Chatsymbol** zu verwenden! Dafür müssen Sie einfach die UserID des Nutzers herausfinden, den Sie im Chat erwähnen möchten. Diese ID können Sie in der URL des Nutzerprofils sehen.

Rufen Sie dieses auf und kopieren Sie den Namen oder die Zahl am Ende heraus – in meinem Fall ist das zum Beispiel **http://www.facebook.com/retostuber**, die UserID lautet somit *retostuber*. Öffnen Sie dann den Chat und geben dort die UserID in zwei rechteckigen Klammern ein, beispielsweise *[[retostuber]]*.

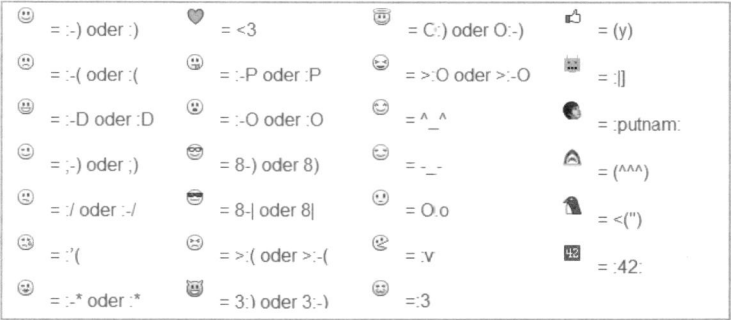

☺ = :-) oder :)	♥ = <3	☺ = C:) oder O:-)	👍 = (y)
☹ = :-(oder :(	😛 = :-P oder :P	😆 = >:O oder >:-O	= :]]
😃 = :-D oder :D	😮 = :-O oder :O	😊 = ^_^	🐧 = :putnam:
😉 = ;-) oder ;)	😎 = 8-) oder 8)	😑 = -_-	🦈 = (^^^)
😕 = :/ oder :-/	😎 = 8-	oder 8		😳 = O.o	🐱 = <(")
😢 = :'(	😠 = >:(oder >:-(	😜 = :v	42 = :42:
😘 = :-* oder :*	😈 = 3:) oder 3:-)	😺 =:3	

Eine Reihe an Emoticons lockern den Chat bei Facebook auf.

Videochat – Rufen Sie Ihre Freunde via Facebook an

Der Facebook-Chat kann dank einer Kooperation mit Skype auch mit **Voice-**
und Videofunktionen erweitert werden. Dazu muss nur einmalig ein Plug-in
installiert werden. Danach kann der gewünschte Kontakt jederzeit über die
Chatfunktion angerufen werden.

Auch diese Anrufe werden für jeden Kontakt in der fortlaufenden Nachrich-
tenchronik aufgelistet. Die Anrufe selbst werden nicht gespeichert bzw. aufgenommen, es wird lediglich eine Notiz in den Kommunikationsverlauf ein-
gefügt. Während eines Videoanrufs kann man auch den Chat und andere
Facebook-Funktionen nutzen.

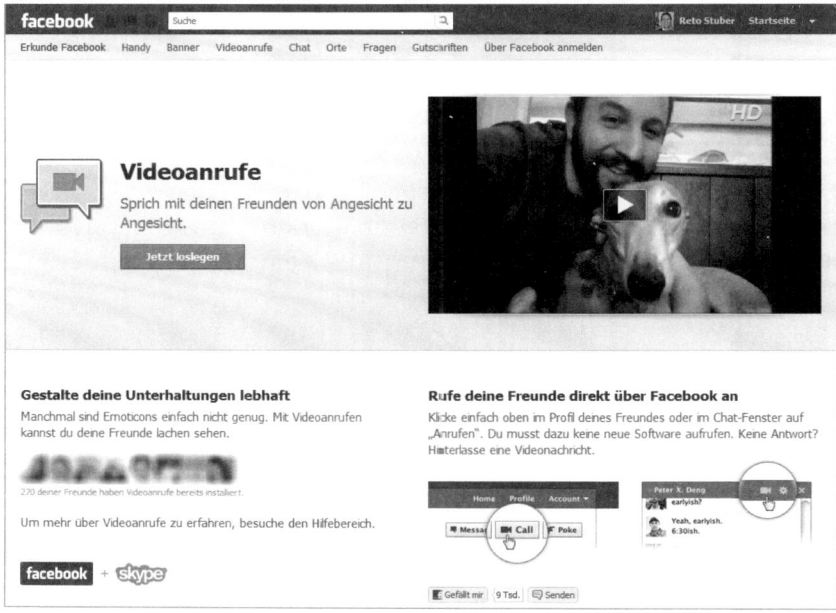

Starten Sie eine Videokonversation via Facebook-Chat.

Mobiler Zugang – auch unterwegs immer auf dem neusten Stand

Sie können mit einem Mobiltelefon ebenfalls auf Facebook zugreifen und haben somit jederzeit Zugang zu allen Daten. Viele Smartphones haben dafür Applikationen bereits vorinstalliert. Sie finden alle Informationen unter https://www.facebook.com/mobile, die Webadresse für mobile Geräte lautet http://m.facebook.com.

Unter *https://www.facebook.com/mobile* finden Sie alle Informationen zur Facebook-Nutzung auf Ihrem Handy.

Geburtstage (auf Profilen) – eine gute Gelegenheit, um wieder mal Hallo zu sagen

Auf der Hauptseite sehen Sie rechts jeweils die anstehenden Geburtstage Ihrer Freunde und können dann entsprechend mit einer persönlichen Nachricht oder einem Beitrag in der Chronik gratulieren. Die Veröffentlichung Ihres eigenen Geburtsdatums ist natürlich eine fakultative Angabe.

Gratulieren Sie Ihren Kontakten zum Geburtstag.

Fragen – Lassen Sie die Benutzer abstimmen und kommentieren

„Welchen Computer soll ich kaufen?", „Wo gibt es in Berlin das beste Sushi?", „Wie montiere ich einen Deckenventilator?" – es gibt viele Orte im Internet, an denen man Fragen stellen kann, aber nur sehr wenige, an denen man dann auch von den eigenen Freunden eine Antwort oder Empfehlung erhält!

Die **Fragen-Funktion von Facebook** hat es sich zum Ziel gesetzt, den Nutzern die besten Antworten zu liefern. Sie können bei der Veröffentlichung eines Statusupdates die Fragenfunktion anwählen und eine entsprechende Fragerunde oder Abstimmung einläuten.

Man kann sowohl als persönliches Profil als auch als Seite eine Frage an die Freunde oder Fans stellen. Die Antwortmöglichkeiten können dabei entweder als Freitext erfasst werden, oder man verlinkt direkt auf andere Seiten auf Facebook. Es ist auch möglich, dass andere Nutzer Antwortmöglichkeiten vorschlagen können.

Beispiel einer Frage mit bestehenden Auswahloptionen und der Möglichkeit, neue Optionen hinzuzufügen.

Auch Unternehmen können über solche Fragen mit ihrer Zielgruppe in Kontakt treten, Marktforschung betreiben oder gar den Kundendienst, Produkte und Services verbessern. Jede Frage ist auf der Seite oder dem Profil ersichtlich, die diese erfasst hat. Zudem wird sie auch in der zugehörigen Aktivitätenübersicht dargestellt, und sobald ein Nutzer sie beantwortet, erscheint das auf seiner Profilseite und im Neuigkeitenbereich seiner Freunde.

Diese Möglichkeit bietet großes Potenzial, denn Fragen und Antworten sind bereits in anderen Netzwerken eine zentrale Funktion (beispielsweise in **LinkedIn, Yahoo Clever, Quora, Formspring** etc.). Untersuchungen haben gezeigt, dass Menschen den Empfehlungen ihres Umfelds und auch unbekannten Nutzern weit mehr vertrauen als den Aussagen von Unternehmen.

251

Facebook Peace – inspirierende Geschichten aus aller Welt

Dieser Auftritt ist nur den wenigsten Facebook-Nutzern bekannt. Facebook Peace hilft unter **https://peace.facebook.com** dabei, die Völkerverständigung zu verbessern. Es werden Verbindungen zwischen verschiedenen Ländern, Regionen und politischen Ansichten dargestellt.

Facebook trägt zur Völkerverständigung in Konfliktgebieten bei.

Zusätzliche Anwendungen erweitern den Funktionsumfang

Neben den von Haus aus integrierten Anwendungen bietet Facebook die Möglichkeit, Anwendungen von Drittanbietern zu integrieren. Diese lassen sich grundsätzlich auf dem persönlichen Profil wie auch auf der offiziellen Seite einbinden, nicht aber bei Gruppen. Dabei muss aber die jeweilige Konzeption der Anwendung berücksichtigt werden, nicht alle lassen sich auf beiden Präsenzen installieren.

Es gibt ein vitales Ökosystem an **Anwendungen** um Facebook herum. Die Bandbreite geht von Spielen über Büroanwendungen und Musikdienste bis hin zur Anbindung von externen Applikationen. Jeden Tag kommen neue Anwendungen auf den Marktplatz, die ein bestimmtes Bedürfnis adressieren – und es gibt schon Hunderttausende davon, obwohl die meisten ein Nischendasein fristen.

Es gibt aber auch ganz große Applikationen, die viele Millionen aktive Nutzer haben. Eine Übersicht der beliebtesten Applikationen finden Sie unter **http://www.facebakers.com/facebook-applications**. Sicherlich sind viele nützliche Anwendungen dabei.

Halten Sie aber die Applikationen im Blick, denen Sie erlauben, in Ihrer Chronik Dinge zu veröffentlichen. Sie können Applikationen jederzeit von Ihrem persönlichen Profil entfernen, indem Sie im Menü *Privatsphäre-Einstellungen* unten den Bereich *Anwendungen und Webseiten* anwählen. Bei Facebook-Seiten finden Sie das Menü in der Administrationsansicht im Bereich *Anwendungen*.

Verwalten Sie die Berechtigungen Ihrer Facebook-Anwendungen.

6.5 Die Unterschiede zwischen Profilen, Seiten (Fanpages) und Gruppen

Neben dem persönlichen Profil gibt es auf Facebook offizielle Seiten, Gemeinschaftsseiten und Gruppen. Eine offizielle Facebook-Seite ist dabei im weitesten Sinn ein Facebook-Profil für ein lokales Geschäft, eine Marke, ein Produkt, eine Organisation, für Künstler, Bands oder öffentliche Personen. Die Gruppen positionieren sich als praktische Kollaborationsplattform für Interessengemeinschaften verschiedenster Art.

Schauen wir uns die einzelnen Möglichkeiten und Unterschiede kurz in der Übersicht an.

➢ Eine offizielle Seite für Ihre Fans

Mit einer offiziellen Seite haben Sie die Möglichkeit, Ihre Fans immer auf dem Laufenden zu halten. Die auf diesen Fanseiten publizierten Inhalte werden auch in dem Neuigkeitenbereich der Fans dargestellt. Die offiziellen Facebook-Seiten sind sehr populär und auch durch Besucher einsehbar, die nicht auf Facebook registriert oder angemeldet sind.

➢ Die Gemeinschaftsseite für generelle Themen

Daneben gibt es die Gemeinschaftsseite. Diese wird automatisch von Facebook erstellt und allenfalls mit Informationen von Wikipedia etc. gefüttert. Es gibt aber keine Möglichkeit, die Inhalte selbst anzupassen. Gemein-

253

schaftsseiten können mit den im persönlichen Profil (in der Chronik) erfassten Inhalten oder Interessen verlinkt werden. Sie sind für allgemeine Themen und alle Arten von interessanten, aber nicht offiziellen Meldungen gedacht. Im Gegensatz zur klassischen Seite gibt es hier aber keinen Administrator. Im Folgenden gehen wir nicht weiter auf diese Seiten ein.

➢ Facebook-Gruppen zum Austausch

Jeder Benutzer hat die Möglichkeit, eine Gruppe zu einem beliebigen Thema zu gründen. Gruppen dienen den Mitgliedern zur Diskussion von Meinungen und Interessen zum jeweiligen Thema.

Gruppen werden oftmals von Leuten genutzt, die sich kennen und sich in einem geschlossenen Kreis zu einem bestimmten Thema austauschen wollen. Aber auch Menschen, die sich für ein Thema interessieren und dieses mit Gleichgesinnten (und einander nicht zwingend bekannten) Personen diskutieren möchten, finden hier das perfekte Forum.

Die Gruppen warten mit attraktiven Funktionen wie Gruppenchat, Zugriffsbeschränkungen, gemeinsamer Dokumenterstellung (im Sinne eines Wiki mit Versionskontrolle) und E-Mail-Notifikationen auf.

➢ Profil, Gruppe, Seite – alle haben ihren Platz!

Offizielle Seiten sind aus Marketingsicht für Unternehmen für praktisch alle Anwendungsfälle die geeignete Wahl und auch von Facebook für diesen Zweck konzipiert worden.

Man trifft immer noch auf persönliche Profile, die als Profilierungsfläche für Unternehmen herhalten und eigentlich über eine eigene Seite kommunizieren müssten. Diese lassen sich über den Link **https://www.facebook.com/pages/create.php?migrate** umwandeln, verlieren dabei aber einige Inhalte.

Wenn der Bedarf an geschlossenen Benutzergruppen (Closed User Groups) zur Zusammenarbeit besteht, sind Gruppen hilfreich. Diese sind aber nicht dafür konzipiert, sich als Unternehmen zu präsentieren.

Schauen wir uns nun an, wie das persönliche Profil mit Seiten und Gruppen in der Praxis zusammenspielt!

Anzeige Ihrer Aktionen in der Chronik des persönlichen Profils

Wenn Sie etwas kommentieren, wird das in der Chronik Ihres persönlichen Profils in Form einer Notifikation dargestellt und ist auch über den Newsticker etc. zu sehen. Diese Notifikation kann somit von Ihren Freunden eingesehen und kommentiert werden. Sie haben jederzeit die Möglichkeit, diese Notifikationen manuell von Ihrer Chronik zu entfernen.

Wenn Sie aber innerhalb von Gruppen eine Aktion tätigen, wird das nicht auf Ihrem persönlichen Profil dargestellt, sondern ist nur in der entsprechenden Gruppe oder in den Notifikationen der anderen Gruppenmitglieder sichtbar.

Eine Notifikation in Ihrer Chronik lässt sich manuell entfernen – Fan der Seite bleiben Sie trotzdem.

Beschränkung der Mitgliedschaft (geschlossene Benutzergruppe)

Bei einer Seite lässt sich der Zugriff nicht einschränken, die Seite ist immer öffentlich ersichtlich. Lediglich eine rudimentäre Einschränkung nach Alter und Land kann vorgenommen werden. Damit sind bestimmte Seiten erst für Volljährige oder nur in bestimmten Ländern zu sehen (beispielsweise Alkohol- oder Tabakprodukte).

Bei Gruppen kann man zwischen offenen, geschlossenen und geheimen Gruppen wählen. Offene Gruppen sind für alle ersichtlich, während der Zugang zu geschlossenen und geheimen Gruppen eingeschränkt ist. Neue Mitglieder können dann entsprechend einen Beitritt beantragen oder direkt beitreten.

Kollaborative Funktionen zur Zusammenarbeit

Seiten auf Facebook haben vor allem repräsentativen Charakter. Gruppen hingegen bieten interessante Möglichkeiten, um mit Leuten zusammenzuarbeiten und sich auszutauschen. Die Zugriffssteuerung lässt sich so einrichten, dass diese Gruppen analog zu den sozialen Konstellationen im richtigen Leben erstellt und verwaltet werden können – sogar mit einem passenden Icon als Erkennungszeichen.

So können Sie zum Beispiel eine Gruppe für Ihre Freunde einrichten, um sich zu bestimmten gemeinsamen Themen auszutauschen. Oder richten Sie für Ihren Fußballverein eine neue Gruppe ein, über die Sie für jedes Spiel eine Veranstaltungseinladung an die Teilnehmer versenden können.

Praktisch ist vielleicht auch eine Gruppe für die Arbeitskollegen zu einem laufenden Projekt, in der Sie sich austauschen und gemeinsam an einem Dokument arbeiten. Firmen können dazu Gruppen erstellen, die von außen nicht sichtbar sind – und daher sozusagen als interne Kommunikationslösung dienen können (abgesehen davon, dass die Daten bei Facebook liegen).

Vor allem für kleine und mittlere Unternehmen sowie für verteilte Teams ist das praktisch. Zudem lassen sich dann auch weitere Personen in die Gruppe einfügen, seien es Partner, Lieferanten oder externe Mitarbeiter. Sie können sich über den Gruppenchat auch mit mehreren Leuten (bis zu 250) gleichzeitig in diesem „Chatroom" austauschen.

Indexierung durch Suchmaschinen

Seiten werden von Suchmaschinen indexiert, und deren Inhalte sind damit über eine Websuche zu finden. Seiten bieten durch den Einsatz von zusätzlichen Applikationen und frei gestaltbaren Elementen mehr Möglichkeiten hinsichtlich Suchmaschinenoptimierung. In jedem Fall sollten Sie möglichst alle von Facebook vorgegebenen Felder mit relevanten Inhalten füllen. Bei den Gruppen werden nur die öffentlichen Inhalte indexiert.

Installieren von zusätzlichen Anwendungen

Einer der entscheidendsten Unterschiede zwischen Seiten und Gruppen besteht in der Möglichkeit zur Integration von Anwendungen. Diese Option steht nur bei Seiten zur Verfügung. Damit hat man bei diesen ein viel breiteres Spektrum an Möglichkeiten im Vergleich zu den Gruppen.

Dies geht vom direkten Verkauf von Produkten via Facebook-Shops über ausgeklügelte Wettbewerbe bis hin zu vollwertigen Büroapplikationen – der Kreativität sind kaum Grenzen gesetzt.

Publikation von Beiträgen im Neuigkeitenbereich

Beiträge von offiziellen Seiten werden im Neuigkeitenbereich der Fans dargestellt. Neue Beiträge in Gruppen sehen Sie per Hinweis in der linken Navigation oder anhand der generellen Notifikationen.

Neue Beiträge in Gruppen sind in der linken Navigation zu sehen.

Kopplung mit dem persönlichen Profil

Administratoren von Seiten können in den Einstellungen selbst entscheiden, ob sie sich als „Seiteninhaber" profilieren möchten. Ihre Beiträge werden standardmäßig unter dem Seitennamen veröffentlicht, Sie können das aber in den Einstellungen auf Ihr persönliches Profil hin anpassen.

Bei den Gruppen sieht man im ersten Beitrag, wer die Gruppe gegründet hat. Wenn Sie dann als Administrator in einer Gruppe Aktivitäten ausführen (beispielsweise Beiträge veröffentlichen), erscheinen diese dort unter Ihrem eigenen persönlichen Namen und nicht unter dem Namen der Gruppe.

Reto Stuber hat die Gruppe gegründet.
Gefällt mir · Kommentieren · Beitrag nicht mehr folgen · vor 4 Minuten

Im ersten Beitrag in einer Gruppe sieht man, wer diese gegründet hat.

Statistiken zur Interaktion der Benutzer

Der Administrator einer Seite erhält detaillierte Statistiken über die Nutzung und die Aktionen seiner Seitenmitglieder (beispielsweise Kommentare, *Gefällt mir*-Klicks etc.). Diese Angaben sind hilfreich, um die Seite auf die Bedürfnisse der Benutzer auszurichten, und zeigen auch die demografische Ausprägung der Fans an (siehe Kapitel 6.13 „Statistiken Ihrer Facebook-Seite"). Bei Gruppen gibt es nur rudimentäre Details.

Widgets zur Promotion der Seite auf anderen Webseiten

Wer eine Seite auf Facebook hat, kann deren Inhalte dynamisch mit einem sogenannten Widget in eine externe Webseite einbinden. Damit lassen sich Fans und Interessenten von außerhalb der Facebook-Plattform anlocken. Solche Widgets bestehen aus ein paar Zeilen Code und lassen sich auf allen gängigen Webseiten integrieren. Die Darstellung lässt sich dabei mithilfe verschiedener Parameter anpassen (siehe Kapitel 6.18 „Die besten Wege, um Ihre Facebook-Präsenz zu promoten und Fans zu gewinnen").

Leicht zu merkende Adresse für Seiten (Vanity-URL)

Eine leicht zu merkende Adresse der eigenen Facebook-Seite bietet in der Kommunikation einige Vorteile. So ist **https://www.facebook.com/meineseite** viel einfacher zu kommunizieren als die Standard-URLs von Facebook, die aus einer langen Buchstaben- und Zahlenfolge bestehen.

Sie können dies für Ihr persönliches Profil wie auch für Ihre Seite (ab 25 Fans) unter **https://www.facebook.com/username** registrieren. Der Seitenname muss dabei mindestens fünf Zeichen lang sein und kann nur so lange geändert werden, bis man **200 Fans** hat – danach ist dieser fix, oder eine Änderung muss bei Facebook **beantragt werden**. Alternativ kann man auch Fans entfernen, um wieder unter die 200er-Marke zu kommen. Das ergibt aber nur dann Sinn, wenn diese erst knapp überschritten wurde. Wenn sich jemand Ihre Marke bereits unter den Nagel gerissen hat, können Sie das unter **https://www.facebook.com/legal/copyright.php** melden.

Auch bei den Facebook-Gruppen kann man sich eine sprechende E-Mail-Adresse wie beispielsweise xyz@groups.facebook.com sichern, wobei dieser Name dann auch im Link zum Tragen kommt. In diesem Beispiel wäre die Gruppe unter https://www.facebook.com/groups/xyz aufrufbar.

6.6 Mit der Abonnieren-Funktion öffentliche Beiträge abonnieren, ohne befreundet zu sein

Mit dem *Abonnieren*-Button können Sie mehr über Leute erfahren, die für Sie interessant sind! Sie können sich damit die öffentlichen Aktualisierungen von Facebook-Nutzern abonnieren, mit denen Sie nicht befreundet sind – zum Beispiel Ihre Lieblingsblogger, Journalisten, Künstler ...

Diese Funktion kann für öffentliche Personen eine Alternative oder Ergänzung zu einer Seite darstellen. Sie finden den *Abonnieren*-Button in der jeweiligen Chronik einer Person, sofern diese Funktion freigeschaltet wurde.

Die Abonnieren-Funktion erlaubt es Nutzern, jemandem zu folgen, ohne mit der Person befreundet zu sein.

Die *Abonnieren*-Funktion kann wie folgt verwendet werden:

➢ Auswählen, was Sie von anderen Nutzern (gilt auch für bestehende Freunde) in den eigenen Neuigkeiten sehen wollen.

➢ Von Personen öffentliche Beiträge sehen, mit denen Sie auf Facebook nicht befreundet sind.

➢ Personen, mit denen Sie auf Facebook nicht befreundet sind, können Ihre Neuigkeiten abonnieren.

Legen Sie im Detail fest, welche Infos Sie über Ihre Kontakte erhalten wollen

Die Aktualisierungen der eigenen Kontakte waren schon immer im Neuigkeitenbereich zu sehen. Mit der *Abonnieren*-Schaltfläche können Sie nun aber auswählen, was Sie im Detail von einer Person sehen wollen:

➢ *Alle Aktualisierungen*: Alle Inhalte, die von einem Kontakt veröffentlicht werden.

➢ *Die meisten Aktualisierungen*: Die Beiträge, die Sie normalerweise sehen.

➢ *Nur wichtige Aktualisierungen*: Umfasst nur die Hauptmeldungen.

Sie können auch die verschiedenen Typen von Aktivitäten festlegen, die angezeigt werden sollen, zum Beispiel nur *Fotos* und *Statusmeldungen*.

Sie können nun im Detail festlegen, was Sie von Ihren Freunden für Inhalte sehen wollen.

Persönliches Profil mit Abonnement oder offizielle Seite?

Für öffentliche Personen ist das persönliche Profil mit der Abonnentenfunktion eine geeignete Alternative zur offiziellen Seite. Bisher haben viele Prominente ihre persönlichen Profile (Chroniken) für die Vernetzung mit Freunden und Familienmitgliedern und Seiten für die Vernetzung mit der Öffentlichkeit genutzt.

Dabei trat oftmals das Problem auf, dass die persönlichen Profile von prominenten Nutzern von Freundschaftsanfragen überhäuft wurden – Facebook erlaubt aber nur 5.000 Freunde pro Profil, und viele Prominente wollten ihr Profil auch „privat" halten. Mit der *Abonnieren*-Schaltfläche wurde dieses Problem adressiert, und man kann nun als öffentliche Person das eigene Profil auch für die Vernetzung mit dem öffentlichen Publikum nutzen.

Die Abonnenten können dabei die öffentlichen Profilaktualisierungen direkt in den eigenen Neuigkeiten sehen. Dadurch kann der Absender Beiträge mit einem breiteren Publikum teilen und persönliche Aktualisierungen nur den Personen vorbehalten, die als Freunde zum eigenen Kontaktnetzwerk gehören.

Die Anzahl Abonnenten, die jemand haben kann, ist unbegrenzt – Facebook-CEO Mark Zuckerberg hat mehrere Millionen Nutzer, die sich seine Statusupdates abonniert haben. Man kann sich jedoch maximal die News von 5.000 Personen abonnieren.

Die Qual der Wahl – offizielle Seite, Chronik mit Abonnenten oder beides verwenden?

Für Personen des öffentlichen Lebens stehen jetzt zwei Produkte zur Verfügung, über die sie sich mit ihrem Publikum auf Facebook verbinden können: einerseits Chroniken mit Abonnenten und andererseits auch Seiten. Schauen wir uns deshalb die Einsatzgebiete genauer an.

➢ Chroniken mit Abonnenten sind praktisch für Einzelpersonen, um auf authentische Weise mit Freunden und Fans gleichermaßen im Kontakt zu stehen. Man kann ganz einfach Beiträge (auch von unterwegs) veröffentlichen und muss nur eine Präsenz auf Facebook verwalten. Chroniken mit Abonnenten sind sehr gut für die schnelle, persönliche Kommunikation einer Person geeignet. Wenn jemand keine Lust oder Zeit hat, ein persönliches Profil und eine Seite zu pflegen, ist dies eine praktische Möglichkeit.

➢ Seiten hingegen verfügen über gut entwickelte Marketingfunktionen für das Verwalten einer Marke oder eines Unternehmens. Seiten können auch von verschiedenen Teammitgliedern gepflegt werden, bieten Statistiken, gezielte Veröffentlichung von Beiträgen nach Ort oder Sprache, erlauben den Einsatz von Applikationen für erweiterte Funktionen und Kommunikationsmöglichkeiten ... Zudem lassen sich Seiten auch mit Facebook-Werbeanzeigen oder gesponserten Meldungen bewerben.

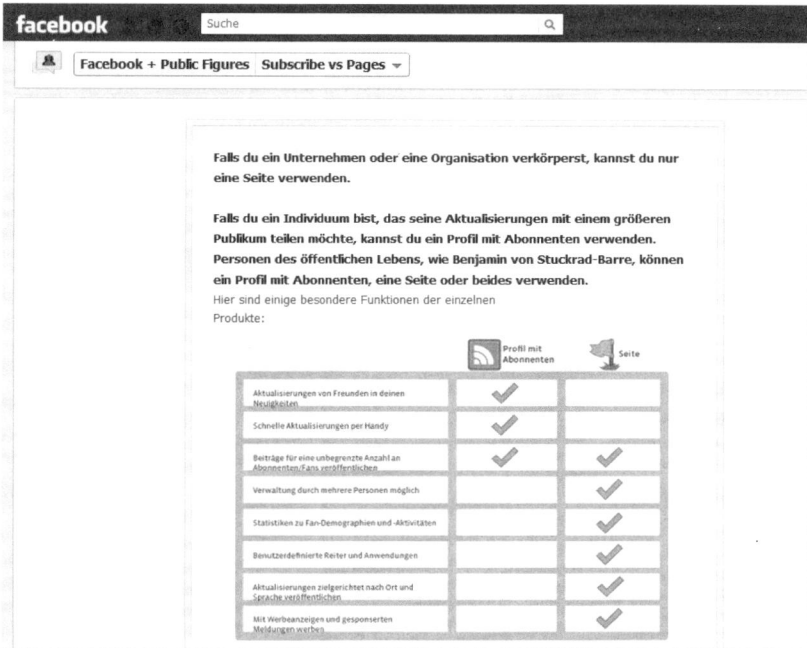

Die Tabelle zeigt die Unterschiede zwischen einer Seite und einem Profil mit Abonnenten auf.

> ➤ Man kann auch die Seite für „offizielle" Beiträge nutzen und die Chronik für private Nachrichten. In den Einstellungen auf der Seite kann man das persönliche Profil als Seiteninhaber eintragen und damit eine Verbindung zwischen einer Seite und der Person dahinter herstellen

Unter **https://www.facebook.com/publicfigures** finden Sie eine Übersicht der Unterschiede zwischen persönlichen Profilen und Seiten.

So aktivieren Sie Ihre Abonnieren-Funktion und erlauben anderen, Ihre Updates zu abonnieren

Sie können auch anderen Leuten erlauben, Ihre öffentlichen Aktualisierungen zu abonnieren. Dafür müssen Sie die *Abonnieren*-Schaltfläche für Ihre Chronik einrichten. Gehen Sie wie folgt vor:

1 Navigieren Sie auf Ihre *Abonnenten*-Seite unter **http://www.facebook.com/about/subscriptions** und klicken Sie auf *Abonnements zulassen*.

2 Wenn Sie die Abonnements aktiviert haben, können Sie festlegen, wer Ihre Beiträge kommentieren kann und welche Benachrichtigungen Sie erhalten. Sie sehen im *Abonnenten*-Reiter zudem, wer Ihre Beiträge abonniert hat.

Aktivieren Sie die Abonnieren-Funktion auch für Ihr eigenes Profil.

3 Wenn Sie die Abonnenten zulassen, wird ein Einstellungendialog angezeigt. Legen Sie dort fest, wer die Beiträge kommentieren kann und welche Benachrichtigungen Sie erhalten wollen. Sie können diese Einstellungen aktualisieren und die Abonnenten später sehen, indem Sie den *Abonnenten*-Reiter in dem eigenen Profil aufrufen.

4 Sobald die Abonnements zugelassen sind, können Nutzer die öffentlichen Profilaktualisierungen abonnieren und festlegen, welche Inhalte sie erhalten möchten.

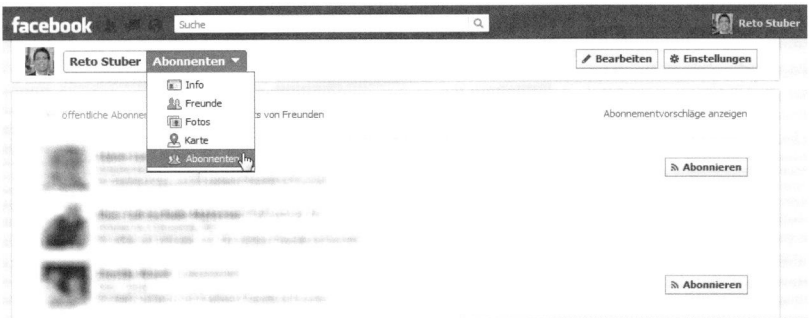

Auf Ihrem Profil können Sie sich eine Übersicht Ihrer Abonnenten ansehen.

5 Wenn Sie dann Inhalte für Ihre Abonnenten veröffentlichen möchten, wählen Sie bei der Veröffentlichung von Beiträgen die Sichtbarkeit *Öffentlich* aus.

6 Es kann auch sinnvoll sein, den *Abonnieren*-Button auf Ihrer Webseite einzubinden. Damit können sich Besucher Ihre öffentlichen Statusnachrichten direkt abonnieren, ohne Ihre Webseite verlassen zu müssen. Stellen Sie sich den Button unter **https://developers.facebook.com/docs/ reference/plugins/subscribe** zusammen.

Binden Sie den Abonnieren-Button auch auf Ihrer Webseite prominent ein!

Facebook schlägt Ihnen übrigens aufgrund Ihrer Interessen und den Abonnements Ihrer Kontakte weitere Personen vor, die für Sie **interessant sein könnten**.

Beispiel aus der Praxis – Nicolas Sarkozy

AllFacebook.de hat ein gutes Beispiel für die erfolgreiche Nutzung eines persönlichen Profils mit Abonnenten aufgegriffen: den ehemaligen französischen Präsidenten Nicolas Sarkozy, dessen Profil unter **https://www.face book.com/nicolassarkozy.fr** zu finden ist.

Dabei werden aktuelle und vergangene Ereignisse schön in Szene gesetzt. Durch die Ansicht als Zeitstrahl kann man Geschichte und Entwicklung besser nachvollziehen.

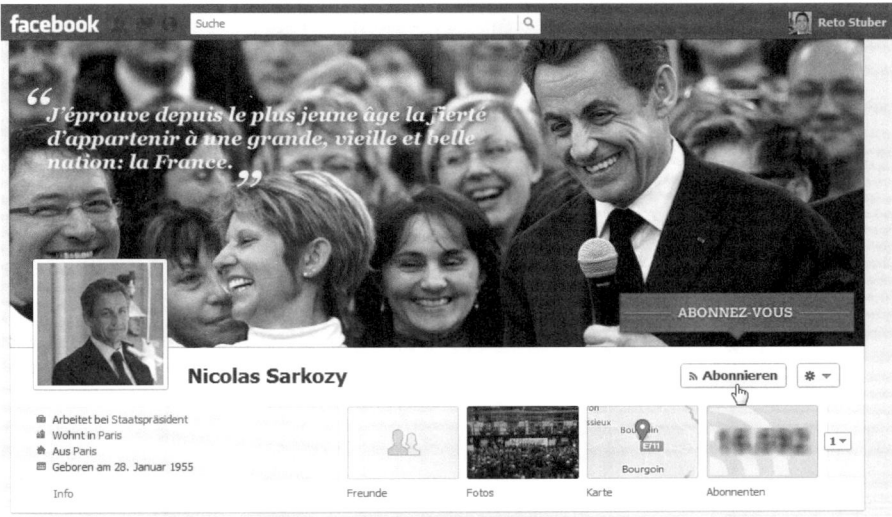

Sarkozy nutzt die Abonnieren-Funktion auf Facebook geschickt.

Sarkozy wendet zudem einen nicht erlaubten Trick an, um die Besucher zum Klick zu bringen: Der Button wird mit einer roten Handlungsaufforderung prominent in den Vordergrund gestellt.

Ein Button, um eine Freundschaftsanfrage zu stellen, sucht man hier vergeblich. Das Profil hat vermutlich gar keine direkten Freunde. In den Einstellungen wurde dann einfach festgelegt, dass nur *Freunde von Freunden* entsprechende Kontaktanfragen stellen können. Damit sind die Freundschaftsanfragen quasi deaktiviert, und es steht nur der *Abonnieren*-Button zur Verfügung.

Um das Profil mit Leben zu füllen, wurden Ereignisse zurückdatiert. Auf der Karte werden ebenfalls alle Ereignisse dargestellt, und man sieht auf einen Blick, wo sich Herr Sarkozy aufgehalten hat. Ein weiterer Erfolgsfaktor ist, dass auf dem Profil **mit den Abonnenten interagiert** und damit eine persönliche Beziehung aufgebaut wird. Nutzer mit vielen Abonnenten müssen übrigens auch ihr **Profil verifizieren**.

Andere interessante Chroniken von Prominenten sind zum Beispiel:

➢ Boris Becker: **https://www.facebook.com/BorisBeckerOfficial**

➢ Britney Spears: **https://www.facebook.com/britney**

➢ Floyd Mayweather: **https://www.facebook.com/floydmayweather**

Die Karte zeigt auf, wo sich Herr Sarkozy aufgehalten hat.

Abonnieren von Interessen in Interessenlisten

Facebook bietet auch sogenannte Interessenlisten an. Mit diesen kann der Benutzer Seiten, Personen und Abos für ein gewünschtes Themengebiet in einer Liste zusammenstellen. Diese Listen dienen sozusagen als Übersicht zu dem gewünschten Thema.

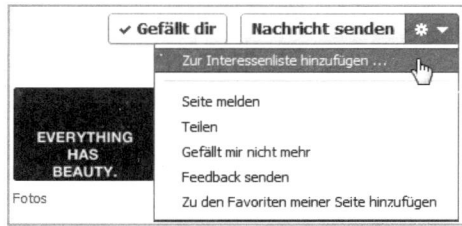

Fassen Sie die News von anderen Seiten in bestimmten Interessenlisten zusammen.

Eine neue Liste kann entweder direkt über den Link **https://www.face book.com/addlist** erstellt werden oder über das Zahnrad für weitere Optionen auf dem entsprechenden Profil. Dazu wird einfach der Menüpunkt *Zur Interessenliste hinzufügen* angewählt.

Danach kann man die Liste erstellen, einen Namen und zudem die Sichtbarkeit festlegen (*Öffentlich*, *Freunde*, *Nur ich*).

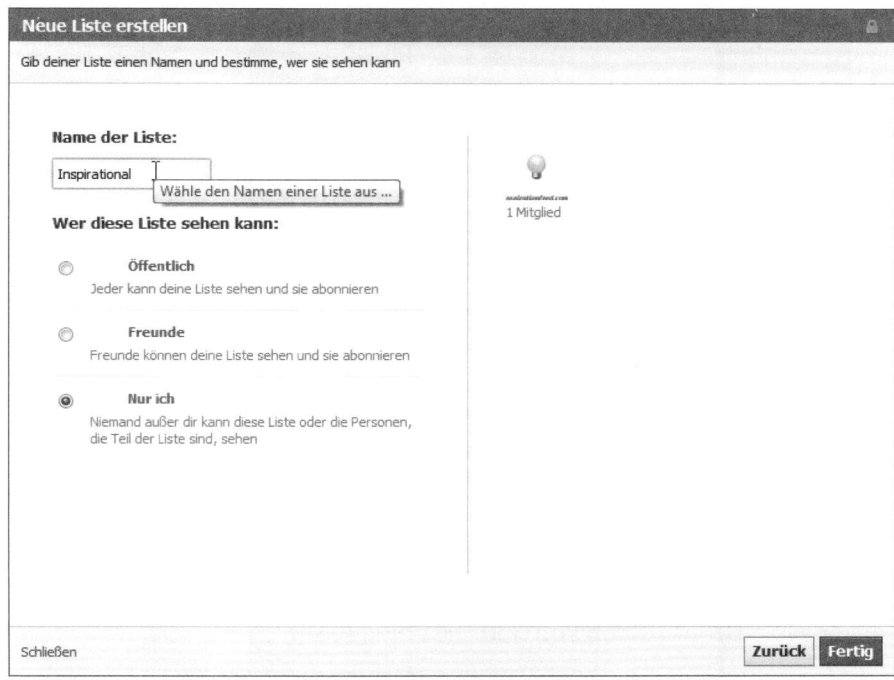

Legen Sie fest, wie die Liste heißt und wer sie sehen darf.

Die neu erstellte Liste wird dann auch der Sichtbarkeit entsprechend in den eigenen Neuigkeiten veröffentlicht, und andere Nutzer können diese nun abonnieren.

Über die Seite **https://www.facebook.com/bookmarks/interests** können Sie die eigenen Listen verwalten und auch festlegen, welche Listen in der linken Seitenleiste dargestellt werden sollen.

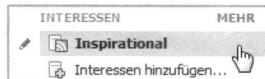

Interessenlisten sind in der Facebook-Navigationsleiste ersichtlich.

6.7 So richten Sie eine Gruppe ein

Facebook-Gruppen bieten sich als ein praktische Instrument für die Zusammenarbeit mit anderen Nutzern an. Dabei bieten Gruppen die von Facebook bekannten grundlegenden Kommunikationsmöglichkeiten zur Veröffentlichung von eigenen Beiträgen mit Links, Bildern und Videos. Laut Facebook nutzen per Ende 1. Quartal 2012 bereits mehr als 400 Millionen Nutzer diese Funktion.

Intuitive Bedienung der Gruppen

Die Nutzung der Gruppe selbst ist sehr intuitiv. Im Header sehen Sie die Anzahl Mitglieder, Veranstaltungen, Fotos und Dokumente. Bei einem Klick auf das jeweilige Element können Sie selbst Inhalte hochladen, bestehende Details einsehen oder bearbeiten.

Jeder kann selbst eine Anfrage zum Beitritt in eine bestimmte Gruppe stellen (sofern diese nicht geheim ist) oder von einem bestehenden Gruppenmitglied hinzugefügt werden. Oft ist es sinnvoll, die Personen zuerst zu fragen, ob sie der Gruppe hinzugefügt werden möchten. Alternativ können Sie auch den Link zur Gruppe als Nachricht versenden oder ein Statusupdate veröffentlichen.

Im Neuigkeitenbereich werden die aktuellsten Beiträge dargestellt, die von jedem Gruppenmitglied kommentiert werden können. Die neusten Inhalte werden immer an oberster Stelle in der Gruppe dargestellt. Sie können mit einem Kommentar zu einem älteren Beitrag diesen wieder zum Leben erwecken und nach oben ins allgemeine Blickfeld bugsieren.

Kollaborationsfunktionen von Haus aus eingebaut

Es ist auch möglich, mit den Gruppenmitgliedern, die online sind, zu chatten oder Nachrichten zu schreiben. Jeder Teilnehmer legt dabei selbst fest, über welche Beiträge und welchen Kanal er informiert werden möchte.

Über die Funktion *Dokumente* kann man gemeinsam Dokumente erstellen, die von allen Mitgliedern mit einfachen Formatierungsmöglichkeiten bearbeitet werden können. Eine gleichzeitige Bearbeitung durch mehrere Personen ist nicht möglich, aber es gibt eine Änderungsübersicht pro Dokument. Zudem kann man das Dokument kommentieren.

Außerdem bietet Facebook eine Funktion an, mit der man Dateien (bis 25 MByte) hochladen kann. Davon ausgenommen sind Musik und ausführbare Dateien.

Schauen wir uns nun an, wie Sie eine Gruppe zur Kollaboration mit anderen konkret einrichten können.

1   Geben Sie im Browser **https://www.facebook.com/groups** ein. Sie gelangen dann auf die Übersichtsseite.

2   Dort klicken Sie auf den Button *Gruppe gründen* und tätigen im sich öffnenden Fenster die geforderten Angaben.

So präsentiert sich die Übersicht, um eine neue Gruppe zu erstellen.

Geben Sie den Gruppennamen ein und wählen Sie ein passendes Icon, die ersten Mitglieder und die Privatsphäre aus.

3 Nach dem Ausfüllen der ersten Angaben können Sie weitere Details personalisieren. Es gehören zum Beispiel Einstellungen dazu, wer welche Rechte und Möglichkeiten haben soll und was für ein Headerbild Sie verwenden möchten. Ohne Headerbild werden einfach die Profilbilder von Gruppenmitgliedern dargestellt, die kürzlich aktiv waren.

So präsentiert sich eine geschlossene Gruppe.

Auch für Universitäten gibt es seit Mitte April 2012 spezielle Gruppen – weitere Details dazu finden sich unter **http://socialmediabuch.com/unigruppen**.

Facebook bietet spezielle Gruppen für Universitäten an.

6.8 Erstellen Sie eine offizielle Seite (Fanpage)

Offizielle Seiten sind die von Facebook vorgesehenen Kommunikationsinstrumente für lokale Geschäfte, Marken, Produkte, Organisationen, Künstler, Bands sowie öffentliche Personen.

Für Marketingzwecke sind Seiten deshalb das geeignetste Instrument und werden umfassend in diesem Kapitel beschrieben. Wie Sie dafür dann Fans finden, wird in Kapitel 6.18 „Die besten Wege, um Ihre Facebook-Präsenz zu promoten und Fans zu gewinnen' aufgezeigt. Unter **http://www.learnface bookpages.com** (auf Englisch) oder **http://www.learnfacebookpages.com/ ui_deu.html** erfahren Sie mehr zu den Facebook-Seiten.

Die Rechte und Pflichten für Ihre Seite

Beachten Sie die Facebook-Richtlinien zu den Seiten, die unter **https:// www.facebook.com/page_guidelines.php** aufgeführt sind. Die Überarbeitung vom 29. November 2011 gibt dafür folgende Vorgaben (Zitat):

1. Jeder Nutzer kann eine Seite erstellen. Allerdings können nur autorisierte Vertreter des Subjekts der Seite diese verwalten. Seiten mit Namen, die lediglich allgemeine oder beschreibende Begriffe enthalten, werden ihre administrativen Rechte entzogen.

2. Bei Inhalten, die auf Seiten gepostet werden, handelt es sich um öffentliche Informationen, die für jedermann verfügbar sind.

3. Wenn du Informationen von Nutzern sammelst, musst du ihre Zustimmung einholen, klarstellen, dass du (und nicht Facebook) ihre Informationen sammelst, und Datenschutzrichtlinien bereitstellen, in denen du erklärst, welche Informationen du sammelst und wie du diese verwenden wirst.

4. Wenn Nutzer deine Seite besuchen und keine ausdrückliche Erlaubnis durch eine Autorisierung für deine Facebook-Anwendung bzw. durch die direkte Bereitstellung von Informationen auf deiner Seite erteilt haben, darfst du im Zusammenhang mit der Seite lediglich diejenigen Informationen verwenden, die du von Facebook oder über die Interaktion des Nutzers mit deiner Seite erhalten hast. Obwohl du Gesamtanalysen für deine individuelle Seite nutzen kannst, darfst du beispielsweise keine Informationen von irgendeiner anderen Quelle zur Anpassung des Nutzererlebnisses auf deiner Seite zusammenführen und keinerlei Informationen über die Interaktion des Nutzers mit deiner Seite in jedem anderen Kontext (z. B. Analyse oder Anpassung über andere Seiten bzw. Webseiten) nutzen.

5. Anwendungen auf deiner Seite müssen mit den Plattform-Richtlinien von Facebook übereinstimmen.

6. Du übernimmst die volle Verantwortung für jegliche Verlosungen, Wettbewerbe, Preisausschreiben oder ähnliche Angebote auf deiner Seite und musst unsere Richtlinien für Promotions einhalten.

7. Werbung von Drittparteien ist auf Seiten untersagt. Werbeanzeigen oder kommerzielle Inhalte auf Seiten müssen mit unseren Werberichtlinien übereinstimmen.

8. Du wirst den Zugang zu deiner Seite nach Bedarf einschränken, um alle zutreffenden Gesetze sowie Richtlinien und Bestimmungen von Facebook einzuhalten.

9. Du darfst keine anderen Richtlinien als die in diesen Nutzungsbedingungen festgelegten Richtlinien einführen, um das Posten von Inhalten durch Nutzer auf einer Seite zu regeln.

10. Seitennamen müssen folgende Bestimmungen einhalten:

a) Sie dürfen nicht nur aus allgemeinen oder beschreibenden Begriffen bestehen (z. B. Bier oder Pizza).

b) Sie müssen richtige, grammatikalisch korrekte Großschreibung verwenden und keine übermäßige Großschreibung oder ausschließlich Großbuchstaben enthalten.

c) Sie dürfen keine Zeichen oder Symbole enthalten, einschließlich überflüssiger Satzzeichen und der Angabe von Handelsmarken.

d) Sie dürfen keine Slogans, überflüssige Beschreibungen oder unnötige Vermerke enthalten. Namen von Kampagnen und/oder regionale sowie demografische Vermerke sind zulässig.

Finden Sie den passenden Namen für Ihre Seite

Der letzte Punkt aus den Facebook-Vorgaben die Namenswahl betreffend bedarf noch weiterführender Erläuterungen. Achten Sie als Erstes darauf, dass der Name die wichtigsten Stichwörter zu Ihrer Seite enthält. Damit werden Sie über die Suchfunktion besser gefunden.

Beachten Sie aber auch, dass Facebook weder Slogans noch unnötige Beschreibungen, Symbole, unnötige Großschreibung und Satzzeichen erlaubt. **AllFacebook.de** hat diese Regelung anhand von folgenden Beispielen illustriert. Wer sich nicht daran hält, riskiert Sanktionen.

➢ Pizza -> verboten
Pizzeria Di´Angelo -> erlaubt

➢ Fotografie -> verboten
Werners Hochzeitsfotografie -> erlaubt

➢ Reisen -> verboten
Reisebüro Müller -> erlaubt

➢ SONNENBRILLEN -> verboten

➢ Sommer!!!!! -> verboten

➢ Automarktxyz.de, Neuwagen, Gebrauchtwagen -> verboten
Automarktxyz.de -> erlaubt

➢ Tageszeitung ABC – Die besten News der Region ABC -> verboten
Tageszeitung ABC -> erlaubt

➢ Pension Vogel, Ferienwohnung -> verboten
Pension Vogel -> erlaubt

➢ Fußball Spanien -> verboten
Nike Fußball Spanien -> erlaubt

➢ Marke XY Deutschland -> erlaubt

➢ Karriere -> verboten
Marke XY Karriere -> erlaubt

Erstellen Sie Ihre offizielle Seite

Sie können mit Ihrem persönlichen Account angemeldet bleiben und eine Seite erstellen.

1 Um eine Seite zu erstellen, navigieren Sie zu **https://www.facebook.com/ pages** und klicken dort auf den Button *Seite erstellen*.

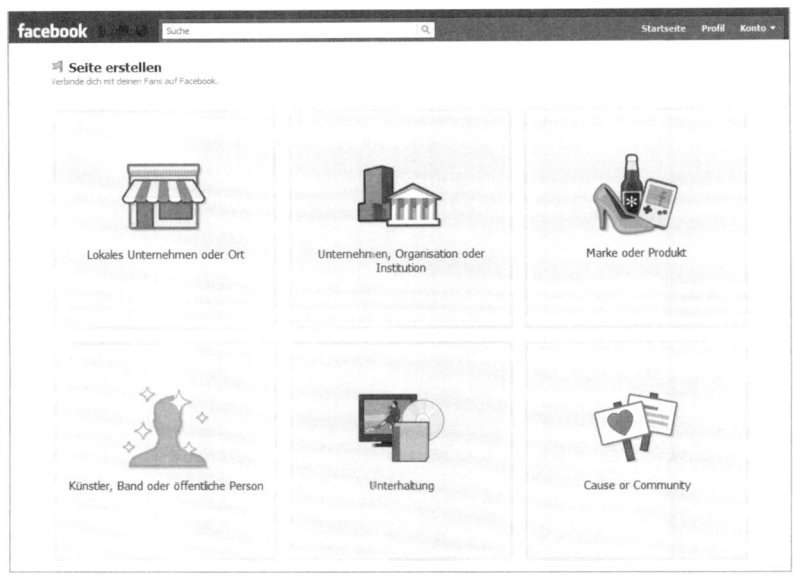

2 Abhängig von der Auswahl werden auf der Seite im Bereich *Info* unterschiedliche Angaben dargestellt. Folgende Beispiele veranschaulichen das:

➤ Bei Seiten für einen Film kann man beispielsweise den Produzenten erwähnen.

➤ Als Restaurantbesitzer kann man auf seiner Seite die Preisklasse angeben.

➤ Als Sportmannschaft lassen sich die Mitglieder aufführen.

3 Facebook führt Sie bei der Erstellung der Seite in drei Schritten durch den Prozess. Im ersten Schritt können Sie ein passendes Profilbild festlegen. In der Praxis benötigt die Einrichtung einer Seite oftmals ein bisschen Zeit. Deshalb kann es sinnvoll sein, die folgenden Schritte mit einem Klick auf *Überspringen* auf später zu verschieben, anstatt auf den *Weiter*-Button zu klicken.

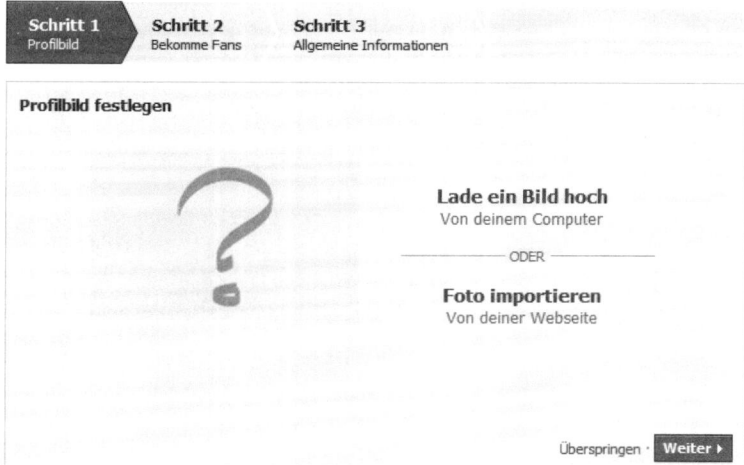

4 Um an die ersten Fans zu gelangen, können Sie Ihre Freunde und Kontakte dazu einladen (oder klicken Sie auf *Überspringen*, um das später zu tun).

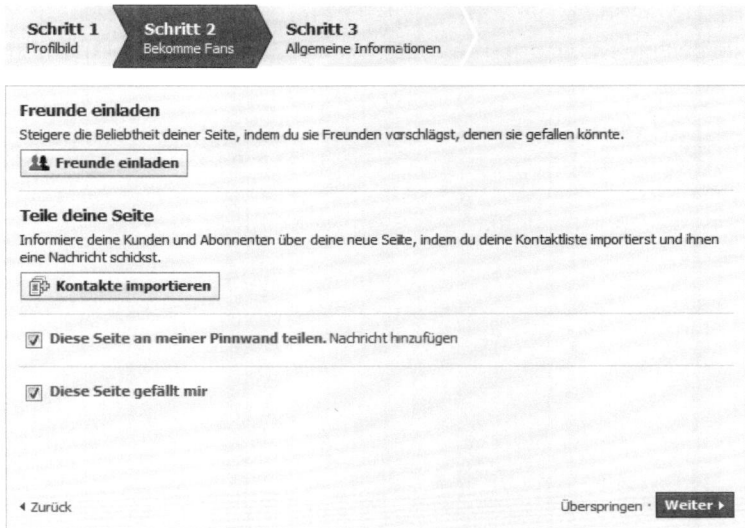

5 Geben Sie nun erste allgemeine Informationen zu Ihrer Seite ein (oder klicken Sie auf *Überspringen*, um das später zu tun).

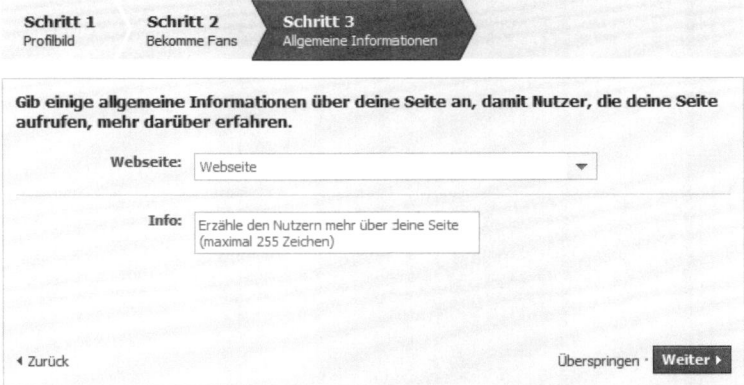

Wie Sie die Seite nun von Grund auf am besten gestalten, schauen wir uns im Folgenden an.

6.9 Wie Sie Ihre Seite optimal gestalten

Nach der grundlegenden Erstellung Ihrer offiziellen Seite verleihen Sie ihr nun den Feinschliff. Damit bieten Sie Ihren Fans eine einladende Anlaufstelle. Der Kerngedanke hinter den Seiten ist es, mit Ihren Fans über Storys und relevante Inhalte eine Beziehung aufzubauen.

Wie Sie am besten an Fans für Ihre Seite kommen, schauen wir uns in Kapitel 6.18 „Die besten Wege, um Ihre Facebook-Präsenz zu promoten und Fans zu gewinnen" an.

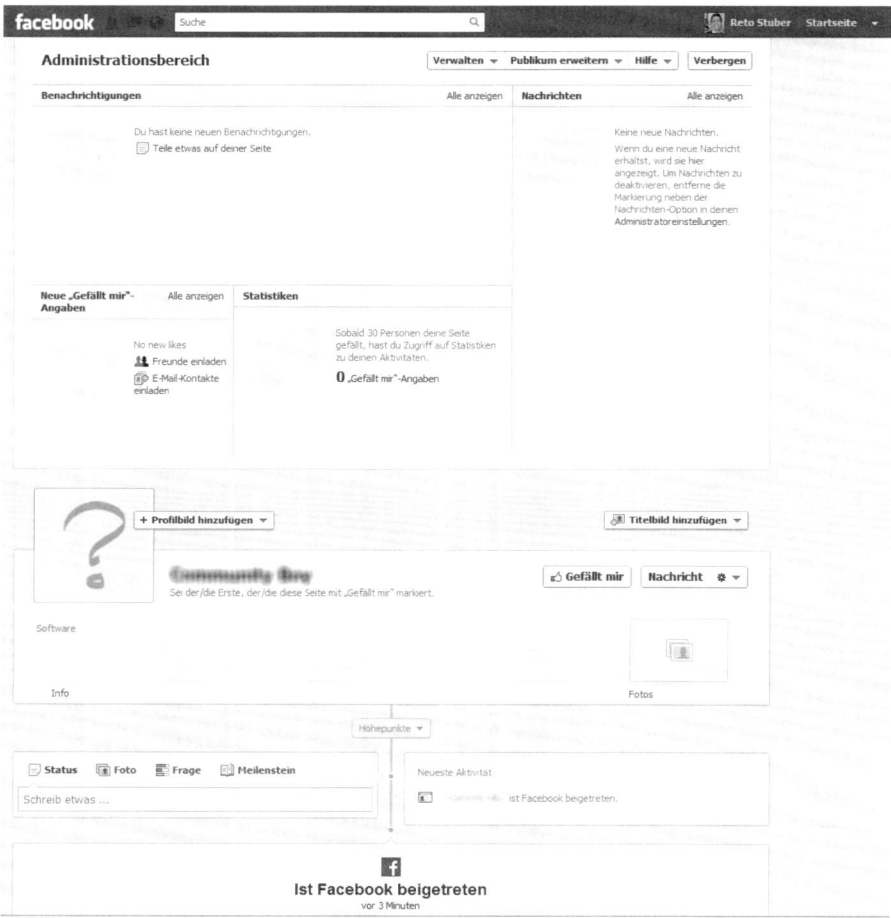

Eine noch leere Seite, die es nun zu füllen gilt.

Kommunizieren Sie über das Titelbild und das Profilbild Ihrer Seite

Als Erstes empfiehlt es sich, ein Profilbild und Titelbild hochzuladen. Stellen Sie dabei sicher, dass diese Bilder zu Ihrer Seite passen und professionell ausschauen.

Nutzen Sie die Möglichkeit, dass Sie in Ihrer Chronik ein großflächiges Bild platzieren können! Damit können Sie weitere Informationen zu Ihrem Unternehmen optimal präsentieren.

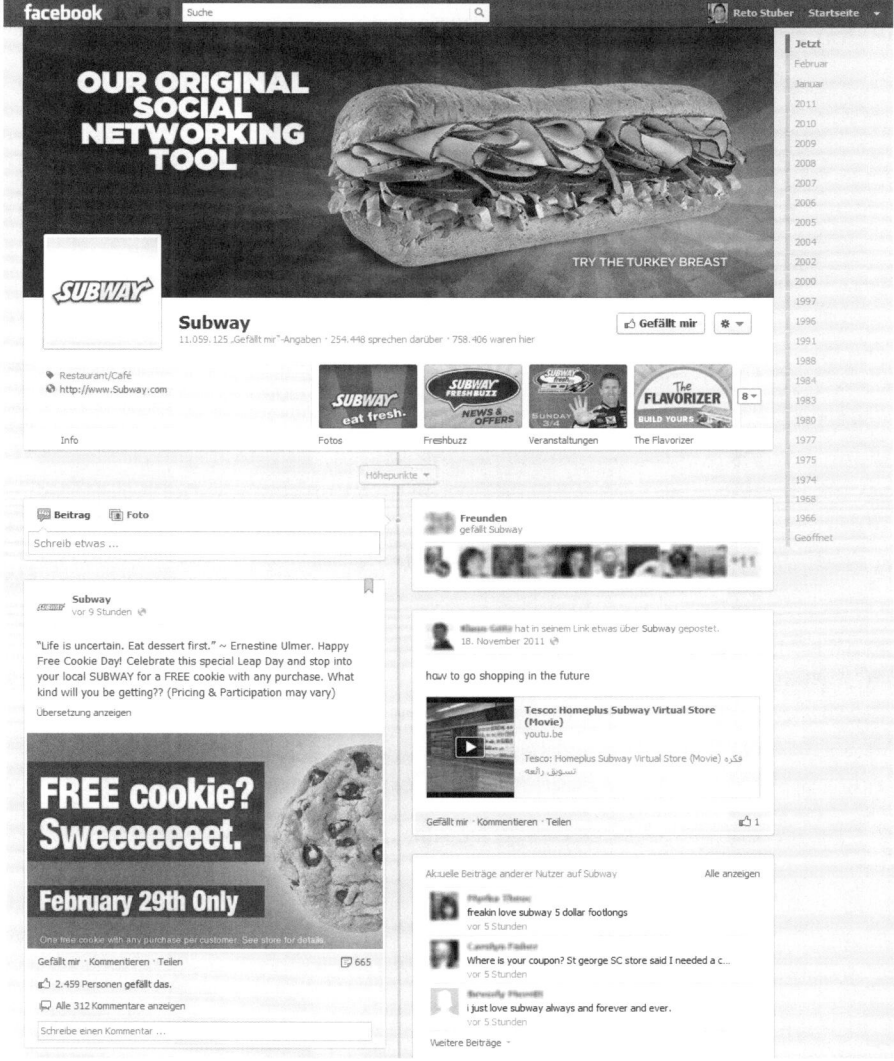

Nutzen Sie den zur Verfügung stehenden Platz bei der Gestaltung des Headers.

1 Um ein Profilbild hochzuladen, klicken Sie im Hauptbereich auf den Button *Profilbild hinzufügen*.

2 Wählen Sie die gewünschte Option aus. Bei einer neuen Seite ist das in der Regel *Foto hochladen*.

3 Im sich öffnenden Kontextmenü können Sie auswählen, von wo Sie ein passendes Bild holen möchten. Wählen Sie dieses aus und speichern Sie die Auswahl.

4 Wiederholen Sie das Prozedere für das Titelbild, indem Sie auf den Button *Titelbild hinzufügen* klicken.

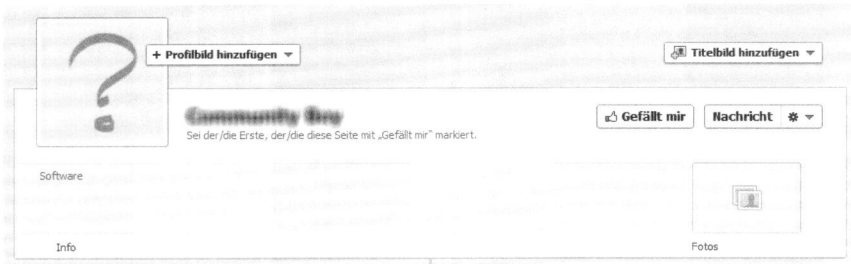

Laden Sie ein Profilbild und ein Titelbild für Ihre Seite hoch.

Unter **http://www.socialmediabuch.com/profilbilder** finden Sie einige inspirierende Designs. Nutzen Sie bei den Bildern möglichst bereits die richtige Auflösung, damit Sie weniger Qualitätsverluste durch die automatische Skalierung und Komprimierung hinnehmen müssen. Bei grafischen Elementen ist die Komprimierung eher zu sehen als bei Fotos.

Die minimale Breite für Titelfotos beträgt 399 Pixel, die optimale Größe ist wie beim persönlichen Profil 851 × 315 Pixel. Das Profilbild sollte optimalerweise quadratisch sein und im Format 160 × 160 Pixel vorliegen. Wenn das Foto auf Facebook im Newsstream etc. dargestellt wird, erscheint es in der Größe 32 × 32 Pixel. Unter **http://www.socialmediabuch.com/timelinetemplate** finden Sie eine Photoshop-Vorlage dazu.

Beachten Sie auch, dass es einige Details gibt, die Sie nicht in diese Bilder einbinden dürfen:

➤ Preise, Rabatte oder Kaufinformationen.

➤ Kontaktinformationen jeglicher Art – diese gehören in den Infobereich.

➤ Hinweise auf andere Facebook-Elemente, wie etwa auf den *Gefällt mir*-Button, Orte etc.

➤ Handlungsaufrufe wie „Jetzt kaufen!" oder „Erzähle deinen Freunden davon!".

Passen Sie die Miniaturansicht Ihres Bilds an – das ist Ihr wichtigstes Erkennungsmerkmal!

Nun müssen Sie unter Umständen noch den Ausschnitt des angezeigten Miniaturbilds anpassen. Dieses Miniaturbild wird überall dort dargestellt, wo Sie etwas publizieren – und erscheint damit zum Beispiel auch im Neuigkeitenbereich Ihrer Fans. Stellen Sie deshalb sicher, dass der am besten geeignete Ausschnitt des Bilds ausgewählt ist.

Klicken Sie auf das Profilbild und wählen Sie Miniaturbild bearbeiten.

1 Klicken Sie auf den Button *Profilbild bearbeiten.*

2 Klicken Sie dann im Menü auf *Miniaturbild bearbeiten.*

3 Passen Sie die Miniaturansicht an und klicken Sie auf *Speichern.*

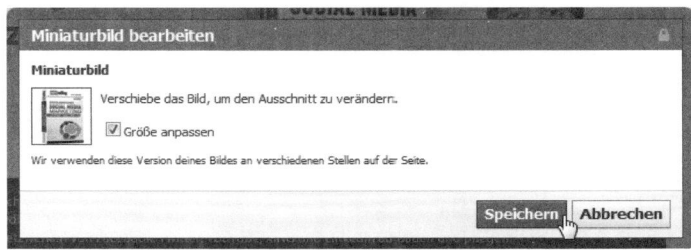

Wählen Sie den Ausschnitt aus Ihrem Profilbild, der angezeigt werden soll.

Geben Sie alle relevanten Informationen zur Seite an

Die Angaben zu Ihrer Seite sollten möglichst umfassend sein. Beachten Sie auch, dass diese Informationen direkt unterhalb Ihres Profilbilds prominent zu sehen sind und mit einem Klick aufgerufen werden können!

1 Klicken Sie oben auf der Seite auf den Button *Verwalten* und dann auf *Seite bearbeiten.* Dort können Sie alle nötigen Angaben zur Seite erfassen.

2 Prüfen Sie jeden Navigationspunkt und passen Sie wo nötig die Details an.

3 Klicken Sie nach der Bearbeitung jeweils auf *Änderungen speichern*.

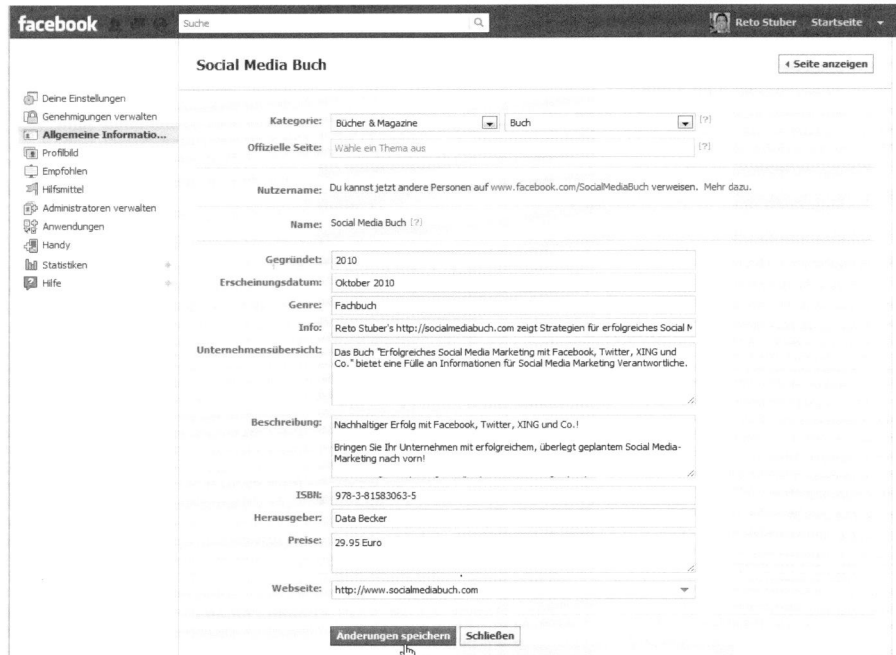

Nach Klick auf Seite bearbeiten können Sie dort die Details bearbeiten.

Einige Hinweise zum Ausfüllen dieser Details:

➢ Die Angaben zu Ihrer Seite sind sehr wichtig, damit Sie gefunden werden. Füllen Sie die Felder möglichst vollständig aus und schreiben Sie verständlich, fehlerfrei und ansprechend.

➢ Stellen Sie dabei sicher, dass die wichtigsten Stichwörter zu Ihrer Seite dort prominent und wiederkehrend vertreten sind.

➢ Erfassen Sie im Bereich *Allgemeine Informationen* auch weiterführende Links, zum Beispiel auf Ihre Webseite, zum Newsletter oder zur Präsenz auf anderen sozialen Netzwerken.

➢ Sie haben die Möglichkeit, unter *Administratoren verwalten* weitere Seitenadministratoren hinzuzufügen, die Sie bei der Verwaltung und Betreuung der Seite unterstützen. In jedem Fall sollten Sie einen „Backup-Account" einrichten.

➢ Sie können dabei verschiedene Rechte vergeben:

  – **Manager**: Administrationsaufgaben verwalten, Nachrichten verschicken, Beiträge im Namen der Seite posten, Werbeanzeigen erstellen, Statistiken sehen.

- **Inhalte erstellen**: Seite bearbeiten, Nachrichten versenden, Beiträge im Namen der Seite posten, Werbeanzeigen erstellen und Statistiken aufrufen.

- **Moderator**: Kommentare beantworten und löschen, im Namen der Seite Nachrichten versenden, Werbeanzeigen erstellen und Statistiken aufrufen.

- **Werbekunde**: kann Werbeanzeigen erstellen und Statistiken aufrufen.

- **Statistikanalyst**: kann Statistiken aufrufen.

➢ Sollte ein anderer Administrator **die Seite löschen**, erhalten alle eingetragenen Administratoren eine Benachrichtigung und können den Vorgang wenn nötig stoppen. Ohne Intervention wird die Seite dann binnen 14 Tagen gelöscht.

➢ Definieren Sie unter *Genehmigungen verwalten*, was die Besucher auf Ihrer Seite sehen sollen und was sie machen dürfen.

➢ Im Bereich *Ländereinstellungen* müssen Sie nur dann etwas eingeben, wenn Inhalte effektiv nur in einem bestimmten Land angezeigt werden sollen – ansonsten sollten Sie das Feld leer lassen, damit die Seite weltweit eingesehen werden kann.

➢ Sollten Sie aber von **Spam-Accounts und unerwünschten Fans** aus anderen Ländern heimgesucht werden, können Sie jederzeit den Länderzugriff einschränken.

➢ Wenn die Seite im Auf- oder Umbau ist oder zeitweise nicht öffentlich sein soll, können Sie das über den Punkt *Sichtbarkeit der Seite* einschränken.

➢ Sie haben auch die Möglichkeit, auf Ihrer eigenen Seite mit Ihrem persönlichen Account zu kommentieren, statt unter dem Namen der Seite. Dies legen Sie im Menü *Deine Einstellungen* fest.

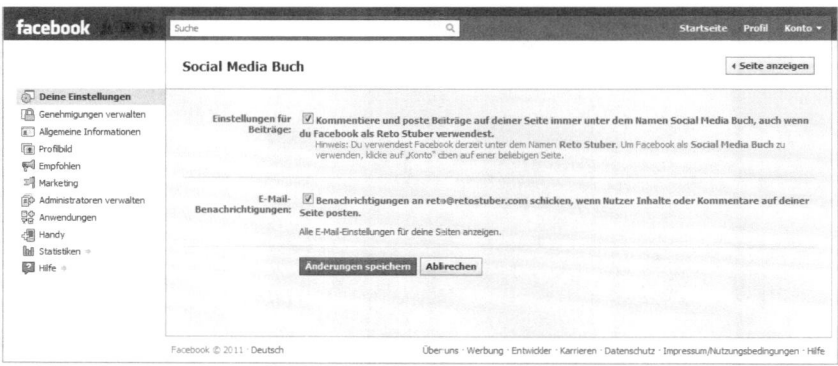

Legen Sie fest, unter welchem Namen Sie auf der Seite kommentieren wollen - als persönliches Profil oder als Seite.

279

Erfassen Sie eine erste Statusmeldung auf der Seite

Navigieren Sie auf Ihre Seite, um eine Meldung zu veröffentlichen.

1 Klicken Sie ins Eingabefeld *Was machst du gerade?*

2 Geben Sie nun Ihre Nachricht ein. Passen Sie wenn nötig das Datum mit einem Klick auf das Symbol mit der Uhr an, um einen Anlass aus der Vergangenheit oder für eine spätere Publikation zu erfassen.

3 Veröffentlichen Sie die Nachricht mit einem Klick auf *Posten*.

Veröffentlichen Sie eine Statusmeldung auf Ihrer Seite.

Laden Sie weitere Inhalte hoch

Fügen Sie dann weitere Inhalte wie Videos, Bilder und Notizen Ihrer Seite hinzu.

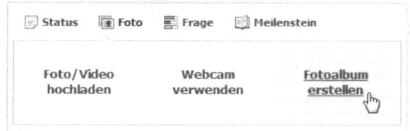

Erfassen Sie weitere Inhalte auf Ihrer Seite.

Wenn Sie etwa ein Fotoalbum erstellen wollen, gibt es auch kreative Gestaltungsmöglichkeiten, wie das **Beispiel** der israelischen Agentur **Mccann Erickson Israel** zeigt.

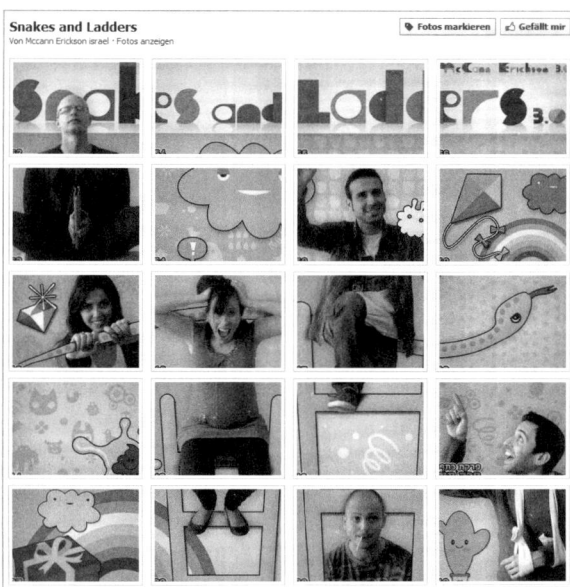

Eine kreative Nutzung einer Facebook-Bildergalerie (mit freundlicher Genehmigung von Nir Refuah, Mccann Erickson Israel).

Auch Maggi hat sich inspirieren lassen und eine schöne Bildergalerie erstellt. Wenn Sie selbst eine solche Galerie erstellen wollen, finden Sie unter **www.socialmediabuch.com/vorlagegalerie** eine entsprechende Vorlage für Adobe Photoshop.

Maggi lässt einem das Wasser im Mund zusammen laufen.

Meilensteine in der Chronik für Seiten

Die Inhalte in der Chronik Ihrer Seite werden zurück bis zu deren Eröffnung angezeigt. Sie haben als Administrator die Möglichkeit, Ihre Beiträge in die Vergangenheit zu datieren. Damit können Sie zum Beispiel wichtige Meilensteine wie die Gründung eines Unternehmens, Jahresberichte etc. erfassen.

Die Nutzer können dann direkt mit einem Klick auf den Zeitstrahl auf der rechten Seite in ein bestimmtes Jahr oder einen bestimmten Monat springen – oder einfach durch die Chronik scrollen.

Wenn Sie auf einer Seite verschiedene Ansichten wählen, filtern Sie damit sozusagen die angezeigten Beiträge.

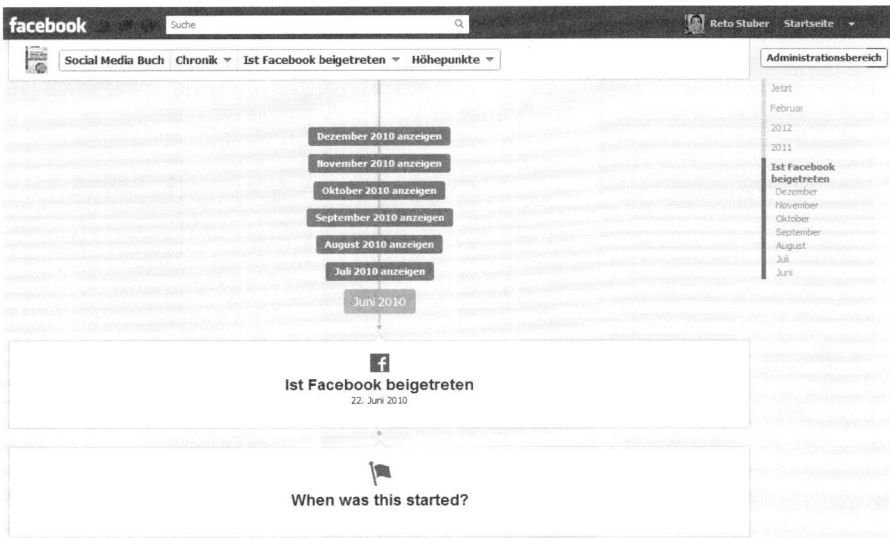

Auf der rechten Seite können Sie im Zeitstrahl direkt zu einem gewünschten Zeitpunkt springen.

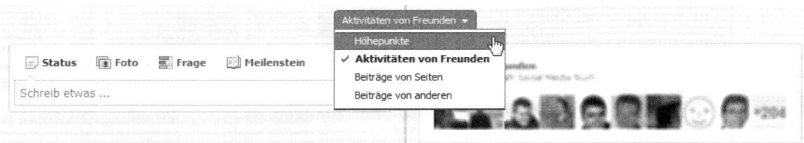

Nutzer können oben in der Chronik verschiedene Ansichten wählen.

Sie können solche Meilensteine erfassen, mit einem Datum versehen (Jahr, Monat und Tag sind optional) sowie eine passende Beschreibung mit Foto hinzufügen. Die optimale Größe des Fotos beträgt dafür 843 × 403 Pixel, respektive das Foto wird automatisch auf diese Größe skaliert.

Erfassen Sie die wichtigsten Meilensteine zu Ihrer Seite.

Diese Meilensteine erlauben es einem Unternehmen, sich umfassend zu präsentieren und die ganze Geschichte in Wort und Bild zu zeigen. Im Gegensatz zu Wikipedia entscheidet das Unternehmen aber selbst, wie es sich präsentieren will. Der Besucher kann damit eine Zeitreise in die Vergangenheit machen.

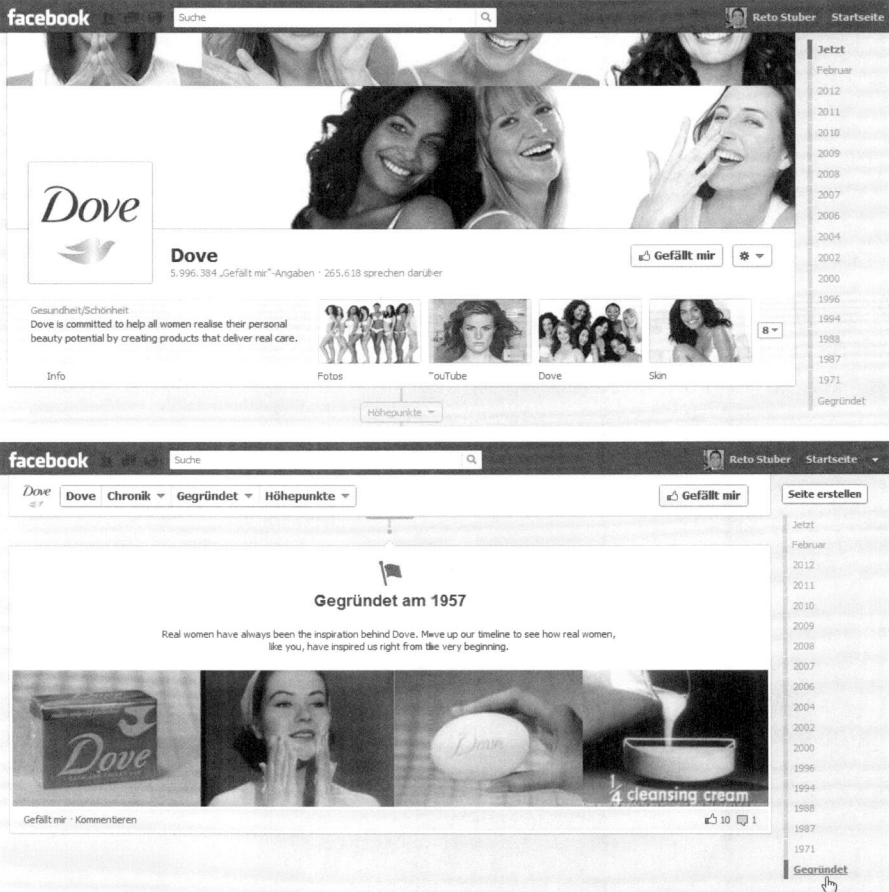

Auf der rechten Seite sehen Sie eine Übersicht der wichtigsten Meilensteine der Firma Dove, die bis ins Jahr 1957 zurückdatiert.

Pinnen Sie den wichtigsten Beitrage oben an Ihre Seite

Schauen wir uns nun an, was es für Möglichkeiten gibt, einzelne Beiträge in der Chronik prominenter darzustellen. Administratoren können Beiträge mit einem Klick auf *Oben fixieren* direkt unterhalb des Titelbilds „anpinnen".

Diese gepinnten Beiträge sind optimal zur Kommunikation wichtiger Kampagnen und Neuigkeiten geeignet. Selbst wenn in der Zwischenzeit neue Beiträge veröffentlicht werden, erscheinen diese unterhalb des gepinnten Beitrags. Der gepinnte Beitrag bleibt dabei maximal sieben Tage oben und wird anschließend wieder regulär in der Chronik angezeigt.

Fixieren Sie Beiträge ganz oben, um sie möglichst lange anzeigen zu lassen.

Fanta hat diese Funktion geschickt mit der Chronik verbunden, indem sie ein Bild oben fixierten und die Nutzer aufforderten, die abgebildete Figur in der Vergangenheit der „Timeline" zu suchen – sobald man fündig geworden war, sollte das Foto dann natürlich „gelikt" werden.

Fanta hat sich eine kreative Kampagne ausgedacht.

Räumen Sie wichtigen Beiträgen die ganze Breite ein

Sie können auch einzelne Beiträge hervorheben oder verbergen. Damit haben Sie die volle Kontrolle darüber, was auf der Seite angezeigt oder verborgen werden soll.

Wichtige Beiträge können Sie dabei mit einem Klick auf das Sternsymbol hervorheben. Damit nimmt die Meldung dann die ganze Breite in der Chronik ein, was sozusagen eine visuelle „Hürde" darstellt, über die jeder beim Durchscrollen stolpert.

Heben Sie wichtige Beiträge in Ihrer Seitenchronik hervor. Diese nehmen dann die ganze Breite ein.

Laden Sie Ihre Freunde ein, damit Sie die ersten Fans gewinnen

Nachdem Sie die wichtigsten Elemente erfasst haben, geht es darum, die Seite bekannt zu machen. Deshalb laden Sie als Erstes am besten die Freunde Ihres persönlichen Profils als Fans dazu ein.

Weitere Möglichkeiten zum Aufbau von Fans für eine Seite sind in Kapitel 6.18 „Die besten Wege, um Ihre Facebook-Präsenz zu promoten und Fans zu gewinnen" beschrieben.

1 Navigieren Sie dazu auf Ihre Seite.

2 Klicken Sie oben im Administrationsbereich auf *Publikum erweitern* und wählen Sie dann *Freunde einladen*.

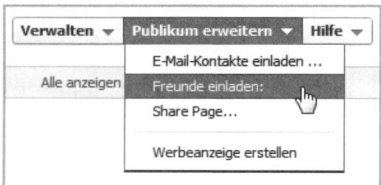

3 Wählen Sie in dem sich öffnenden Fenster oben im Drop-down-Menü die gewünschte Ansicht aus, zum Beispiel *Alle Freunde durchsuchen*.

4 Markieren Sie nun alle gewünschten Personen und klicken Sie auf *Absenden*.

So laden Sie Ihre Freunde auf die neue Seite ein.

Nutzen Sie Ihre Seite wie ein persönliches Profil

Sie können zwischen dem privaten Profil und der Facebook-Seite „umschalten", sodass Sie als Seite und nicht mehr als persönliches Profil aktiv sind. Die Seite hat damit dann die Funktionen eines persönlichen Profils, alle Aktionen werden im Namen der Seite getätigt.

So funktioniert diese Umschaltung:

1 Wählen Sie oben rechts im Drop-down-Menü *Verwende Facebook als* die gewünschte Seite aus.

2 Facebook ändert dann die Ansicht, und alle Ihre Aktivitäten werden im Namen der gewählten Seite ausgeführt.

3 Sie sehen im Bereich *Gefällt mir* die Notifikationen der neusten Fans, was den Freundschaftsanfragen im persönlichen Profil entspricht. Auch die *Benachrichtigungen* zeigen analog zum persönlichen Profil auf, wem die Inhalte Ihrer Seite gefallen, wer sie kommentiert etc.

So können Sie Facebook als Seite verwenden.

4 Alternativ können Sie diese Angaben auf Ihrer Seite oben im Administrationsbereich einsehen. Auf der Homepage sind auch die wichtigsten direkten Links zu Statistiken, Veranstaltungen, Fotos, Notizen, Links etc. aufgeführt.

5 Im Neuigkeitenbereich sehen Sie die Beiträge der eigenen Seite sowie diejenigen von anderen Seiten, bei denen Sie auf *Gefällt mir* geklickt haben, während Sie als Seite angemeldet waren.

6 Die Seiten, bei denen Sie auf *Gefällt mir* geklickt haben, können für Ihre Fans und Besucher auch auf Ihrer eigenen Seite angezeigt werden. Sie bearbeiten diese Einstellungen in der Administrationsansicht im Bereich *Empfohlen*.

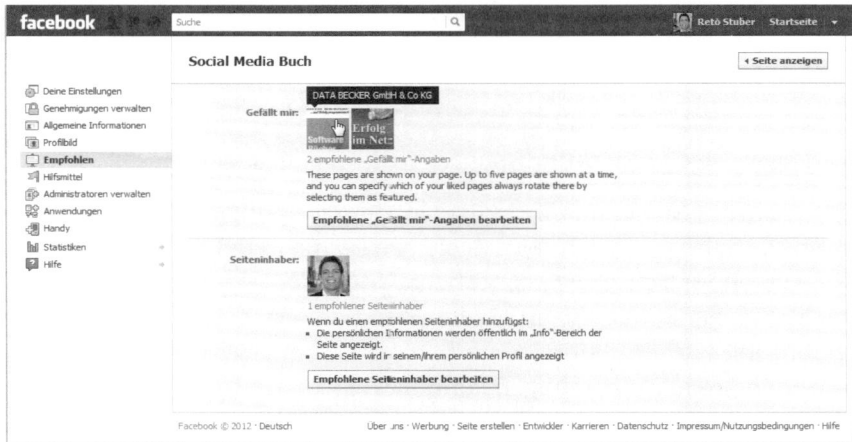

In der Administrationsansicht können Sie die empfohlenen Seiten bearbeiten.

7 Es ist ebenfalls möglich, unter dem Namen Ihrer Seite auf einer anderen Seite einen Kommentar zu hinterlassen!

8 Über die Nachrichtenfunktion können Sie auch andere Seiten kontaktieren, bei denen Sie auf *Gefällt mir* geklickt haben und die die Nachrichtenfunktion eingeschaltet haben.

9 Sie können jederzeit wieder auf Ihr persönliches Profil zurückwechseln, indem Sie den entsprechenden Eintrag anwählen.

So wechseln Sie zurück zum persönlichen Profil.

287

6.10 Benachrichtigungen bei Aktivität auf Profil, Seite und Gruppe

Facebook bietet Ihnen die Möglichkeit, über Handlungen informiert zu werden, die die eigene Präsenz betreffen. Sie können definieren, bei welcher Aktivität Sie welche Art der Benachrichtigung erhalten möchten.

So richten Sie die Benachrichtigung für Ihr persönliches Profil ein

Schauen wir uns zuerst das persönliche Profil an.

1 Klicken Sie oben rechts auf das Drop-down-Menü.

2 Wählen Sie *Kontoeinstellungen*.

3 Klicken Sie auf den Reiter *Benachrichtigungen*.

4 Sie haben nun die Möglichkeit, für jede Sie betreffende Handlung die Notifikation via E-Mail oder teilweise auch SMS festzulegen.

5 Legen Sie diese fest und speichern Sie die Einstellungen.

Grundsätzlich sollten Sie Ihre digitale Identität auf Facebook immer unter Kontrolle haben und sich zeitnah über relevante Aktivitäten informieren lassen. Lassen Sie sich zum Beispiel benachrichtigen, wenn Ihnen jemand eine Nachricht sendet oder Sie in einem Foto markiert. Auch Mitteilungen in Ihrer Chronik sollten Sie im Auge behalten, damit Sie etwaige unpassende Kommentare rasch bereinigen können.

Alle Benachrichtigungen			
Facebook	10	Bearbeiten
Fotos	6	Bearbeiten
Gruppen	6	Bearbeiten
Seiten	2	Bearbeiten
Veranstaltungen	6	Bearbeiten
Fragen	5	Bearbeiten
Notizen	3	Bearbeiten
Links	3	Bearbeiten
Video	5	Bearbeiten
Hilfebereich	2	Bearbeiten
Pinnwandkommentare	1	Bearbeiten
Orte	2	Bearbeiten
Angebote	3	Bearbeiten
Andere Aktualisierungen von Facebook	4	Bearbeiten
Gutschriften	2	Bearbeiten
Weitere Anwendungen	52	Bearbeiten

Ein Teil der Notifikationseinstellungen für das persönliche Profil.

Einstellungen zu Aktivitäten für Gruppen und Seiten generell

Sie können auf derselben Seite auch die generellen Einstellungen zu Ihren Gruppen und Seiten festlegen. Dann werden Sie informiert, wenn jemand einer Gruppe beitreten möchte, deren Administrator Sie sind. Sie erhalten auf Wunsch auch eine Nachricht, wenn auf einen Diskussionsbeitrag von Ihnen geantwortet wird, wenn es neue Beiträge gibt oder wenn Sie jemand zum Administrator einer anderen Gruppe oder Seite ernennt.

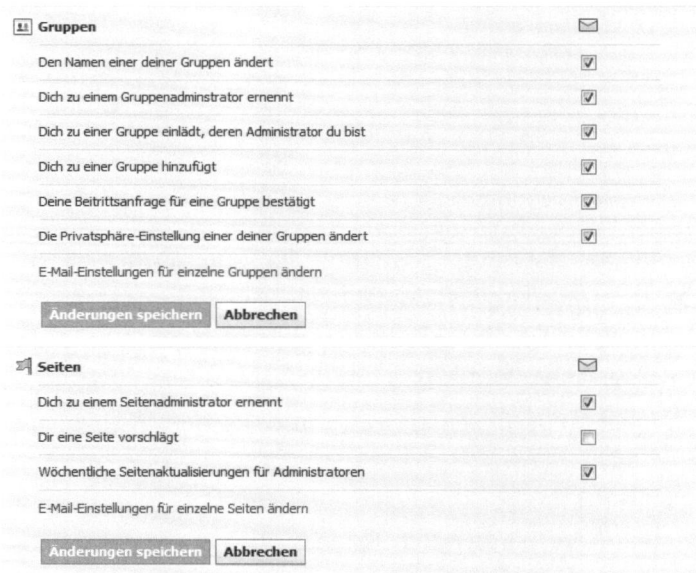

Notifikationseinstellungen für Gruppen und Seiten.

So behalten Sie die Aktivitäten auf Ihrer Seite im Auge

Neben den generellen Einstellungen können Sie für jede Seite, die Sie administrieren, auch individuelle Einstellungen vornehmen. Sie als Seiteninhaber erhalten so zum Beispiel automatisch eine Nachricht, wenn jemand auf Ihrer Seite einen Kommentar hinterlässt oder etwas veröffentlicht.

Früher hatten Nutzer die Möglichkeit, ganze Facebook-Seiten zu stürmen und die Pinnwand mit Kommentaren vollzupflastern. Heute ist das weniger eine Gefahr, da die Kommentare von anderen Nutzern nur noch in dem rechten Bereich auf der Facebook-Seite veröffentlicht werden. Der Seiteninhaber hat somit eine stärkere Kontrolle.

Sie können die Notifikationseinstellungen einer Seite anpassen und verfeinern:

1 Navigieren Sie zu Ihrer Seite und klicken Sie dort oben rechts auf den Button *Seite bearbeiten*.

Im Administrationsbereich sehen Sie die wichtigsten Benachrichtigungen.

2 Es öffnet sich die Übersicht zur Verwaltung der Seite, in der Sie den obersten Punkt *Deine Einstellungen* auswählen.

3 Dort können Sie unter *E-Mail-Benachrichtigungen* festlegen, ob Sie eine Nachricht erhalten wollen oder nicht.

4 Sie können dann die *Änderungen speichern* und zu dem Navigationspunkt *Genehmigungen verwalten* wechseln.

5 Dort können Sie im Feld *Blockierliste für Moderatoren* die Wörter eingeben, die auf der Seite blockiert werden sollen.

6 Klicken Sie zum Abschluss auf *Änderungen speichern*.

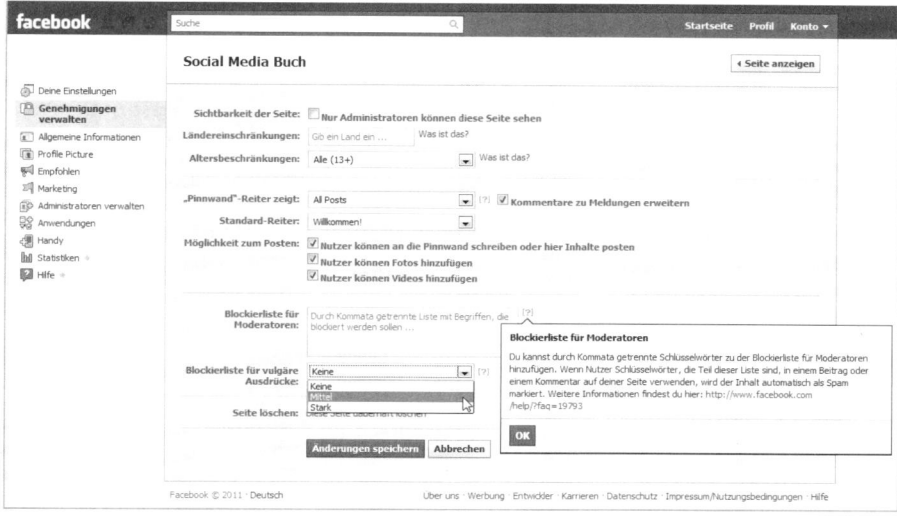

Sie können auch bestimmte Wörter blockieren, die nicht auf Ihrer Seite veröffentlicht werden dürfen.

Verwalten Sie die Aktivitäten auf der Seite

Facebook bietet eine praktische Übersicht, in der Sie alle Aktivitäten auf der Seite verwalten können. Wenn Sie auf Ihrer Seite sind, finden Sie zuoberst die *Administrationsansicht*, auf der alle aktuellen Ereignisse sowie kumulierte Benachrichtigungen abgebildet sind.

Dort können Sie folgende Aktionen direkt verwalten:

> Auf Beiträge reagieren.

> Statistiken einsehen.

> Auf Nachrichten von Fans antworten.

> Auf weitere Funktionen zur Verwaltung zugreifen.

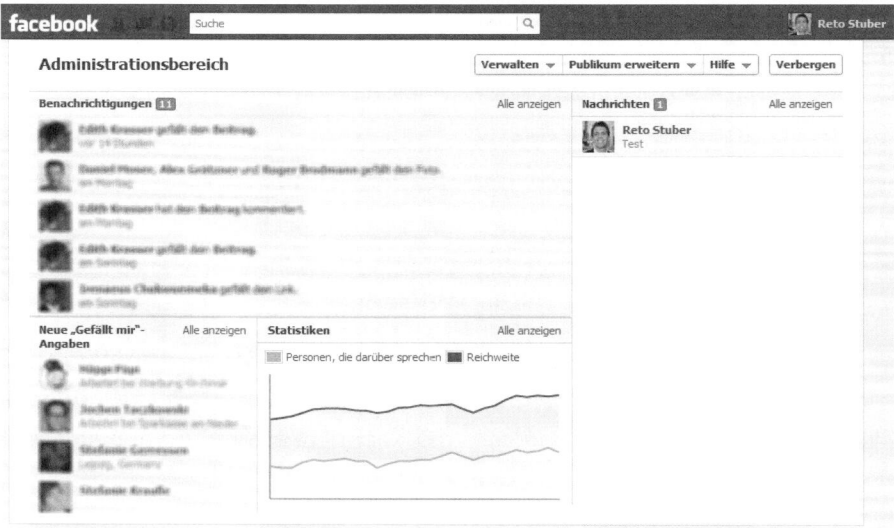

Im Administrationsbereich erhalten Sie eine Übersicht über die letzten Aktivitäten.

Die weiteren Funktionen sind hinter den Buttons *Verwalten* und *Publikum erweitern* versteckt. Dies sind die einzelnen Funktionen, die sich dahinter verstecken (auf sie wird in den jeweilig passenden Kapiteln detaillierter eingegangen):

Verwalten

> *Seite bearbeiten*: Führt auf eine Seite, auf der man weitere Details festlegen kann.

> *Aktivitätenprotokoll anzeigen*: Wie bei der privaten Chronik kann man hier die verschiedenen Aktivitäten verwalten.

➢ *Gesperrte Nutzer anzeigen*: Zeigt gesperrte Nutzer an. Zudem kann man hier auch die Fans und Administratoren auflisten lassen.

➢ *Facebook unter dem Namen der Seite verwenden*: Hier kann man zwischen dem privaten Profil und der Seite umschalten.

Publikum erweitern

➢ *Werbeanzeige erstellen*: Führt auf die Übersicht der Facebook-Werbung.

➢ *Share Page*: Öffnet den *Share*-Dialog, um die Seite in der persönlichen Chronik zu teilen und sie damit den eigenen Freunden zu empfehlen.

➢ *Freunde einladen*: Diese Option ist nur zu sehen, wenn man als Nutzer angemeldet ist. Dabei kann man dann die eigenen Freunde einladen.

Hilfe

➢ *Hilfebereich aufrufen*: Führt zur Facebook-Hilfe-Sektion.

➢ *Am Rundgang teilnehmen*: Führt in die wichtigsten Elemente der Facebook-Seiten ein.

➢ *Produktleitfaden für Seiten*: Verweist auf ein PDF-Dokument mit den wichtigsten Informationen.

➢ *Pages Learning Video*: Öffnet die Seite **http://www.learnfacebookpages.com**, wo man einen interaktiven Kurs vorfindet.

➢ *Feedback senden*: Hier kann man an Facebook ein Feedback senden.

Die rechte Spalte dieser Ansicht wird vom Posteingang dominiert, wo sich Nachrichten von Fans finden (sofern die Nachrichtenfunktion aktiviert ist). Sie können diesen Administrationsbereich auch jederzeit mit einem Klick auf *Verbergen* einklappen.

Wenn Sie eine detaillierte Übersicht der Aktivitäten erhalten möchten, gehen Sie wie folgt vor:

1 Wählen Sie oben auf Ihrer Seite den Button *Verwalten* und klicken Sie auf *Aktivitätenprotokoll verwenden*.

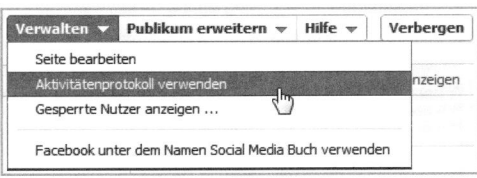

2 In der folgenden Übersicht finden Sie die Möglichkeit, einzelne Beiträge zu verwalten.

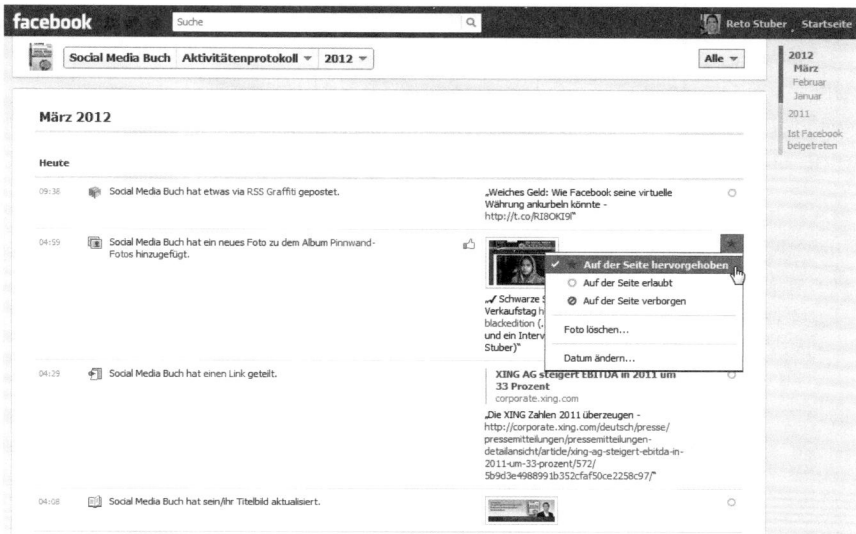

3 Sie können eigene Beiträge hervorheben, erlauben, verbergen, löschen oder auch das Datum anpassen. Bei Beiträgen von anderen Nutzern können Sie das Datum nicht anpassen,
aber die Beiträge als Spam melden/markieren.

4 Um nur eine bestimmte Art von Inhalten zu
sehen (zum Beispiel *Fotos*, *Beiträge von anderen* etc.), können Sie dies im Drop-down-
Menü oben rechts entsprechend auswählen.

5 Sie haben dort auch die Möglichkeit, Beiträge
von Fans standardmäßig erst nach einem Review zu veröffentlichen. Dies legen Sie mit einem Klick auf den Button *Verwalten* im Menü
Seite bearbeiten unter *Genehmigungen verwalten* fest. Dort finden Sie den Eintrag *Beiträge von
xy* und *Aktivitäten von Freunden nur nach vorheriger Prüfung durch einen Administrator auf deiner Seite anzeigen*, den Sie aktivieren müssen.

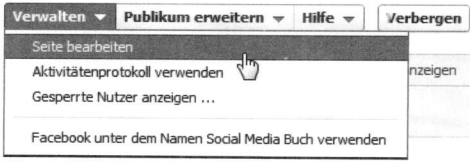

Aktivitäten von Freunden auf Ihrer Seite

Auf Ihrer Seite finden Sie rechts in der Chronik unterhalb des Titelbilds eine Übersicht dazu, welche Ihrer Freunde ebenfalls Fan der Seite sind. Zudem werden Ihnen die letzten Beiträge Ihrer Freunde angezeigt. Dies sorgt für eine persönliche Beziehung zwischen den Fans und der Seite.

Für den Besucher der Seite werden die eigenen Freunde, die auch Fans sind, prominent dargestellt. Eine untergeordnete Rolle spielen aber die Beiträge von anderen Nutzern, mit denen man keine direkte Verbindung hat. Dieses Nutzerfeedback wird in einem einzigen Feld auf der Seite aggregiert.

Sehen Sie, wer von Ihren Freunden auf der Seite aktiv ist.

Wie Sie Ihre Fans namentlich kennenlernen

Es ist möglich, die Namen der Fans in Erfahrung zu bringen.

1 Navigieren Sie auf Ihre Seite und klicken Sie oben im Administrationsbereich in der Sektion *Neue Gefällt mir-Angaben* auf den Link *Alle anzeigen*.

2 Sie können dann im sich öffnenden Pop-up-Fenster im Drop-down-Menü auch zwischen *Personen, Seiten, Administratoren* und *Blockiert* umschalten.

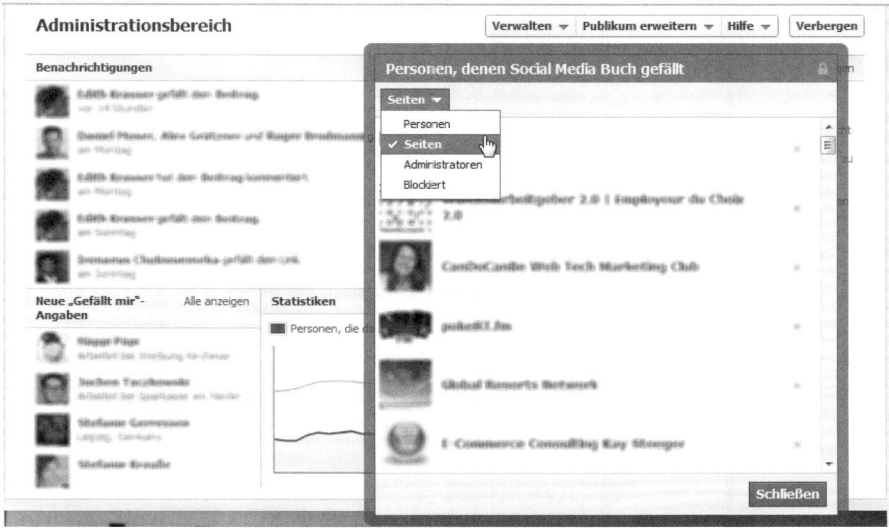

Sehen Sie, welche Personen und Seiten ein Fan von Ihrer Seite sind.

Nachrichten für Facebook-Seiten

Geben Sie den Nutzern die Möglichkeit, Sie via Nachrichten zu kontaktieren. Auf diese Nachrichten können Sie dann entsprechend antworten. Diese Benachrichtigungsfunktion wird rechts im Administrationsbereich angezeigt, ist standardmäßig aktiviert und kann in den Einstellungen ausgeschaltet werden.

Es ist aber nicht möglich, dass Sie unter dem Namen der Seite die eigenen Fans von sich aus anzuschreiben – im Notfall gibt es zur Kontaktanbahnung nur das persönliche Profil oder die Kommentarfunktion in der eigenen Chronik. Einzig andere Seiten, bei denen Sie auf *Gefällt mir* geklickt haben, können direkt mit einer Nachricht adressiert werden. Als Seitenbetreiber hat man einen weiteren Kommunikationskanal zu betreuen, was für zusätzlichen Aufwand, aber auch für einen besseren Kundendienst sorgen kann.

Mit dieser Funktion lassen sich ebenfalls Dinge klären, die man nicht unbedingt auf der Seite selbst diskutieren möchte. Andererseits zahlt ein kompetenter Support auf der Seite selbst durch den öffentlichen Dialog stärker auf die Marke ein als eine Nachricht, von der niemand sonst etwas weiß. Dazu kommt, dass ein Dialog an der Pinnwand auch mehrfach gestellte Fragen adressieren kann.

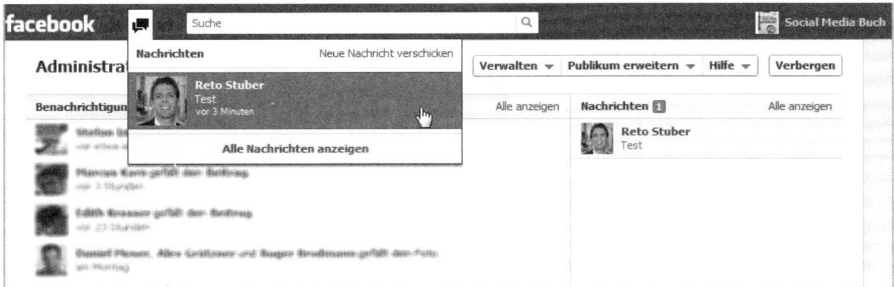

Eine Testnachricht – vom persönlichen Profil an die Seite versandt.

Alternative Monitoring-Tools für Facebook-Seiten

Anstelle der von Facebook angebotenen Notifikationen gibt es alternative Dienste, die auch andere Kanäle wie Twitter, YouTube, WordPress etc. im Auge behalten. Diese sind in Kapitel 5.5 „Managen – So richten Sie sich eine Social-Media-Kommandozentrale ein" aufgeführt. Dabei ist es Geschmackssache, welche Lösung einem am meisten zusagt.

Sehr praktisch, um andere Facebook-Seiten zu monitoren, ist der Anbieter **http://www.hyperalerts.no**. Damit können Sie zum Beispiel Ihre Mitbewerber im Auge behalten.

Der Umgang mit Kritik auf Ihrer Seite

Wenn Sie eine Facebook-Seite haben, gibt es meist auch den einen oder anderen Nutzer, der seinem Unmut Luft verschaffen muss. Reagieren Sie sachlich darauf, nehmen Sie Angriffe nicht persönlich, klären Sie Sachverhalte auf, versuchen Sie das Problem zu lösen und halten Sie diesen Dialog auch öffentlich.

Damit werfen Sie gleich ein ganz anderes Licht auf Ihre Firma, und andere Nutzer werden sich vielleicht denken: „Oh, schau mal, da arbeiten auch nur Menschen, da kann schon mal was schiefgehen, aber die kümmern sich darum und helfen, anstatt Kritik einfach zu ignorieren!" Damit kann sich eine anfänglich negative Sache für alle Beteiligten zum Positiven wenden.

Geht die Kritik unter die Gürtellinie, wird die Grenze des guten Geschmacks überschritten oder will jemand nur seinen Frust bei Ihnen abladen, ist natürlich Schluss mit lustig. Legen Sie die Spielregeln fest und entfernen Sie Beiträge, die sich nicht daran halten. Alle anderen Beanstandungen sollten Sie sich annehmen und veröffentlichen, aber nicht löschen.

Offener Umgang mit Kritik schafft die Basis für den Aufbau von Vertrauen. Wenn Sie Anliegen und Kritik ernst nehmen, entwickelt sich Vertrauen. Die Zuschauer gehen dann davon aus, dass sie, falls sie einmal persönlich betroffen sind, auf Ihre Hilfe, Kulanz, Offenheit und auch Großzügigkeit zählen können.

Auf Facebook kommunizieren Menschen mit Menschen und nicht mit anonymen Firmen. Auch auf Ihrer Facebook-Firmenseite können Sie Profil zeigen und sich und Ihre Mitarbeiter sichtbar machen. Verstecken Sie sich nicht hinter irgendwelchen Firmenfassaden, sondern machen Sie Ihre Mitarbeiter zu Markenbotschaftern. Persönlichkeit schafft Transparenz, Transparenz schafft Offenheit, Offenheit schafft Vertrauen!

Umgang mit unpassenden Inhalten und Spam

Es kommt leider auch immer wieder vor, dass Benutzer gegen die Spielregeln verstoßen und unpassende Inhalte auf Ihrer Seite veröffentlichen. Weisen Sie diese in leichten Fällen direkt darauf hin, dass solche Beiträge nicht erwünscht sind, und löschen Sie sie gegebenenfalls. Auch **Facebook selbst entfernt Beiträge**, die von ausreichend Nutzern gemeldet wurden.

Wenn Sie auf einen offensichtlichen Spam-Account treffen oder wenn die Nutzer sich nicht an die Geschäftsbedingungen von Facebook halten, können Sie diese melden. Klicken Sie dazu einfach auf den Namen der Person, und Sie gelangen so auf deren Profil. Dort finden Sie einen Button für die Einstellungen, über den Sie das Profil an Facebook melden oder die Person blockieren können.

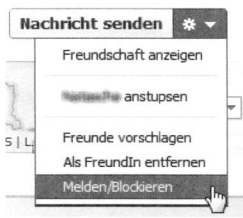

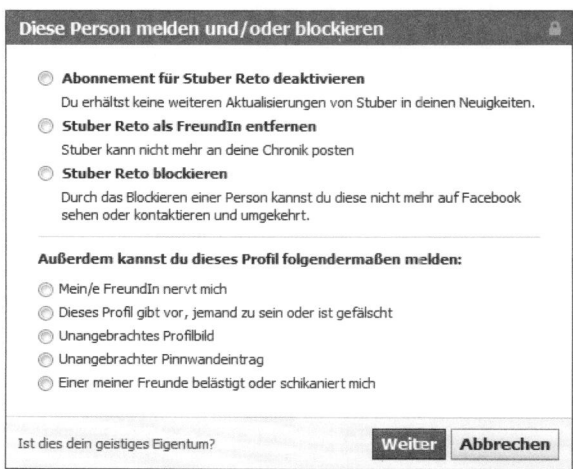

Melden Sie Accounts, die sich nicht an die Regeln halten.

Legen Sie die wichtigsten Applikationen für Ihre Seite fest

Unter **https://www.facebook.com/apps** finden Sie eine Übersicht aller verfügbaren Anwendungen auf Facebook. Sie können über die Suchfunktion weitere Applikationen erkunden.

Über eine Programmierschnittstelle docken diese Applikationen bei Facebook an. Da sie nicht von Facebook selbst, sondern von Dritten entwickelt worden sind, ist für die Nutzung jeweils die explizite Bestätigung durch den Benutzer notwendig.

Wenn Sie eine Applikation zu Ihrem persönlichen Profil hinzufügen, ist diese in der linken Navigation unter *Anwendungen* zu finden. So gibt es zum Beispiel die Möglichkeit, Geld mit der PayPal-Applikation **https://apps.face book.com/paypal_sendmoney** zu versenden.

Auch auf Ihrer Seite können Sie den Besuchern Applikationen anbieten. Die *Fotos*-Applikation steht dabei immer an erster Stelle und kann nicht verschoben werden. Daneben haben Sie drei direkt erkennbare Felder zur Verfügung, in denen Sie Ihre weiteren Applikationen darstellen können.

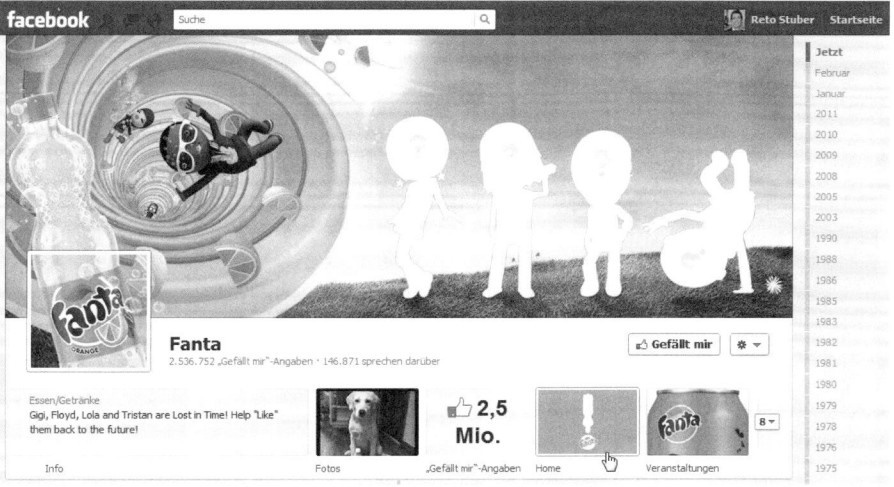

Die wichtigsten vier Applikationen werden direkt auf der Facebook-Seite dargestellt.

Klickt man dann eine dieser Applikationen an, öffnet sich diese in einer neuen Ansicht. Dabei verschwindet das Titelfoto, und es erscheint ein kleines Menü, von dem aus auch die anderen Applikationen erreicht werden können. Die Apps können dabei 520 Pixel oder bis zu maximal 810 Pixel breit sein, das kleine Erkennungsbild auf der Seite hat eine Größe von 111 × 74 Pixeln.

Auf der Fanta-Facebook-Seite öffnet sich bei einem Klick auf das Feld Home eine Applikation.

Legen Sie auf der Seite Ihre Hauptapplikationen und deren Reihenfolge fest. Es sind bis zu acht Felder über ein Drop-down-Menü ersichtlich, aber machen wir uns nichts vor: Nur die wenigsten Nutzer werden diese Ansicht erweitern und die anderen Applikationen erkunden ...

Es stehen total acht Felder für Applikationen zur Verfügung, die sich sortieren lassen.

299

Hilfreiche Anwendungen für das Marketing

Aus dem vielfältigen Angebot wurden hier ein paar Applikationen herausgesucht, mit denen sich zusätzliche Inhalte auf Facebook verwalten lassen:

Applikation	Beschreibung
RSS Graffiti	Mit RSS Graffiti können Sie RSS-Newsfeeds von anderen Quellen einbinden und automatisiert publizieren lassen. Dies ist eine hervorragende Möglichkeit, um regelmäßig neue Inhalte auf Ihrer Seite darzustellen. Dies können zum Beispiel Beiträge aus Ihrem eigenen Blog, einem Twitter-Account, einer Newsseite etc. sein.
	http://apps.facebook.com/rssgraffiti
Involver	Involver hat ein breites Angebot an Diensten, die andere soziale Plattformen integrieren – zum Beispiel Flickr, Twitter, YouTube, RSS-Newsfeeds, Präsentationen, PDFs etc.
	http://www.involver.com
YouTube	1. Mit YouTube-Videos können Sie einen YouTube-Kanal direkt verlinken. 2. Mit der YouTube-Videobox hingegen können Sie manuell einzelne Videos aus beliebigen YouTube-Kanälen auswählen. 3. YouTube-Channels bietet außerdem die Möglichkeit, weitere Leute einzuladen.
	1. http://apps.facebook.com/youtube-videos/ 2. http://apps.facebook.com/youtubebox/ 3. http://apps.facebook.com/uchannels/
Networked Blogs	Networked Blogs ist eine populäre Applikation, bei der Sie Ihr eigenes Blog registrieren können – und die Interessenten auf Facebook können sich diesen dann abonnieren.
	http://apps.facebook.com/blognetworks
Fanzila	Fanzila bietet verschiedene Applikationen für Unternehmen wie Blogs, Gewinnspiele, Foren, Twitter-Integration, Bilder, Videos, Wiki und RSS-Integration.
	http://www.fanzila.com/en/facebook_applications/

Klicken Sie sich eine Applikation für Ihre Facebook-Seite zusammen

Uns interessieren im Folgenden vor allem die Möglichkeiten, relevante Applikationen für unsere Fans auf eine Facebook-Seite zu bringen. Sie können dann über einen direkten Link außerhalb von Facebook oder über Facebook-Werbeanzeigen Leute direkt auf diese Applikation leiten und zu Fans konvertieren.

Es gibt eine Vielzahl an Anbietern, mit denen Sie sich einfach eine zusätzliche Informationsseite zusammenklicken können, auf die Sie die Interessenten senden. Dabei gibt es sowohl kostenlose als auch kostenpflichtige Angebote, die Palette reicht von kostenlos mit kostenpflichtigen Optionen über einmalige Beträge bis hin zu einem monatlichen Obolus.

Die Webseiten **http://www.appbistro.com** und **http://www.applosive.de** bieten eine gute Übersicht. Als Ergänzung dazu dient Ihnen folgende Liste, um eine auf Ihre Bedürfnisse zugeschnittene Lösung zu finden.

➢ http://www.socialmediabuch.com/fanpagedirector

➢ http://www.fanpage-generator.de

➢ http://www.yourfans.de

➢ http://www.pagemodo.com

➢ http://www.atipso.com

➢ http://www.pagetabapp.com

➢ http://www.lujure.com

➢ http://www.shortstacklab.com

➢ http://www.faceitpages.com

➢ http://www.mediafeedia.com

➢ http://www.fanbridge.com

➢ http://www.buddymedia.com

➢ http://www.involver.com/applications

➢ http://www.rootmusic.com
(für Musiker ebenfalls zu empfehlen: **http://allfacebook.de/tag/bands**)

➢ https://www.facebook.com/wix?v=app_129982580378550

➢ http://apps.facebook.com/build-free-website/page/Build-a-Free-Website-Online

Binden Sie Ihren HTML-Code in eigene Applikationen ein

Anstelle der genannten Applikationen gibt es eine weitere Alternative, mit der Sie HTML-Inhalte direkt als sogenannten iFrame auf Facebook darstellen können. Die angezeigten Inhalte werden dabei auf Ihrem eigenen Webserver gehostet und einfach auf Facebook dargestellt. Dabei gibt es aber **Einschränkungen**, so sind zum Beispiel gewisse Befehle oder Skripts nicht erlaubt.

➢ https://www.facebook.com/247GRAD (deutsch)

➢ https://www.facebook.com/tabmaker.suite (deutsch)

- http://apps.facebook.com/static_html_plus

- http://iframes.wildfireapp.com

- https://www.facebook.com/iFrameWrapper

Wenn Sie selbst noch keine große Erfahrung im Umgang mit HTML-Quelltext haben, können Ihnen folgende Tools bei der Erstellung und Gestaltung entsprechender Inhalte dienlich sein:

- http://www.trellian.com/webpage, http://www.w3.org/Amaya und http://www.kompozer.net sind kostenlose Webseiteneditoren, mit denen Sie Ihre Seite erstellen und gestalten können.

- http://www.wix.com ist eine praktische Möglichkeit, um grafisch ansprechende Flash-Animationen zu erstellen.

Auch http://www.emailmeform.com ist eine hilfreiche Applikation, wenn Sie ein Formular einbinden wollen. Möchten Sie keine externen Applikation nutzen, können Sie auch auf Facebook selbst eine native Applikation erstellen. Wie das im Detail funktioniert, hat Facebook-Expertin Annette Schwindt in einer Anleitung unter http://www.schwindt-pr.com/iframetabs.pdf zusammengestellt. Sie müssen dann die Applikationsdaten auf einem Server mit SSL-Zertifikat hosten. Dafür können Sie den kostenlosen Dienst http://www.social-server.com nutzen.

Lassen Sie sich Ihre eigenen Applikationen entwickeln

Wollen Sie Ihr eigenes Angebot auf Ihrer Seite als Applikation einbinden oder es den anderen Benutzern zur Verfügung stellen? Dann können Sie sich eine Applikation entwickeln (lassen). Wenn Sie selbst nicht über die nötigen Kenntnisse verfügen, wenden Sie sich an den Entwickler Ihres Vertrauens. Sie können die Anfrage auch auf den in Kapitel 12.1 „Outsourcing – was Sie auslagern können und wer Ihnen hilft" genannten Webseiten ausschreiben.

Lassen Sie sich bei einer Ausschreibung immer Referenzen geben. Stellen Sie auch sicher, dass der Entwickler vertrauenswürdig ist und Ihnen keinen schadhaften Code in die Applikation schmuggelt. Sie können zur Qualitätssicherung ein Review von einem anderen unabhängigen Entwickler machen lassen.

Unter https://developers.facebook.com finden Sie weitere Informationen, und **die geltenden Richtlinien** sind unter https://developers.facebook.com/policy/Deutsch gut beschrieben. Behalten Sie auch das Entwicklerblog unter https://developers.facebook.com/blog im Auge, um auf dem Laufenden zu bleiben.

Zudem bietet Facebook seit Mai 2012 ein App-Center unter **https://www.facebook.com/appcenter** an, auf dem alle Applikationen gelistet sind und thematisch durchsucht werden können.

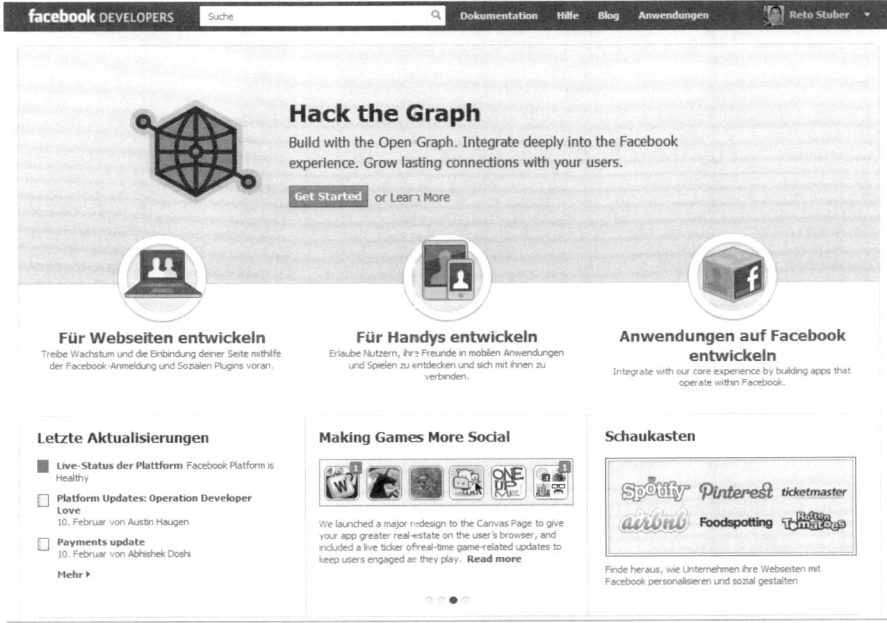

Umfangreiche Entwicklerressourcen helfen bei der Entwicklung von eigenen Anwendungen.

6.11 F-Commerce – So verkaufen Sie auf Facebook

Händler werden seit Menschengedenken von dicht bevölkerten, stark frequentierten Plätzen angezogen und folgen diesem Schema nun auch in der virtuellen Welt. Anstatt darauf zu hoffen, dass die Kunden zu ihnen kommen, gehen nun viele Anbieter direkt dorthin, wo die potenziellen Konsumenten ihre Zeit verbringen.

Was bedeutet Social Commerce bzw. F-Commerce?

„Social Commerce" oder „Social Shopping" ist eine konkrete Ausprägung des E-Commerce, bei der die aktive Beteiligung der Kunden und die persönliche Beziehung sowie die Kommunikation untereinander im Vordergrund stehen. Ein Bestandteil davon ist auch der „F-Commerce". Dieser Begriff steht für **F**acebook **Commerce**, also der Verkauf über Facebook. Das Thema wird kontrovers diskutiert, in einem sind sich aber fast alle einig: Man sollte als Onlinehändler Social Media im Allgemeinen und Facebook im Speziellen nicht mehr ignorieren.

Ein Beispiel aus der Praxis

„Okay, ich kann nachvollziehen, wie die sozialen Medien funktionieren. Aber was ist nun beim Social Commerce anders, als wenn jemand in meinem Onlineshop direkt einkauft?", fragen Sie sich vielleicht.

Das kann in der Praxis dann zum Beispiel so aussehen: Ich informiere mich über das Angebot und frage mein soziales Netzwerk um eine Empfehlung oder Einschätzung. Dann wähle ich das gewünschte Produkt und suche den passenden Anbieter (beispielsweise basierend auf Preis, Zusatzleistungen, Lieferbarkeit, ...). Den Kauf kann ich dann mit meinem Netzwerk teilen und damit andere auf den Händler oder das Produkt aufmerksam machen, was für diesen potenziell zu mehr Verkäufen führt.

Holen Sie Feedback von Ihren Kunden ab

Aber damit ist noch nicht aller Tage Abend! Als Anbieter sollten Sie die Möglichkeit nutzen, den Kunden um seine Meinung zum Produkt zu bitten. Schicken Sie zum Beispiel ein paar Tage nach dem Kauf eine E-Mail und bitten Sie um eine (öffentliche) Bewertung oder einen Review.

Dabei geht es aber nicht darum, dass Sie sich nur bauchpinseln lassen! Im Gegenteil, wenn ein Kunde mit Ihrem Produkt oder Ihrer Leistung nicht zufrieden ist, können Sie als Anbieter prüfen, ob Sie etwas an den eigenen Prozessen oder Angeboten optimieren können. Seien Sie dankbar dafür, wenn ein Kunde sich die Mühe macht, Ihnen Missstände, Qualitäts- oder Servicemängel aufzuzeigen.

Der Grundgedanke dahinter ist simpel: Sie wollen gute Produkte am Markt haben, die von zufriedenen Kunden genutzt und weiterempfohlen werden. Das erreichen Sie nur dann, wenn Sie genau zuhören, was die Kunden wollen, und mit diesen in einen Dialog treten, um selbst noch besser zu werden.

Schaffen Sie Vertrauen – die Verkäufe kommen dann automatisch!

Die meisten Facebook-Nutzer sehen die Aktivitäten auf Facebook als Privatsache an. Das ist ein gewichtiger Unterschied im Vergleich mit Google. Nutzer der Google-Suchmaschine betrachten die Suchergebnisse nicht als private oder persönliche Meldungen. Viele Leute nutzen die Google-Suche, um Informationen über Produkte oder Angebote zu finden. Da stört plakative Produktwerbung über die Google-Adwords-Plattform nicht weiter und wird viel eher akzeptiert.

Bei Facebook hingegen werden Werbeeinblendungen von vielen nicht als Teil des Ganzen empfunden, sondern als störende Ablenkung. Jemand versucht, in den persönlichen Freundeskreis einzudringen, sich einem aufzudrängen. Viele Menschen reagieren darauf mit Ablehnung oder ignorieren die Werbung schlichtweg.

Der bekannte Blogger **Adam Singer** fasste es einmal treffend zusammen: „Sie verdienen kein Geld mit Social Media. Sie verdienen Geld mit Leuten, die Ihnen vertrauen!" Menschen nutzen Facebook (noch) nicht zum Shoppen, sondern um auf dem Laufenden zu bleiben, sich die Zeit mit einem Spiel zu vertreiben etc. Vergessen Sie deshalb nie die Grundregel: Menschen kaufen von Brands, die Sie kennen, mögen und denen Sie (oder Ihre Freunde) vertrauen!

Das führt dazu, dass Marketingaktionen viel interaktiver sein müssen als in den passiven Massenmedien. Versuchen Sie deshalb, eine positive Kettenreaktion auszulösen:

1. Stufe: Die Aufmerksamkeit des Kunden auf sich lenken.

2. Stufe: Das Vertrauen des Kunden erhalten.

3. Stufe: Eine positive Reaktion beim Kunden auslösen.

Bei Facebook steht primär der Mensch und die Community im Zentrum – nicht Ihr Produkt oder Ihre Dienstleistung! Versuchen Sie deshalb nicht, um jeden Preis direkt etwas zu verkaufen. Bieten Sie zuerst wertvolle Informationen und einen direkten Zugang zum Unternehmen an, der Rest ergibt sich dann (fast) von allein.

Wie Skechers und Best Buy die eigenen Webseiten sozialisiert haben

Wenden wir uns nach der Theorie nun der Praxis zu. Der Schuhanbieter Skechers hat seine Produktseite mit anderen Funktionen „sozialisiert". Der Nutzer findet dort auf der Webseite eines Schuhmodells ein Rating mithilfe von bis zu fünf Sternen und dazu gleich weitere von Nutzern erstellte Reviews. Man kann auch jederzeit eine Frage stellen oder direkt die Live-Hilfe via Chat in Anspruch nehmen. Unterhalb der Produktdetails kann der Nutzer dann die jeweilige Seite auf Facebook oder anderen sozialen Netzwerken teilen.

Sobald es dann um den Kauf geht, kann man sich direkt mit seinem Facebook- oder Twitter-Konto anmelden und sieht, dass auf der Folgeseite bereits einige Daten eingegeben sind.

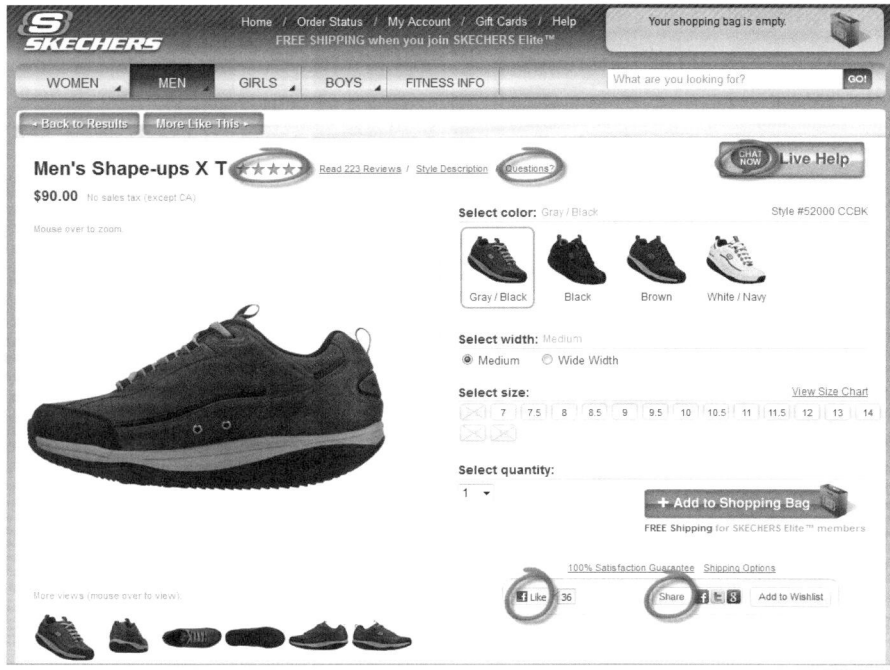

Skechers bietet eine Reihe an sozialen Funktionen auf der Produktseite an.

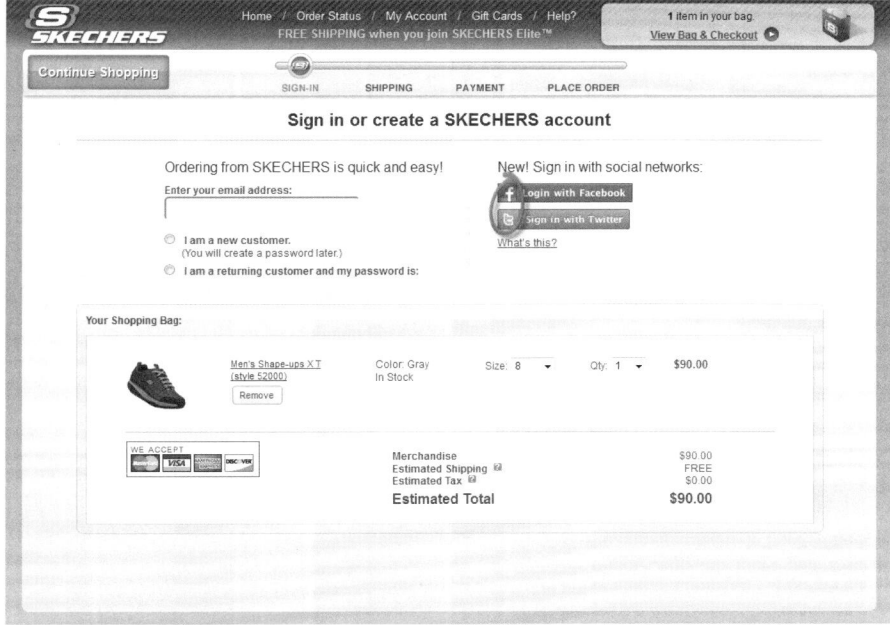

Skechers.com ermöglicht den Check-out mit einem Facebook- oder Twitter-Account.

Auch die amerikanische Unterhaltungselektronik-Verkaufskette Best Buy hat die neuen Möglichkeiten erkannt – und bereits erfolgreich integriert! Der interessierte Käufer findet auf Facebook einen Shop, in dem er das gewünschte Produkt beziehen kann.

Als Entscheidungshilfe gibt es auch dort benutzergenerierte Inhalte in der Form von Reviews und Ratings. Doch damit nicht genug – der Nutzer hat zudem die Möglichkeit, vor dem Kauf seine Freunde um Rat zu fragen und eine entsprechende Meldung auf seinem persönlichen Profil zu veröffentlichen.

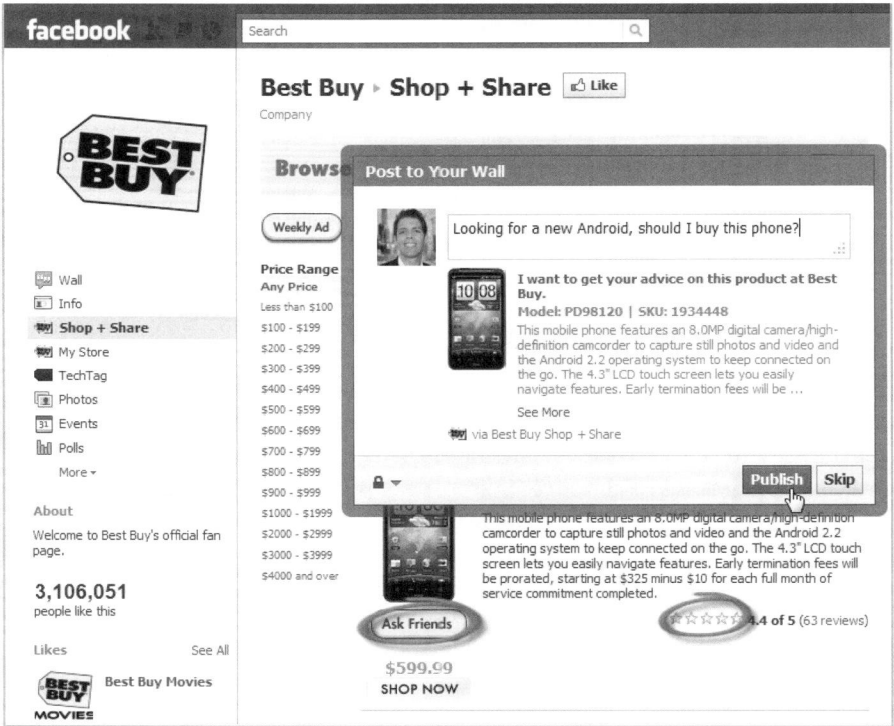

Best Buy bietet auf der Webseite die Möglichkeit, dass man Facebook-Freunde vor dem Kauf um Rat fragt.

Der Nutzer kann dann einen Kommentar dazu schreiben und erhält direkt auf Facebook Feedback von seinen eigenen Kontakten. Damit kann das soziale Netzwerk vor dem Kauf optimal eingebunden werden. Das Unternehmen profitiert davon, dass die eigene Marke oder das Produkt einem breiteren Publikum bekannt gemacht wird.

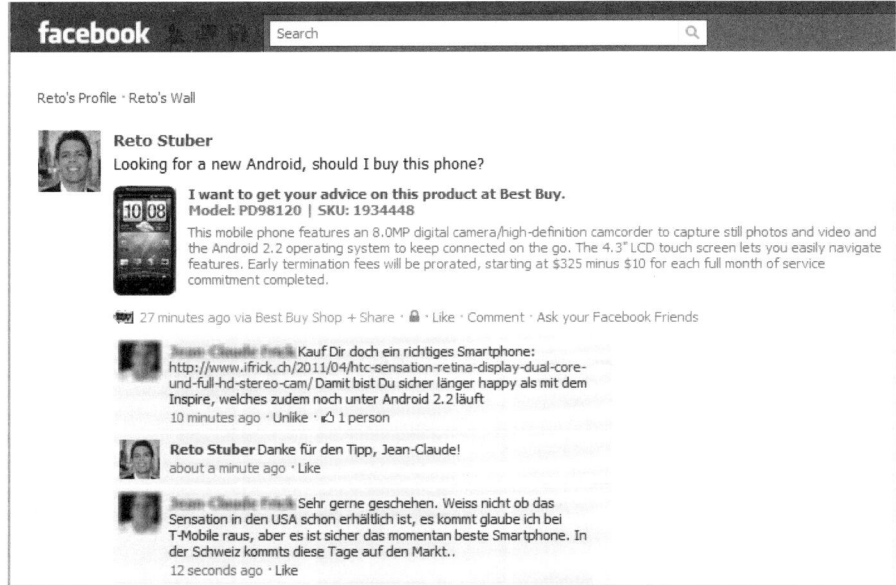

Erhalten Sie wertvolles Feedback von den eigenen Facebook-Kontakten, bevor Sie sich ein Produkt kaufen.

Direkt auf Facebook einkaufen – so geht's!

Wie gesagt, Sie haben ebenfalls die Möglichkeit, direkt auf Facebook Ihre Produkte in einem Shop anzupreisen. Gemäß einer Umfrage sind fast die Hälfte der Internetnutzer bereit, für günstige Angebote alternative Shoppingplattformen wie Facebook-Seiten und Blogs zu nutzen. Eine Integration bestehender Webshopsysteme auf Facebook ist dabei grundsätzlich möglich, denn über die iFrame-Technologie kann man jede beliebige Webseite integrieren.

So kann man sich im Fanshop der TV-Serie „Grey's Anatomy" mit T-Shirts eindecken und diese gleich auf Facebook bestellen. Dafür muss man der Shopapplikation zuerst die Berechtigung auf das eigene Profil geben.

Danach ist es möglich, die gewünschten Artikel in den Warenkorb zu legen und auszuchecken. Auch dabei werden einige der persönlichen Daten bereits eingetragen, um den Check-out-Prozess zu beschleunigen.

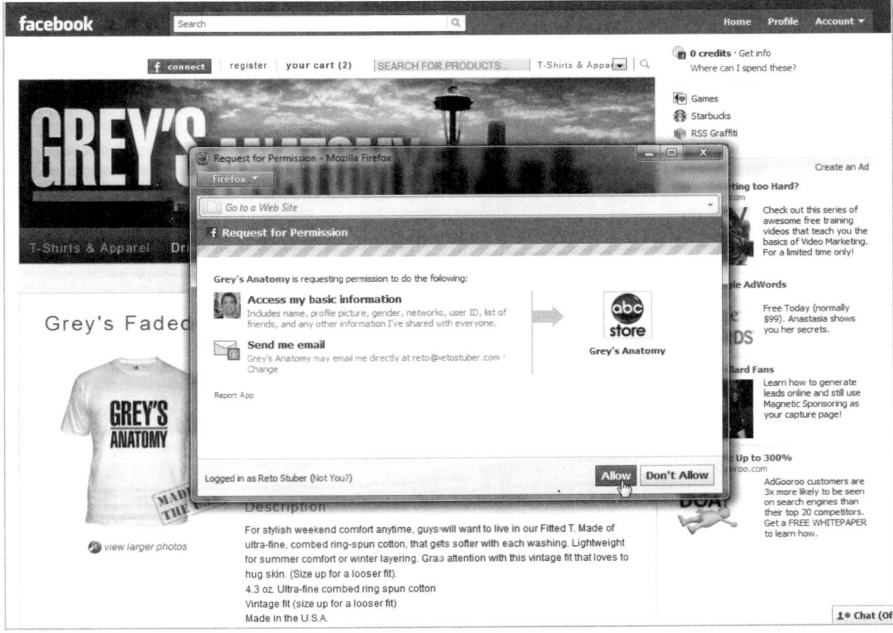

Erlauben Sie der Applikation zuerst den Zugang zu den eigenen Daten.

Kaufen Sie direkt auf Facebook ein!

Mit diesen Applikationen erstellen Sie selbst einen Shop

Wer erste Erfahrungen mit einem Shop auf Facebook sammeln will, kann einen solchen austesten (beispielsweise im Rahmen einer befristeten Aktion mit einem überschaubaren Sortiment). Mögliche geeignete Anlässe dazu sind eine neue Produktlancierung, Spezialangebote nur für Facebook-Fans, Valentinstag, Muttertag, Weihnachten etc.

Käufe auf Facebook sind dabei in der Regel spontan und eher in einem tieferen Preissegment angesiedelt. Mit folgenden Anbietern lassen sich Shops auf Facebook integrieren. Einige sind kostenlos, andere verlangen eine Gebühr.

Applikation	Beschreibung
Payvment	Mittels der Payvment-Applikation kann jeder ohne Umwege sofort Artikel in einen Shop auf Facebook-Seiten einstellen. Die Nutzung der Payvment-Applikation ist für den Benutzer kostenlos, bezahlt werden die Waren über PayPal. Eine deutsche Oberfläche und Zahlungen in Euro werden ebenfalls unterstützt. http://www.payvment.com
Weitere Anbieter	Auch die folgenden Anbieter lassen sich als Shops auf Facebook integrieren. Bei der Auswahl müssen Ihre Anforderungen im Detail mit den Möglichkeiten der verschiedenen Anbieter abgestimmt werden. http://www.shoptab.net http://www.cartfly.com http://www.fluid.com http://www.infusedindustries.com http://www.volusion.com http://www.ecwid.com http://www.bigcommerce.com/socialshop2
Marktplatz	Auf der Marktplatz-Applikation kann man Angebote über das persönliche Profil einstellen. Die Applikation ist in Englisch und umfasst die Kategorien *Stuff, Vehicles, Rentals, Houses, Jobs, Services* und *Tickets*. Die eigenen Angebote lassen sich auf Ihrer Profilseite oben rechts als eigenständiger Button darstellen. http://apps.facebook.com/marketplace
Sellaround	Die Applikation erlaubt es Ihnen, eigene Produkte über Widgets zu verkaufen, diese via Facebook, Twitter, QR-Code etc. zu teilen und auch die Produkte von anderen zu empfehlen. http://www.sellaround.net

Wenn Sie sich für das Thema Social Commerce interessieren, werden Sie auf den folgenden Blogs viele spannende Einblicke erhalten:

➢ http://www.excitingcommerce.de

➢ http://www.socialcommerce.de

➢ http://www.e-commerce-blog.de

➢ http://www.socialcommercetoday.com

6.12 Was die Benutzer von Ihrer Seite oder Ihrem Profil sehen

Statusmeldungen gehören zu den wichtigsten Elementen auf Facebook. Sie sind für Seiten und Profile eine gute Gelegenheit, um mit den Freunden oder Fans in Kontakt zu treten. Es gibt verschiedene Gründe, warum diese Meldungen nicht immer ankommen.

Die Grundfunktionen der Berechtigungssteuerung für das persönliche Profil wurden in Kapitel 6.3 „Wie Sie Ihr persönliches Profil einrichten, Freunde finden und Inhalte teilen" bereits behandelt. In diesem Kapitel schauen wir uns nun an, was die Benutzer von Ihnen zu sehen bekommen – und wie Sie das steuern können!

Warum Ihr Statusupdate nicht bis zum Benutzer kommt

Facebook ist ein geschäftiger Platz mit einem nie versiegenden Strom an Informationen. Da kann es gut sein, dass Ihre Statusmeldung gar nicht den Weg bis zur bewussten Wahrnehmung des Benutzers geschafft hat.

Wenn Sie keinen Mehrwert für den Benutzer bieten, hat dieser Ihre Beiträge vielleicht mit der Funktion *Verbergen* aus dem Neuigkeitsbereich verbannt. Diese Funktion wird rechts neben jedem Beitrag angeboten, wenn Sie mit dem Mauszeiger darüberfahren. Damit bleibt die Person zwar Fan einer Seite oder Freund eines Profils, ihm werden aber die Statusbeiträge des Absenders nicht mehr angezeigt.

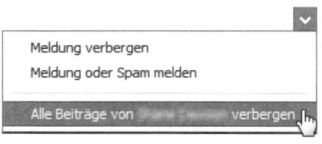 *Sie können jeden Beitrag im Neuigkeitenbereich verbergen.*

Es kann auch sein, dass mehrere Beiträge vom selben Absender, der derselben Applikation oder zum gleichen Thema von Facebook zusammengefasst werden und erst mit einem weiteren Klick ersichtlich sind.

Benutzer können Inhalte entfernen und damit aus dem Neuigkeitenbereich verbannen.

Der Facebook-EdgeRank-Algorithmus entscheidet über Top oder Flop

Ob Sie es in die *Hauptmeldungen* schaffen, hängt von verschiedenen Faktoren ab. Dahinter steckt der sogenannte Facebook-EdgeRank-Algorithmus, der über Top oder Flop entscheidet. Auf die gleiche Weise, wie Sie bei Ihrer Webseite Suchmaschinenoptimierung (SEO) betreiben, sollten Sie auch auf Facebook Ihren EdgeRank maximieren.

Nicht alle Details dazu sind öffentlich, aber hier gibt es ein paar **Tipps** aus der Praxis – mehr finden Sie unter **http://www.socialmediabuch.com/edgegraphicrank**. Die folgenden Informationen basieren auf einem **Experiment von Thomas E. Weber** mit einem persönlichen Profil auf Facebook und gelten sinngemäß auch für Facebook-Seiten.

➢ Bilder und Videos werden gegenüber Links bevorzugt, aber Links haben Vorrang vor reinem Text. Laden Sie deshalb wenn möglich eine Grafik, einen Screenshot, ein kurzes Video etc. mit Ihrem Inhalt zusammen hoch.

➢ Je mehr Klicks und Interaktion es auf einen Inhalt gibt, desto besser. Sorgen Sie somit für relevante Inhalte mit attraktiven Beschreibungen, die den Benutzer neugierig machen.

➢ Eine **starke Interaktion** mit dem Inhalt über *Gefällt mir* und Kommentare hilft. „Erziehen" Sie Ihre Fans und Freunde dazu und fordern Sie auch gelegentlich Feedback direkt ein (beispielsweise „Was haltet ihr davon?", „Bitte auf Gefällt mir klicken und das mit euren Freunden teilen.").

> Wenn Sie andere Leute „stalken", hilft das Ihrer Popularität nicht – andersherum aber schon! Wenn die Nutzer also an Ihnen Interesse zeigen, werden Sie populärer und tauchen häufiger in deren Newsmeldungen auf.

> Neue Nutzer haben es schwer(er), gehört zu werden. Man muss sich die Relevanz verdienen, indem man Facebook intensiv nutzt.

> Wer sich zu Beginn bereits mit Facebook-Usern vernetzt, die eine große Freundesbasis haben, wird es nicht leicht haben, in deren Neuigkeitenbereich aufzutauchen.

Im Hintergrund läuft dabei natürlich bloße Mathematik ab. Die Formel besteht aus der Multiplikation der folgenden drei Komponenten – je höher die Summe, desto eher wird der Beitrag bei Ihren Freunden angezeigt. Die **Faktoren** für die **Berechnung des EdgeRank** sind:

> Affinität des Nutzers zum Ersteller des Beitrags – Je mehr Sie mit jemandem über Nachrichten, Kommentare oder Profilbesuche interagieren, desto höher der „Affinity-Score"

> Gewichtung der Interaktion – Ein Kommentar wird zum Beispiel höher gewichtet als ein Klick auf *Gefällt mir*.

> Alter – Ältere Beiträge haben einen niedrigeren Wert als aktuelle, ganz nach dem Motto: „Es gibt nichts Älteres als die Zeitung von gestern."

Oder etwas plakativ ausgedrückt: Je aktiver Sie auf Facebook sind und je mehr andere Leute mit Ihnen oder Ihrer Seite interagieren, desto besser! Weitere Erkenntnisse zu den Facebook-Seiten hat Chad Wittman, der Gründer von **http://www.edgerankchecker.com**, erläutert:

> Ein Beitrag einer Seite erreicht in der Regel nur 17 % der Fans.

> Ein durchschnittlicher Beitrag ist in der Regel **drei Stunden aktiv** – die optimale Beitragsfrequenz ist dabei von Seite zu Seite unterschiedlich.

> Kommentare sind viermal wertvoller als normale *Gefällt mir*-Angaben. Sie sollten die Leute deshalb dazu bringen, auf *Gefällt mir* zu klicken, wenn sie dem Beitrag zustimmen – und zu kommentieren, wenn man nicht einverstanden ist.

> „Liken" Sie Beiträge von Ihren Fans und bedanken Sie sich mit einem Kommentar dafür (wenn sinnvoll).

Nutzer werden zur Interaktion aufgefordert.

> Ein klarer „Call-to-Action" (eine Handlungsaufforderung) hilft – sagen Sie den Nutzern genau, was Sie tun sollen.

Die Interaktion mit den Nutzern kann über einen klaren Call-to-Action gefördert werden.

So können Sie den Zugang zu Ihrer Seite bezüglich Alter und Land einschränken

Es kann sein, dass Sie Ihre Seite nicht allen Ihren Facebook-Nutzern zugänglich machen möchten – oder sogar gezwungen sind, Einschränkungen aus rechtlichen Gründen vorzunehmen (beispielsweise wenn der Zugang zu Seiten mit Alkohol oder Tabakwaren für Minderjährige untersagt ist). Sie als Inhaber der Seite sind für die Einhaltung der Gesetze verantwortlich. Die Beschränkungsmöglichkeiten beziehen sich dabei auf bestimmte Länder oder Altersklassen.

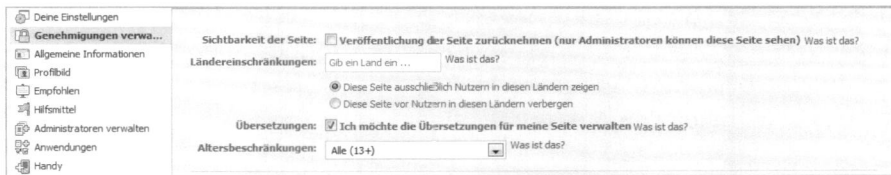

Einschränkungsmöglichkeiten einer Seite nach Land und Alter.

Sie können diese Einstellungen wie folgt anpassen.

1 Klicken Sie auf Ihrer Facebook-Seite oben auf den Button *Verwalten* und dann auf *Seite bearbeiten*.

2 Sie landen dann im Bereich *Genehmigungen verwalten*.

3 Wenn Sie eines oder mehrere Länder im Feld *Ländereinschränkungen* angeben, können nur noch Personen in diesen angegebenen Ländern die Seite sehen. Wenn Sie wollen, dass die Seite ohne Einschränkungen gesehen werden kann, lassen Sie dieses Feld leer.

4 Wählen Sie aus dem Drop-down-Menü *Altersbeschränkung* einen entsprechenden Wert aus – die Standardeinstellung ist *Alle (+13)*.

5 Klicken Sie auf den Button *Änderungen* speichern.

Publikation von Beiträgen nach Standort/Sprache – wie Sie die Reichweite der Statusmeldung einer Seite einschränken

Seiten bieten außerdem die Möglichkeit, eine Statusmeldung spezifisch für Personen an einem bestimmten Ort oder in einer bestimmten Sprache auszurichten. Sie können dabei grob festlegen, wer von Ihren Fans ein Statusupdate sehen soll. Bei einer Seite, auf der Beiträge mehrsprachig veröffentlicht werden, kann man die Veröffentlichung eines neuen Status auf eine beliebige Sprache einschränken.

Legen Sie bei der Veröffentlichung von Nachrichten für Ihre Seite fest, für welchen Standort und welche Sprache diese gedacht ist.

Dabei wird zum Beispiel eine englischsprachige Meldung auch nur bei den Englisch sprechenden Personen angezeigt. Sie können ebenfalls definieren, ob nur eine bestimmte geografische Region diese Nachricht sehen soll. Das kann bei einem lokalen Anlass oder einer Promotion-Aktion hilfreich sein.

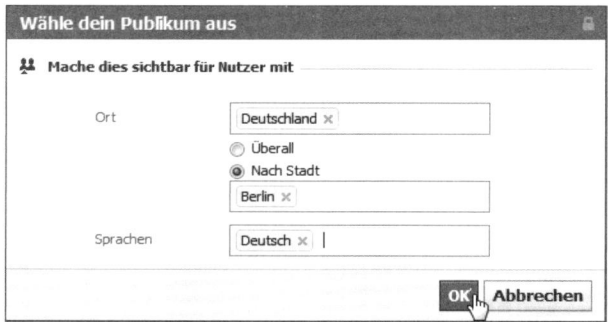

Wählen Sie das gewünschte Publikum für Ihre Statusnachricht aus.

Unter den Updates auf Facebook-Seiten wird ein Link angezeigt, um eine Meldung **zu übersetzen**, die nicht in der eigenen Sprache verfasst wurde. Bei einem Klick darauf wird die Nachricht mittels Bing übersetzt – mit mehr oder weniger gutem Ergebnis. Bei großen Seiten steht den Administratoren die Möglichkeit zur Verfügung, die Übersetzungen **manuell zu verwalten**.

Beispiel der Übersetzungsfunktion, die bei großen Seiten zur Verfügung steht.

Was Besucher Ihrer Seite machen und sehen dürfen

Sie können auch festlegen, ob andere Nutzer Beiträge, Fotos und Videos in der Chronik Ihrer Seite veröffentlichen dürfen und ob diese automatisch veröffentlicht oder zuerst moderiert werden sollen.

1 Klicken Sie dazu auf den Button *Verwalten* und wählen Sie dann den Eintrag *Seite bearbeiten* aus.

2 Sie landen nun im Bereich *Genehmigungen verwalten*.

3 Dort können Sie die Anpassungen Ihren Wünschen entsprechend vornehmen.

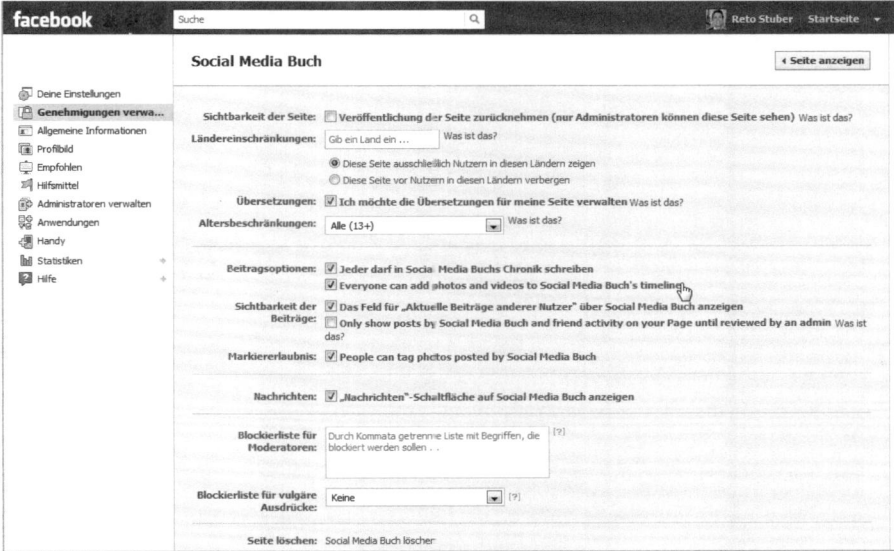

Legen Sie fest, wer was auf der Seite machen darf.

6.13 **Statistiken Ihrer Facebook-Seite**

Last, but not least: Facebook ermöglicht Ihnen als Seitenverantwortlicher, **Statistiken über die eigene Seite** einzusehen – damit Sie jederzeit wissen, wo Sie stehen. Das Tolle dabei ist, dass die Statistiken **in Echtzeit** verfügbar sind!

Die **Auswertung** gibt Ihnen Aufschluss über folgende Dinge:

➢ Die Leistung der Seite.

➢ Welche Inhalte beim Publikum ankommen.

➢ Wie Sie die Veröffentlichungen optimieren, damit die Nutzer darüber mit ihren Freunden sprechen.

Dabei kann Ihnen die ausführliche Statistik sehr detaillierte Antworten geben. Navigieren Sie dazu auf Ihre Seite und klicken Sie in der Seitenleiste auf den Punkt *Statistiken*. Über die Seitenliste können Sie nun auch Daten zu *Gefällt mir*-Angaben, zur Reichweite und zu Personen, die über Ihre Seite sprechen, abrufen.

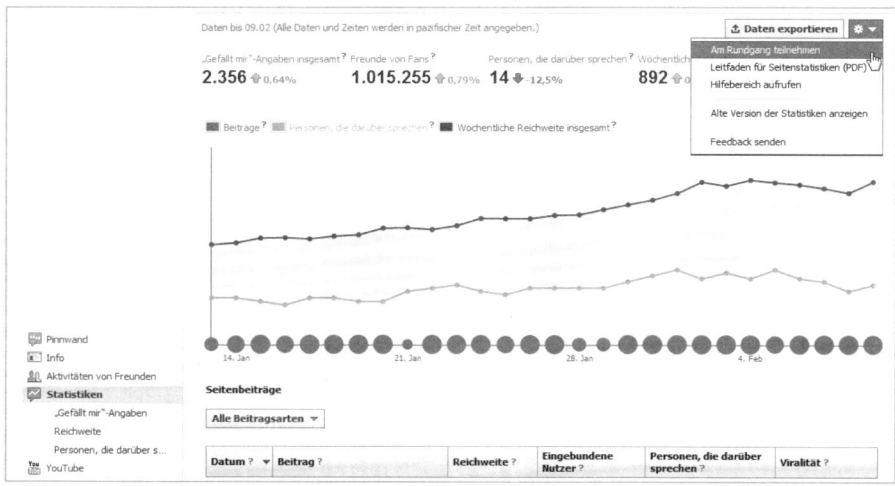

So präsentiert sich die Oberfläche im Statistiktool von Facebook.

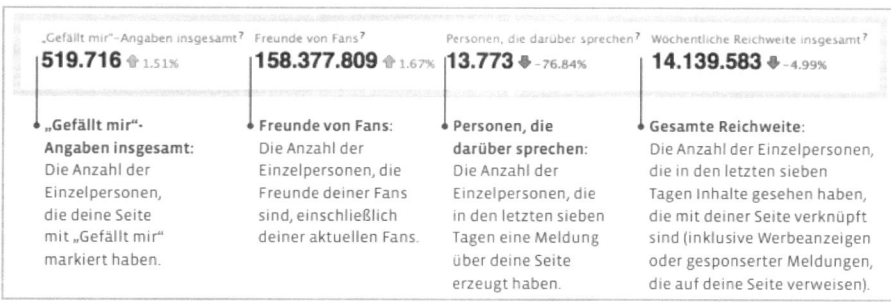

Was die einzelnen Zahlen bedeuten.

Sie finden Antworten auf folgende Fragen:

➢ Wie viele aktive Benutzer haben Sie auf der Seite?

➢ Was tun diese (beispielsweise Kommentare schreiben, *Gefällt mir* anklicken etc.)?

➢ Welche Beiträge finden am stärksten Beachtung?

➢ Wie entwickelt sich die Fanbasis?

➢ Wie viele Fans sprechen über Ihre Seite in deren Beiträgen?

➢ Wie hoch ist der virale Effekt?

➢ Wie ist die Demografie der Fans?

➢ Welche Applikationen auf Ihrer Seite werden am häufigsten aufgerufen?

➢ Von welchen externen Webseiten gelangen die Nutzer auf Ihre Website?

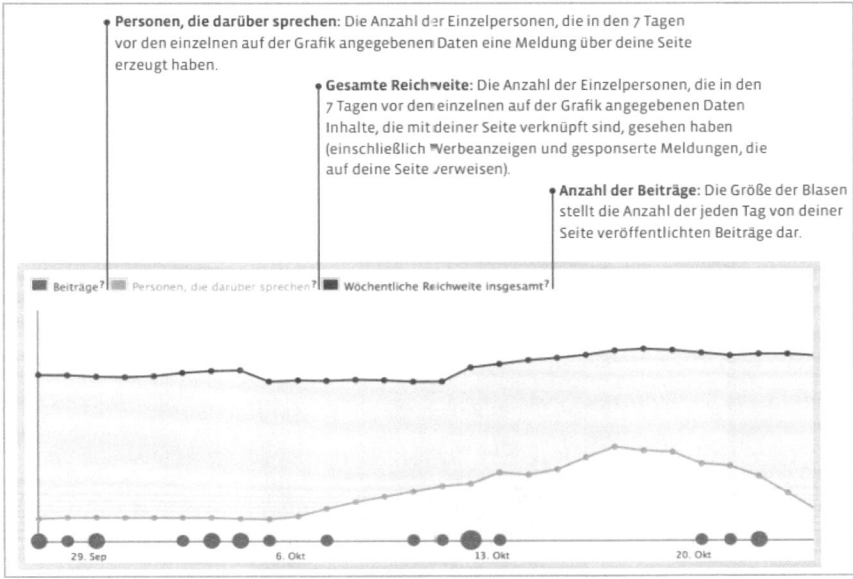

Erläuterung der einzelnen Auswertungen.

Auch die Dienste **Facebook-Orte und Facebook-Angebote** lassen sich damit auswerten, zum Beispiel sehen Sie die Anzahl Check-ins. Im iTunes Store gibt es sogar die Applikation **FBinsights**, mit der Sie bei Bedarf auch unterwegs immer auf dem Laufenden bleiben können!

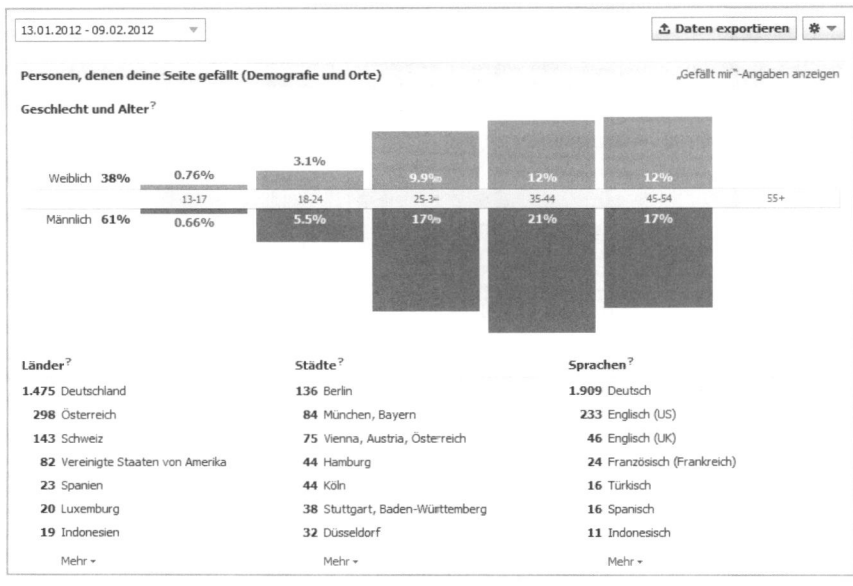

Die Facebook-Statistiken bieten praktische Detailauswertungen.

Facebook bietet Ihnen die Möglichkeit, die Statistikdaten zu exportieren. Klicken Sie im Statistikmenü oben rechts auf den Button *Daten exportieren* und wählen Sie im folgenden Schritt den Datumsbereich, die Datenart (entweder Seiten- oder Beitragsdaten) und die Dateiformatierung aus. Es werden Excel- und CSV-Exporte angeboten.

Details zu Ihrer Webseite auswerten

Doch damit nicht genug! Sie können sogar auf Ihrer **eigenen Webseite** ein Stück Code einfügen und diese dann über Facebook Insights statistisch auswerten lassen. Damit lässt sich **zum Beispiel** gut sehen, welche Ihrer Inhalte wie geteilt werden.

1 Navigieren Sie zu **https://www.facebook.com/insights**.

2 Klicken Sie oben rechts auf den Button *Statistiken für deine Webseite*.

3 Tragen Sie Ihre Domain in das erste Feld ein (beispielsweise *socialmedia-buch.com*).

4 Wählen Sie aus dem Drop-down-Menü das passende Objekt aus, zum Bespiel Ihr persönliches Facebook-Profil, die zugehörige Facebook-Seite oder eine Applikation.

5 Kopieren Sie sich den angezeigten Codeschnipsel und fügen Sie diesen auf Ihrer Webseite ein. Der Codeschnipsel gehört in den Head-Bereich Ihrer Webseite.

6 Facebook kontrolliert beim nächsten Aufruf, ob der Code eingebunden wurde, und Sie können die Statistiken einsehen.

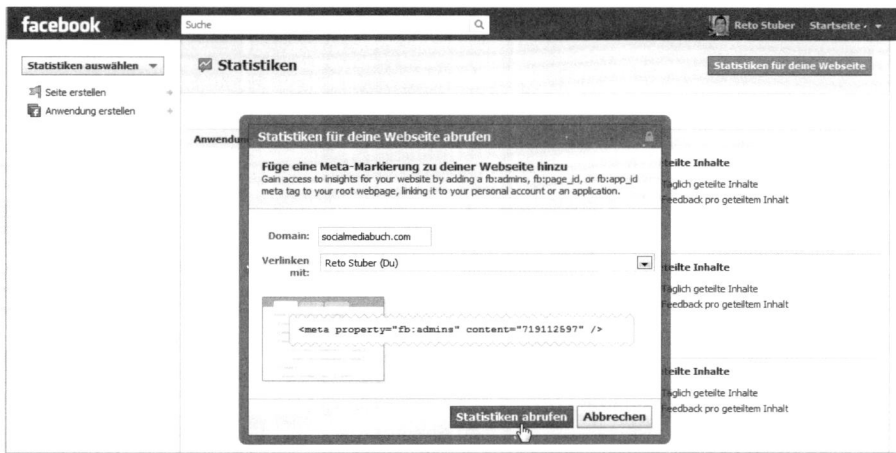

Fügen Sie auf Ihrer Webseite ein kleines Stück Code ein, damit Sie diese via Facebook Insights auswerten können.

Weitere Statistiken von Facebook-Seiten

Sie haben auch die Möglichkeit, eine Übersicht der eigenen Seite im Vergleich mit anderen Seiten zu sehen oder Details von anderen Auftritten zu analysieren. Dafür gibt es eine Reihe praktischer Tools:

➤ Mit **http://www.allfacebook.de/tracking** können Sie bis zu drei Seiten und deren Aktivitätsindex direkt miteinander vergleichen. Auch **http://monitor. wildfireapp.com** bietet diese Möglichkeit, dort können Sie ebenfalls Twitter-Accounts miteinander vergleichen.

➤ Unter **http://www.allfacebook.de/userdata** finden Sie zu jedem Land demografische Informationen. Wenn Sie erfahren wollen, wie stark die Mitgliederzahl in Deutschland wächst und in welcher Stadt die meisten Mitglieder wohnen, ist dieses Tool das richtige für Sie.

➤ Eine gute Orientierung für internationale Zahlen bietet **http://www.face bakers.com**.

➤ **http://www.facemeter.de** ist ein kategorisiertes Verzeichnis von Seiten mit den relevanten Kennzahlen.

➤ **Hilfreiche Tools** zur vertieften Analyse finden Sie bei **http://www.allface bookstats.com**, **http://www.wearehike.com/market-analyzer** und **http:// analytics.socialbakers.com**.

➤ Profilösungen für die Analyse Ihrer Seite bieten **http://www.page lever.com**, **http://www.simplymeasured.com**, **http://www.buddymedia.com**, **http://www.unilyzer.com**, **http://www.webtrends.com** und **http://www.seo moz.org**.

➤ Betreiben Sie Ihre Seite mit WordPress? Mit dem Plug-in **Facebook Share Statistics** können Sie in der Administratorenoberfläche Informationen zu den geteilten Beiträgen auf Facebook aufrufen (*Gefällt mir*-Klicks, Kommentare, Aufrufe). Das kostenpflichtige Plug-in **Social Metrics Pro von Daniel Tan** bietet weitere praktische Auswertungen.

Wie wird negative Resonanz gemessen?

Mit den *Gefällt mir*-Klicks hat Facebook ein ausdrucksvolles Kriterium zur Messung der positiven Feedbacks zu einem Beitrag oder einer Seite geschaffen.

In den statistischen Daten zu Beiträgen Ihrer Seite finden Sie bei einem Klick auf die Zahl in der Spalte *Eingebundene Nutzer* ein Tortendiagramm und darunter die Angabe zum **negativen Feedback**. Facebook misst hier, wie viele Nutzer den Beitrag ausgeblendet haben oder negatives Feedback in ihren Beiträgen hinterlassen haben.

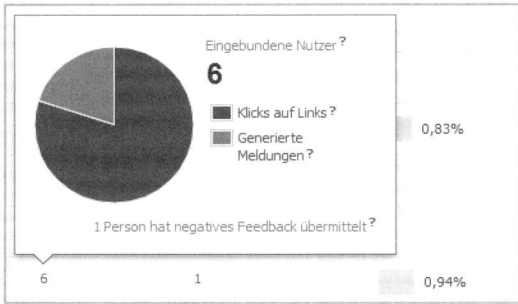

Facebook wertet auch negatives Feedback aus.

Wie leiten die Nutzer einen Beitrag weiter?

In den Daten zu Seitenbeiträgen finden sich unter dem Stichwort *Personen, die darüber sprechen* Zahlen zu den Nutzern, denen einen Beitrag gefällt, die ihn kommentieren oder teilen.

Direkt in der Chronik findet sich noch eine weitere relevante Kennzahl: Unter jedem Beitrag wird angezeigt, wie viele Personen den Beitrag geteilt und ihn somit an ihren Freundeskreis weitergeleitet haben. Mit einem Klick auf *x Mal geteilt* sehen Sie auf einen Blick, welche Nutzer den Beitrag geteilt haben. Wenn Sie berechtigt sind, die Statusmeldung des jeweiligen Nutzers einzusehen, sehen Sie auch, ob der Beitrag positiv oder negativ behaftet wurde.

Unterhalb der Beiträge sehen Sie das Nutzerfeedback.

Wie misst man Interaktion, und wie interpretiert man die Daten?

Sie wissen es bereits: Interaktion zwischen Ihnen und den Fans ist bei Facebook das A und O! Die Interaktion ist dabei nicht mit der Anzahl der Fans einer Seite gekoppelt, wohl aber mit den Beiträgen. Wie oft kommentieren Fans Ihre Mitteilungen? Gefallen ihnen Ihre Fotos, Links und Videos? Werden diese weiter geteilt?

Auf der Einstiegsseite der Statistiken finden Sie dazu eine Tabelle mit Daten zur Reichweite, zur Anzahl der eingebundenen Nutzer und der Personen, die über den Beitrag sprechen, sowie zur Viralität.

> ➢ *Reichweite*: Die Anzahl der Personen, die in den ersten 28 Tagen nach der Veröffentlichung den Beitrag gesehen haben. Mit einem Klick unterscheidet Facebook in ausführlicheren Informationen dann noch zwischen organischer, bezahlter und viraler Reichweite. Organische Reich-

weite fasst alle Personen zusammen, die den Beitrag direkt auf der Seite gesehen haben. Bezahlte Reichweite wird durch gesponserte Meldungen bzw. Werbeanzeigen generiert, während die virale Reichweite durch Ihre Fans (*Gefällt mir*-Klicks, Kommentare, ...) generiert wird.

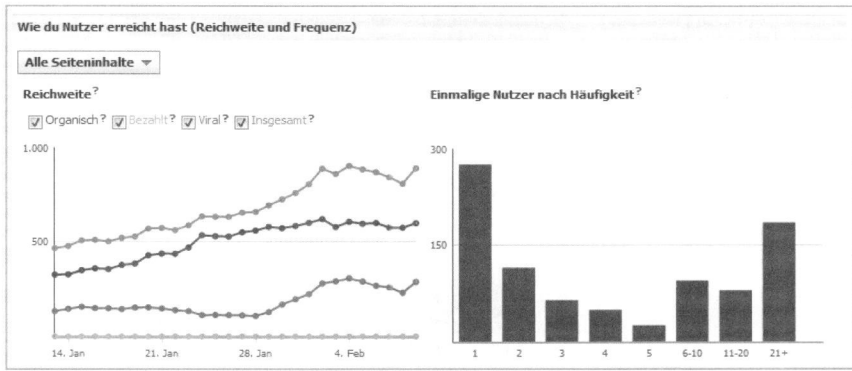

Die Reichweite kann über verschiedene Kanäle ausgebaut werden.

➤ *Eingebundene Nutzer*: Hiermit beschreibt Facebook die Personen, die einen Ihrer Beiträge innerhalb der ersten 28 Tage angeklickt haben. Mit einem Klick auf die Zahl gibt es detailliertere Informationen: So wird zwischen anderen Klicks, Klicks auf Links und generierten Meldungen (z. B. durch einen *Gefällt mir*-Klick) unterschieden.

➤ *Personen, die darüber sprechen*: Wie bereits erwähnt, zählt Facebook hier alle Personen, denen Ihr Beitrag gefallen hat oder die Ihren Beitrag kommentiert, geteilt oder darauf geantwortet haben (beispielsweise bei Umfragen oder Veranstaltungen).

➤ *Viralität*: Unter dem Stichwort Viralität definiert Facebook den prozentualen Anteil der Menschen, die eine Meldung über einen Ihrer Beiträge generiert haben und somit zu den Personen gehören, die den Beitrag gesehen haben.

Anhand dieser Kennzahlen können Sie wichtige Erkenntnisse über Ihre Beiträge gewinnen. Für die Interpretation und Analyse sind vor allem die organische und die virale Reichweite relevant. Sie können beispielsweise testen, **zu welchem Zeitpunkt** Ihre Beiträge die größte Reichweite erzielen.

Probieren Sie zu Beginn Ihrer Facebook-Aktivität ruhig einmal verschiedene Tageszeiten aus und vergleichen Sie mit den Zahlen auch die Wirkung unterschiedlicher Beitragsformen (beispielsweise Text, Bild, Video, Umfrage etc.).

Nehmen Sie Ihre Mitbewerber unter die Lupe

Facebook ermöglicht Ihnen auch, die Entwicklung der Fanzahlen einer beliebigen Seite einzusehen. Dafür gehen Sie wie folgt vor:

1 Navigieren Sie auf die gewünschte Seite und klicken Sie auf die Übersicht mit den *Gefällt mir-Angaben*. Möglicherweise müssen Sie alle Applikationen aufklappen.

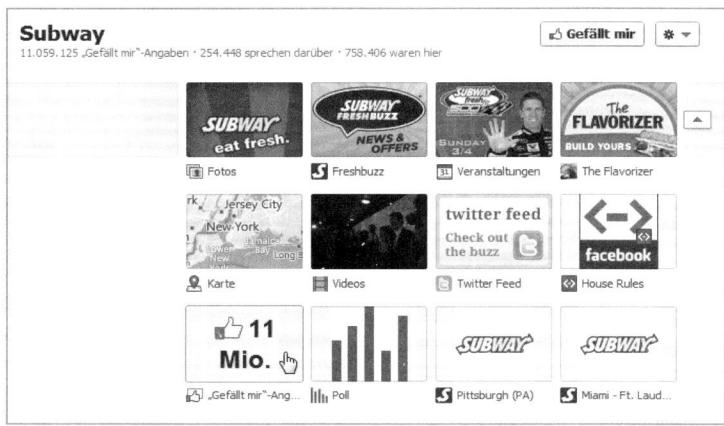

Klicken Sie auf die Ansicht mit den „Gefällt mir"-Angaben.

2 In der Übersicht finden Sie **die Statistiken des letzten Monats**. Sie sehen die Entwicklung der Personen, die darüber sprechen sowie die Entwicklung der Anzahl Fans.

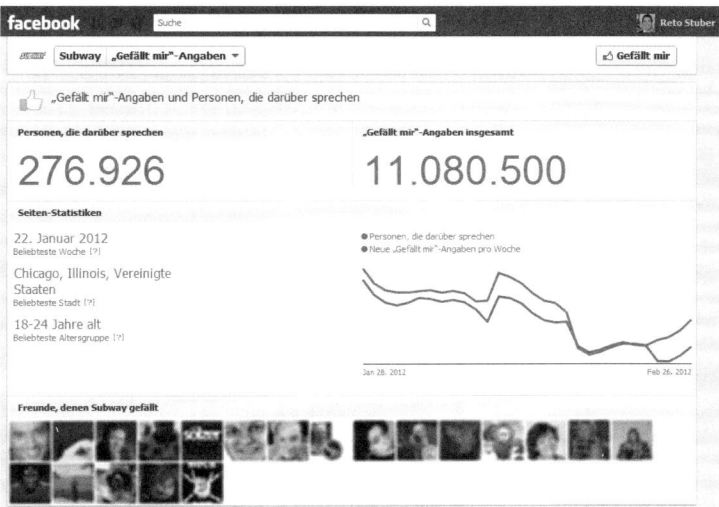

In der Übersicht sehen Sie die Entwicklung der Facebook-Fans und der „Gefällt mir"-Angaben für eine Seite.

6.14 Werbung auf Facebook – So nehmen Sie Ihre Zielgruppe ins Visier

In den sozialen Medien können Sie Ihre Inhalte für sich selbst sprechen und durch das eigene Netzwerk verbreiten lassen. Sie müssen dafür nicht einmal Geld in die Finger nehmen. Wer den Prozess aber beschleunigen möchte oder wem dafür die Zeit oder Lust fehlt, der kann sich die Aufmerksamkeit mittels Werbefläche auf dem Bildschirm erkaufen.

Auch Facebook bietet unter **https://www.facebook.com/advertising** solche Werbemöglichkeiten und hat unter **https://www.facebook.com/adsmarketing** eine umfassende Übersicht für den Einstieg zum Thema zusammengestellt.

So passen Sie die Anzeige von Werbung für Ihr persönliches Profil an

Die Nutzer von Facebook werden unter **https://www.facebook.com/about/ads** darüber aufgeklärt, wie Facebook Geld verdient und damit den Betrieb und die Weiterentwicklung der Plattform sicherstellt. Ab 2012 wird **Werbung auch direkt im Neuigkeitenbereich** eingeblendet und für **mobile Nutzer** angezeigt.

Facebook experimentiert mit der Möglichkeit, beim Aufkommen eines bestimmten Stichworts in einem Statusupdate eine passende Anzeige darzustellen. Wenn jemand zum Beispiel die Marke X erwähnt, wird eine Anzeige dazu eingeblendet.

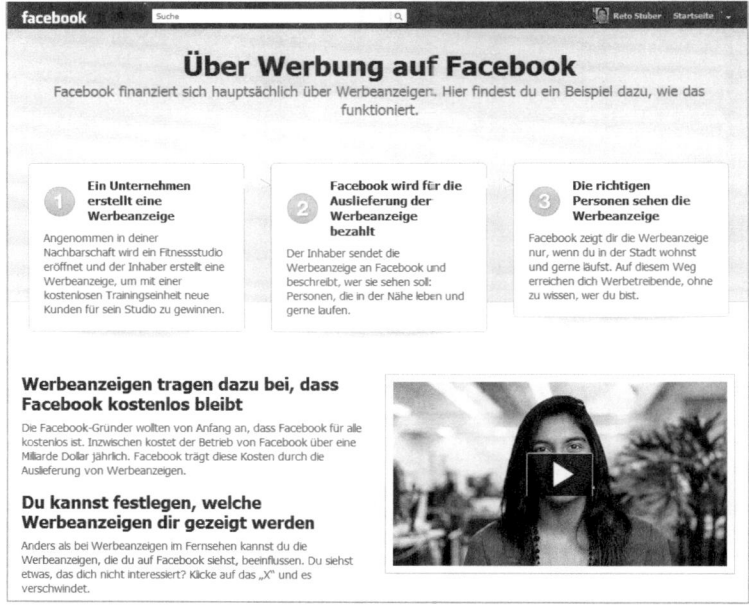

Facebook klärt auch die Nutzer über das eigene Geschäftsmodell auf.

Vielleicht sind Sie auch schon über Anzeigen gestolpert, die von Ihren Freunden gelikt wurden. Solche sozialen Werbeanzeigen zeigen die individuelle Werbebotschaft des Werbers zusammen mit den Handlungen der Facebook-Nutzer an (z. B. wenn jemandem eine Seite gefällt). Durch diese personalisierte Nutzererfahrung kann sich der Werber das soziale Kapital – sprich das Vertrauen, dass man den eigenen Kontakten entgegenbringt – zunutze machen.

Eine gesponserte Anzeige, die von anderen Kontakten bereits gelikt wurde.

Wenn Sie dies für Ihren persönlichen Account ausschalten möchten, können Sie sich wie folgt aus den personalisierten Werbeanzeigen **austragen**:

1 Klicken Sie oben rechts auf das Drop-down-Menü und dort auf *Kontoeinstellungen*.

2 Dann wählen Sie in der linken Navigation den Bereich *Facebook-Werbeanzeigen*.

3 Dort klicken Sie unten auf *Einstellung für soziale Werbeanzeigen bearbeiten*.

4 In der sich öffnenden Ansicht wählen Sie in der Auswahlbox *Niemand* an und speichern die Einstellungen.

Sie können sich jederzeit aus den personalisierten Werbeanzeigen austragen.

Was wollen Sie mit der Werbung auf Facebook erreichen?

Wenden wir uns nun den Möglichkeiten zu, die Sie als Unternehmen nutzen können. Sie lernen die wichtigsten Faktoren kennen, damit Ihre Werbung auf Facebook auch das gewünschte Ziel erreicht. Einleitend stellt sich dazu erst mal die Frage, welchen Zweck Sie mit den Werbeanzeigen verfolgen.

Mögliche Gründe sind:

➢ Fans auf Facebook gewinnen.

➢ Besucher auf Ihre Webseite bringen.

➢ Leads generieren oder Anzahl der Verkäufe steigern.

➢ Die eigene Marke/Organisation bekannter machen.

➢ ...

Sie können dabei entweder Inhalte auf Facebook bewerben (beispielsweise die eigene Seite, eine Gruppe, ein Event oder eine Applikation) oder die Leute auf eine externe Seite senden.

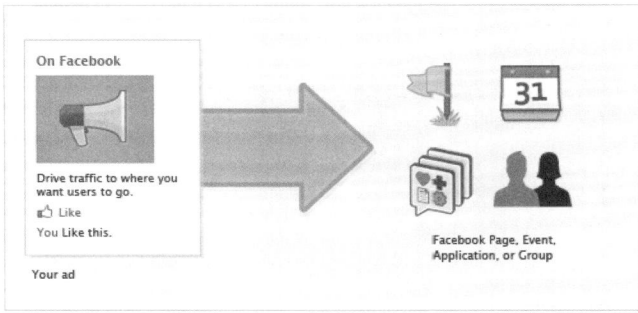

Eine Werbeanzeige, die Traffic zu etwas auf Facebook führt

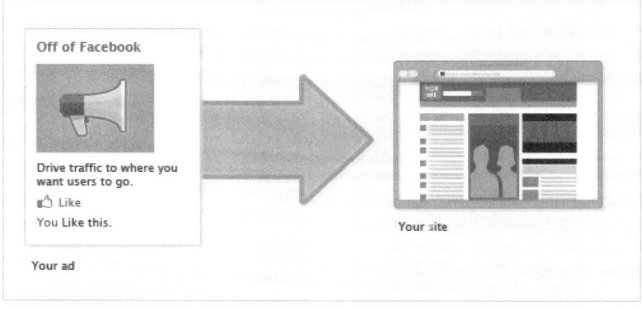

Eine Werbeanzeige, die Traffic zu einer externen Website führt

Welche Werbeflächen stehen auf Facebook zur Verfügung?

Es gibt grundsätzlich zwei Arten von Facebook-Werbung:

➢ **Premium Ads**, die über das **Vertriebsteam von Facebook** gebucht werden können.

➢ Anzeigen, die selbst erstellt und verwaltet werden können. Sie können dort zwischen **Facebook-Werbeanzeigen (Facebook Ads)** und **gesponserten Anzeigen (Sponsored Stories)** auswählen.

Eine Übersicht über alle Anzeigenformate gibt es unter **http://www.social mediabuch.com/fbadsformate**.

Die Premium Ads – für die dicke Brieftasche

Für die Premium-Anzeigen müssen Sie mit dem Facebook-Werbeteam Kontakt aufnehmen und ein paar Tausend Euro locker machen.

Der Kontakt zum verantwortlichen Team bei Facebook kann unter **https://www.facebook.com/business/contact.php** hergestellt werden.

Facebook bietet wertvolle Ressourcen für das Marketing bei Unternehmen.

Gesponserte Meldungen versus Facebook-Werbeanzeigen

Schauen wir uns einleitend kurz den Unterschied zwischen den **gesponserten Meldungen** und den Facebook-Werbeanzeigen an. Bei den **gesponserten Meldungen** wird die soziale Aktivität eines Nutzers in den Vordergrund gestellt.

Wird zum Beispiel jemand ein Fan Ihrer Seite, wird diese Aktion als Empfehlung bei den Freunden Ihres neuen Fans angezeigt.

Eigentlich wird bei den gesponserten Meldungen eine Nachricht aus dem Bereich *Neuigkeiten* herausgegriffen und gut sichtbar auf Facebook dargestellt. Da sich der Neuigkeitenbereich sehr dynamisch verändert, gibt Ihnen das die Möglichkeit, die Interaktionen von Leuten mit Ihrer Seite/Marke gut sichtbar darzustellen! Inhaltlich können Sie diese gesponserten Meldungen, anders als bei den Facebook-Werbeanzeigen, aber nur geringfügig anpassen.

Bei den Facebook-Werbeanzeigen haben Sie zusätzliche Kontrolle über Text, Bild etc. Es empfiehlt sich, beide Arten der Facebook-Werbung zu kombinieren, sprich in einer Kampagne gesponserte Anzeigen zusammen mit regulären Facebook-Werbeanzeigen laufen zu lassen. Damit werden die Aktivitäten auf der Facebook-Seite in den sozialen Kontext des Nutzers und seiner Freunde gestellt.

Anzeigen, die auf eine Facebook-Seite verweisen, haben in den meisten Fällen bessere Klickraten als solche, die auf eine externe Website führen. Das hängt damit zusammen, dass ein *Gefällt mir*-Button eher angeklickt wird als ein Link auf eine externe Webseite. Eine **Erhebung von SocialFresh** hat ergeben, dass 70 % der Anzeigen auf Inhalte auf der Facebook-Plattform verweisen und nur 30 % nach extern.

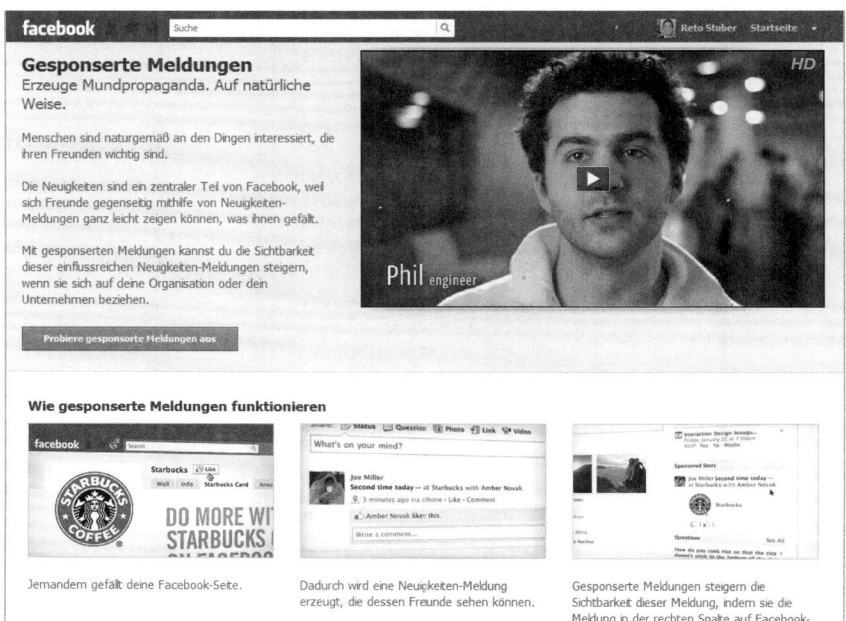

Eine Übersicht zu den gesponserten Meldungen.

Facebook erlaubt es Ihnen, Ihre Werbung demografisch und interessenbasiert zu platzieren!

Die Nutzerschaft von Facebook lässt sich stark segmentieren, und das muss sich auch in Ihrer Werbung widerspiegeln! Sie können dabei folgende Elemente auswählen, um die Zielgruppe für eine Anzeige festzulegen:

➢ Geografische Lokation.

➢ Alter, Geschlecht, Beziehungsstatus, Sprache, Geburtstag etc.

➢ *Gefällt mir* und Interessen (sozusagen die Facebook-Version der Google-Keywords).

➢ Verbindungen zu Facebook-Objekten (beispielsweise Seite, Event, Gruppe, Applikation etc.).

➢ Ausbildung.

➢ Arbeitgeber.

Künftig wird es auch möglich sein, dass Sie Facebook-Anzeigen über **sogenannte Aktionen** steuern können. So könnte eine Anzeige zu einem kommenden Konzert in der Nähe des Nutzers genau dann angezeigt werden, wenn jemand gerade einen Song des entsprechenden Interpreten gehört hat. Außerdem **experimentiert Facebook mit einem „action optimized CPM"**. Dabei werden Anzeigen nur bei den Leuten eingeblendet, die vermutlich auch klicken werden!

Hier **einige Beispiele** dafür, wie Sie diese Möglichkeiten für zielgruppenrelevante Angebote kombinieren können – weitere Ideen gibt es unter **http://www.allfacebook.de/ads/lokale-dienstleister**:

➢ Alter und Geburtstag: „Gratulation zum 39. Geburtstag! Wenn Sie mit 40 topfit sein wollen, dann holen Sie sich heute Ihren kostenlosen Gutschein für unser Fitnessprogramm."

➢ Lokation und Arbeitgeber: „Heute Spezialangebot für SAP-Mitarbeiter in Walldorf: Bestellen Sie Ihren Lunch online, und Sie erhalten die Getränke kostenlos!"

➢ Anhand bestehender Interessen: „Ihnen gefällt X? Dann werden Sie Y lieben!" oder: „Ein Waschbrettbauch wie Brad Pitt in Fight Club? Dieser Fünfpunkteplan zeigt Ihnen, wie!"

➢ Geschlecht und Beziehungsstatus mit Datum kombiniert: „Überraschen Sie Ihre Liebste zum Valentinstag!" oder: „Das perfekte Weihnachtsgeschenk für Ihren Mann!"

➢ Sprache und Lokation: „Deutsche in Amerika aufgepasst! Hier erhalten Sie Produkte aus der Heimat, das ganze Jahr!"

Erfassen Sie Ihre Werbeanzeige!

Um eine Anzeige zu schalten, navigieren Sie zu **https://www.facebook.com/ ads/create/** und füllen dann folgende Felder aus:

Füllen Sie alle Felder aus und schalten Sie die Werbeanzeige auf Facebook.

Alternativ zu der Erfassung direkt auf Facebook können Sie auch einen „Ad-Manager" nutzen. Dabei handelt es sich um eine Software, mit der Sie die Anzeigen verwalten können. Facebook selbst bietet hier den Power Editor unter **https://www.facebook.com/powereditor** an.

Weitere beliebte Tools dafür sind unter anderem:

➤ http://www.adtoolbox.com

➤ http://www.adparlor.com

➤ http://www.ad-sage.com

➤ http://www.alchemysocial.com

➤ http://www.blinqadmanagement.com

➤ http://www.brighteroption.com/SAM

➤ http://www.clickable.com/facebook

➤ http://www.kenshoo.com

➤ http://www.marinsoftware.com

➤ http://www.qwaya.com

Was es mit CPC, CPM und CTR auf sich hat

Zuerst gilt es, drei Begriffe kennenzulernen, um die Sie bei der Schaltung von Werbung auf Facebook nicht herumkommen:

➢ Cost per Click (CPC): Der Preis, den Sie pro Klick eines Nutzers bezahlen.

➢ Cost per Mille (CPM): Der Preis, den Sie für 1.000 Einblendungen Ihrer Werbeanzeige bezahlen.

➢ Click Through Rate (CTR): Die Klickrate, die das Verhältnis zwischen Einblendungen und Klicks in Prozent angibt.

Testen Sie mehrere Anzeigen in einer Kampagne!

Sie sollten eine Werbekampagne immer mit verschiedenen Anzeigen und Demografien testen. Nach den ersten Versuchen können Sie dann die schlecht performenden Anzeigen aussortieren.

Schauen wir uns nun ein Beispiel dafür an, warum es wichtig ist, dass Sie Ihre Anzeige auf verschiedene Segmente hin ausrichten. Nehmen wir an, Sie wollen neue „Leads", also Interessenten, gewinnen. Das Ziel ist, dass jemand auf Ihre Anzeige klickt und die interessierte Person sich dann in den Newsletter auf Ihrer Webseite einträgt.

Wenn Sie starten, überlegen Sie sich zuerst schematisch, wer daran interessiert sein könnte. Sie schalten dann aber nicht nur eine einzige Anzeige, sondern ein Set an Anzeigen mit exakt demselben Inhalt!

Jede Anzeige richtet sich an eine andere demografische Ausprägung. Suchen Sie sich Ihre Zielgruppe aus und schränken Sie sie sinnvoll ein. Damit minimieren Sie den Streuverlust der Anzeige und sprechen Leute gezielt an.

Anzeige 1 richtet sich zum Beispiel an 25- bis 30-jährige Frauen, Anzeige 2 an 31-bis 40-jährige Frauen, Anzeige 3 an 25- bis 30-jährige Männer, Anzeige 4 an 31- bis 40-jährige Männer etc Dieses Beispiel ist natürlich sehr generisch gehalten, veranschaulicht aber das Prinzip.

Damit finden Sie heraus, welche Nutzergruppe die Anzeige im Schnitt am häufigsten anklickt, und können so die nicht performenden Anzeigen optimieren oder entfernen. Wenn Sie hingegen einfach eine Anzeige schalten, die alle Frauen und Männer zwischen 25 und 40 Jahren als Zielgruppe hat, sind Sie zu breit aufgestellt.

Hier kommt nun die sogenannte Click Through Rate (CTR) ins Spiel. Um mit **Facebook-Werbung** Erfolg zu haben, muss diese möglichst hoch sein. Je höher die CTR, desto niedriger sind Ihre Kosten. Der Grund liegt auf der Hand:

Wenn viele Leute klicken, ist die Werbung relevant. Bei einer nicht segmentierten Kampagne hingegen schmeißen Sie alle Leute in den gleichen Topf. Das hat einen höheren Klickpreis zur Folge, weil die Klickrate als Ganzes niedriger liegt.

Die folgende Darstellung veranschaulicht dieses Prinzip.

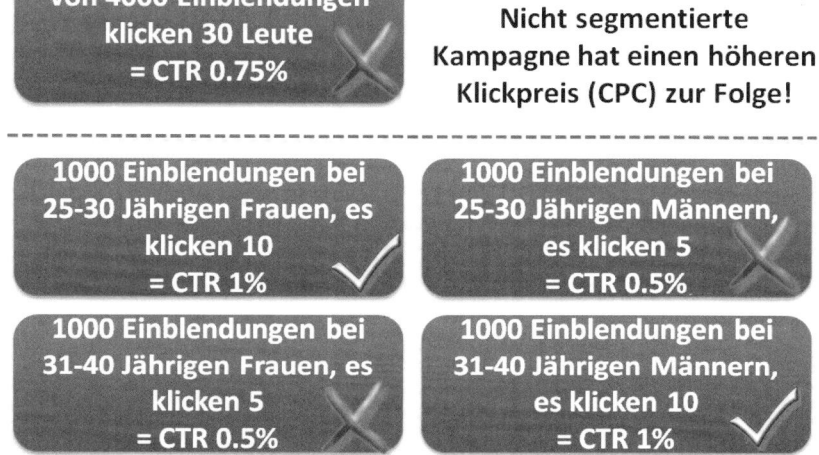

Der Unterschied der „Click Through Rate" zwischen einer nicht segmentierten und einer segmentierten Kampagne – nur die Ads mit einer hohen CTR sollten bestehen bleiben.

Wie Sie die Akquisitionskosten errechnen

In diesem Beispiel bleiben nach den Tests also zwei Anzeigen mit je 10 Klicks übrig. Nehmen wir an, dass ein Klick Sie 1 Euro kostet – für diese 20 Klicks bezahlen Sie somit 20 Euro im CPC-Modell. Wenn sich von diesen 20 Leuten dann die Hälfte in Ihren Newsletter einträgt, beträgt die Konversionsrate 50 %, und die Akquisitionskosten belaufen sich pro Person auf 2 Euro.

Wenn Sie wissen, wie viel ein Kunde während des gesamten Kundenlebenszyklus (Customer Lifetime Value) bei Ihnen einkauft, können Sie das auch noch in diesen Kontext stellen (beispielsweise bei Akquisitionskosten von 2 Euro bezieht der Kunde über die Zeit verteilt Produkte im Wert von 80 Euro von Ihnen).

Schauen wir uns nun aber an, wie es bei einer Umstellung vom CPC- auf das CPM-Modell aussehen würde. Dafür nehmen wir an, dass der CPM-Preis 50 Cent pro 1.000 Einblendungen beträgt. Die Konversionsrate auf unserer Seite beim Eintrag in den Newsletter bleibt grundsätzlich gleich, und auch die CTR für die Anzeige ändert sich nicht. Aus den obigen Annahmen wissen wir, dass diese 1 % beträgt. Wenn die Werbung für 50 Cent 1.000 Mal eingeblendet wird, klickt 1 % der Nutzer, was 10 Klicks ausmacht.

Für dieses Beispiel können wir somit festhalten, dass wir im CPM-Modell pro Klick 5 Cent bezahlen, im CPC-Modell hingegen mit 1 Euro pro Klick rund 20-mal mehr! Somit ist es sinnvoll, nach den ersten Tests die Abrechnungsmethode umzustellen. Beachten Sie aber, dass es sich in diesem Rechenbeispiel der Nachvollziehbarkeit halber um fiktive Zahlen handelt.

Welche Faktoren bestimmen die Werbekosten?

Die Preisgestaltung der Anzeigen ist dynamisch, es handelt sich dabei um einen Markt, der sich nach Angebot und Nachfrage richtet.

Folgende Faktoren bestimmen den Preis:

➢ Das maximale Gebot.

➢ Die bisherige Performance der Anzeige.

➢ Die Qualität der Anzeige (positives und negatives Feedback).

Eine schlechte Performance bedeutet weniger Einblendungen, und das sorgt für höhere Kosten. Eine hohe CTR hingegen hält die Kosten tief. Dabei ist aber auch zu beachten, dass die CTR mit der Zeit sinkt, da sich die Werbung abnutzt. Halten Sie deshalb ein wachsames Auge auf die Performance Ihrer Anzeigen, denn wenn die erwarteten Klicks nicht mehr kommen, fallen die Kosten für die Einblendungen dennoch an!

Sie erhalten auch einen „Discount", wenn Sie von CPC auf CPM umstellen. Der Grund: Facebook erhält garantiert Geld für die Einblendung dieser Anzeige, auch wenn niemand klickt! Wenn Sie nach dem CPC-Modell abrechnen und Ihre Werbung 10.000 Mal eingeblendet wird, aber niemand darauf klickt, verdient Facebook keinen Cent – und wird Ihre Werbung nicht mehr anzeigen wollen.

Setzen Sie Ihr Maximalgebot 3 bis 4 Cent über dem tiefsten von Facebook vorgeschlagenen Angebot an. Vermeiden Sie dabei runde Zahlen, nehmen Sie anstelle von 40 Cent lieber 41 Cent. Es ergibt aber keinen Sinn, mit Geboten weit unter dem von Facebook vorgeschlagenen Wert starten zu wollen – dann werden Ihre Anzeigen nämlich niemals beim Benutzer eingeblendet.

Facebook-Nutzer können ihre Meinung zu jeder Werbung kundtun, indem sie mit der Maus über den Titel fahren, auf das erscheinende *x* rechts klicken und die Werbung entfernen. Facebook will dann die Hintergründe dazu wissen, warum die Werbung entfernt wurde. Wer also falsche Versprechungen macht oder Leute in die Irre führt, landet schnell auf dem Abstellgleis. In jedem Fall ist es für die Performance Ihrer Werbung nicht dienlich, wenn Nutzer diese ausblenden!

```
┌─────────────────────────────────────┐
│ Du hast diese          rückgängig machen │
│ Werbeanzeige entfernt.              │
│ Warum hat sie dir nicht gefallen?   │
│  ◯ Uninteressant                    │
│  ◯ Irreführend                      │
│  ◯ Anstößig                         │
│  ◯ Wiederholend                     │
│  ◯ Sonstiges                        │
└─────────────────────────────────────┘
```

*Werbeanzeige entfernt – und Facebook
will den Grund wissen!*

Was eine Anzeige auf Facebook im Durchschnitt kostet

Der durchschnittliche Preis in US-Dollar per 1. Quartal 2012 sieht wie folgt aus:

➢ Deutschland – CPC: 0,33 US-Dollar, CPM: 0,14 US-Dollar

➢ Österreich – CPC: 0,44 US-Dollar, CPM: 0,19 US-Dollar

➢ Schweiz – CPC: 0,63 US-Dollar, CPM: 0,27 US-Dollar

Eine aktuelle Übersicht über die Preise pro Land finden Sie jeweils unter **http://www.socialbakers.com/facebook-advertising**. Es gibt auch innerhalb eines Landes massive Unterschiede zwischen **verschiedenen Städten** – so ist die Werbung in Freiburg rund ein Drittel günstiger als in Halle oder Magdeburg (Deutschland).

Suggested ad prices by FB Ads Tool in Germany

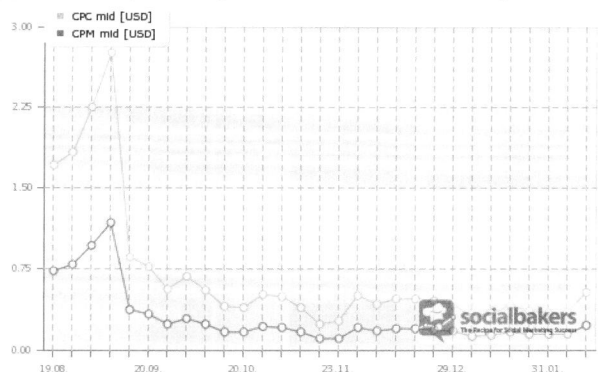

*Die Grafik zeigt den durchschnittlichen Preis für einen Klick auf eine Anzeige (CPC)
und den Preis für 1.000 Einblendungen (CPM) in Deutschland (in US-Dollar).*

Die besten Tipps aus der Praxis für die Schaltung von Werbeanzeigen

Zum Abschluss möchte ich Ihnen ein paar Tipps aus der Praxis mit auf den Weg geben.

➢ Generelle Hinweise

Wie bei **Google Adwords** gibt es auch bei Facebook Neukunden-**Promotion** für Werbeanzeigen. So können Sie kostenlos an Gutscheine für Werbeanzeigen kommen. Suchen Sie dazu einfach nach dem Begriff „Facebook Ads Coupon" auf der Suchmaschine Ihrer Wahl.

Halten Sie sich immer einen wichtigen Punkt vor Augen: Bei Facebook steht der Mensch und die Community im Zentrum – nicht Ihr Produkt oder Ihre Dienstleistung! Wenn Sie direkt etwas verkaufen wollen, funktioniert das in den meisten Fällen nicht sehr effizient.

Bieten Sie stattdessen wertvolle Informationen wie ein E-Book oder einen Coupon an und bitten Sie den Nutzer im Gegenzug um seine E-Mail-Adresse oder einen Klick auf den *Gefällt mir*-Button. Damit können Sie sich Ihre Kontaktliste aufbauen und dann Schritt für Schritt den Interessenten an Ihre Angebote heranführen.

Sie minimieren auch Ihr Risiko, indem Sie klein starten und die Dinge skalieren, die erfolgreich sind. Messen Sie wenn möglich alles (Traffic, Kosten und Konversionen). Verändern und testen Sie aber eines nach dem anderen, denn wenn Sie an verschiedenen Stellen gleichzeitig schrauben, lassen sich im Endeffekt Ursache und Wirkung nicht mehr eindeutig benennen.

➢ Das Bild ist das wichtigste Element in den Anzeigen

Der amerikanische Internetmarketingexperte **Jeremy Schoemaker** hat intensive Tests mit Facebook-Werbung gemacht und daraus den „ShoeMoney Facebook Factor" abgeleitet. Dieser zeigt auf, welche Elemente in welchem Ausmaß den Erfolg einer Anzeige ausmachen.

Das Fazit: 70 % des Erfolgs hängen vom gewählten Bild für die Anzeige ab! Der Bodytext (20 %) und der Titel (10 %) spielen untergeordnete Rollen. Bei den Tests wurde zum Beispiel auch eine deutsche Anzeige für ein amerikanisches Zielpublikum geschaltet – und obwohl niemand den Text verstand, wurde die Anzeige dennoch oft angeklickt! Wir sollten dem Grundsatz „First things first" folgen, das Wichtigste kommt zuerst. Richten Sie Ihr Hauptaugenmerk also auf das Bild.

Untersuchungen haben gezeigt, dass Anzeigen mit Dekolleté mit Abstand am meisten Beachtung finden – sowohl von Männern wie auch von Frauen! Aber überspannen Sie den Bogen nicht, Facebook prüft die Anzeige vor der Veröffentlichung.

➢ Testen Sie verschiedene Bilder

Testen Sie immer verschiedene Anzeigen (beispielsweise mit unterschiedlichem Titel, Text oder Bild), verschiedene Anzeigenformate und optimieren Sie dadurch die Konversionsrate. Sie sehen im **Auswertungstool** der Anzeigen auf einen Blick, wo Sie aktuell stehen. Wie bereits ausgeführt, müssen Sie diese Anzeigen auch für verschiedene Altergruppen segmentieren. Bitten Sie am besten einen Grafiker, Ihnen ein Set an Bildern für eine Testserie zu erstellen.

Um ein passendes Bild zu finden, suchen Sie nach dem Begriff „Stock photo" und dem gewünschten Stichwort, möglicherweise auch in Englisch. Ein gutes Bild ist meist für wenige Euro zu kaufen. Es gibt auch eine Reihe kostenloser Quellen, siehe dazu **http://www.socialmediabuch.com/bilder**. Verzichten Sie aber darauf, einfach ein Bild aus dem Netz zu kopieren. Das ist zwar verlockend, aber nicht legal.

Folgende Gestaltungselemente sind für Werbeanzeigen zu empfehlen:

➤ Bilder mit attraktiven Menschen.

➤ Farben, die herausstechen.

➤ Elemente, die als klickbar dargestellt werden (beispielsweise Buttons, Links, Play-Icon etc.).

➤ Ein Text im Bild (herzustellen beispielsweise mit Tools wie **Picasa.com**, **Gimp.com**, Adobe Photoshop, ...).

Wie Sie eine wirkungsvolle Werbeanzeige texten und welche Regeln Sie beachten müssen

Nutzen Sie in jedem Fall die AIDA-Formel bei der Erstellung Ihrer Anzeigen! AIDA steht dabei für **A**ttention, **I**nterest, **D**esire, **A**ction, zu Deutsch: Aufmerksamkeit, Interesse, Verlangen, Aktion.

Machen Sie den Leser neugierig, sprechen Sie die Person direkt an, zeigen Sie den Mehrwert Ihres Angebots auf, fügen Sie eine Handlungsaufforderung (Call-to-Action) hinzu und schaffen Sie einen Bezug zum Leser.

Es hat sich ebenfalls bewährt, nur eine einzige Botschaft pro Anzeige zu haben. Das kann zum Beispiel ein Versprechen sein, das Sie dann direkt auf der Zielseite einlösen. Erläutern Sie dem Leser die Resultate, beispielsweise „Sie fühlen sich besser mit weißen Zähnen" anstelle von „Wir machen Ihre Zähne endlich wieder weiß".

Facebook enthält einige Auflagen dazu, was Sie bei der Gestaltung von Werbeanzeigen nicht machen dürfen:

➤ Großschreibung (Des Anfangsbuchstabens Jedes Einzelnen Worts oder GANZER WÖRTER).

➤ Verwendung von Abkürzungen.

➢ Fehlerhafte Grammatik, Rechtschreibung und Umgangssprache.

➢ Nicht komplette Sätze, unangebrachte Zielgruppenansprache.

➢ Falsche Versprechungen und irreführende Ermäßigungen.

➢ Bedeutungslose oder unangebrachte Bilder.

➢ Außerdem muss die Zielseite zum beworbenen Inhalt passen.

Alle Details gibt es unter **https://www.facebook.com/ads/mistakes.php**.

Wichtige Links zur Facebook-Werbung

Im Folgenden finden Sie eine Übersicht mit relevanten Links zu Facebook.

➢ **https://www.facebook.com/ad_guidelines.php**

➢ **https://www.facebook.com/adsmarketing**

➢ **https://www.facebook.com/adshelp**

➢ **https://www.facebook.com/ads/best_practices.php**

➢ **https://www.facebook.com/marketing?sk=app_247298891950753**

➢ **http://livestre.am/uGlq** (Video)

6.15 Facebook-Angebote – die besten Deals von Unternehmen

Mit den **Facebook-Besuchsangeboten** lassen sich für Unternehmen neue Interessenten gewinnen, loyale Kunden belohnen, Gruppeneinkaufsaktivitäten forcieren oder Spendenaktionen durchführen! Sie finden mehr Details unter **https://www.facebook.com/deals/checkin**.

Wie das geht? Kunden werden aufgefordert, am Standort eines Unternehmens einzuchecken – und erhalten dafür vom Anbieter eine Gegenleistung. Man muss also keine Coupons mehr ausschnipseln oder ausdrucken, die dann in den Tiefen der Hosentasche auf Nimmerwiedersehen verschwinden.

Stattdessen meldet man sich einfach am jeweiligen Ort an, zeigt das Handy vor und kann von einer Aktion profitieren! Durch das Anmelden teilt man dabei automatisch eine Nachricht mit den eigenen Freunden, basierend auf dem klassischen Prinzip des „Word of mouth"-Marketings (siehe Kapitel 11.7 „Virales „Word of mouth"-Marketing – der heilige Gral").

Die Facebook-Angebote sorgen für eine Win-win-Situation bei Unternehmen und Kunden

Die **Facebook-Angebote** sind in verschiedenen Ländern erfolgreich angelaufen und werden nun sukzessive auch für weitere Länder freigeschaltet.

Aus Sicht des Unternehmens kann man die Facebook-Angebote natürlich sehr gut für Marketingzwecke nutzen und mit der Kundschaft interagieren, denn **attraktive Deals** bringen Unternehmen und Menschen zusammen. Damit werden das Bewusstsein für das Unternehmen, die Anzahl Besuche im Geschäft und die Kundenbindung gefördert. Beide Seiten profitieren davon, eine klassische Win-win-Situation.

Neben Facebook-Angeboten kann man als Unternehmen auch andere lokationsbasierte Anbieter wie **http://www.foursquare.com** oder gar **http://www.groupon.de** nutzen, um eine möglichst breite Nutzergruppe mit der Aktion anzusprechen. Facebook hat sich Ende 2011 gar den Anbieter **Gowalla einverleibt**, um damit die eigene Position im lokalen Marketing zu stärken.

Die Applikation **http://insto.re** ermöglicht es Ihnen, die Kundschaft direkt im eigenen Lokal ad hoc als Fans zu gewinnen. Als Gegenleistung erhält der neue Fan dann einen Coupon, den er gleich einlösen kann.

Facebook-Angebote geben Unternehmen die Möglichkeit, spezielle Angebote für Facebook-Nutzer anzubieten.

So nutzen Sie als Endkunde die Facebook-Angebote von Unternehmen

Als Kunde können Sie von Unternehmen profitieren, die Geschenke, Rabatte oder Spenden anbieten. Dazu gehen Sie wie folgt vor:

1 Öffnen Sie Facebook auf Ihrem Handy (**iPhone**, **Android** oder **Windows Phone 7**) und wählen Sie die Funktion *Orte* aus. Es werden nun die Orte in Ihrer Nähe auf dem Display angezeigt.

2 Halten Sie nach gelben oder grünen Vierecken Ausschau, die neben den Orten in der Umgebung angezeigt werden.

3 Klicken Sie auf den Namen des betreffenden Orts, um weitere Details zu erhalten.

4 Checken Sie an diesem Ort ein und zeigen Sie dem Personal die Einlösungsanzeige auf Ihrem Mobiltelefon, um das Angebot wahrzunehmen.

Nutzen Sie die Deals mit Ihrem Handy (Quelle: Facebook).

Die Möglichkeiten der Facebook-Angebote für Unternehmen

Als Firma können Sie auch selbst ein Angebot erstellen, wenn die Funktion in Ihrem Land verfügbar ist. Dabei stehen folgende Kategorien zur Auswahl:

➢ *Individuelles Angebot*: Wenn Sie nur ein einmaliges Angebot offerieren möchten, sollten Sie die Option des individuellen Angebots wählen. Diese Art von Angebot bietet sich für bestehende wie auch für neue Kunden an. Sie können beispielsweise ein neues Produkt vorstellen, ein Geschenk bei einem Einkauf anbieten, Ihr Lager räumen oder mit einem attraktiven Sonderangebot einfach mehr Kunden ins Lokal bringen.

> *Treueangebot*: Wenn Sie Stammkunden belohnen möchten, eignet sich ein Treueangebot. Hat der Kunde zwischen 2 und 20 Mal bei Ihnen eingecheckt, kann er das Angebot einlösen. Sie bestimmen dabei die Anzahl der nötigen Check-ins.

> *Freundschaftsangebot*: Menschen sind oft in Gesellschaft unterwegs, sei es zum Shoppen, Essen oder Ausgehen. Mit Freundschaftsangeboten können Sie bis zu acht Personen Rabatte gewähren, wenn diese Ihr Lokal gemeinsam besuchen. Solche Angebote können den Bekanntheitsgrad des Lokals erheblich steigern.

> *Wohltätigkeitsangebot*: Bei der Wahl von Wohltätigkeitsangeboten spenden Sie jedes Mal, wenn jemand das Angebot einlöst, eine selbst festgelegte Summe an eine wohltätige Organisation Ihrer Wahl. Der Spendenvorgang muss von Ihnen selbst verwaltet werden.

Beachten Sie dabei, dass Sie jeweils immer nur eine Art von Angebot machen können. Sollten Sie mehrere Filialen haben, muss pro Lokation ein separates Angebot erstellt werden.

Ankündigung einer Spendenaktion bei Facebook Deutschland.

Wenn Ihr Unternehmen eine solche Aktion plant, müssen auch die Menschen an der Verkaufsfront instruiert werden. Der Kellner muss die Konditionen kennen, und die Verkäuferin sollte sich nicht so verhalten, als sei der Kunde ein Schnorrer.

Denken Sie auch daran, den Werbetext mit einem kurzen und ansprechenden Titel auszustatten und nicht ins Detail zu gehen – „25 % Rabatt auf jeden Kauf ab 30 Euro" oder „30 % Rabatt auf das Essen, wenn du mit 3 Freunden hier bist" reicht vollkommen.

So veröffentlichen Sie als Unternehmen ein Facebook-Angebot

Um als Firma im deutschen Sprachraum selbst ein solches Facebook-Angebot zu erfassen, müssen Sie Stand Mai 2012 mit Facebook Kontakt aufnehmen.

Der Ablauf für die Veröffentlichung funktioniert dann generell wie folgt:

1 Navigieren Sie zu der Seite Ihres Orts auf Facebook und klicken Sie auf den Button *Verwalten*.

2 Wechseln Sie mit einem Klick auf *Seite bearbeiten* in die Administrationsansicht.

3 Dort finden Sie ganz unten den Eintrag *Angebote*. Klicken Sie diesen an und wählen Sie aus, welche Art von Angebot Sie veröffentlichen möchten.

4 Füllen Sie die notwendigen Felder aus und speichern Sie das Angebot. Facebook prüft es und informiert Sie nach erfolgter Freischaltung.

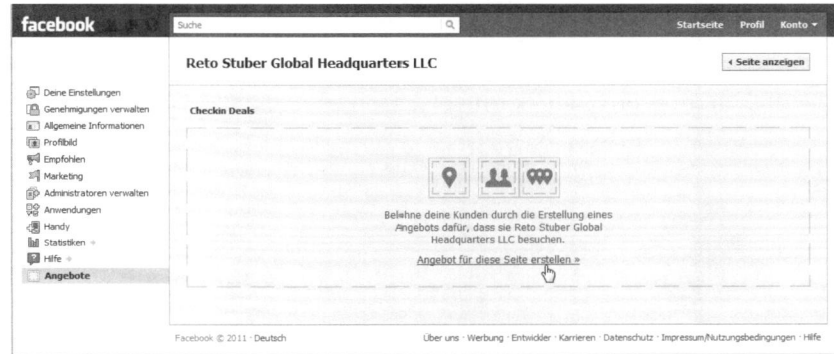

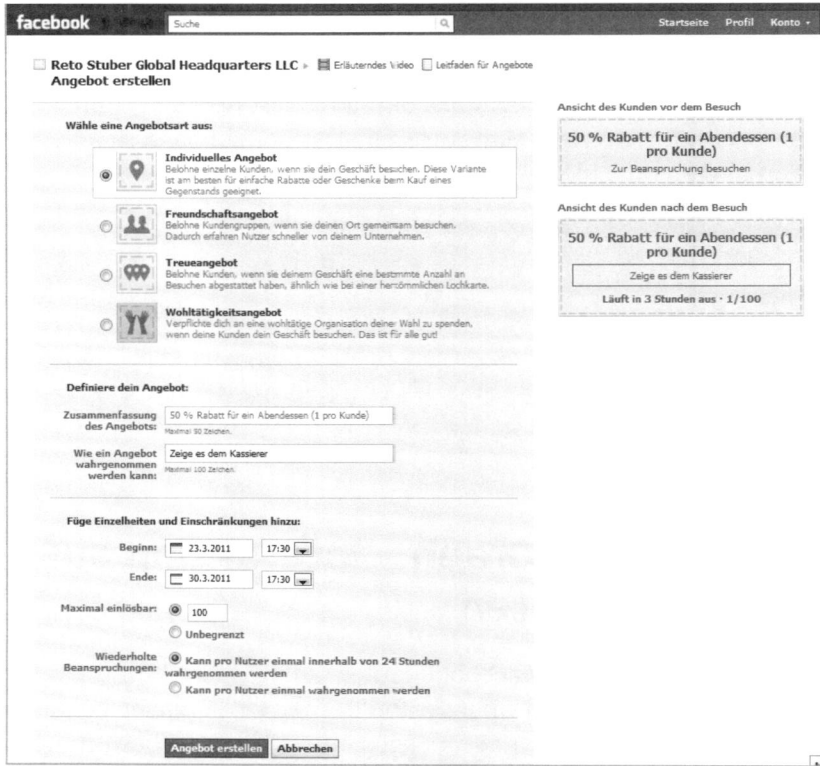

So präsentiert sich die Eingabemaske für die Facebook-Angebote.

Weitere Spezialangebote direkt auf Facebook erhalten

Umfragen haben auch gezeigt, dass sich die Fans von Seiten Spezialangebote und Rabatte wünschen. Diesem Bedürfnis der Nutzer will man Rechnung tragen.

Ein Coupon-Angebot als gesponserte Story.

Dafür **testet Facebook** für Unternehmen die Möglichkeit, den Nutzern spezielle Coupons anzubieten. Diese erscheinen als **gesponserte Story** und auch im Neuigkeitenbereich des Benutzers.

Ein Angebot erscheint im Neuigkeitenbereich bei den Fans.

Wenn sich der Nutzer für das Angebot interessiert und dieses anklickt, erhält er eine Nachricht via E-Mail zugestellt. Der Coupon lässt sich dann ausdrucken und direkt einlösen.

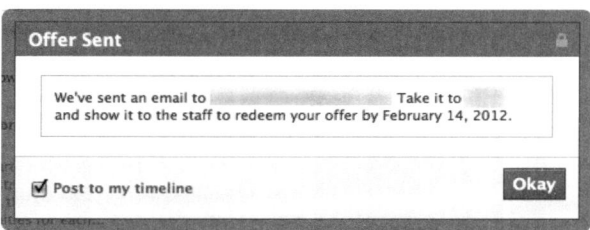

Nach einem Klick auf das Angebot erhalten Sie eine Nachricht zugestellt.

6.16 Facebook Open Graph – Interaktion auf anderen Webseiten

Das inoffizielle Motto von Facebook lautet: „Making the World Open and Connected" – die Welt soll offener und vernetzter gemacht werden. Mit dem **Facebook Open Graph** wird es möglich, überall im Netz bestimmte Facebook-Funktionen nutzen zu können! Damit kommt Facebook seinem Ziel näher, Menschen auf der ganzen Welt zu verbinden und das Internet „sozialer" zu machen.

Was hinter dem Open Graph steckt

Lange war das Web eine Sammlung unstrukturierter Links, die von Suchmaschinen indexiert wurden. Facebook erweitert das nun mit persönlichen und semantischen Informationen. Die Strategie von Facebook ist dabei, alle Objekte im Internet zu vernetzen.

Möglich machen das die sozialen Plug-ins. Darunter fallen zum Beispiel der *Gefällt mir*-Button oder die *Like Box*, die beide auf einer beliebigen Webseite eingebaut werden können (siehe dazu Kapitel 6.18 „Die besten Wege, um Ihre Facebook-Präsenz zu promoten und Fans zu gewinnen"). Alle diese Plug-ins basieren auf dem Open Graph.

Das Open-Graph-Protokoll wiederum basiert auf der ehemaligen Facebook-Connect-Schnittstelle. Entwickler haben damit die Möglichkeit, direkt auf die Schnittstelle des Open Graph zuzugreifen, sobald eine Autorisierung durch den Nutzer stattgefunden hat. **Weitere Details für Entwickler** finden sich unter **http://developers.facebook.com/docs/opengraph**. Beachten Sie bei einer Integration auch die **nötigen Datenschutzhinweise** und weisen Sie auf Ihrer Webseite auf den Einsatz der Facebook-Funktionen hin.

Damit ist es auch möglich, jede beliebige URL wie eine Facebook-Seite nutzen zu können! Wie man diese mächtige Funktion genau nutzt, ist unter **http://www.socialmediabuch.com/fbopengraphtrick** im Detail beschrieben.

Das **Open-Graph**-Protokoll und die Social-Plug-ins sind nicht über alle Zweifel erhaben, da die Privatsphäre der Benutzer entsprechend öffentlicher wird. Die rasante Verbreitung lässt jedoch den Schluss zu, dass die Benutzer die Annehmlichkeiten der Personalisierung höher gewichten als die Bedenken zur eigenen Privatsphäre. Facebook wird damit in weitere Bereiche unseres gesellschaftlichen Lebens vordringen.

Facebook vernetzt die Welt mit den sozialen Plug-ins

Das Prinzip der Plug-ins ist simpel und genial zugleich: Der Mensch wird zum Dreh- und Angelpunkt im Web. Dabei werden nicht nur die Beziehungen unter den Menschen visualisiert (was sich in den Freunden und Freundesfreunden zeigt), sondern auch die Aktivitäten jedes Einzelnen. Es ist erwiesen, dass diese Plug-ins die Nutzer **länger auf einer Webseite** halten.

Sie sehen damit zum Beispiel im Newsticker, wenn jemand einen Beitrag auf einer anderen Webseite mag. Wenn Sie dann auf den Link klicken und den Beitrag besuchen, sehen Sie, wie viele Personen und wie viele Ihrer

Freunde diesen bereits mögen. Aber es geht auch andersherum: Wenn Sie im Internet auf einer Seite landen, sehen Sie direkt, wie viele Personen und wer Ihrer Freunde diese bereits mit einem *Gefällt mir* versehen hat.

Integration des Gefällt mir-Buttons auf Focus.de.

Facebook kennt alle Ihre Vorlieben

Das eigene Facebook-Profil wird durch diese Informationen immer umfassender und detaillierter. Dabei zeigen sich die Vorlieben einer Person – sei es im Bereich Musik, Film, Buch, Gastronomie etc.

Sie können sich über **die Facebook-Log-in-Funktionalität** mit Ihrer Facebook-Identität auch auf anderen Seiten anmelden. Die Möglichkeiten gehen sogar noch weiter, denn aufgrund der im persönlichen Facebook-Profil hinterlegten Inhalte können Webdienste automatisch eine erste Personalisierung für Sie vornehmen.

Die Facebook-Log-in-Funktionalität hilft Ihnen dabei, sich auf anderen Seiten anzumelden.

So begrüßt einen zum Beispiel der Musikdienst **http://www.pandora.com** nach der Anmeldung direkt mit Musik der Lieblingsinterpreten, die man auf Facebook als Interessen hinterlegt hat bzw. von deren Facebook-Seite man ein Fan ist.

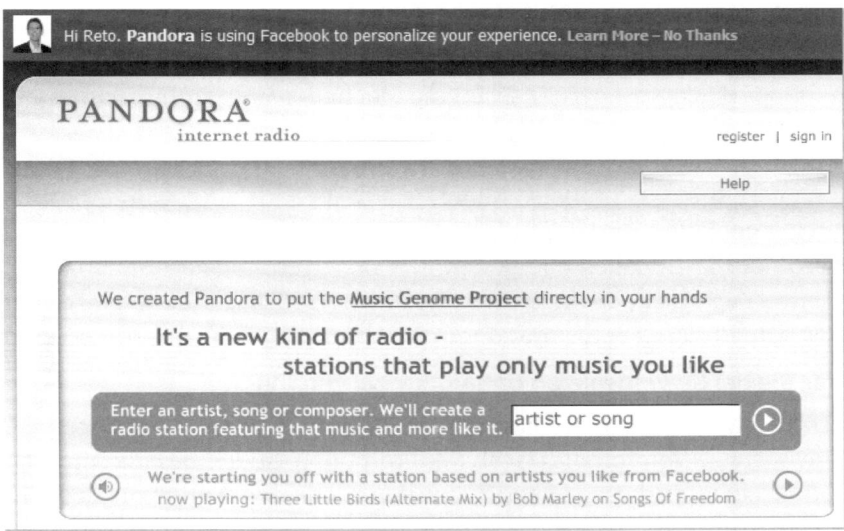

Pandora.com nimmt eine automatische Personalisierung aufgrund persönlicher Interessen vor.

6.17 Gewinnspiele – die Dos & Don'ts

Vielleicht kommt Ihnen diese Situation bekannt vor: Endlich hat Ihr Unternehmen eine eigene Facebook-Seite und diese auch stolz kommuniziert. Aber dann ertappen Sie sich dabei, wie Sie alle drei Minuten den Browser aktualisieren, um zu schauen, ob die Fanzahl nach oben geht. Wächst die Zahl der Fans dann nicht stetig, ist die Enttäuschung schnell da.

Vielleicht haben Sie sich auch schon eine stabile Fanbasis aufgebaut, sind aber enttäuscht, weil keine neuen Fans mehr dazukommen? In beiden Fällen überlegen Sie sich, wie Sie die Anzahl Ihrer Fans steigern können. Gewinnspiele bieten sich für diesen Zweck natürlich an, doch es gibt dabei einiges zu beachten.

Lernen Sie das Regelwerk von Facebook kennen

Bei Gewinnspielen nimmt die Aufmerksamkeit und das Engagement der Nutzer auf Ihrer Facebook-Seite zu, was sich im Idealfall auch positiv auf Ihr Unternehmen auswirkt. Ihre Fanbasis besteht dann nicht mehr nur aus den bestehenden Fans, sondern zieht neue (potenzielle) Kunden an.

Sie lernen zudem

➢ Ihre Fans und Kunden besser kennen,

➢ machen Ihr Produkt oder Ihre Marke bekannt,

➢ stärken das Außenbild Ihres Unternehmens,

➢ regen Nutzer aktiv zum Mitmachen an (siehe auch Kapitel 2.9 „Der OTTO-Modelcontest demonstriert die Macht der Community") und

➢ stärken die Bindung zu den bisherigen Fans.

Gewinnspiele sind ein probates Mittel, um neue Fans zu gewinnen. Aber: Nur ein gut geplantes und durchdachtes Gewinnspiel führt auch zum Erfolg und verbindet im Idealfall alle genannten positiven Aspekte miteinander. Unter **http://www.fanspecials.de** und **http://www.socialmediabuch.com/conver sionrates** können Sie sich Inspirationen von anderen Gewinnspielen holen.

Auf was Sie bei Gewinnspielen unbedingt achten müssen

Werfen wir daher zu Beginn einen Blick auf das Regelwerk, das Facebook für Gewinnspiele vorgibt: die Facebook Promotion Guidelines. Sie müssen Promotions – unter diesem Begriff fasst Facebook alle Arten von Gewinnspielen etc. zusammen – in einer eigenen Anwendung (App) realisieren.

In den Bestimmungen Ihres Gewinnspiels müssen Sie außerdem klarstellen, dass Facebook das Gewinnspiel weder sponsert noch unterstützt oder organisiert und dass die erhobenen Informationen vom Kunden an Sie und nicht an Facebook gehen. Es dürfen auch keine Facebook-Logos dafür eingesetzt werden.

Achten Sie darauf, dass die Teilnahmebedingungen von den Nutzern akzeptiert werden müssen, zum Beispiel indem eine Checkbox angeklickt wird. Diese sollten einen klaren Teilnahmezeitraum festsetzen, und natürlich muss das Gewinnspiel auch den Datenschutzbestimmungen Ihres Landes Rechnung tragen.

Die Teilnahme darf zudem nicht abhängig sein **von einer einzelnen Aktion** auf Facebook (beispielsweise bei einem bestimmten Statusupdate auf *Gefällt mir* klicken, einen Beitrag veröffentlichen, ein Foto hochladen, Besuch eines Orts, ...). Facebook **ahndet Verstöße gegen die Richtlinien** auch schon mal mit der Sperrung einer Seite.

Ist das Gewinnspiel beendet, müssen die Gewinner außerhalb von Facebook (also nicht über Facebook-Nachrichten oder -Chats etc.) benachrichtigt werden. Denken Sie deshalb bei der Erstellung des Gewinnspiels daran, dass Sie eine gültige E-Mail- oder Postadresse des Gewinners erhalten (beispielsweise durch ein Formular).

WETTBEWERB GEKAPPT   17. Mai 2011 11:16; *Akt: 23.05.2011 11:42*

Facebook stoppt «Ferien ohne Facebook»

von Daniel Schurter - Schweiz Tourismus hat dazu aufgerufen, Offline-Ferien zu machen – ohne Internet und ohne Facebook. Jetzt blockiert das soziale Netzwerk den Auftritt der Werbekampagne. Aus Trotz?

Facebook will offenbar nicht, dass man Ferien ohne Facebook macht.

Nach 3 Tagen wurde die App von Facebook deaktiviert. Warum, wurde uns nicht mitgeteilt. Wir arbeiten daran, dass Ihr sobald wie möglich wieder mitmachen könnt bei „Ferien ohne Internet und Handyempfang".

Möchtet Ihr informiert werden, sobald die Aktion auf Facebook wieder läuft? Dann werdet Fan von Schweiz Tourismus, wir halten Euch auf dem laufenden.

> **Zur Facebook - Page von Schweiz Tourismus**

> **Film-Intro trotzdem anschauen**

Facebook greift schon mal hart durch, wenn ein Gewinnspiel nicht den Regeln entspricht.

Beispiele für verbotene Teilnahmebedingungen

Wie gesagt, es darf kein Zwang bestehen, Facebook-Funktionen für das Gewinnspiel zu nutzen! Hier **einige Beispiele** für Dinge, die **nicht erlaubt** sind:

➤ „Teile das Foto, dann nimmst du automatisch am Gewinnspiel teil!"

➤ „Der Kommentar/das Foto mit den meisten *Gefällt mir*-Klicks gewinnt unseren coolen VW Polo."

➤ „Markiere dich auf diesem Foto und teile es mit deinen Freunden. Dann hast du die Chance auf eine tolle Karibikreise!"

➤ „Jeder, der bis zum 10.06.2012 ein Fan unserer Seite wird, nimmt an der Verlosung von 2 Apple iPads teil."

➤ „Der 5.000ste Fan unserer Seite gewinnt eine Reise in die Schweiz."

Seien Sie kreativ in allen Belangen!

Sie wollen mit Ihrem Gewinnspiel neue Fans gewinnen und diese nach Möglichkeit sogar zu aktiven Nutzern und Kunden machen? Dann ist ein Nullachtfünfzehn-Gewinnspiel dafür nicht geeignet. Das Ausfüllen eines Formulars für die Möglichkeit, ein tolles Produkt einer anderen Firma zu gewinnen, wird vor allem „Gewinnspieljäger" auf Ihre Seite locken.

Seien Sie deshalb zunächst bei der Idee des Gewinnspiels an sich kreativ, um damit eine nachhaltig aktive Fanbasis anzuziehen. Versuchen Sie, die Teilnehmer zu einer Aktion zu bewegen, die mit Ihrer Marke oder Ihrem Produkt zusammenhängt. Hier muss Ihnen die Gratwanderung zwischen Kreativität und geringer Komplexität der Teilnahmebedingungen gelingen.

Sie könnten zum Beispiel Ihre Fans Vorschläge für den Werbeslogan für ein neues Produkt einsenden lassen. Das hat zur Folge, dass sich die Fans aktiv mit Ihrer Marke bzw. Ihrem Produkt auseinandersetzen und an den Marketingmaßnahmen beteiligt sind. Zudem werden nur die wenigsten „Gewinnspieljäger" sich die Mühe machen, kreativ tätig zu werden.

Einige Gedanken zur Preisgestaltung

Kreativität ist aber auch bei den Gewinnen gefordert. Ein iPad ist der De-facto-Standardgewinn, egal ob Reiseunternehmen, Werbeagentur oder Gastronomieriese. Eine Alternative sind natürlich Produkte, die mit Ihrem Logo versehen sind. So hat Microsoft zum Beispiel USB-Sticks mit dem Logo der Suchmaschine Bing.com verlost.

Oder wie wäre es mit Produkten aus Ihrem eigenen Haus? Damit wird die Identifikation des Kunden mit dem Unternehmen gestärkt. Sie müssen also nicht unbedingt große, teure Produkte verlosen. Verlosen Sie stattdessen etwas, das den Kontakt zum Kunden schafft und die Beziehung fördert.

Verlosen Sie beispielsweise ein oder zwei Hauptgewinne und mehrere kleinere (aber nicht minder „kultige", einzigartige, besondere) Nebengewinne. Wenn es neben den Hauptpreisen viele Trostpreise gibt, können Sie darüber mit mehr Fans eine Beziehung schaffen. Diese Fans können dann wiederum als Multiplikatoren dienen.

Wie sollte das Gewinnspiel gestaltet werden?

Wenn das Ziel Ihrer Aktion die Generierung von Fans ist, sollten Sie das Gewinnspiel wie folgt gestalten.

➢ Nutzen Sie die ganze verfügbare Breite der Applikation zur Gestaltung der Detailansicht.

➢ Bauen Sie eine Aufforderung zum *Gefällt mir*-Klicken ein.

➢ Weisen Sie prominent auf Ihr Gewinnspiel hin.

➢ Begeistern Sie die Fans mit einer interaktiven und persönlichen Kommunikation. Damit schaffen Sie eine Beziehung!

➢ In der Gewinnspielanwendung können Sie die Leser deshalb direkt ansprechen und auffordern, das Gewinnspiel mit ihren Freunden zu teilen („Erzähle deinen Freunden davon!" etc.).

➢ Gleichzeitig sollten Sie die Fans miteinbeziehen und nicht nur eine „simple" Gewinnspielaktion veranstalten. Sorgen Sie dafür, dass die Teilnehmer aktiv Vorschläge, Fotos, Meinungen etc. einbringen können.

Applikationen für Promotion und Wettbewerbe

Mit den folgenden Applikationen können Sie Promotions auf Facebook durchführen. **Diese Liste basiert auf einem Beitrag von AllFacebook.de**, mehr auch im Kapitel 6.10 „Benachrichtigungen bei Aktivität auf Profil, Seite und Gruppe".

Applikation	Beschreibung
Halalati	Mit dieser deutschen Applikation lassen sich Wettbewerbe durchführen und Fans gewinnen. Das Unternehmen dahinter bietet verschiedene Servicepakete an.
	https://www.facebook.com/halalati
yourfans	yourfans-Apps ermöglichen Unternehmen eine wirksame Social-Media-Marketing-Strategie mit Apps für Gutscheine, Promotions und speziellen Fanvorteilen.
	http://www.yourfans.de
Wildfire	In die gleiche Kategorie fällt Wildfire, die interaktive Promotions aller Art unterstützt. Dazu gehören zum Beispiel Quiz, Group Deals, Coupons, Formulare etc. – von Facebook über Twitter bis hin zu Newsletter-Sign-ups.
	https://www.facebook.com/wildfireinteractive
Fan Appz	Dabei handelt es sich um ein Set an Applikationen, mit denen sich zum Beispiel Abstimmungen, Quiz und Promotions realisieren lassen.
	http://apps.facebook.com/fanappz/
North Social	Ein weiteres Set an Applikationen bietet North Social: von Videochannels über Verlosungen bis hin zu Kartendarstellungen und Reviews.
	https://www.facebook.com/northsocial
FanGager	Mit FanGager lassen sich Personen auf Facebook, Twitter und der eigenen Webseite verwalten und damit dann auch mit Prämien für Beiträge etc. beglücken.
	http://www.fangager.com

Spannung und Interesse wecken – und zum richtigen Zeitpunkt veröffentlichen

Stellen Sie sich vor, Ihr Gewinnspiel startet – und keiner macht mit! Weisen Sie Ihre Fans deshalb schon vor dem Start auf eine bald anstehende Überraschung oder (noch konkreter) auf das bald anstehende Gewinnspiel mit tollen Preisen hin.

Bauen Sie einen Countdown ein oder verraten Sie Stück für Stück erste (vage) Details über Gewinne oder Teilnahmebedingungen. So können Sie bei Ihren bestehenden Fans einen Spannungsbogen aufbauen – und mit dem Start kann dann eine wahre Lawine der Begeisterung gestartet werden (siehe dazu Kapitel 3.2 „Virales Gewinnspiel für den Launch des TrafficPrisma von Onlinemarketer Tobias Knoof").

Planen Sie auch die beste Veröffentlichungszeit Ihrer Aktion. Nutzen Sie dafür beispielsweise Ihre Erkenntnisse aus bisherigen Analysen zur Seitennutzung aus den Facebook-Insights-Statistikdaten. **Unterschiedliche Studien** kommen zu verschiedenen Ergebnissen bei der Bestimmung des besten Zeitpunkts zur Veröffentlichung. Schauen Sie sich deshalb Ihre eigenen Statistiken an, um zu ermitteln, wann auf Ihrer Seite die Nutzung am stärksten ist.

Und noch ein Tipp: Starten Sie die Aktion nicht, kurz bevor Sie in den Feierabend gehen. Falls Probleme oder Fragen auftreten, muss jemand da sein, um darauf zu reagieren.

Bewerben Sie das Gewinnspiel richtig

Nachdem Ihr Gewinnspiel gestartet ist, sollten Sie in weiteren Beiträgen darauf aufmerksam machen. Um möglichst viele Nutzer zu erreichen, können Sie zum Beispiel Folgendes tun:

➤ Ihre Beiträge mit einem Foto oder Video versehen – das sorgt für mehr Aufmerksamkeit, *Gefällt mir*- und *Teilen*-Klicks.

➤ Die Nutzer direkt auffordern, an der Aktion teilzunehmen („Jetzt teilnehmen!").

➤ Schon vorher über Erinnerungsbeiträge nachdenken. Ihr Beitrag bleibt schließlich nicht ewig oben in der Chronik. Denken Sie sich dafür witzige, kreative Meldungen aus (z. B. „Hast du dir schon überlegt, was du mit dem Gewinn X machen würdest?").

➤ Ihre vorhandenen Fans zur Unterstützung auffordern („Teile das Gewinnspiel mit deinen Freunden!").

➤ Gegebenenfalls das Gewinnspiel auch in den Facebook-Werbeanzeigen bewerben. Hier können direkte Aufforderungen und ansprechende Werbebilder (passend zur Aktion) rasantes Wachstum erzeugen.

➤ Auch außerhalb von Facebook andere etablierte Kommunikationskanäle (beispielsweise Newsletter, Printprodukte, Webseiten, andere Social-Media-Kanäle, ...) zur Generierung von Traffic nutzen. Achten Sie dabei aber auf die Vorgaben zum Einsatz der Facebook-Markenzeichen – siehe **https://www.facebook.com/brandpermissions.**

Nutzen Sie auch die Kommunikationsmöglichkeiten nach dem Gewinnspiel

Hat sich Ihre Fanbasis erhöht und ist das Gewinnspiel gerade zu Ende gegangen? Dann ist Ihre „Mission" aber noch nicht zu Ende! Vielleicht können Sie die Gewinner auch dazu bringen, weiter mit Ihrer Seite zu interagieren – zum Beispiel über das Hochladen von Fotos mit dem gewonnenen Preis. Oder Sie laden die Gewinner in Ihre Stadt ein und übergeben den Gewinn persönlich. Machen Sie davon Bilder, Videos und bloggen, facebooken und twittern Sie darüber!

6.18 Die besten Wege, um Ihre Facebook-Präsenz zu promoten und Fans zu gewinnen

Eine Facebook-Präsenz ist nichts wert ohne die Menschen, die an Ihren Meldungen Interesse haben. Sie als Verantwortlicher für die Seite stehen vor der Aufgabe, Fans aufzubauen und diese bei Laune zu halten. Kein leichtes Unterfangen, aber mit den richtigen Mitteln lässt sich das bewerkstelligen. Verzichten Sie aber darauf, sich Fans über **einschlägige Plattformen** „einzukaufen". Dabei handelt es sich oftmals um falsche Accounts, die für keine Interaktion sorgen werden.

Im Folgenden liegt der Fokus auf der Bekanntmachung einer offiziellen Seite. Die vorgestellten Ansätze lassen sich aber auch auf persönliche Profile, Gruppen oder teilweise auch auf andere Netzwerke adaptieren.

Interagieren Sie mit den Leuten

Sobald Sie eine Fanseite haben, sollten Sie laufend mit den Fans über Kommentare zu Beiträgen interagieren. Dabei ist es wichtig, zu wissen, dass sich die Fans nicht primär auf Ihrer Facebook-Seite aufhalten. Diese wird in der Regel nur einmalig besucht, um Fan zu werden!

Danach werden die Fans vor allem über die Beiträge im Neuigkeitenbereich des eigenen Profils auf dem Laufenden darüber gehalten, was auf Ihrer Seite passiert. Dort wird auch kommentiert und auf *Gefällt mir* geklickt. Stellen Sie deshalb sicher, dass möglichst viele Fans möglichst oft mit Ihnen interagieren. Damit erkämpfen Sie sich einen Platz unter den Hauptmeldungen, was Ihnen wiederum mehr Präsenz verschafft.

Nutzen Sie Statusupdates, mit denen die Fans interagieren

Scheuen Sie sich nicht davor, Ihre Fans zum Teilen der Artikel oder zu einem Klick auf *Gefällt mir* aufzufordern (beispielsweise: „Wenn du auch dieser Meinung bist, klicke auf *Gefällt mir* oder hinterlasse einen Kommentar, wenn du anderer Meinung bist"). Es bietet sich auch an, den Beitrag mit einem Foto zu untermauern.

Wenn Sie übrigens einen Link veröffentlichen, fügt Facebook automatisch ein Foto von der Webseite, den Seitennamen und die Beschreibung hinzu. Diese Inhalte lassen sich auch manuell anpassen! Klicken Sie dazu einfach auf den Titel oder die Beschreibung und tragen Sie dort Ihren Text und allenfalls eine Handlungsaufforderung ein. Wenn es mehrere Bilder von der Webseite gibt, können Sie diese durchblättern und eine passende Auswahl treffen (oder auf die Publikation eines Bilds verzichten).

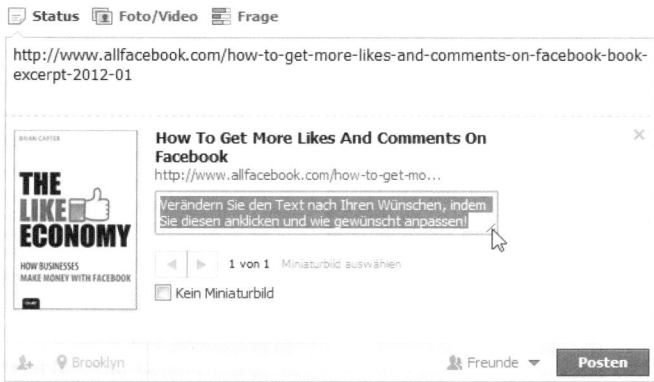

Passen Sie Titel, Text und Bild Ihren Wünschen entsprechend an.

Um die Fans zu einer Handlung anzuspornen (wir wollen ja möglichst viel Interaktion), erhalten Sie hier einige **Vorlagen**, die für Statusupdates genutzt werden können. Die Ideen dazu entstammen dem Buch „**The Like Economy**" von Brian Carter:

➢ Drückt „Gefällt mir", wenn ihr ... liebt.

➢ Drückt „Gefällt mir", wenn ihr denkt, dass ...

354

> ➢ Drückt „Gefällt mir", wenn ihr gern … haben würdet.

> ➢ Drückt „Gefällt mir", wenn ihr glaubt, dass …

> ➢ Drückt „Gefällt mir", wenn ihr wollt, dass …

Die besten Fragen sind offen formuliert, lassen also mehr als nur ein „Ja"
oder „Nein" zu. Solche offenen Fragen können zum Beispiel sein:

> ➢ Was denkst du über …?

> ➢ Was passiert, wenn du …?

> ➢ Was sind deine Ziele bezüglich …?

> ➢ Wenn du etwas an … ändern könntest, was wäre das?

> ➢ Was magst du an … am liebsten?

> ➢ Als du jünger warst, …?

Um einen Verkauf anzupreisen, können Sie diese Formulierungen verwenden:

> ➢ Wann wirst du …?

> ➢ Wann bist du bereit für …?

> ➢ Schaut euch unser … an.

> ➢ Ein exklusiver Discount für Facebook Fans!

> ➢ Macht mit am Contest und gewinnt …!

> ➢ Schaut euch diesen Blogpost an, weil …

> ➢ Klickt hier, um dieses Schnäppchen zu erhalten, bevor es weg ist.

Dass der Verkauf auf Facebook nicht ganz einfach ist, haben wir bereits in
Kapitel 6.11 „F-Commerce – So verkaufen Sie auf Facebook" angesprochen.
Wissen Sie zum Beispiel, wie oft Ihre Kunden bei Ihnen einkaufen? Wenn
das alle drei Monate der Fall ist, können Sie davon ausgehen, dass neue Interessenten im Schnitt auch erst nach drei Monaten kaufen.

In dieser Zeit müssen Sie eine authentische Beziehung zu der Kundschaft
aufzubauen. Dadurch erhalten diese einen Überblick über Ihr Angebot sowie eine engere Bindung zu Ihnen, was einen großen Einfluss auf das Kauf-
verhalten hat. Wenn Sie Fans, die noch nie bei Ihnen online gekauft haben,
über Ihr Angebot informieren wollen, können Sie folgende Tipps nutzen:

> ➢ Zeigen Sie auf, warum es gut ist, online zu kaufen.

➢ Erläutern Sie, warum Ihr Angebot oder Ihr Store besser ist als die anderen (beispielsweise portofreie Lieferung, mehr Zahlungsmöglichkeiten, breites Sortiment, Kundenservice, ...).

➢ Finden Sie bereits bestehende Kunden, die Sie mit einem Testimonial (mit Bild und Video) empfehlen können.

➢ Fügen Sie auch einen Link Ihrer Website in Ihre Beiträge ein, denn je mehr *Gefällt mir*-Klicks und Kommentare Sie bekommen, desto mehr potenzielle Kunden können Sie erreichen.

Hier einige mögliche Statusupdates, die die Leute dazu animieren sollen, über Produkte nachzudenken und darüber zu sprechen:

➢ Was ist das wichtigste Produkt für ...?

➢ Welche ... Produkte mögt ihr und welche nicht?

➢ Fällt es euch schwer, Produkte für ... zu finden?

➢ Kauft ihr ... online ein?

Sorgen Sie für Abwechslung durch Sonderzeichen

Sie können dabei auch **Sonderzeichen nutzen**, um Ihren Beitrag von der Masse abzuheben (siehe eine Übersicht im Anhang). Es gibt Seiten wie **http://www.facebookasciiart.com**, **http://www.facebookcraze.com** oder **http://www.facebookascii.com**, auf denen Sie bereits vorgefertigte Darstellungen finden, die Sie nur noch kopieren müssen. Man spricht hier von „ASCII-Art", wobei ASCII für das Codierungsschema des Zeichensatzes steht und der Begriff „Art" im Englischen „Kunst" bedeutet.

Beispiel einer ASCII-Darstellung mit Sonderzeichen.

Veröffentlichen Sie regelmäßig relevante Inhalte

Nun haben wir bereits darüber gesprochen, wie solche Statusnachrichten formuliert sein könnten. Seien Sie sich bewusst, dass **interessante Inhalte** zu den bedeutsamsten Erfolgsfaktoren für Ihre Seite gehören. Wichtig ist es deshalb auch, dass Sie **regelmäßig neue Inhalte publizieren**.

Hier ein paar Ideen dazu:

➤ Verfassen Sie laufend interessante Statusupdates, die einen Blick hinter die Kulissen ermöglichen.

➤ Verlinken oder teilen Sie relevante Inhalte aus anderen Quellen, sei es aus dem Web (beispielsweise via **http://www.google.de/news**) oder von Facebook-Profilen Ihrer Freunde.

➤ Schreiben Sie spannende Artikel (beispielsweise auf Ihrem Blog oder direkt auf Facebook in der Notizen-Applikation) und verweisen Sie darauf.

➤ Veröffentlichen Sie Fotos und Videos und markieren Sie Personen darin.

➤ Publizieren Sie Statements oder Fragen von Kunden, Partnern oder Mitarbeitern.

➤ Bieten Sie Sonderangebote nur für Facebook-Fans an.

➤ Verlinken Sie auf Ihre anderen Onlineprofile wie beispielsweise YouTube oder Twitter.

Laden Sie Ihre Freunde zur Fanseite ein

Nutzen Sie auch Ihre bestehenden Kontakte, um darüber neue Fans zu gewinnen. Gerade wenn Sie mit einer neuen Seite starten, sind Sie zu Beginn auf den Support aus Ihrem persönlichen Netzwerk angewiesen. Damit können Sie eine erste Basis an Fans Ihrer Seite gewinnen.

Werden Sie zuerst mit Ihrem persönlichen Profil selbst ein Fan, indem Sie auf den *Gefällt mir*-Button klicken. Diese Aktion ist dann auch auf Ihrem persönlichen Profil und in den Neuigkeiten ersichtlich.

Laden Sie nun die Freunde Ihres persönlichen Profils als Fans dazu ein:

1 Navigieren Sie auf Ihre Seite.

2 Klicken Sie oben auf *Publikum erweitern* und dann auf den Eintrag *Freunde einladen*.

3 Wählen Sie die gewünschten Freunde aus.

4 Klicken Sie auf *Absenden*.

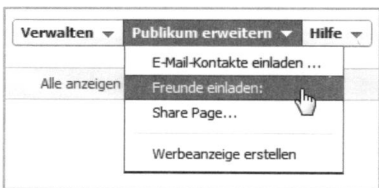

So laden Sie Ihre Freunde auf die Seite ein.

357

Wenn Sie zudem neue Kontakte Ihrem persönlichen Profil hinzufügen, schreiben Sie in der Regel ein paar Zeilen dazu. Fügen Sie unten in der Nachricht noch einen Hinweis ein, beispielsweise: „PS: Würde mich freuen, wenn du auch ein Fan meiner Facebook-Seite unter **https://www.facebook. com/SocialMediaBuch** wirst."

Da diese Taktik nicht immer von Erfolg gekrönt ist, können Sie in regelmäßigen Abständen Ihre neu gewonnenen Freunde direkt zur Fanseite einzuladen. Dazu wiederholen Sie einfach das Prozedere, um die Seite Freunden vorzuschlagen. Ihre Kontakte erhalten dann eine entsprechende Benachrichtigung.

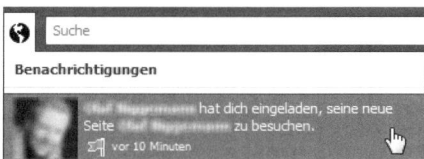

Eine vorgeschlagene Seite erscheint unter den Benachrichtigungen.

Laden Sie Ihre Kontakte aus Ihrer E-Mail-Adressdatenbank auf Ihre Seite ein

Sie können auch Ihre **E-Mail-Adressen nutzen**, um andere Leute einzuladen – zum Beispiel können Sie die E-Mail-Adressen Ihrer Kundendatenbank oder Ihres persönlichen E-Mail-Systems hochladen. Dies ist ein sehr mächtiges Werkzeug, es werden bis zu 5.000 Adressen unterstützt! Sie finden die Funktion auf Ihrer Seite im Menü *Publikum erweitern* unter dem Eintrag *E-Mail-Kontakte einladen.*

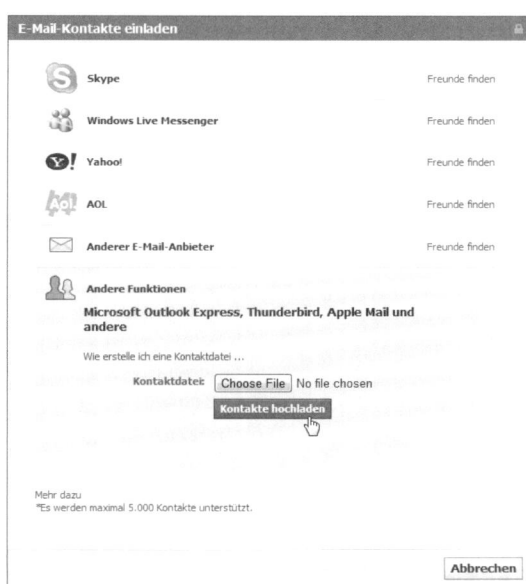

Laden Sie eine Kontaktdatei hoch oder verbinden Sie sich mit Ihrem E-Mail-System.

Facebook sendet dabei jeweils nur eine E-Mail an die Leute, die noch nicht auf Facebook vertreten sind. Wer bereits mit einer E-Mail-Adresse aus der Kontaktliste auf Facebook aktiv ist, erhält direkt eine Benachrichtigung eingeblendet, ein Fan der Seite zu werden.

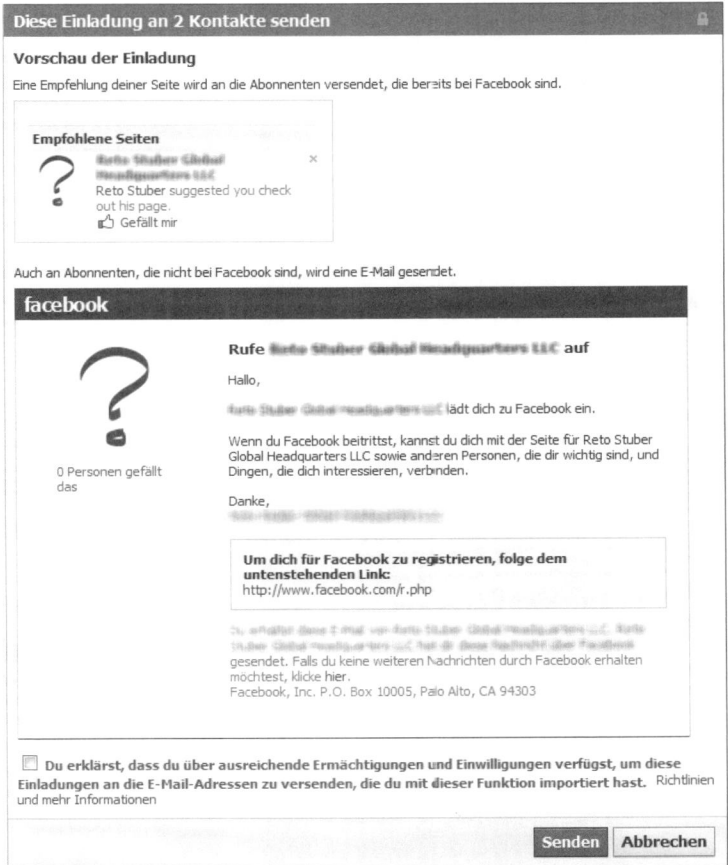

So präsentiert sich die von Facebook versandte Einladungsnachricht zu Ihrer Seite.

Kontakte aus anderen Netzwerken einladen

Wenn Sie Kontaktlisten auf weiteren sozialen Netzwerken wie Twitter, XING, LinkedIn etc. haben, können Sie diese natürlich auch direkt mit einer Mitteilung über diese Kanäle auf Ihre Seite einladen.

Nutzen Sie dazu ebenfalls eine persönliche Nachricht, einen Newsletter oder einfach ein Statusupdate in anderen Netzwerken im Sinne von „Werde Fan auf unserer Facebook-Seite …". Laden Sie auch Ihre Kollegen, Partner und Kunden ein, diese gehören oft zu den loyalsten Fans!

Sie können ebenfalls die Möglichkeit nutzen, auf Ihrem persönlichen Profil Kontakte aus anderen Netzwerken als Freunde hinzuzufügen – diese können Sie dann ja auch jederzeit zu Ihrer Seite einladen. Wählen Sie oben das Symbol für die Kontakte an und klicken Sie dann auf *Freunde finden*.

Klicken Sie in der Top-Navigation auf Freunde finden.

Im sich öffnenden Fenster können Sie sich dann beim gewünschten Netzwerk mit Ihren Kontoangaben anmelden und darüber weitere Kontakte hinzufügen, ähnlich wie bei den Seiten.

Verbinden Sie sich mit Freunden aus anderen Netzwerken.

Wenn Sie im Auge behalten möchten, welche Ihrer Freunde Sie „entfreunden", können Sie dafür Skripten von Drittanbietern nutzen. Unter **http://www.socialmediabuch.com/unfriend** finden Sie weitere Details dazu.

Kommunizieren Sie die URL Ihrer Facebook-Seite auf allen Kanälen

Es ist wichtig, dass Sie die Kurz-URL zu Ihrer Facebook-Seite unter die Leute bringen! Sollten Sie sich diese noch nicht gesichert haben, können Sie das, wenn Sie 25 Fans und mehr haben, unter **http://www.facebook.com/username** nachholen.

➢ Nutzen Sie dafür zum Beispiel die E-Mail-Signatur, um einen Link auf Ihr persönliches Profil oder Ihre Seite zu platzieren (siehe dazu auch das Kapitel 11.2 „Newsletter und E-Mail-Marketing").

➢ Fordern Sie auch die Mitarbeiter in Ihrer Organisation dazu auf, es Ihnen gleichzutun.

➢ Müßig zu sagen, dass natürlich in jeden versandten Newsletter der Link auf Ihre Seite gehört, am besten mit einem passenden Icon versehen.

➢ Bauen Sie den Hinweis auf Facebook ebenfalls in die physische Kundenkommunikation ein (beispielsweise in Briefen, auf Visitenkarten, in Broschüren, Magazinen, in der Werbung, auf Produkten, auf Schildern etc.).

➢ Platzieren Sie das Facebook-Logo auch auf digitalen Präsenzen, sei es in Ihrem Twitter-Hintergrund, in einem veröffentlichten Dokument oder natürlich auf Ihrer Webseite. Achten Sie auf die geltenden Richtlinien (siehe **https://www.facebook.com/brandpermissions).**

Fordern Sie Fans zur Empfehlung Ihrer Seite an das eigene Netzwerk auf

Sie können auch Ihre Fans und Kollegen bitten, den Link zu Ihrer Seite mit dem eigenen Netzwerk zu teilen. Diese Aufforderung können Sie prominent auf Ihrer eigenen Seite platzieren, beispielsweise indem Sie ein Statusupdate veröffentlichen oder dies bei der Kurzvorstellung anmerken. Das ergibt dann am meisten Sinn, wenn Sie den neuen Fans auch etwas zu bieten haben (beispielsweise ein Gewinnspiel).

Sie können zudem den Dienst **http://www.picbadges.com** nutzen, damit Fans und Mitarbeiter das eigene Profilfoto mit einem Badge versehen können, der zum Beispiel Ihr Logo enthält.

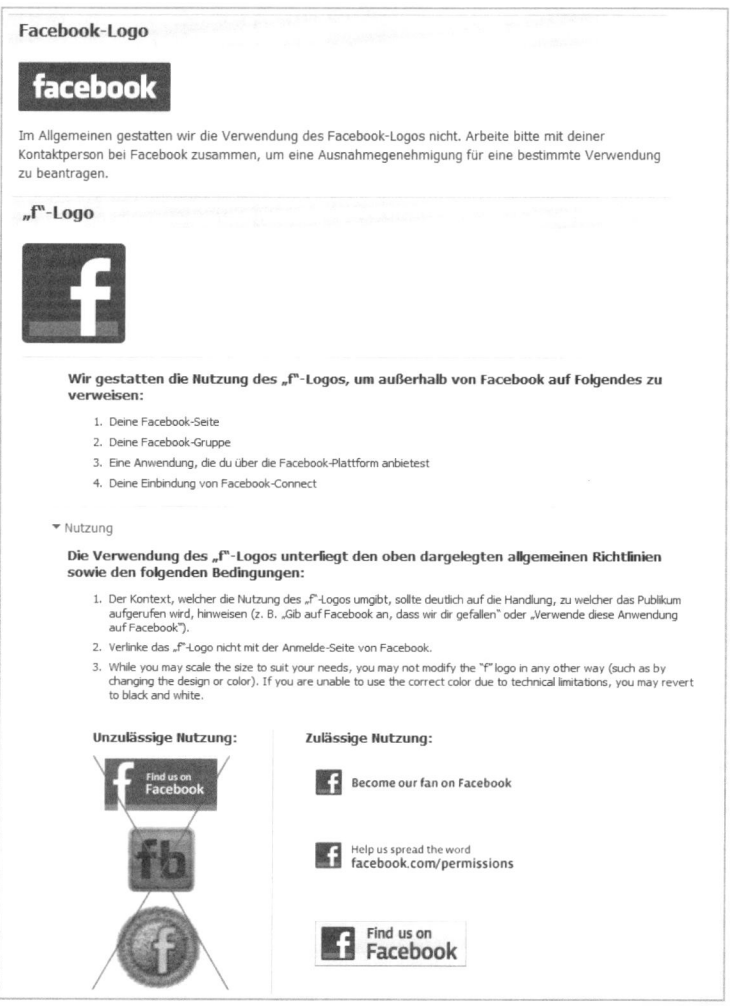

Beachten Sie die Vorgaben von Facebook zum Einsatz des Logo.

So finden Sie die Meinungsmacher und gewinnen sie als Fans

Sie finden auf Facebook zu praktisch jedem Thema eine Facebook-Seite oder -Gruppe. Suchen Sie sich mit passenden Stichwörtern relevante Auftritte über die Suchfunktion, werden Sie ein Fan und partizipieren Sie mit hilfreichen Kommentaren an Diskussionen (sei es unter dem persönlichen Profil oder als Seite).

Treten Sie mit relevanten Leuten in Kontakt, die sich für Ihre Seite interessieren könnten. Sie können dann zum Beispiel deren öffentliche Updates abonnieren oder die Person als Freund Ihrem persönlichen Profil hinzufügen und sich mit einer persönlichen Nachricht vorstellen.

Ein guter Aufhänger kann dabei die Mitgliedschaft auf derselben Seite oder in derselben Gruppe sein. Behalten Sie dabei aber im Hinterkopf, dass niemand Spam mag und Sie deshalb echtes Interesse oder einen Mehrwert für den Empfänger liefern sollten.

Versuchen Sie, Meinungsführer zu gewinnen. Je mehr Freunde eine Person hat, die ein Fan Ihrer Seite wird, desto größer ist die potenzielle Reichweite. Der Beitritt zu Ihrer Seite wird ja dann auch im Neuigkeitenbereich und in der Chronik des neuen Fans dargestellt.

Sie können über das Profil anderer weitere für Sie interessante Facebook-Seiten ausfindig machen. Navigieren Sie dazu auf deren Profilseite (Chronik) und erweitern Sie die Ansicht unterhalb des Titelbilds.

Erweitern Sie die Inhalte und wählen Sie die „Gefällt mir"-Angaben aus.

Dort sehen Sie den Bereich *Gefällt mir-Angaben* der Person (sofern freigegeben). Mit einem Klick darauf können Sie die Interessen der Person erkunden und darüber weitere relevante Inhalte entdecken.

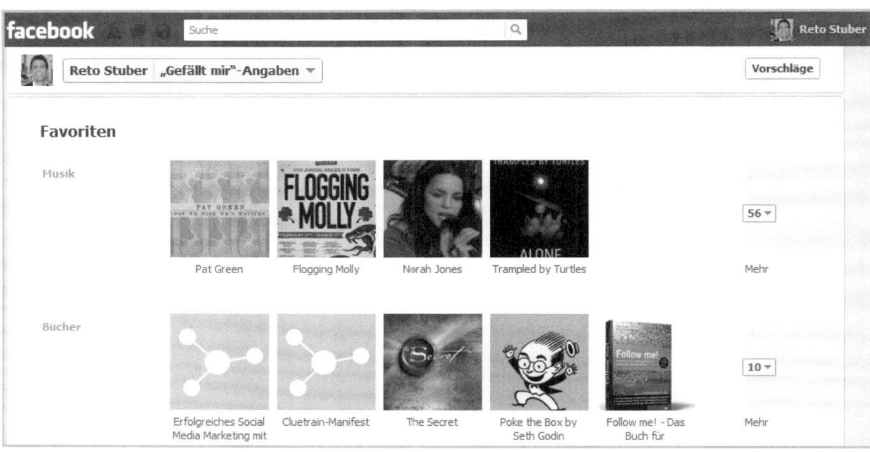

Klicken Sie in der Interessenübersicht auf Andere Seiten anzeigen.

Andere Nutzer oder Seiten in Beiträgen verlinken (@-mention-Feature)

Wenn Sie ein Statusupdate oder einen Kommentar zu einem Beitrag verfassen, können Sie dort auch andere Personen, Seiten, Gruppen oder Events verlinken. Geben Sie dazu einfach ein @-Zeichen ein und tippen Sie dann die Anfangsbuchstaben der zu verlinkenden Seite ein. Es öffnet sich eine Übersicht, in der Sie das gewünschte Element anklicken können.

Sie können auch den Namen der betreffenden Person ohne @-Zeichen einfach langsam eintippen, und Facebook bietet Ihnen ein Auswahlmenü an.

Das @-Feature erlaubt die Darstellung von eigenen Beiträgen auf anderen Seiten.

Die Nachricht erscheint dann auch auf der verlinkten Seite, was Ihnen mehr Leser und Fans bringt. Sie können diese Funktion mit Ihrem persönlichen Profil nutzen oder auch wenn Sie unter dem Namen einer Seite angemeldet sind. Sie können damit zum Beispiel auf Ihrem persönlichen Profil ab und an auf einen neuen Beitrag auf Ihrer Fanseite aufmerksam machen, um Ihre eigenen Freunde als Fans zu gewinnen.

Werden Sie zuerst ein Fan der relevanten Seiten aus Ihrem Fachgebiet oder befreunden Sie sich mit der Person, die Sie erwähnen wollen. Referenzieren Sie dann darüber auf Ihre eigene Präsenz. Beachten Sie, dass diese Möglichkeit von Seiteninhabern oder Personen unterbunden werden kann und auch nur dann funktioniert, wenn eine bestehende Beziehung vorliegt.

E-Mail-Notifikation nach einer Nennung durch eine andere Facebook-Seite.

Melden Sie sich als Seite an und kommentieren Sie auf anderen Auftritten

Wenn Sie sich statt mit Ihrem persönlichen Profil als Seite anmelden, können Sie auch gut auf anderen Seiten kommentieren. Damit hinterlassen Sie automatisch den Link zu Ihrer Seite. Seien Sie dabei aber nicht zu plump, sondern versuchen Sie, mit Ihrem Kommentar auch einen Mehrwert zu schaffen!

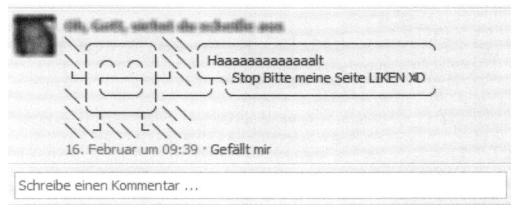

Oh, Gott, sieht die scheiße aus

Haaaaaaaaaaaaalt
Stop Bitte meine Seite LIKEN XD

16. Februar um 09:39 · Gefällt mir

Schreibe einen Kommentar …

Ein plumper Versuch, Fans zu kapern.

Nutzen Sie Stichwörter, um über die Suche gefunden zu werden

Facebook wird eine immer bedeutendere Suchmaschine, und auch die Suchergebnisse von Google werden von Facebook-Faktoren beeinflusst. Mit den folgenden Tipps und Tricks werden Sie besser gefunden und können darüber mehr Fans ansprechen.

Recherchieren Sie, beispielsweise mit dem Google Keywords Research Tool (**http://www.googlekeywordtool.com**), für Ihre Facebook-Seite die passenden Stichwörter. Begrenzen Sie die Stichwörter dabei aber nicht auf Ihren Firmen- oder Markennamen. Denken Sie stattdessen aus der Sicht eines Nutzers, der auf der Suche nach einem Produkt, einer Dienstleistung oder einer Information ist.

Bei den Facebook-Seiten haben Sie die Möglichkeit, in der Beschreibung Ihr Business sehr detailliert zu beschreiben. Binden Sie deshalb alle wichtigen Stichwörter in einen lesbaren Fließtext ein. Gestatten Sie sich auch einen Blick auf die Mitbewerber: Welche Stichwörter besetzen diese, welche nicht?

Achten Sie bei jedem Statusupdate darauf, möglichst die wichtigsten Stichwörter unterzubringen. Verweisen Sie in Ihren Statusupdates auch auf Ihre eigene Webseite. Fotos haben ebenfalls einen positiven Einfluss auf die Reaktion von Nutzern, das wissen Sie bereits. Nutzen Sie die Bildunterschriften zusätzlich zur Optimierung, indem Sie die passenden Begriffe und eine kurze Beschreibung eingeben.

Legen Sie zusätzliche Inhalte auf Ihren Seiten an und bringen Sie auch dort stichwortoptimierte Texte unter. Suchmaschinen werden diese lesen und in ihre Rankings mit einbeziehen.

Verknüpfen Sie Facebook mit Twitter

Sie können Ihr Facebook-Profil oder Ihre Facebook-Seite auch mit Twitter verknüpfen, sodass alle Inhalte automatisch auch dort publiziert werden. Beachten Sie dabei aber, dass auf Twitter nur 140 Zeichen publiziert werden können und sich diese Verknüpfung vor allem dann eignet, wenn Sie primär News veröffentlichen. Um aktive Diskussionen zu führen, sollten Sie Twitter auch als eigenständigen Kanal verwalten.

Legen Sie diese Verknüpfung unter **https://www.facebook.com/twitter** fest. Dabei können Sie detailliert bestimmen, welche Inhalte publiziert werden sollen. Das können zum Beispiel alle Inhalte sein oder nur ausgewählte Elemente wie Fotos, Videos oder Notizen.

Verknüpfen Sie Facebook mit Twitter unter https://www.facebook.com/twitter.

So bringen Sie Blog und Facebook zusammen

Wenn Sie kein eigenes Blog haben, können Sie alternativ über die Notizen-funktion von Facebook „bloggen". Der Link zum jeweiligen Beitrag lässt sich dann über den zugehörigen RSS-Newsfeed der Notizenfunktion verteilen, sodass jeder diesen abonnieren kann.

Sie finden die Notizenfunktion, indem Sie im Suchfeld den Begriff „Notizen" eingeben und die Anwendung auswählen.

Es ist auch möglich, externe Inhalte aus Ihrem Blog via RSS-Newsfeed automatisch auf Facebook zu integrieren. Sie können zum Beispiel die beliebte und mächtige Applikation RSS Graffiti für den Import eines oder mehrerer RSS-Newsfeeds nutzen (siehe **http://apps.facebook.com/rssgraffiti**).

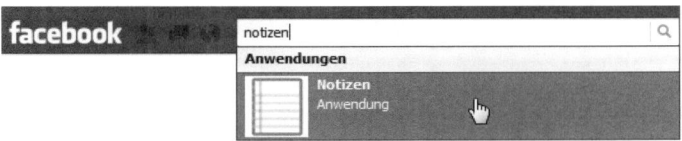

Am einfachsten finden Sie die Notizenfunktion über die Suche.

Fotos und Videos hochladen und darin Personen markieren

Menschen lieben Fotos und Videos! Wenn Sie also ein Event veranstalten, sollten Sie für eine Menge guter Inhalte sorgen und diese auf die Fanseite hochladen.

Markieren Sie dann die Ihnen bekannten Personen darin und fordern Sie die Fans auf, es Ihnen gleichzutun. Das bringt die Inhalte in den Neuigkeitenbereich Ihrer Fans und deren Freunde – und sorgt hoffentlich für geschäftiges Treiben auf Ihrer Seite.

Erfassen Sie Veranstaltungen und laden Sie Leute ein

Auch Veranstaltungen sind eine gute Möglichkeit, um mit Menschen in Kontakt zu treten und neue Interessenten und Fans zu gewinnen.

1a Für Einladungen von persönlichen Profilen: Klicken Sie auf der Einstiegsseite links auf *Veranstaltungen*.

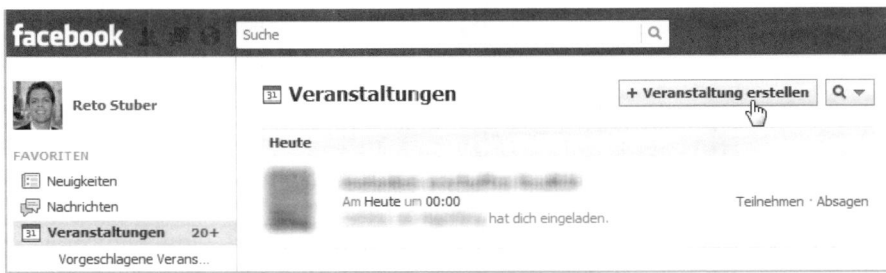

Erstellen Sie eine Veranstaltung ausgehend vom persönlichen Profil.

1b Für Einladungen von Seiten: Navigieren Sie zur Seite und wählen Sie oben rechts im Bereich der Applikationen den Eintrag *Veranstaltungen* aus. Ist er nicht zu sehen, müssen Sie sich entweder alle Applikationen anzeigen lassen, oder Sie fügen im Administrationsmenü die Applikation im Bereich *Anwendungen* hinzu oder rufen sie direkt von dort aus auf.

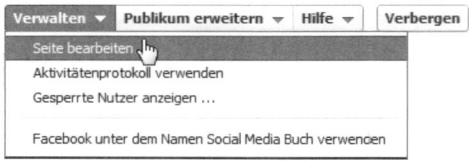

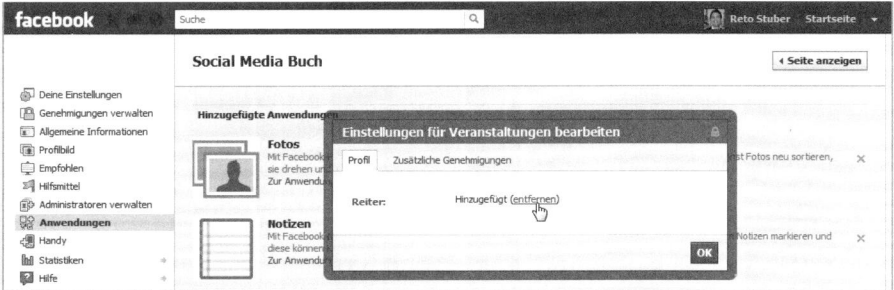

Aktivieren Sie die Anwendung Veranstaltungen im Administrationsmenü.

2 Wählen Sie dann den Button *Veranstaltung erstellen*.

3 Erfassen Sie die Angaben zur Veranstaltung.

Erstellen Sie eine Veranstaltung und laden Sie Ihre Freunde oder Fans ein.

4 Nachdem Sie die Eventangaben erfasst haben, können Sie proaktiv Leute dazu einladen. Klicken Sie dazu unterhalb auf *Freunde einladen*. Es öffnet sich ein Fenster, in dem Sie die Freunde auswählen können.

5 Es gibt auch Browserskripten, wie unter **http://www.socialmediabuch. com/code** beschrieben, mit denen Sie alle Ihre Freunde automatisch markieren und zu einem Event oder einer Seite einladen können. Das spart viel Zeit, wenn Sie eine Menge Freunde haben.

Sie können übrigens auch reine Onlineevents durchführen. Das kann zum Beispiel der Launch eines neuen Produkts, die Einführung in ein Themengebiet als Webinar oder gar eine Schulung mittels Onlinepräsentation sein. Als Ort geben Sie dann einfach „Am Computer" ein.

Hilfreiche Dienste für solche Onlineseminare sind folgende Webinar-Dienste:

➢ **http://www.edudip.com**

➢ **http://www.gotomeeting.com**

- ➢ http://www.webex.com

- ➢ http://www.meetcheap.com

- ➢ http://www.spreed.com

- ➢ http://www.slideshare.net/zipcast

- ➢ http://www.mikogo.com

- ➢ http://www.on24.com

- ➢ http://www.yugma.com

Gefällt mir-, Teilen- und Senden-Buttons sorgen für mehr Besucher

Die Wichtigkeit des *Gefällt mir*-Buttons für Marketingzwecke haben wir bereits angesprochen. Integrieren Sie den *Gefällt mir*-Button auf Ihrer Webseite und für Ihre Produkte, damit Ihre Besucher mit einem Klick zeigen können, was ihnen gefällt – und diese Nachricht damit auch gleich auf Facebook veröffentlichen.

Den individuellen Code für die eigene Webseite können Sie sich unter **http://developers.facebook.com/docs/reference/Plugins/like** zusammenstellen. Es gibt auch bereits Integrationen für die wichtigsten Systeme (beispielsweise für WordPress, Joomla etc.).

Der *Senden*-Button erlaubt den Nutzern, den Link zu Ihrer Seite an beliebige Facebook-Kontakte oder E-Mail-Adressen zu senden. Damit wird der Link sozusagen „im kleinen Kreis" geteilt

Beispiele von verschiedenen Facebook-Buttons.

Zu den genannten Buttons gesellt sich noch der *Teilen*-Button, auch als *Share*-Button bekannt. Dieser wurde von Facebook eigentlich durch den *Gefällt mir*-Button **ersetzt. AllFacebook.de** hat aber im Rahmen eines Experiments herausgefunden, dass der *Teilen*-Button weit mehr Besucher auf die Seite bringt als der *Gefällt mir*-Button.

Der Unterschied liegt darin, dass der Nutzer beim Teilen des Inhalts in der Regel noch einen persönlichen Kommentar dazu schreibt. Beim *Gefällt mir*-Button ist das zwar auch möglich, wird aber in der Praxis nicht so rege genutzt.

Meine Empfehlung ist also, am besten alle drei Buttons auf der Webseite einzubinden. Weitere Details sind unter **https://developers.facebook.com/docs/share** zu finden, für WordPress-Nutzer gibt es auch ein **entsprechendes Plug-in.**

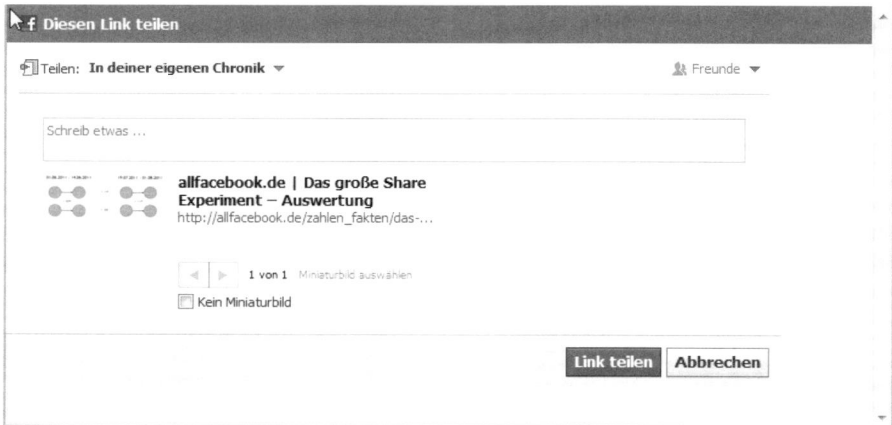

Der Teilen-Button sorgt in der Praxis für mehr Besucher.

Wenn Sie Inhalte über Ihren Browser direkt auf Facebook teilen wollen, können Sie das entsprechende Bookmarklet von **https://www.facebook.com/ share_options.php** in Ihre Browserleiste ziehen.

Nutzen Sie die Schaltfläche in Ihrem Browser, um direkt einen Inhalt zu teilen.

Über das Facebook-Open-Graph-Protokoll gibt es aber noch **mehr Möglichkeiten**. So können zum Beispiel Fans eines neuen Films bei Erscheinen der zugehörigen DVD informiert werden.

Sie können mit etwas Programmierarbeit sogar die Facebook-Meldungen Ihrer Seite auf einer externen Webseite dynamisch integrieren, wie im Whitepaper auf **http://allfacebook.de/news/whitepaper-fanseiten-pinnwand-auf-der-eigenen-website-einbinden** beschrieben wird.

Die Facebook-Like-Box – So können Besucher mit einem Klick Fan werden

Die Facebook-Like-Box ist ein sehr mächtiges Element, um neue Fans zu finden. Sie können diese auf jeder beliebigen Webseite einbinden. Besucher können dann mit einem Klick auf *Gefällt mir* direkt ein Fan auf Facebook werden, ohne dabei die Webseite verlassen zu müssen!

Es wird noch besser. Wenn Freunde des Besuchers bereits Fan Ihrer Seite sind, werden deren Profilbilder auch bevorzugt in der Like Box dargestellt und sorgen damit für einen stärkeren Bezug zum Inhalt.

Sie können sich die Darstellung dieser Like Box selbst zusammenstellen.

1 Klicken Sie dazu auf Ihrer Seite oben auf den Button *Verwalten* und wählen Sie im Menü *Seite bearbeiten*.

2 Wählen Sie dann links den Eintrag *Hilfsmittel* und klicken Sie dort auf *Verwende soziale Plug-ins*.

3 Sie werden weitergeleitet auf die Seite **https://developers.facebook.com/docs/plugins**, auf der Sie die Like Box auswählen und deren Darstellung definieren können.

Like Box, integriert auf der Webseite http://www.socialmediabuch.com.

4 Kopieren Sie den Code und binden Sie ihn auf der gewünschten Webseite ein.

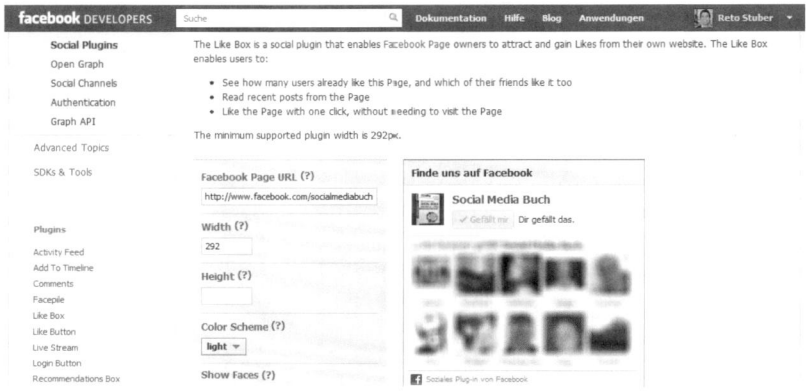

Hier stellen Sie Ihre Like Box zusammen.

Nutzen Sie die Facebook-Kommentarfunktion auf Ihrer Webseite.

Aber damit nicht **genug**! Wenn dieser Kommentar als Statusupdate auf Facebook angezeigt wird und dann dort von jemandem anderen kommentiert wird, erscheint dieser neue Kommentar auch direkt auf der Webseite. Das sorgt für eine höhere Interaktionsrate, als wenn der ursprüngliche Kommentar einfach nur auf der Webseite ohne direkte Verbindung zu Facebook veröffentlicht worden wäre.

Eine Alternative zu dieser Kommentarintegration bietet der Service von **http:// www.disqus.com**. Damit kann man sich zum Kommentieren mit dem Account von Facebook, Twitter, Yahoo!, OpenID oder Disqus selbst anmelden.

Mit einer solchen Integration machen Sie es den Besuchern sehr einfach, einen Kommentar zu hinterlassen, ohne dass sie sich zuerst registrieren müssten. Außerdem wird der Kommentar im sozialen Netzwerk der Personen dargestellt, was für Ihren Auftritt eine größere Breitenwirkung erzielt.

Disqus bietet das Log-in über verschiedene Netzwerke an.

Optimieren Sie Ihre Webseite für Facebook

Neben der visuellen Optimierung der eigenen Webseite mit den vorgestellten Funktionen können Sie auch im Quellcode ein paar Änderungen vornehmen, damit Ihre Inhalte von der Webseite auf Facebook besser dargestellt werden. Facebook sucht in den Webseiten als Erstes nach bestimmten Metatags im Header. Sollten diese nicht gefunden werden, findet eine automatische Auswertung der Seite statt.

Unter **https://developers.facebook.com/tools/debug** finden Sie dazu ein hilfreiches Tool. Nachdem Sie eine URL eingegeben haben, sehen Sie, wie Facebook Ihre Seite auswertet. Optimieren Sie **zum Beispiel** das angezeigte Bild, damit die Klickrate möglichst hoch ist.

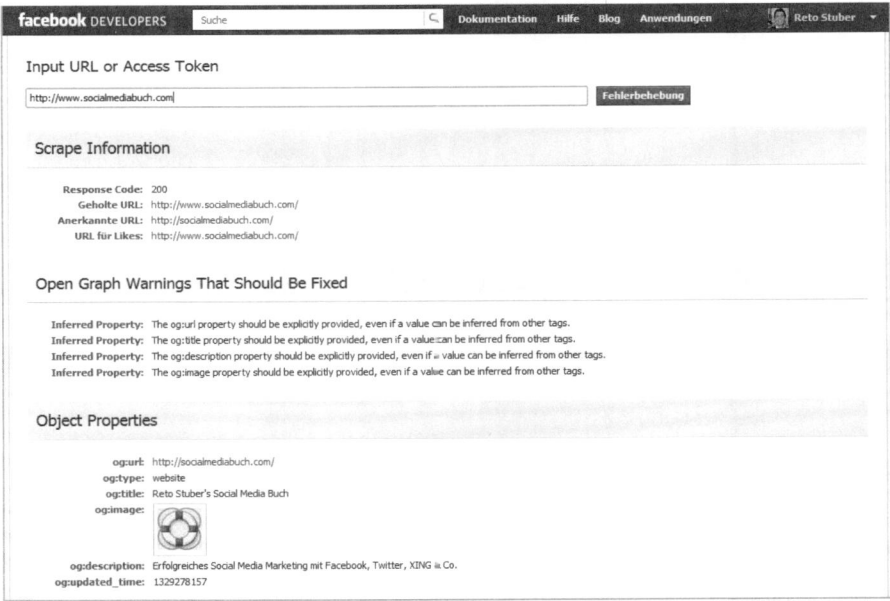

Der Object Debugger wertet eine Webseite aus und zeigt Verbesserungspotenzial auf.

Live-Stream – während einer Veranstaltung live kommentieren

Das Live-Stream-Plug-in ermöglicht Kommentare in Echtzeit, was sich hervorragend für Live-Events wie Konzerte, Präsentationen oder Konferenzen eignet. Aber auch Webcasts, Live-Webchats, Webinare oder Multiplayer-Games können diese Funktion gut integrieren.

Damit machen Sie Ihre Webseite zum Hub für diesen Anlass, und alle Kommentare werden selbstverständlich auch bei den Kommentierenden auf deren Profil dargestellt. Sie finden das Plug-in unter **http://developers.facebook.com/docs/reference/Plugins/live-stream**.

Die ARD hatte damit die Übertragung der Bundestagswahl begleitet, und CNN hatte bei der Amtsübernahme von Präsident Obama wie auch bei der Trauerfeier für Michael Jackson diese Möglichkeit genutzt.

Das Live-Stream-Plug-in erlaubt Kommentare während einer Veranstaltung.

Wer Videostreaming-Funktion nutzen möchte, kann die Applikation von Ustream (**http://apps.facebook.com/myustream**) oder Stickam (**http://apps. facebook.com/istickam**) einsetzen.

Social-Plug-ins – Facebook hat noch mehr in petto

Neben den vorgestellten Plug-ins hat Facebook noch mehr zu bieten – Sie finden alle „Social-Plug-ins" unter **https://developers.facebook.com/docs/plugins/**. Diese sind übrigens so konzipiert, dass die Daten zentral bei Facebook verwaltet werden, was in Deutschland bei den Datenschutzbeauftragten für Aufruhr sorgt (siehe Kapitel 1.10 „Rechte und Pflichten beim Einsatz").

➢ Mit dem Registrations-Plug-in können sich Nutzer einfach auf Ihrer Webseite anmelden.

➢ Der Activity Feed zeigt dem Benutzer an, was seine Freunde auf einer bestimmten Seite tun.

➢ Das **Recommendations-Plug-in** gibt den Besuchern **personalisierte Empfehlungen**, die diesen vielleicht gefallen könnten.

➢ Das Log-in-Button-Plug-in bietet die Möglichkeit, sich mit dem Facebook-Account anzumelden.

> Das Facepile-Plug-in zeigt Bilder von anderen Nutzern und potenziell auch Freunden an, die eine Seite gelikt oder sich dort angemeldet haben. Das bietet eine gute Möglichkeit, jemanden zu einer Aktion zu bewegen – denn offensichtlich haben das ja viele andere auch bereits getan.

Das Facepile-Plug-in wird auch beim Dienst Foursquare.com genutzt, um anzuzeigen, wie viele der eigenen Freunde bereits angemeldet sind.

Facebook-Banner oder -Icons auf anderen Seiten einbinden

Die vorgestellten Social-Plug-ins von Facebook sind hilfreich, um Facebook enger mit der eigenen Webseite zu vernetzen und interaktive Funktionen zu nutzen.

Wenn Sie auf Ihrer Webseite keine interaktiven Möglichkeiten nutzen können oder wollen, können Sie auch einen einfachen Facebook-Banner einbinden, der lediglich einen Link auf die Seite anbietet. Sie finden die verschiedenen Banner unter **https://www.facebook.com/badges**.

Es gibt verschiedene Facebook-Banner ohne Interaktionsmöglichkeiten.

Alternativ zum Banner können auch Icons eingebaut werden, um damit auf Ihre Facebook-Präsenz zu verweisen. Passende Icons gibt es unter **http://www.findicons.com** oder **http://www.mysocialbuttons.com**. Beachten Sie dabei aber, dass die geltenden Richtlinien von Facebook unter **https://www.facebook.com/brandpermissions** einen Großteil der angebotenen Icons offiziell nicht erlauben würden.

Auswahl an Facebook-Icons von findicons.com.

Hinterlassen Sie Kommentare auf Blogs und verlinken Sie auf Ihre Seite

Eine weitere Möglichkeit bietet sich, wenn Sie hilfreiche Kommentare auf anderen Blogs hinterlassen und dabei beim Absender den Link auf Ihre Facebook-Seite angeben. Damit können Sie neue Anwärter für Ihre Seite gewinnen.

Verlinken Sie von Blogs direkt auf Ihre Facebook-Seite.

Fordern Sie Ihre Fans auf, sich für den E-Mail-Newsletter zu registrieren

Mit diesen Aktionen bauen Sie sich eine Liste mit Interessenten auf Facebook auf – Ihrer Fangemeinde. Jedoch ist nicht jeder Ihrer Fans dauernd auf Facebook anzutreffen und verpasst deshalb Ihre Statusupdates.

Daher sollten Sie Ihre Fans auch ab und an via E-Mail anschreiben, um ein generelles Update bekannt zu geben und sich in Erinnerung zu rufen. Dies geht am besten, wenn Sie eine Anmeldung für einen Newsletter auf Ihrer Seite anbieten.

Wenn möglich, verbinden Sie das mit einem kleinen Geschenk zum Herunterladen für alle, die sich in die Verteilerliste eintragen. Ein Newsletterformular zur Anmeldung können Sie über eine iFrame-Applikation einbauen.

Weitere Marketingansätze, die an anderer Stelle beschrieben sind

➢ Finden Sie ein tolles Bild für Ihre Chronik (siehe Kapitel 6.9 „Wie Sie Ihre Seite optimal gestalten")

➢ Nutzen Sie Gewinnspiele (Kapitel 6.17 „Gewinnspiele – die Dos & Don'ts ").

➢ Setzen Sie auf Facebook-Werbung (siehe Kapitel 6.14 „Werbung auf Facebook -- So nehmen Sie Ihre Zielgruppe ins Visier").

➢ Nutzen Sie passende Facebook-Applikationen (siehe Kapitel 6.10 „Benachrichtigungen bei Aktivität auf Profil, Seite und Gruppe").

➢ Machen Sie von den Möglichkeiten des **Offlinemarketing** Gebrauch (siehe Kapitel 11.8 „Offlinemarketing – Nutzen Sie klassische Werbung").

6.19 **Checkliste zum Facebook-Auftritt**

Die folgende Checkliste zeigt Ihnen zusammenfassend die wichtigsten Elemente auf, die es bei der Gestaltung eines Facebook-Auftritts als Unternehmen zu berücksichtigen gilt. Die Liste wurde von Jasper Krog erstellt. Er ist als Berater für digitale Kommunikation mit dem Schwerpunkt Facebook und Facebook-Marketing bei der Firma Edelman Digital tätig.

Der Fokus seiner Arbeit liegt dabei auf der strategischen Konzeption und Durchführung von nationalen und internationalen Facebook- bzw. Onlinekampagnen und dem strategischen Community-Management. Sie können ihn auf Twitter unter **@jasperkrog** wie auch auf XING, LinkedIn, Google+ oder Facebook kontaktieren.

1. Analyse

Aufgabe	Beschreibung
Interne Analyse	Generiere ich einen Mehrwert für mein Unternehmen und meine Fans durch meinen Auftritt? Verfüge ich über die Ressourcen (Zeit und Geld)? Passt es in meine Unternehmensstrategie?
Zielgruppenanalyse	Wer ist meine Zielgruppe? Ist die Zielgruppe überhaupt auf Facebook? Sind die Fans auf meiner aktuellen Seite auch Teil der Zielgruppe?

Aufgabe	Beschreibung
Umfeldanalyse	Gibt es bereits aktive Fanpages über mein Unternehmen/meine Produkte? Ist eine Zusammenführung oder Kooperation interessant? Tipp: Seiten zusammenführen.
Konkurrenzanalyse	Sind meine Mitbewerber aktiv? Was machen sie? Tipp: Performance der eigenen Fanpage mit anderen vergleichen.

2. Strategie

Aufgabe	Beschreibung
Ziele definieren	Welche Ziele verfolge ich mit der Fanpage? Sind diese sinnvoll und messbar? Tragen Sie zu meinem Unternehmenserfolg bei? Sind sie SMART?
KPIs definieren	Woran messen wir uns (Fanzahlen, User-Engagement, Steigerung von Abverkäufen etc.)? Was wollen wir erreichen? Welche Kennzahlen nutzen wir? Tipp: Definieren Sie vorab klare Ziele und Kennzahlen, die Sie in einer bestimmten Zeit erreichen wollen, und überprüfen Sie fortlaufend deren Erreichung.
Strukturen schaffen	Welche Ressourcen stehen zur Verfügung? Welche Abteilungen müssen involviert werden? Wer ist für was verantwortlich? Tipp: Beziehen Sie rechtzeitig alle internen und relevanten Stakeholder (Marketing, Legal, Kundensupport) mit ein und stellen Sie abteilungsverbindliche Prozesse und Strukturpläne mit Verantwortlichkeiten auf.
Systeme/Prozesse definieren	Wer ist der verantwortliche Ansprechpartner im Unternehmen? Welche Freigabeprozesse gibt es? Tipp: Definieren Sie Freigabeprozesse verbindlich und unmissverständlich als geltende Leitlinie für das Community-Management. Planen Sie schnelle Prozesse ein, um das Community-Management-Team handlungsfähig zu machen.
Inhalte definieren	Welche Inhalte sollen grundsätzlich veröffentlicht werden? Tipp: Vermeiden Sie Marketing- und Werbetexte. Facebook erfordert individuelle Beiträge, die an die Plattform und seine Umgangs- und Verhaltensformen angepasst sind.
Internationalisierung	Brauche ich eine zentrale Fanpage oder länderspezifische Fanpages? Sind die Zielgruppen in den Märkten groß genug für einzelne Seiten? Sind genügend Ressourcen für mehrere Seiten und Übersetzungen vorhanden? Tipp: Einzelne Statusupdates können auch gezielt an verschiedene Länder und Sprachen gerichtet werden.
Ausrichtung definieren	Ist die Facebook-Seite langfristig nutzbar oder kampagnengetrieben? Wie wird der Nutzer auf die richtige Seite geleitet?

3. Grundlegendes Set-up

Aufgabe	Beschreibung
Seitenname	Ist der Seitenname passend gewählt und langfristig nutzbar? Ist er richtlinien- und gesetzeskonform? Kommuniziert er das Ziel? Suchen potenzielle Kunden/Fans nach diesem Namen? Tipp: Die Richtlinien für Seitennamen auf Facebook finden sich unter **https://www.facebook.com/page_guidelines.php**.
Profilbild und Titelbild	Das Profilbild (quadratisch und klein) kann idealerweise für das Firmenlogo genutzt werden (beispielsweise **www.facebook.com/dove**) und kann gegebenenfalls mit dem Titelbild als Einheit eingesetzt werden. Passt das Titelbild auch zum Ziel und spiegelt es mein Unternehmen wider? Das Titelbild hat idealerweise eine Größe von 851 × 315 Pixeln und eine Auflösung von 96 dpi. Bei der Wahl des Titelbilds sind die Regeln von Facebook für dieses zu beachten und einzuhalten (beispielsweise keine Kontaktdaten im Titelbild). Tipp: Denken Sie daran, dass das Profilbild auch im Neuigkeitenbereich bei den Nutzern als Erkennungsmerkmal eingesetzt wird.
Info-Tab	Sind alle relevanten Unternehmensinformationen enthalten? Kann der Fan Kontakt über E-Mail oder Telefon aufnehmen? Der Info-Tab ist prominent ersichtlich und sollte mit Aufmerksamkeit und Bedacht erstellt werden. Tipp: Die Möglichkeiten der Angabe von Informationen in der Info-Ansicht variiert abhängig von der gewählten Art der Fanseite (lokales Geschäft, Film, Unternehmen etc.).
Impressumspflicht	Ist ein Impressum angelegt? Auch auf Facebook herrscht Impressumspflicht! Tipp: Ein Impressumslink im Info-Tab gilt zurzeit als nicht ausreichend, siehe Kapitel 1.10 „Rechte und Pflichten beim Einsatz".
Vanity-URL einrichten	Welche URL will ich? Gibt es Facebook-Regeln, die dagegensprechen? Wie sieht es mit den Rechten an der URL aus? Ist diese im Marketing bekannt? Tipp: Die Vanity-URL können Sie unter **http://www.facebook.com/username** einrichten. Achten Sie darauf, dass Ihre Seite auch ausgewählt ist.
Chronik (Timeline)	Nutzen Sie die Chronik-Funktion, um Ihre Unternehmenshistorie darzustellen. Tipp: Aktuelle Beispiele zur Nutzung finden Sie unter **http://www.socialmediabuch.com/fbchronik1** und **http://www.socialmediabuch.com/fbchronik2**.

Aufgabe	Beschreibung
Anwendungen	Welche Anwendungen braucht es auf der Facebbook-Seite? Braucht es überhaupt welche? Wer konzipiert diese? Wer setzt sie um? Welche Ressourcen werden gebunden? Tipp: Unter **http://www.applosive.de** gibt es eine Übersicht zu Applikationsideen, Kosten und Entwicklern. Die Apps sind seit März 2012 um fast 300 Pixel breiter als vorher. Nutzen Sie diese verstärkte Prominenz.
Integration von anderen Kanälen	Bin ich aktiv auf Twitter oder YouTube? Sollen die Kanäle auf der eigenen Seite eingebunden werden?
Netiquette	Braucht meine Seite eine Netiquette? Was steht drin? Kann ich Facebook-Regeln dort aushebeln? Tipp: Beispiele für Netiquetten finden sich unter **http://www.facebook.com/mietandread** oder bei **http://www.socialmediabuch.com/netiquette**.

4. Community-Management

Aufgabe	Beschreibung
Redaktionsplan und Verantwortlichkeiten	Welche Inhalte werden in den nächsten Wochen gepostet? Wer ist verantwortlich und wird zum Administrator? Duzen oder Siezen? Tipp: Erstellen Sie ein Redaktionsplan, der beinhaltet, wann welcher Beitrag veröffentlicht wird, und benennen Sie klare Verantwortlichkeiten, damit auch im Notfall mindestens eine Person verantwortlich für die Seite ist.
FAQ und Freigabeprozesse	Was sind die häufigsten Fragen? Wann muss ich die Legal-Abteilung informieren? Wer darf freigeben? Tipp: Erstellen Sie vorab eine FAQ und eine Definition von Beiträgen, die einen Freigabeprozess erfordern. Damit können die Community-Manager schnell und eigenständig auf Beiträge reagieren.
Krisenplan und -prävention	Was sind mögliche Krisenthemen? Was ist unsere Meinung dazu? Was wird kommuniziert und was nicht? Wer ist wann zu informieren und einzubinden? Tipp: Entwickeln Sie Krisenpläne und Wordings für bekannte Krisenthemen, damit die Community-Manager schnell reagieren können. Legen Sie fest, wer in Krisen zu kontaktieren ist, und stellen Sie entsprechende Notfallpläne auf.
Beitrag oben fixieren	Was ist mein Beitrag der Woche? Muss ich jedes Mal aufs Neue auf Aktionen und Gewinnspiele hinweisen? Dank der *Oben fixieren*-Funktion kann per Mausklick ein Beitrag für sieben Tage an oberster Stelle in der Chronik angezeigt werden. Tipp: Nutzen Sie diese Funktion, um auf den Beitrag der Woche, ein Gewinnspiel oder andere Aktionen prominent auf Ihrer Seite hinzuweisen. Mehr dazu gibt es unter **http://www.socialmediabuch.com/fbnewsstream**.

Aufgabe	Beschreibung
Nachrichten	Will ich einen direkten Nachrichtenkanal auch auf Facebook eröffnen oder den Nachrichtenverkehr auf eine zentrale E-Mail lenken?
	Die optionale Möglichkeit, als Seite auch Nachrichten zu erhalten, kann eine gute Möglichkeit sein, um beispielsweise kritische Kommentare oder Serviceanfragen in einem geschlosseneren Kreis als im eigenen Newsstream zu behandeln. Die Funktion findet sich im Adminbereich unter *Verwalten/Seite bearbeiten/Genehmigungen verwalten/Nachrichten*.
	Tipp: Die Einführung eines weiteren Kommunikationskanal erfordert ebenfalls entsprechendes Monitoring und FAQs, um schnell reagieren zu können.
	Die Nachrichtenfunktion darf aber nicht für Gewinnspiele genutzt werden („Schicke eine Nachricht an uns, um teilzunehmen"), da es sich hierbei um eine offizielle Facebook-Funktion handelt.
Monitoring	Was passiert auf der Seite? Was passiert am Wochenende und außerhalb der Arbeitszeiten?
	Tipp: Legen Sie feste Monitoringzeiträume fest, auch über die normalen Arbeitszeiten hinaus. Definieren Sie, welche Kommentare eine Reaktion erfordern und welche nicht. Kommunizieren Sie auch, zu welchen Zeiten die Seite offiziell betreut wird.
Reporting & Evaluation	Wie ist die Stimmung? Werden die KPIs erreicht? Wie ist die Aktivität? Wie ist das Wachstum?
	Tipp: Nutzen Sie neben den **Facebook Insights weitere Quellen zur Evaluation** und entwickeln Sie eigene Messzahlen abhängig von Ihren Zielen. Vergleichen Sie diese laufend mit Ihren gesetzten KPIs und Ansprüchen und checken Sie dies in regelmäßigen Abständen.

5. Weiteres

Aufgabe	Beschreibung
Media-Einsatz	Sind Anzeigenkampagnen zielführend? Stimmt das Preis-Leistungs-Verhältnis? Gibt es die gewünschte „Click Through Rate" (CTR)? Wer gestaltet die Anzeigen und administriert sie? Wie werden sie bezahlt? Ist der Kontakt zu Facebook Deutschland notwendig?
	Tipp: Starten Sie mit einem geringen Budget und testen Sie die Wirkung der Anzeigen, wenn Sie unsicher sind. **Dafür können Sie selbst Ihre Anzeige erstellen und verwalten.**
	Einen aktuellen Überblick zu den Ad-Formen erhalten Sie unter **http://www.socialmediabuch.com/fbadformate**. Allerdings bedarf die Buchung von Premium Ads eines Mindestbudgets von 15.000 Euro (Stand: März 2012).
Marketing & Präsenz außerhalb Facebook	Ist meine Facebook-Seite auf meiner Homepage präsent? Auf meinen Werbemitteln? Wie soll die Seite in die Marketingkommunikation eingebunden werden?
	Tipp: Integrieren Sie Ihre Facebook-Seite auf ihrer Homepage mit der **Like Box**, siehe **http://www.socialmediabuch. com/fbplugins**.

6.20 Nützliche Links zu Facebook

Im Folgenden finden Sie eine Übersicht mit relevanten Links zu Facebook.

Erste Hilfe zu Facebook

➢ https://www.facebook.com/help

Eine neue Seite anlegen

➢ https://www.facebook.com/pages/create.php

Eine kurze URL festlegen (Vanity-URL) – für Seiten ab 25 Fans

➢ https://www.facebook.com/username

Kontaktformulare für Facebook

➢ http://www.socialmediabuch.com/facebookformulare

Werbeanzeigen schalten

➢ https://www.facebook.com/advertising

Allgemeine Geschäftsbedingungen für Facebook

➢ https://www.facebook.com/legal/terms

Guidelines für Promotions und Wettbewerbe

➢ https://www.facebook.com/promotions_guidelines.php

Nutzung der Facebook-Warenzeichen

➢ https://www.facebook.com/brandpermissions

Copyright-Verletzungen melden

➢ https://www.facebook.com/legal/copyright.php

Hilfreiche deutsche Webseiten und Blogs zu Facebook

➢ http://www.allfacebook.de
➢ http://www.thomashutter.com
➢ http://www.facebookbiz.de
➢ http://deblog.schwindt-pr.com

Hilfreiche englische Webseiten und Blogs zu Facebook

➢ http://blog.facebook.com
➢ http://www.insidefacebook.com
➢ http://www.allfacebook.com
➢ http://www.checkfacebook.com
➢ http://developers.facebook.com/blog
➢ http://mashable.com/guidebook/facebook

7. Twitter: wie Sie mit Microblogging erfolgreich netzwerken

7.1 Twitter – Bloggen mit 140 Zeichen

Twitter wird oft im selben Atemzug mit Facebook genannt. Die Parallelen beziehen sich aber vor allem darauf, dass bei beiden Diensten ein Eingabefeld zur Veröffentlichung von Statusnachrichten zur Verfügung steht.

Twitter ist ein Vertreter der Gattung „Microblogs" und ermöglicht dem Benutzer die Publikation von kurzen Blogbeiträgen. Man ist dabei auf 140 Zeichen pro Nachricht beschränkt. Diese Beiträge werden „Tweets", übersetzt „Piepser", genannt.

Eine kurze Geschichte von Twitter (in etwas mehr als 140 Zeichen)

Twitter wurde 2006 von Jack Dorsey, Biz Stone und Evan Williams **aus der Taufe gehoben**. Das Vorhaben startet als Forschungs- und Entwicklungsprojekt bei der in San Francisco ansässigen Podcasting-Firma Odeo, die neue Geschäftsmodelle suchte.

Im Januar 2006 hatte Dorsey die Idee eines SMS-basierten Statusupdates vorgestellt und am 21. März – seinem Geburtstag – stand die erste Version bereit. Sein erster Tweet lautete ganz trivial **„just setting up my twttr"**. In Anlehnung an Flickr.com wurde auch bei Twitter damals auf Vokale verzichtet, man nannte sich schlicht „Twttr".

Öffentlicher Launch sorgt für ersten Award

Zuerst wurde die Lösung nur intern genutzt und **ausgetestet**, der öffentliche Launch fand dann im Juli 2006 statt. Der Dienst gewann im März 2007 den South by Southwest Web Award (SXSW) in der Kategorie „Blogs" und ging auf Erfolgskurs. Dorsey bedankte sich bei der Verleihung des Awards humorvoll: „Wir würden uns gern mit 140 Zeichen oder weniger bedanken. Was wir hiermit getan haben!"

Twitter war ursprünglich für SMS gedacht, doch mit der Einführung des iPhones Anfang 2007 kam ein Verbreitungskanal auf das Radar, der vor allem multimedial orientiert war. Im April 2007 wurde Twitter als eigenständige Firma etabliert, die vom Vordenker Dorsey bis 2008 geführt wurde. Dann **übernahm** Mitgründer Williams, bis dieser Anfang **Oktober 2010** an Dick Costolo übergab, um sich auf Produkt und Vision zu fokussieren. Dorsey blieb Vorsitzender des Verwaltungsrats.

Ende März 2011 verkündete Twitter, dass sich Gründer Jack Dorsey, neben seiner Rolle als CEO des mobilen Zahlungsanbieters **Square**, als Executive Chairman wieder stärker ins Unternehmen einbringen werde. Williams hingegen mache sich auf zu neuen Ufern – aber behalte natürlich seinen Sitz im Aufsichtsrat und unterstütze Twitter, wo er könne.

Obama und Oprah verleihen Twitter Schubkraft

Twitter wurde in den Anfangstagen von der eigenen Popularität überrascht und hatte in der Vergangenheit häufig Ausfälle zu verzeichnen. US-Präsident Barack Obama wusste das Medium für seine Zwecke während des Wahlkampfs in 2008 zu nutzen. Er gewann nicht zuletzt dank der Mobilisierung der Massen über soziale Medien die Präsidentschaftswahl.

Immer mehr Personen des öffentlichen Lebens legten sich auch einen Twitter-Account zu. Im April 2009 kämpften der Nachrichtensender CNN und der Schauspieler Ashton Kutcher darum, wer zuerst eine Million Follower gewinnen konnte – Kutcher gewann. Daraufhin eröffnete die US-Talkmasterin Oprah Winfrey einen Account und sammelte in den folgenden Monaten mehrere Millionen Follower.

Auch in 2011 und 2012 kamen weitere populäre Personen dazu, zum Beispiel **Nelson Mandela**, **Joe Biden**, **Christina Aguilera**, **Salman Rushdie** und der **Papst**.

Twitter 2.0 und das fünfjährige Jubiläum

Um Twitter herum hat sich ein vitales Ökosystem an Applikationen entwickelt, die Funktionen abdecken, die Twitter von Haus aus nicht mitbringt. Mitte September 2010 stellte das Unternehmen die Version 2.0 von Twitter vor, die einige der bis dahin von Drittanbietern zur Verfügung gestellten Funktionen beinhaltete und den Benutzern mehr Möglichkeiten bot.

Im März 2011 feierte Twitter dann bereits den fünften Geburtstag, um Ende 2011 erneut mit einem umfassenden Redesign zu überraschen. Dabei wurden **Twitter-Seiten** für Marken und Unternehmen präsentiert. Anfang 2012 **kaufte sich Twitter** dann als Verstärkung wieder einmal zwei Firmen hinzu, den Social-Media-Feed-Aggregator **Summify** und die Anti-Malware-Firma Dasient.

Wie ist es um das liebe Geld bestellt?

Im Herbst 2008 wollte Facebook Twitter kaufen, für 100 Millionen US-Dollar in Cash und weiteren 400 Millionen in Aktien – Twitter lehnte ab! Im Jahr 2008 gab es eine Finanzierungsspritze von 22 Millionen, gefolgt von weiteren 35 Millionen im Februar 2009. Im September desselben Jahres konnte die Firma **eine weitere Finanzspritze** von 100 Millionen US-Dollar abholen und wurde mit einem Unternehmenswert von einer Milliarde Dollar beziffert.

Ende 2010 erhielt Twitter nochmals **200 Millionen** Kapital, und der Unternehmenswert wurde bereits auf 3,7 Milliarden US-Dollar geschätzt. Im August 2011 kamen dann weitere 800 Millionen US-Dollar von Digital Sky Technology dazu, was die bis heute **höchste Venture-Capital-Finanzierungsrunde** der Geschichte war! Ende Dezember investierte dann auch der saudische Prinz Alwaleed bin Talal rund 300 Millionen US-Dollar in Twitter, woraufhin der Wert der Firma auf 8,4 Milliarden anstieg. Für 2013 ist auch ein Börsengang von Twitter denkbar.

Die Herausforderung für Twitter besteht nun darin, auch entsprechend Umsatz zu erwirtschaften – zum Beispiel über Werbung oder Partnerschaften. Es wurden auch bereits erste Tests mit **geolokalisierter Werbung** gemacht.

7.2 So navigieren Sie auf Twitter

Bevor wir uns der Einrichtung und der Optimierung Ihres Profils widmen, schauen wir uns die Applikation selbst genauer an.

Entdecken Sie Twitter und seine interessante Nutzergemeinschaft

Bei Twitter stand das Eingabefeld ursprünglich zur Verfügung, um eine Antwort auf die Frage „Was machst du?" zu geben. Dies hat sich im Laufe der Zeit zu „Was gibt's Neues?" gewandelt und heißt heute simpel und einfach „Verfasse einen neuen Tweet".

So präsentiert sich das Twitter-Eingabefeld.

Twitter-Nachrichten sind grundsätzlich öffentlich zugänglich und können als Newsstream auf dem Profil des jeweiligen Benutzers direkt angesehen werden. Praktisch alle Nutzer bevorzugen aber die „Push-Funktion", bei der man sich die Beiträge einer interessanten Person abonniert und diese dann im eigenen Newsstream angezeigt bekommt. Deshalb folgen Twitter-Nutzer einander, was man als „Following" bezeichnet.

Gewinnen Sie neue Kontakte

Mit Twitter können Sie im privaten Umfeld mehr über die eigenen Freunde und Bekannten lernen. Es ist aber vor allem auch ein Tool, um mit neuen Menschen in Kontakt zu treten. Im Gegensatz dazu ist ein persönliches Profil auf Facebook in vielen Fällen für das engere Umfeld reserviert und bedarf zuerst einer Bestätigung der Freundschaft.

Bei Twitter können Sie den Inhalten jedes beliebigen Accounts folgen. Im Businesskontext nimmt Twitter deshalb als Marketing- und Informationskanal eine zunehmend wichtigere Rolle ein und kann Ihnen dabei helfen, die eigene Botschaft zu verbreiten und den relevanten Entwicklungen in Ihrer Branche zu folgen.

Dafür kommt nun der Menüpunkt *Entdecke* ins Spiel. Hier können Sie neue Twitter-Nutzer entdecken, die für Sie relevant sein könnten.

Hinter jedem Menüpunkt verstecken sich dabei neue Nutzer, die Sie ausfindig machen können:

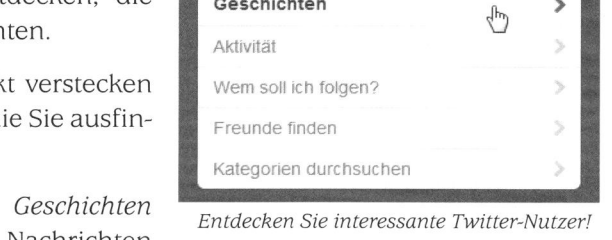

Entdecken Sie interessante Twitter-Nutzer!

> *Geschichten*: Unter *Geschichten* finden sich aktuelle Nachrichten auf Twitter. *Geschichten* sind eine Sammlung von Themen, über die andere Nutzer sich gerade unterhalten.

> *Aktivität*: Unter *Aktivität* werden die Interaktionen der Leute angezeigt, denen man auf Twitter folgt.

> *Wem soll ich folgen?*: Twitter kann dabei helfen, Accounts zu finden, denen man eventuell folgen möchte. Diese empfohlenen Twitter-Accounts basieren unter anderem auf den Accounts, denen man bereits folgt.

> *Freunde finden*: Mit dieser Funktion kann man Bekannte, Freunde und Kollegen auf Twitter suchen und diesen folgen. Dazu kann man die Kontakte aus dem eigenen E-Mail-Adressbuch importieren.

> *Kategorien durchsuchen*: Unter *Kategorien durchsuchen* kann man sich Accounts ansehen, die nach Kategorien geordnet sind. Diese Vorschläge stellen lediglich eine kleine Auswahl aller Twitter-Accounts dar.

Gehen Sie mit diesen Funktionen auf Entdeckungsreise! Sie können dann jederzeit jemandem folgen, indem Sie dessen Twitter-Profil aufrufen und dann auf den *Folgen*-Button klicken.

Durch dieses *Folgen* erscheinen die Tweets der anderen Person nun in Ihrem eigenen Nachrichtenstrom.

Klicken Sie auf Folgen, um einem Account auf Twitter zu folgen.

Die Beiträge von anderen Twitter-Nutzern sehen Sie auf der rechten Seite.

Jeder Twitter-Nutzer hat im Umkehrschluss auch eine öffentliche Timeline, auf der nur die eigenen Tweets angezeigt werden. Diese Übersicht entspricht der Ansicht, die Sie beim Besuch eines anderen Profils haben – zum Beispiel wenn Sie http://www.twitter.com/socialmediabuch aufrufen.

So präsentiert sich die Timeline der eigenen Beiträge.

Aber kann man Twitter auch nutzen, ohne selbst aktiv Inhalte zu verbreiten? Genau so wie man das Internet nutzen kann, ohne selbst eine Webseite zu haben! Dazu können Sie sich einfach unter **http://search.twitter.com** ein bisschen austoben. Dies entspricht sogar einem Hauptbedürfnis der Nutzer: passives Mitlesen, ohne selbst etwas zu schreiben.

Da wir Twitter aber für Marketingzwecke einsetzen wollen, sollten wir auch aktiv Inhalte für die Gemeinschaft bereitstellen und mit den anderen Twitter-Nutzern in Dialog treten.

Sehen Sie die Interaktionen mit Ihrem Account

Unter dem Navigationsmenü *Verbinde* sehen Sie deshalb, wie andere mit Ihrem Account in Verbindung getreten sind. Dabei wird angezeigt, wenn jemand Ihren Tweet als Favorit markiert hat, den Nutzernamen erwähnt hat, Ihnen neu folgt oder einen Tweet retweetet hat.

Sie finden Account-spezifische Infos im Bereich Verbinde.

Wenn andere Nutzer Ihren Account erwähnt haben, finden Sie das im Reiter *Erwähnungen*. Klicken Sie auf einen der Tweets, um die Konversation zu sehen.

Die multimedialen Möglichkeiten der Twitter-Oberfläche

Schauen wir uns nun auch noch an, wie die Inhalte auf Twitter – die Tweets – strukturiert sind. Auf den ersten Blick sehen Sie die Nachricht und haben dann bei jedem Tweet mit einem Klick auf *Öffnen* die Möglichkeit, weiterführende Informationen anzuzeigen. Dabei werden zum Beispiel ein verlinktes Video, Bilder, die letzten Tweets, Antworten auf den Beitrag sowie Details zum Absender dargestellt.

Mit einem Klick können Sie sich weitere Details zu einem Tweet anzeigen lassen.

Wird Twitter dank Multimedia zu einem Facebook-Klon?

Twitter war lange Zeit eine ausschließlich textorientierte Oberfläche (abgesehen von den Hintergrundbildern) und hat sich erst seit dem Redesign in 2010 **in Richtung Multimedia entwickelt**. So lassen sich weiterführende Informationen und Videos nun direkt auf Twitter wiedergeben, ohne dass der Benutzer die Seite verlassen muss.

Twitter und Facebook sind aber dennoch unterschiedlich, die Philosophie ist eine andere. Facebook ist ein Ort, zu dem man geht, um Zeit zu verbringen – sei es, um mit dem eigenen Netzwerk zu kommunizieren, um Games zu spielen oder eigene Inhalte hochzuladen.

Auch Videos lassen sich direkt auf Twitter abspielen.

Twitter hingegen sieht sich selbst als **Informationsnetzwerk** und nicht als soziales Netzwerk reiner Güte. Das Ziel von Twitter ist es, den Benutzer zu informieren und ihm bei jedem Besuch möglichst relevante Inhalte zu bieten.

Das kleine Einmaleins der Twitter-Sprache

Sprechen Sie eigentlich schon Twitter-isch, oder denken Sie bei einem „Hashtag" an bewusstseinsverändernde Substanzen? Twitter-Lingo zeichnet sich durch einige Feinheiten aus, da man mit maximal 140 Zeichen pro Beitrag auskommen muss.

Da werden Teile von Wörtern einfach weggelassen, es wird schamlos abgekürzt und mit Akronymen um sich geworfen. Damit Sie mitreden können, finden Sie im Anhang „Twitter-Abkürzungen" die wichtigsten Begriffe aus dem Twitter-Jargon.

➢ Wenn Sie einen Beitrag von jemand anderem wiedergeben, spricht man von **R**e-**T**weeten – oder kurz und knackig von einem RT.

➢ Das von E-Mail-Adressen bekannte @-Zeichen kommt in Verbindung mit dem Twitter-Namen auch hier zum Einsatz, um jemanden öffentlich anzusprechen.

➢ Für private Nachrichten gibt es die DM, die **d**irekte **M**essage.

➢ Wenn Sie eine Nachricht kategorisieren wollen, können Sie das mit einem Rautenzeichen (#) tun, man spricht dann von einem Hashtag.

Auf diese einzelnen Elemente gehen wir im Folgenden noch detaillierter ein.

7.3 So richten Sie Ihr Twitter-Profil optimal ein

Damit Sie auf Twitter aktiv werden können, benötigen Sie zuerst mal ein eigenes kostenloses Profil. Navigieren Sie dazu auf **http://www.twitter.com**, geben Sie Name, E-Mail und Passwort ein und bestätigen Sie den Account mit einem Klick auf den Button *Melde Dich bei Twitter an*.

Wählen Sie den passenden Namen

Wichtig ist dabei, dass Sie den Benutzernamen geschickt auswählen, damit Sie auch gefunden werden, wenn jemand nach Ihnen sucht. Er sollte möglichst eindeutig zum Verwendungszweck passen und leicht zu merken sein.

Die Länge kann dabei maximal 15 Zeichen betragen, neben Buchstaben und Zahlen können Sie auch den Unterstrich (_) nutzen. Sollte sich jemand bereits Ihren **Markennamen** registriert haben, können Sie das unter **https://support.twitter.com/forms/trademark** melden.

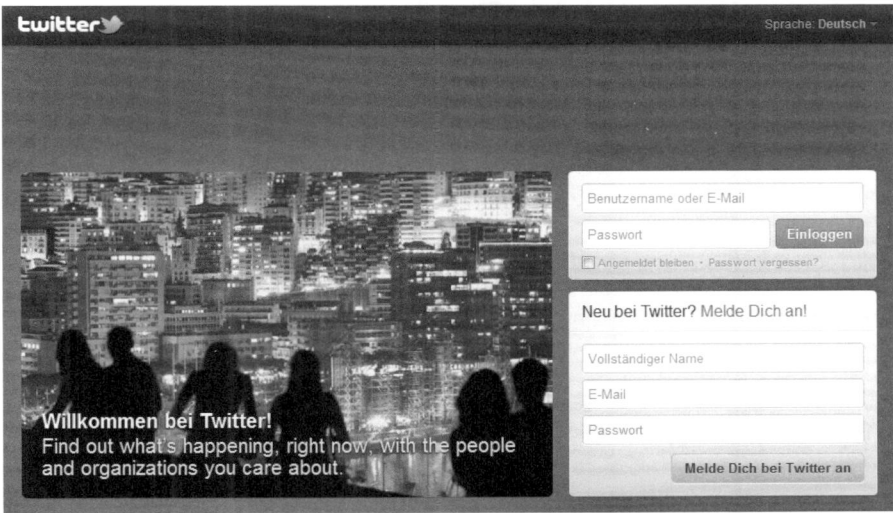

So präsentiert sich die Twitter-Startseite für Besucher, die nicht angemeldet sind.

Der Begriff „Twitter" darf weder im Feld *Vollständiger Name* noch im Feld *Benutzername* vorkommen. Es ist übrigens möglich, den Benutzernamen oder den Namen jederzeit im Nachhinein in den Einstellungen unter dem Menüpunkt *Account* zu ändern.

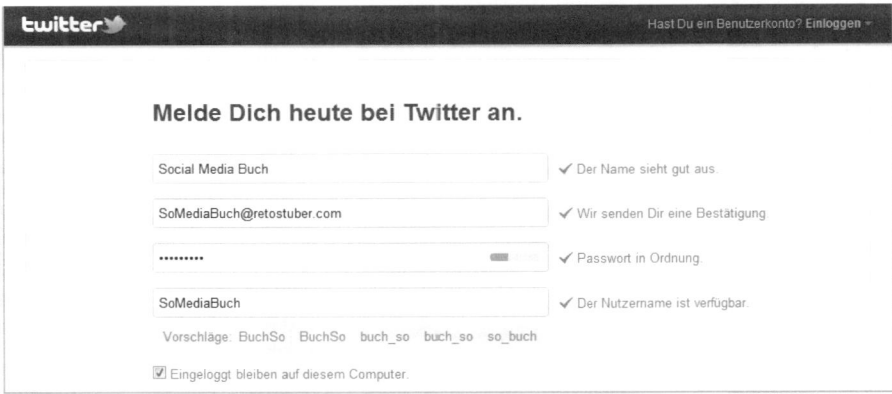

Richten Sie Ihren Twitter-Account ein und ergänzen Sie die geforderten Angaben.

Wenn Sie inhaltlich mehrere unterschiedliche Themengebiete abdecken wollen oder mehrsprachig agieren, dürfen Sie auch ruhig mehrere Accounts dafür einrichten. Eine solche thematische Spezialisierung hilft Ihnen dabei, sich besser in einer Nische zu positionieren. Gegebenenfalls wollen Sie Privates und Geschäftliches trennen und Inhalte auf zwei verschiedenen Accounts veröffentlichen.

Erste Schritte – wie Sie anderen Personen folgen

Twitter hilft Ihnen bei der Anmeldung dabei, die ersten Schritte auf der Plattform zu machen. Sie werden aufgefordert, zunächst einige Themen auszuwählen, die Sie interessieren. Dort finden Sie dann Leute, die darüber twittern, und können einigen interessanten Accounts folgen. Sobald Sie jemandem „folgen", sehen Sie die Tweets dieser Person in Ihrer Timeline. Die Person wird auch davon benachrichtigt, dass Sie ihr folgen.

Twitter empfiehlt Ihnen bei der Eröffnung des Kontos und auch danach jeweils Accounts, die zu Ihren Interessen und bestehenden Kontakten passen könnten.

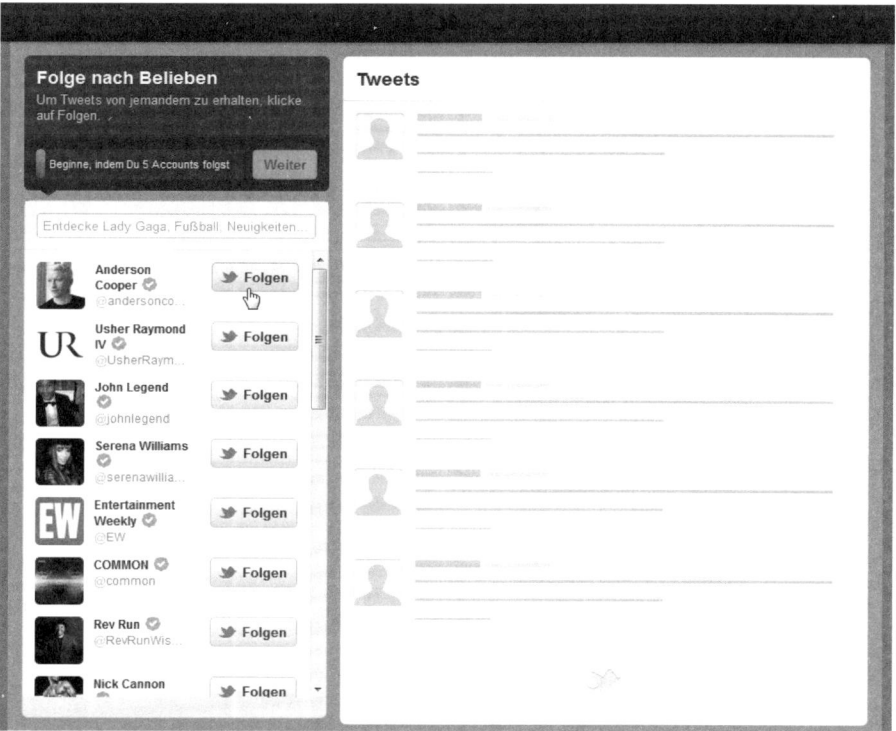

Folgen Sie den von Twitter empfohlenen Nutzern.

Bei der Eröffnung eines neuen Kontos bietet Ihnen Twitter die Möglichkeit, sich mit einem E-Mail-Adressbuch oder anderen Netzwerken zu verbinden. Darüber können Sie prüfen, ob jemand sich mit einer darin enthaltenen Adresse bereits bei Twitter registriert hat.

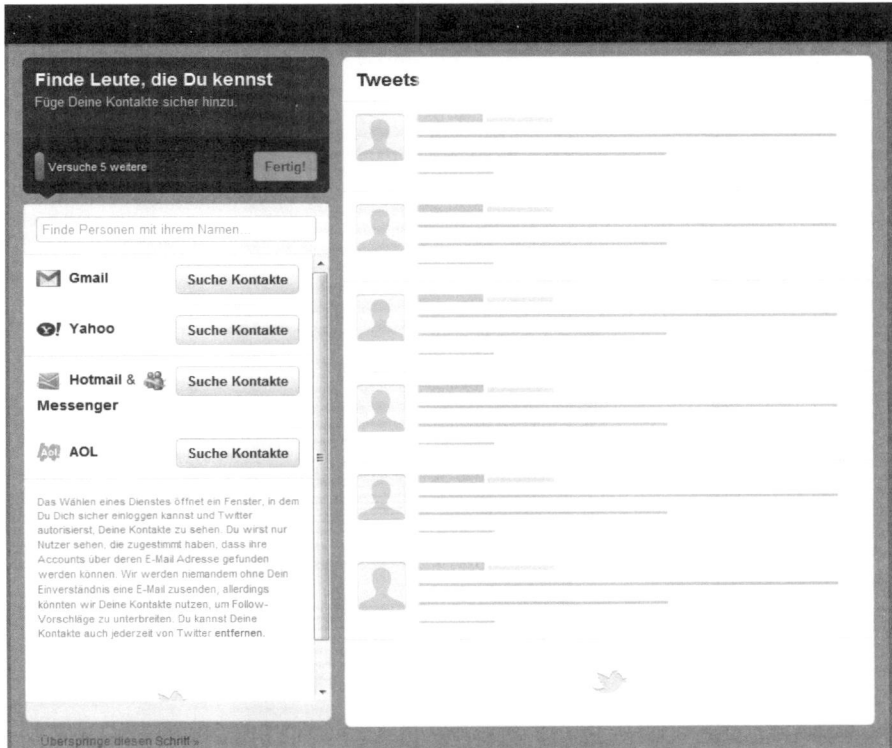

Finden Sie Ihre Freunde und Bekannten aus anderen Netzwerken.

Sie erhalten nach erfolgter Anmeldung eine E-Mail von Twitter, um Ihren Account zu bestätigen. Sobald Sie auf den entsprechenden Link geklickt haben, sind Sie ein vollwertiges Twitter-Mitglied!

7.4 Visuelles Design – Zeigen Sie sich von der besten Seite

Doch mit der Erstellung des Accounts ist es noch nicht getan. Der visuellen Präsenz auf Twitter kommt eine große Bedeutung zu, da viele darauf basierend entscheiden, ob sie Ihrem Account folgen oder nicht.

Laden Sie ein Foto von sich hoch

Wählen Sie als Erstes ein Profilbild oder Logo aus, das zu Ihrem Twitter-Account passt. Dieses Miniaturbild erscheint überall direkt neben Ihren jeweiligen Beiträgen. Achten Sie darauf, wie es wirkt!

Hintergrundbild anpassen

Standardmäßig stehen bei Twitter folgende Hintergrundbilder im Menü *Einstellungen* unter *Design* zur Auswahl:

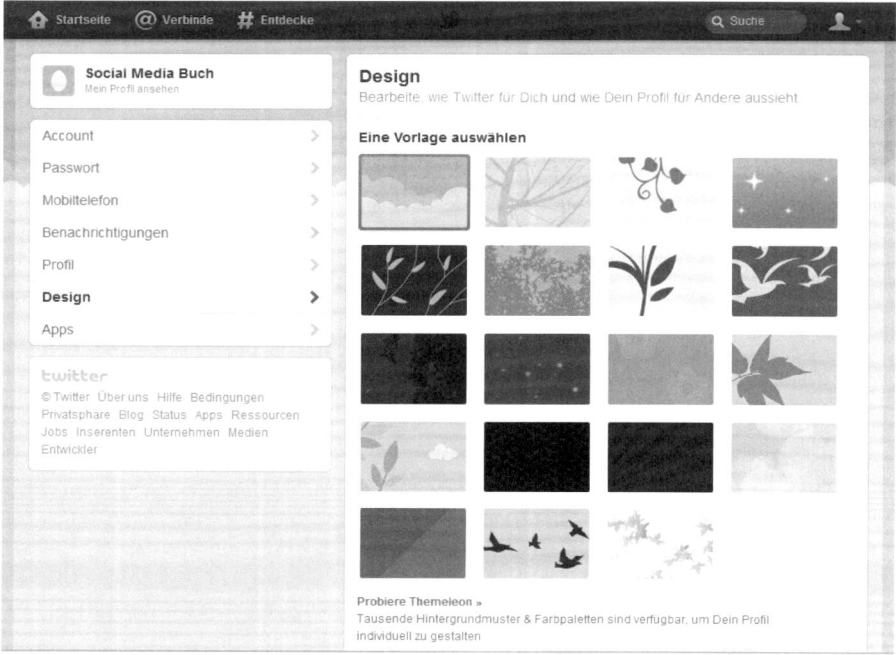

Die Standardhintergrundbilder von Twitter.

Sie können einen der Standardhintergründe auswählen und, wenn gewünscht, auch noch die Farben der Darstellung anpassen.

Mit einem personalisierten Hintergrund lässt sich jedoch viel besser darstellen, wer man selbst ist und welches Anliegen man hat. Klicken Sie dafür auf den Link *Probiere Themelon* unterhalb der Standardhintergründe, und Sie gelangen auf eine Übersichtsseite, auf der Sie ein eigenes Design entwerfen können.

Alternativ können Sie auch einen Grafiker beauftragen, der für Sie ein attraktives Hintergrundbild designt – oder gar selbst Hand anlegen. Beachten Sie dabei, dass die Twitter-Applikation den Hauptbereich des Bildschirms einnimmt, je nach gewählter Auflösung beim jeweiligen Benutzer. Eine gute Faustregel ist deshalb, den linken Bereich des Bilds für ein persönliches Statement zu nutzen.

Es stehen Ihnen auch kostenlose Dienste wie **http://www.twitbacks.com**, **http://www.freetwitterdesigner.com** oder **http://www.twitterbackgrounds.org** zur Verfügung, um ein geeignetes Hintergrundbild zu finden.

Mit Themelon können Sie sich selbst ein Twitter-Design zusammenstellen.

Ein paar Beispiele für kreative Twitter-Hintergründe

Seien Sie ruhig kreativ und stechen Sie damit aus der Masse heraus. Als Inspiration finden Sie im Folgenden einige kreative Designs, abgedruckt mit freundlicher Genehmigung der jeweiligen Twitter-Nutzer.

Jason Keath spielt mit den frei definierbaren Farben der Twitter-Oberfläche und dem Hintergrundbild, indem er diese aufeinander abstimmt.

Jason Keaths Twitter-Hintergrund (Abdruck mit freundlicher Genehmigung).

Bei dem Hintergrundbild des indischen Webdesigners Aravind Ajith wird klar, dass er für seine Kernkompetenz einstehen kann! Das Design macht Eindruck und verbindet Hintergrundbild und Twitter-Oberfläche schön miteinander.

Auf der linken Seite unterstreicht er zudem visuell mit den Logos nochmals die von ihm unterstützten Plattformen und benennt diese mit einem Augenzwinkern als seine „Superkräfte".

Der Twitter-Hintergrund von Aravind Ajith (Abdruck mit freundlicher Genehmigung).

Egidio Murru transportiert seine Persönlichkeit auch via Twitter-Hintergrund (Abdruck mit freundlicher Genehmigung).

Auch Egidio Murru hat seinen Account kreativ gestaltet. Neben der Darstellung von Kontaktangaben auf der linken Seite gibt er in seinem Profilbild ein politisches Statement ab („Free Iran") und ergänzt die Darstellung dann mit den Totenkopf-Buttons auf der rechten Seite.

7.5 Twittern Sie über alles, was Sie bewegt!

Nachdem die Twitter-Präsenz steht, stellt sich die Frage, über was Sie denn twittern sollten. Die Antwort ist simpel: grundsätzlich über alles, was relevant und für die jeweilige Zielgruppe interessant ist.

Dabei kommt wieder Ihre Inhaltsstrategie zum Zuge, damit Sie sich im Klaren darüber sind, was Sie erreichen wollen. Schauen Sie sich zum Beispiel **http://stories.twitter.com** an und holen Sie sich dort von anderen Nutzern Inspirationen.

Unter **http://www.twitter.com/twitterstories** können Sie sich auch über aktuelle Storys informieren, oder sehen Sie sich das Hashtag *#twitterstories* an, um von anderen Nutzern erfolgreiche Geschichten zu hören.

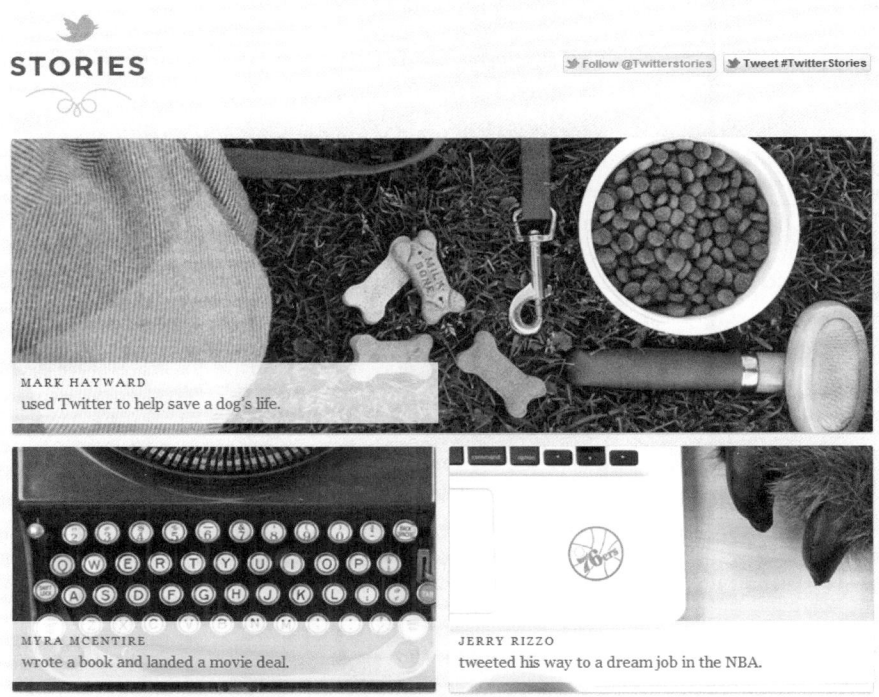

Holen Sie sich Inspirationen von anderen Nutzern und deren Storys.

Sorgen Sie regelmäßig für neue Inhalte und sprechen Sie viel über andere

Die Grundregel lautet: Twittern Sie regelmäßig relevante Inhalte, schaffen Sie beim Leser einen Mehrwert und beteiligen Sie sich aktiv an Diskussionen. Twittern Sie Links zu hilfreichen Inhalten, damit werden Sie automatisch neue Follower anziehen.

Sie können darüber twittern, was Sie gerade tun, getan haben oder planen zu tun. Statusmeldungen gehören dabei zum Repertoire, die unter anderem die Frage „Was machst du gerade?" beantworten. Zu dieser ursprünglichen Twitter-Frage haben sich im Laufe der Zeit weitere W-Fragen gesellt, die in den Statusmeldungen adressiert werden. Die journalistischen Grundsatzfragen bieten dabei eine gute Hilfestellung: Was geschah? Wer ist beteiligt? Wo geschah es? Wann geschah es? Wie geschah es? Warum geschah es?

Fragen Sie auch ab und zu um Rat oder bitten Sie um Empfehlungen und Meinungen von anderen Twitter-Nutzern. Schließlich geht es bei Social Media immer darum, soziale Beziehungen aufzubauen und zu pflegen. Bieten Sie als Organisation Unterstützung für Ihre Twitter-Gefolgschaft. Geben Sie den Leuten immer wieder ein Zeichen der Wertschätzung, beispielsweise über einen unkomplizierten Support via Twitter, einen Wettbewerb oder einen Rabatt-Coupon für den nächsten Einkauf.

Noch wichtiger, als über sich selbst zu sprechen, ist es, die Wertschätzung für andere Nutzer und deren Nachrichten zu zeigen. Referenzieren Sie Personen in Ihren Tweets und seien Sie großzügig mit Lob für andere, diese werden es Ihnen danken. Wenn Sie also nur Ihre eigenen Dinge promoten, werden Ihnen die Follower wieder davonlaufen. Eine Faustregel besagt, dass maximal zwei von zehn Nachrichten Eigenwerbung sein sollten.

Ein paar Ideen dazu, welche Inhalte Sie verbreiten können

Zu Beginn fragen Sie sich vielleicht, mit was für Inhalten Sie denn starten sollten – hier ein paar **Ideen**:

➢ Veröffentlichen Sie Links zu relevanten Beiträgen, Downloads, Videos, Audiodateien oder Bildern.

➢ Versenden Sie News aus Ihrem Unternehmen, sei es zu neuen Produkten, Jobs oder sonstigen Veränderungen.

➢ Kommentieren Sie Neuigkeiten oder Veranstaltungen von anderen.

➢ Publizieren Sie inspirierende Zitate und Weisheiten.

➢ Sprechen Sie darüber, was Sie bewegt.

➢ Geben Sie Empfehlungen darüber ab, welchen Benutzern man folgen sollte.

➤ Suchen Sie auf Webseiten relevante Inhalte und tweeten Sie diese direkt – oder schreiben Sie zuerst einen Blogbeitrag dazu und verlinken Sie dann darauf.

Mögliche Quellen für passende Links und Informationen sind folgende Webseiten:

➤ http://www.google.de/news
➤ http://www.alltop.com
➤ http://www.popurls.com
➤ http://www.stufftotweet.com

➤ http://www.tweetmeme.com
➤ http://www.digg.com
➤ http://www.stumbleuopon.com
➤ http://www.interestingfacts.org

Nutzen Sie die „Trending Topics", um zu sehen was die Leute bewegt

Halten Sie auch ein Auge darauf, was die Leute **gerade jetzt bewegt** – und surfen Sie auf der Welle mit, wenn es zu Ihrem Thema passt. Sie finden diese Trendthemen auf Ihrer Twitter-Einstiegsseite und können dort auch eine Anpassung der **gewünschten Lokation** auf Ihr Land oder Ihre Stadt vornehmen.

Der Algorithmus hinter den **Trending Topics** identifiziert beliebte Themen im Moment ihres Beliebtwerdens. Begriffe, die innerhalb kurzer Zeit an großer Popularität gewinnen, gelangen dabei oft in diese Trends – von Nachrichten über Kultur bis hin zu Klatsch und Tratsch.

Es gibt aber auch viele Themen, die zwar lang und breit auf Twitter diskutiert werden, aber nicht über den notwendigen Schub verfügen, um innerhalb kürzester Zeit die Massen zu mobilisieren.

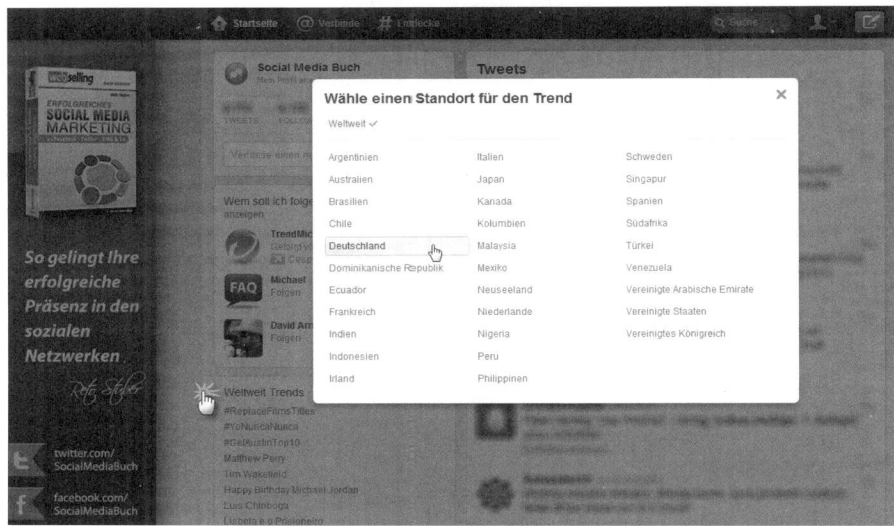

Wählen Sie aus, welche Trends Sie angezeigt bekommen möchten.

Lernen Sie von anderen, suchen Sie nach „TwitterTip"

Wenn Sie nach dem Begriff „TwitterTip" **suchen**, erhalten Sie hilfreiche Ideen von anderen Twitter-Nutzern. Im Falle eines Falles können Sie auch eine Nachricht an *@Hilfe* schreiben. Dabei handelt es sich um den Kundenservice-Account des deutschen Twitter-Teams. Um alle Beiträge dieses Accounts zu sehen, suchen Sie einfach nach „@Hilfe".

Nutzen Sie die @-Funktion, um jemanden öffentlich zu adressieren

Wenn Sie in Ihrem Tweet *@[Benutzername]* schreiben, setzen Sie damit einen Verweis auf den Twitter-Account der jeweiligen Person. Ein Tweet sieht dann so aus:

@SocialMediaBuch ist das neue Buch von @RetoStuber, erschienen bei @Data_Becker! #SocialMedia.

Wer auf den Link mit dem Namen klickt, wird automatisch auf das Profil der Person weitergeleitet. Dieser Tweet kann von allen Benutzern eingesehen werden, und die mit einem @-Zeichen adressierten Personen erhalten eine Notifikation (selbst wenn keine direkte Beziehung besteht).

Die @-Funktion kann natürlich auch missbraucht werden, um damit um Aufmerksamkeit zu heischen. Vielfache und unerwünschte @-Nennungen werden deshalb als Spam taxiert. Manchmal ist es aber die einzige Möglichkeit, um mit einem prominenten Twitter-Nutzer in Kontakt zu treten.

Denken Sie daran, dass diese Nachrichten auch auf Ihrem Twitter-Profil ersichtlich sind. Wenn Sie also mit jemandem in eine Diskussion einsteigen, kann es sinnvoll sein, diese statt mit öffentlichen @-Antworten über private Direktnachrichten zu führen. Sonst verkommt der Twitter-Nachrichtenstrom schnell zum Chat.

Senden Sie private Direktnachrichten (Direct Message – DM)

Diese Direktnachricht, auch als **D**irect **M**essage (DM) bekannt, ist die private Möglichkeit, um jemanden zu kontaktieren. Sie können diese aber nur nutzen, wenn Sie und der Empfänger sich gegenseitig folgen.

Wählen Sie dazu oben auf der Twitter-Seite das Icon mit der Person an und klicken Sie auf *Direktnachrichten*. Dort sehen Sie, wer Ihnen eine Nachricht zugestellt hat.

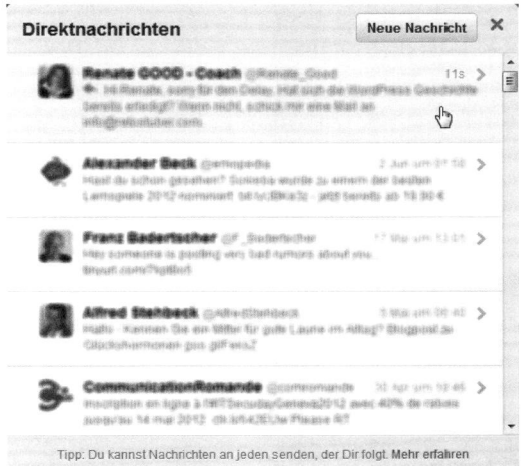

Klicken Sie auf Direktnachrichten, um eine Übersicht angezeigt zu bekommen.

Sie können dann auf *Neue Nachricht* klicken, um der gewünschten Person eine Nachricht zuzustellen.

Wählen Sie die Person aus und versenden Sie eine Nachricht.

So können Sie einen Tweet weitersagen (Retweeten)

Beliebt sind auch die Retweets, sprich das Weiterverbreiten von Beiträgen anderer Personen. Diese Retweets enthalten oft auch Links zu anderen Webseiten.

Nutzen Sie deshalb grundsätzlich beim Verfassen einer Nachricht nicht alle 140 verfügbaren Zeichen aus, damit man Ihre Beiträge einfach weiterverbreiten kann. Beim Weitersagen wird nämlich Ihr Twitter-Name an den Beitrag angefügt, daher sollte Ihre Ursprungsmeldung im Schnitt nur um die 120 Zeichen lang sein.

Es gibt dabei zwei verschiedene Arten von Retweets. Ursprünglich konnte man manuell retweeten. Geben Sie dazu die Buchstaben „RT" gefolgt von einem Leerzeichen und dem @-Zeichen sowie direkt danach dem Account des jeweiligen Benutzers in Ihrem Twitter-Nachrichtenfeld ein, um dessen Nachricht weiterzusagen. Diese Art des Retweets wird zwar nicht mehr sehr häufig genutzt, hatte aber den Vorteil, dass man den Tweet selbst noch mit ein paar Worten kommentieren konnte.

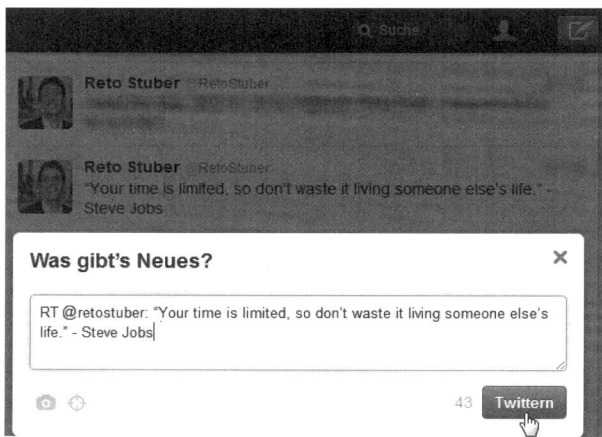

Manueller Retweet einer Nachricht.

Stattdessen bietet sich die Twitter-interne Retweet-Funktion an, bei der Sie im Twitter-Nachrichtenstream einfach auf den entsprechend benannten Button klicken und den Retweet im sich öffnenden Fenster bestätigen.

Retweet einer Nachricht aus dem Nachrichtenstrom.

Kategorisieren Sie Ihre Nachricht mit passenden Hashtags (#)

Eine Spezialität von Twitter sind die sogenannten Hashtags. Dabei wird ein Rautenzeichen (#) als Bezeichner genutzt, um einen Tweet zu kategorisieren. Das sieht dann zum Beispiel so aus:

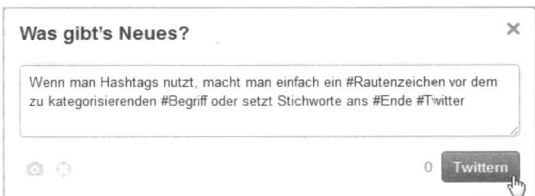

Nutzen von Hashtags bei der Erfassung eines eigenen Tweets.

Mit dieser Funktion lassen sich rasch zusammengehörige Tweets übersichtlich darstellen, beispielsweise von einem Ereignis oder einem Thema. Man kann bei einem Tweet einen oder mehrere Hashtags nutzen und diese innerhalb des Tweets oder am Ende hinzufügen.

Suchen Sie also nach dem gewünschten Begriff und stellen dem ein Hashtag voran. In der Resultatsanzeige können Sie oben auswählen, ob Ihnen nur die *Top-Tweets* oder *alle Tweets* angezeigt werden sollen. Zudem werden Ihnen auch passende Benutzer zum Thema vorgeschlagen, denen Sie nun folgen können.

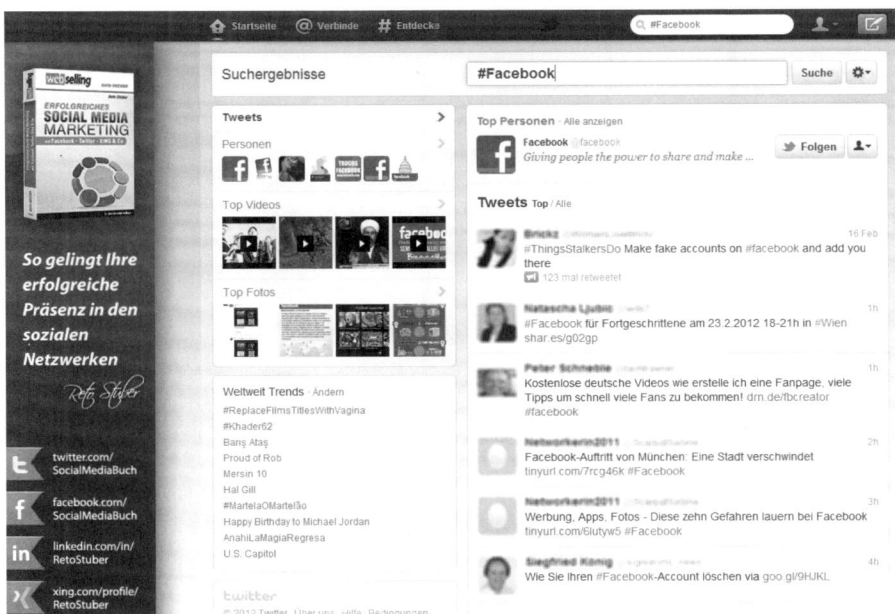

Die Suche nach dem Hashtag #Facebook findet alle entsprechend kategorisierten Tweets sowie passende Benutzer.

Machen Sie mithilfe der passenden Hashtags auf Ihre Beiträge aufmerksam. Wenn zum Beispiel jemand Rat sucht und Sie genau dazu einen passenden Link haben, sollten Sie eine Nachricht versenden. Diese adressiert einerseits

403

die relevanten Personen mit der @-Funktion und nutzt andererseits passende #-Hashtags. Dadurch werden Ihre Tweets stärker verbreitet und eher gefunden, was Ihnen neue Follower verschaffen wird. Das sieht zum Beispiel dann so aus:

Hi @RetoStuber, habe gerade den Link **http://bit.ly/xyz** *auf @selbstaendig entdeckt, ein echter Geheimtipp für alle Netzarbeiter! #Linktipp*

So erreichen Sie Ihre Follower

Twitter ist ein Echtzeitmedium – twittern Sie also primär dann, wenn Ihre Follower auch aktiv sind. Morgens um 2 Uhr werden wohl die wenigsten Ihre Twitter-Nachrichten lesen, und wenn Sie dann am nächsten Morgen auf Ihren Account schauen, ist Ihr Tweet schon weit hinten in der Timeline oder bereits ganz herausgerutscht. Die Applikation **http://www.timely.is** hilft Ihnen dabei, den besten Zeitpunkt zu bestimmen.

Es kann auch leicht passieren, dass die eigenen Beiträge bei den Lesern einfach übersehen werden. Um aus der Masse der Beiträge herauszuragen, können Sie deshalb mehrere Beiträge direkt nacheinander schalten. Diese erscheinen dann wie ein Block im Newsstream des Lesers.

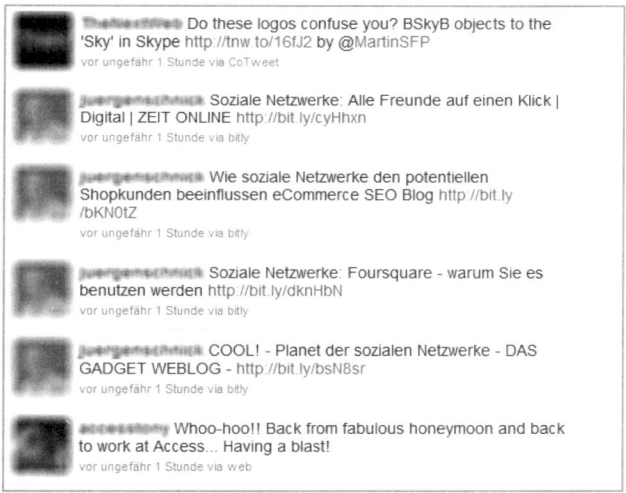

Ein paar Tweets nacheinander vom selben Absender stechen aus der Masse heraus.

Natürlich muss der Inhalt dieser Beiträge nach wie vor gut sein, sonst klickt ja niemand auf die Links. Sie können zum Beispiel einen neuen Blogbeitrag verlinken und dann weitere Tweets veröffentlichen, die auf ähnliche Beiträge aufmerksam machen (beispielsweise „Mehr zum Thema siehe Beitrag X"). Der letzte Tweet sollte dabei der wichtigste sein, denn dieser wird zuoberst dargestellt.

Abonnieren Sie sich Twitter-Beiträge als RSS-Newsfeed

Mit einem kleinen Trick kann man sich auch die Nachrichten eines beliebigen Nutzers mittels RSS-Newsfeed abonnieren. Wenn Sie Twitter nur sporadisch nutzen und zum Beispiel die Tweets eines bestimmten Nutzers auf keinen Fall verpassen wollen, können Sie diese in Ihrem RSS-Newsreader hinzufügen. Sie können sich damit auch die Historie der eigenen Nachrichten sichern, da Twitter diese nach einer gewissen Zeit automatisch löscht.

Oder publizieren Sie den Link zu Ihrem RSS-Newsfeed in verschiedenen RSS-Verzeichnissen, um damit mehr Besucher anzuziehen (siehe Kapitel 5.8 „Tools – Ihre Effizienz- und Effektivitätsmaschinen"). Neben unzähligen Plug-ins und Widgets für Blogs und Webseiten können Sie dank des RSS-Newsfeeds Ihre Beiträge an einem beliebigen Ort einbinden.

Um an den RSS-Newsfeed eines beliebigen Accounts zu kommen, nutzen Sie folgenden Link:

http://api.twitter.com/1/statuses/user_timeline.rss?screen_name=xyz

Ersetzen Sie dabei einfach das *xyz* am Ende des Links durch den jeweiligen Nutzernamen, zum Beispiel:

http://api.twitter.com/1/statuses/user_timeline.rss?screen_name=SocialMediaBuch.

Alternativ können Sie sich auch mit dem Dienst **http://www.rssfriends.com** einen RSS-Newsfeed generieren lassen.

Binden Sie Twitter auf Ihrer Webseite oder in Ihr Blog ein

Twitter bietet unter **https://twitter.com/about/resources** auch eine Reihe an **Buttons** und Widgets, die Sie auf Ihren Webpräsenzen einfügen können. Damit können Sie Ihre Twitter-Präsenz bekannter machen und natürlich auch Ihre Inhalte auf Twitter verbreiten.

Laden Sie sich die gewünschten Widgets, Buttons, Logos oder Icons für den Einsatz auf Ihrer Webseite herunter.

Vor allem der **Folgen-Button und der Tweet-Button** haben sich in der Praxis sehr bewährt, um die Besucher zur Interaktion mit Ihrer Webseite oder als Follower zu gewinnen.

Bauen Sie die passenden Buttons auf Ihrer Webseite ein!

Melden Sie sich über eine sichere Verbindung an

Wenn Sie sich bei Twitter über den Link **http://www.twitter.com** anmelden, sind Sie nicht sicher! Auf jeden Fall dann nicht, wenn Sie das Netzwerk nicht selbst kontrollieren. Nutzen Sie, wann immer möglich, das sichere HTTPS-Protokoll, sprich den Link **https://www.twitter.com**.

Der Schauspieler und Twitter-Vorreiter Ashton Kutcher musste dieses Sicherheitsproblem am eigenen Leib erfahren – sein Account wurde mit dem **Tool Firesheep** auf einer Konferenz gehackt, weil er nicht über eine sichere Verbindung angemeldet war!

Der Twitter-Account von Ashton Kutcher wurde gehackt – man sollte immer eine SSL-Verbindung nutzen (HTTPS).

Um Ihre Twitter-Verbindung standardmäßig auf HTTPS festzulegen, gehen Sie wie folgt vor:

1 Klicken Sie oben rechts auf das Personen-Icon und wählen Sie das Menü *Einstellungen*.

2 Im sich öffnenden Reiter *Account* scrollen Sie ganz nach unten.

3 Dort aktivieren Sie den Punkt *Nur https* und speichern die Einstellungen.

Nutzen Sie Twitter mobil, erhalten Sie Nachrichten via SMS – und gewinnen Sie Kunden!

Eine Twitter-Nachricht will man überall verfassen können. Deshalb gibt es für alle gängigen mobilen Betriebssysteme entsprechende Twitter-Applikationen, und natürlich kann man die mobile Version von Twitter auch direkt unter **http://m.twitter.com** bzw. **http://mobile.twitter.com** von jedem mobilen Browser aus ansteuern. Weitere Details dazu gibt es im *Hilfe*-Menü unter *Handy* – siehe **https://support.twitter.com/groups/34-apps-sms-and-mobile**. Natürlich gibt es auch Apps für **iPhone**, **Android**, **Windows Phone 7**, **BlackBerry** und **iPad** unter **https://www.twitter.com/download**.

Nutzen Sie Twitter auf dem Mobiltelefon über die entsprechende App!

Es ist auch möglich, Twitter-Statusupdates per SMS abzusetzen oder Updates von anderen Nutzern direkt via SMS zu abonnieren – selbst wenn Sie diesen Leuten auf Twitter gar nicht folgen! Navigieren Sie dazu einfach auf das gewünschte Profil, klicken Sie oben rechts auf das Icon mit der Person und wählen Sie im Menü den Eintrag *Handy-Benachrichtigungen aktivieren* an.

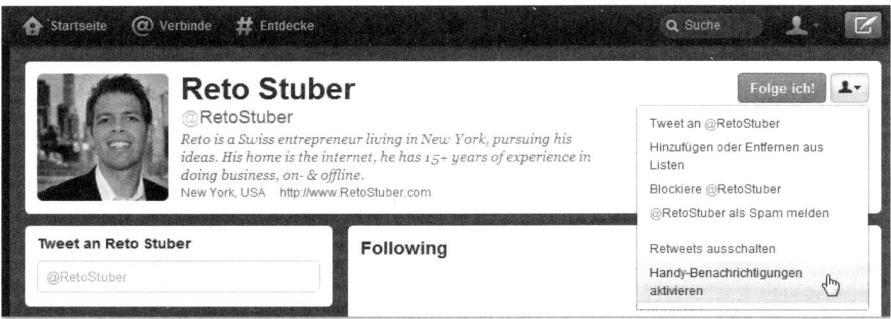

Sie können alle neuen Nachrichten via SMS erhalten.

„Warum aber SMS?", fragen Sie sich vielleicht. Das kann praktisch sein, wenn zum Beispiel die Mobilfunkabdeckung nur unzureichend ist, man kein Datenpaket im Abonnement dabeihat oder wenn man bestimmte Tweets auf keinen Fall verpassen will – zum Beispiel wenn Ihnen jemand **eine öffentliche Meldung auf Twitter sendet**. Außerdem ist die weltweite Durchdringung von mobilen Endgeräten viel höher als die von Computern. Um nun diese Funktion für Ihr Mobiltelefon zu aktivieren, klicken Sie in den Einstellungen im Bereich *Mobiltelefon* auf den Button *Handy aktivieren*.

Richten Sie Twitter so ein, dass Sie Nachrichten via SMS versenden können.

In den USA kann man eine SMS mit dem Text „Follow [Twitter-Username]", also beispielsweise „Follow SocialMediaBuch", an die Nummer 40404 senden und erhält dann alle Statusupdates dieses Nutzers via SMS zugestellt. Im DACH-Raum ist dieser Dienst leider **zurzeit** noch nicht verfügbar.

Aktualisieren Sie Ihren eigenen Status via SMS

Wenn Sie selbst kein Smartphone besitzen, aber trotzdem Tweets über Ihr Mobiltelefon versenden wollen, können Sie das auch via SMS tun. Gehen Sie zur Einrichtung des Accounts **wie folgt** vor (für Deutschland):

1 Senden Sie eine SMS mit dem Wort *START* an +49 157 0500 00 21.

2 Warten Sie zwei Minuten und senden Sie dann eine SMS mit Ihrem Twitter-Nutzernamen an dieselbe Nummer. Verwenden Sie keine zusätzlichen Zeichen wie etwa @.

3 Warten Sie zwei Minuten und senden Sie dann Ihr Passwort an dieselbe Nummer.

4 Warten Sie zwei Minuten und senden Sie dann das Wort *OK* an die Nummer.

5 Warten Sie zwei Minuten und senden Sie dann eine Testnachricht an die Nummer.

6 Melden Sie sich am Computer an Ihrem Twitter-Konto an und prüfen Sie, ob die Testnachricht in Ihrer Timeline erscheint. Löschen Sie sie, wenn nötig.

Alle weiteren **Befehle** und **Infos** zur SMS-Nutzung finden Sie unter **http:// support.twitter.com/articles/103483-die-offiziellen-twitter-sms-befehle**.

Mit Keyboard-Shortcuts sind Sie noch schneller

Twitter bietet auch verschiedene **Keyboard-Shortcuts**, damit Sie sich schneller auf der Oberfläche bewegen können.

Die Twitter-Tastaturkürzel helfen dabei, schneller zu navigieren.

Nutzen Sie Twitter in anderen Sprachen (und helfen Sie mit bei der Übersetzung)

Twitter ist in den Sprachen Deutsch, Englisch, Spanisch, Französisch, Italienisch und noch einer ganzen Reihe mehr verfügbar – per Mitte 2012 waren es **21 Sprachen**. Die gewünschte Sprache lässt sich in den *Einstellungen* auswählen.

Doch damit ist es nicht genug, es sollen weitere Sprachen folgen! Twitter setzt bei den Übersetzungen auf „Crowdsourcing", jeder kann mithelfen und sich unter **http://www.twitter.com/translate** dafür anmelden. Auch die Tweets selbst sollen sich **mittelfristig automatisch über die Funktion Google Translate übersetzen** lassen.

Twitter bietet eine Vielzahl an Sprachen für die Benutzeroberfläche an.

Im Twitter-Translation-Center können Sie bei den Übersetzungen mithelfen!

Sie können Ihre Inhalte schützen und den Zugriff einschränken

Die Inhalte des eigenen Twitter-Accounts sind generell öffentlich zugänglich – dies ist bei fast allen Twitter-Nutzern der Fall. Alternativ kann man seine

Nachrichten vor neugierigen Blicken schützen, sodass diese nur von explizit bestätigten Followern eingesehen werden können.

Das kann sinnvoll sein, wenn Sie die Inhalte nur ausgewählten Personen zur Verfügung stellen wollen – zum Beispiel Abonnenten eines kostenpflichtigen Diensts, denen Sie sozusagen ein Premium-Angebot auf Twitter anbieten, oder auch im Rahmen eines nicht öffentlichen Projekts. Bei rein privater Nutzung können Sie den Zugriff auf den Account auch nur für Familie und Freunde erlauben.

1 Wählen Sie bereits bei der Erstellung des Kontos diese Option direkt aus.

2 Alternativ wählen Sie oben rechts das Personensymbol an und danach das Menü *Einstellungen*.

3 Klicken Sie dort auf den Reiter *Account*.

4 Setzen Sie das entsprechende Häkchen bei *Tweet Sicherheit*.

5 Klicken Sie auf den Button *Speichern*.

Übersicht darüber, wo Sie Ihre Beiträge vor fremden Blicken schützen können.

7.6 So suchen und finden Sie relevante Nutzer, Inhalte und Listen

Im Gegensatz zu anderen sozialen Netzwerken kann bei Twitter das Folgen asymmetrisch sein – sprich, Sie können jemandem folgen, ohne dass diese Person Ihnen zurückfolgen muss.

Du folgst mir, ich folge dir (nicht)

Es ist bei Twitter aber üblich, dass man fremden Menschen folgt – Sie werden sehen, dass auch Ihnen bald Accounts folgen, die Sie nicht kennen. Sie müssen aber nicht zwingend anderen zurückfolgen, da dürfen Sie ruhig selektiv sein. Überlegen Sie sich jeweils, was Sie davon haben, wenn Sie jemandem folgen – oder ob diese nette Geste primär dazu führt, dass damit Ihr Twitter-Newsstream mit für Sie nicht relevanten Meldungen verstopft wird.

Merke: Wer viele Follower hat, selbst aber weniger Leuten folgt, der verbreitet in der Regel interessante Inhalte – oder ist eine prominente Person. So folgt der Account des TV-Moderators und Komikers **Conan O'Brien** nur einer Person, er selbst hat aber um die 5 Millionen Follower. Der Star sieht damit in seinem Twitter-Newsstream eben nur die Tweets dieser einen Person, der er folgt.

Conan O'Brien folgt nur einer Person, hat aber selbst um die 5 Millionen Follower.

Finden Sie relevante Twitterer und Inhalte mit der (erweiterten) Suche

Unter **http://search.twitter.com** können Sie außerdem nach beliebigen Themen suchen und anhand der Beiträge den entsprechenden Leuten folgen. Unter **http://search.twitter.com/advanced** können Sie die Suche sogar noch weiter verfeinern. Wenn Sie nur deutsche Tweets durchstöbern wollen, finden Sie unter **http://www.twittercrawl.de** eine Möglichkeit dazu.

Nun wollen Sie bestimmt wissen, wie Sie denn passende Menschen finden, die sich für Ihre hochwertigen Inhalte interessieren! Das erfahren Sie mit den folgenden Tipps. Falls Sie den folgenden Prozess auch live sehen möchten, habe ich ein Video für Sie aufgezeichnet, das Sie unter **http://www.social mediabuch.com/twittervideo** (Passwort: twitter) finden.

Die folgenden Suchoperatoren sind Ihr Schlüssel zu erfolgreichem Twitter-Marketing – aber nur wenige wissen, wie Sie diese auch effektiv nutzen können! Als lokales Geschäft können Sie damit zum Beispiel die Leute aus Ihrer Umgebung ausfindig machen, die für Sie relevant sind. Wenn Sie nur in einer bestimmten Sprache suchen wollen, können Sie das auf der Suchseite im Drop-down-Menü auf der rechten Seite einschränken.

Hier die verschiedenen Suchoperatoren mit entsprechenden Beispielen.

Operator	Findet Tweets, die ...
twitter suche	... sowohl „twitter" als auch „suche" enthalten.
"happy hour"	... die exakte Phrase „happy hour" enthalten.
liebe OR hass	... entweder „liebe" oder „hass" (oder beides) enthalten.
bier -wein	... „bier" enthalten, nicht aber „wein".
#gedicht	... das Hashtag „gedicht" enthalten.
from:socialmediabuch	... vom Nutzer „socialmediabuch" veröffentlicht wurden.
to:retostuber	... an den Nutzer „retostuber" gesendet wurden.
@socialmediabuch	... eine Referenz zum Nutzer „socialmediabuch" enthalten.
"happy hour" near:"hamburg"	... die exakte Phrase „happy hour" enthalten und in der Nähe des Orts „hamburg" abgesendet wurden.
near:leipzig within:15km	... im Umkreis von 15 Kilometern vom Ort „leipzig" gesendet wurden.
sommer since:2011-03-02	... „sommer" enthalten und nach dem Datum „2011-03-02" (Jahr-Monat-Tag) veröffentlicht wurden.
feuerwehr until:2011-03-02	... „feuerwehr" enthalten und vor dem Datum „2011-03-02" (Jahr-Monat-Tag) veröffentlicht wurden.
kinofilm -http :)	... „kinofilm" enthalten, nicht aber „http" (also in der Regel keine Links aufweisen) und zudem eine positive Haltung besitzen (Smiley).
reisen :(	... „reisen" mit einer negativen Haltung enthalten (Smiley).
handball ?	... „handball" enthalten und als Frage formuliert sind.
finanzen filter:links	... „finanzen" und externe Links enthalten.
nachrichten source:twitterfeed	... „nachrichten" enthalten, die über den Dienst TwitterFeed veröffentlicht wurden.

Lokales Marketing über Twitter

Diese Suchoperatoren sind zum Beispiel für lokales Marketing eine sehr hilfreiche Möglichkeit, um Leute aus der Umgebung mit bestimmten Interessen zu finden. Nehmen wir an, Sie vertreiben eine Nahrung für Haustiere
und betreuen den Markt in Berlin. Sie können dann in der Twitter-Such-
maske die Stichwörter festlegen, die gewünschte Sprache angeben sowie
Ort und Umkreis definieren.

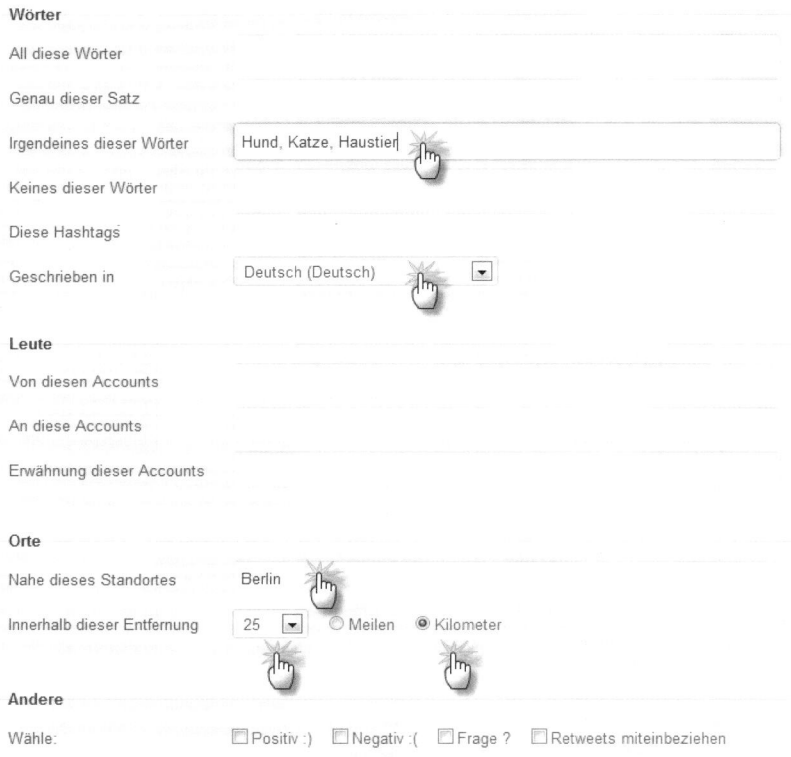

Nutzen Sie die erweiterten Suchoperatoren, um geschickt lokales Marketing zu betreiben.

Schauen wir uns nun die Resultate an. Oftmals muss man da die Spreu vom
Weizen trennen, wie dieses Beispiel zeigt. Die in dem Beispiel mit einem Häkchen markierten Beiträge lassen auf jeden Fall schon mal auf einen Haustier-
besitzer schließen. Diesen Accounts können Sie nun folgen und dabei auch
direkt mit den Personen in Kontakt treten und auf deren Beiträge reagieren.

Wenn Sie das geschickt anstellen und auf Ihrem Profil bereits thematisch relevante Inhalte veröffentlicht haben, werden diese Personen Ihnen wohl
auch zurückfolgen – und damit können Sie beginnen, sich als Experte zu
positionieren.

Filtern Sie die Spreu vom Weizen in den Resultaten.

Halten Sie beim Surfen die Augen offen und nutzen Sie Verzeichnisse

Es gibt auch verschiedene Verzeichnisdienste, die Twitter-Nutzer thematisch organisiert haben. Dort können Sie über die Suchmöglichkeiten für Sie relevante Leute ausfindig machen und hinzufügen. Sie finden eine Übersicht in Kapitel 7.10 „Nützliche Links und hilfreiche Anwendungen für Twitter".

Schauen Sie sich auch auf Ihren Lieblingswebseiten um, ob diese einen Twitter-Button in ihrem Auftritt platziert haben. Es lohnt sich immer, den Experten aus der eigenen Branche zu folgen.

Twitter-Listen – Finden Sie neue Leute und schaffen Sie Ordnung im Chaos

Die Listenfunktion von Twitter ist sehr mächtig. Sie erlaubt es, verschiedene Accounts und deren Beiträge in einer Liste zusammenzufassen. Wenn man vielen Nutzern auf Twitter folgt, kommt man gar nicht mehr damit nach, all die neuen Beiträge zu lesen. Twitter-Listen sind deshalb eine gute Möglichkeit, um Ordnung ins Chaos zu bringen. Diese Listen helfen Ihnen dabei, den Überblick zu behalten und die Spreu vom Weizen zu trennen.

Sie können selbst **beliebige Listen** erstellen und die Twitterer darin kategorisieren. Beispiele für solche Listen können sein: Freunde, Prominente, Twitterer aus Berlin, Politiker, Sportklubs, ... der Kreativität sind keine Grenzen gesetzt! Entscheiden Sie jeweils, ob die von Ihnen angelegte Liste öffentlich einsehbar ist oder nur für Sie privat. Achten Sie darauf, dass Sie Ihre Listen stimmig und präzise benennen, damit sie auch von anderen Nutzern gefunden und abonniert werden können.

Ein Account kann dabei vielen verschiedenen Listen angehören, die von unterschiedlichen Personen verwaltet werden. Sie können auch Twitter-Nutzer in Listen verwalten, deren Accounts Sie nicht direkt folgen. Listen sind also sozusagen Filteroptionen für Twitter, denn damit können Sie die Leute auf dem Radar (sprich in einer Liste) behalten, ohne dass deren Tweets Ihre Timeline füllen.

Der Link zu einer Liste wird dabei nach folgendem Schema zusammengesetzt:

http://www.twitter.com/[Username]/[Listenname]

Beispiel: **http://www.twitter.com/RetoStuber/SocialMediaListe**

Auf der Twitter-Profilseite sieht man die Anzahl der Listen.

Auch Sie selbst können auf Listen von anderen Nutzern landen, indem diese Sie zu einem bestimmten Thema kategorisieren. Sie sehen die Listen, auf denen Sie eingetragen sind, in Ihrem Profil, wenn Sie unter *Listen* auf *Mitglied von* klicken.

Seien Sie sich bewusst, dass man auf Ihrem öffentlichen Profil sehen kann, welchen Listen Sie folgen und wo Sie selbst von anderen Leuten gelistet wurden. Manchmal sind diese Listen alles andere als schmeichelhaft, wie dieses Beispiel eines Accounts zeigt, der durch aggressive Werbung aufgefallen ist.

Spammer von ~~Michael Andrea~~
Hier kommt der ganze Schrott rein
105 Mitglieder

werberamsch von ~~Margit~~
158 Mitglieder

Reisen von ~~Urlaub Reisen Ferien~~
21 Mitglieder

Mülleimer von ~~Susu~~
Hier kommt der ganze Schrott rein ...
99 Mitglieder

Quark von ~~der Spion~~
Alle möglichen komischen "Follower"
86 Mitglieder

生活 von ~~Yoshiko Okada~~
生活情報、お得なクーポン
29 Mitglieder

corporate2 von ~~Clapper~~
297 Mitglieder

blocked2 von ~~united um~~
People I blocked. Spammers and other rubbish.
446 Mitglieder

Ein Twitter-Account eines Onlineshops ist auf verschiedenen „schwarzen" Listen gelandet.

Was die wenigsten wissen: Sie können sich aus ungewollten Listen wie diesen „austragen", indem Sie einfach den Listenersteller **blocken**!

So blocken Sie einen Account, der Sie auf eine unerwünschte Liste gesetzt hat.

Entdecken Sie die relevante Zielgruppe mittels Twitter-Listen

Nun möchte ich Sie in der schlagkräftigen Taktik ausbilden, nach der Sie mithilfe dieser Twitter-Listen die für Sie passenden Leute finden! Diese Listen werden oftmals mit viel Sorgfalt zusammengestellt und weisen dementsprechend eine hohe Qualität auf. Das bedeutet für Sie, dass Ihnen schon jemand die Arbeit abgenommen und die relevanten Leute für Ihr gewünschtes Themengebiet in einer Liste klassifiziert hat.

Jetzt geht es also nur noch darum, diejenigen Personen zu finden, die diese Listen zusammengestellt haben! Dabei zäumen wir das Pferd von hinten auf und suchen zuerst einen ausgewiesenen Experten zum gewünschten Thema. Der Hintergrund: Dieser Experten-Account wird bestimmt in vielen thematisch relevanten Listen aufgeführt sein, die wir uns dann zunutze machen können!

Gehen Sie dazu wie folgt vor:

1 Suchen Sie einen passenden Experten über die Suchfunktion und klicken Sie links auf dessen Profilseite auf *Listen*.

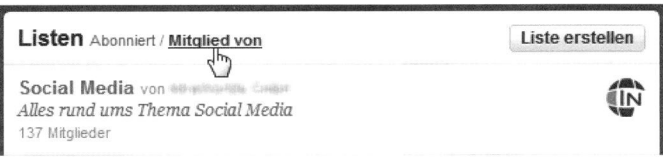

2 Klicken Sie auf *Mitglied von*, und Sie gelangen zu einer Übersicht, die zeigt, in welchen Listen dieser Account geführt wird.

3 Wählen Sie dann eine passende Liste aus, und Sie kommen auf eine Übersichtsseite, auf der Sie die aktuellen Beiträge von allen Leuten sehen, die in dieser Liste geführt sind.

4 Diese Tweets interessieren uns im Moment aber nicht, stattdessen interessiert uns, welche anderen Nutzer in dieser Liste geführt sind. Klicken Sie deshalb auf *Listen Mitglieder*, und Sie sehen alle Accounts in dieser Liste.

5 Mit einem Klick auf den *Folgen*-Button können Sie nun den gewünschten Accounts folgen.

6 Sobald Ihnen dann jemand zurückfolgt, werden Ihre Nachrichten bei dieser Person im Newsstream angezeigt – und damit beginnt auch der Aufbau Ihrer Beziehung zu diesem Nutzer!

Fügen Sie Tweets Ihren Favoriten hinzu

Wenn Sie eine Nachricht entdecken, die Sie besonders anspricht, können Sie diese Ihren *Favoriten* hinzufügen. Klicken Sie dazu bei dem Beitrag einfach auf das Sternsymbol oder den *Favorisiert*-Link, und der Tweet wird in Ihren Favoriten gespeichert. Diese können Sie dann auf Ihrer Profilseite im Bereich *Favoriten* aufrufen.

Hier fügen Sie Tweets Ihren Favoriten hinzu.

Der Follow Friday – empfehlen Sie Ihre Lieblings-Twitterer

An jedem Freitag geschieht in der Twitter-Sphäre dasselbe: Unter dem Hashtag **#Follow Friday** bzw. **#FF** geben Twitter-Nutzer Empfehlungen dazu ab, wem man folgen sollte. Weit weniger populär ist dagegen der **#UnfollowTuesday**, da man angibt, wem man nun nicht mehr folgt – dies öffentlich kundzutun, gehört einfach nicht zum guten Ton.

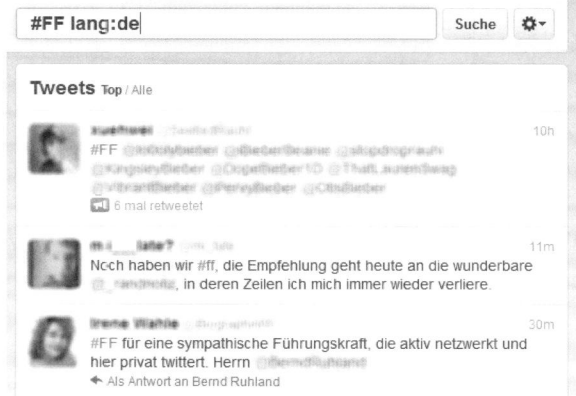

Beim Follow Friday empfehlen Benutzer ihre Lieblings-Twitterer weiter.

Verifizierte Accounts für Personen des öffentlichen Lebens

Bei Twitter kann sich jedermann unter einem beliebigen Namen registrieren. So ist es auch kein Wunder, dass es unzählige falsche Twitter-Profile gibt, bei denen sich jemand als eine Person des öffentlichen Lebens ausgibt (siehe auch Kapitel 1.9 „So schützen Sie sich vor Identitätsdiebstahl").

Deshalb wurde die Möglichkeit der verifizierten Accounts eingeführt, die von Twitter darauf geprüft werden, ob sich tatsächlich die entsprechende Person dahinter verbirgt. Alle weiteren Informationen sind unter **http://twitter. com/help/verified** zu finden.

Der Twitter-Account **http://www.twitter.com/verified** folgt zudem allen Personen, deren Account verifiziert wurde.

Verifizierte Twitter-Konten sind entsprechend ausgezeichnet.

Entfolgen Sie den Leuten, die für Sie nicht (mehr) interessant sind

Es kommt vor, dass Sie vielen Leuten auf Twitter folgen – und dann merken, dass eigentlich gar nicht alle Ihnen wirklich relevante Informationen liefern. Manchmal gibt es Benutzer, die zu viel über belanglose Dinge twittern – oder solche, die schlicht zu viele Inhalte herausposaunen und damit Ihren Twitter-Newsstream unnötig aufblähen.

Sie können diesen Personen jederzeit „entfolgen". Dabei kommt von Twitter selbst keine Benachrichtigung an die jeweilige Person. Es gibt aber spezielle Dienste (siehe Linkliste am Ende dieses Kapitels), die ein „Entfolgen" überwachen und den Benutzer informieren. Diese werden aber nur von einem geringen Teil der Twitter-Nutzer eingesetzt. Es gibt auch praktische Tools wie **http://www.manageflitter.com**, mit denen Sie aufräumen können.

Wie Sie rasch viele Follower gewinnen – und warum das nicht alles ist

Ich werde oft gefragt, wie man sich schnell ein großes Following auf Twitter aufbauen kann. Das Vorgehen für das Gewinnen von Followern ist immer dasselbe: Entweder Sie veröffentlichen einfach gute Inhalte und hoffen, dass diese bemerkt werden und die Leute Ihnen folgen, Sie interagieren aktiv mit der Community und bauen damit Ihre Gefolgschaft auf – oder Sie nutzen Software, die Sie dabei unterstützt.

Oftmals sieht man Twitterer mit Zehntausenden Followern. Ein solch umfangreiches Following bedeutet aber nicht zwingend, dass die Follower auch an den Tweets des Absenders interessiert sind. Auch andersherum wird es schwierig, denn wenn man Zehntausenden Accounts folgt, kann man nur mit sinnvoll gestalteten Listen den Überblick behalten. Es geht bei Twitter nicht nur um die Masse, sondern auch um die Klasse!

Es gibt Software am Markt, die diese manuellen Abläufe automatisiert und beispielsweise allen Leuten folgt, die ein bestimmtes Stichwort tweeten, oder allen Followern eines anderen Accounts. Doch das beste Tool nützt nichts, wenn Sie damit das Grundprinzip der sozialen Medien missachten: Menschen stehen im Mittelpunkt. Stellen Sie deshalb sicher, dass sich die Leute, denen Sie folgen, auch für Ihren Themenkomplex interessieren und Sie für diese einen Mehrwert schaffen. Dann stehen die Chancen gut, dass diese Ihnen zurückfolgen und Sie einen echten Kontakt gefunden haben.

Unter **http://www.socialmediabuch.com/twittertools** finden Sie eine Übersicht an spezialisierten Tools zu Twitter. Wenn Sie diese einsetzen wollen, sollten Sie das aber mit Bedacht tun! Ansonsten kann es schnell passieren, dass Sie von anderen Nutzern als Spammer betrachtet werden, weil Sie vielen Accounts folgen, ohne mit denselben zu kommunizieren. Und da fehlt dann auch nicht mehr viel, dass Ihr Account von Twitter gesperrt wird. Richtig eingesetzt, können diese Tools aber einen echten Mehrwert für Sie und Ihre Gefolgschaft schaffen.

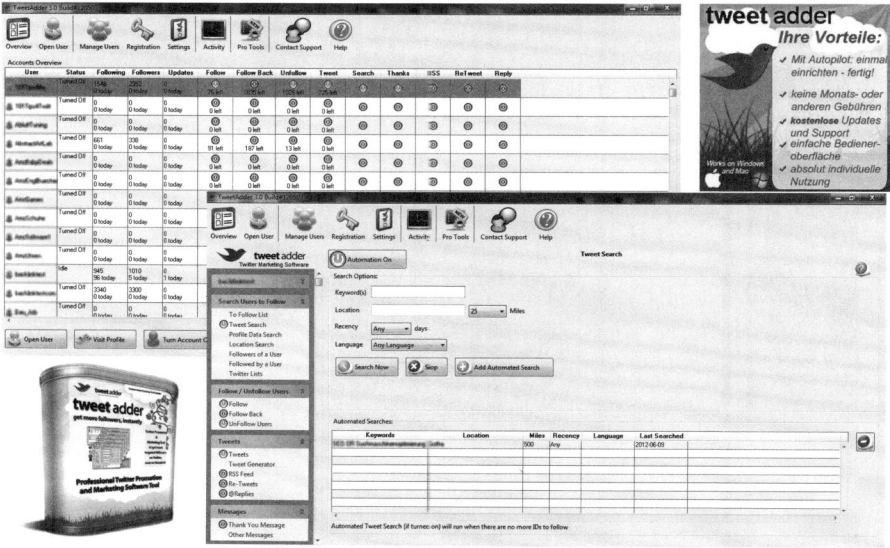

Prozesse lassen sich automatisieren, aber der Mensch muss immer im Mittelpunkt stehen.

Twitter-Limits für Folgen & Co.

Es gibt nicht grundsätzlich eine **Begrenzung** der Anzahl derjenigen, denen Sie folgen können. Sobald Sie aber 2.000 Benutzern folgen, haben Sie eine Grenze für das Hinzufügen von zusätzlichen Benutzern erreicht. Die Anzahl der Leute, die Ihnen folgt, darf ab dann nur geringfügig kleiner sein als die Anzahl derer, denen Sie folgen.

Wenn Sie mehr Benutzer hinzufügen wollen, müssen Sie also ebenfalls an die 2.000 Leute haben, die Ihnen folgen. Die Following-Follower-Ratio beträgt etwa 1,1 : 1, Sie können also ca. 10 % mehr Leuten folgen als Ihnen folgen.

Um den Missbrauch von Twitter zu vermeiden, sind **verschiedene Limitationen** im Einsatz. Konkret stehen diese bei 1.000 Tweets und 250 Direktnachrichten pro Tag sowie 150 API-Anfragen pro Stunde.

Automatische Direktnachrichten für neue Follower

Wenn Ihnen jemand folgt und Sie dem Account dann zurückfolgen, erhalten Sie oftmals eine Direktnachricht zugestellt, in der sich für das Following bedankt wird – meist mit einem Link auf die Webseite der betreffenden Person.

Twitter-Vordenker sehen das nicht gern und bezeichnen solche Nachrichten als Spam. Diese seien unpersönlich und selten der Beginn eines guten Austauschs – sie würden lediglich dazu genutzt, die eigenen Angebote zu promoten.

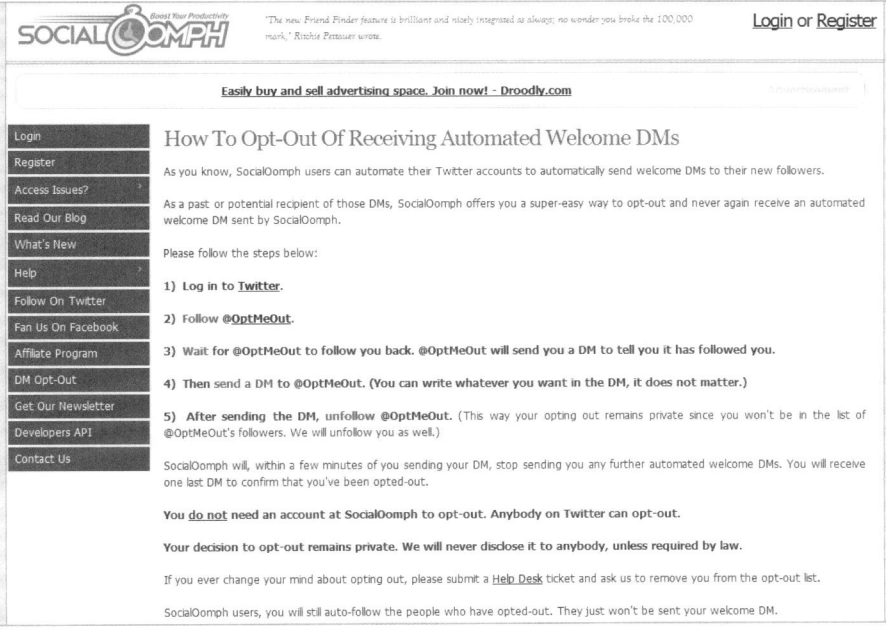

Mit der Opt-out-Funktion lassen sich automatisierte Nachrichten abschalten.

Häufig wird diese Automatisierung über das Tool **http://www.socialoomph. com** realisiert. Unter **http://www.socialoomph.com/optout** finden Sie deshalb auch die Möglichkeit, solche automatisierten Mails für Ihren Twitter-Account abzustellen.

So schalten Sie Twitter-Benachrichtigungen aus

Wenn Sie bereits eine Weile bei Twitter sind, werden Sie sich vielleicht schon eine Gefolgschaft erarbeitet haben. Standardmäßig erhalten Sie dabei jedes Mal eine Nachricht zugestellt, wenn Ihnen jemand folgt oder eine Direktnachricht sendet.

Das kann schnell in eine richtige Mail-Lawine ausarten. Sie können diese Nachrichten deshalb ganz einfach ausschalten.

1 Klicken Sie auf das Icon mit der Person oben rechts und wählen Sie das Menü *Einstellungen*.

2 Klicken Sie auf *Benachrichtigungen*.

3 Nehmen Sie die gewünschten Änderungen vor und speichern Sie sie.

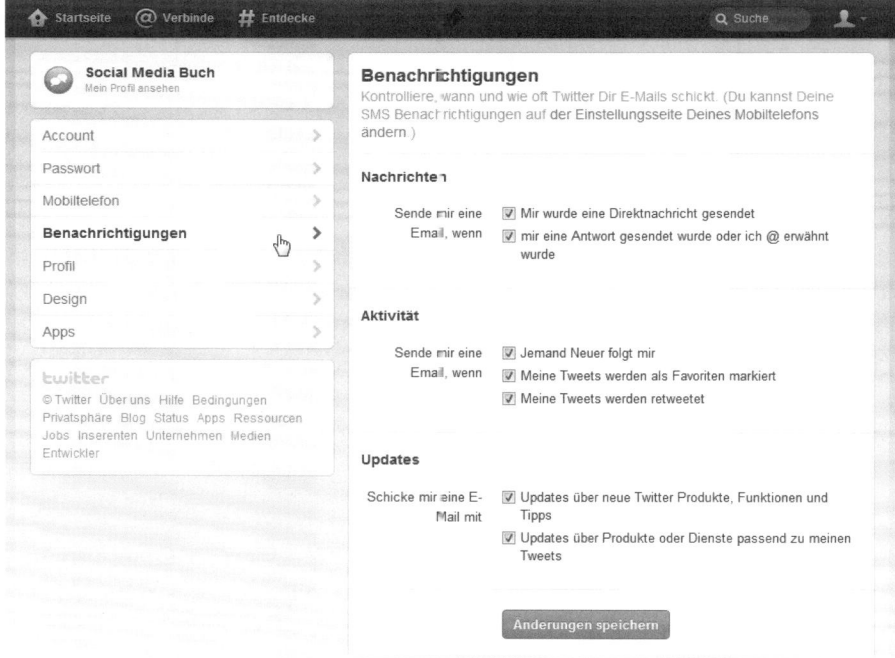

Legen Sie fest, welche Benachrichtigungen Sie von Twitter erhalten möchten.

423

Wie Sie Twitter-Spamnachrichten erkennen

Spam kann ein Problem auf Twitter sein. Die Spam-Accounts fordern Sie oft mit einer Nachricht dazu auf, einen Link anzuklicken. Vielfach führen diese Links zu einer Seite, auf der Sie etwas kaufen können – und der Absender des Links erhält dann eine Provision dafür.

Neben den Verkaufsseiten können Sie natürlich zu gefährlichen Webseiten geleitet werden. Auch aktuelle Ereignisse, zum Beispiel aus dem Bereich Sport, Gesellschaft oder Prominente, werden gern dazu genutzt, ahnungslose Nutzer in die Irre zu führen. Seien Sie deshalb vorsichtig im Umgang mit Links von unbekannten Personen, die Sie zum Klicken verleiten wollen.

7.7 Wie Sie Multimedia-Daten teilen können

Nun haben Sie die wichtigsten Funktionen von Twitter kennengelernt. Tauchen wir etwas tiefer ein und schauen wir uns an, wie Sie am besten Bilder, Videos, Dateien etc. veröffentlichen.

So gehen Sie mit gekürzten Links um

Linkverkürzungsdienste, oder auf Neudeutsch auch „URL-Shortener", sind in sozialen Medien beliebt. Sie machen aus einer langen URL wie beispielsweise **http://www.dasisteinedomain.de/Verzeichnis/Produkt/Eigenschaft/Detail beschreibung.html** eine kurze, wie **http://bit.ly/Produkt1**. Lange Zeit musste man diese Links manuell verkürzen, aber nun übernimmt Twitter die Aufgabe automatisch.

Trotzdem kann es sinnvoll sein, einen Link selbst zu verkürzen, zum Beispiel um eine Statistik zu haben, wer diesen angeklickt hat. Der Anbieter **http://bit.ly** hat dafür die Nase weit vorn. Neben dem Kürzen der Links bietet bit.ly eben auch die Möglichkeit, die Klicks auf die gekürzte URL auswerten zu lassen. Das geht ganz einfach, indem Sie ein Pluszeichen am Ende des Links anfügen – aus dem gekürzten Link **http://bit.ly/xyz** wird dann **http://bit.ly/xyz+**. Damit können Sie auch die Links von anderen Nutzern einsehen, um herauszufinden, wie oft diese angeklickt wurden und woher die Besucher kamen.

Zudem bietet dieser Dienst die Möglichkeit, direkt einen sogenannten QR-Code einer URL zu generieren. Das erreichen Sie mit einem Klick auf die Statistikübersicht auf der rechten Seite oder direkt beim Aufruf des Links, gefolgt von einem Punkt und dem Begriff „qrcode" – beispielsweise **http://bit.ly/xyz.qrcode**.

Ein solcher QR-Code kann von einem beliebigen Medium mit einem Mobiltelefon abfotografiert werden und leitet den Nutzer dann direkt auf die zugehörige Webseite weiter – ein mühsames Eintippen der Webadresse entfällt.

Hier präsentiert sich die bit.ly-Infoseite mit Statistik und QR-Code.

So veröffentlichen Sie Bilder, Audio, Video und Dokumente

Twitter bietet die integrierte Möglichkeit, neben Text ein Bild hochzuladen. Es gibt aber auch andere Dienste, die eine Nachricht auf Twitter mit einem Link zu einer Mediendatei veröffentlichen.

Populäre Dienste für das Veröffentlichen von Fotos sind neben der Twitter-eigenen Funktion folgende:

➢ http://www.twitpic.com ➢ http://www.mobypicture.com
➢ http://www.yfrog.com ➢ http://www.twitlens.com
➢ http://www.pikchur.com ➢ http://www.snaptweet.com
➢ http://www.pix.im ➢ http://www.twitc.com

Sie haben natürlich auch die Möglichkeit, Ihr Bild auf einer beliebigen Webseite abzulegen und darauf zu verlinken. Dafür kommen zum Beispiel folgende Dienste infrage:

➢ Ihre eigene Webseite ➢ http://www.picasa.com
➢ http://www.flickr.com ➢ http://www.tinypic.com
➢ http://www.facebook.com

Natürlich kann man sein Video auch einfach auf beliebte Videosharing-Seiten hochladen und dann verlinken. Beliebt sind:

➢ http://www.youtube.com ➢ http://www.vimeo.com

Beim Teilen von Audiodateien haben sich diese Kandidaten hervorgetan:

➢ http://www.song.ly ➢ http://www.twt.fm

Wer Dokumente auf Twitter teilen will, sollte folgende Dienste genauer unter die Lupe nehmen:

- ➢ http://www.scribd.com
- ➢ http://www.docs.com
  (auch bereits in Facebook integriert)
- ➢ http://docs.google.com
- ➢ http://www.slideshare.com

Twitter mit anderen sozialen Netzwerken verknüpfen

Twitter bietet Ihnen außerdem die Möglichkeit, Inhalte aus anderen Netzwerken automatisch zu verknüpfen und direkt auf Twitter zu publizieren. Damit bleiben Ihre Follower stets auf dem Laufenden. Dies ist eine sehr beliebte Funktion von Twitter.

Wie das funktioniert, ist in den zugehörigen Kapiteln beschrieben, bei Facebook findet sich die Funktion beispielsweise unter **http://www.facebook.com/twitter**. Um einen RSS-Newsfeed (zum Beispiel von Ihrem Blog) automatisch auf Twitter zu veröffentlichen, können Sie die Tools **http://www.dlvr.it** oder **http://www.twitterfeed.com** nutzen.

7.8 Unternehmensseiten mit erweiterten Profilen auf Twitter

Bei Twitter soll die „Twitter Experience" im Mittelpunkt stehen, die Interaktion und das Entdecken. Deshalb will Twitter, dass Unternehmen sich von der Masse abheben und sich im besten Licht präsentieren können. Dafür wurde die Möglichkeit geschaffen, **Profile mit erweiterten Funktionen** auszustatten.

Der Autohersteller Kia nutzt die Möglichkeiten der Twitter-Unternehmensseite voll aus.

Diese sind den regulären Twitter-Profilen ähnlich und bieten zudem noch einige spezielle Funktionen. Mitte 2012 stehen diese Seiten aber **nur für ausgewählte Firmen** zur Verfügung, die **mindestens 25.000 US-Dollar** für Werbung ausgeben.

Headerbilder, promotete Tweets und Reply-Mention-Trennung

Die Unternehmensseiten ermöglichen die prominente Platzierung von wichtigen Informationen und Tweets sowie eine erweiterte visuelle Gestaltung zur Darstellung der Marke. Dazu kann man in der oberen Hälfte – zusätzlich zu dem bisherigen Profilbild – ein 835 × 90 Pixel großes Bild oder Logo platzieren.

In dem frei gestaltbaren Headerbild kann man weitere Informationen wie eine kurze Beschreibung und einer Link zur Website einbinden. Disney hat mit dem Headerbild zum Beispiel einen neuen Film beworben, Coca-Cola hat ein #Hashtag eingebunden. Auf der rechten Seite des Headers stehen dann die bekannten Tweet-, Following- und Follower-Zahlen.

Der nächste Schritt wird sein, dass Twitter auch die **Einbindung von externen Inhalten** erlaubt. Damit können Besucher dann auf einer Unternehmensseite zum Beispiel ein Game spielen oder direkt Produkte kaufen etc. Auch **statistische Auswertungen** werden bald innerhalb von Twitter möglich sein.

Zudem haben Unternehmen die Möglichkeit, einen Tweet oben in der Timeline zu promoten und diesen sozusagen „anzupinnen". Warum nicht also exklusive Inhalte (Neuigkeiten etc.) oder Angebote (Gutscheine, Special Offers etc.) darüber promoten und so die Interessenten begeistern? Enthält dieser Tweet ein Video oder ein Foto, wird dieses direkt angezeigt, die Besucher brauchen den zugehörigen Tweet also nicht extra aufzuklappen. Das sorgt für eine weitere visuelle Gestaltungsmöglichkeit.

Die amerikanische Fast-Food-Kette **Subway** bewirbt über die eigene Twitter-Unternehmensseite zum Beispiel eine spezielle Aktion und hat das ganze Design dementsprechend ausgerichtet.

Was die Nutzer davon halten und was Unternehmen beachten sollten

Die Firma SimpleUsability hat in einer **Studie** untersucht, wie Benutzer mit diesen Unternehmensseiten und deren Inhalten interagieren. Mittels „Eye Tracking" und Bewegungen auf der Seite konnte so festgestellt werden, welche Inhalte besonders gut ankommen und was die Besucher eher verwirrte.

Subway nutzt die Twitter-Unternehmensseite zur Bewerbung einer Aktion.

Die Studie kommt zu folgenden Schlüssen:

➢ Die Nutzer wollen nicht, dass die Unternehmensseiten eine weitere Lit-faßsäule in der Werbelandschaft werden. Das Headerbild kann die Aufmerksamkeit gewinnen – aber nur, wenn es sich nicht um ein einfaches Werbebanner handelt, sondern um etwas Originelles, mit dem der Nutzer interagieren kann.

➢ Twitter soll zudem nicht nur als Promotion-Plattform genutzt werden. Benutzer wollen die „menschliche" Seite der Unternehmen kennenlernen. Dazu gehören keine PR-Fotos und Pressemitteilungen, sondern „alltägliche" Fotos, Informationen aus dem „Nähkästchen" und die Interaktion mit Benutzern.

➢ Bei den *Promoted Tweets* gewannen solche mit Videos am stärksten die Aufmerksamkeit der Benutzer. Die angepinnten Tweets sollten also ein visuelles Element beinhalten, um den besten Effekt zu erzielen.

➢ Zu guter Letzt hat die Studie herausgefunden, dass eine Balance zwischen Ankündigungs- und Interaktionstweets notwendig ist. So sollte man auf Feedbacks reagieren und ein vertrauenswürdiges Image schaffen. Nur wer eine Beziehung zu den Benutzern aufbauen kann, zieht langfristig deren Aufmerksamkeit auf seine Seite und seine Inhalte!

7.9 Twitter fürs Business – das Einmaleins, Case Studies und Werbung

Unter **http://business.twitter.com** finden Sie weitere Informationen dazu, wie Sie Twitter für Ihr Unternehmen nutzen können. Diese Seite ist eine hilfreiche Ressource, um das Einmaleins von Twitter zu erlernen, Case Studies von anderen zu lesen und natürlich auch um Werbung zu schalten.

Bei „Twitter für Unternehmen" erhalten Sie weitere Informationen, wie Sie Twitter für Ihr Unternehmen nutzen können.

Twitter bietet dabei drei verschiedene Möglichkeiten zur Werbung an.

Promoted Tweets – bevorzugte Nachrichten, die ganz oben erscheinen

Promoted Tweets sind reguläre Tweets, die allerdings bei der Suche nach vorher festgelegten Begriffen zuoberst angezeigt werden. Dadurch werden auch die Twitter-Nutzer erreicht, die dem Konto des Werbenden bislang nicht folgen. Damit soll die Kommunikation verbessert werden, die Unternehmen bereits jetzt mit ihren Kunden bei Twitter haben.

In den Suchergebnissen werden die Tweets mit „Gesponsert von ..." gekennzeichnet. Daneben können die Nutzer sie wie normale Tweets retweeten, darauf antworten und zu den Favoriten hinzufügen. Die beworbenen Tweets werden auf **K**osten-**p**ro-**E**ngagement-Basis (KPE) abgerechnet. Der Werbende muss demnach nur zahlen, wenn die Nutzer den Beitrag retweeten, auf den Link klicken, darauf antworten oder den Tweet favorisieren. Unternehmen erhalten detaillierte Statistiken über die Anzahl der Nutzer, die den Tweet gesehen haben, die Anzahl der Antworten, Retweets und Klicks auf die zugehörigen Links.

Ein Beispiel eines gesponserten Tweets, der ganz oben in den Suchresultaten erscheint.

Promoted Trends – Unterstützung für heiße Themen

Eine weitere Methode, um die Aufmerksamkeit der Twitter-Nutzer zu gewinnen: Ein Trend wird populär platziert. Dies ist aber nur dann möglich, wenn das Thema bereits beliebt ist, es aber noch nicht in die „Trending Topics" geschafft hat.

Gekennzeichnet wird der Trend mit *Gesponsert* und zeigt bei einem Klick darauf die Suchergebnisse zum Thema an. Dadurch können Diskussionen entstehen, um so ein Produkt, eine Dienstleistung oder eine Aktion zu promoten. Auch diese Werbeart soll zukünftig bei Drittanbietern eingebunden werden.

Coca-Colas erster beworbener Trend wurde innerhalb von 24 Stunden während der Fußballweltmeisterschaft 2010 rund 86 Millionen Mal eingeblendet und konnte eine **Engagement-Rate von 6** % vorweisen. Das bedeutet, dass bei 6 von 100 Einblendungen die Nutzer mit dem Inhalt interagiert haben – was weit über dem gängigen Durchschnitt einer Webseite liegt!

Promoted Accounts – Empfehlung zum Folgen

Um mehr Follower zu gewinnen, können Unternehmen auch ihr eigenes Twitter-Konto bewerben. Dies ist beispielsweise für bevorstehende Produkteinführungen oder besondere Events hilfreich – und vor allem auch nachhaltig, da die Follower in der Regel bestehen bleiben.

Diese *Promoted Accounts* werden den Nutzern unter den *Wem folgen*-Empfehlungen angezeigt. Diese Empfehlungen werden auf Basis des bestehenden Followings des Nutzers erstellt und sollen den Werbenden so garantieren, dass relevante Zielgruppen angesprochen werden.

Werben Sie auf Twitter

Unter **http://business.twitter.com/advertise/start** können Sie eine Anfrage starten, wenn Sie Werbung auf Twitter schalten wollen. Twitter will die Werbeplattform mittelfristig als **Self Service**-Dienst anbieten, in dem der Werber autonom agieren kann. Die **Werbung** wird übrigens auch auf dem Mobiltelefon ausgeliefert.

Beginne mit der Werbung

Beginnen Sie Ihre Reise mit den innovativsten Werbungen.

Promoted Tweets
Vergrößere die Reichweite deiner Tweets.

Promoted Trends
Setzen Sie ein Trending Topic an die Spitze unsere Trends.

Promoted Accounts
Maximieren Sie die Anzahl Ihrer Follower um eine starkes Follower Fundament aufzubauen.

Beginnen Sie mit Promoted Products

Alle Felder sind Pflichtfelder, sofern nicht anders angegeben.

Werber
Wer wirbt?

Name der Werbeagentur oder der Marke

Vorraussichtliches monatliches Budget
$5,000 - $9,999

Twitter-Benutzername
@

Vorraussichtlicher Start-Termin
Wähle...

Interessiert an ?
☐ Promoted Accounts
☐ Promoted Tweets
☐ Promoted Trends

Land oder Region
Bitte wählen...

Non-Profit? (optional)
☐ Dies ist eine Non-Profit Organisation

Über Sie
Sagen Sie uns, wer Sie sind und wie wir Sie am besten erreichen können.

Vorname

Name der Agentur (optional)

Nachname

Stadt

E-Mail

Telefon

Etwas anderes?
Geben Sie uns weitere Informationen über Ihr Unternehmen, ihre Kampagne, Ihre Ziele, usw.

Kommentare (optional)

Senden

Über ein Formular können Sie mit Twitter in Kontakt treten, um selbst Werbung zu schalten.

7.10 Nützliche Links und hilfreiche Anwendungen für Twitter

Das Twitter-Ökosystem bringt täglich neue Ideen und Anwendungen hervor. Im Folgenden finden Sie ein Set an wichtigen und hilfreichen Tools. Weitere passende Applikationen zum Management von mehreren sozialen Netzwerken inklusive Twitter finden Sie auch in Kapitel 5.5 „Managen – So richten Sie sich eine Social-Media-Kommandozentrale ein".

Twitter und Tweet-Management

➢ Die wichtigsten Alternativen zum Twitter-Standard-Webinterface sind http://www.hootsuite.com und http://www.tweetdeck.com.

➤ Mit der Software http://www.grouptweet.com und http://www.splitweet.com können mehrere Nutzer einen Account verwalten.

➤ http://www.socialoomph.com ist sehr hilfreich, um mehrere Accounts zu verwalten. Sie können dort Tweets timen, automatische Direktnachrichten erfassen und erhalten einen Report, wenn jemand Ihren Account erwähnt.

➤ Wenn Sie wissen wollen, wann jemand sich für **Twitter angemeldet hat** oder welcher der erste Tweet einer Person war, nutzen Sie **http://www.myfirsttweet.com**. Mit http://www.twimemachine.com können Sie Ihre älteren Tweets (max. 3.200) durchsuchen.

➤ Wollen Sie eine Übersicht bestimmter Tweets im eigenen Kalender speichern, können Sie das mittels **http://www.twistory.net** tun.

➤ Falls Sie ein Interview über Twitter machen wollen, hilft Ihnen **http://www.tweeterview.com** weiter.

➤ Sichern Sie sich Ihre Tweets mit **http://www.tweetbackup.com**.

➤ Mit **http://www.paper.li** und **http://www.smartr.mobi** können Sie eine eigene Zeitung basierend auf relevanten Tweets erstellen.

➤ Sie können mit **http://www.futuretweets.com**, **http://www.bufferapp.com** oder **http://www.twuffer.com** Ihre Nachrichten vorbereiten und dann zu einem bestimmten Zeitpunkt versenden lassen.

Monitoring und Alerts

➤ Unter **http://status.twitter.com** finden Sie jeweils Informationen zu dem aktuellen Status und möglichen Problemen.

➤ Unter **http://www.monitter.com** können Sie ein Set an **Stichwörtern** erfassen und deren Nennung überwachen.

➤ Mit den Diensten **http://www.tweetbeep.com** oder **http://www.twilert.com** können Sie über neue Vorkommnisse eines beliebigen Stichworts auf Twitter informiert werden.

➤ Der Dienst **http://www.mytoptweet.com** macht Ihren populärsten Tweet ausfindig.

➤ Mit **http://trendistic.indextank.com** sehen Sie, welche Trends auf Twitter aktuell sind.

➤ Sie möchten eine etwas andere Sicht auf Twitter? Schauen Sie sich **http://www.twitscoop.com** an!

➢ http://www.tinker.com hilft dabei, interessante Informationen ausfindig zu machen.

➢ Unter http://www.hashtags.org können Sie die Verwendung eines bestimmten Hashtags ausfindig machen.

Twitter-Listen und -Verzeichnisse

➢ Die Rangliste der beliebtesten deutschen Twitterer findet sich unter http://www.twitcharts.de, die der österreichischen unter http://www.twittercharts.at, und die schweizerische Rangliste ist unter http://www.twittercharts.ch zu finden.

➢ http://www.listorious.com erlaubt Ihnen, nach Listen und Experten aus einem beliebigen Fachgebiet zu suchen – und Ihre eigenen Angaben einzutragen, um damit mehr Follower zu gewinnen.

➢ Folgen Sie dem Account @ListWatcher. Dieser hält ein Auge darauf, wann jemand Ihren Account einer Liste hinzufügt oder ihn daraus entfernt, und schickt Ihnen dann eine Direktnachricht. Das ist eine sehr gute Möglichkeit, um sich bei den Personen zu bedanken, die Sie in eine Liste aufnehmen.

➢ Unter http://www.wefollow.com finden Sie ein großes Verzeichnis an Twitter-Nutzern, mit dessen Hilfe Sie Ihr Following ausbauen können.

➢ http://www.favstar.fm ist eine Statistik der spaßigsten Tweets.

➢ Unter http://www.tweetranking.com können Sie Twitterer in einer bestimmten Kategorie empfehlen.

Follower-Management

➢ Um ein relevantes Following aufzubauen, können Sie Profitools wie http://www.socialmediabuch.com/twittertools nutzen. Es gibt auch webbasierte Dienste wie http://www.twollow.com.

➢ Folgen Sie dem Account @Unfollowr, dieser schickt Ihnen eine Nachricht, wenn Ihnen jemand nicht mehr folgt. Alternativ bietet auch http://www.useqwitter.com diese Möglichkeit. Wer diese Information lieber via RSS erhält, sollte sich unter http://www.rssfriends.com registrieren.

➢ Ein sehr hilfreicher Dienst ist http://www.manageflitter.com, um Leuten zu entfolgen, die Ihnen nicht zurückfolgen und inaktiv sind.

➢ Ein weiterer Spieler in diesem Feld ist http://www.tweepi.com.

➢ Für Unternehmen bietet sich **http://www.socialbro.com** mit seinen vielfältigen Funktionen an.

➢ Der Antispam-Dienst **http://www.truetwit.com** fordert Ihre neuen Follower auf, sich zu verifizieren.

➢ Auch **http://www.thetwitcleaner.com** setzt dort an und befreit Ihren Newsstream vom Rauschen.

➢ Mit **http://www.refollow.com** können Sie Ihren sozialen Twitter-Zirkel besser organisieren, nach Wichtigkeit sortieren, gruppieren, mit Tags versehen etc.

➢ Sie wollen wissen, ob ein bestimmter User Ihnen oder einem anderen Benutzer folgt? Dann hilft **http://www.doesfollow.com** oder **http://www.friendorfollow.com** weiter.

Design und Funktionen

➢ Unter **http://www.twitterbuttons.com** finden Sie jede Menge Buttons und Icons, die Sie anhand Ihres Twitter-Kürzels personalisieren und als HTML-Code ausgeben lassen können. Diesen Code können Sie auf einer beliebigen Webseite einfügen.

➢ Die Buttons von **https://twitter.com/about/resources/buttons** lassen sich auf Webseiten einbinden, damit die Besucher optimal mit Ihnen auf Twitter interagieren können.

➢ Mit **http://www.go2web20.net/twitterFollowBadge** können Sie einen Button erstellen, der auf der rechten Seite einer Webseite oder eines Blogs angezeigt wird und auf Ihren Twitter-Account verlinkt.

➢ Mit **http://www.paywithatweet.com** können Sie ein digitales Produkt (beispielsweise E-Book, Video, Audio, Bilder etc.) zur Verfügung stellen. Ihre Follower erhalten Zugang darauf, wenn sie mit einem Tweet einer bestimmten Nachricht dafür „bezahlen". Damit können Sie Ihre Botschaft verbreiten lassen.

➢ Ähnlich funktioniert der Dienst **http://www.tweetperview.com** – dabei erhält der Zuschauer nach dem Absetzen eines Tweets Zugang zu einem YouTube-Video.

➢ Mit **http://www.clicktotweet.com** können Sie einen Link vorbereiten, der bei einem Klick darauf eine bestimmte Meldung direkt in die Twitter-Nachrichtenbox schreibt. Die Meldung lässt sich dann mit einem Klick auf Twitter veröffentlichen.

- ➤ Umfragen und Abstimmungen lassen sich mit **http://www.twtpoll.com** durchführen.

- ➤ Mit **http://www.tweetake.com**, **http://www.tweetscan.com** und **http://www.backupmytweets.com** können Sie Ihren Twitter-Account sichern (Follower, Favoriten, Tweets, Direktnachrichten) und diese Angaben exportieren. Man weiß ja nie …

- ➤ Über **http://twitcam.livestream.com** können Sie mit wenigen Klicks ein Video-Livestreaming starten.

- ➤ Wenn Sie lieber über Twitter chatten, nutzen Sie **http://www.tweetchat.com.**

- ➤ Mit **http://www.twitterwall.me** können Sie für Events eine passende Übersicht von Tweets machen. Dies ist sehr gut geeignet, um an einem Event zum Beispiel die Tweets zu einem spezifischen Hashtag anzuzeigen.

- ➤ **http://www.tweetaways.com** hilft dabei, bei einer Verlosung über Twitter einen Gewinner nach dem Zufallsprinzip zu wählen.

Ranking und Statistiken

- ➤ Mittels **http://www.klout.com**, **http://www.peerindex.net** und **http://www.twittergrader.com** können Sie herausfinden, wie einflussreich Sie selbst oder ein bestimmter Twitter-Nutzer ist.

- ➤ **http://www.retweetrank.com** zeigt auf, wer etwas zu sagen hat und oft von anderen zitiert wird.

- ➤ **http://www.twitalyzer.com** nutzt mehr als 30 verschiedene Metriken, die sich individuell auf ein Unternehmen ausrichten lassen.

- ➤ Auch **http://www.xefer.com/twitter** bietet eine interessante Darstellung der Twitter-Aktivitäten.

- ➤ Unter **http://www.twittercounter.com** können Sie die Entwicklung Ihrer Follower verfolgen, und auch **http://www.tweetstats.com** hat schöne Statistiken zu bieten.

- ➤ Falls Sie bestimmte **historische Twitter-Datensätze auswerten** wollen, können Sie dies über den Anbieter **http://www.gnip.com** tun.

8. Die Businessnetzwerke XING und LinkedIn unter der Lupe

8.1 Generelle Tipps zum Netzwerken im geschäftlichen Kontext

Berufliches Netzwerken bietet einen klaren Wettbewerbsvorteil am Arbeitsmarkt. Wer diese Disziplin aktiv online und offline praktiziert, zeigt Weitblick in der Förderung der eigenen Karriere.

Die Businessnetzwerke XING und LinkedIn beinhalten beide ähnliche Funktionen, die wir im Folgenden anschauen werden. Beide Netzwerke bieten auch die Möglichkeit, eine Unternehmenspräsenz darzustellen, doch der Fokus des Netzwerkens liegt klar auf dem Individuum.

Hinter jedem Unternehmen stehen letztendlich Menschen. Deshalb werden im Folgenden die Möglichkeiten und Strategien vorgestellt, mit denen Sie sich als Individuum und Vertreter Ihres Unternehmens positionieren können.

Um den vollen Nutzen aus Ihrem Netzwerk zu ziehen, sollten Sie es aufbauen und pflegen, bevor Sie es wirklich brauchen. Es heißt nicht umsonst, dass Kontakte nur dem schaden, der sie nicht hat! Die wichtigsten Grundsätze lauten deshalb:

➢ Füllen Sie Ihr Profil vollständig aus, halten Sie es aktuell und teilen Sie Ihre Neuigkeiten laufend.

➢ Bauen Sie aktiv Ihr Netzwerk mit Kontakten aus.

➢ Partizipieren Sie an der Gemeinschaft.

➢ Lernen Sie die einzelnen Funktionen und Möglichkeiten der Netzwerke kennen.

Der Fokus der Vorstellung von XING und LinkedIn liegt aus diesem Grund vor allem darauf, Ihnen die einzelnen Möglichkeiten vorzustellen. Folgende generellen Tipps helfen Ihnen außerdem dabei, Ihre Präsenz in Businessnetzwerken optimal zu gestalten.

Wer viel gibt, wird auch viel erhalten.

Helfen Sie anderen Menschen bei deren Fragen, und man wird auf Sie als Experte aufmerksam. Wenn Sie viele Informationen von sich preisgeben und aktiv sind, werden Sie auch am besten gefunden. Leute werden mit Ihnen in Kontakt treten, und es ergeben sich daraus neue Möglichkeiten. Wenn Sie jemanden empfehlen, werden auch Sie Empfehlungen erhalten.

Definieren Sie Ihre Strategie und Ihre Zielgruppe!

Überlegen Sie sich, was Sie erreichen wollen. Wollen Sie sich selbst als Experte positionieren, Kunden oder Partner für Ihr Unternehmen finden, einen neuen Job suchen, ein breites Netzwerk aufbauen etc.? Worin unterscheiden Sie sich von anderen, was macht gerade Sie speziell? Steht Ihr persönliches Profil im Vordergrund, oder geht es um die Präsenz Ihres Unternehmens?

Vervollständigen Sie Ihr Onlineprofil – mit Foto!

Füllen Sie Ihr Profil so umfassend wie möglich aus und verweisen Sie auch auf Ihre anderen Onlinepräsenzen und Webseiten in sozialen Netzwerken. Damit erscheinen Sie in den Suchresultaten der anderen Benutzer. Stellen Sie sicher, dass Sie sich im besten Licht präsentieren und alle relevanten Informationen über sich zur Verfügung stellen. Ein Bild ist dabei ein Muss, denn Profile mit Foto werden viel stärker frequentiert als solche ohne Foto.

Bauen Sie Ihr Netzwerk mit bereits bekannten Kontakten auf!

Machen Sie einen Abgleich Ihres E-Mail-Adressbuchs mit der Plattform und finden Sie damit bereits bestehende Kontakte. Nutzen Sie auch die Suche nach Namen, Firmen etc., um sich mit Ihren Kontakten zu vernetzen. Suchagenten helfen Ihnen dabei, über Neuzugänge informiert zu werden. Es kommen jeden Tag neue Kontakte hinzu, und Tausende von Mitgliedern aktualisieren ihr Profil. Seien Sie persönlich bei der Kontaktaufnahme und schreiben Sie eine kurze Nachricht zur Einladung.

Finden Sie neue Kontakte aus jeder gewünschten Zielgruppe!

Nachdem Sie nun die Ihnen bereits persönlich bekannten Kontakte eingeladen haben, können Sie nach weiteren Personen suchen. Stellen Sie sich dazu eine Liste mit Stichwörtern, Regionen und Branchen zusammen, nach denen Sie suchen möchten. Sie finden dabei zu jeder gewünschten Zielgruppe entsprechende Kontakte, Firmen oder auch Diskussionsgruppen.

Schreiben Sie dann die entsprechenden Kontakte an und sagen Sie, warum Sie sich mit ihnen vernetzen möchten. Gründe können zum Beispiel ein gemeinsames Interesse sein oder ein Voneinanderlernen. Auch die Mitgliedschaft in derselben Gruppe ist oft ein beliebter Aufhänger.

Nutzen Sie Offlineevents!

Wenn Sie selbst an einem Anlass teilnehmen, erkundigen Sie sich vorher, wer denn sonst noch dort anzutreffen ist. Nehmen Sie gegebenenfalls schon vor dem Event mit den entsprechenden Personen Kontakt auf. Natürlich können Sie auch während des Anlasses versuchen, die für Sie relevanten Personen ausfindig zu machen. Biedern Sie sich aber nicht an, sondern zeigen Sie aufrichtiges Interesse.

Bauen Sie Ihre Präsenz kontinuierlich aus und aktualisieren Sie Ihr Profil!

Steter Tropfen höhlt den Stein! Es ist wichtig, dass Sie Ihre Präsenz laufend aktiv pflegen und erweitern, die aktuellen Entwicklungen verbreiten und auch an Gruppen partizipieren. Machen Sie sich dafür am besten eine wiederkehrende Notiz in Ihrem Kalender, damit das bei den vielfältigen Verpflichtungen im Alltag nicht vergessen wird.

Schreiben Sie interessante und hilfreiche Beiträge!

Soziale Netzwerke werden durch soziale Aktionen getragen. Helfen Sie anderen Menschen bei deren Fragen oder schreiben Sie relevante Beiträge – man wird es Ihnen danken. Außerdem erhöhen Sie damit Ihre eigene Visibilität und festigen durch Fachkompetenz Ihren Expertenstatus. Scheuen Sie sich nicht davor, man findet Sie nur dann, wenn Sie sich auch zeigen! Suchmaschinen und Menschen werden auf Sie aufmerksam, andere verlinken und kommentieren Ihre Beiträge. Verzichten Sie aber darauf, einfach Ihre Produkte oder Dienstleistungen feilzubieten – das wird schnell abgestraft.

Empfehlen Sie andere Leute weiter – und fragen Sie selbst nach einer Empfehlung!

Wenn Sie erfolgreich mit jemandem zusammengearbeitet haben, lassen Sie das diese Person und deren Netzwerk wissen. Schreiben Sie eine Empfehlung für die Person. Gerade in sozialen Netzwerken sind Empfehlungen ein wichtiges Element, um Vertrauen zu schaffen. Stellen Sie sicher, dass Sie die Leistungen und Fähigkeiten der empfohlenen Person spezifisch würdigen und nicht mit allgemeinen Floskeln um sich werfen.

Moderieren Sie eine Gruppe!

Nachdem Sie erste Erfahrungen mit einer Plattform gesammelt haben, können Sie nun einen Schritt weitergehen und selbst eine Gruppe von Gleichgesinnten moderieren. Entweder fragen Sie dafür einen bestehenden Gruppeninhaber, ob Sie ihn unterstützen können – oder Sie rufen eine eigene Gruppe ins Leben, zu der Sie dann interessierte Leute einladen. Wenn Sie erst mal eine Gruppe an Interessenten haben, können Sie diese auch regelmäßig mit einem Newsletter über die aktuellen Entwicklungen auf dem Laufenden halten.

Aktualisieren Sie Ihren Status regelmäßig!

Wenn Sie Ihren Status regelmäßig aktualisieren, können Sie Ihre Kontakte auf Ihre aktuellen Anliegen aufmerksam machen. Sie sollten es aber nicht übertreiben, ein Update alle paar Tage reicht vollauf. Nutzen Sie zur Automatisierung des Updates auch die in Kapitel 5.5 „Managen – So richten Sie sich eine Social-Media-Kommandozentrale ein" vorgestellten Möglichkeiten.

Bewahren Sie Haltung!

Seien Sie stets professionell, wenn Sie mit Menschen interagieren, und vermeiden Sie ausfällige Bemerkungen, Sarkasmus oder Verbissenheit. Das Internet vergisst nie, und Ihr Gegenüber auch nicht.

Bleiben Sie auf dem Laufenden!

Wenn Sie mit einer bestimmten Person oder Firma in Kontakt treten wollen, können Sie sich unter **http://www.google.de/alerts** eine entsprechende Notifikation dazu einrichten. Damit bleiben Sie auf dem Laufenden und können sich bei der Korrespondenz auf aktuelle Themen beziehen („Ich habe Ihren Vortrag auf dem Kongress XY verpasst, aber den Artikel in der letzten Ausgabe von Z fand ich spannend. Dazu folgende Frage: ...").

8.2 XING – wo sich das Business trifft und austauscht

Das Businessnetzwerk XING bietet die Möglichkeit, sich mit anderen Leuten im Businesskontext austauschen zu können. Sie können dort persönliche Kontaktdaten und den beruflichen Werdegang publizieren. Dies beinhaltet den aktuellen Job, Studium, Ausbildung etc.

Dabei entscheiden Sie für jeden Kontakt einzeln, wer welche Informationen (z. B. Telefonnummer, E-Mail-Adresse, Geburtsdatum etc.) von dem eigenen Profil zu sehen bekommt. Es ist auch möglich, Empfehlungen und Referenzen abzugeben.

Geschichte und Entwicklung von XING

Die Plattform XING wurde 2003 in Hamburg unter dem Namen Open BC ins Leben gerufen. Open BC wurde dabei in Deutschland rasch als der **Open Business Club** bekannt. Das „BC" steht aber im englischsprachigen Raum auch als Abkürzung für **Before Christ** (vor Christi Geburt), und der Begriff „Open", also offen, verunsicherte die Leute – sie dachten, dass ihre Kontaktdaten öffentlich zugänglich wären.

So wurde die Plattform im Herbst 2006 in XING umgetauft, um auch auf internationalem Parkett einen besseren Stand zu haben. Der Börsengang im Dezember desselben Jahres löste fast 37 Millionen Euro. Im Jahr 2009 machte das Unternehmen bereits einen Umsatz von 45 Millionen Euro, um das in 2010 mit einem Umsatzwachstum auf über 54 Millionen (+20 %) zu toppen.

Im September 2010 hatte XING zum siebenjährigen Geburtstag den Auftritt einem kompletten Redesign unterzogen, um ihn übersichtlicher und intuitiver zu gestalten. Bereits im Juni 2011 wurde dann mit einer **weiteren Neugestaltung** nachgelegt. Die neue Benutzeroberfläche erlaubt den Mitgliedern, sich noch einfacher aktiv auszutauschen und leichter interessante Kontakte zu knüpfen.

Das Jahr 2011 verlief **durchwachsen**. Seit September 2011 wird XING im **TecDAX** gelistet, und mit einem **Umsatz von über 66 Millionen Euro** wurde eine Steigerung von 22 % gegenüber dem Vorjahr erreicht. Aufgrund hoher Wertberichtigungen schaute aber unter dem Strich ein Verlust von 4,6 Millionen Euro heraus. So wurde dann im Mai 2012 auch ein Führungswechsel angekündigt – Thomas Vollmoeller übernahm dabei den Posten von Stefan Groß-Selbeck, der seit Januar 2009 für die Geschäfte von XING verantwortlich war.

Zudem will sich XING aus anderen Märkten wie Spanien und der Türkei zurückziehen, um den Fokus ganz auf den DACH-Raum zu legen. Per Ende 1. Quartal 2012 gab es im DACH-Raum 5,51 Millionen Nutzer. Weltweit sind über **11,5 Millionen Menschen** auf XING.

Die XING-Basis-Mitgliedschaft mit reduzierten Möglichkeiten ist kostenlos, mit einem Premium-Zugang kann man ab 4,95 Euro pro Monat alle Funktionen uneingeschränkt nutzen – was **fast 800.000 Nutzer** auch tun! Man kann sich auch Premium-Monate durch Empfehlungen an andere verdienen – für jeweils sieben Personen, die sich auf der Plattform auf Ihre Empfehlung neu registrieren, gibt es einen Gratismonat.

Im Folgenden wird primär auf die Möglichkeiten der Nutzung des persönlichen Profils eingegangen, das für das Social Media Marketing des eigenen Unternehmens und Ihrer Person gute Dienste leistet. Die Angaben beziehen sich dabei, wenn nicht anders erwähnt, auf einen Premium-Zugang.

Philosophie bei der Kontaktpflege – selektiv Kontakte hinzufügen oder ein breites Netzwerk aufbauen?

Jeder Mensch hat einen anderen Umgang mit sozialen Netzwerken. Hans Müller sammelt bewusst Kontakte aus seinem Fachgebiet und tritt proaktiv mit Leuten in Kontakt. Otto Meier hingegen beantwortet nur sehr restriktiv

Kontaktanfragen von ihm persönlich bekannten Menschen, andere lehnt er ab. Wählen Sie den Weg, der für Sie persönlich stimmt.

Wenn Sie Ihre Kontakte sehr selektiv wählen, müssen Sie manchmal Nein sagen. Hier ein Mustertext, der Ihnen dabei hilft, dies zu begründen.

Guten Tag,

danke für die Einladung. Ich freue mich über Ihr Interesse. Allerdings verbinde ich mich in diesem Netzwerk nur mit Leuten, die ich persönlich kennengelernt habe. In den meisten Fällen habe ich mit meinen Kontakten an einem Projekt zusammengearbeitet. Ich habe festgestellt, dass diese Art der Nutzung für mich persönlich der beste Weg ist, um einen optimalen Mehrwert zu erhalten. Wir können uns aber gern auf Twitter gegenseitig folgen. Ich freue mich darauf, mehr von Ihnen zu erfahren.

Beste Grüße und bis demnächst
Ihr XY

Das eigene Profil optimal gestalten

Um auf XING zu starten, gilt es als Erstes, das eigene Profil zu erstellen. Navigieren Sie dafür zur Webseite **http://www.xing.com** und registrieren Sie sich.

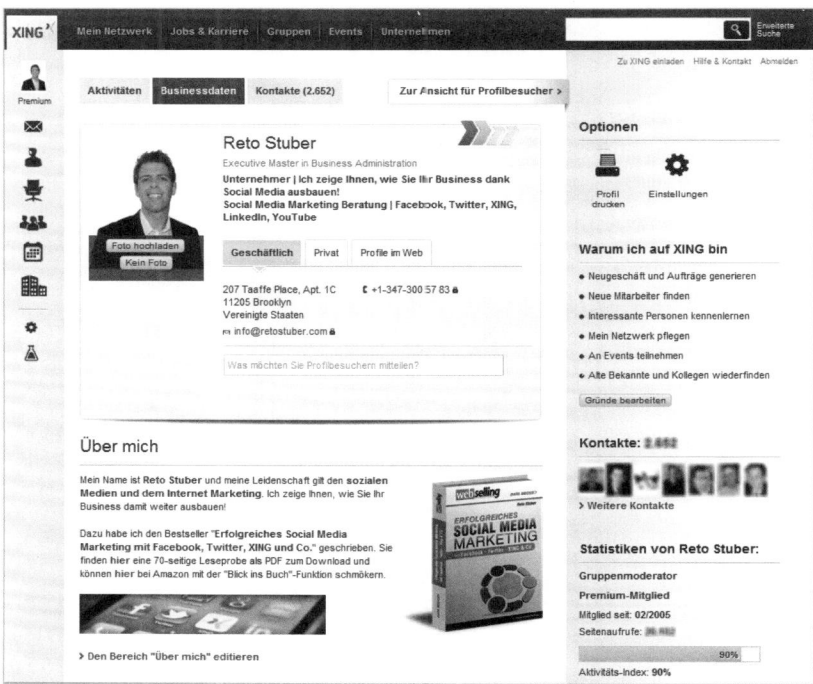

Darstellung eines ausgefüllten Profils bei XING.

Achten Sie bei der Erfassung des eigenen Profils darauf, dieses möglichst vollständig mit relevanten Informationen und Stichwörtern auszustatten! Dann werden Sie am besten gefunden, wenn jemand nach Ihnen oder Ihrer Qualifikation sucht. Sie können die Links zu Ihren anderen Social-Media-Profilen ebenfalls im persönlichen XING-Profil in der Sektion *Web* erfassen.

In der XING-Leiste im linken Bereich sehen Sie immer auf einen Blick alle wichtigen Funktionen wie Ihre offenen Kontaktanfragen, Nachrichten und Einladungen. Sobald eine neue Meldung vorliegt, werden Sie direkt über die XING-Leiste darauf aufmerksam gemacht. Alle Aktivitäten können dabei in einer „Lightbox" bearbeitet werden, ohne dass man den aktuell aktiven Bereich verlassen muss.

Im der *Übersicht* werden zudem die neusten Nachrichten und Aktivitäten von Ihren Kontakten im Aktivitätenstream dargestellt.

Optimieren Sie Ihr Profil

Nachdem Sie bei der Profilerstellung bereits alle Angaben gemacht haben, sollten Sie auch noch Dateianhänge auf XING hochladen. Navigieren Sie dazu auf Ihr persönliches Profil, indem Sie auf Ihr Foto in der linken Navigation, der sogenannten XING-Leiste, klicken. Scrollen Sie dann nach unten zur Sektion *Referenzen & Auszeichnungen*. Machen Sie von dieser Möglichkeit Gebrauch und laden Sie Arbeitsproben, Zeugnisse, Fotos von Ihren Produkten, Berichte oder Broschüren hoch.

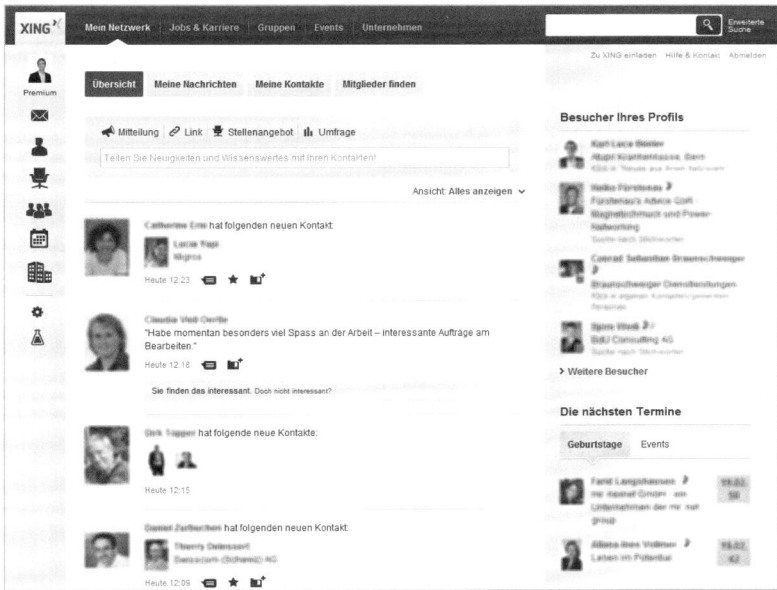

Die XING-Leiste dient als übergreifendes Navigationsinstrument.

Erlaubt sind drei Dateien mit jeweils maximal 2 MByte in den Formaten PDF, JPG oder PNG.

Eine wichtige Funktion stellt dabei neben den vorgegebenen Feldern die Seite *Über mich* dar. Dort haben Sie die Möglichkeit, Ihr Angebot oder das Angebot Ihres Unternehmens zu präsentieren.

Diese *Über mich*-Seite lässt sich mit HTML-Inhalten ausbauen und dadurch weitgehend frei gestalten. Hier können Sie sich dann detaillierter mit Freitext, Fotos, Gestaltungselementen etc. vorstellen und z. B. über Ihren Lebenslauf, Ihre Projekte oder Kunden informieren. Mit dem Editor können Sie Inhalte fett, kursiv und unterstrichen darstellen, verschiedene Schriftarten und -größen wählen sowie Bilder einfügen.

Damit können Sie mehr von Ihrer Persönlichkeit zeigen, ein Firmenlogo auf Ihre Seite bringen oder Ihr Angebot prominent platzieren. Und dies eröffnet weitere interessante Möglichkeiten! Bei einem Klick auf den Banner gelangt der Besucher dann auf die gesamte Übersicht.

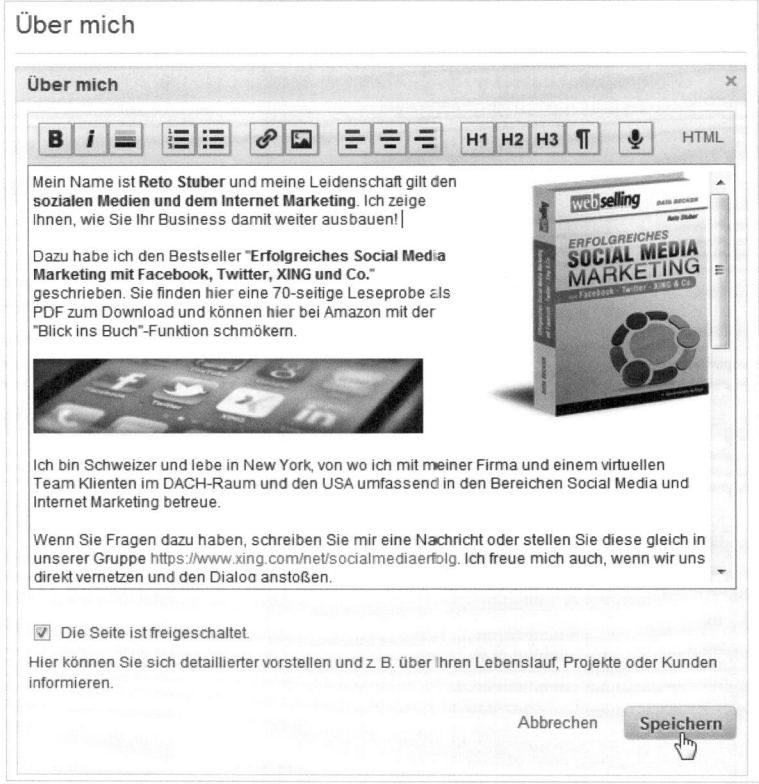

Erstellen Sie mit dem Editor eine Über mich-Seite.

Da Sie auch animierte GIF-Bilddateien einbinden können, sorgen Sie auf XING für mehr Interaktivität und können sich so ins beste Licht rücken.

In diesem Beispiel macht der Social-Media-Manager **Bartlomiej Melski** auf seinem Profil potenzielle Interessenten neugierig, um dann bei einem Klick auf *Mehr* seine gesamten Dienstleistungen zu präsentieren.

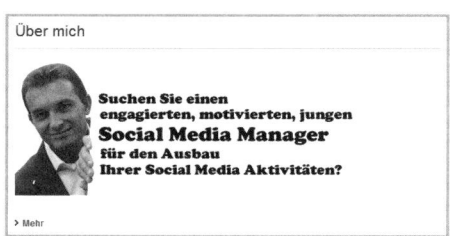

In der Profilübersicht wird nur ein Teil des Über mich-Bereichs dargestellt (Abbildung mit freundlicher Genehmigung von Bartlomiej Melski).

Auf der detaillierten Profilansicht kann man die Gestaltungsmöglichkeiten mit Text und Bild ausreizen. Da die wenigsten XING-Benutzer das umfassend nutzen, haben Sie eine gute Möglichkeit, sich von der Masse abzuheben.

Die Über mich-Seite – zeigen Sie auf, wie Sie anderen helfen können (Abbildung mit freundlicher Genehmigung von Bartlomiej Melski).

Alternativ können Sie auch mit dem Service **http://www.rss2gif.com** einen RSS-Newsfeed als Grafik darstellen. Damit lassen sich Ihre aktuellen Twitter-Nachrichten, Ihre Facebook-Statusupdates oder die News Ihres Blogs direkt auf XING integrieren. Die Beiträge werden zwar nicht automatisch verlinkt, aber immerhin optisch dargestellt. Den Link zur jeweiligen Seite können Sie dann ebenfalls prominent darunter- oder darübersetzen, sodass alle Details nur einen Klick entfernt sind.

Automatisch aktualisierte Nachrichten von einem externen RSS-Newsfeed darstellen.

Privatsphäre – was Sie Ihrem Netzwerk von sich zeigen

Natürlich ist das persönliche Profil das zentrale Element, um sich gegenüber Ihren Kontakten zu profilieren. Sie als Nutzer haben dabei die volle Hoheit über Ihre Daten und können festlegen, wer welche Ihrer Angaben sehen darf.

Sie können auch bei jedem Kontakt, den Sie bestätigen, individuell festlegen, welche Kontaktdaten diese Person von Ihnen sehen darf (beispielsweise nur geschäftliche E-Mail, aber keine private E-Mail).

Ihre generellen Privatsphäreeinstellungen legen Sie wie folgt fest:

1 Klicken Sie links in der XING-Leiste unten auf das Symbol für *Einstellungen, Rechnungen & Konten*.

2 Dort klicken Sie auf den Reiter *Privatsphäre*.

3 Legen Sie nun die gewünschten Berechtigungen fest und speichern Sie diese.

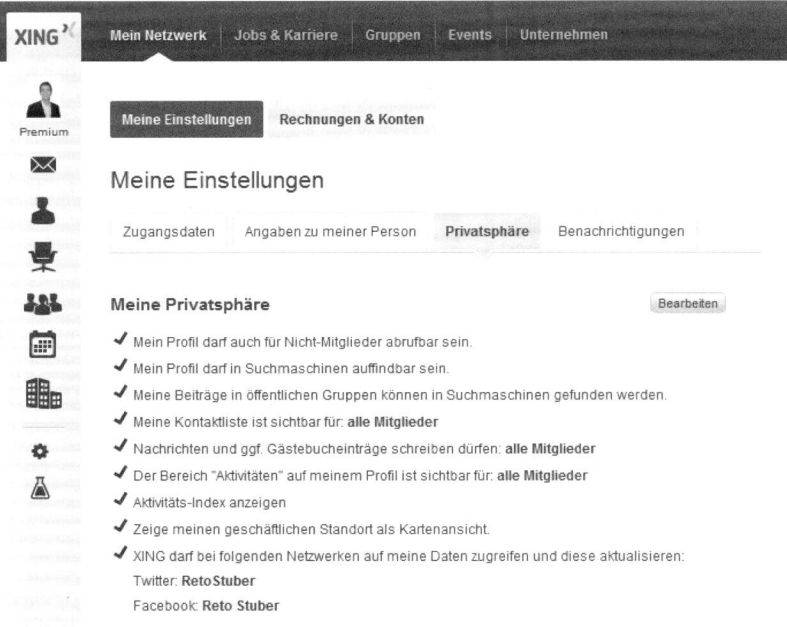

Legen Sie die generellen Privatsphäreeinstellungen auf XING fest.

Aktivitäten und Status – Bleiben Sie in Kontakt mit Ihrem Netzwerk

XING bietet die Möglichkeit, Statusmeldungen zu publizieren. Dabei gibt es zwei Arten von Meldungen, nämlich die Statusänderungen und die Aktivitätsmeldungen. Beide sind auf 420 Zeichen begrenzt.

➢ In der Statusmeldung können Sie auf Ihrem Profil eine eher statische Nachricht veröffentlichen (beispielsweise „Bin bis 1. September im Sabbatical" oder „Diesen Herbst Lagerausverkauf"). Die Meldung bleibt dabei so lange bestehen, bis Sie sie manuell löschen oder mit einem neuen Status überschreiben. Sie können hier entscheiden, wer diese Nachricht sehen darf – entweder alle XING-Mitglieder oder nur die eigenen Kontakte.

➢ Die Aktivitätsmeldung hingegen ist für Newshäppchen gedacht (beispielsweise „Interessante Studie unter http://www..." oder „Suche sofort einen Facebook-Spezialisten für aktuelles Problem"). Diese Meldung lässt sich auch direkt öffentlich auf Twitter und Facebook publizieren.

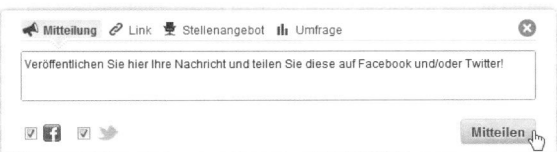

So veröffentlichen Sie eine Statusnachricht auf XING und gleichzeitig auf Facebook und Twitter.

Beide Meldungen erscheinen einmalig in der Neuigkeitenübersicht, überschreiben einander jedoch nicht. Die Statusmeldung bleibt auf Ihrem Profil stehen, bis sie angepasst wird. Achten Sie deshalb darauf, dass sie jeweils aktuell ist, oder entfernen Sie diese bei Nichtgebrauch.

Folgende Darstellung veranschaulicht die Unterschiede der zwei Meldungstypen:

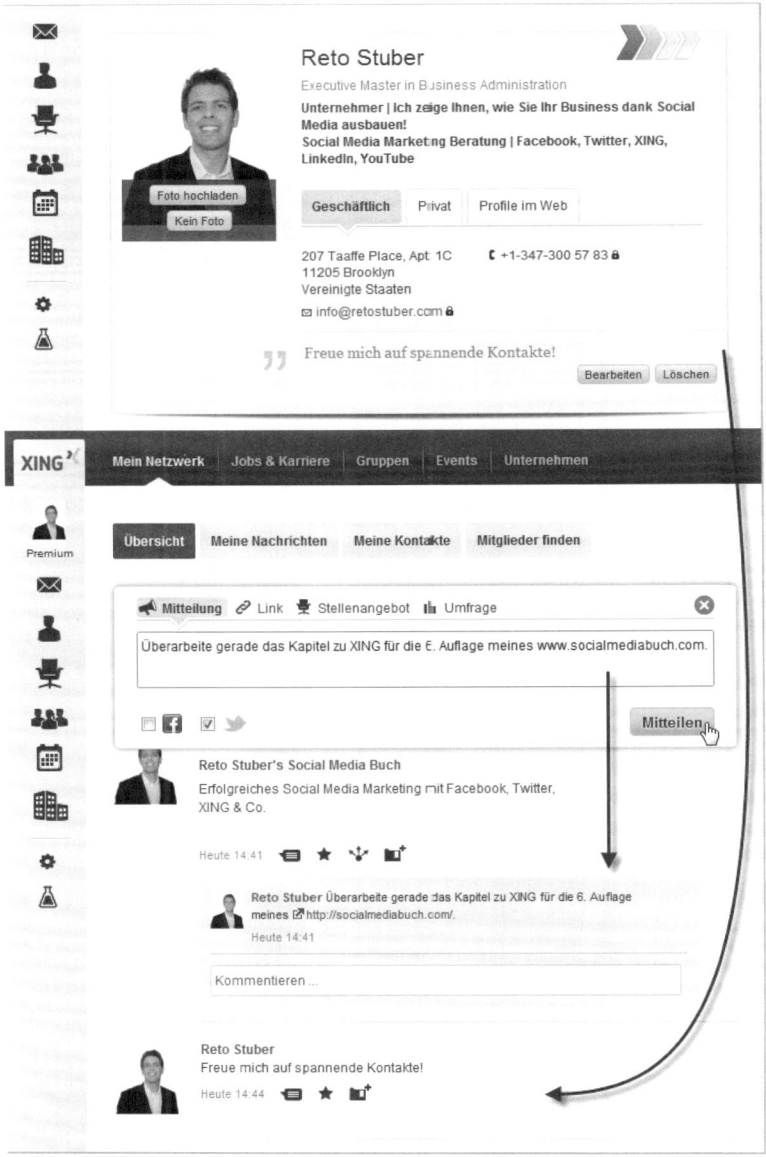

Die Unterschiede zwischen Aktivitätsmeldungen und Statusmeldungen.

Wenn Sie eine neue Meldung veröffentlichen wollen, können Sie das wie folgt tun:

➢ Statusmeldung: Navigieren Sie zu Ihrem persönlichen Profil und klicken Sie in das Feld *Was möchten Sie Ihren Profilbesuchern mitteilen?*. Geben Sie die Meldung ein und veröffentlichen Sie sie mit einem Klick auf *Aktualisieren*.

➢ Aktivitätsmeldung: Auf der XING-Startseite im Bereich *Übersicht* können Sie die Meldung im Feld *Teilen Sie Neuigkeiten und Wissenswertes mit Ihren Kontakten!* erfassen oder alternativ auch direkt im Reiter *Aktivitäten* auf Ihrem persönlichen Profil.

Sie können dabei eine reguläre Mitteilung, einen Link, ein Stellenangebot oder eine Umfrage veröffentlichen. Mitteilung und Link sind selbsterklärend, und mit dem Umfragentool lassen sich öffentliche oder private Umfragen mit Mehrfachantworten initiieren. Das Stellenangebot kann 2.000 Zeichen sowie einen Link enthalten und bleibt bis zu sieben Tage online.

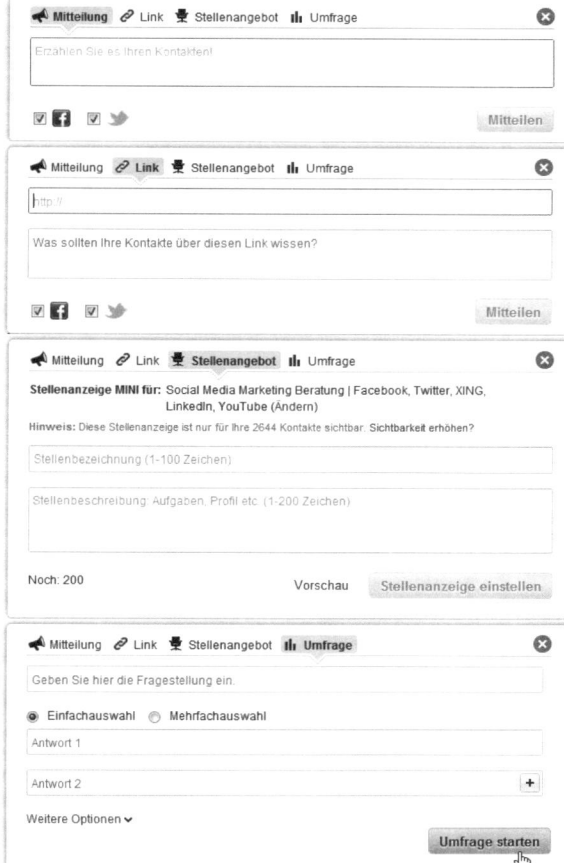

Veröffentlichen Sie verschiedene XING-Statusmeldungen, um sich Ihrem Netzwerk mitzuteilen.

Ihren Kontakten werden diese Meldungen dann im Aktivitätenstream auf deren Startseite angezeigt. Die Meldung erscheint aber auch auf Ihrem eigenen Profil im Bereich *Aktivitäten*, wo Ihre Profilbesucher sehen können, was Sie auf XING so tun (sofern Sie das freigeschaltet haben).

Einen solchen Newsfeed mit Aktivitäten kennt man auch aus anderen sozialen Netzwerken bestens. Bei einigen der Aktivitäten ist bereits eine kurze Zusammenfassung des Texts und ein Bild enthalten. Auf XING werden folgende Aktivitäten dargestellt:

➢ Statusmeldungen

➢ Profiländerungen

➢ Kontakte

➢ Links

➢ Gruppen

➢ Events

➢ Jobs

➢ Unternehmen

➢ Umfragen

Sie können die Aktivitäten auch ausblenden, wenn diese für Sie nicht relevant sind. Dazu fahren Sie mit der Maus einfach über die entsprechende Aktivität in der Liste, und rechts davon erscheint ein kleines Kreuzchen, mit dem Sie die Beiträge dieser Person ausblenden können. Mit dem gleichen Vorgehen können Sie Ihre eigenen Beiträge aus der Aktivitätenübersicht löschen.

Man kann hier Beiträge kommentieren, favorisieren und bookmarken, wobei der Absender eine entsprechende Benachrichtigung erhält. Dazu stehen unterhalb des jeweiligen Beitrags entsprechende Icons zur Verfügung. Es gibt jedoch auch Beiträge wie etwa Profiländerungen, die nicht kommentierbar sind.

Das Weiterleiten von Inhalten ist ebenfalls nur bei ausgewählten Beiträgen wie zum Beispiel einem Gruppenbeitritt oder einem geteilten Link über die Empfehlungsfunktion möglich.

Beiträge im Aktivitätenstream von XING lassen sich favorisieren, kommentieren und teilweise weiterleiten.

Fahren Sie mit dem Mauszeiger über ein Profilbild, und es werden Ihnen auf einen Blick alle wichtigen Informationen des Mitglieds angezeigt, ohne dass Sie eine neue Seite aufrufen müssen. Darüber können Sie der Person direkt eine Nachricht schreiben, diese Ihren Kontakten hinzufügen oder Ihrem Netzwerk empfehlen.

Wenn Sie mit der Maus über ein Profilfoto fahren, sehen Sie mehr Interaktionsmöglichkeiten.

Im Weiteren versendet XING regelmäßig einen personalisierten Newsletter an seine Nutzer, der verschiedene Details zu Ihnen und Ihrem Kontaktnetzwerk erhält. Wenn Sie Glück haben, wird auch Ihre Meldung dort dargestellt! Das sorgt dann für mehr Klicks und Interessenten.

Auszug aus dem XING-Newsletter, der personalisiert an die Abonnenten versandt wird.

Kontakte finden und hinzufügen

Um Kontakte zu finden, gibt es verschiedene Ansätze. Sie können zum Beispiel das Menü *Mein Netzwerk* anwählen. Dort finden Sie unten auf der rechten Seite die Möglichkeit, via E-Mail-Einladungen Kontakte zu XING einzuladen oder Ihr E-Mail-Adressbuch von Webmail-Diensten, Microsoft Outlook oder Lotus Notes durch die XING-Maschinerie rattern zu lassen. Damit können Sie sowohl Ihnen bekannte Personen als Kontakte hinzufügen als auch noch nicht registrierte Personen per E-Mail einladen.

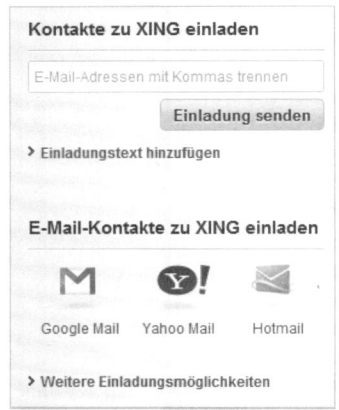

Laden Sie Ihre Kontakte zu XING ein!

Andererseits können Sie auch die verschiedenen Suchmöglichkeiten nutzen, indem Sie oben rechts über das Suchfeld eine Suche starten. Jede Person gibt auf dem eigenen Profil die Gründe dafür an, warum sie auf XING ist (Mehrfachauswahl möglich):

➢ Neugeschäft und Aufträge generieren

➢ Neue Mitarbeiter finden

➢ Interessante Personen kennenlernen

➢ Mein Netzwerk pflegen

➢ An Events teilnehmen

➢ Alte Bekannte und Kollegen wiederfinden

➢ An Karrierechancen interessiert
(entweder für alle sichtbar oder nur für Recruiter)

Sie können die gewünschte Person direkt *Als Kontakt hinzufügen* und das Anliegen mit einer kurzen Begleitnotiz begründen. Bei der Kontaktanfrage können Sie mit der Funktion *Datenfreigabe bearbeiten* zudem bestimmen, was die entsprechende Person von Ihren Angaben sehen darf.

Schreiben Sie eine persönliche Notiz, um eine Person als Kontakt hinzuzufügen.

Mit diesen Tools bauen Sie neue und relevante Kontakte auf

Wenn Sie am Aufbau eines umfassenden Netzwerks interessiert sind, können Sie Mitglied in den *Kontaktmaschine*-Gruppen auf XING werden. Sie erhalten dann Kontaktanfragen von anderen Nutzern oder können diese proaktiv zu Ihren eigenen Kontakten hinzufügen.

Beachten Sie dabei aber, dass es nicht nur um die Masse Ihrer Kontakte geht, sondern vor allem um den gegenseitigen Mehrwert, den es zu schaffen gilt. Mit der Kontaktanbahnung ist erst der erste Schritt für den Aufbau eines breiten Netzwerks getan. Nun liegt es an Ihnen, auf Basis dieses Erstkontakts eine tragfähige Geschäftsbeziehung aufzubauen.

Hier die Links zu den *Kontaktmaschine*-Gruppen im DACH-Raum.

➢ Deutschland: **https://www.xing.com/net/kontaktmaschine**

➢ Österreich: **https://www.xing.com/net/xinga/**

➢ Schweiz: **https://www.xing.com/net/kontatmaschinech**

Es gibt zudem von Drittanbietern folgende Softwareprodukte für die Verwaltung der Kontakte auf XING:

➢ Xibutler: **http://www.xibutler.org** – unterstützt Kontaktaufnahme und Verwaltung des eigenen XING-Accounts.

➢ Communityboy: **http://www.communityboy.org** – ermöglicht die Einladung von Gruppenmitgliedern in die eigenen XING-Gruppen.

Richtig angewendet können diese Tools für alle Beteiligten einen Mehrwert schaffen. Wer das Gefühl vermittelt, damit seine Kontakte „zuspammen" zu wollen, der wird rasch in die Schranken verwiesen werden – siehe dazu auch **http://www.socialmediabuch.com/kontaktspam**.

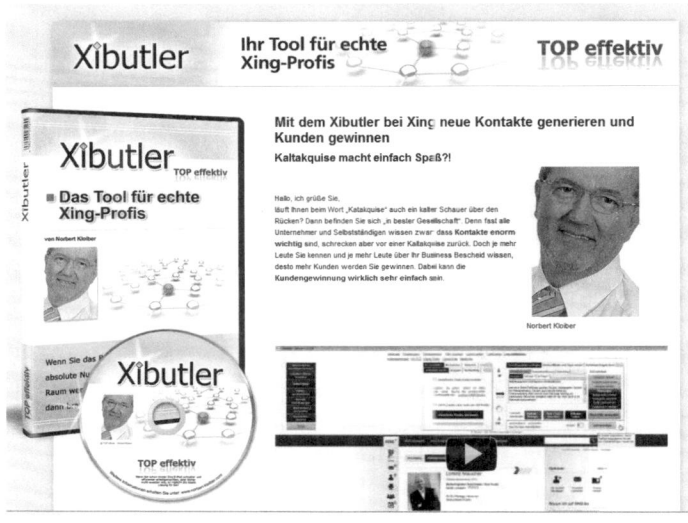

www.xibutler.org unterstützt den Aufbau eines umfassenden Netzwerks auf XING.

So kategorisieren Sie Kontakte und verfassen Notizen dazu

XING bietet Ihnen die Möglichkeit, Ihre Kontakte einer Kategorie zuzuordnen. Sie können diese Kategorien frei definieren, zum Beispiel anhand funktionaler Bezeichnungen wie dem Status Ihrer Beziehung zu dieser Person (Privat, Geschäftlich, Kunde, Freund, Lieferant, ...), Branche (Handwerk, Informatik, Consulting, ...), Ort (Berlin, New York, ...), Land (Deutschland, USA, ...) etc.

Sollten Sie spezifische Anmerkungen zur Kommunikationshistorie oder zur Person selbst haben, schreiben Sie diese in das dafür vorgesehene Notizfeld auf der jeweiligen Profilseite unterhalb des Profilbilds. Diese Notizen sehen nur Sie selbst und niemand sonst.

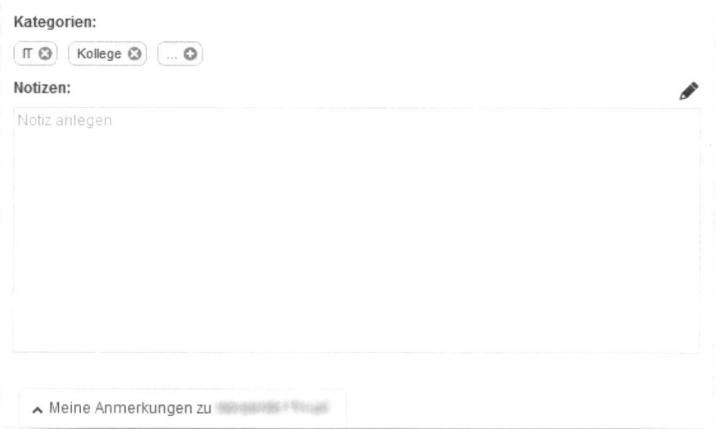

Private Notizen und Kategorien helfen Ihnen dabei, den Überblick zu behalten.

Nehmen Sie Kontakt auf, ohne die Person Ihrem Netzwerk hinzuzufügen

Wollen Sie sich mit jemandem austauschen, können Sie auch einfach die Möglichkeit *Nachricht schreiben* nutzen, ohne dass Sie die Person Ihren Kontakten hinzufügen müssen.

Wenn Sie auf der Profilseite des betreffenden Kontakts rechts im Bereich der Optionen auf *Mehr* klicken, können Sie nach einem Klick auf die Funktion *Empfehlen* auch Personen miteinander bekannt machen oder eine Person jemandem anderen empfehlen.

Hilfreich ist die Möglichkeit, dass Sie sich eine *Person merken* können. Damit müssen Sie nicht direkt eine Kontaktanfrage starten, haben aber das entsprechende Profil jederzeit im Schnellzugriff. Sie finden diese Personen im Menü *Mein Netzwerk* unter *Meine Kontakte* im Reiter *Gemerkte Personen*.

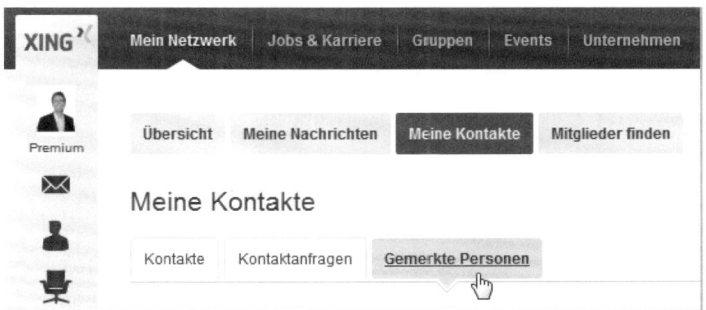

Sie können sich Personen merken, ohne diese als Kontakt hinzufügen zu müssen.

Weitere Möglichkeiten zur Interaktion auf einem Profil

Aus Social-Media-Marketing-Sicht ist auch die Funktion *In eine Gruppe einladen* interessant, die Sie rechts im Bereich der *Optionen* auf einem Profil finden (oder auf der Startseite der Gruppe selbst). Sie können damit jemanden zu einer Gruppe auf XING einladen, in der Sie selbst ebenfalls Mitglied oder Moderator sind.

Wenn Sie mit jemandem nicht befreundet sind und den Eindruck haben, dass das Profil gefälscht ist oder unangebrachte Inhalte publiziert, können Sie das mit einem Klick auf *Mehr* und dann *Profil melden* kundtun. Außerdem haben Sie die Möglichkeit, sich über *Profil drucken* einen Ausdruck eines Profils zu machen.

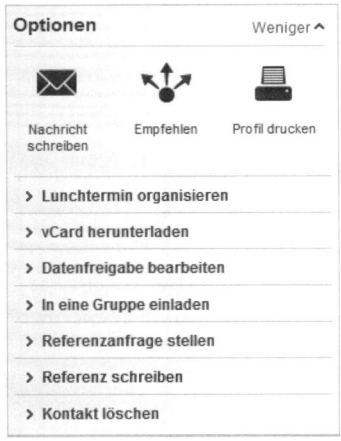

Dies sind die Möglichkeiten zur Interaktion auf XING.

Wenn jemand Sie als Kontakt hinzufügen möchte, erhalten Sie eine entsprechende Notifikation. Sollten Sie den Antragsteller oder den Grund für die Kontaktaufnahme nicht kennen, können Sie natürlich jederzeit um mehr Informationen fragen. Es steht Ihnen auch frei, die Kontaktanfrage zu ignorieren oder abzulehnen.

Sobald der Kontakt bestätigt ist, haben Sie noch ein paar weitere Interaktionsmöglichkeiten. So können Sie zum Beispiel die Adressdaten als *vCard herunterladen* und Ihrem Adressbuch hinzufügen, eine *Referenzanfrage stellen* oder eine *Referenz schreiben*.

Scheuen Sie sich nicht davor, bei Ihnen wohlgesonnenen Personen Referenzen einzufordern oder jemandem von sich aus eine Referenz zu geben. Ach-

455

ten Sie aber darauf, dass die entsprechende Person, der Sie eine Referenz geben, auch Premium-Mitglied ist – sonst kann die Referenz nicht angezeigt werden. Premium-Accounts erkennen Sie an einem dunkelgrünen Symbol neben dem Namen der Person.

Zu guter Letzt bietet Ihnen XING natürlich auch die Möglichkeit, mittels *Kontakt löschen* einen Schlussstrich unter die digitale Freundschaft zu ziehen.

Wenn Sie passende Kontakte gefunden haben und die Übersichtsseite einer Person besuchen, finden Sie rechts auf dem Profil verschiedene Möglichkeiten zur Interaktion.

Die verschiedenen XING-Icons

Ein dunkelgrünes Icon zeichnet wie gesagt alle Premium-Mitglieder aus, ein hellgrünes Icon neben einem Namen gibt dagegen an, dass die Person als Gruppenmoderator aktiv ist.

Wer ein orangefarbenes Icon neben seinem Namen trägt, gibt sich als XING-Ambassador zu erkennen. Diese moderieren zum Beispiel eine große, aktive Regionalgruppe (wie etwa die XING-Community München) und unterstützen das Networking der Gruppenmitglieder.

Ein hellblaues Symbol steht für einen Xpert-Ambassador. Dieser ist aktiver Moderator einer großen, branchenspezifischen XING-Xpert-Ambassador-Gruppe und verfügt über Fachwissen und Reputation in seinem Wirtschaftszweig. Auch er unterstützt als Networker die Aktivitäten der Mitglieder seiner Gruppe.

Wer gar kein Symbol neben seinem Namen hat, verfügt über eine Basismitgliedschaft mit eingeschränkter Funktionalität.

Ein grünes Plussymbol hinter dem Namen eines Unternehmens gibt an, dass es hier ein erweitertes Unternehmensprofil gibt, das aktiv von dieser Firma gepflegt wird. Darauf kommen wir noch zu sprechen.

Beispiele verschiedener XING-Symbole beim XING-Experten Joachim Rumohr (oben rechts).

Wie Sie Profilbesucher zu Kontakten machen

Der deutsche XING-Experte Joachim Rumohr (**http://www.rumohr.de**) hat ein ganzes Buch zum Netzwerken mit XING geschrieben. Er vergleicht das XING-Profil mit einem Ladengeschäft. Ein Profilbesucher sei dabei jemand, der in das Schaufenster blickt. Ob er sich wirklich für das Angebot interessiert, ist zu diesem Zeitpunkt noch offen – aber früher oder später wollen Sie ja Kunden in Ihrem Laden haben. Manchmal werde der Ladenbesitzer auch auf Sie aufmerksam und fragt, ob er etwas für Sie tun kann. Nach demselben Prinzip können Sie auch vorgehen.

Zur aktiven Netzwerkpflege gehören aber nicht nur neue Kontakte, sondern auch die Pflege der bestehenden Kontakte ist essenziell. Wer sich auf Ihrem Profil rumtreibt, sehen Sie auf dem eigenen Profil oder auf der Startseite rechts. Sie sehen dort, wer über welchen Weg auf Sie aufmerksam geworden ist, und können sich im Gegenzug das Profil der entsprechenden Person ansehen. Wenn Sie denken, dass der Kontakt von beidseitigem Interesse ist, sollten Sie eine einfache, kurze, persönliche Nachricht schreiben und allenfalls eine Kontaktanfrage senden. Sie sehen auf der Startseite im Bereich *Mein Netzwerk* in der *Übersicht* außerdem eine Fülle an Informationen aus Ihrem Umfeld, zum Beispiel die aktuellen Geburtstage oder Events.

Damit Sie wiederkehrende Besucher auf ihrem Profil nicht mehrfach mit dem gleichen Text anschreiben, empfiehlt Joachim Rumohr einen entsprechenden Eintrag im Notizfeld des angeschriebenen Mitglieds. Da XING beim Klick in das Notizfeld das Tagesdatum automatisch einsetzt, müssen Sie zum Beispiel nur noch „Wegen Besuch auf meiner *Über mich*-Seite angeschrieben" ergänzen.

Wenn Sie im Gegenzug auf anderen Profilen unterwegs sind, kann es sein, dass diese Personen mit Ihnen Kontakt aufnehmen. Denken Sie aber daran, dass nur Menschen mit einem Premium-Account (dunkelgrünes Symbol) sehen, dass Sie deren Profil besucht haben.

Suchaufträge einrichten und darüber neue Kontakte finden

Die XING-Suchaufträge sind eine sehr praktische Funktion, um Kontakte zu finden. Sie werden dabei per E-Mail benachrichtigt, sobald sich neue Mitglieder mit für Sie relevanten Interessen registrieren oder jemand sein Profil entsprechend Ihren Kriterien angepasst hat.

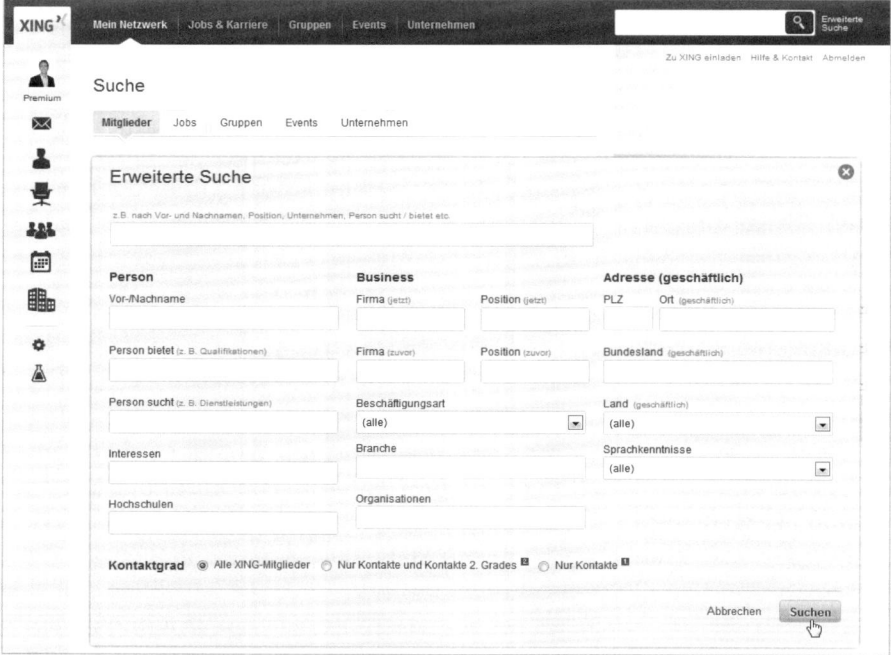

Führen Sie eine erweiterte Suche durch.

1 Um einen solchen Suchauftrag anzulegen, klicken Sie oben rechts auf das Lupensymbol für die Suche.

2 Dort wählen Sie die *Erweiterte Suche*.

3 Erfassen Sie die gewünschten Kriterien und klicken Sie auf den *Suchen*-Button.

4 Auf der Ergebnisseite können Sie dann auf den Link *Suchauftrag anlegen* klicken.

5 Auf der folgenden Seite wählen Sie aus, ob Sie täglich oder wöchentlich eine E-Mail mit den neuen Suchresultaten erhalten wollen.

6 Bestätigen Sie den Suchauftrag mit einem Klick auf den *Speichern*-Button.

Rekrutierung über XING – eine Schritt-für-Schritt-Anleitung

Diese erweiterte Suche und der Suchauftrag lassen sich auch gut kombinieren, wenn Sie zum Beispiel eine bestimmte Stelle zu besetzen haben.

1 Navigieren Sie auf die erweiterte Suche und geben Sie im Suchfeld die gewünschte Berufsbezeichnung ein (beispielsweise „Maurer").

2 Falls es sich dabei um einen Suchbegriff handelt, der auch im Namen einer Person vorkommen könnte, geben Sie den Begriff. mit einem Minuszeichen vorangestellt. ebenfalls im Feld *Name* ein (beispielsweise „–Maurer", ohne Leerstelle dazwischen).

3 Wählen Sie dann den gewünschten *Ort* und das *Land* aus.

4 Im Drop-down-Menü *Beschäftigungsart* wählen Sie nun das Feld *Arbeit suchend* aus.

5 Zuunterst können Sie auswählen, ob Sie nur Ihre eigenen Kontakte, die Kontakte Ihrer Kontakte oder ganz XING durchsuchen möchten.

6 In den Suchresultaten können Sie dann gezielt die Profile prüfen und mit passenden Personen Kontakt aufnehmen.

7 Wenn Sie über Änderungen sofort informiert werden möchten, wenn sich bei jemandem der Status auf *Arbeit suchend* ändert, können Sie für diese Suche einfach einen Suchauftrag anlegen, und Ihnen wird eine E-Mail mit neuen Kandidaten zugestellt.

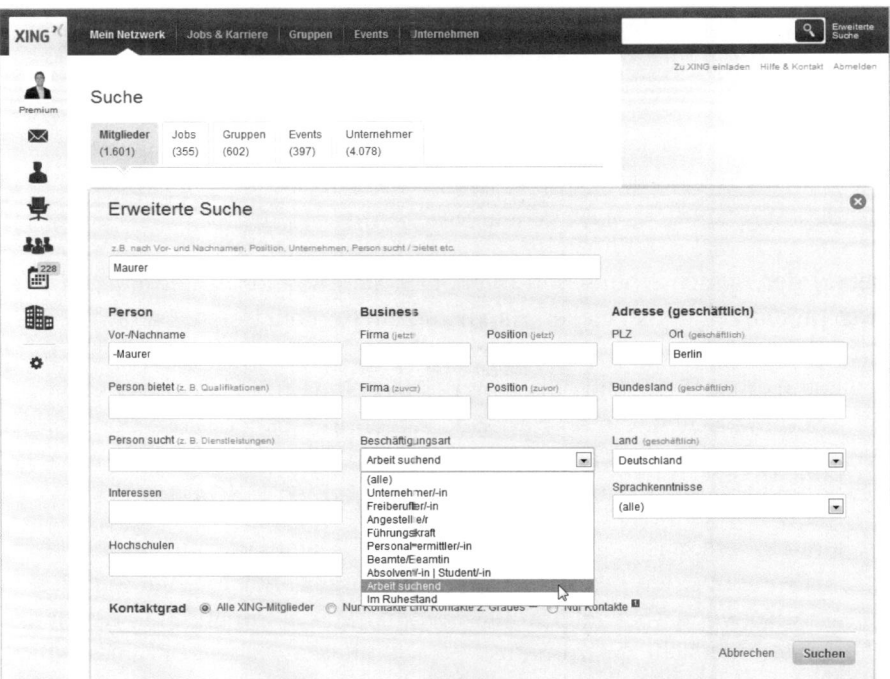

Nutzen Sie die Suche, um Ihre Stellen zu besetzen.

Wie Sie mit der professionellen Recruiter-Jobsuche auf XING die passenden Kandidaten finden

Als Unternehmen können Sie Ihre offenen Positionen auch direkt auf XING ausschreiben. Das Angebot wird automatisch passenden Personen auf der XING-Startseite angezeigt. Zudem lässt sich das eigene Unternehmensvideo in die Anzeige integrieren.

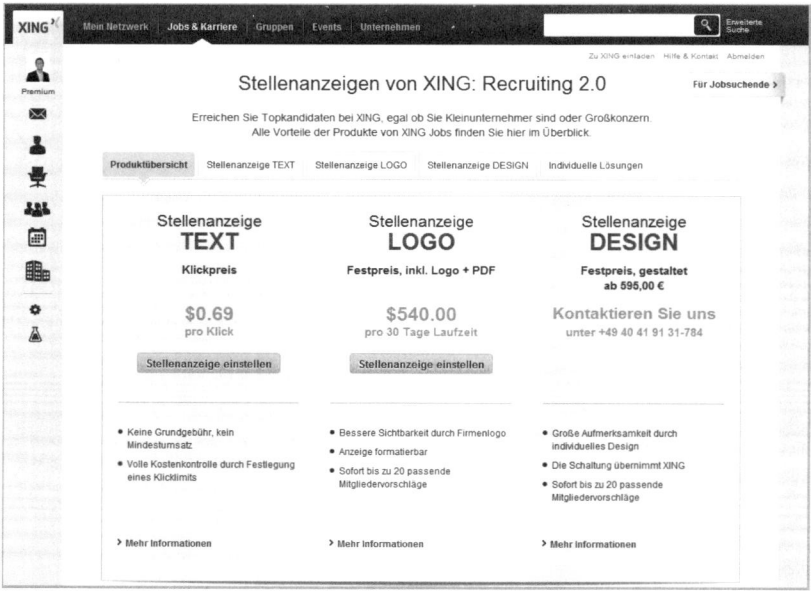

Sie können verschiedene Arten von Stellenanzeigen auf XING aufgeben.

Neben der Ausschreibung von offenen Stellen können Unternehmen aber auch proaktiv mit potenziellen Kandidaten in Kontakt treten. Dafür gibt es einen speziellen Recruiter-Account, mit dem man mehr Such- und Filtermöglichkeiten erhält. Das beinhaltet zum Beispiel eine Umkreissuche oder die Suche nach Menschen, die an Karrierechancen interessiert sind. Dank dieser speziellen Mitgliedschaft ermitteln Personalverantwortliche schneller und gezielter die passenden Kandidaten aus dem gesamten XING-Datenbestand.

So können Personalverantwortliche den Kandidaten, die für eine Stelle infrage kommen, einen bestimmten Kontaktstatus verleihen. Alle mit diesem Status versehenen Mitgliederprofile werden dann automatisch in der neuen Kandidatenübersicht zusammengefasst. Damit ist auf einen Blick ersichtlich, welche Mitglieder für eine bestimmte Stelle infrage kommen oder dem Auftraggeber bereits vorgestellt wurden. In der zentralen Kandidatenübersicht kann man auch direkt auf die gesamte Korrespondenz mit den gemerkten Kandidaten zugreifen, ohne dazu extra das Postfach öffnen zu müssen.

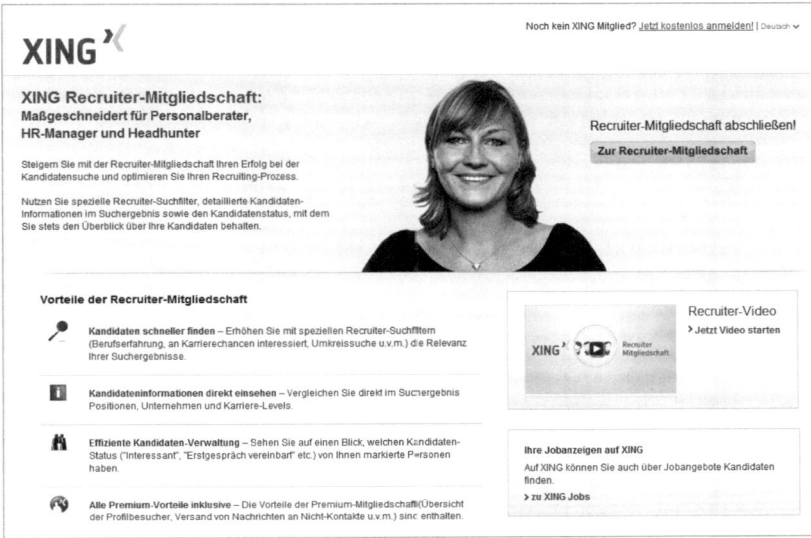

Personalverantwortliche können sich für die XING Recruiter-Mitgliedschaft anmelden.

Weitere Details zur Recruiter-Mitgliedschaft sind unter **http://recruitermem bership.xing.com** zu finden. Diese Mitgliedschaft beinhaltet zusätzlich zu diesen erweiterten Funktionen auch sämtliche Premium-Funktionen. Die Kosten liegen, abhängig von der Laufzeit, zwischen 29,95 und 49,95 Euro.

Die Mitgliedschaften im Vergleich

	Basis	Premium	Recruiter
Ihr **eigenes Profil** anlegen und verwalten	✓	✓	✓
Kontakte knüpfen, verwalten, merken und ihnen Nachrichten schreiben	✓	✓	✓
Neuigkeiten aus Ihrem Netzwerk verfolgen	✓	✓	✓
Gruppen beitreten und gründen	✓	✓	✓
Events besuchen und organisieren, inkl. Ticketing-Service	✓	✓	✓
Die **Stichwortsuche** nach Name, Unternehmen, Interessen usw. nutzen	✓	✓	✓
Besucher Ihres Profils sehen		✓	✓
Dokumente wie Arbeitsproben, Zeugnisse etc. an Ihr Profil anhängen		✓	✓
Referenzen erhalten		✓	✓
Werbefreie Profilseite		✓	✓
Persönliche Nachrichten auch an **Nicht-Kontakte** schreiben		✓	✓
Erweiterte Suchoptionen nutzen[1]		✓	✓
High Potentials effizient recherchieren – dank exklusiver Suchfilter[3]			✓
Kandidaten-Informationen direkt in Suchergebnissen scannen			✓
Professionelle Kontaktpflege und -verwaltung nutzen[4]			✓

[1] Inkl. "Erweiterte Suche" nach unterschiedlichen Suchkriterien (wie z.B. Hochschulen, derzeitiger und vorheriger Arbeitgeber, Arbeitsort etc.)
[2] Für Basis-Mitglieder gibt es eine eingeschränkte Auswahl von Vorteilsangeboten.
[3] Spezielle Suchfelder für Recruiter inkl. "Karrierestufe", "Berufserfahrung" oder "Interessiert an Karrierechancen"
[4] Inkl. Merken und Anschreiben gefundener Kandidaten mit einem Klick sowie bis zu 50 Nachrichten / Tag an Nicht-Kontakte.

Die verschiedenen XING-Mitgliedschaften im funktionalen Vergleich.

Wie Sie einen Job finden

Nachdem wir nun gesehen haben, wie man Personal findet und Jobs ausschreibt, stellt sich noch die Frage, wie man denn selbst am besten einen Job findet! Die Jobsuche auf XING hat sich in den letzten Jahren zu einer wichtigen Funktion gemausert. Sie finden diese mit einem Klick auf den Bereich *Jobs & Karriere*.

Dort können Sie anhand von verschiedenen Suchparametern die für Sie relevanten offenen Positionen ausfindig machen. Wenn es keine passenden Stellenanzeigen gibt, werden (sofern vorhanden) auch Resultate von der auf Jobangebote spezialisierten **Firma kimeta** eingeblendet.

Es gibt zudem drei Twitter-Kanäle, auf denen die bei XING eingestellten Jobs veröffentlicht werden. Neben dem allgemeinen Kanal **http://www.twitter. com/xingjobs** kann man auch über die branchen- und regionalspezifischen Accounts **http://www.twitter.com/xingitjobs** und **http://www.twitter.com/ jobsithamburg** mehr über neue Jobangebote erfahren.

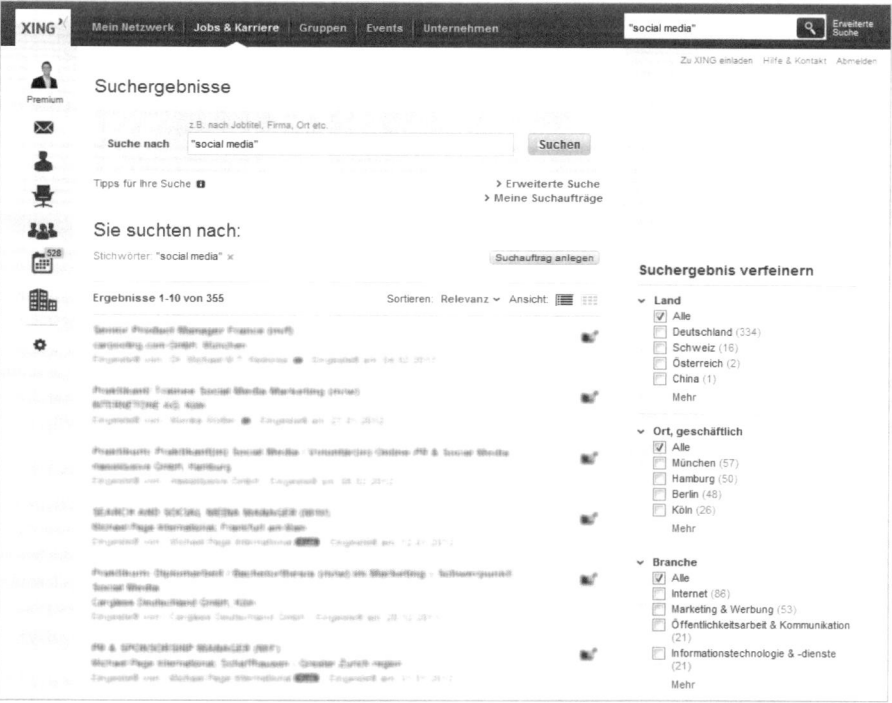

Die Jobsuche auf XING ist Anlaufstelle für viele Veränderungswillige.

Nutzung von praktischen XING-Tools

Es gibt bei XING eine Reihe von Tools, Plug-ins und Widgets, die Sie ebenfalls nutzen können. Diese finden sich mit einem Klick auf den Punkt *Downloads* in der Fußzeile.

Die Programme lassen sich dann auf dem eigenen Computer installieren, um die Interaktion mit XING zu vereinfachen. Damit lässt sich zum Beispiel ein Abgleich mit einem lokal installierten E-Mail-Programm **wie Outlook** machen oder die Suche nach Kontakten im Browser optimieren.

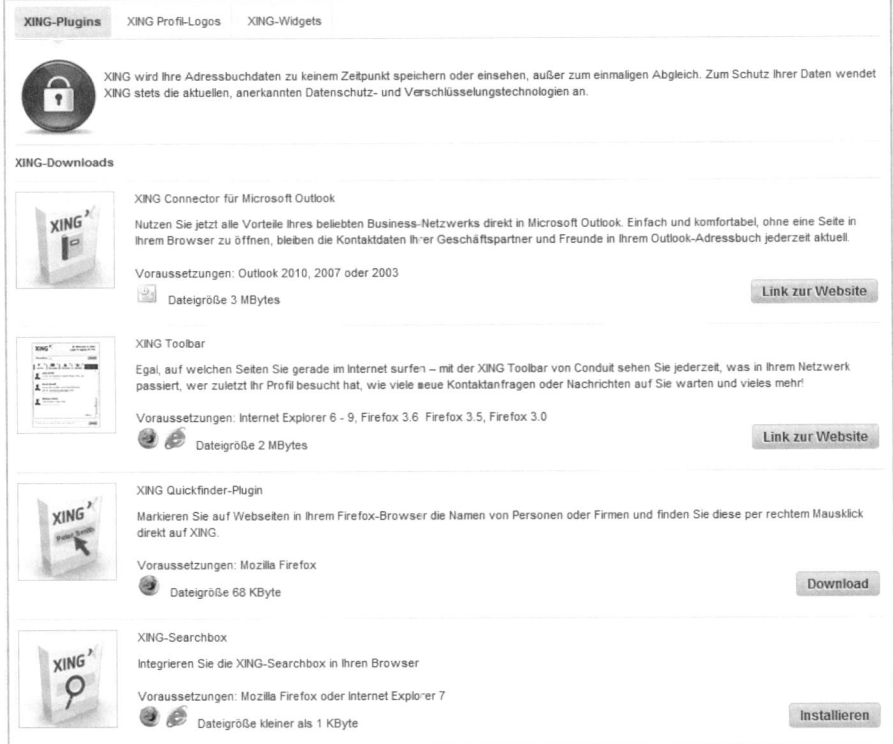

XING bietet einige hilfreiche Plug-ins zum Download an.

Wer keine Neuigkeit verpassen will, kann sich auch die **Toolbar** für Firefox oder Internet Explorer installieren. Damit werden eingehende Nachrichten, Kontaktanfragen und Netzwerkupdates auch dann angezeigt, wenn Sie nicht direkt auf XING selbst unterwegs sind.

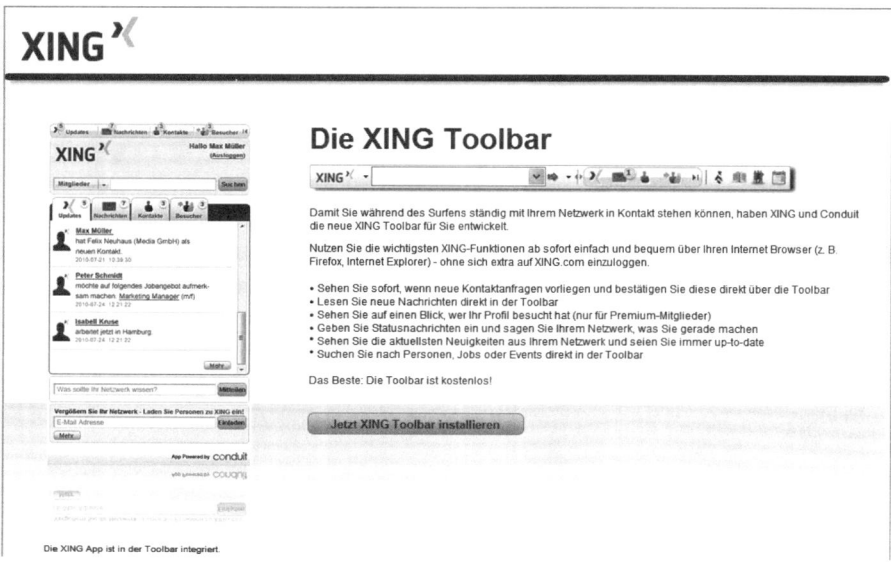

Die XING Toolbar zeigt neue Inhalte jederzeit direkt im Browser an.

Wer auf seiner persönlichen Webseite oder seinem Blog auf das eigene XING-Profil aufmerksam machen möchte, kann die zur Verfügung gestellten *XING-Profil-Logos* und *XING-Widgets* nutzen.

Im zugehörigen Reiter gibt es den gewünschten HTML-Code, um den Button auf einer beliebigen externen Seite einzubinden und damit einen Link auf das eigene XING-Profil zu platzieren. Die Widgets haben vor allem repräsentativen Charakter. Sie zeigen an, wie viele Besucher der jeweiligen Webseite XING-Nutzer waren und welche Events stattfinden.

Für Webmaster, Entwickler und Neugierige – Share-Button, XING-API und Beta-Labs

Mit dem XING-Share-Button lassen sich interessante Artikel, Videos oder andere Webinhalte durch Links mit den eigenen Kontakten teilen. Zudem stehen ausführliche Statistiken zur Performance der geteilten Links (Anzahl der Empfehlungen, Kommentare, Klicks und mehr) zur Verfügung.

Um den Button auf der eigenen Webseite einzubauen, finden Sie unter **https://www.xing.com/app/share?op=button_builder** einen Konfigurator, mit dem Sie den notwendigen HTML-Code generieren können. Für WordPress-Nutzer gibt es dafür auch das praktische Plug-in **WP-Share to XING**.

Fügen Sie einen Share-Button auf Ihrer Webseite ein.

In den XING-Beta-Labs finden Sie neue Funktionen, die auf dem Prüfstand sind. Dabei handelt es sich um eine Testplattform für neue Funktionen. Diese sind noch nicht bereit für die große Masse, aber zum Testen schon gut genug. Die angebotenen Funktionen können dabei auch mal kleinere Fehler enthalten, sich verändern oder wieder abgeschaltet werden. Weitere Details dazu gibt es unter **https://www.xing.com/betalabs**.

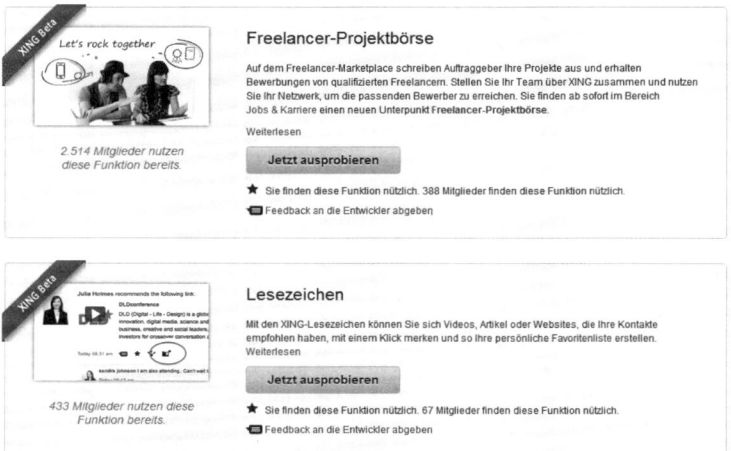

Nutzen Sie die Möglichkeiten der XING-Beta-Labs.

Für Entwickler wird die Schnittstelle zu XING über eine API (**A**pplication **P**rogramming **I**nterface) interessant sein. Unter **https://dev.xing.com** sowie im Entwicklerblog unter **http://devblog.xing.com** finden sich weitere Informationen dazu, und wer nichts verpassen will, sollte sich den Twitter-Account **https://www.twitter.com/xingapi** abonnieren.

Dank dieser Schnittstelle hat zum Beispiel die Webseite **http://www.loft ville.com** einen **schönen Anwendungsfall** geschaffen. Auf der Seite stehen interessante Wohnungen aus verschiedenen Quellen zur Verfügung, die aber nur für registrierte Mitglieder zugänglich sind.

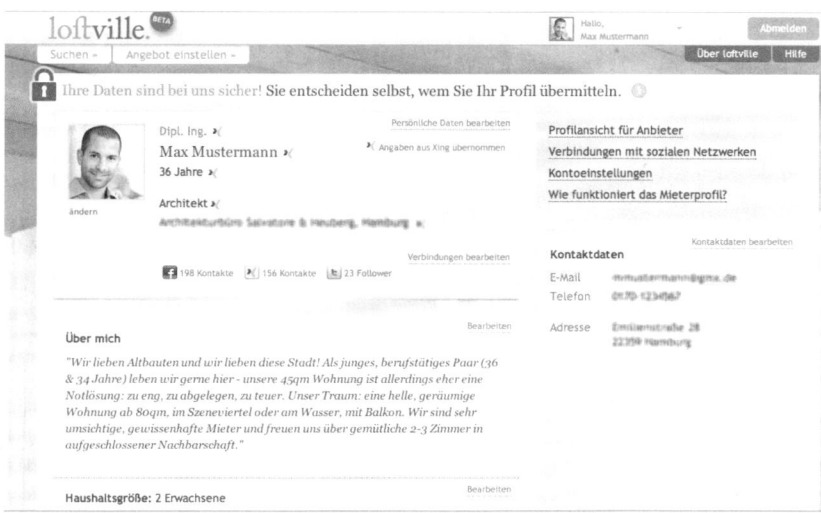

Loftville nutzt die XING-API und integriert deren Daten in der Oberfläche.

Wenn man sich für eine Wohnung interessiert, kann man sich entsprechend beim Vermieter melden. Dieser hat dann den Vorteil, dass er es nicht mehr nur mit „anonymen Bewerbern" zu tun hat, sondern hier die Interessenten etwas genauer unter die Lupe nehmen kann. Damit ist beiden Parteien gedient. Loftville ist derzeit nur für Mitglieder in Hamburg, München und Frankfurt am Main zugänglich.

Mobile Nutzung von XING und Visitenkartentausch über Handshake

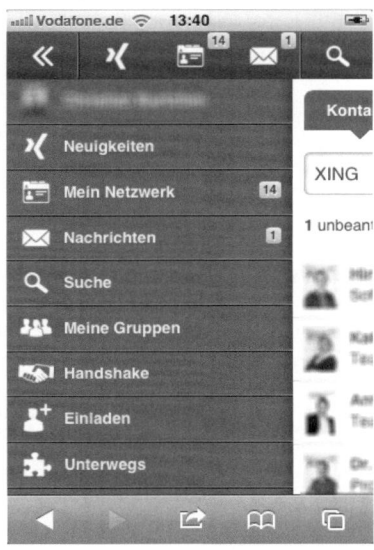

Die Zukunft der sozialen Medien ist durch Mobilität geprägt. Das hat auch XING erkannt und deshalb entsprechende Applikationen für die wichtigsten mobilen Plattformen wie BlackBerry, iPhone und Android unter **http://www.xing.com/app/user?op=mobile** zur Verfügung gestellt.

Eine für die mobile Nutzung realisierte XING-Oberfläche lässt sich auch ohne Installation unter **http://touch.xing.com** mit allen HTML5-fähigen Smartphones aufrufen. Damit lassen sich Statusupdates vornehmen, Nachrichten verfassen, Leute suchen, und man kann auf Kontaktdaten zugreifen.

Die mobile Applikation von XING macht was her!

Über die Funktion des mobilen „Handshakes" lässt sich das eigene Netzwerk auf Events, unterwegs oder in Meetings ganz einfach erweitern.

1 Dazu müssen Sie die mobile Webseite von XING unter **http://mobile.xing.com** aufrufen und sich anmelden.

2 Dann klicken Sie auf das *Handshake*-Icon.

3 Nun werden Ihnen XING-Mitglieder in Ihrer Nähe angezeigt, die die Applikation des mobilen Handschlags ebenfalls gestartet haben.

4 Sie können dann die gewünschte Person als Kontakt hinzufügen.

5 Voraussetzung dafür ist ein HTML5-fähiges Smartphone, das die Standortbestimmung erlaubt.

Das eigene Unternehmen präsentieren – Werbung und Unternehmensprofile

Auch für Unternehmen gibt es die Möglichkeit, sich gegenüber Kunden, Interessenten oder Bewerbern ins rechte Licht zu rücken. Neben der Publikation von offenen Jobs können Sie zum Beispiel unter **http://www.xing.com/app/user?op=advertise** Werbung buchen.

Mit der XING-Werbung erreichen Sie Ihre Zielgruppe.

XING bietet auch die sogenannten Unternehmensprofile an, in denen man sich entsprechend präsentieren und vermarkten kann.

Hier als Beispiel das Unternehmensprofil der XING AG.

Damit können Sie Ihre Firma für potenzielle Kandidaten attraktiv darstellen und über Neuigkeiten informieren. Sorgen Sie dafür, dass die Angaben stets aktuell sind und dass Sie regelmäßig kommunizieren. Die Inhalte müssen dabei auch nicht immer von der Unternehmenskommunikation oder der Marketingabteilung kommen, sondern können zum Beispiel von Mitarbeitern oder Managern des Unternehmens stammen.

Beispielsweise kann der Produktverantwortliche oder der Callcentermitarbeiter aus seinem Alltag berichten – damit geben Sie dem Unternehmen ein Gesicht und eine Persönlichkeit. Berichten Sie hier auch über Jobangebote und verlinken Sie darauf! Falls Sie die offenen Stellen bereits in der kostenpflichtigen XING-Jobbörse erfasst haben, werden diese automatisch dargestellt.

Im direkten Vergleich präsentieren sich die Unternehmensprofile wie folgt:

Unternehmensprofil **BASIS**	Unternehmensprofil **STANDARD**	Unternehmensprofil **PLUS**
Die kostenlose Version zum Kennenlernen	Für mehr Präsenz auf XING und im Web	Für den direkten Austausch mit Ihrer Zielgruppe
0 € mtl.	24,90 € mtl.	129 € mtl.
Bestellen	Bestellen	Bestellen
• Unternehmensbeschreibung und -logo • Liste aller Mitarbeiter, die bei XING sind • Verknüpfung aller aktiven XING-Stellenanzeigen Ihres Unternehmens	• Bessere Auffindbarkeit durch frei definierbare Schlagwörter • Spezieller Bereich für die Angabe von Ansprechpartnern • Inkl. Option, Arbeitgeber-Bewertungen von kununu.com anzuzeigen	• Unbegrenzt Unternehmens-Neuigkeiten veröffentlichen, die Interessierte auch abonnieren können • Neuigkeiten automatisch auf der Startseite der Abonnenten anzeigen • Individuelle Gestaltungsmöglichkeiten nutzen

Das passende Profil für Ihr Unternehmen

Die Vorteile der drei Angebotspakete im Überblick:

Leistungen	Unternehmensprofil BASIS	Unternehmensprofil STANDARD	Unternehmensprofil PLUS
Detaillierte Unternehmensbeschreibung und Logo	✓	✓	✓
Verlinkung zu Ihren Anzeigen auf XING Jobs	✓	✓	✓
Mitarbeiterliste	✓	✓	✓
Max. Anzahl Profil-Editoren	1	3	5
Profil in Suchmaschinen auffindbar (optional)	✓	✓	✓
Prominente Platzierung inkl. Logo in den XING-Suchergebnissen	✓	✓	✓
Präsentation von Ansprechpartnern im Unternehmen		4	10
Anzahl Suchbegriffe, unter denen Ihr Unternehmen gefunden wird		3 45 Zeichen	5 75 Zeichen
Arbeitgeber-Bewertungen von kununu.com anzeigen (optional) ❶		✓	✓
Individuelles Design durch verlinkbare Grafik			✓
Unbegrenztes Veröffentlichen von Unternehmens-Neuigkeiten mit Abofunktion			✓
Unternehmens-Neuigkeiten werden auf der Startseite Ihrer Abonnenten angezeigt			✓

Gegenüberstellung der XING-Unternehmensprofile.

In den Unternehmensprofilen *PLUS* und *STANDARD* lassen sich auch Arbeitgeberbewertungen des Anbieters **kununu** aufrufen, die von aktuellen und ehemaligen Firmenangehörigen sowie Bewerbern abgegeben wurden.

Die damit erweiterten Unternehmensprofile bieten einen Überblick über die Kategorien „Wohlfühlfaktor", „Karrierefaktor" und „Bewerbungsprozess" sowie eine Auflistung der Mitarbeiterleistungen des Unternehmens. Wer selbst eigene Bewertungen abgeben will, gelangt per Klick auf das Portal von kununu und kann dort anonym den Arbeitgeber bewerten. Zudem ist es möglich, Meldungen auf **Unternehmensprofile zu kommentieren**. Die meisten Vorteile haben die Firmen, die sowohl auf kununu wie auch auf XING ein Profil aktiv pflegen, denn beide Unternehmensprofile sind auch über Suchmaschinen auffindbar.

So pflegen Sie Ihr Unternehmensprofil

Um Ihr eigenes Profil zu pflegen, müssen Sie es zuerst erstellen bzw. ausfindig machen.

1 Klicken Sie deshalb in der Headernavigation auf den Bereich *Unternehmen*.

2 Wählen Sie dann *Meine Unternehmen* bzw. *Unternehmensprofil anlegen* aus.

3 Folgen Sie den Anweisungen und füllen Sie alle Felder mit Ihren Angaben aus.

Dazu ein paar Hinweise:

➢ Laden Sie ein Logo hoch, das den Vorgaben entspricht (JPEG-, GIF-, BMP- oder PNG-Datei im Format 285 × 70 Pixel, maximal 5 MByte).

➢ Füllen Sie möglichst alle Felder vollständig aus, da das Profil auch von Suchmaschinen und nicht angemeldeten Besuchern eingesehen werden kann.

➢ Es ist in den kostenpflichtigen Varianten ebenfalls möglich, Ansprechpartner einzufügen, eine Headergrafik zu platzieren, Firmenupdates oder einen Twitter-Feed einzubinden etc. XING-User können übrigens auch Firmenupdates abonnieren und bleiben damit auf dem Laufenden.

Mittels Events das Netzwerk auch offline pflegen

Events sind Veranstaltungen, die von XING-Mitgliedern organisiert werden. Jeder kann selbst solche Events organisieren oder daran teilnehmen. Dabei gibt es verschiedene Arten von Events.

➢ Öffentliche Events stehen allen Mitgliedern offen, anmelden kann man sich ohne explizite Einladung. Sie können eigene Kontakte oder Mitglieder von Gruppen, in denen Sie Moderator sind, direkt dazu einladen. Auch Leute außerhalb von XING lassen sich via E-Mail dazu einladen.

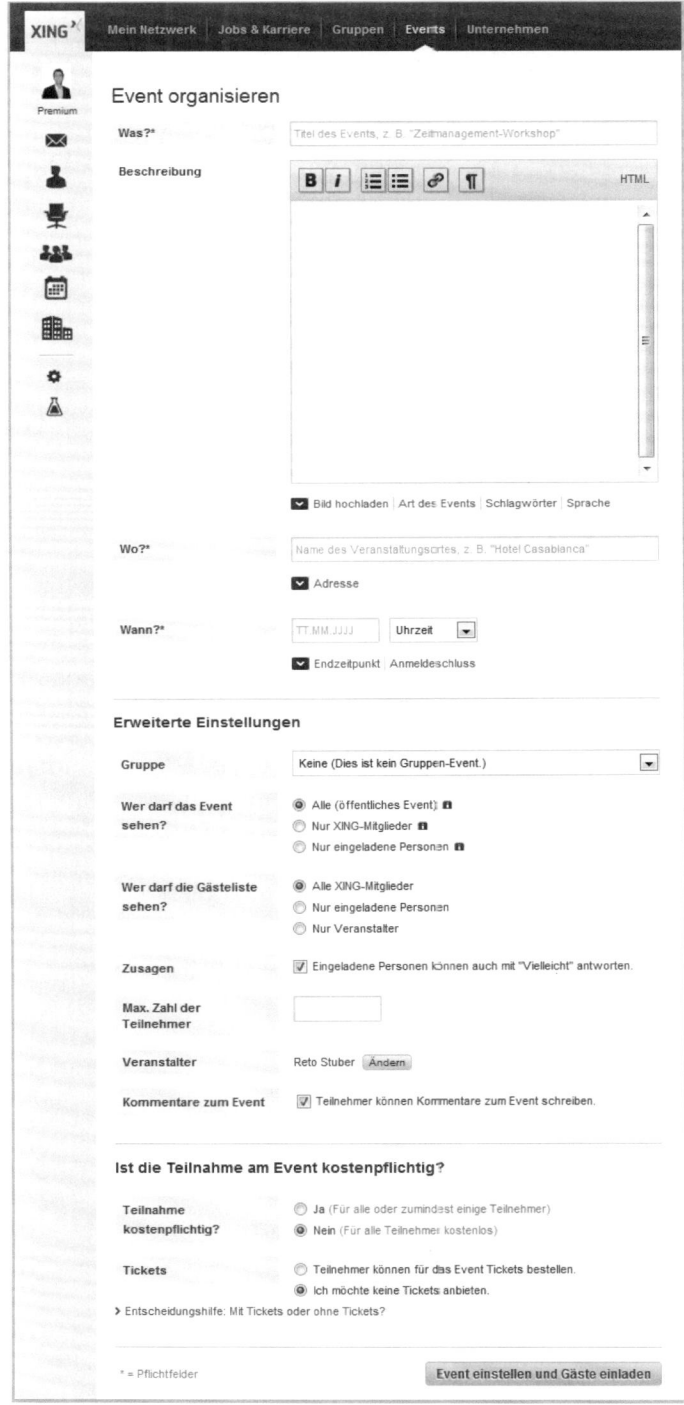

So legen Sie ein XING-Event an.

> Bei privaten Events ist der Teilnehmerkreis beschränkt, und die Veranstaltung ist nicht öffentlich einsehbar. Nur vom Veranstalter eingeladene Personen können daran teilnehmen.

> Außerdem gibt es noch die Gruppenevents. Dies sind Veranstaltungen von XING-Gruppen, zu denen die Moderatoren der Gruppen ihre Gruppenmitglieder einladen. Diese Events können privat oder öffentlich sein.

Ihnen werden automatisch Events vorgeschlagen, für die Sie sich interessieren könnten. Dafür werden Ihre Angaben zurate gezogen, und das Resultat ist dann bei einem Klick auf *Events* in der horizontalen Navigation im Bereich *Events finden* zu sehen.

Um selbst ein Event anzulegen, klicken Sie in der Headernavigation auf den Punkt *Events*. Wählen Sie dann *Events organisieren* und füllen Sie alle Felder aus.

Noch ein paar Hinweise dazu:

> Sie können die Angaben zum Event und die Einladungen an die Gäste jederzeit bearbeiten.

> Sie haben auch die Möglichkeit, Events nach Microsoft Outlook oder in andere Kalenderapplikationen zu exportieren.

> Sie können Veranstaltungen ankündigen, die nur virtuell stattfinden, wie zum Beispiel ein Onlineseminar oder der Launch eines neuen Produkts.

Zudem haben Sie die Möglichkeit, *Events mit Tickets* anzubieten. Ein Event mit Ticketverkauf kann zum Beispiel ein Kongress, ein Seminar, eine Tagung, eine Schulung oder auch ein Konzert etc. sein. Auf jedes verkaufte Ticket wird eine Bearbeitungsgebühr erhoben.

Die Zahlungsabwicklung und der Ticketversand sind komplett in die Plattform integriert, sogar eine Software zum Einlassmanagement beim Lokal steht zur Verfügung. Dabei kann man unterschiedliche Ticketkategorien, Verfügbarkeiten, Promotion-Coupons und Preise festlegen.

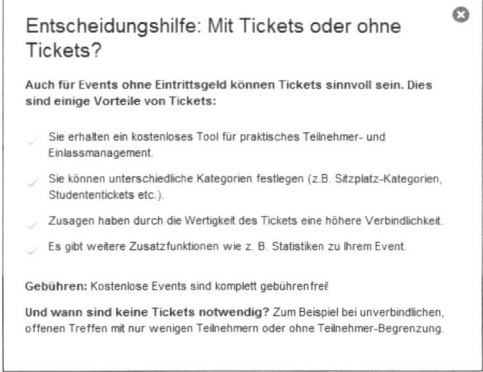

So sehen die Unterschiede zwischen Events mit und ohne Tickets aus.

Gruppenmitglied werden – der Austausch mit Gleichgesinnten

Gruppen zum Austausch gehören zu den wichtigsten Erfolgselementen von XING und bieten unzählige Informationen zu fast jedem Thema.

1 Nutzen Sie die Suchfunktion mit der Lupe oben rechts, um passende Gruppen zu finden. Geben Sie dabei verschiedene Stichwörter ein oder nutzen Sie den Stern (*) als Platzhalter.

2 Wählen Sie dann im Reiter *Gruppen* die passenden Gruppen aus, die Ihrem Thema entsprechen, in denen aktiv korrespondiert wird und auch eine gewisse Anzahl an Personen vertreten ist.

3 Treten Sie den gewünschten Gruppen bei. Dabei sollten Sie auch von der Möglichkeit Gebrauch machen, sich dort vorzustellen. Erwähnen Sie ruhig, dass Sie sich über neue Kontakte freuen – schließlich sind das alles Leute, die sich für dasselbe Thema wie Sie interessieren.

4 Beteiligen Sie sich aktiv an den Gruppen und schaffen Sie einen Mehrwert für die anderen Mitglieder. So bauen Sie sich Ihren Expertenstatus auf, und die Nutzer werden sich für Sie interessieren!

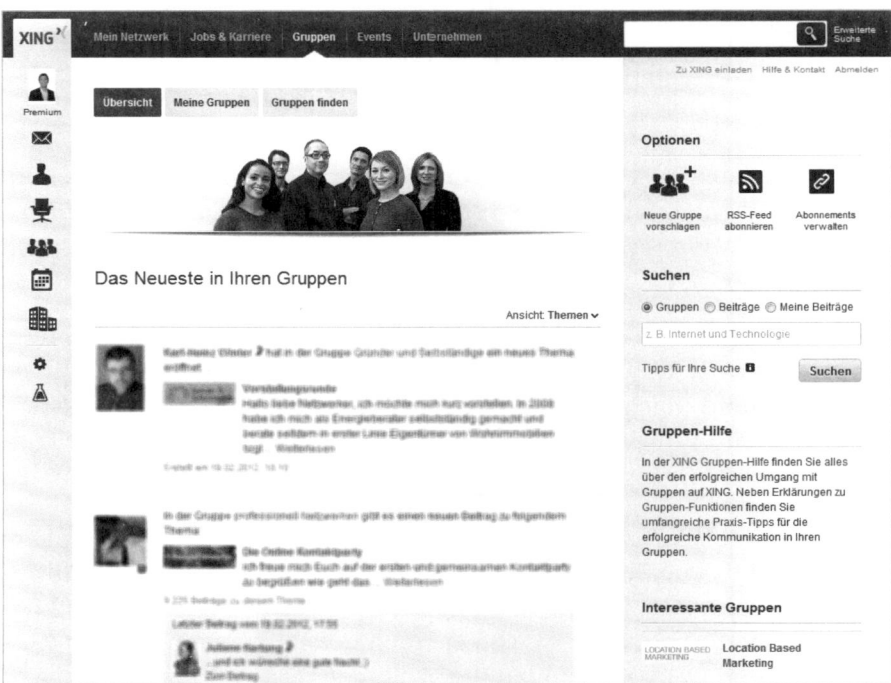

So präsentiert sich die Übersicht der Gruppen.

Gruppenmoderator – wie Sie eine eigene Gruppe gründen

Sie haben die passende Gruppe nicht gefunden oder möchten lieber selbst aktiv werden? Dann können Sie entweder den Moderator einer bestehenden Gruppe fragen, ob Sie mitmoderieren dürfen – oder Sie richten selbst eine Gruppe ein. Dies ist aus Marketingsicht ein hilfreiches Instrument, um bei der relevanten Zielgruppe im Gespräch zu bleiben.

Eine eigene XING-Gruppe bringt Ihnen folgende Möglichkeiten:

➢ Sie können mit Experten, Mitarbeitern oder Alumni in Kontakt stehen und mehrsprachige Foren für Diskussionen und zum Wissensaustausch einrichten.

➢ Sie können einen HTML-Newsletter an Ihre Gruppenmitglieder versenden (**Tipp**: Gestalten Sie mittels **http://www.xletter.net** den Newsletter noch attraktiver!).

➢ Sie können das XING-Eventtool nutzen, um zu Veranstaltungen oder Seminaren einzuladen.

Logischerweise sind Gruppen verboten, die gegen geltendes Recht oder die allgemeinen Geschäftsbedingungen von XING verstoßen. Aber auch Gruppen zum Dating oder Flirten, zur Diskussion aktueller Tages- oder Parteipolitik sowie zu religiösen Themen oder Religionsgemeinschaften werden nicht akzeptiert.

Die Gruppe muss ein Potenzial von mindestens 100 Mitgliedern aufweisen, und die Moderatoren müssen sich bereit erklären, den **Code of Conduct** zu akzeptieren. Wenn dies alles keine Hürde für Sie darstellt, können Sie die Gruppe beantragen.

Sie finden das entsprechende Formular dafür im Menü *Gruppen* durch einen Klick auf *Übersicht* auf der rechten Seite. Klicken Sie auf *Neue Gruppe vorschlagen* und machen Sie auf der Folgeseite die geforderten Angaben. Der Antrag wird dann von XING geprüft, und Sie erhalten weitere Informationen, sobald die Gruppe freigeschaltet wurde.

So pflegen Sie Ihre Gruppe und finden relevante Mitglieder

Wenn Sie eine neue Gruppe ins Leben rufen, stehen Sie auch in der Pflicht, die Regeln dafür festzulegen. Als Erstes müssen Sie für eine klare Beschreibung sorgen, die vermittelt, welche Themen in der Gruppe behandelt werden sollen und welche Ziele man verfolgt – oder was eben inhaltlich nicht passt (beispielsweise Eigenwerbung, Links etc.). Das hilft dem Besucher oder Interessenten, darüber zu entscheiden, ob er der Gruppe beitreten will.

Da es immer wieder Querschläger gibt, sollten Sie den Ablauf für Verwarnungen und Gruppenausschluss definieren und durch die Veröffentlichung für Ihre Mitglieder transparent machen. Fordern Sie die Gruppenmitglieder auf, sich kurz vorzustellen. Und noch ein Tipp: Jedes neue Mitglied, das der Gruppe betritt, teilt dies auch automatisch als Kurzmeldung im Newsstream. Wählen Sie deshalb den Gruppennamen und das Design mit Bedacht!

Sie haben zudem die Möglichkeit, eine Willkommensnachricht für alle neuen Mitglieder zu verfassen, die diesen nach dem Beitritt automatisch zugestellt wird. Nutzen Sie diese Gelegenheit, sich und die Gruppe vorzustellen! Wenn Sie eine neue Gruppe erstellt haben, gilt es, diese mit Leben und interessanten Inhalten zu füllen. Hier ein paar Tipps, wie Sie an neue Mitglieder kommen:

➢ Sie können über die Suchfunktion Leute finden, die am Thema interessiert sind – und diese dann mit einer kurzen Nachricht zur Gruppe einladen.

➢ Es kann sich auch lohnen, die Mitglieder von anderen Gruppen im selben Themenumfeld anzuschreiben.

➢ Kommentieren Sie in anderen, thematisch ähnlich gelagerten Gruppen. Stellen Sie sich dort vor und geben Sie bekannt, dass Sie eine ähnliche Gruppe moderieren.

➢ Fragen Sie Moderatoren anderer Gruppen, ob diese nicht eine Empfehlung in ihrer Gruppe oder im Newsletter aussprechen können.

➢ Verlinken Sie in anderen Gruppen auf passende Diskussionen, die in Ihrer Gruppe stattfinden.

➢ Sie können auch Ihre (aktiven) Mitglieder um eine Weiterempfehlung Ihrer Gruppe bitten.

➢ Wenn Sie neue Gruppenmitglieder haben, die breit vernetzt sind, bekommt Ihre Gruppe über die Kurzmeldungen automatisch auch eine größere Reichweite. Sie können dem sogar nachhelfen, indem Sie die passenden Leute anschreiben und einladen.

➢ Fügen Sie den Link zu Ihrer Gruppe prominent auf Ihrem eigenen Profil ein, um Profilbesucher anzuziehen.

XING Enterprise Groups – wenn Firmen unter sich bleiben wollen

Die XING Enterprise Groups bieten Firmen die Möglichkeit, Communitys für Mitarbeiter, Alumni, Bewerber, Verbandsmitglieder und Kunden professionell aufzubauen, zu verwalten und weiterzuentwickeln.

Dabei handelt es sich um ein Angebot, das vor allem für Großunternehmen interessant ist – IBM, Microsoft, die Deutsche Telekom, Bertelsmann etc. gehören bereits zu den Kunden, und Bildungsinstitutionen und Alumni-Vereinigungen schätzen die Möglichkeiten.

Die wichtigsten Details:

➢ Der Wissensaustausch und die Vernetzung ist innerhalb der eigenen Organisation, mit ausgewählten Kunden oder einer definierten Zielgruppe möglich.

➢ Es gibt ein Tool für das Employer Branding, um Talente, Bewerber und Alumni im Auge zu behalten.

➢ Die eigene Marke oder Organisation lässt sich in einem professionellen Umfeld präsentieren, in dem Führungskräfte, Bewerber und Entscheider regelmäßig aktiv netzwerken.

➢ Die Zugangsberechtigungen zu den Inhalten der Gruppe lassen sich steuern.

➢ Die Organisation von Gruppenterminen, Veranstaltungen oder Seminaren kann mit dem XING-Eventtool erfolgen.

Notifikationen via E-Mail und RSS-Newsfeed für das persönliche Profil und für Gruppen

Sie haben auf XING die Möglichkeit, eine Notifikation via E-Mail zu bekommen, zum Beispiel wenn Sie eine Nachricht erhalten oder wenn Ihre Kontakte Geburtstag haben. Klicken Sie dazu links im Menü auf den Button *Einstellungen, Rechnungen & Konten* und wählen Sie den Bereich *Benachrichtigungen* aus. Dort können Sie alle Details entsprechend anpassen.

Auch in den Gruppen haben Sie die Möglichkeit, sich über neue Beiträge informieren zu lassen. Klicken Sie dazu auf das jeweilige Forum, und Sie finden auf der rechten Seite die Möglichkeit, das Thema zu abonnieren.

Sie können sich bei allgemein öffentlichen Gruppen auch über neue Beiträge direkt via RSS-Newsfeed informieren lassen. Gehen Sie dazu auf die Einstiegsseite der entsprechenden Gruppe und wählen Sie dann rechter Hand das Icon *Gruppen-Feed abonnieren* – damit erhalten Sie bei neuen Beiträgen sofort eine entsprechende Notifikation. Diese Funktion ist leider nur bei öffentlichen Gruppen zugänglich.

E-Mail-Benachrichtigung für ein Forum einschalten.

Hilfreiche Links zu XING

Im Folgenden finden Sie eine Übersicht mit relevanten Links zu XING.

➢ http://blog.xing.com

➢ http://devblog.xing.com

➢ http://www.rumohr.de

8.3 LinkedIn – Geschäftskontakte auf internationalem Parkett

Barack Obama hat es getan. Wie auch **Sarah Palin**, **Bill Gates**, **Britney Spears** und Manager von **allen Fortune-500-Unternehmen** sowie weit über **160 Millionen** Menschen aus 200 Ländern – und jede Sekunde werden es zwei Personen mehr! Sie alle sind auf **LinkedIn** präsent und machen es damit zum wichtigsten internationalen Businessnetzwerk im Internet.

In Europa kann LinkedIn per Februar 2012 rund 34 Millionen Mitglieder vorweisen, davon sind mehr als zwei Millionen Mitglieder aus dem DACH-Raum. Das Unternehmen hat mehr als **2.100 Mitarbeiter**, verteilt auf der ganzen Welt, und ist in vielen Sprachversionen verfügbar (unter anderem Englisch, Französisch, Deutsch, Italienisch, Portugiesisch und Spanisch).

477

Wie die Geschichte von LinkedIn begann

LinkedIn hat eine klassische Silicon-Valley-**Erfolgsgeschichte** hinter sich. Das Netzwerk wurde Ende 2002 von Reid Hoffman, Allen Blue, Jean-Luc Vaillant, Eric Ly sowie dem Deutschen **Konstantin Guericke** im kalifornischen Mountain View gegründet und am 5. Mai 2003 der Öffentlichkeit vorgestellt. Alle Gründer luden dabei zunächst ihre eigenen Kontakte in das Netzwerk ein, und nach einem Monat waren bereits 4.500 Mitglieder beigetreten.

Das rief auch Investoren auf den Plan, und das Unternehmen erhielt im Oktober 2003 eine **erste Finanzspritze** in Höhe von 4,7 Millionen US-Dollar von Sequoia Capital. Im ersten Jahr konnte LinkedIn rund 81.000 Mitglieder gewinnen, und schon damals stammte etwa die Hälfte nicht aus den USA. Im April 2004 hatte man bereits eine halbe Million Mitglieder, sodass der Kapitalgeber Grylock Partner im Oktober desselben Jahres weitere 10 Millionen US-Dollar Finanzierungsgelder zur Verfügung stellte.

Das dritte Jahr wurde mit 8 Millionen Mitgliedern und der ersten kostenpflichtigen Funktion, den LinkedIn-Jobs, abgeschlossen. In 2007 feierte LinkedIn den 10-millionsten Berufstätigen auf der Plattform und freute sich über weitere Finanzierungsmittel.

Internationale Expansion führt zu starkem Wachstum

Im Januar 2008 betrat LinkedIn auch physisch das internationale Parkett mit einem Büro in London. Heute kommen mehr als die Hälfte der LinkedIn-Mitglieder von außerhalb der USA. Im März, fünf Jahre nach der Gründung, begrüßte man dann das 20-millionste Mitglied, und im Juni gab es die bisher größte Finanzspritze von 53 Millionen US-Dollar. Der damalige Firmenwert wurde auf etwa eine Milliarde US-Dollar beziffert.

Im selben Jahr schloss LinkedIn Partnerschaften mit der New York Times und CNBC und öffnete seine Plattform gegenüber Drittanbietern, sodass zum Beispiel Amazon eine Bücherliste integrieren konnte. Die nächste Finanzierungsrunde im Herbst 2008 sorgte für weitere 22,7 Millionen US-Dollar an Kapital. Am sechsten Geburtstag im Mai 2009 **feierte** das LinkedIn-Team nicht nur das Jubiläum, sondern auch 40 Millionen Mitglieder.

Im Juli 2010 erwarb Tiger Global Management einen **Anteil von 1 % am Unternehmen** für 20 Millionen US-Dollar. Daraus ergab sich hochgerechnet ein Unternehmenswert von ungefähr 2 Milliarden US-Dollar, was einer Verdopplung innerhalb von zwei Jahren entsprach. Mit **mSpoke**, einem Unternehmen das Empfehlungstechnologie entwickelte, tätigte LinkedIn im August 2010 dann die **erste Übernahme** in der Unternehmensgeschichte. Ende Januar 2011 gab LinkedIn den **Börsengang** bekannt und setzte diesen am 19. Mai 2011 auch in die **Realität** um.

LinkedIn kommt auch in Deutschland an

Nach der Eröffnung des europäischen Headquarters Mitte 2010 in Dublin, Irland, wurde auch der deutsche Sprachraum für LinkedIn wichtiger. Seit der Einführung einer deutschen Benutzeroberfläche in 2009 konnte LinkedIn immer mehr Nutzer gewinnen. Dass mehr als zwei Drittel der deutschen Firmen Güter und Dienstleistungen ins Ausland verkaufen und Deutschland die zweitgrößte Handelsmacht der Welt ist, machte auch auf LinkedIn Eindruck.

Ende August 2011 wurde deshalb in **München das deutsche Büro** unter der Leitung von Kai Deininger eröffnet. Der Fokus liegt dabei auf Kundenbindung, strategische Partnerschaften mit Unternehmen sowie in den Bereichen Marketing und Vertrieb.

Grundlage – das eigene Profil erstellen

Im Folgenden wird primär auf die Möglichkeiten der Nutzung des persönlichen Profils eingegangen. Die Angaben beziehen sich dabei auf einen kostenfreien Zugang, wenn nichts anderes erwähnt ist.

Navigieren Sie zu **http://www.linkedir.de** und registrieren Sie sich. Folgen Sie den Anweisungen am Bildschirm, um Ihr Profil zu registrieren.

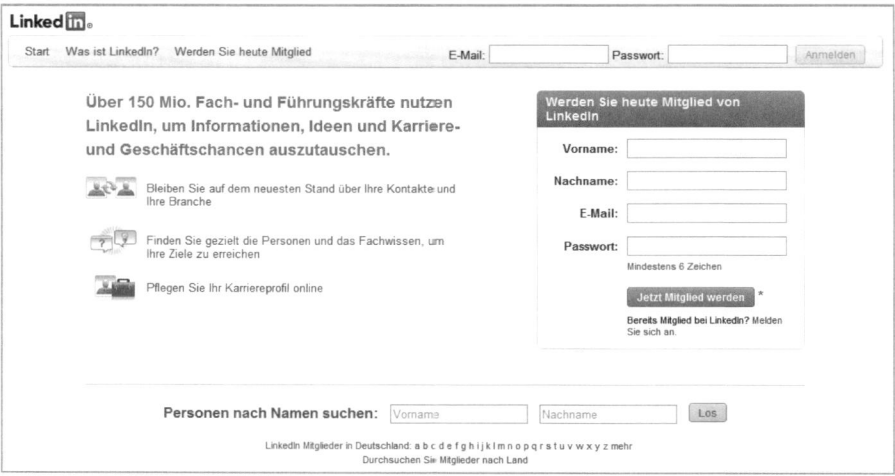

So präsentiert sich die LinkedIn-Seite für neue Interessenten, um ein Profil zu erstellen.

Wenn Sie schon ein **Profil** haben, finden Sie unter **www.linkedin.com/profile/guided** einen geführten Assistenten, mit dem Sie Ihr **Profil optimieren** können.

479

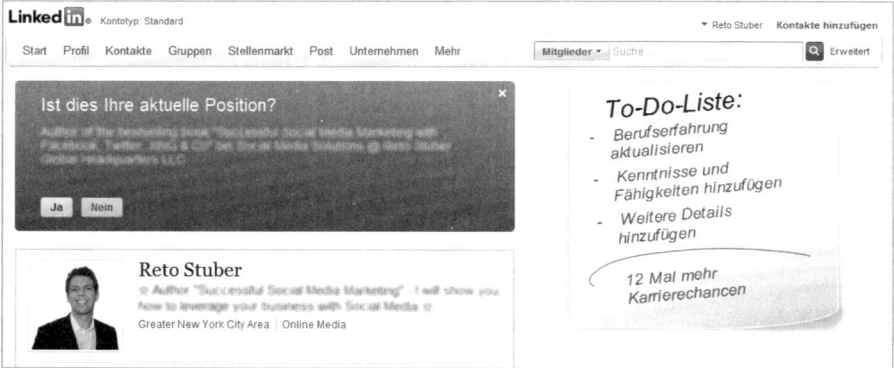

Nutzen Sie den Assistenten, um Ihr Profil zu optimieren.

Den Neuigkeitenbereich gibt es auch bei LinkedIn!

Wie bei allen populären Plattformen gibt es auch bei LinkedIn einen Neuig-keitenbereich, der den Nutzer nach dem Anmelden begrüßt. Dort finden sich die neusten Aktivitäten aus dem eigenen Netzwerk wieder. Sie können diese kommentieren, mit einem *Gefällt mir* markieren etc. Nutzen Sie die-sen Bereich aktiv, indem Sie ein Feedback zu veröffentlichten Inhalten abge-ben, Ihren Kontakten zu Beförderungen gratulieren, Fragen stellen etc.

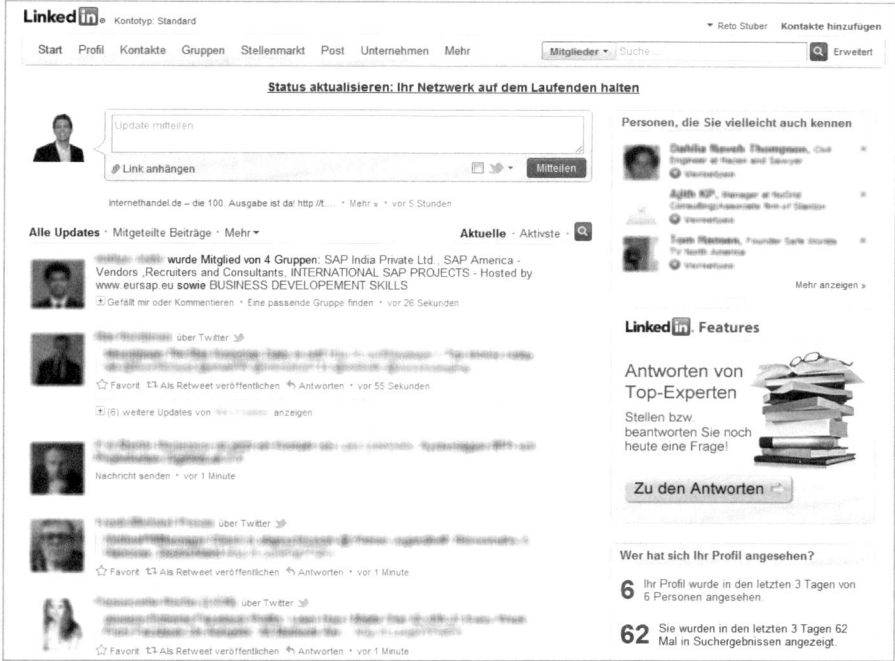

So präsentiert sich LinkedIn, wenn Sie angemeldet sind.

Sie können dort auch ein Update veröffentlichen (öffentlich oder nur für Ihr Netzwerk ersichtlich) und dieses wenn gewünscht direkt auf Twitter publizieren.

Zeigen Sie sich von Ihrer besten Seite – und seien Sie nicht scheu!

Wenn Sie ein Profil auf LinkedIn einrichten, sollten Sie dieses so umfassend wie möglich gestalten – am besten zu 100 %. Der LinkedIn-Fortschrittsbalken auf der rechten Seite in der Profilansicht zeigt Ihnen die Vollständigkeit Ihres Profils an.

Dazu gehören natürlich ein Foto sowie Links zu Ihren Onlinepräsenzen und Ihren anderen sozialen Netzwerken. Stellen Sie dabei sicher, dass Sie die wichtigsten Keywords zu Ihrem Angebot in Ihrem Profil mit in der Beschreibung haben.

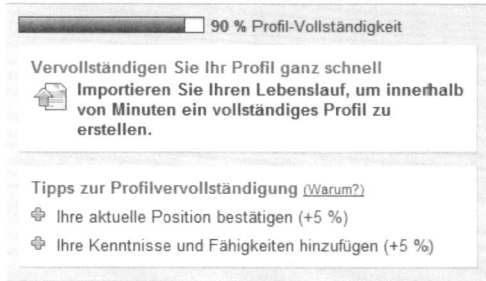

Der Fortschrittsbalken zeigt Ihnen auf, was noch angepasst werden sollte.

Geben Sie auch Details zu Ihrem Hintergrund preis, seien es Ausbildung, vorherige Arbeitgeber, Interessengruppen, Diplome und Zertifikate, Sprachen, Fähigkeiten, Patente **etc**. Damit können andere mehr über Sie in Erfahrung bringen und haben dadurch auch bessere Anknüpfungspunkte für gemeinsame Interessen.

Sie finden auf Ihrer Profilseite zudem die Möglichkeit, *Abschnitte* Ihrem Profil hinzuzufügen, die bestimmte Informationen wie Zertifikate, Auszeichnungen, Projekte, Publikationen etc. enthalten können. Unterhalb des ersten Infoblocks gibt es die entsprechende Funktion *Abschnitte hinzufügen*, mit der Sie dann aus dem sich öffnenden Fenster die gewünschten Bereiche auswählen können.

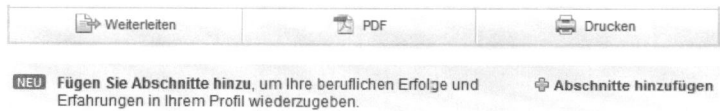

Erweitern Sie Ihr Profil mit weiteren passenden Absätzen.

Passen Sie Ihre Einstellungen an

Sie entscheiden dabei selbst, was Sie von Ihrem Profil öffentlich präsentieren wollen und was nur Ihre LinkedIn-Kontakte sehen dürfen. Diese Einstellungen nehmen Sie wie folgt vor:

1 Fahren Sie dazu oben rechts in der Navigation mit der Maus über Ihren Namen und klicken Sie auf *Einstellungen*.

2 Im Reiter *Profil* können Sie rechts auf *Ihr öffentliches Profil bearbeiten* klicken.

3 Nehmen Sie dann die gewünschten Anpassungen auf der sich öffnenden Seite vor.

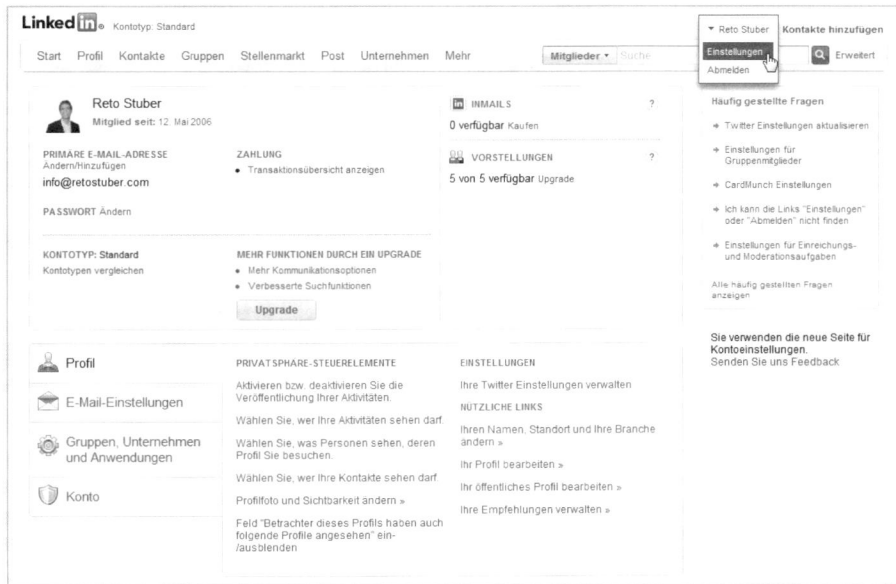

Legen Sie fest, ob Ihr Profil öffentlich angezeigt werden soll.

In den Einstellungen können Sie weitere Details zu Ihrem Konto verwalten. Sie können zum Beispiel den Abonnementtyp wechseln, die gewünschten Notifikationen festlegen, Details zu Gruppen, Unternehmen und Anwendungen anpassen und festlegen, welche Werbeanzeigen eingeblendet werden sollen.

Seit Februar 2012 ist es ebenfalls möglich und wird auch empfohlen, LinkedIn über eine **sichere HTTPS-Verbindung** zu nutzen. Sie finden diese Einstellung im Bereich *Konto* unter *Sicherheitseinstellungen verwalten*.

Registrieren Sie sich Ihre persönliche URL

Die URL zu Ihrem LinkedIn-Profil ist von Haus aus nicht sonderlich einfach zu merken und sieht zum Beispiel so aus: **http://de.linkedin.com/pub/ein-name/0/999/99a**. Sichern Sie sich deshalb eine leicht zu merkende URL wie **http://www.linkedin.com/in/retostuber**.

In den öffentlichen **Profileinstellungen** können Sie auch die *URL für Ihr persönliches Profil* bearbeiten.

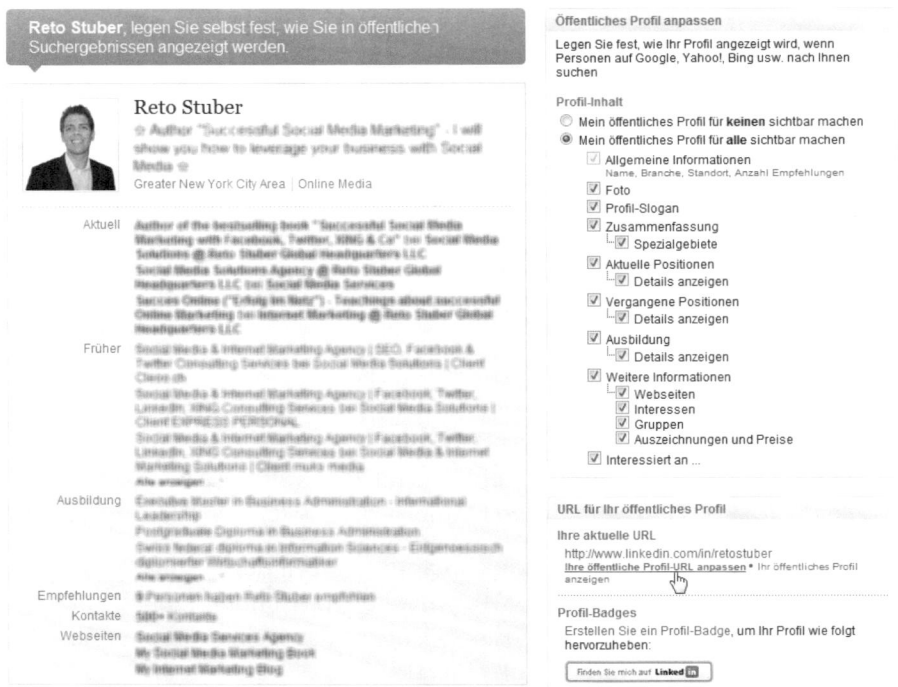

Legen Sie fest, was Besucher von Ihrem Profil sehen und wie Ihre öffentliche URL heißen soll.

Sie können Ihr Profil übrigens auch in mehreren Sprachen parallel erfassen, zum Beispiel in Deutsch und Englisch. Das hilft Ihnen dabei, auch international Fuß zu fassen und bei Suchabfragen mit den gewünschten Stichwör-

483

tern gefunden zu werden – ohne dass Sie mehrere separate Accounts einrichten müssen.

Dazu wählen Sie auf Ihrer regulären Profilseite im Menü *Profil* unter *Profil bearbeiten* auf der Seite oben rechts über den Eintrag *Profil in einer anderen Sprache erstellen* die gewünschten zusätzlichen Sprachen aus und geben Ihre Informationen in die entsprechenden Felder ein.

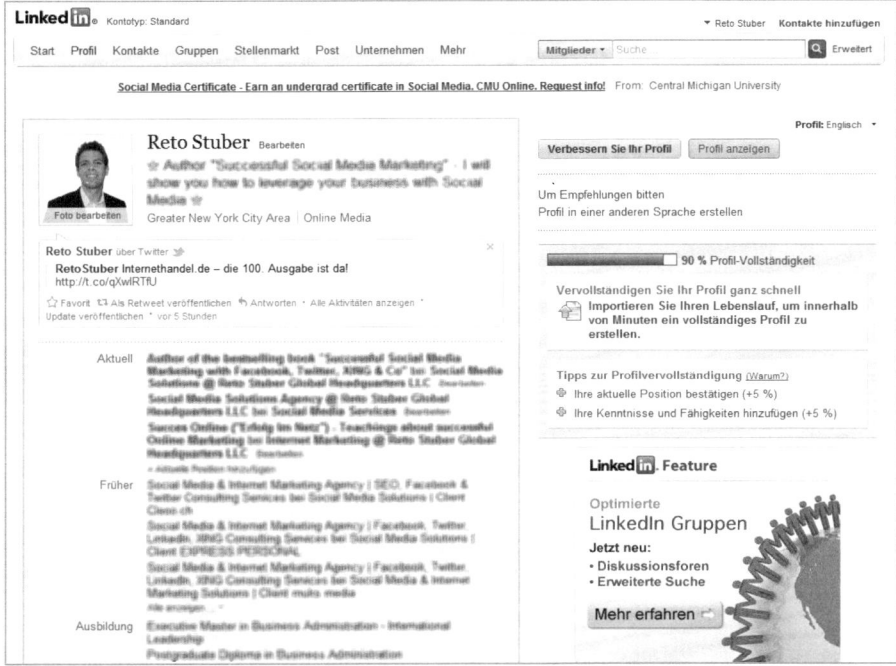

Erstellen Sie Ihr LinkedIn-Profil auch in einer anderen Sprache.

Personalisieren Sie Ihre Links mit sprechenden Bezeichnungen

Ein wichtiges Element in Ihrem Profil sind die Links auf Ihre Webseiten oder Profile in anderen Netzwerken. Sie können dafür bis zu drei Links erfassen.

Wählen Sie dazu unter dem Navigationspunkt *Profil* den Punkt *Profil bearbeiten* und tragen Sie dann unter *Webseiten* die passenden Links ein. Wählen Sie im Drop-down-Menü jeweils *Sonstiges* aus, denn damit können Sie passende Keywords zu Ihrem Link eingeben.

Anstelle von *Persönliche Webseite* können Sie den Link dann mit *Ihr Firmenname – Spezialist für xy* oder ähnlich betiteln. Diese Taktik hilft Ihnen dabei, in den Suchresultaten vorn mit dabei zu sein.

Versehen Sie die Links zu den Webseiten mit einer sprechenden Beschreibung und Keywords.

Bauen Sie Ihr Netzwerk auf, indem Sie Ihr Adressbuch importieren und sich mit neuen Leuten verbinden

Wenn Ihr Profil steht, sollten Sie aktiv werden und Ihnen bekannte Personen als Kontakte hinzufügen. Nutzen Sie dazu die Importmöglichkeit aus E-Mail-Systemen. LinkedIn gleicht dann die E-Mail-Adressen mit der eigenen Datenbank ab und schlägt Ihnen die Personen vor, die sich in Ihrem Adressstamm befinden.

Wählen Sie dazu in der Menüleiste im Bereich *Kontakte* den Eintrag *Kontakte hinzufügen* und geben Sie die Log-in-Informationen zu Ihrem gewünschten E-Mail-Konto bekannt. Darauf basierend, werden die Daten analysiert und die Kontakte angezeigt.

Sie können sich in einem ersten Schritt mit den Kontakten verbinden, die ebenfalls bereits ein LinkedIn-Profil haben. Im zweiten Schritt werden Sie dazu aufgefordert, andere Kontakte einzuladen, sich selbst auch auf LinkedIn zu registrieren.

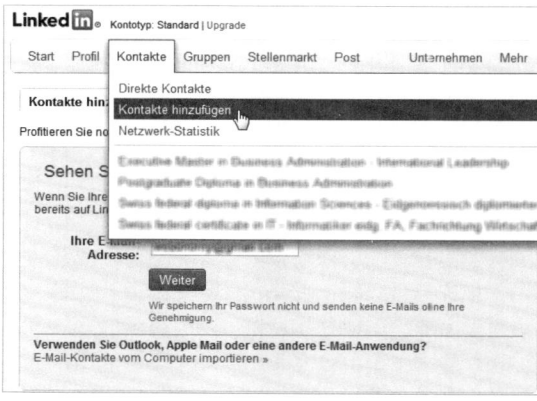

Finden Sie bestehende Kontakte auf LinkedIn.

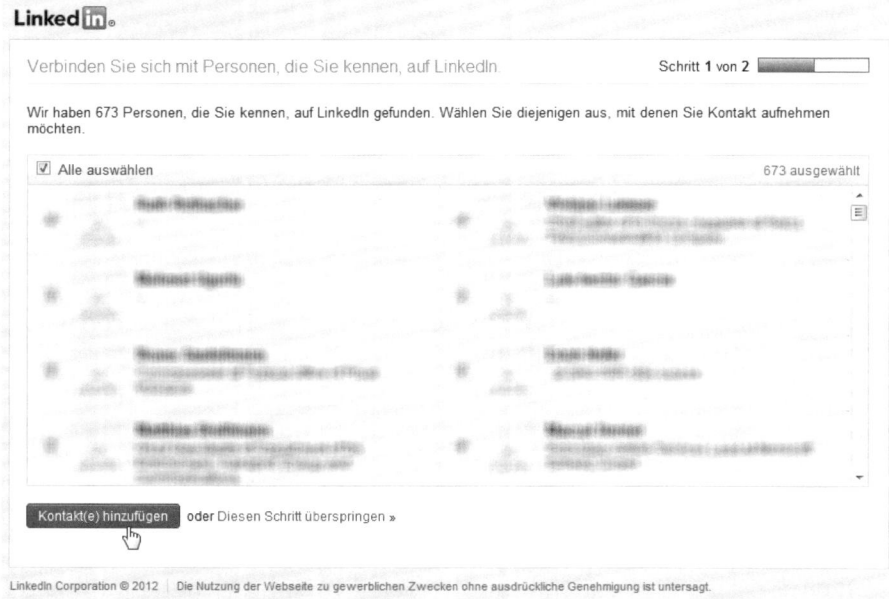

Laden Sie Ihre Kontakte ein, sich auf LinkedIn zu verbinden.

Finden Sie neue Kontakte

Mit jeder neu gewonnenen Verbindung vergrößern Sie die Reichweite Ihres Netzwerks und damit die Anzahl der Personen, die Sie kontaktieren können. Nutzen Sie die **Suchfunktion** von LinkedIn, um relevante Personen zu finden. Damit können Sie sich auch auf ein Meeting vorbereiten, indem Sie sich im Vorfeld über die Teilnehmer informieren und dann bereits einige Punkte haben, an die Sie anknüpfen können.

Wenn Sie eine neue Person Ihrem Netzwerk hinzufügen wollen, die Sie nicht persönlich kennen, sollten Sie sich unbedingt kurz vorstellen. Zeigen Sie auf, warum sich eine Verbindung für beide Seiten lohnt. Falls Ihr Kontaktwunsch zu oft mit einem Klick auf *Ich kenne diese Person nicht* abgelehnt wird, hat das negative Auswirkungen auf Ihr Profil. Sie können dann neue Kontakte nur noch dann hinzufügen, wenn Sie deren E-Mail-Adresse kennen …

Fügen Sie deshalb nur Personen hinzu, die Sie persönlich kennen oder die auch einen Grund haben, sich mit Ihnen zu verbinden. Das kann zum Beispiel der Fall sein, wenn Sie in derselben Branche tätig sind oder die gleichen Interessen haben. Im Zweifelsfall sollten Sie zuerst eine alternative Kommunikationsform wie beispielsweise E-Mail zur Anbahnung des Kontakts nutzen. LinkedIn schlägt Ihnen auch selbst passende Personen vor, worauf Sie sich bei einer Einladung beziehen können.

Im Menü *Post* klicken Sie auf *Gesendet* und wechseln dann zum Reiter **Gesendete Einladungen**. Dort sehen Sie, wer Ihre Einladung bereits akzeptiert hat, und können auch bei den Personen nachhaken, die auf Ihre Einladung noch nicht reagiert haben.

Sie sehen in den gesendeten Einladungen, wer diese bereits akzeptiert hat.

Dazu klicken Sie einfach auf den Nachrichtenbetreff und können dann mittels des Buttons *Erneut senden* die Nachricht nochmals schicken oder mit einem Klick auf *Zurückziehen* diese wieder rückgängig machen.

Sie können eine Einladung erneut senden oder auch zurückziehen.

Sie können Ihre Kontakte übrigens auch jederzeit exportieren! Dazu wählen Sie im Menü *Kontakte* den Punkt *Direkte Kontakte* an und scrollen ans Ende der Seite. Dort finden Sie den Link *Kontakte exportieren*.

Die Möglichkeiten zur Kommunikation mit anderen Nutzern

Bei LinkedIn kann man in der kostenlosen Basisversion nur seinen eigenen Kontakten eine direkte Nachricht zustellen. Um andere LinkedIn-Nutzer zu erreichen, gibt es aber ein paar Möglichkeiten.

Neben der gerade ausgeführten direkten Kontaktanfrage mit Notiz gibt es die LinkedIn-interne Mailfunktion mit dem Namen InMail. Als Nutzer des kostenlosen LinkedIn-Basisangebots haben Sie aber nur fünf solcher Nachrichten zu Verfügung – nutzen Sie sie daher weise!

Als zahlender Nutzer stehen Ihnen hingegen zwischen 3 und 25 Nachrichten pro Monat zur Verfügung, abhängig vom gewählten Premium-Angebot. Diese Premium-Leistungen sind insbesondere für Stellensuchende und Vertriebsverantwortliche interessant, die meisten anderen LinkedIn-Nutzer kommen mit dem Basisangebot aus.

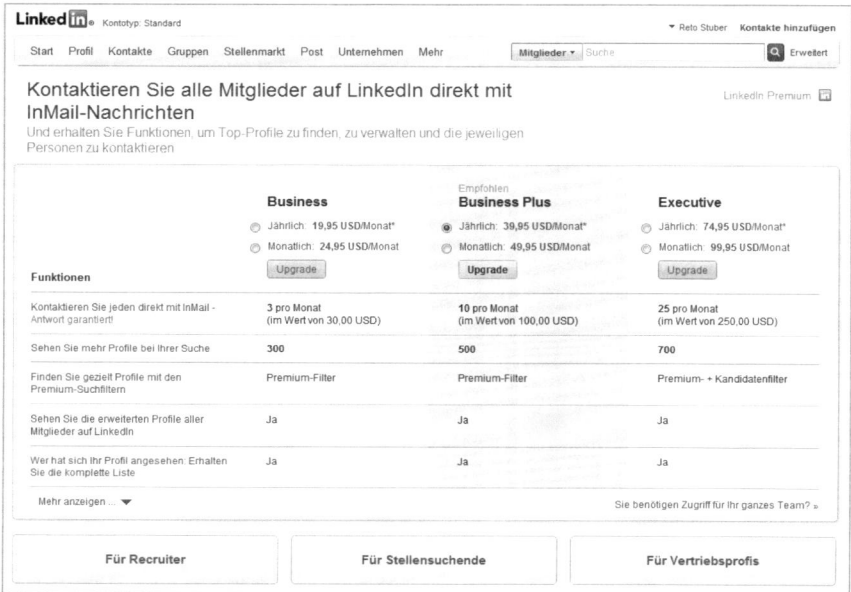

Die Übersicht der verschiedenen LinkedIn-Premium-Angebote.

Es gibt aber einen Trick, den Sie zur Kontaktaufnahme nutzen können. Bei LinkedIn ist es so, dass Sie auch Mitglieder mit einer Nachricht anschreiben können, mit denen Sie in derselben Gruppe sind. Solche Gruppenmitgliedschaften sind oftmals auf dem öffentlichen Profil einer Person im Bereich *Weitere Informationen* erkennbar.

Treten Sie also wenn nötig einfach einer der Gruppen bei, in der auch die zu kontaktierende Person aktiv ist, und schon können Sie diese Person über die *Gruppen*-Seite kontaktieren.

Dazu gehen Sie wie folgt vor:

1 Klicken Sie oben auf der Startseite auf *Gruppen* und wählen Sie die entsprechende Gruppe an.

2 Dort wählen Sie das Register *Mitglieder* an.

3 Suchen Sie nun die gewünschte Person über das Suchfeld auf der linken Seite.

4 Fahren Sie dann mit der Maus über den Namen des Mitglieds und klicken Sie rechts auf den erscheinenden Link *Nachricht senden*. Diese Möglichkeit wird nur dann angezeigt, wenn das Mitglied es zulässt, dass andere Gruppenmitglieder mit ihm Verbindung aufnehmen.

5 Verfassen Sie die Nachricht und versenden Sie sie. Beim Empfänger wird dann in der Nachricht ein Vermerk hinzugefügt, der besagt, dass Sie zur selben Gruppe gehören.

Um ein Gruppenmitglied zu kontaktieren, müssen Sie das auf der Gruppen-Seite selbst tun.

Eine alternative Möglichkeit besteht darin, dass einer Ihrer Kontakte aus dem erweiterten Netzwerk (zwei bis drei Grade entfernt) die gewünschte Person bereits kennt. Dann können Sie sich über einen Vorstellung bekannt machen.

Nutzen Sie Ihr Netzwerk, um jemanden über eine Vorstellung zu kontaktieren.

1 Navigieren Sie auf das Profil des entsprechenden Mitglieds, das Sie kontaktieren möchten.

2 Klicken Sie auf *Vorstellung über einen Kontakt* auf der rechten Seite des Profils. Wenn nur eine Person Sie vorstellen kann, erscheint die Seite *Bitten Sie um eine Vorstellung*. Andernfalls wählen Sie eine der möglichen Personen aus der Liste der verfügbaren Kontakte aus, die Sie um die Vorstellung bitten möchten.

3 Geben Sie einen Betreff ein und schreiben Sie eine Nachricht an die Person, die Sie vorstellen wird. Geben Sie die Details dazu bekannt, weshalb Sie vorgestellt werden möchten. Beachten Sie, dass die Person, der Sie vorgestellt werden möchten, diese Nachricht möglicherweise auch zu sehen bekommt!

4 Klicken Sie dann auf *Anfrage senden*.

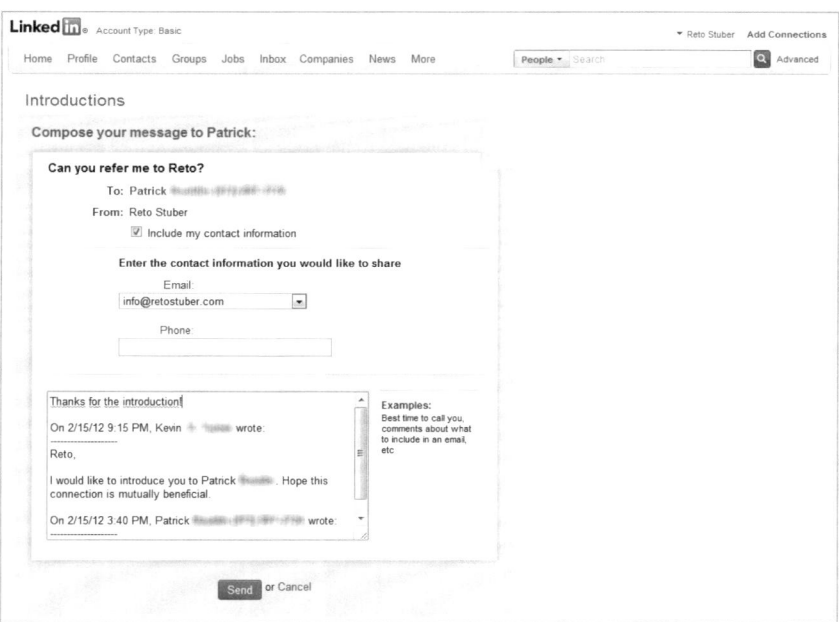

Beispiel: Stellen Sie sich über einen direkten Kontakt jemandem aus dem erweiterten Netzwerk vor.

Eine letzte Möglichkeit zum Nachrichtenversand sind die **LinkedIn Partner Messages**. Damit können Sie ein bestimmtes Segment an Leuten mit exklusiven personalisierten Werbemails ansprechen, die direkt an die gewünschte Zielgruppe versandt werden. Da diese zuoberst in der Mailbox der Nutzer angezeigt werden, erhält man eine sehr hohe Visibilität. Dabei handelt es sich aber um ein Massenmail und nicht eine persönliche Nachricht.

Events und Trips

Unter **http://events.linkedin.com** finden Sie nach Kategorie geordnet eine Übersicht der Anlässe. Dort können Sie sich für öffentliche Anlässe anmelden, an denen Sie teilnehmen möchten. Über den Menüeintrag *Mehr* können Sie den Navigationspunkt *Events* anwählen und dort dann über die Suchfunktion weitere passende Events finden.

LinkedIn schlägt Ihnen auch **passende Events** und sogar andere Teilnehmer vor, die für ein Treffen interessant sein könnten! Damit wird die Verknüpfung von on- und offline optimal realisiert.

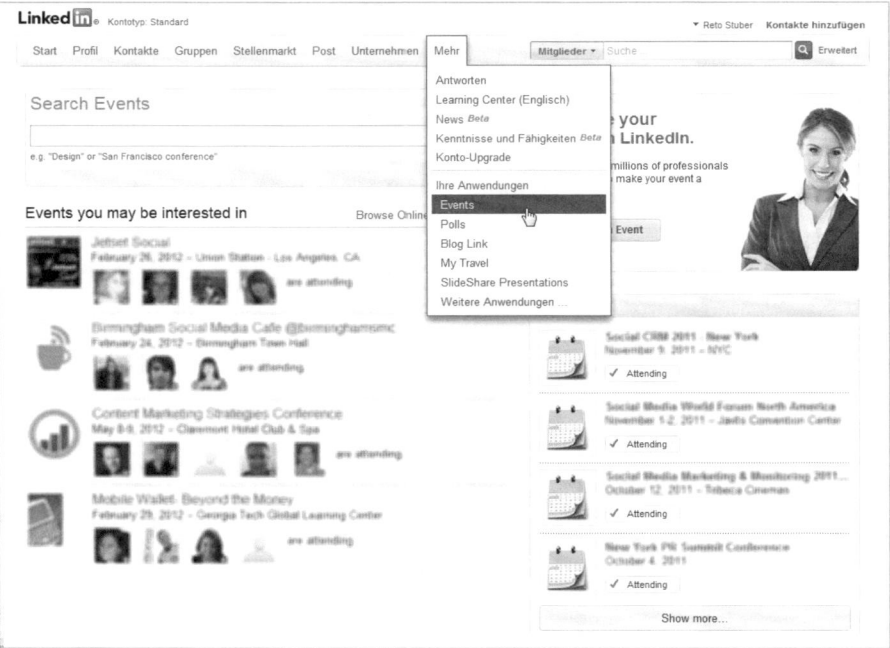

Auf der Events-Übersichtsseite finden Sie weitere relevante Anlässe.

Sie können auf dieser Seite über den Button *Create an Event* auch Ihre eigenen Events erfassen, um dafür interessierte Teilnehmer zu finden.

Wenn Sie auf (Business-)Reisen sind, können Sie das auf LinkedIn kundtun. Oftmals hat man in einer fremden Stadt noch Zeit für einen Kaffee oder einen Lunch. Das kann gut genutzt werden, um einen neuen Kontakt für kennenzulernen oder um ein paar Insidertipps zum Zielort zu erhalten. Tragen Sie die kommenden Trips in Ihren Status ein und nutzen Sie die LinkedIn-Applikation **TripIt**.

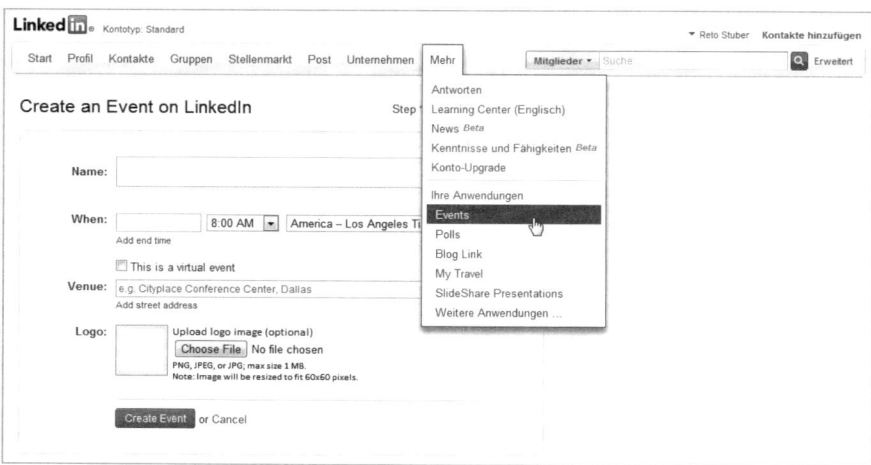

Erfassen Sie Events auf LinkedIn, um interessierte Personen zu finden.

Weitere Applikationen, Funktionen und Tools – eine Übersicht

Es gibt weitere praktische Applikationen, die Sie auf der LinkedIn-Oberfläche nutzen können. Sie finden diese im LinkedIn-Applikationsverzeichnis in der Navigation unter *Mehr* und dann unter *Weitere Anwendungen* oder direkt unter **http://www.linkedin.com/static?key=application_directory**. Im Folgenden erhalten Sie eine kurze Übersicht zu einigen dieser hilfreichen Applikationen.

Beispiel der Einbindung meines Blogs ErfolgImNetz.com auf LinkedIn.

Die Bloglink-Applikation unter **http://learn.linkedin.com/apps/bloglink** erkennt die im eigenen Profil verlinkten Blogs und stellt diese Beiträge dar. Die WordPress-Applikation **http://learn.linkedin.com/apps/wordpress** hingegen stellt ein beliebiges Blog dar. Damit können Sie Ihr Netzwerk einfach und automatisch über Ihre neusten Blogbeiträge auf dem Laufenden halten.

Die Integration von Twitter wird über die Applikation **Tweets** realisiert, sodass Sie alle aktuellen Twitter-Nachrichten auf Ihrer LinkedIn-Oberfläche verfolgen und auch gleich verfassen können.

Wollen Sie Ihre LinkedIn-Präsenz auf Facebook einbinden, hilft Ihnen die Applikation **https://www.facebook.com/apps/application.php?id=6394109615** weiter.

Sie können auch einen **Button** auf Ihrer Webseite einbauen, mit dem die Nutzer den Link dazu über LinkedIn teilen können. Sie finden den entsprechenden Code unter **http://www.linkedin.com/publishers**.

Wenn Sie Ihre Präsentationen auf **http://www.slideshare.com** ablegen, können Sie sie auch mit der **dazugehörigen Applikation** auf Ihrem Profil darstellen. Und **Google-Docs-Präsentationen** mit integrierten YouTube-Videos werden ebenfalls unterstützt.

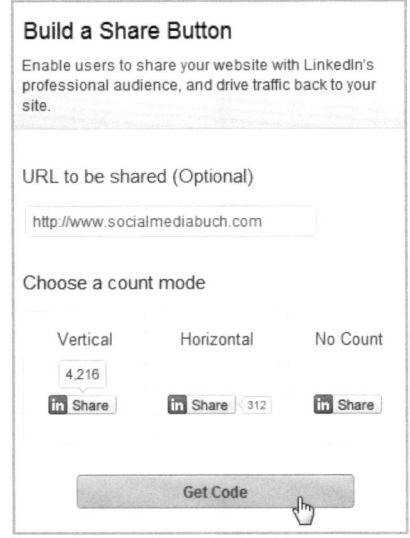

Fügen Sie einen LinkedIn-Sharing-Button auf Ihrer Webseite ein!

Sind Sie eine Leseratte? Dann teilen Sie die Bücher, die auf dem Nachttisch liegen, über die **Amazon Reading List**.

Daneben gibt es unter **http://www.linkedin.com/static?key=tools** eine LinkedIn-Toolbar, die sich im Browser oder in Outlook installieren lässt. Damit können Sie rasch mit passenden Menschen in Verbindung treten.

In den LinkedIn Labs unter **http://www.linkedinlabs.com** finden Sie neue Projekte und Experimente, wie zum Beispiel den „Instant Search" zur Suche auf LinkedIn oder die Visualisierung Ihres Netzwerks mit den „InMaps".

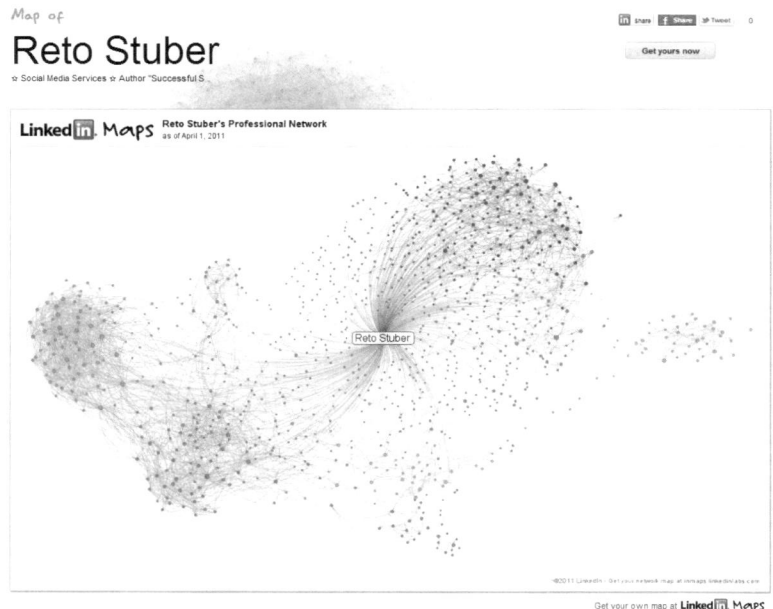

So präsentiert sich mein Netzwerk auf LinkedIn.

Aus den LinkedIn Labs ist auch „LinkedIn Today" entstanden. Dieser Dienst bietet Ihnen über **http://www.linkedin.com/today** eine Darstellung der wichtigsten News. Sie haben dann die Möglichkeit, die Profile der Leute genauer unter die Lupe zu nehmen, die einen bestimmten Inhalt geteilt haben.

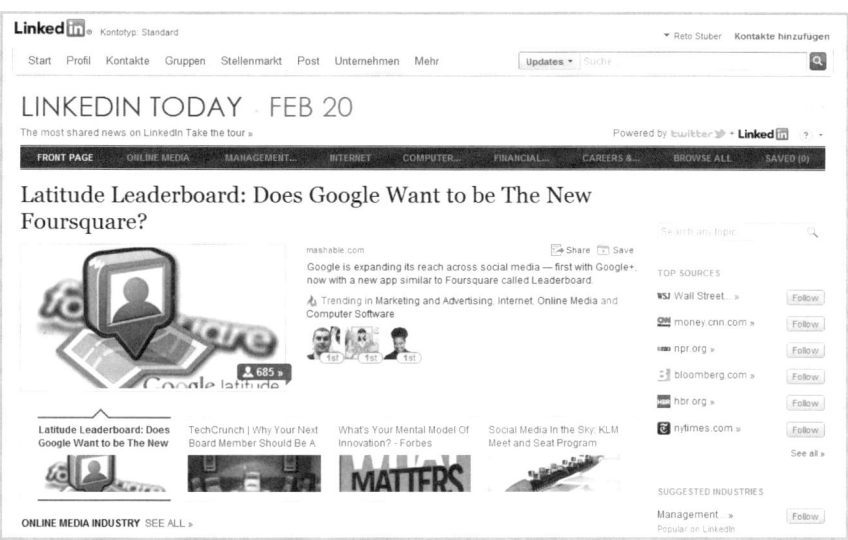

LinkedIn Today präsentiert die aktuellsten Schlagzeilen, basierend auf den eigenen Interessen und dem Netzwerk.

Dabei werden News basierend auf drei **verschiedenen Kriterien** zusammengestellt:

➢ Was Ihre Kontakte an Inhalten teilen.

➢ Was Leute aus derselben Branche teilen.

➢ Was generell von Menschen geteilt wird.

Dass die mobile Nutzung von Informationen rasant zunimmt, ist auch LinkedIn **klar**. Deshalb kann man mit den LinkedIn-iPhone- und -**Android**-Applikationen auch von unterwegs auf das Portal und die aktuellen News zugreifen. Die aktuellen Meldungen sind dabei für die Nutzer sehr prominent zu sehen. Aus einem „Hackday" ist zum Beispiel die Applikation **SpeechIn** entstanden, die die Headlines der aktuellen Meldungen direkt vorliest.

LinkedIn auf dem Mobiltelefon fokussiert sich auf das Wesentliche.

Auch die Applikation **LinkedIn Signal** unter **http://www.linkedin.com/signal** soll Ihnen beim Konsum von Informationen helfen. Sie können dort die Updates nach verschiedenen Kriterien in Echtzeit browsen, suchen und filtern – und abspeichern lassen sich die Suchen auch noch!

LinkedIn bietet zudem **eine Programmierschnittstelle (API)**, über die andere Applikationen auf die Daten zugreifen können. So lassen sich auch Beiträge aus **Gruppen** auslesen und in eine andere Oberfläche integrieren. Unter **https://developer.linkedin.com** gibt es dazu weitere Informationen.

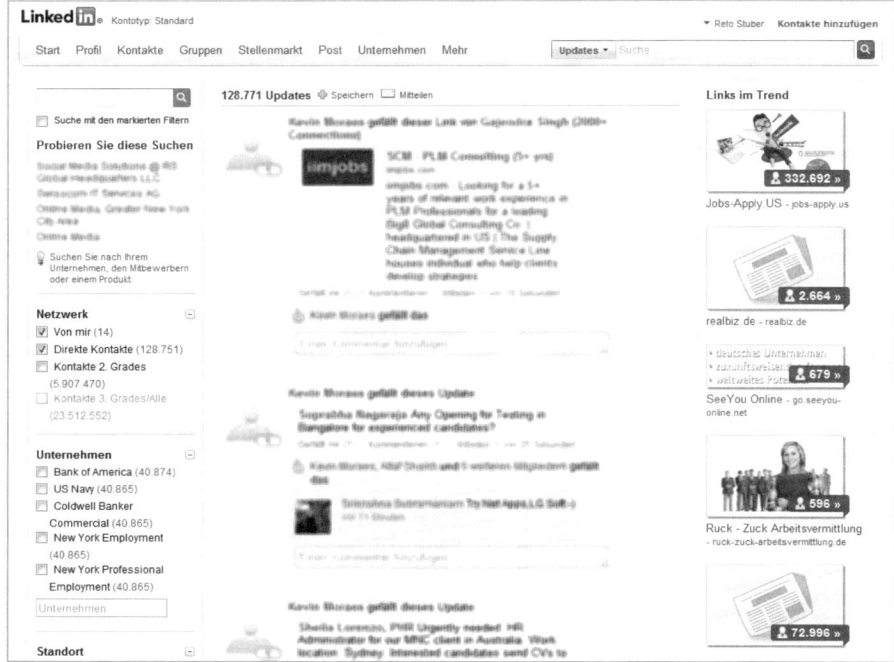

LinkedIn Signal hilft Ihnen dabei, die Updates aus Ihrem Netzwerk zusammenzutragen.

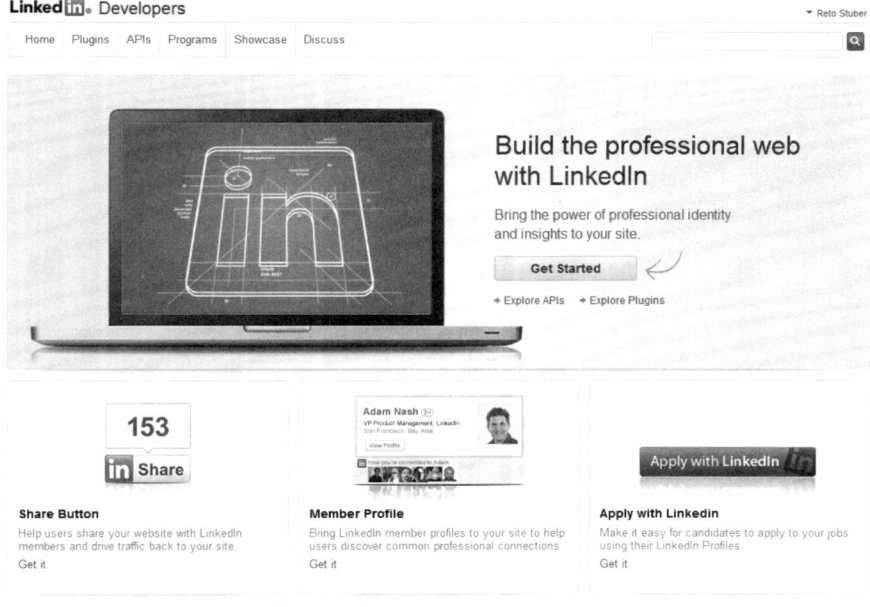

Auf der Seite für Entwickler können Sie neue Möglichkeiten entdecken.

Partizipieren Sie an Gruppen auf LinkedIn

Suchen Sie sich relevante Gruppen auf LinkedIn und treten Sie diesen bei. Sie können dort am meisten **von anderen Leuten lernen** und sich mit der Community austauschen. Zudem erhöht der Beitritt zu Gruppen auch Ihre Visibilität in den Suchergebnissen.

Damit bekennen Sie Farbe bezüglich Ihrer Interessen, denn die Gruppen werden standardmäßig auch auf Ihrem Profil angezeigt. Überfüllen Sie aber Ihr Profil nicht. Am besten zeigen Sie nur die Gruppen an, in denen Sie auch aktiv sind. Achten Sie dabei auch auf die von LinkedIn für Sie **vorgeschlagenen Gruppen**, oftmals passen diese sehr gut zu Ihren eigenen Interessen.

Versuchen Sie, aktiv an den Diskussionen teilzunehmen – dies ist Ihre Investition in Ihr Netzwerk, um Beziehungen aufzubauen und weiterzuentwickeln. Wenn Sie zum Diskussionsthema passende Beiträge haben (zum Beispiel auf Ihrer Webseite oder Ihrem Blog), dürfen Sie auch mal einen Link setzen.

Es gibt übrigens geschützte Gruppen für Unternehmen, in denen sich Mitarbeiter unter ihresgleichen austauschen können. Diese Gruppen sind nicht öffentlich und vergleichbar mit einem Intranet. Wenn Sie für Ihr Unternehmen eine eigene Gruppe aufmachen möchten, können Sie unter **http://marketing.linkedin.com/customgroups** mehr darüber erfahren.

Rufen Sie eine Gruppe ins Leben

Sie können auch selbst eine Gruppe ins Leben rufen und sich mit Gleichgesinnten darin austauschen. Sie können sogar festlegen, dass die Gruppe als **Open Group** von allen Internetnutzern eingesehen werden kann und damit auch in den Suchresultaten von Google & Co. erscheint.

Um eine Gruppe zu gründen, navigieren Sie zum Menüpunkt *Gruppen* und klicken dort auf *Gruppe gründen*.

Stellen Sie auch hier sicher, dass der Name und die Beschreibung der Gruppe die wichtigsten Keywords enthält, damit Sie über die Suche gefunden werden. Sie haben als Gruppenmoderator die Verantwortung dafür, die Gruppe zu moderieren und mit relevanten Inhalten zu versorgen.

Vertrauen Sie nicht darauf, dass das von selbst passiert – das ist in den wenigsten Gruppen der Fall. Sie müssen die Gruppe aktiv entwickeln und aufbauen. Nutzen Sie zum Beispiel die Möglichkeit, **eine Umfrage** unter Ihren Gruppenmitgliedern zu veranstalten.

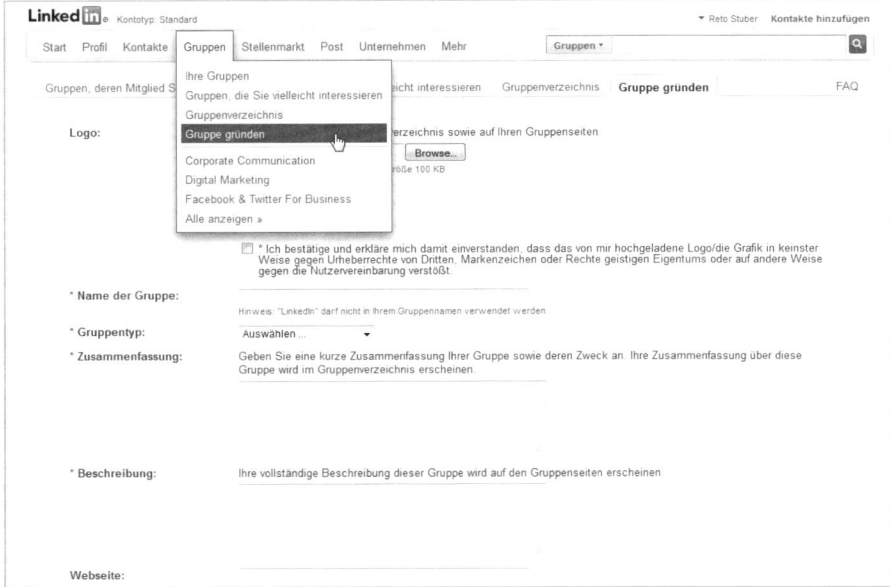

Füllen Sie die notwendigen Felder aus, um Ihre eigene Gruppe zu gründen.

Fragen und Antworten – Die Experten sind stets zur Stelle

Mit der Fragen-und-Antworten-Funktion auf LinkedIn haben Sie einen wahren Wissensschatz vor sich. Sie können einerseits Ihre eigenen Fragen stellen und andererseits auch die von anderen Nutzern beantworten. Wenn Sie sich oder Ihr Unternehmen als Experten und Vordenker positionieren wollen, müssen Sie hier mit von der Partie sein! Die Fragen werden in 93 % aller Fälle beantwortet, die ersten Antworten treffen in der Regel während eines Geschäftstags ein.

Die von Ihnen gestellten Fragen werden bei Ihren eigenen Kontakten und im erweiterten LinkedIn-Netzwerk mit den Kontakten der zweiten und dritten Ebene dargestellt. Dabei kommen Sie mit neuen Leuten in Kontakt, die Ihnen hoffentlich hilfreiche Antworten geben.

Auch Sie selbst können Fragen beantworten und anderen Menschen helfen. Diese werden sich dann oftmals mit Ihnen auf LinkedIn verbinden wollen, was Ihnen hilft, Ihr Netzwerk weiter auszubauen.

Die Anzahl der Fragen pro Kalendermonat ist auf 10 begrenzt (25 bei einem Upgrade auf die bezahlte Version von LinkedIn), damit kein Missbrauch damit getrieben wird. Jede Frage ist dabei sieben Tage lang offen, und jeder registrierte LinkedIn-Benutzer kann eine Antwort dazu geben.

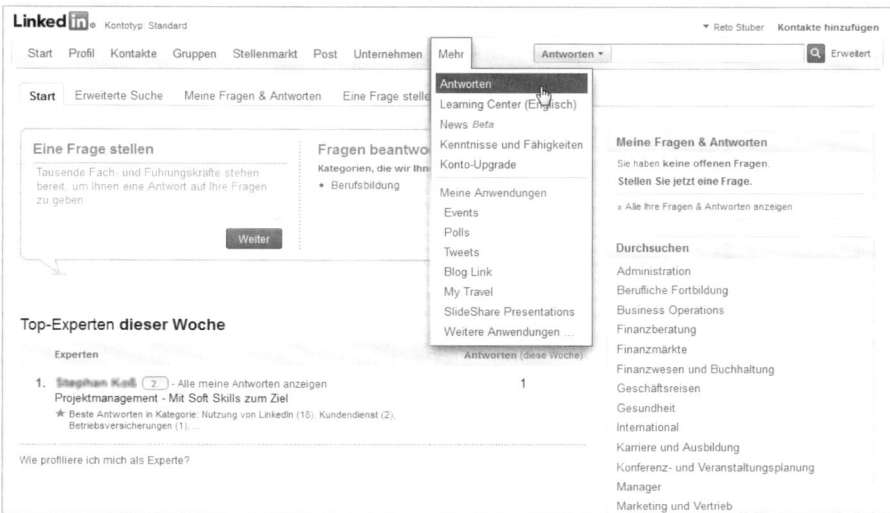

Die Antworten-Funktion auf LinkedIn ermöglicht Ihnen Zugang zu Expertenressourcen.

Danach wird die Frage geschlossen und archiviert, kann aber bei Bedarf nochmals reaktiviert werden. Die Frage kann auch jederzeit präzisiert oder geschlossen werden, und die beste respektive die guten Antworten können ausgewählt werden. Strengen Sie sich an, jede von Ihnen verfasste *Beste Antwort* zahlt auf Ihre Expertise auf Ihrem persönlichen Profil ein und ist von den anderen Nutzern zu sehen.

Wenn Sie selbst eine Frage stellen, können Sie dafür an bis zu 200 Leute eine Notifikation senden. Unpassende Fragen können entsprechend markiert werden, was dazu führt, dass sie dann unter Umständen entfernt werden.

Sie können sich die gewünschte Kategorie der Fragen auch direkt als RSS-Newsfeed abonnieren, damit Sie bei neuen Fragen immer sofort informiert werden und so keine Zeit verlieren, sich als Experte zu positionieren.

Bauen Sie dank Empfehlungen Ihren Status aus

Sie haben die Möglichkeit, Empfehlungen auf LinkedIn zu verfassen und damit anderen Leuten einen Gefallen zu erweisen. Empfehlen Sie am besten jemanden von sich aus, das kommt gut an. Dies können Kollegen und Mitarbeiter sein, aber auch Ihre Kunden, Geschäftspartner und Auftraggeber.

Scheuen Sie sich auch nicht, jemanden um eine Empfehlung zu bitten! Im schlimmsten Fall erhalten Sie kein Feedback oder eine Absage, im besten Fall eine tolle Referenz, die für jedermann ersichtlich ist. Wenn Sie gute Referenzen haben, können Sie leichter Kunden und Geschäftspartner gewinnen und Ihr berufliches Ansehen steigern. Auch wenn Sie für jemanden eine kostenlose Beratung durchgeführt oder dieser Person sonst einen Dienst erwiesen haben, kann eine LinkedIn-Empfehlung eine Gegenleistung sein.

Sie haben immer auch die Möglichkeit, erhaltene Empfehlungen nicht zu veröffentlichen oder um eine Anpassung zu bitten.

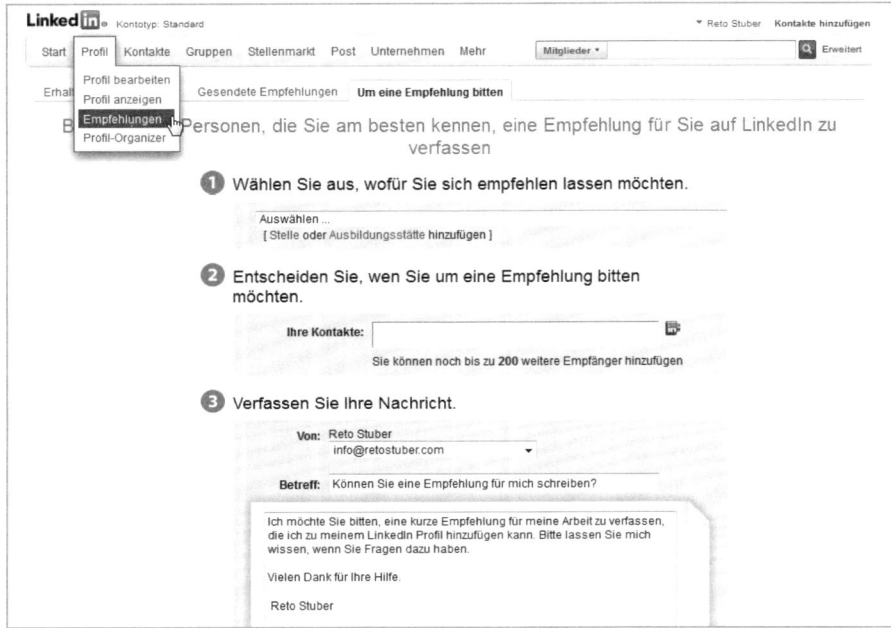

Bitten Sie um eine Empfehlung, um Ihre Reputation zu stärken.

So finden Sie einen Job – oder Mitarbeiter!

LinkedIn ist sehr gut dazu geeignet, nach Jobs zu suchen. Ihren Lebenslauf haben Sie ja bereits vollständig online, damit die Leute sich informieren können. Im **englischsprachigen** Raum können Sie sich mit der Applikation **http://resume.linkedinlabs.com** aufgrund Ihres LinkedIn-Profils direkt ein Curriculum Vitae zusammenklicken!

Personalverantwortliche nutzen die Plattform, um sich ein Bild über Bewerber und potenzielle Kandidaten zu machen. Die einfachste Möglichkeit, einen neuen Job zu finden, ist aber sicherlich die direkte Suche im Menü *Stellenmarkt* unter *Stellen suchen*. Dort können Sie in der erweiterten Suche auch spezifische Kriterien eingeben.

Um herauszufinden, welche Qualifikationen gefragt sind und wer die führenden Experten in diesem Bereich sind, können Sie die **Möglichkeiten** von **http://www.linkedin.com/skills** nutzen.

Für Studenten und frisch gebackene Hochschulabsolventen gibt es übrigens unter **http://www.linkedin.com/studentjobs** eine spezielle Seite.

Suchen Sie einen passenden Job auf LinkedIn und legen Sie alle für Sie relevanten Kriterien fest.

Über die erweiterte Personensuchfunktion können Sie aber auch Leute finden, die einen Job innegehabt haben, auf den Sie sich bewerben wollen. Oder schauen Sie sich das Profil und die Referenzen Ihres künftigen Vorgesetzten an, Sie entdecken dort vielleicht Informationen, auf die Sie im Bewerbungsgespräch eingehen möchten.

Sie können ebenfalls Unternehmen ausfindig machen, bei denen Sie gern arbeiten möchten – und dann mit der zuständigen Person in der Personalabteilung via LinkedIn in Kontakt treten.

Sehr viele Unternehmen nutzen die Möglichkeiten, auf LinkedIn die passenden Kandidaten zu rekrutieren. LinkedIn hat unter **http://de.press.linkedin.com/node/894** ein Whitepaper zum Thema Recruiting 2.0 veröffentlicht.

Falls Sie selbst Stellen zu besetzen haben, geht das ganz leicht, indem Sie entweder über die Suchfunktion mit passenden Leuten direkt in Kontakt treten oder im Menü *Stellenmarkt* auf *Stellenanzeige aufgeben* klicken und den Anweisungen folgen. Beachten Sie, dass diese Stellenausschreibungen kostenpflichtig sind.

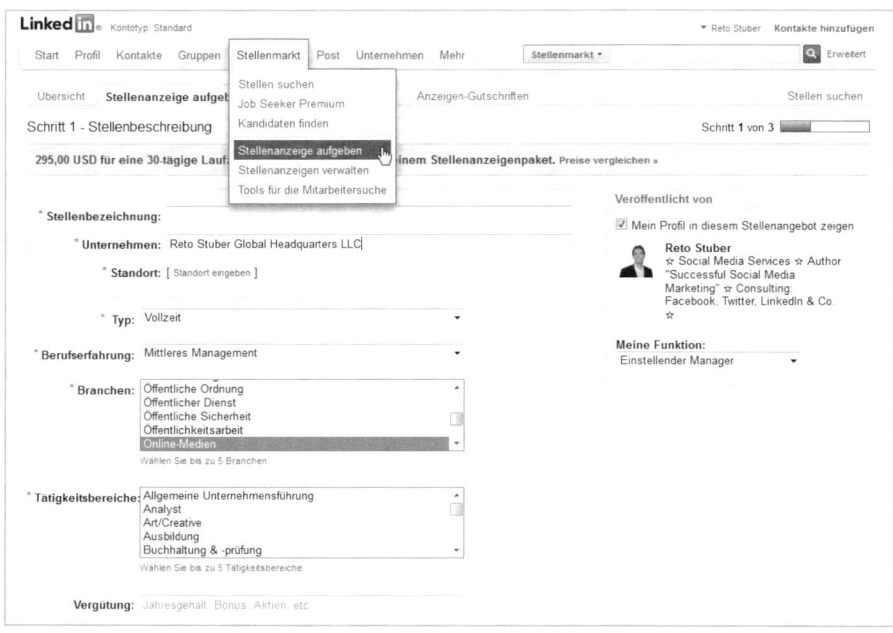

Geben Sie eine Stellenanzeige auf, um die passenden Kandidaten zu finden.

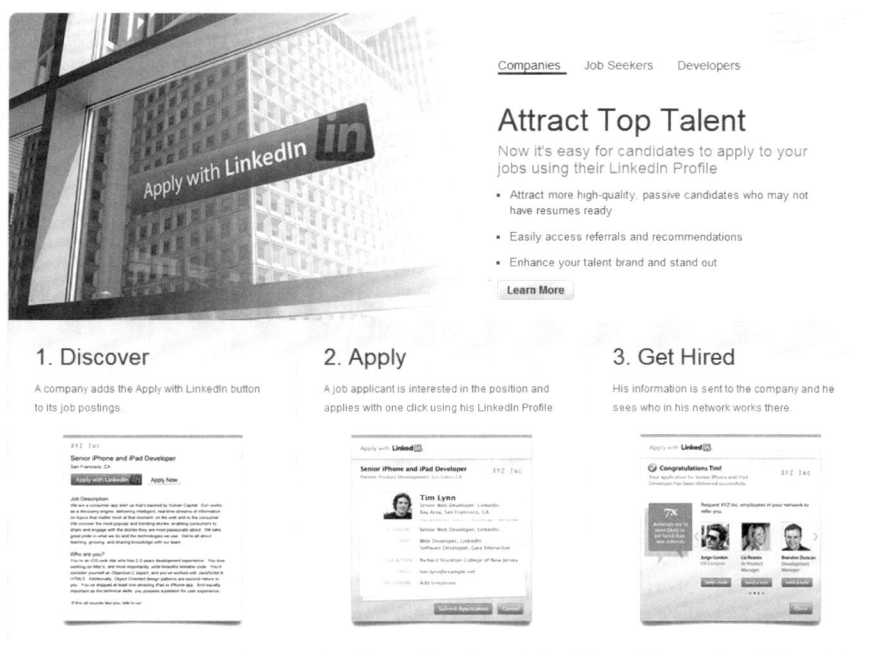

Dank Apply with LinkedIn kann man sich mit einem Klick auf einen Job bewerben.

Mit der **Funktion** *Apply with LinkedIn* haben Unternehmen die Möglichkeit, Bewerbungen auf Jobangebote direkt via LinkedIn zu erhalten. Die Bewerber sehen dabei eine gewünschte Stelle im Netz und können dann auf einen Button klicken, mit dem das persönliche Profil direkt zu den Personalverantwortlichen geschickt wird.

Zudem gibt es für Unternehmen mit der **LinkedIn-Talent-Pipeline** (**http://de.talent.linkedin.com**) eine Lösung, um Kandidaten zentral zu verwalten. Diese Funktion hilft dabei, die besten Talente für eine Aufgabe schneller zu finden. Da sich die meisten passiven Kandidaten nicht formal auf einen Job bewerben, werden sie von der üblichen Bewerbererfassung nicht berücksichtigt.

Die LinkedIn-Talent-Pipeline löst dieses Problem, indem alle Talente zusammengefasst auf der LinkedIn-Recruiter-Plattform dargestellt werden. Personalverantwortliche können darüber alle Informationen zu potenziellen Kandidaten importieren, durchsuchen, mit zusätzlichen Informationen anreichern oder gar mit Mitgliedern des Teams teilen. Durch die Verbindung mit LinkedIn sind dabei alle persönlichen Angaben immer auf dem neusten Stand.

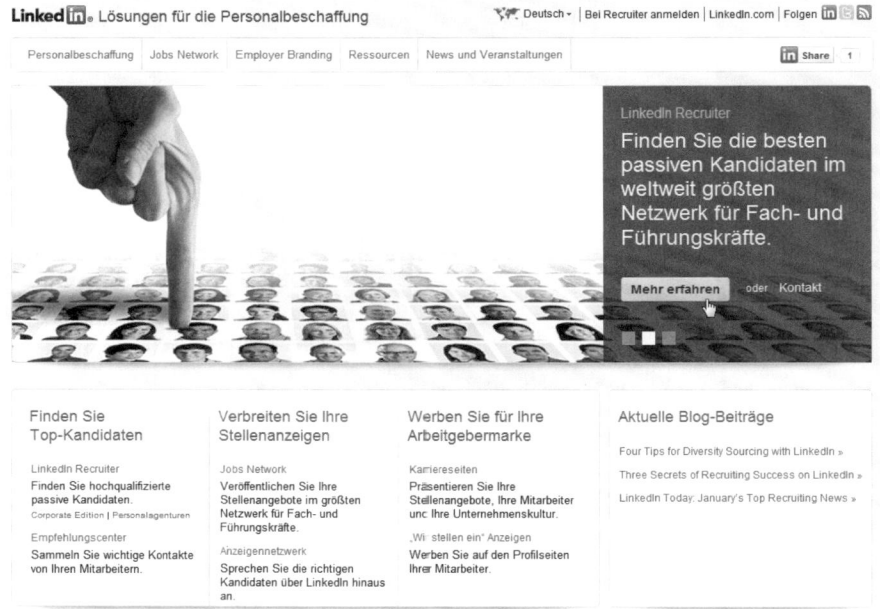

LinkedIn bietet professionelle Lösungen für die Personalbeschaffung.

Beobachten Sie Unternehmen

Auch Unternehmen präsentieren sich auf LinkedIn. Dies kann Ihnen bei Marktbeobachtung, Konkurrenzanalyse, Partnerauswahl und natürlich bei der persönlichen Karriereplanung dienlich sein. Dadurch bleiben Sie auf dem Laufenden darüber, was sich bei einer bestimmten Firma tut – seien es die Zugänge neuer Mitarbeiter oder auch Informationen darüber, wer früher dort arbeitete. Beförderungen, ausgeschriebene Stellen und aktuelle News werden ebenfalls angezeigt.

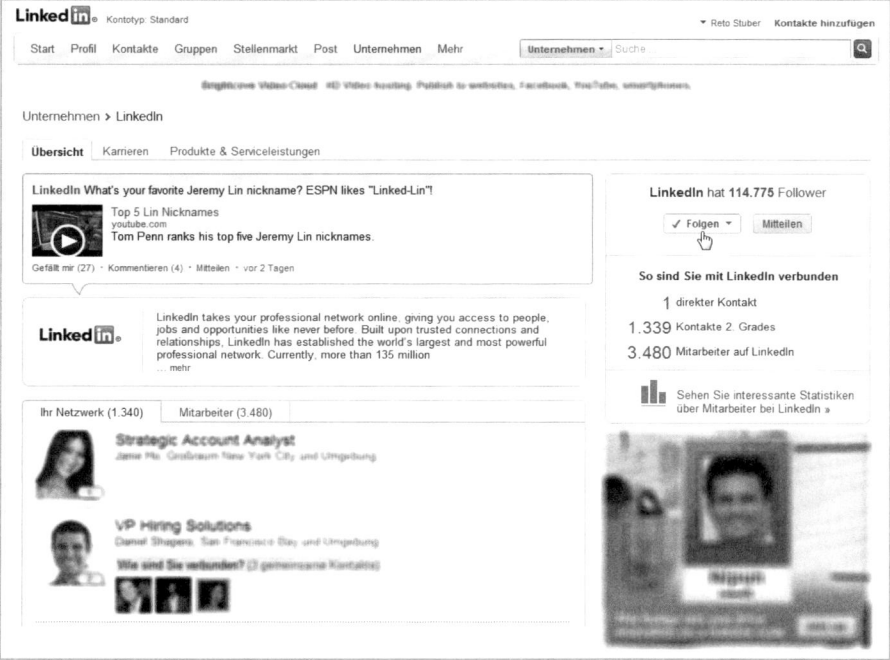

Folgen Sie Unternehmen, um zu sehen, was dort aktuell passiert.

Die Suchfunktion für Unternehmen steht über die Auswahl des Elements *Unternehmen* im Sucheingabefeld oben rechts zur Verfügung. Darüber können Sie sich Firmen nach verschiedenen Kriterien anzeigen lassen, wie zum Beispiel Standort, Branche, Beziehung, Unternehmensgröße, Karrierechancen etc.

Zudem ist es möglich, die Resultate nach den Unternehmen zu **filtern**, zu denen Sie direkte Kontakte haben oder zu denen Ihr erweitertes Netzwerk Kontakte hat. Damit können Sie sich zum Beispiel alle Unternehmen einer bestimmten Branche anzeigen lassen, zu denen Sie direkte Kontakte haben.

Richten Sie ein Profil für Ihr Unternehmen ein

Sie können auch für Ihr eigenes Unternehmen ein kostenloses Profil erstellen. Klicken Sie dazu auf den Menüpunkt *Unternehmen*. In der folgenden Ansicht können Sie oben rechts *Unternehmen hinzufügen* auswählen und den **Anweisungen folgen**.

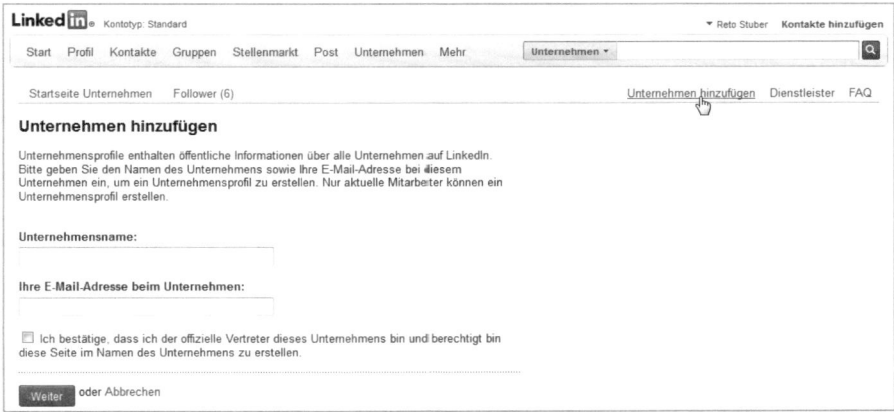

Richten Sie ein Profil für ein Unternehmen ein.

Erfassen Sie nun eine ausführliche Beschreibung des Unternehmens sowie Ihr Logo. Um immer aktuelle News auf dem Profil zu haben, können Sie Ihre Unternehmensnews mittels eines RSS-Newsfeeds einbinden. Zudem sollten Sie natürlich auch auf Ihre Webseite verlinken und ein YouTube-Video einbinden. Sollten Sie auf LinkedIn Stellenanzeigen aufgeben, werden diese ebenfalls mit dem Unternehmensprofil verknüpft und im Reiter *Karriere* angezeigt.

Andere LinkedIn-Nutzer können nun Ihrem Unternehmensprofil folgen und werden dabei über Stellenausschreibungen, News, Veränderungen und Beförderungen informiert. Motivieren Sie auch Ihre eigenen Mitarbeiter, dem Unternehmen zu folgen.

Sie können sich dafür unter **https://developer.linkedin.com/plugins/follow-company** auch einen Button erstellen, mit dem man dem **Unternehmen folgen kann**. Diesen Button können Sie dann auf Ihrer Webseite einbinden.

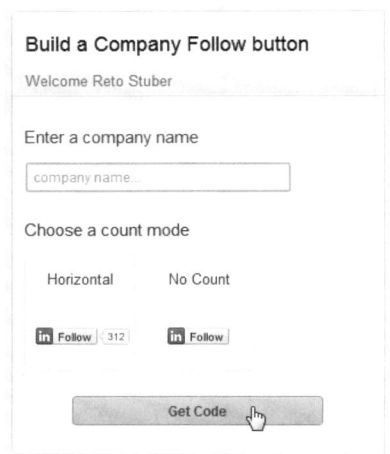

Erstellen Sie einen Button, den Sie auf Ihrer Webseite einbinden, damit man Ihrem Unternehmen folgen kann.

505

Nutzen Sie Statusupdates und kostenpflichtige Optionen für Ihr Unternehmen

Veröffentlichen Sie eigene Statusupdates, um auf Ihr Unternehmensprofil aufmerksam zu machen – und nutzen Sie auch andere Möglichkeiten wie die Verlinkung auf der Webseite und die Nennung in der E-Mail-Signatur. Im Reiter *Analysen* können Sie dann für die Erfolgskontrolle jederzeit die Seitenansichten, Besucher etc. Ihres Unternehmensprofils aufrufen.

Wenn Sie sich noch **mehr Möglichkeiten** wünschen, können Sie **die kostenpflichtige Variante des Unternehmensprofils** ins Auge fassen. Damit können Sie einen eigenen **Übersichtsreiter** gestalten, Ihre Follower mit denen von ähnlichen Unternehmen **vergleichen** oder sich mit speziellen **Karriereseiten** noch **besser darstellen**. Zudem haben Sie die Möglichkeit, Ihre eigenen **Angebote noch umfassender darzustellen**. Für die meisten Unternehmen wird aber die kostenlose Basisversion funktional ausreichen.

Präsentieren Sie Ihre Produkte und Services

Im Rahmen des Unternehmensprofils können Sie auch Ihre eigenen Produkte und Services auf LinkedIn präsentieren – und diese sogar von anderen Nutzern empfehlen lassen!

Empfehlungen von anderen sind für Sie als Firma Gold wert. Sie helfen Interessenten dabei, sich eine Meinung zu bilden und eine Kaufentscheidung zu fällen. Jede Empfehlung eines LinkedIn-Nutzers wird bei all seinen Kontakten angezeigt.

Um die Angebote Ihres eigenen Unternehmens zu erfassen, navigieren Sie **auf** Ihre Unternehmensseite. Dort finden Sie den Reiter *Produkte & Serviceleistungen*. Klicken Sie in diesem Reiter rechts auf *Administrator-Werkzeuge*, wählen Sie *Produkt oder Service hinzufügen* und ergänzen Sie dann die geforderten Angaben. Sie haben dabei auch die Möglichkeit, **verschiedene Zielmärkte anzusteuern** – zum Beispiel können Sie ein Produkt für Frankreich mit einer französischen Beschreibung versehen, dann dasselbe Produkt für den DACH-Raum mit einem deutschen Text und für den Rest der Welt mit einer englischen Beschreibung.

Nun haben Sie die Möglichkeit, andere Nutzer dazu aufzufordern, Ihre Angebote zu empfehlen und ein Feedback zu hinterlassen. Zudem können Sie über den Eintrag *Produkte & Services bewerben* auch eine Werbeanzeige auf LinkedIn schalten.

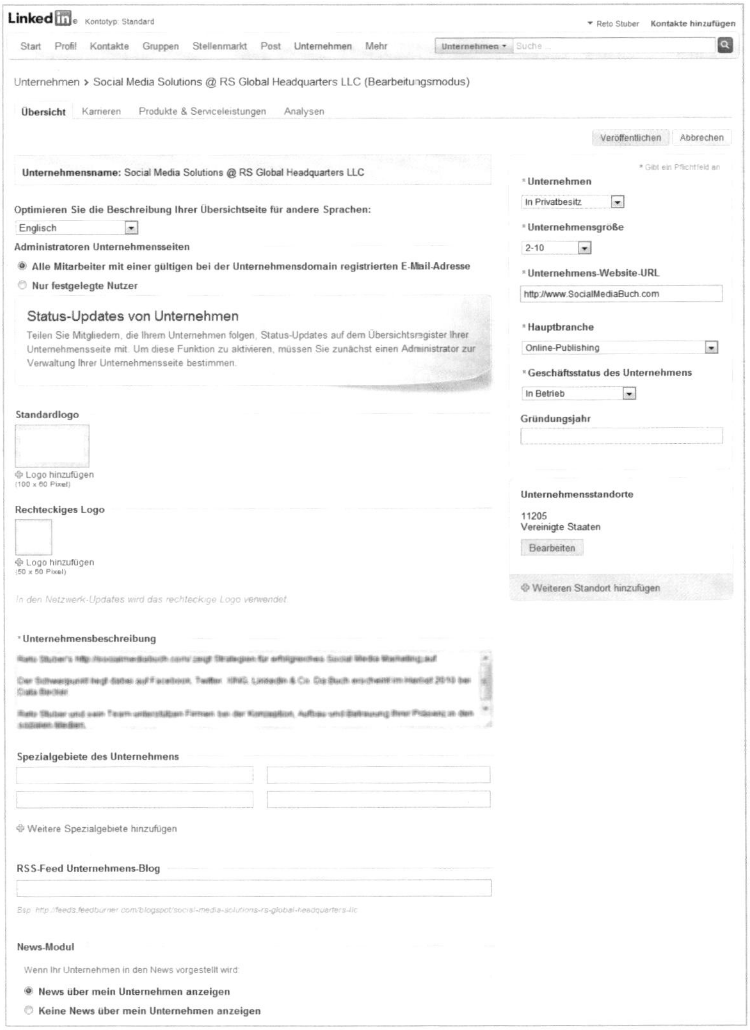

Schöpfen Sie die Möglichkeiten aus, die Ihnen das Unternehmensprofil bietet.

Fügen Sie Produkte und Services Ihrem Unternehmensprofil hinzu,
damit andere Nutzer diese bewerten können.

Damit ist aber noch nicht aller Tage Abend! Sie wollen ja nun bestimmt, dass Nutzer Ihre Produkte empfehlen. Das ist möglich, indem Sie einen entsprechenden Button auf Ihre Webseite stellen. Der sieht zum Beispiel so aus:

Einen solchen Button können Sie bei jedem Ihrer Produkte auf der eigenen Webseite individualisiert einfügen.

Um einen solchen Button zu erstellen, müssen Sie unter **https://developer. linkedin.com/plugins/recommend-button** einfach die notwendigen Felder ausfüllen, den Code generieren und diesen auf einer Webseite einfügen.

LinkedIn Ads – Werben Sie in Ihrem Netzwerk!

LinkedIn bietet Ihnen die Möglichkeit, **Werbung** zu schalten. Diese **Ads** werden dann basierend auf den von Ihnen festgelegten Kriterien bei der passenden Zielgruppe eingeblendet.

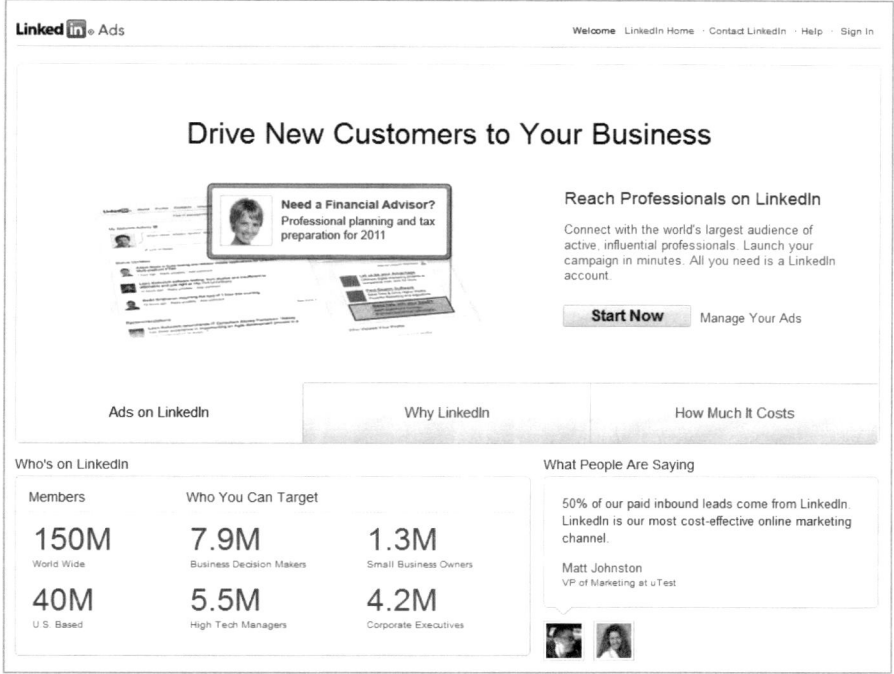

Sie haben auch auf LinkedIn die Möglichkeit, eine Anzeige für Ihre Zielgruppe zu schalten!

Um eine **Anzeige aufzugeben**, gehen Sie wie **folgt vor**.

1 Navigieren Sie zu **http://www.linkedin.com/ads**.

2 Klicken Sie auf den Button *Start Now* (die Oberfläche ist zurzeit nur in Englisch verfügbar).

3 Folgen Sie den Anweisungen am Bildschirm, um Ihre Anzeige zu erfassen.

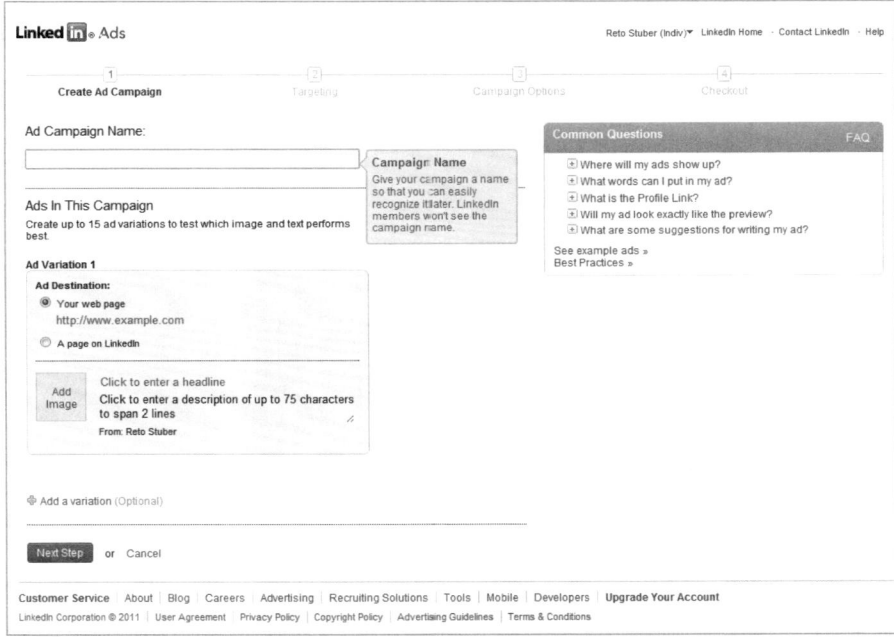

Füllen Sie alle geforderten Felder aus und wechseln Sie dann zur nächsten Seite.

Dazu noch ein paar Hinweise:

➢ Das Bild ist relativ klein und auf 50 × 50 Pixel beschränkt, was die optischen Darstellungsmöglichkeiten einschränkt.

➢ Sie können bei der Zielgruppenauswahl drei Kriterien festlegen – zum Beispiel Manager aus Deutschland aus der Industriebranche.

➢ Die Abrechnung erfolgt nach CPC (Preis pro Klick) oder CPM (Preis für 1.000 Einblendungen) analog zu Facebook, siehe Kapitel 6.14 „Werbung auf Facebook – So nehmen Sie Ihre Zielgruppe ins Visier".

➢ LinkedIn-Werbung liegt im hochpreisigen Segment. Dabei muss man aber auch berücksichtigen, dass die Nutzer von LinkedIn ein überdurchschnittliches Einkommen und eine dementsprechende Kaufkraft haben.

Hilfreiche Links zu LinkedIn

Im Folgenden finden Sie eine Übersicht mit relevanten Links zu LinkedIn.

➢ http://blog.linkedin.com

➢ http://learn.linkedin.com

➢ http://help.linkedin.com

➢ http://engineering.linkedin.com

➢ http://www.linkedinlabs.com

➢ http://linkedinsiders.wordpress.com

➢ http://www.linkedintelligence.com

9. YouTube: weit mehr als nur Videos schauen

Dass YouTube die erfolgreichste Videoplattform ist, wissen die meisten. Die **spannende Geschichte** dahinter kennen aber nur wenige. Grund genug, hinter die Kulissen zu schauen!

9.1 Die Geschichte des Videogiganten

In einer Garage im kalifornischen San Mateo hatten die drei Kollegen Chad Hurley, Steve Chen und Jawed Karim eine **Idee**, die sie nicht mehr losließ – und am Ende auch steinreich machen würde! YouTubes **Vision** besteht darin, jedem eine Stimme zu geben und die Verbreitung von Videos zu fördern. Das ist YouTube gelungen, und heute will man auch die Partner und Werbetreibenden erfolgreich machen, sodass am Ende des Tages alle Beteiligten (Zuschauer, Produzenten, Rechteinhaber, Plattformbetreiber, ...) profitieren.

Finanzspritzen geben YouTube die nötige Starthilfe

Am 15. Februar 2005 gründeten die drei ehemaligen PayPal-Mitarbeiter das Internetvideoportal **YouTube**, auf dem die Benutzer kostenlos Videoclips ansehen und hochladen können. Der damals gewählte Slogan gilt auch heute noch: „Broadcast Yourself" – sende dich selbst. Nach anfänglichen Startschwierigkeiten fanden dank geschickten Marketings und sozialer Funktionen wie Sharing, Kommentaren etc. immer mehr Nutzer den **Weg zu YouTube**.

Im November 2005 gab es die erste Finanzspritze, rund 3,5 Millionen US-Dollar schoss der im Silicon Valley ansässige Risikokapitalgeber Sequoia Capital ein. Kein unbekanntes Unternehmen, schon Google, LinkedIn, Apple, Cisco und viele mehr hatten dort eine Anschubfinanzierung erhalten, bevor die Rakete dann abging. Im April 2006 gab es weitere 8 Millionen US-Dollar von Sequoia. Die finanzielle Bewertung von YouTube stieg dabei von 600 Millionen US-Dollar im Frühjahr 2006 auf satte 1,5 Milliarden US-Dollar im Herbst desselben Jahres.

Zum Ersten, zum Zweiten und zum Dritten – der Zuschlag geht an Google

2006 gelang den Jungunternehmern dann der Coup: YouTube wurde für 1,65 Milliarden US-Dollar an den Internetriesen Google verkauft und heimste im selben Jahr auch noch den Preis für die „Erfindung des Jahres" ein. Zwischen Google und YouTube wurde vereinbart, dass YouTube seinen Firmensitz im kalifornischen San Bruno behalten konnte und weiterhin unabhängig arbeiten sollte.

Auch die Marke YouTube sollte bestehen bleiben, und alle zu der Zeit 67 Beschäftigten konnten ihren Job behalten – die Mitgründer Chad Hurley und Steve Chen eingeschlossen. Laut Zeitungsberichten waren auch andere Firmen wie Viacom, Disney, AOL, eBay und Rupert Murdochs News Corp an einem Kauf interessiert gewesen – doch Google hatte wieder mal die Nase vorn gehabt.

Googles Nummer neun wird neuer CEO bei YouTube

Im Oktober 2010 zog sich der Mitgründer Chad Hurley vom CEO-Posten zurück und übergab das Ruder an Salar Kamangar. **Kamangar** war Googles neunter Angestellter gewesen und hatte zuvor das AdWords-Team geleitet, das für den Löwenanteil an Googles Umsatz verantwortlich war.

Der Platzhirsch setzt auch auf lokale Inhalte

In einer Marktforschungsstudie ermittelte das **Institut Hitwise** bereits Mitte 2007, dass YouTube mehr Besucher hat als alle damaligen 64 Konkurrenten zusammen. Im Oktober 2009 gab das Unternehmen bekannt, dass es über eine Milliarde Videoabrufe pro Tag verzeichnete. Anfang 2012 hat sich dieser Wert dann bereits auf **4 Milliarden Aufrufe** vervierfacht, und **jede Sekunde** wird eine ganze Stunde Videos hochgeladen! Mit einem **kompletten Redesign** hat sich YouTube dann Ende 2011 nochmals klarer auf den Nutzer ausgerichtet.

YouTube ist die zweitgrößte Suchmaschine der Welt hinter dem großen Bruder Google, aber noch vor Bing und Yahoo!. Das Wachstum von YouTube wurde durch die Verfügbarkeit von Breitband, schnelleren Computern, digitalen Kameras (auch in Mobiltelefonen) sowie günstiger Hard- und Software zur Filmerstellung begünstigt. Damit ist jedermann in der Lage, Inhalte zu generieren und diese per Mausklick hochzuladen.

YouTube arbeitet auch mit nationalen Partnern zusammen, die Material für das Portal bereitstellen. Dieses ist aktuell in weit über 40 verschiedenen Sprachversionen verfügbar, aber leider **nicht überall** auf der Welt. So wird der Zugang in China, Iran, Libyen und Turkmenistan von der Regierung gesperrt.

Andere Politiker gehen entspannter mit YouTube um. US-Präsident Obama ließ sich **mehrfach** auf **YouTube interviewen**, und auch der britische Premierminister **David Cameron** sowie der israelische Premierminister **Benjamin Netanyahu** stellten sich live den via Video eingereichten Fragen der YouTube-Nutzer.

YouTube wird erwachsen, Google TV kommt ins Wohnzimmer, 3-D-Filme, Live-Events und bezahlte Premium-Inhalte ebenso

YouTube holte sich auch Unterstützung von namhaften Leuten aus der Medienbranche, um vermehrt professionelle und qualitativ **hochwertige Inhalte** anzubieten. Dabei erweitert das Unternehmen den Fokus und ist in den **drei Bereichen** Massenunterhaltung, Nischenprogramme und persönliche Inhalte aktiv.

Wer als Produzent eine aktive Rolle einnehmen will, findet unter **http://www.youtube.com/creators** mehr Details. Es ist auch denkbar, dass YouTube einen Service anbietet, mit dem die Produzenten ihre **Inhalte kostenpflichtig** anbieten können. Im Mittelpunkt steht immer der Nutzer mit seinen Unterhaltungsbedürfnissen. So überrascht es nicht, dass die Einstiegsseite des Portals eine **thematisch geordnete Struktur** anbietet.

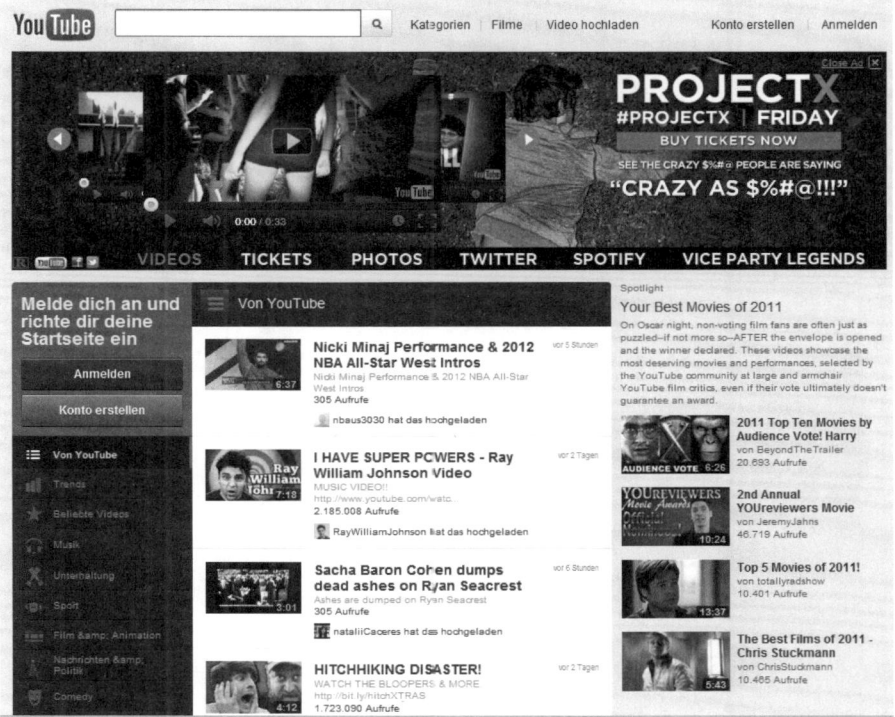

So präsentiert sich die YouTube-Startseite.

Seit geraumer Zeit wird auch **mit 3-D experimentiert**. Nach dem Erfolg des Hollywoodstreifens „Avatar" und Konsorten in 3-D und dem Vorpreschen vieler großer Unternehmen in der Unterhaltungsindustrie ist klar, dass den räumlich dargestellten Filmen die Zukunft gehört. Warum sollte man sich als Zuschauer auch mit zwei Dimensionen **begnügen**? Unter **http://www.youtube.com/user/3D** gibt es die „3D Gallery" zu bestaunen.

Dazu kommt das Angebot von **Google TV**, das TV und Internet miteinander verschmilzt. Mit starken Partnern wie **Sony**, **Logitech**, **LG und Samsung** steht in 2012 ein Angebot für das Wohnzimmer zur Verfügung, das beliebigen Inhalt auf den Fernseher bringt. Das umfasst auch die Videos von YouTube.

513

Es gibt bereits heute mehrere Tausend Filme und TV-Shows bei YouTube. Eine weitere Möglichkeit ist das Angebot von **bezahlten Premium-Inhalten**, die man unter **http://www.youtube.com/movies** findet.

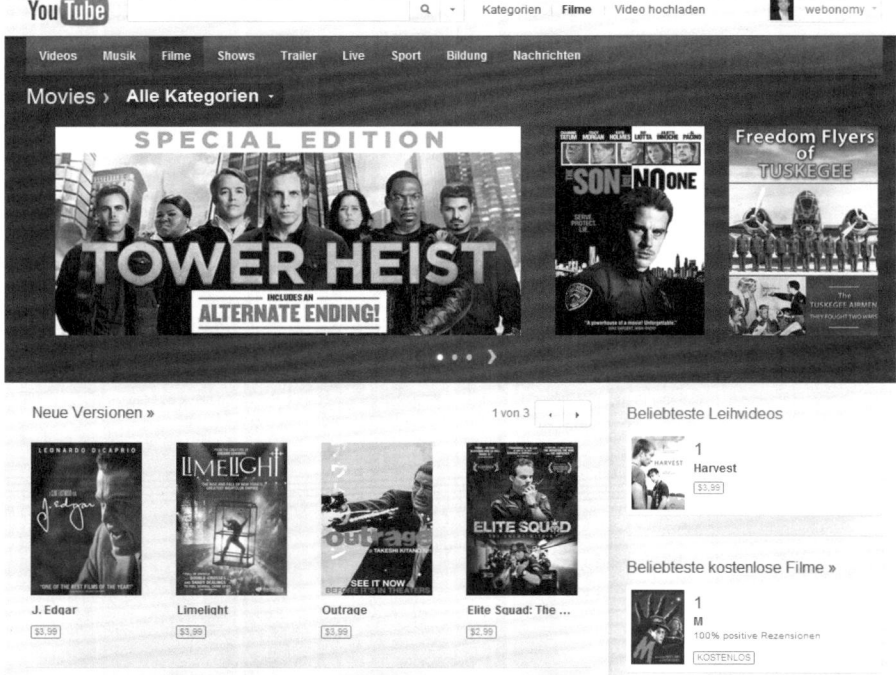

YouTube bietet auch kostenpflichtige Filme an.

Dank der sogenannten **Content ID** erhalten Rechteinhaber wie TV-Sender, Musiker etc. bereits heute einen Anteil der Werbeeinnahmen, wenn deren Inhalte auf YouTube von Nutzern hochgeladen werden.

Anbieter von Fernsehen über das Internet (beispielsweise **Hulu**) sind zwar, was das Geschäftsmodell und das Angebot angeht, nicht direkte Konkurrenten, wollen aber ihr Stück vom Kuchen abhaben. Der Kuchen ist in diesem Fall die Aufmerksamkeit des Benutzers. Je länger ein Anbieter einen Nutzer an seine Seite binden kann, desto mehr kann man ihm auch (passende) Inhalte und Werbeangebote unterbreiten.

9.2 Wie Sie YouTube nutzen können

Nachdem wir nun einen kurzen Streifzug durch die Geschichte von YouTube gemacht haben, stellt sich die Frage, wie Sie YouTube am besten für sich und Ihr Unternehmen nutzen können. Sie können primär über You-

Tube Ihre Inhalte verbreiten und damit Ihre Position in den Suchmaschinen und bei den Interessenten stärken.

Jedes Ihrer Videos auf YouTube kann damit auch als eine kostenlose Werbefläche für Sie gesehen werden – wenn Sie es geschickt aufgemacht haben! Sie können im Video selbst oder in der Beschreibung auf eine Webseite verweisen.

Zudem können Sie auch Geld damit verdienen, wenn **Werbung in Ihren Videos eingeblendet** wird. Betreiber von YouTube-Kanälen haben zudem die Möglichkeit, bei dem **Partnerprogramm** mitzumachen. Vor April 2012 musste man sich dafür bewerben und bestimmte Voraussetzungen erfüllen. Heute hat aber jeder Nutzer die Möglichkeit, seine Videos mit Werbung zu monetarisieren!

Als langjähriger Premium-Partner hat man dazu noch die Möglichkeit, den Hintergrund des YouTube-Kanals mit animierten und klickbaren Elementen auszustatten, wie man das zum Beispiel bei **http://www.youtube.com/ netspirits** sehen kann.

Partner können Ihren YouTube-Kanal mit animierten Komponenten ausstatten.

Ein Testlab hat YouTube unter **http://www.youtube.com/testtube** aufgebaut, in dem neue Features und Möglichkeiten präsentiert werden, die aber noch nicht auf der Hauptseite zur Verfügung stehen. Es lohnt sich, von Zeit zu Zeit mal nachzuschauen, was wohl als Nächstes kommen wird!

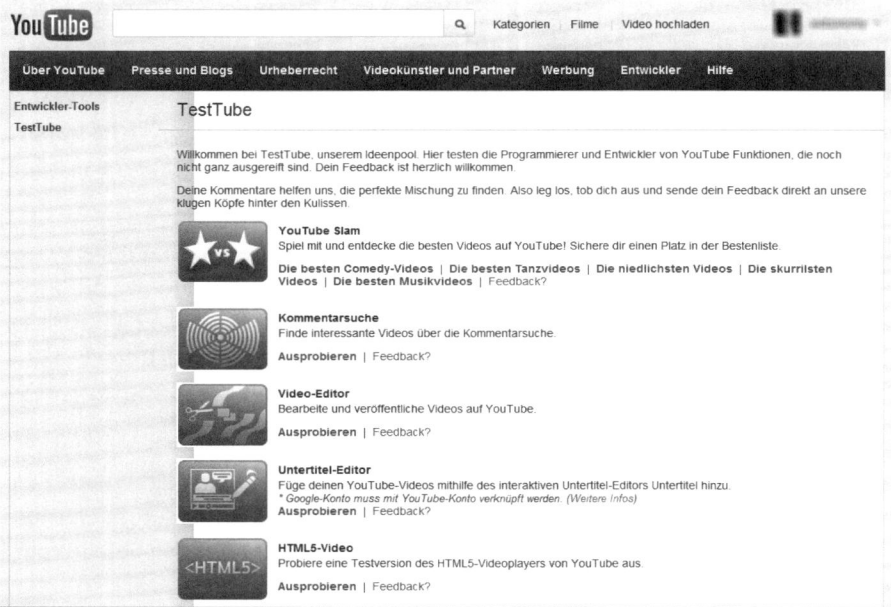

In YouTubes TestTube finden Sie eine Reihe interessanter Projekte.

Immer der erste Schritt: Registrieren Sie einen Account!

Als Erstes müssen Sie sich bei YouTube registrieren. Suchen Sie sich dafür einen passenden Namen aus, den Sie am besten auf anderen Netzwerken bereits nutzen. Trennen Sie auch private Videos von den geschäftlichen und richten Sie dafür wenn nötig zwei separate Accounts ein. Sollten Sie bereits einen Google-Account haben, können Sie sich damit anmelden. Sie können einem Google-Konto aber nur einen einzigen YouTube-Account hinzufügen – wenn Sie also je einen separaten Account für Privates und Geschäftliches nutzen, benötigen Sie auch einen zweiten Google-Account.

1 Um einen Account zu registrieren, navigieren Sie zu **http://www.you tube.com** und klicken dort auf *Konto erstellen*.

2 Füllen Sie die notwendigen Felder aus, um ein Google-Konto zu erstellen.

3 Prüfen Sie, ob Ihr gewünschter Name noch verfügbar ist.

4 Bestätigen Sie die Anmeldung.

516

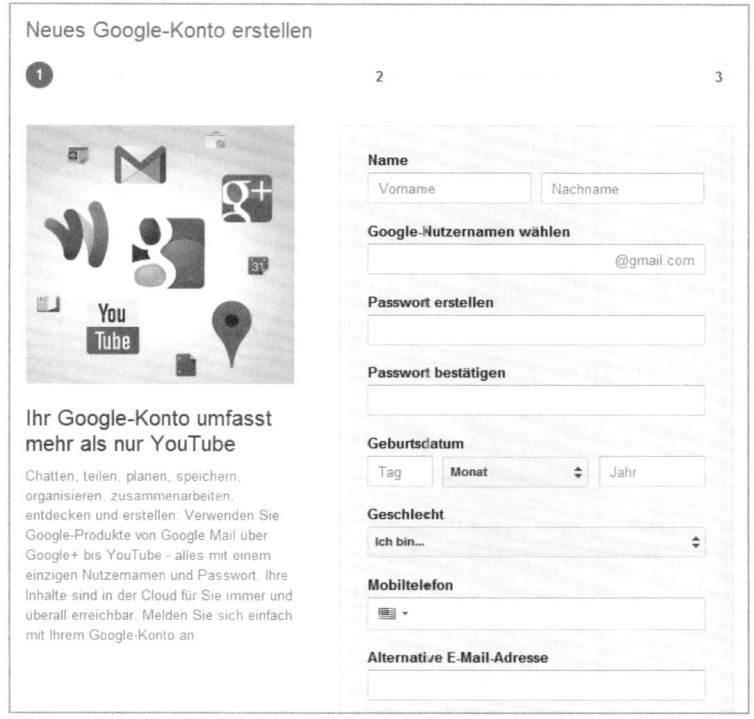

Geben Sie die grundlegenden Informationen ein und stimmen Sie den Nutzungsbedingungen zu.

Nach der Erstellung des Accounts schlägt Ihnen YouTube folgende Möglichkeiten vor:

➤ Durchstöbern Sie Kategorien, um interessante Kanäle zu finden.

➤ Abonnieren Sie Kanäle und fügen Sie diese der Startseite hinzu.

➤ Rufen Sie Ihre Startseite auf, um die Aktivitäten aus den eigenen Abos anzuzeigen.

Uns geht es aber vor allem darum, nun selbst auf YouTube aktiv zu werden und diesen Kanal optimal zu nutzen.

9.3 So maximieren Sie den Erfolg Ihrer Videos

Einige der folgenden Tipps gehen auf Beiträge von den empfehlenswerten Blogs **http://www.selbstaendig-im-netz.de** und **http://www.smartpassiveincome.com** zurück, und auch „Das YouTube-Geheimnis" (**http://www.erfolgimnetz.com/youtube-geheimnis**) hat hilfreichen Input geliefert. Aktuelle News zu den Entwicklungen bei YouTube finden Sie jeweils unter **http://youtube-global.blogspot.com**.

Schauen Sie sich auf jeden Fall dieses „Playbook" von YouTube an, das ich Ihnen sehr ans Herz legen möchte – es enthält sehr gute Tipps und Tricks direkt aus dem Hause YouTube: **http://www.youtube.com/yt/creators/de/playbook.html**.

99 % der auf YouTube hochgeladenen Videos erreichen nur wenige Besucher. Damit es Ihnen nicht so geht, schauen wir uns die wichtigsten **Tipps und Tricks** an, um Ihr Video optimal zu vermarkten.

Finden Sie die passenden Keywords

Stellen Sie sicher, dass jeweils sowohl Ihr Titel als auch Beschreibung und Tags die wichtigsten Stichwörter enthalten. Es ist dabei wichtig, dass diese Keywords in allen Feldern vorkommen, dann wird das Video am ehesten gefunden. Nutzen Sie das Keyword-Tool von YouTube unter **https://ads.youtube.com/keyword_tool**, um die passenden Stichwörter zu finden.

Wenn Sie mehrere Videos zum selben Thema haben, sollten Sie diese auch mit ähnlichen Keywords, Beschreibungen und Tags ausstatten. So weiß YouTube, dass diese Inhalte zusammengehören, und zeigt sie entsprechend unter *Ähnliche Videos* an.

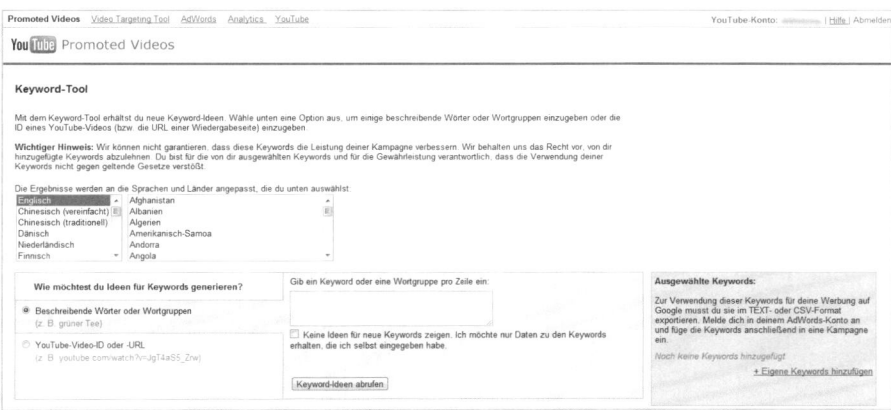

Das YouTube-Keyword-Tool hilft bei der Suche nach passenden Stichwörtern.

Optimieren Sie Ihre Videos für die Suchmaschinen

YouTube ist eine Suchmaschine und gehört dem größten Suchmaschinenanbieter Google. Deshalb ist es wichtig, das Video für **Suchmaschinen zu optimieren**. Wenn Ihr Video gut beschriftet ist, werden Sie nicht nur auf YouTube gefunden, sondern von Google kommt ebenfalls weiterer Traffic. Das liegt daran, dass auch Videos unter den ersten Suchresultaten angezeigt werden.

Nutzen Sie für Ihr Video häufig gesuchte Keywords. Damit besteht eine gute Chance, dass Ihr Video beim Aufruf eines anderen Clips auf der rechten Seite unter *Ähnliche Videos* angezeigt wird.

Sie können auch ein Video auf YouTube suchen, das Ihrem Video ähnlich ist und bereits viele Besucher hat. Wenn Sie dann möchten, dass Ihr Video neben diesem auftaucht, sollten Sie exakt die gleichen Keywords verwenden. Damit können Sie Besucher generieren, die sich für diese Nische interessieren.

Benennen Sie das Video bereits vor dem Hochladen sprechend um

Selbst aufgenommene Videos haben oft kryptische Bezeichnungen wie beispielsweise *MOV0007.mpg*. Sie sollten deshalb Ihr Video aussagekräftig umbenennen (zum Beispiel in *SocialMediaBuchRezension.mpg*), bevor Sie es hochladen. YouTube wird es Ihnen danken.

Optimieren Sie die Überschrift des Videos

Ihre Überschrift ist das wichtigste Kriterium (neben dem Standbild des Videos), um Zuschauer zu einem Klick darauf zu bewegen. Der Titel Ihres Videos muss deshalb sitzen und wie ein Magnet auf die Leser wirken.

Nutzen Sie Sonderzeichen im Text und im Titel

Ein toller Trick ist die Nutzung von Sonderzeichen in Text und Titel. Damit kann zum Beispiel die Art des Videos gleichzeitig visualisiert werden, und der Betrachter ist durch die ungewohnte Darstellung viel eher bereit, das Video anzuklicken.

Beispiel gefällig?

☺ Hier kommt der Videotitel! ☺
♫ Hier kommt der Videotitel! ♫

Eine Liste mit den möglichen Sonderzeichen ist im Anhang aufgeführt oder kann direkt unter **http://www.socialmediabuch.com/sonderzeichen** eingesehen werden.

Unter **http://www.sevenwires.com/play/UpsideDownLetters.html** können Sie auch einen Text auf dem Kopf schreiben – ¡sne os uuep ʇɥǝıs sep

Starten Sie Ihre Beschreibung immer mit einem Link

Beginnen Sie die Videobeschreibung immer zuerst mit dem Link auf Ihre Webseite oder Ihr Blog! Stellen Sie dabei sicher, dass in der Beschreibung dem Link ein *http://* vorangestellt wird, damit der Link auch anklickbar ist. HTML-Code in der Beschreibung selbst können Sie aber nicht nutzen.

Wählen Sie die passende Kategorie

Stellen Sie auch sicher, dass Sie Ihr Video in der am besten geeigneten Kategorie erfassen. So werden Sie von den Besuchern gefunden, die sich durch die jeweiligen Kategorien durchbrowsen.

Lassen Sie die Benutzer mit Ihrem Video interagieren

Ihr Video sollte für jedermann öffentlich zugänglich sein, wenn es sich verbreiten soll. Lassen Sie auch Kommentare und Bewertungen zu, damit sich die Benutzer mit Ihnen austauschen können. Sie können unpassende Kommentare oder Spam jederzeit manuell löschen.

Fügen Sie Anmerkungen ein

Sie können **Anmerkungen im Video** einblenden. Das kann entweder nur kurzzeitig oder auch während des gesamten Videos der Fall sein. Nutzen Sie diese Möglichkeit, um auf Ihre Webseite oder Ihr Angebot aufmerksam zu machen. Dabei stehen Ihnen verschiedene Größen, Schriftfarben und Hintergrundfarben **zur Verfügung**. Die Anmerkungen werden übrigens auch angezeigt, wenn das Video auf einer anderen Webseite eingebunden wird – im Gegensatz zu Beschreibung, Titel etc.

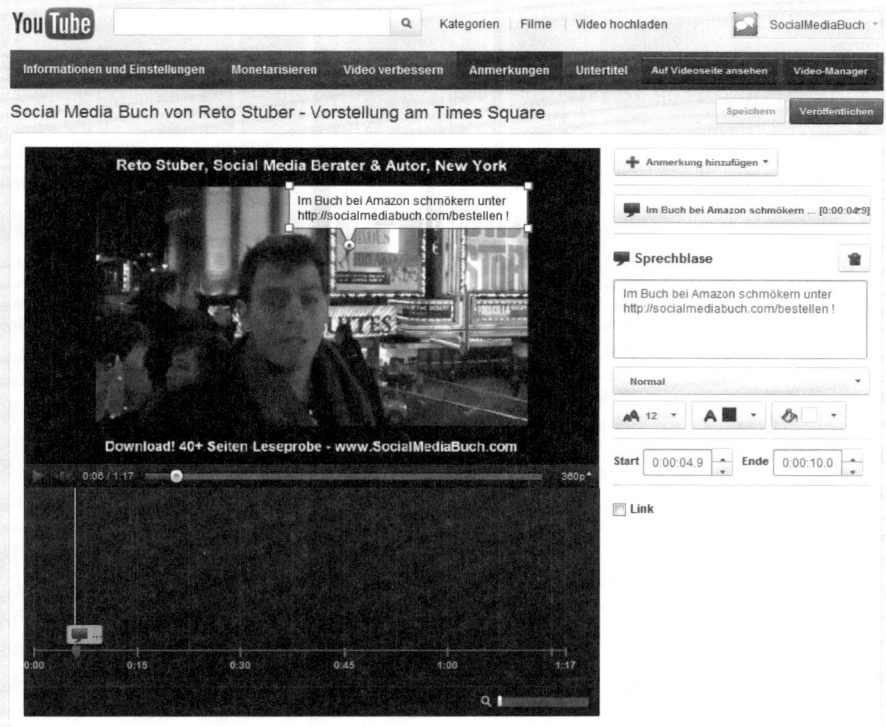

Verweisen Sie mit Anmerkungen auf Ihre Webseite oder platzieren Sie Kommentare zum Video.

Spielen Sie dabei mit den verschiedenen Arten der Anmerkungen! Sie können zum Beispiel mit der *Pause*-Funktion das Video stoppen und dann nach einer kurzen Pause wieder weiterlaufen lässt. Wenn Sie nun noch einen Hinweis dazu schreiben („Registrieren Sie sich auf der Webseite", „Holen Sie sich ein Blatt Paper" etc.), können Sie mit dem Nutzer interagieren.

Fügen Sie eine Pause in Ihr Video ein, um beispielsweise dem Nutzer Zeit zu geben, damit zu interagieren.

Binden Sie einen Button ein

Wenn Sie das Video auf Ihrer Webseite einbinden wollen, haben Sie zudem die Möglichkeit, direkt einen Button erscheinen zu lassen, mit dem eine Aktion ausgelöst wird! Das ist über den Dienst **http://www.linkedtube.com** möglich. Dafür laden Sie zuerst Ihr Video auf YouTube hoch, legen dann den Button-Text fest und tragen schließlich die Button-URL ein sowie das, was beim Darüberfahren angezeigt werden soll.

Dank LinkedTube können Sie Buttons in Ihre Videos einfügen, wenn Sie sie auf Ihrer Webseite abspielen lassen.

Fügen Sie Untertitel ein

Wenn Sie Ihr Video in mehreren Sprachen anbieten möchten, können Sie entsprechende Untertitel in Ihrem Video einblenden lassen. Stellen Sie die Details in einer Textdatei zusammen und laden Sie diese hoch. Damit können Sie die Reichweite Ihres Videos erhöhen. Englische Videos lassen sich auch automatisch transkribieren, sodass das Gesagte direkt als Text angezeigt wird.

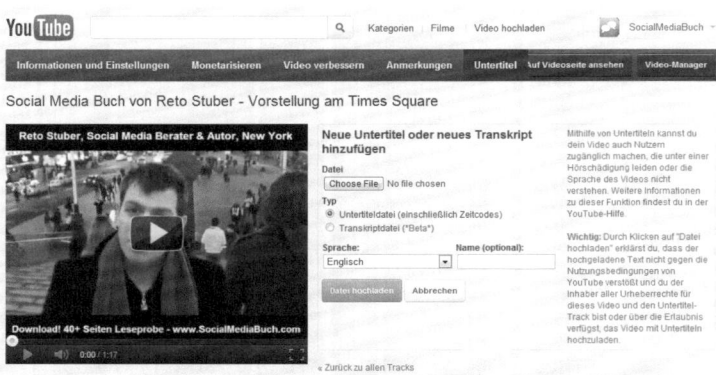

Fügen Sie Untertitel in einer anderen Sprache hinzu – oder transkribieren Sie das Gesagte.

Wählen Sie ein passendes Standbild aus

Hand aufs Herz: Wir klicken nur auf Videos, deren Standbild uns in irgendeiner Weise anspricht. Das passende Standbild ist deshalb sehr wichtig, damit Ihr Video aus der Masse heraussticht.

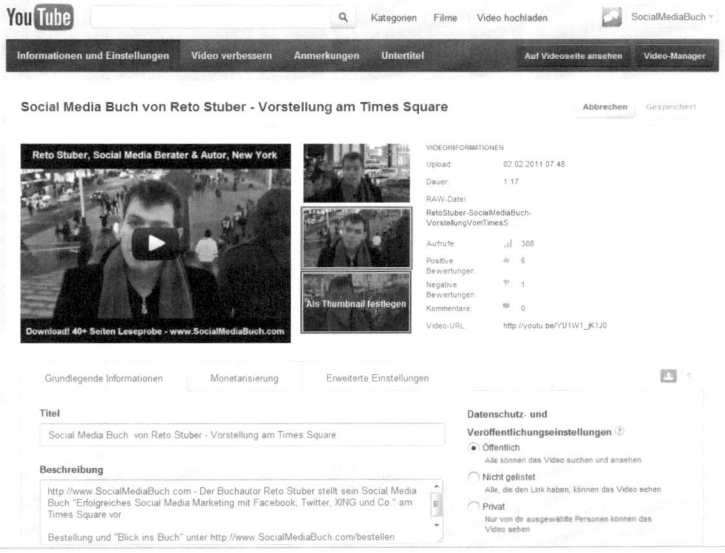

Wählen Sie das passende Video-Thumbnail aus.

522

Leider können Sie das Standbild nicht aus dem ganzen Video auswählen, YouTube bietet lediglich eine Auswahl von einigen Bildern an. Sie können mit **technischem Geschick** zwar ausfindig machen, welche Bilder dabei für das Standbild gewählt werden, doch dann müssen Sie diese mittels einer Videobearbeitungssoftware auch noch im Video entsprechend ersetzen, was in der Regel ein zu großer Aufwand ist.

Nutzen Sie Playlists, um auf Ihre Videos aufmerksam zu machen

Mit der Funktion der Playlists können Sie thematisch ähnliche Videos von sich selbst und anderen in einem Set von Videos **bündeln**.

Dazu gehen Sie wie folgt vor:

1 Navigieren Sie zum gewünschten Video.

2 Klicken Sie unterhalb des Videos auf den Button *Hinzufügen zu*.

3 Es öffnet sich ein Eingabefeld, in das Sie den Namen der neuen Playlist eingeben und mit einem Klick auf *Playlist erstellen* bestätigen.

4 Danach klicken Sie einfach auf den Namen der erstellten Playlist (oder auf eine bereits erstellte Playlist), um das aktuelle Video dieser hinzuzufügen.

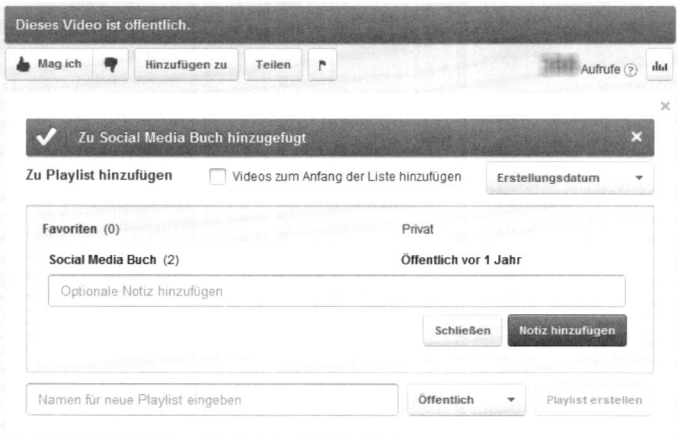

5 Um die Playlist dann auf einer externen Webseite einzubinden, klicken Sie oben rechts auf Ihren Account-Namen und wählen dann **Ihren** *Video-Manager* aus.

6 Dort klicken Sie im Menü *Playlists* auf den Button *Bearbeiten* neben der gewünschten Playlist.

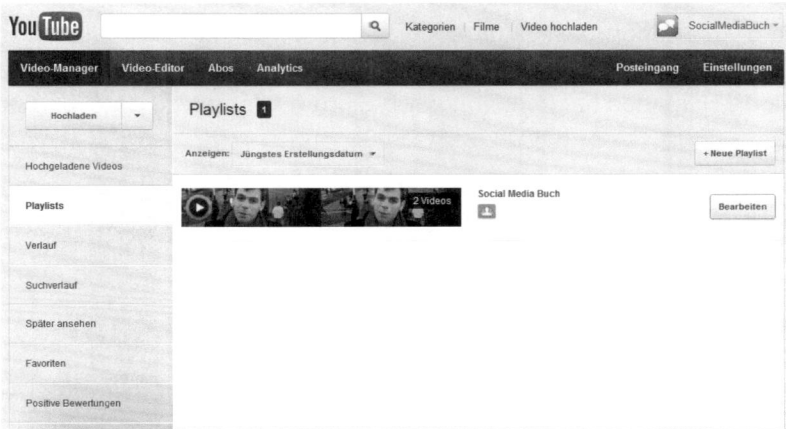

7 Diese öffnet sich, und Sie können auf den Button *Teilen* klicken. Im folgenden Dialog wählen Sie dann *Einbetten*, definieren die Einstellungen und kopieren sich die nötigen Angaben. Dann fügen Sie den Code auf der gewünschten Webseite ein.

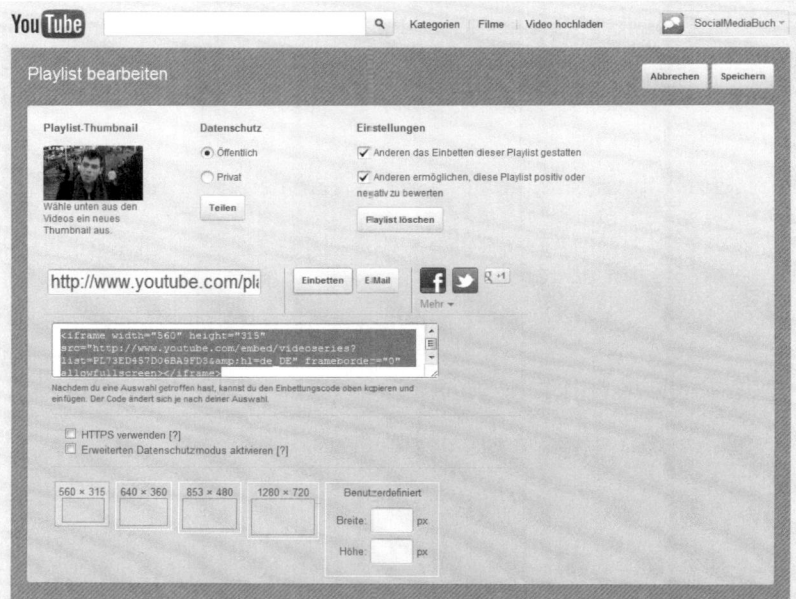

Technische Limitationen und Spezifikationen

Standardmäßig dürfen hochgeladene Videos eine Größe von 2 GByte und eine Länge von 15 Minuten nicht überschreiten. YouTube lockert diese Limitationen aber sukzessive in Abhängigkeit von Ihrem Account-Status. Versuchen Sie deshalb einfach einmal, auch längere Videos hochzuladen.

Seit Dezember 2008 ist es möglich, Video in **H**igh **D**efinition (HD) hochzuladen und anzusehen. Seit Ende 2009 wird auch der höchste HD-Standard 1080p unterstützt, und immer mehr Videos sind bereits in HD verfügbar. Ein 1080p-HD-Video hat 2 Millionen Pixel, im Gegensatz zu den 300.000 Pixeln eines 480p-Videos (DVD-Qualität).

Einige Videos sind nicht in allen Ländern zugänglich, oftmals aus lizenzrechtlichen Gründen. Lösungen wie **http://www.proxtube.com** werden dann eingesetzt, um die Inhalte trotzdem betrachten zu können.

9.4 Machen Sie auf Ihr Video aufmerksam

YouTube wird gern als Plattform für Guerilla-Marketing genutzt. Katalysator für den Erfolg ist die Möglichkeit, dass man die YouTube-Videos überall einbinden und damit weiterverteilen kann – sei es in anderen sozialen Netzwerken, auf Webseiten oder via E-Mail. Im Folgenden schauen wir uns an, wie Sie Ihr Video optimal unter die Leute bringen können.

Finden Sie Freunde aus anderen Netzwerken und zeigen Sie die Links auf Ihrem Profil

Wenn Sie auf YouTube angemeldet sind, finden Sie auf der Startseite im Bereich *Soziale Netzwerke* die Möglichkeit, Ihren Account mit anderen sozialen Netzwerken zu verbinden. Die verknüpften Profile werden dann auch auf Ihrem Kanal angezeigt.

Zudem werden Ihnen die Inhalte aus den Kanälen Ihrer Kontakte auf YouTube angezeigt.

Interagieren Sie mit anderen Menschen

Suchen Sie auch andere Kanäle oder Videos, die Ihrem Interessengebiet entsprechen. Beginnen Sie dann, sich mit diesen Nutzern über Kommentare oder persönliche Nachrichten auszutauschen.

➢ Abonnieren Sie sich den entsprechenden Kanal.

➢ Hinterlassen Sie einen Kommentar beim Video oder im Kanal selbst.

➢ Fügen Sie den Benutzer als Freund hinzu (auf der Kanalübersicht).

➢ Senden Sie eine Nachricht an den Benutzer (auf der Kanalübersicht).

Finden Sie Kontakte aus anderen sozialen Netzwerken.

Lassen Sie die Besucher Ihr Video bewerten und einen Kommentar darüber abgeben

Fordern Sie den Benutzer auf, das Video zu bewerten und einen Kommentar zu hinterlassen – das stärkt Ihr Video, und es wird von YouTube relevanter gewertet. Sagen Sie den Besuchern auch, dass sie den Kanal abonnieren können, um über neue Videos informiert zu werden.

Binden Sie das Video auf Ihrer Webseite ein

Schreiben Sie zu Ihrem Video einen Blogbeitrag oder integrieren Sie es auf Ihrer Webseite. Damit können Sie Besucher, die von außerhalb kommen, nach YouTube zu Ihrem Video führen.

Wichtig dabei: Erfassen Sie auch immer einen direkten *http*-Link auf das Video im Blogtext. Dieser kann zum Beispiel sinngemäß „Klicken Sie **hier**, um das Video auf YouTube zu sehen" lauten. Wenn Sie nur das Video einbinden, wird es bei den Lesern, die über einen RSS-Newsreader auf den Inhalt zugreifen, unter Umständen nicht dargestellt.

Auf der Webseite **http://www.onlinevideograder.com** können Sie zudem den Einsatz von Video auf Ihrer Webseite überprüfen und Ihren YouTube-Kanal auswerten lassen.

Lassen Sie das Video automatisch auf Ihrer Webseite abspielen

YouTube ermöglicht es Ihnen, ein eingebundenes Video auf Ihrer Webseite automatisch abspielen zu lassen, ohne dass der Besucher zuerst auf einen Play-Button klicken muss! Dazu müssen Sie im HTML-Code am Ende des Links einfach den Parameter &*autoplay=1* einfügen.

Hier ein Beispiel, wie das aussehen kann:

➢ ohne Autoplay: **http://www.youtube.com/watch?v=YU1W1_jK1J0**

➢ mit Autoplay: **http://www.youtube.com/watch?v=YU1W1_jK1J0&autoplay=1**

Wenn Sie weitere Details dazu möchten, finden Sie ein Beispiel unter **http://www.socialmediabuch.com/youtubeautoplay**.

Am besten schauen Sie sich einfach mal den Link **http://www.socialmediabuch.com/YouTubeCodes** an. Dort finden Sie noch einige weitere Optionen und Parameter, mit denen Sie Ihre Videos für das Einbinden auf der Webseite optimal gestalten können!

Ein Insider-Tipp: Falls Sie sich das Video mit ein paar Klicks wie gewünscht gestalten wollen (beispielsweise automatisch abspielen, Logo verbergen, ähnliche Videos oder Abspielknöpfe ausblenden/einschalten etc.), können Sie das direkt unter **http://www.socialmediabuch.com/youtubeembed** machen.

Legen Sie fest, wie Ihr Video dargestellt werden soll.

So generieren Sie mehr (falsche) Ansichten auf Ihren Videos

Wenn Sie in YouTube auf ein Video stoßen, das nur wenige Male angeschaut wurde, sind Sie wahrscheinlich ein wenig skeptisch, ob es sich überhaupt lohnt, dieses anzuklicken – vielleicht ganz zu unrecht! Ein Video mit einer höheren Anzahl Ansichten wirkt hingegen automatisch interessanter, taucht häufiger in Toplisten auf und bringt mehr Besucher mit sich.

Wie aber können Sie das auch für Ihre Videos erreichen? Am besten natürlich über die organischen Maßnahmen, die hier beschrieben sind. Unter **http://www.socialmediabuch.com/youtubetools** finden Sie aber auch einige Anbieter, die automatische Ansichten für Ihr Video generieren.

Das kann bei einigen Marketingaktivitäten zwar als Starthilfe dienlich sein, aber schlussendlich geht es vor allem darum, dass echte Menschen Ihr Video sehen und einen Mehrwert daraus ziehen! Meine Empfehlung: Nutzen Sie solche Tools nur sehr gezielt, der Schuss kann sonst schnell nach hinten losgehen, und Sie setzen Ihre Glaubwürdigkeit und möglicherweise sogar Ihren Account aufs Spiel.

Kommentieren Sie auf anderen Webseiten und verlinken Sie auf Ihr Video

Stellen Sie sicher, dass die relevante Zielgruppe über Ihr Video Bescheid weiß. Hinterlassen Sie einen Kommentar auf Webseiten und Blogbeiträgen – aber nur, wenn es inhaltlich auch wirklich passt.

Nutzen Sie einen Screenshot in Ihren E-Mails

Sie können auch ein Standbild des Videos in Ihren E-Mails oder Dokumenten erfassen und mit einem Link zum jeweiligen YouTube-Video ausstatten. Damit ist die Chance höher, dass Nutzer sich das Video betrachten, als wenn Sie nur den normalen Link versenden.

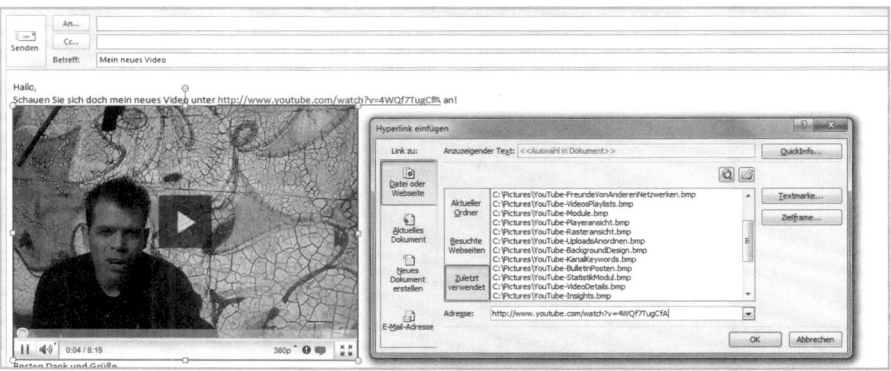

Erstellen Sie ein Standbild, fügen Sie es in Ihr E-Mail-Programm ein und verlinken Sie das Video.

Einen einfachen Play-Button oder einen Kommentar mit dem Hinweis auf Ihr neues Video können Sie ebenfalls in Ihre E-Mail-Signatur aufnehmen. Dieser Hinweis könnte zum Beispiel so lauten: „Mich würde dein Feedback zu meinem neusten Video interessieren. Ich bin auf der Suche nach weiteren Tipps zum Thema XY – hinterlasse mir doch einen Kommentar dazu. Vielen Dank!"

Publizieren Sie das Video auf Ihren sozialen Netzwerken

Es besteht die Möglichkeit, den Link auf das Video über Ihre sozialen Netzwerke manuell zu teilen, Sie können es aber auch automatisch in verschiedenen sozialen Netzwerken publizieren lassen.

1 Klicken Sie oben rechts auf Ihren Benutzernamen und wählen Sie *Einstellungen*.

2 Wählen Sie danach den Menüpunkt *Teilen*.

3 Legen Sie fest, ob Ihre Videos und Aktivitäten direkt auf Facebook, Twitter oder Orkut publiziert werden sollen.

4 Danach authentifizieren Sie sich auf den jeweiligen Netzwerken, damit YouTube die Publikation vornehmen kann.

5 Speichern Sie am Ende Ihre Einstellungen.

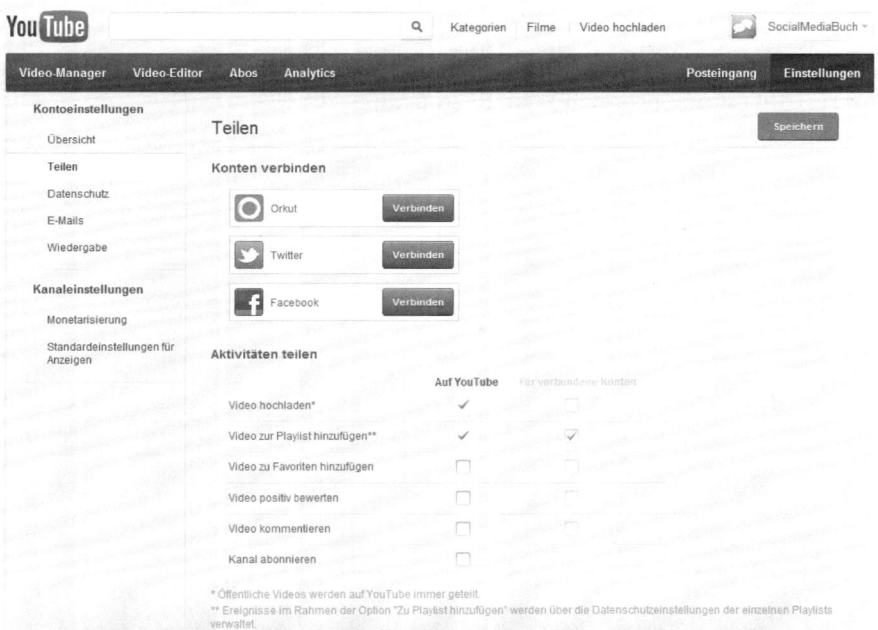

Legen Sie fest, welche Angaben mit anderen geteilt werden sollen.

Verfassen Sie eine Videoantwort auf ein populäres YouTube-Video

Wenn Sie Besucher für Ihr Video wollen, können Sie diese auch über eine Videoantwort auf ein anderes Video gewinnen.

1 Suchen Sie sich ein Ihrem Thema ähnliches Video heraus, das bereits populär ist.

2 Klicken Sie unterhalb des Videos in das Kommentarfeld und wählen Sie dann den Link *Videoantwort erstellen*.

3 Nun können Sie entweder eines Ihrer bestehenden Videos auswählen (bevorzugte Variante, um neue Besucher auf ein bestehendes Video zu bringen) oder ein Video hochladen.

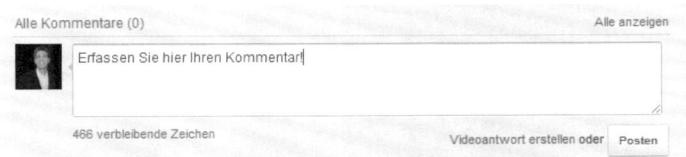

Erfassen Sie einen Kommentar oder hängen Sie ein Video an.

Posten Sie eine Nachricht auf Ihrem YouTube-Kanal

Sie können neue Videos auch aktiv bei Ihren Abonnenten und Freunden auf YouTube promoten. Wechseln Sie dazu in Ihre Kanalansicht und veröffentlichen Sie dort eine Nachricht.

1 Klicken Sie oben rechts auf Ihren Benutzernamen.

2 Wählen Sie anschließend *Mein Kanal*.

3 Dort können Sie nun rechts im Feld *Kommentar posten* Ihre Nachricht verfassen und diese mit einem Klick auf *Posten* veröffentlichen.

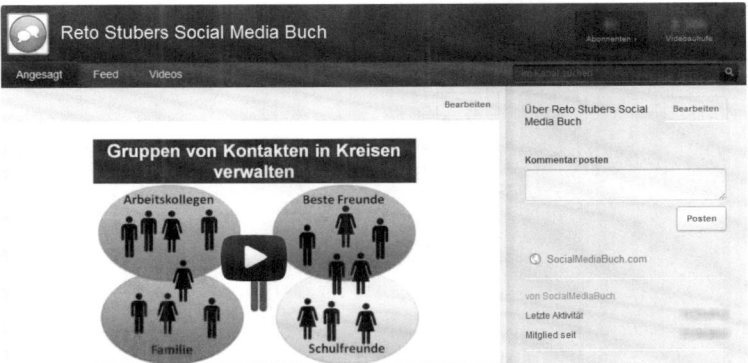

Posten Sie eine Nachricht, wenn Sie Ihre Freunde und Abonnenten auf ein (neues) Video oder Ereignis aufmerksam machen wollen.

Fordern Sie Ihre Community zu einer Videoantwort auf

Laden Sie Ihre Zielgruppe zu einem Videofeedback ein und verlosen Sie dabei einen attraktiven Preis. Die Aufnahme eines Videos ist wahrlich kein Hexenwerk, aber viele Menschen scheuen davor zurück. Stellen Sie also sicher, dass Sie den Leuten zeigen, wie einfach man so eine Aufnahme realisieren kann und dass sich das Mitmachen für jedermann wirklich lohnt.

9.5 Wie Sie Ihren YouTube-Kanal personalisieren

Sie haben auf YouTube auch die Möglichkeit, Ihren Kanal bis zu einem gewissen Grad zu personalisieren. Dies umfasst Beschreibung, Design und Darstellung der einzelnen Elemente. Um zu den Einstellungen zu gelangen, klicken Sie auf *Mein Kanal,* dann auf den Button *Kanal bearbeiten* und schließlich auf *Einstellungen*.

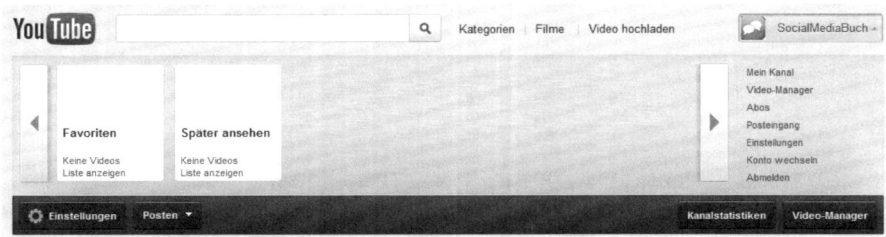

Navigieren Sie zu den Kanaleinstellungen und passen Sie die Details an.

Legen Sie Hintergrund und Farben fest

Sie können nun das Design des Kanals im Detail festlegen und damit zum Beispiel sicherstellen, dass er den Corporate-Design-Vorgaben Ihres Unternehmens entspricht. Es gibt aber auch eine Auswahl an bereits vorgefertigten Designs, aus denen Sie das gewünschte für Ihren Kanal auswählen können.

Im Bereich *Darstellung* können Sie ein Avatar-Profilbild und auch ein passendes Hintergrundbild hochladen, das sich gut in das Gesamtbild einfügt.

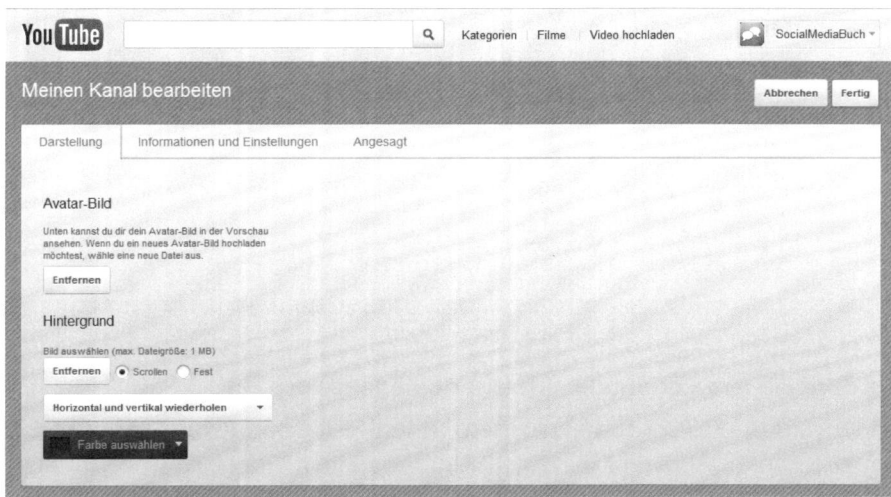

Passen Sie das Design Ihren Wünschen entsprechend an.

Verwenden Sie relevante Stichwörter zu Ihrem Kanal

Im Reiter *Informationen und Einstellungen* geben Sie die relevanten Stichwörter zu Ihrem Kanal ein. Nutzer Sie dafür das bereits vorgestellte Keyword-Tool unter **https://ads.youtube.com/keyword_tool**, damit Sie häufig gesuchte Begriffe erfassen können. Finden Sie auch einen passenden Titel für den Kanal.

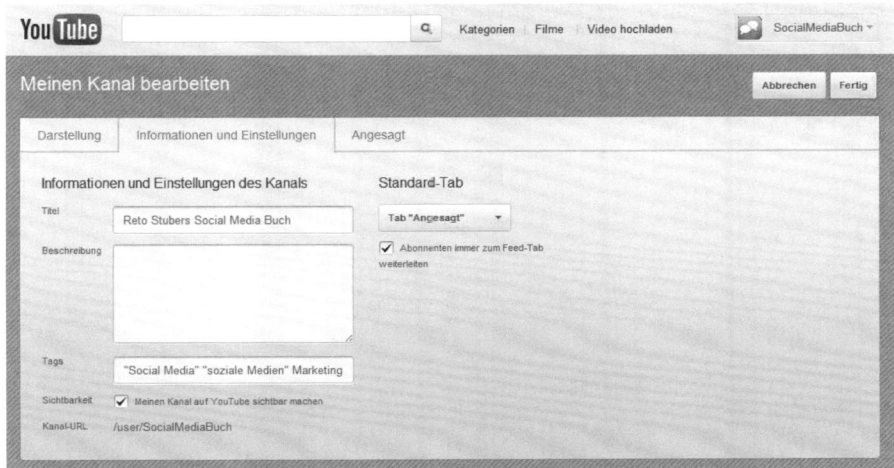

Geben Sie relevante Informationen für Ihren Kanal ein.

Die Darstellung Ihres Kanals

Natürlich können Sie auch die Darstellung für Ihren Kanal festlegen. Experimentieren Sie ein wenig damit, um herauszufinden, was am besten passt.

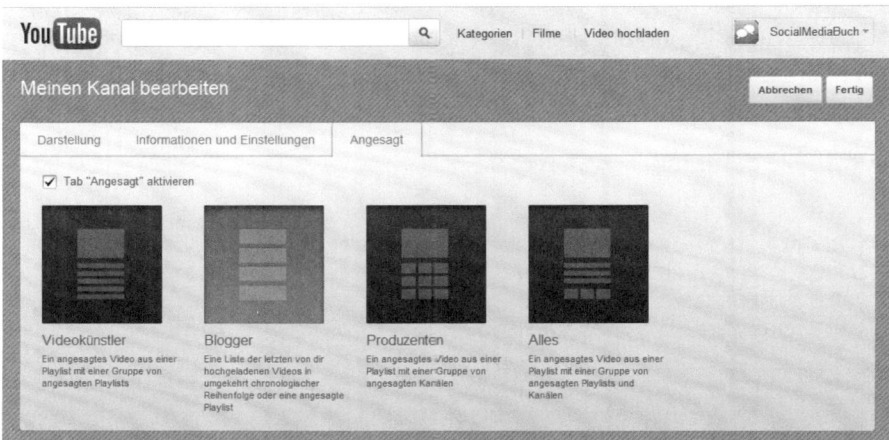

Wählen Sie die gewünschte Darstellung für Ihren Kanal.

Verwalten Sie Ihre Videos im Video-Manager

Der Video-Manager zeigt Ihnen eine Übersicht über alle Ihre hochgeladenen Videos. Sie können dort die zugehörigen Informationen einsehen und anpassen. Zudem können Sie mehrere Videos markieren und über die *Aktionen* eine Mehrfachanpassung vornehmen.

In dieser Ansicht können Sie auch festlegen, ob Ihre Videos mit Werbeeinblendungen monetarisiert werden sollen!

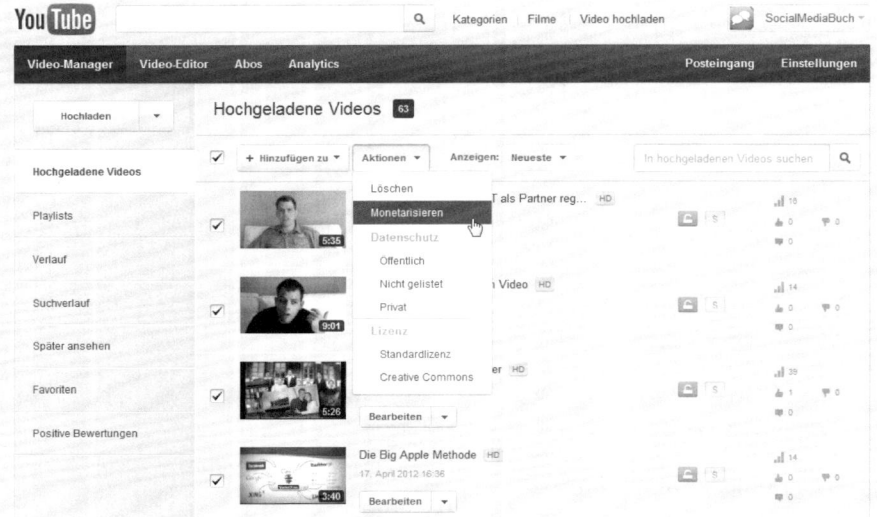

Der Video-Manager erlaubt die einfache Verwaltung Ihrer Videos.

Fügen Sie ein Widget zum YouTube-Kanal auf Ihrer Webseite ein

YouTube bietet Ihnen ebenfalls die Möglichkeit an, ein Widget auf der Webseite einzubauen, damit sich andere Nutzer gleich Ihren YouTube-Kanal abonnieren können.

Nutzen Sie dafür **folgenden Code**:

```
<iframe id="fr" src="http://www.youtube.com/subscribe_widget?p=hier Ihre
YouTube ID einfügen" style="overflow: hidden; height: 105px; width:
300px; border: 0;" scrolling="no" frameBorder="0"></iframe>
```

In der Praxis präsentiert sich das dann zum Beispiel wie folgt:

Fügen Sie ein YouTube-Widget auf Ihrer Webseite ein.

9.6 So erstellen Sie ein überzeugendes Video

Nun wollen Sie bestimmt wissen, wie Sie ein gutes Video erstellen können, das nicht in der Masse der Clips untergeht. Professionelle Videos machen was her, keine Frage. Aber man kann auch mit einem kleinen Budget im Do-it-yourself-Verfahren etwas Gutes auf die Beine stellen. Hier finden Sie die wichtigsten Tipps dazu.

Welche Arten von Videos werden gern gesehen?

Überlegen Sie sich, welche Videos Sie persönlich anschauen und was diese auszeichnet. Oftmals handelt es sich dabei um lustige Videos oder um Filme, die Sie schockieren, neugierig machen oder etwas Unglaubliches versprechen.

Auch Demonstrationen und Erklärungen zu einem bestimmten Thema sind immer beliebt, und Interviews und Reportagen von Events kommen ebenfalls gut an. Natürlich werden auch Videos mit attraktiven Menschen gern angeklickt. Stellen Sie also sicher, dass Sie einen oder mehrere dieser Faktoren mit Ihren eigenen Videos abdecken. Holen Sie sich zum Beispiel Inspiration unter **http://www.youtube.com/slam**!

Der YouTube-Slam ist eine lustige Art, um zu sehen, was bei den Leuten ankommt.

Erstellen Sie ein Konzept und ein Drehbuch

Überlegen Sie sich im Vorfeld, was alles im Video gezeigt werden soll. Wenn Sie einfach die Videokamera einschalten und drauflosreden, wird das Resultat vermutlich noch einiges an Optimierungspotenzial aufweisen.

Stellen Sie deshalb Ihre Botschaft zusammen und was Sie beim Zuschauer erreichen wollen. Seien Sie dabei vor allem authentisch! Machen Sie sich Notizen zum Drehbuch, bitten Sie andere um deren Input. Schauen Sie sich auch andere Videos an und holen Sie sich dort Inspirationen.

Es bietet sich an, eine Einleitung zum Thema zu verfassen, dann den Hauptteil darzubieten und zum Schluss noch eine Zusammenfassung zu zeigen (frei nach dem Motto: „Sagen Sie, was Sie sagen werden – sagen Sie es – sagen Sie, was Sie gesagt haben!").

Einführung, Handlungsaufforderung und Ausklang

Jedes Video von Ihnen sollte auch eine Handlungsaufforderung („Call-to-Action") beinhalten. Das kann zum Beispiel die Bitte sein, sich für den Newsletter einzutragen, das Video zu bewerten oder es weiterzuempfehlen.

Sprechen Sie das im Video selbst an, indem Sie zum Beispiel sagen: „Klicken Sie hier oben rechts auf den Link, um weitere Details zu erfahren!" Deuten Sie es auch mit dem Finger an. Beachten Sie aber, dass dies aufgrund der Kameraaufnahme spiegelverkehrt ist – wenn Sie „rechts" sagen, müssen Sie mit dem Finger bei der Aufnahme nach links zeigen.

Nutzen Sie die Möglichkeit, am Anfang und am Ende des Videos auf sich aufmerksam zu machen. Blenden Sie zum Beispiel zu Beginn ein Intro, einen Titel und eine Agenda ein. Machen Sie den Zuschauer neugierig. Vergessen Sie auch nicht, am Ende des Videos Ihre Kontaktinformationen anzuzeigen.

Erstellen Sie ein Video direkt online mit hilfreichen Diensten

Wenn Sie nur ein kurzes Video mit ein paar tollen Effekten drehen wollen, sollten Sie bei folgenden Seiten vorbeischauen. Mit wenigen Klicks lassen sich oftmals kostenlos tolle Videos, Animationen, Slideshows etc. erstellen.

➢ http://www.youtube.com/create

➢ http://www.youtube.com/searchstories

➢ http://www.animoto.com

➢ http://www.stupeflix.com

➢ http://www.flixtime.com

- ➤ http://www.xtranormal.com

- ➤ http://www.goanimate.com

- ➤ http://www.clipgenerator.com

- ➤ http://www.muvee.com

- ➤ http://www.pixorial.com

So nehmen Sie das Video am besten auf

Um selbst ein Video aufzunehmen, benötigen Sie nichts weiter als eine Kamera und allenfalls ein Mikrofon und ein Stativ. Die Aufnahme können Sie entweder direkt über Ihren Computer machen – oder aber auch mit Ihrer Digitalkamera.

Meiden Sie für die Aufnahme Plätze, die laut und stark bevölkert sind – oder leere Räume, die für ein Echo sorgen. Das in der Kamera oder dem Computer eingebaute Mikrofon lässt qualitativ manchmal zu wünschen übrig, da kann ein externes Mikrofon gute Dienste leisten. Testen Sie die Qualität einfach vorher aus.

Sie können das Video auch aus mehreren Perspektiven aufnehmen und es dann zusammenschneiden. Wenn Sie ein Video am Bildschirm aufnehmen, sollten Sie Ihren Bildschirmhintergrund mit einem gebrandeten Hintergrundbild ausstatten.

Als Stativ können Sie ein einfaches Kamerastativ mit Kugelkopf (Dreibein) nutzen, und falls Sie sich selbst filmen wollen, empfiehlt sich ein Teleskophandstativ (Einbeinstativ).

Die optimale Videolänge beträgt drei Minuten

Ihr Video sollte optimalerweise um die drei Minuten lang sein. YouTube erlaubt zwar Videos mit einer Länge von 15 Minuten und mehr, aber die Aufmerksamkeit der meisten Menschen lässt in der Regel schnell nach, und sie klicken sich bereits vorher weg.

Wenn Sie mehr zu sagen haben, sollten Sie statt eines langen Videos mehrere kurze erstellen. Damit können Sie auch Ihre Reichweite erhöhen, wenn Sie die Videos gestaffelt veröffentlichen.

Nutzen Sie den Video-Editor von YouTube

Bei dem Video-Editor handelt es sich um ein kostenloses Tool von YouTube, mit dem Sie Ihre hochgeladenen Videos bearbeiten können. So kann dann am Ende ein völlig neues Video entstehen!

Es stehen folgende Funktionen zur Verfügung:

➢ Kombinieren von mehreren hochgeladenen Videos, um ein neues Video zu erstellen.

➢ Zuschneiden der Uploads auf die passende Länge.

➢ Hinzufügen von Audiotracks aus einer Bibliothek.

➢ Anpassen von Videos mit speziellen Effekten.

Sie können den Video-Editor wie folgt nutzen:

1 Rufen Sie **http://www.youtube.com/editor** auf oder klicken Sie oben rechts auf der YouTube-Seite auf den Nutzernamen und wählen Sie im geöffneten Menü den *Video-Manager*.

2 Dann klicken Sie oben auf der Seite auf den Reiter *Video-Editor*.

3 Nun befinden Sie sich im Video-Editor und können Ihrer Kreativität freien Lauf lassen!

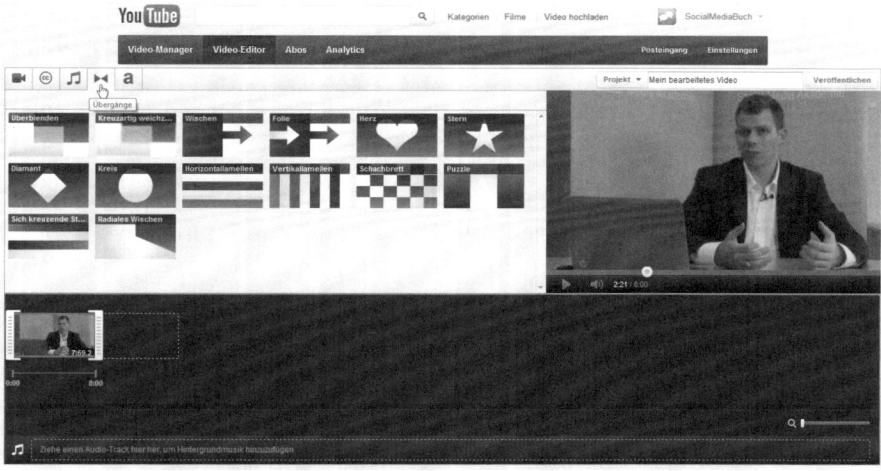

Der YouTube-Video-Editor bietet viele Möglichkeiten, um Ihr Video nachzubearbeiten.

Mit dieser Software können Sie Ihr Video nachbearbeiten

Sie können auch mit einer anderen Software Ihr Video bearbeiten oder aufnehmen. Dies kann zum Beispiel der kostenlose Windows Movie Maker (**http://windowslive.com/desktop/moviemaker**) sein oder die Software Camtasia (**http://www.techsmith.de/camtasia.asp**) der Firma Techsmith, die Sie 30 Tage lang testen können. Auf dem Mac steht das Programm **iMovie** zur Verfügung.

Mit Programmen wie http://www.jingproject.com (kostenlos) oder http://www.techsmith.de/snagit.asp (kostenlose 30-Tage-Testversion) können Sie Ihren Bildschirm aufnehmen und damit einen „Screencast" machen.

Nutzen Sie die Effekte Ihrer Videosoftware

Wenn Sie Ihr Video nachbearbeiten, dürfen Sie ruhig auch mal einen Effekt nutzen. Ein sanftes Ein- oder Überblenden, ein Heranzoomen, ein animierter Titel etc. – das alles kann Ihrem Video einen professionellen Touch geben, solange Sie es nicht übertreiben.

Nutzen Sie Musik und Jingles

Sie können auch Hintergrundmusik oder Jingles nutzen. Stellen Sie dabei aber unbedingt sicher, dass Sie die Nutzungsrechte für die verwendeten Stücke haben – sonst kann es teuer werden! Auf folgenden Seiten finden Sie Musik und Jingles, deren Rechte Sie im erschwinglichen Rahmen erwerben können:

➢ http://www.audiojungle.net

➢ http://www.gemafreie-musik-online.de

➢ http://www.imageaudio.de

➢ http://www.klangarchiv.com

➢ http://www.mastertracks.de

➢ http://www.opsound.org

➢ http://www.soundtaxi.net

Suchen Sie Mitspieler oder Sprecher

Je nach Umfang Ihrer Videoproduktion können Sie auch Darsteller dazu verpflichten. Natürlich muss es sich dabei nicht um professionelle Schauspieler aus Film und Fernsehen handeln, aber vielleicht möchten Sie eine interessante Sprecherstimme anheuern?

Dann schauen Sie mal bei folgenden Seiten vorbei:

➢ http://www.stimmgerecht.de

➢ http://www.hoerbuch-sprecher.de

➢ http://www.sprechervereinigung.de

➢ https://www.synchronkartei.de

Vielleicht haben Sie jemanden im Bekanntenkreis, der gern mitspielen würde, oder Sie fragen Leute aus der lokalen Theatergruppe an. Dies kann eine gute Referenz für die jeweilige Person sein. Sie können auch eine entsprechende Notiz am Schwarzen Brett einer Universität aufhängen oder ein Inserat in einer lokalen Kleinanzeigenbörse aufgeben.

Sorgen Sie für gutes Licht

Vieles verzeihen einem die Zuschauer, aber eine schlechte Beleuchtung gehört nicht dazu. Sorgen Sie deshalb dafür, dass Sie ausreichend Licht zur Verfügung haben, sei es durch eine Spotlampe oder einen Halogenstrahler. Testen Sie dazu verschiedene Beleuchtungsszenarien aus. Sie erreichen gute Ergebnisse, wenn Sie die Personen von zwei Seiten mit sanftem Licht ausleuchten, um Schatten zu vermeiden.

Machen Sie mehrere Versuche

Es erwartet niemand von Ihnen, dass auf Anhieb alles klappt. Machen Sie ruhig mehrere Versuche, bis das Video Ihren Vorstellungen entspricht. Wenn etwas schiefläuft, haben Sie vielleicht sogar eine lustige Szene für das Making-of des Videos. Diese können Sie am Ende des Videos einbauen.

9.7 Nützliche Links und hilfreiche Anwendungen zu YouTube

Zum Schluss schauen wir uns noch an, wie Sie ein Video automatisch auf einer anderen Seite einbinden können, wie Sie es auf Dutzenden weiterer Plattformen erfassen, wie Sie Videos von anderen Benutzern herunterladen und was die Statistikfunktion zu bieten hat.

Verwenden Sie die Statistikfunktion von YouTube

Mithilfe der Statistikfunktion erfahren Sie, wer sich für Ihre Videos interessiert und woher diese Personen kommen. Sie können dabei auch demografische Daten wie Alter, Geschlecht und Herkunft auswerten. Sie finden diese Auswertungen unter **http://www.youtube.com/my_videos_insight** bzw. im Menü *Video-Manager* unter *Analytics*.

Ein „Trendbarometer" stellt YouTube unter **http://www.youtube.com/trends dashboard** zur Verfügung. Damit lassen sich populäre Videos in verschiedenen Ländern und Städten für die gewünschte Altersgruppe ausfindig machen.

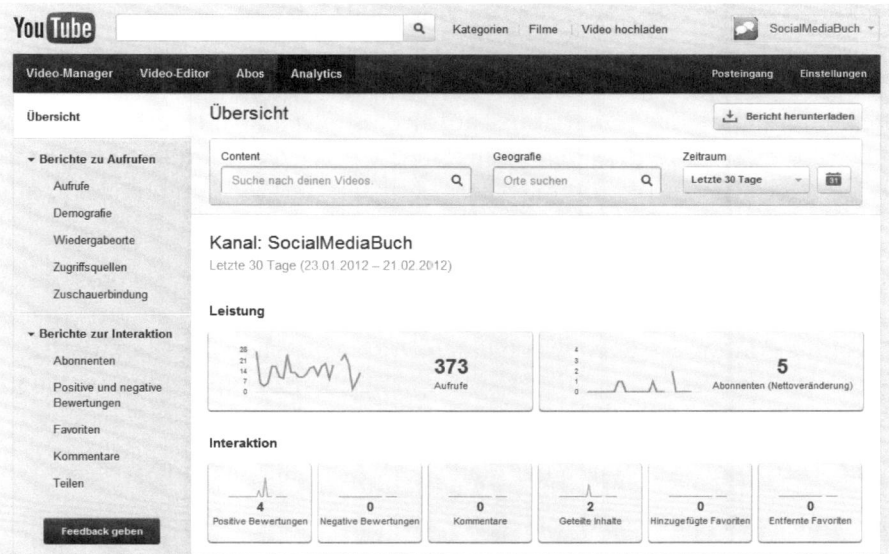

YouTube ermöglicht Ihnen eine statistische Übersicht Ihrer Videos.

So können Sie ein Video auf einer anderen Webseite einbetten

Wenn Sie Ihre YouTube-Videos auf einer anderen Seite einbinden wollen, haben Sie folgende Möglichkeiten:

➢ HTML-Code zum Einbetten auf Ihrer Webseite: Bei jedem Video finden Sie einen Button darunter, der mit *Teilen* beschriftet ist. Klicken Sie diesen an, wählen Sie *Einbetten* und kopieren Sie den Code. Stellen Sie beim Einfügen sicher, dass Sie sich im HTML-Modus befinden, sonst wird das Video nicht korrekt dargestellt.

➢ RSS-Newsfeed: Sie können die Daten auch automatisiert über einen RSS-Newsfeed einbinden, weitere Details finden Sie unter **http:// gdata.youtube.com**. Den Link zum RSS-Newsfeed eines beliebigen Benutzers können Sie wie folgt erstellen:
http://gdata.youtube.com/feeds/api/users/Username/uploads.
Ersetzen Sie das *Username* im Link einfach durch den Namen des jeweiligen Benutzers, zum Beispiel:
http://gdata.youtube.com/feeds/api/users/SocialMediaBuch/uploads.

➢ Programmierschnittstelle (API): Sie können auch über die Programmierschnittstelle Inhalte aufrufen und einbinden, siehe **http://www.social mediabuch.com/youtubeapi.**

➢ YouTube-Widget: Mit den Widgets von **http://www.widgetbox.com/tag/ youtube** können Sie verschiedene YouTube-Integrationen realisieren.

Verteilen Sie Ihr Video auf anderen Videoplattformen

Nun haben Sie Ihr Video optimiert und auf YouTube erfasst – aber es gibt ja noch jede Menge weiterer Videoplattformen, die Ihnen Besucher bringen. Sie könnten Ihr Video nun manuell auf all diesen Plattformen erfassen, doch das wäre eine echte Knochenarbeit. Stattdessen stehen Ihnen sogenannte Video-Submitter zur Verfügung. Diese verteilen Ihr Video automatisiert auf diesen Plattformen.

Sie benötigen dazu lediglich das Video, Titel, Beschreibung, Keywords, Kategorie und einen entsprechenden Account bei jeder Plattform. Diese Accounts können Sie auch durch einen Dritten erstellen lassen (ändern Sie aber nach der Erstellung Ihr Passwort). Mögliche Ressourcen finden Sie in Kapitel 12.1 „Outsourcing – was Sie auslagern können und wer Ihnen hilft".

Die wichtigsten Video-Submitter-Plattformen sind die folgenden:

- http://www.trafficgeyser.com
- http://www.tubemogul.com
- http://www.videocounter.com
- http://www.heyspread.com
- http://www.videouploadpro.com

Videos von YouTube herunterladen

Ein Herunterladen und Abspeichern von Videos hat YouTube weder vorgesehen noch implementiert, doch die nachfolgenden Dienste können weiterhelfen. Beachten Sie dabei die geltenden Urheberrechte und nehmen Sie im Zweifelsfall mit dem Inhaber des Videos Kontakt auf.

- http://www.clipgrab.de
- http://www.keepvid.com
- Ashampoo Clipfinder (in **Deutsch** oder **Englisch**)
- **Free YouTube Downloader**

Wenn Sie nur einen Ausschnitt aus einem Video brauchen, können Sie auch die bereits erwähnten Screencapture-Tools, wie SnagIt oder Jing, nutzen.

10. Google+: teilen wie im richtigen Leben, neu erfunden für das Web

Um eine Einführung in Google+ zu bieten, habe ich in Zusammenarbeit mit der Schweizer Social-Media-Akademie SOMEXCLOUD und der Videoproduktionsfirma bures media einen vierteiligen Videokurs erstellt. Sie finden diesen unter **http://www.socialmediabuch.com/googleplusvideo**. Unter **http://www.socialmediabuch.com/googleplusbuch** erhalten Sie zudem ein kostenloses E-Book von **http://www.googleplusinside.de**.

10.1 Googles langer Weg ins soziale Web

Google ist die Nummer eins im Internet! Das konnten die Gründer Sergey Brin und Larry Page lange Zeit von ihrem Unternehmen behaupten. Der Suchmaschinenmarkt wird von ihnen beherrscht – in Deutschland noch stärker als in den USA. Microsoft und Yahoo! versuchen schon seit Langem, sich ein Stück vom Kuchen zurückzuerobern, jedoch mit bescheidenem Erfolg.

Die Internetlandschaft unter Googles Flagge

Neben der Suchmaschine sind auch die Google-Produkte Gmail, Kalender, Google Reader, das mobile Betriebssystem Android und viele weitere Dienste regelmäßige Anlaufstellen für viele Nutzer.

Während Microsofts Onlinesparte Verluste einfährt und Yahoo! strikten Sparkursen unterlag sowie von Verkaufsgerüchten geplagt wird, konnte Google Jahr für Jahr Rekordzahlen vorzeigen.

Lange schien es, als könnte niemand Googles Erfolgsstory einen Dämpfer versetzen. Doch plötzlich tauchte Facebook auf und mauserte sich zu einem gigantischen Netzwerk, dessen Nutzer immer mehr Zeit darauf verbringen.

Die Social-Media-Flops von Google

Google selbst hat soziale Dienste allerdings lange Zeit vernachlässigt und sich mit mehreren Versuchen erfolgreich blamiert. Die Spuren bei der Entwicklung der sozialen Dienste können lange zurückverfolgt werden: 2003 kaufte man Blogger.com, ein Jahr später startete das in Brasilien und Indien erfolgreiche Social Network Orkut. Im Jahr 2009 stellten die findigen Entwickler Google Wave vor – eine webbasierte Plattform, die E-Mail, Instant Messaging, Wikis und Social Networking zusammenbringen und revolutionieren sollte. Doch die komplizierte und nicht in die anderen Dienste integrierte Plattform scheiterte und wurde wieder eingestampft.

Nachdem Google lange zusehen musste, wie Facebook zu einem ernsthaften Konkurrenten anwuchs, startete das Unternehmen mit Sitz im kalifornischen Mountain View ein Social-Networking- und Messaging-Tool, das sich in Gmail integrierte – Google Buzz. Doch auch hier wollte der Funke nicht auf die Nutzer überspringen! Den erfolgsverwöhnten Googlern wurde klar, dass es nicht einfach war, Facebook & Co. Paroli zu bieten.

Im Oktober 2009 gab es dann einen weiteren Versuch: Google wollte die Social-Media-Inhalte von Twitter mit seinem bisherigen Erfolgsmotor, der Suchmaschine, verbinden. Dies war ein (temporärer) Versuch, der aber den Weg für weitere Aktivitäten ebnete, denn die sozialen Signale haben einen steigenden Einfluss auf das Suchmaschinenranking (siehe Kapitel 11.6 „Suchmaschinenoptimierung und soziale Netzwerke").

Unter dem Codenamen „Emerald Sea" entstand der wichtigste Dienst seit der Google-Suchmaschine!

Larry Page schwor seine Mitarbeiter intensiv auf die gewaltige Aufgabe ein: Google will nicht nur Inhalte verstehen, sondern auch Personen und Beziehungen! Hinter verschlossenen Türen begannen die Google-Mitarbeiter unter dem Codenamen „Emerald Sea" nun, ein Social Network zu entwickeln, das die Antwort auf Facebook und Konsorten sein sollte.

In einem Gebäude in der Charleston Road wurde ein Wandgemälde angebracht, das alle ein- und ausgehenden Mitarbeiter immer wieder zu sehen bekamen. Es zeigt das Gemälde „Emerald Sea" des deutsch-amerikanischen Malers Albert Bierstadt, das ein sinnbildliches Motiv zum Inhalt hat: ein Segelschiff, das von riesigen Wellen umhergeworfen wird.

„Emerald Sea" von Albert Bierstadt diente den Google-Mitarbeitern als Inspiration (Quelle: Wikimedia Commons).

Larry Page setzt auf die Google+-Karte

Larry Page kündigte in einer internen E-Mail an, dass bis zu einem Viertel der Bonuszahlungen von dem Erfolg der Social-Media-Strategie abhingen! Seit er Anfang April 2011 wieder den Chefsessel bei Google bezog, bereitet Page den ganzen Konzern auf die große Aufgabe vor: endlich Boden im Bereich der sozialen Medien gutzumachen und die Nutzer dazu zu bringen, mehr Zeit auf Googles Plattform zu verbringen.

Mit großen Lobpreisungen der Medien startete Google+ im Juni 2011. Zunächst wurde die Plattform als geschlossene Betacommunity gestartet, wie man das auch bei Gmail gemacht hatte. Danach konnten bestehende Mitglieder weitere Kontakte einladen, bevor im November 2011 der Zugang öffentlich wurde.

Google+ unterstützt dabei die Aktivitäten des Internetriesen an verschiedenen Fronten! Im Bereich der sozialen Suche wird Boden gegenüber der Suchmaschine Bing aus dem Hause Microsoft gutgemacht. Microsoft hat auch eine Beteiligung an Facebook und kommt dort bei der Suchmaschinenintegration zum Zuge.

Auch in den Bereichen Browser (Googles Chrome vs. IE, Firefox, Safari) und Mobile (Googles Android vs. Apple iFhone) hilft die Integration von Google+ dabei, diese Dienste weiter zu etablieren.

Mehr als 100 Millionen Nutzer auf Google+ – 400 Millionen werden bis Ende 2012 erwartet

Die Nutzerbasis von Google+ wuchs mit hoher Geschwindigkeit, in nur drei Monaten erreichte das Netzwerk laut Marktbeobachtern die 50-Millionen-Nutzermarke. Zum Vergleich: Facebook brauchte dafür fast vier Jahre, Twitter noch fast drei Jahre. Anfang Februar 2012 nutzen bereits **100 Millionen Menschen** Google+, und für Ende 2012 werden gar **400 Millionen Nutzer** prophezeit. Damit ist Google+ die am schnellsten wachsende Internetseite aller Zeiten!

10.2 Das Grundkonzept der Kreise (Circles)

Tauchen wir nun ein in die faszinierenden Möglichkeiten! Social Networks bringen per Definition viele Kontakte mit sich – Hunderte, manchmal gar Tausende Personen werden Teil des eigenen Netzwerks. Google hat dafür ein innovatives Konzept entwickelt, um der damit einhergehenden Informationsflut entgegenzutreten – Kreise („Circles") sollen die eigenen Bekanntschaften kategorisieren.

Sie entscheiden, mit wem Sie was teilen!

In anderen sozialen Netzwerken werden Inhalte einfach mit allen Kontakten geteilt, ohne dass man dabei auf einfache Weise eine Segmentierung vornehmen kann. Das kann unangenehme Folgen mit sich bringen.

Bei Google+ gibt es deshalb die sogenannten Kreise als Ordnungskriterium. Diese bestehen standardmäßig aus *Familie*, *Freunde*, *Bekannte* und *Nur folgen*, sind aber jederzeit beliebig erweiterbar. Mit diesen Kreisen bestimmen Sie, mit wem Sie Inhalte teilen. Natürlich ist es auch möglich, Inhalte öffentlich ohne Einschränkung zu teilen.

Definieren Sie Kreise für alle Ihre Anspruchsgruppen

So können Sie über diese verschiedenen Kreise (z. B. *Kunden*, *Blogger*, *Mitglieder des Schrebergartenvereins 03 e. V.*, *Klassenkameraden* etc.) komplett verschiedene Inhalte teilen. Ihre Kunden werden also niemals das Foto sehen, dass Sie mit Ihrem Schrebergartenverein geteilt haben.

In dieser Beispielgrafik sehen Sie vier verschiedene Kreise. In den Bereichen *Freunde* und *Blogger* gibt es eine Überlappung, sprich, diese Person ist ein Freund und bloggt gleichzeitig auch. Die Personen in den Kreisen *Hobby* und *Kunden* hingegen sind komplett unabhängig voneinander. Wie man die Kreise im Detail benutzt, schauen wir uns im Folgenden genauer an.

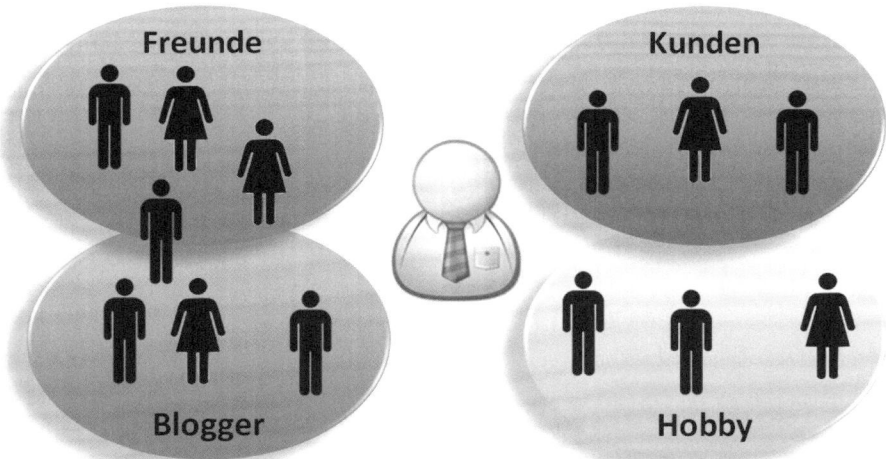

Visualisierung einiger Beispielkreise mit einer Person, die zu den Kreisen Freunde und Blogger gehört.

10.3 So richten Sie ein Google+-Profil ein

Wenden wir uns nun den Funktionen im Einzelnen zu. Die Plattform steht in über 40 Sprachen für **Nutzer ab 13 Jahren** zur Verfügung. Bei Google+ erhält jeder ein Profil, er kann die Inhalte von anderen Nutzern einsehen, Nutzergruppen (Kreise) erstellen und mit diesen kommunizieren – also bisher nicht viel anders als in Facebook. Doch warten Sie ab, da kommt noch mehr, nachdem wir uns die Grundlagen zu Gemüte geführt haben.

Wie Sie Ihr Profil erstellen und erste Kontakte finden

1 Um Google+ beizutreten, benötigen Sie einen Google-Account. Wenn Sie Google Docs, Google Mail oder andere Google-Dienste nutzen, besitzen Sie bereits ein solches Benutzerkonto. Besuchen Sie in dem Fall **http://www.google.com/+**, **http://plus.google.com** oder **http://www.google.com/plus** und melden Sie sich unter *Anmelden* (im Englischen *Sign In*) mit Ihrer E-Mail-Adresse und Ihrem Passwort an.

2 Falls Sie noch kein Google-Konto besitzen, klicken Sie unterhalb auf *Konto erstellen*, um sich zu registrieren. Mit diesem Konto können Sie fortan auch die anderen Dienste von Google (inklusive YouTube) nutzen!

3 Nun können Sie in die Eingabemaske Ihren Namen, Ihr Geschlecht und ein Foto von sich eintragen. Auch Pseudonyme sind **erlaubt**, wenn ein **Nachweis** erbracht werden kann, dass Sie damit bereits öffentlich agieren. Falls Sie Ihren Namen später noch einmal ändern oder mit einem

Nickname ergänzen möchten, können Sie dies unter **https://www. google.com/accounts/EditUserInfo** tun.

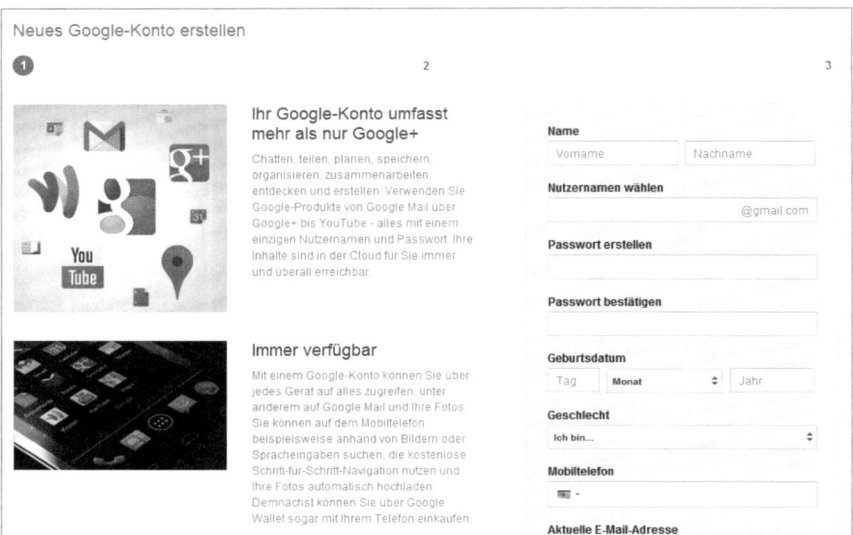

4a Als Nächstes bietet Google+ Ihnen an, über Ihr Adressbuch einen Kontaktstamm aufzubauen. Dazu können Sie sich mit Ihren Yahoo!- und/ oder Microsoft-Live-Nutzerdaten anmelden. Beachten Sie, dass Google damit Zugriff auf Ihr Adressbuch hat!

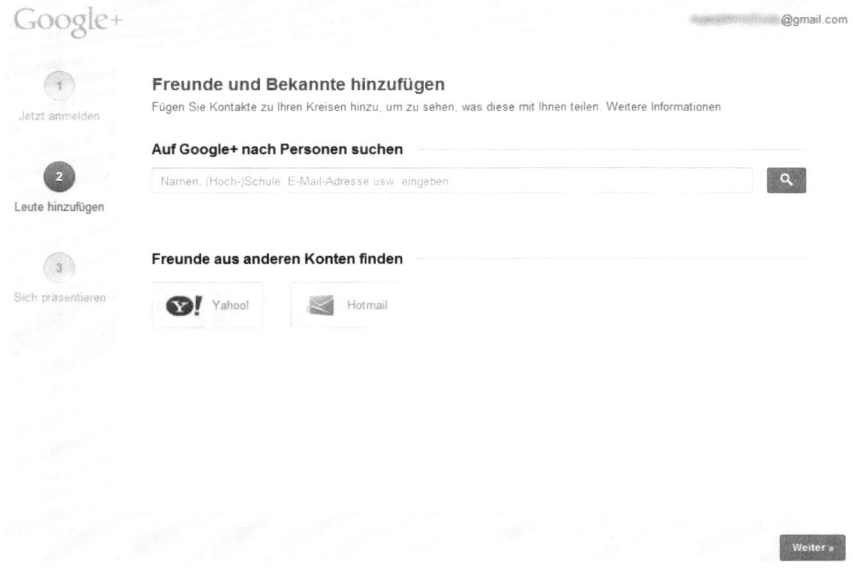

4b Natürlich können Sie auch später noch das Adressbuch Ihrer E-Mail-Konten sowie eine manuell exportierte CSV-Datei oder vCard importieren. Dazu klicken Sie auf das Icon für die Kreise. Unter dem Stichwort *Personen suchen* finden Sie die Möglichkeit zum Import.

5 Google+ schlägt Ihnen außerdem noch Seiten und Personen vor, die Sie interessieren könnten. Sie finden dazu verschiedene Kategorien, aus denen Sie basierend auf Ihren Interessen Kontakte hinzufügen können.

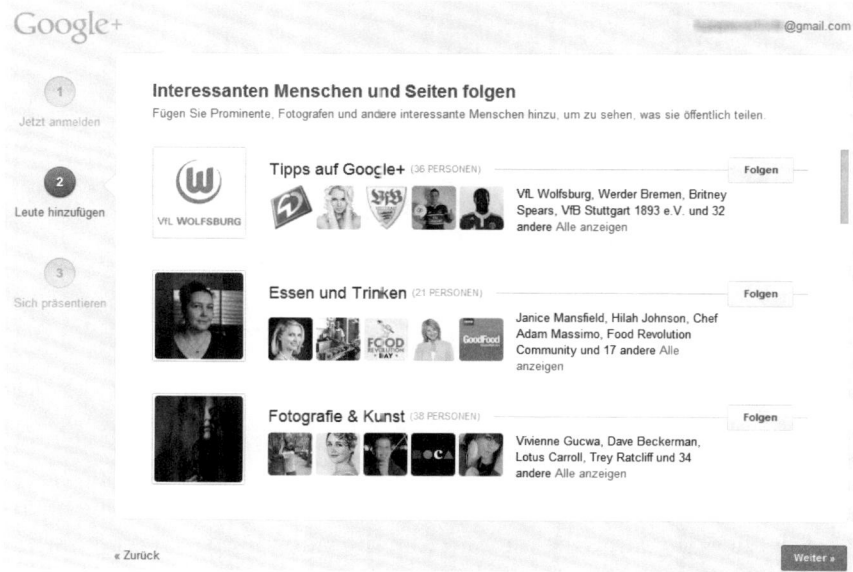

549

6 Füllen Sie nun noch grundlegende Informationen aus: besuchte Schule und Abschlussjahr, Arbeitgeber, Wohnort. Hier können Sie auch Ihr Profilfoto ändern. Worte und Bilder kommunizieren gemeinsam viel stärker!

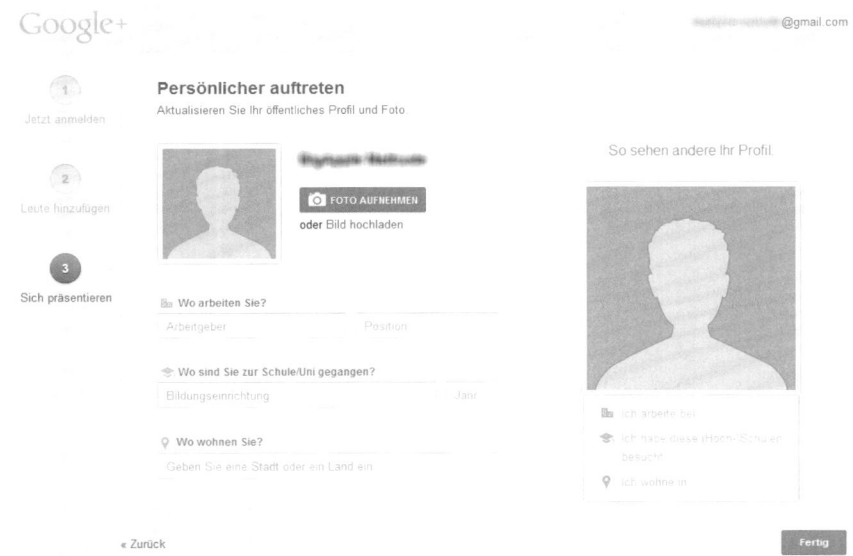

7 Google+ begrüßt Sie nun mit einer Einführungstour.

Erweitern Sie Ihr Profil mit allen Details

Sie können Ihr Profil nun jederzeit erweitern – und das sollten Sie auch tun. Und denken Sie daran, bei den Profilinformationen mehrfach die wichtigsten Stichwörter einzutragen, unter denen Sie gefunden werden wollen. Ihr Profil ist Ihr Aushängeschild! Machen Sie es unverwechselbar und gestalten

Sie es so, dass es Besucher anspricht und mehr über Sie (und Ihre Dienstleistungen) verrät.

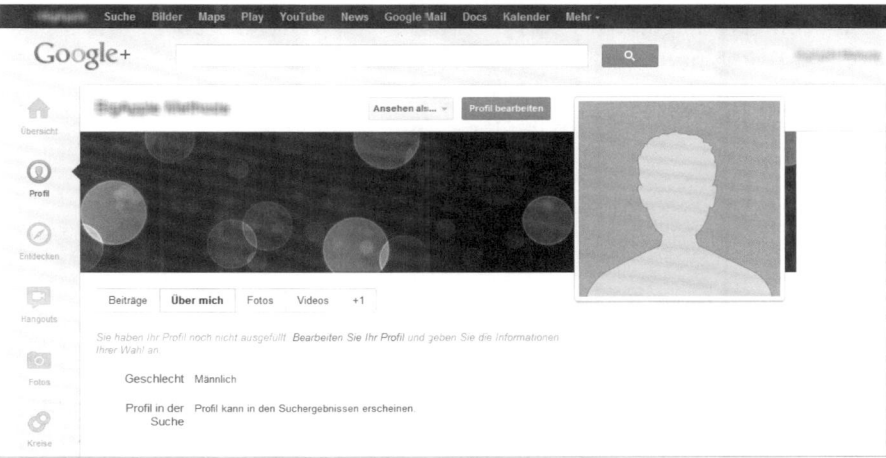

Stellen Sie sicher, dass Ihre Profilansicht nicht leer bleibt!

Klicken Sie dazu auf das Icon *Profil* und dann auf *Profil bearbeiten*. Dort geben Sie Ihr Motto, eine kurze Selbstbeschreibung und weitere Dinge an, mit deren Hilfe Sie gefunden werden wollen.

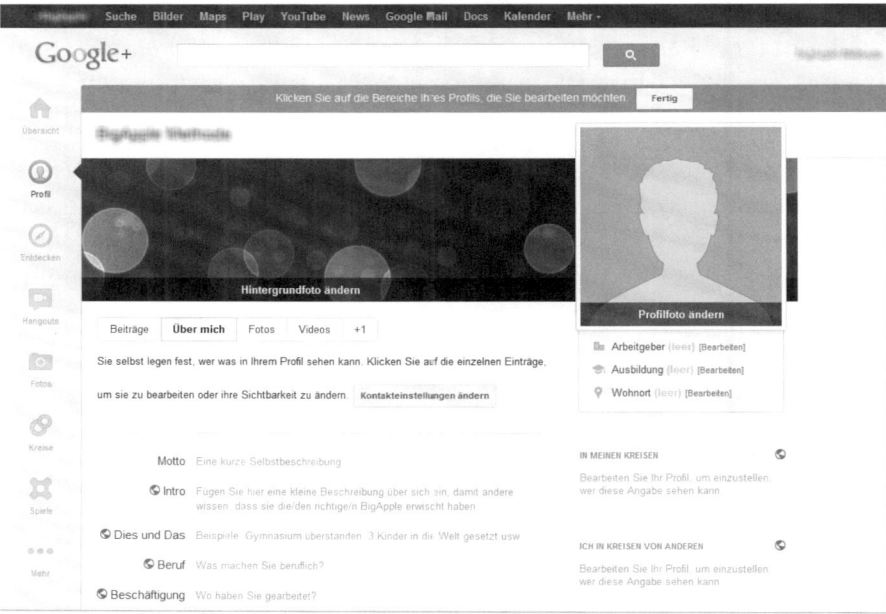

Füllen Sie möglichst alle Details zu sich in Ihrem Profil aus.

Zwar sind nur Name und Geschlecht Pflichtangaben, aber um Interesse zu wecken und Besucher auf Ihre Fähigkeiten hinzuweisen, sollten Sie Ihre Biografie, Kontaktdetails sowie Links zu anderen Webseiten und Social-Network-Profilen anlegen. Des Weiteren können Sie hier angeben, was Sie suchen. Dabei stehen die Kategorien *Freunde*, *Verabredung*, *Beziehung* und *Networking* zur Auswahl. Sie können auch grafische Sonderzeichen in der Selbstbeschreibung nutzen (siehe Anhang „Sonderzeichen").

Gestalten Sie Ihre Selbstbeschreibung mit Sonderzeichen.

Google hat deutlich gemacht, dass die Angaben aus Ihrem Google+-Profil auch für die Suchresultate genutzt wird. Das umfasst insbesondere Titel, Beschreibung, Links und Foto. Passen Sie deshalb beim Eintragen dieser Informationen besonders auf! Unter **http://www.socialmediabuch.com/google plusseo** finden Sie einen **spannenden Artikel** auf Englisch, der aufzeigt, was wie ausgewertet wird.

Fügen Sie ein Profilbild und eine Profilgalerie oder ein Hintergrundbild hinzu

Auf Ihrem Profil können Sie zudem ein Hintergrundbild oder eine Profilgalerie mit fünf Bildern in einer Größe von je 125 × 125 Pixeln einbinden. Diese Bilder sind sozusagen eine extra Werbefläche für Ihr persönliches Profil.

Unter **http://www.socialmediabuch.com/gplusprofilehacks** und **http://www. socialmediabuch.com/gplusprofilehacks2** finden Sie einige inspirierende Darstellungen.

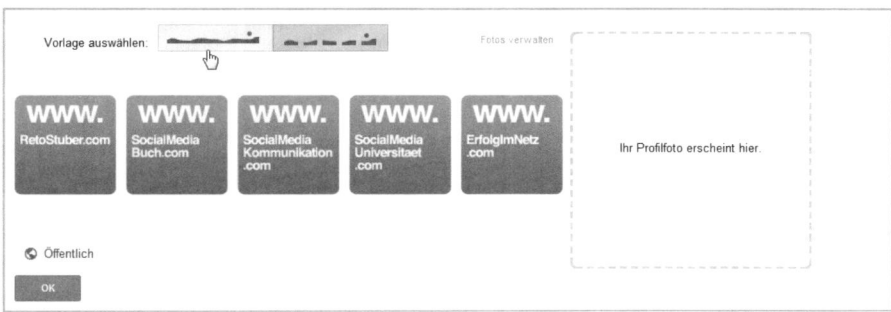

Nutzen Sie die Möglichkeit, sich und Ihre Angebote zu präsentieren.

Sie haben dabei folgende Möglichkeiten, Ihre Profilbilder zu kreieren:

➤ Laden Sie beliebige Fotos hoch oder wählen Sie welche aus bestehenden Alben aus.

➤ Die Profilgalerie lässt sich auch mittels animierten GIF-Bildern darstellen, was sehr eindrucksvoll auf den Besucher wirken kann!

➤ Nutzen Sie die Webseite **http://www.gpluspic.com**, um Ihre eigene Profilgalerie zu erstellen. Dabei wird ein einzelnes Bild in passende Teile zerlegt.

➤ Alternativ können Sie auch einen Editor wie **http://www.picnik.com** oder die Bildbearbeitungsfunktionen von Google+ nutzen, um Ihr Bild anzupassen.

➤ Unter **http://www.socialmediabuch.com/gplusprofilbanner** finden Sie eine Vorlage für Adobe Photoshop, um aus einem größeren Bild fünf Miniaturbilder herzustellen. Diese fünf Bilder können zum Beispiel ein ganzes Bild oder einzelne Dienstleistungen darstellen.

Insidertrick: Geben Sie weitere Infos von sich auf der Profilvisitenkarte bekannt!

Wenn jemand mit der Maus über Ihr Profilbild fährt, sieht er Profilfoto und Name. Aber wie wäre es, wenn stattdessen noch eine Beschreibung zu Ihnen dort stehen würde? Mit einem kleinen Trick ist es möglich, dass auf Ihrer Profilvisitenkarte mehr Informationen angezeigt werden!

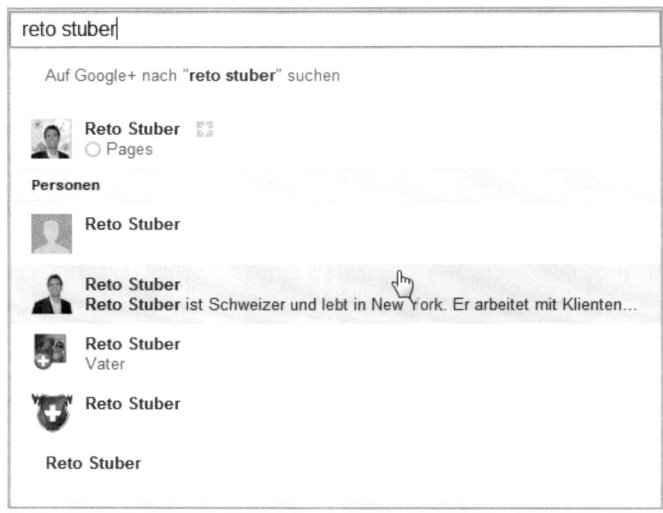

Mit einem Trick können Sie mehr über sich anzeigen lassen.

1 Navigieren Sie auf Ihr Profil und klicken Sie auf *Profil bearbeiten*.

2 Klicken Sie auf *Beschäftigung* im Bereich *Über mich*.

3 Geben Sie die Detailbeschreibung im ersten Feld ein.

4 Lassen Sie *Position* und *Beginn* leer, und setzen Sie das Häkchen bei *Aktuell*.

5 Speichern Sie und aktualisieren Sie den Browser.

Geben Sie bei der aktuellen Beschäftigung eine Kurzbeschreibung ein.

Prüfen Sie, wie andere Ihr Profil sehen

Auf Ihrer Profilansicht können Sie mit einem Klick auf *Ansehen als* testen, wie Ihr Profil bei Ihren Kontakten erscheint. Dabei können Sie einzelne Namen (von Personen oder Kreisen) eingeben, um zu sehen, ob X Ihre Telefonnummer sieht, Y aber nicht.

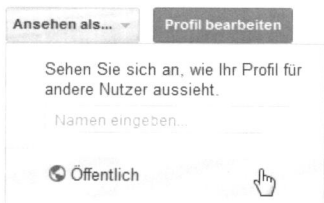

Schauen Sie nach, was bestimmte Nutzer von Ihrem Profil sehen können.

Ihr Profil wird auch von Google indexiert und in den Suchergebnissen angezeigt. Möchten Sie das unterbinden, gehen Sie in die Bearbeitungseinstellungen Ihres Profils zu *Über mich*. Deaktivieren Sie dort die Option *Profil in der Suche*.

Anderer Benutzer können Ihnen außerdem eine E-Mail oder eine private Nachricht über Google+ senden, falls Sie diese Optionen freischalten. Dazu finden Sie im Reiter *Über mich* zuoberst den Eintrag *Kontakteinstellungen ändern*.

Entscheiden Sie, wer Sie wie kontaktieren kann.

10.4 Die Möglichkeiten der Kreise

Wie bereits angesprochen, sind die Kreise ein zentrales Ordnungselement in Google+. Sie können dabei maximal 5.000 Personen und Seiten in Ihren eigenen Kreisen verwalten.

Bei jeder Information, die Sie teilen, können Sie einstellen, ob diese nur mit einem (oder mehreren) bestimmten Kreisen, mit Ihren erweiterten Kreisen oder öffentlich geteilt werden soll. Die erweiterten Kreise sind dabei die Kontakte Ihrer Kontakte.

> ➤ *Öffentlich* bedeutet, dass Beiträge durch jedermann auf Ihrem Profil eingesehen werden können und auch bei denjenigen ersichtlich sind, die Sie in Ihre Kreise aufgenommen haben.

> ➤ *Erweiterte Kreise* umfasst die Leute, die in den Kreisen Ihrer Kontakte sind.

> ➤ *Meine Kreise* umfasst nur die, die Sie in Ihren eigenen Kreisen verwalten.

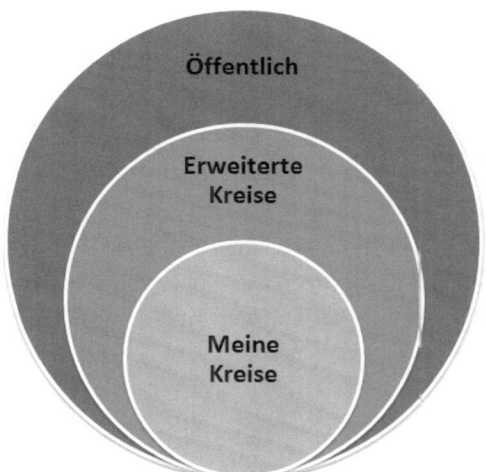

Googles Kreissystem sorgt für unterschiedliche Berechtigungsstufen.

Schauen wir uns an, wie sich diese am besten nutzen lassen.

1 Um Ihre Kontakte zu organisieren und Kreise anzulegen, klicken Sie zunächst auf das Kreissymbol.

2 In der sich öffnenden Übersicht können Sie nun eine oder mehrere Personen aus Ihren Kontakten einem oder mehreren Kreisen zuordnen. Über die Suchfunktion können Sie auch andere Leute ausfindig machen.

3 Es ist meist sinnvoll, zusätzlich zu den Standardkreisen weitere Kreise basierend auf Ihren persönlichen Segmentierungskriterien zu erstellen. Ziehen Sie hierzu die Personen, die dem neuen Kreis angehören sollen, auf den leeren Kreis mit der Beschriftung *Hierher ziehen, um Kreis zu erstellen*. Geben Sie dem Kreis einen Namen (z. B. *Kunden*) und fügen Sie, wenn nötig, eine Beschreibung hinzu.

4 Sowohl Kreisname als auch Beschreibung sind nur durch Sie selbst einsehbar. Ab dem Moment der Zuordnung kann der jeweilige Nutzer alle älteren und zukünftigen Inhalte sehen, die mit dem Kreis geteilt werden.

5 Wenn Sie jemanden aus einem Kreis entfernen möchten, klicken Sie einfach die Person an, halten die Maustaste gedrückt und ziehen das Icon aus dem Kreis heraus. Dann lassen Sie die Maustaste los, und die Person wird entfernt.

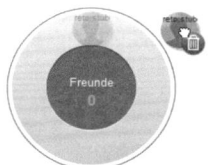

6 Um einzelne Personen aus Ihrem Netzwerk zu entfernen, können Sie diese auch mit einem Klick loswerden, indem Sie auf das Kreuzchen oben rechts klicken oder aber über den Button *Aktionen* auf *Entfernen*. Sollte ein Kontakt Sie belästigen, besteht außerdem die Möglichkeit, diesen zu blockieren. Dazu wählen Sie im Menü *Aktionen* den Eintrag *Blockieren* aus. Nun taucht diese Person in keinem Ihrer Kreise mehr auf und kann keine Ihrer Inhalte mehr sehen oder kommentieren.

7 Auch das Erstellen von neuen Kreisen ist einfach. Fahren Sie dazu einfach über den Kreis *Hier ablegen, um Kreis zu erstellen*. Dabei erscheint ein Link *Kreis erstellen*, den Sie anklicken können, um dann die gewünschten Infos einzugeben.

8 Wenn Sie einen Kreis löschen oder bearbeiten möchten, müssen Sie ihn nur anklicken und dann die gewünschte Option auswählen. Wenn Sie einen Kreis löschen, werden die Inhalte, die Sie mit diesem Kreis geteilt haben, in private Beiträge umgewandelt. Fortan können nur noch Sie selbst diese einsehen.

9 Sie können Kreise übrigens auch mit anderen Personen teilen! Empfehlen Sie damit zum Beispiel Ihren Kontakten die von Ihnen zusammengestellten Experten eines Themengebiets. Klicken Sie dazu auf den zu teilenden Kreis und dann auf das Symbol zum *Teilen*. Sie können den Beitrag auch mit einem Kommentar versehen und den Kreis als Statusmeldung veröffentlichen.

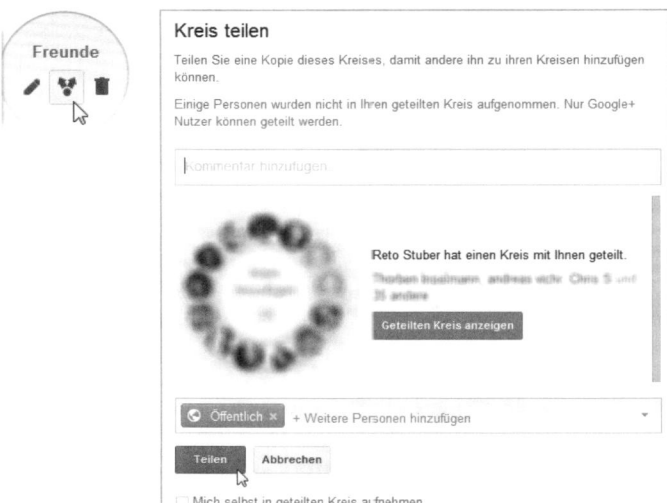

Legen Sie fest, ob andere Nutzer Ihre Kontakte sehen können

Sie können ebenfalls definieren, wer auf Ihrer Profilseite Ihre Kontakte sehen kann. Klicken Sie dazu in der linken Navigation auf *Profil*, um zu Ihrer eigenen Profilansicht zu gelangen. Dort sehen Sie auf der rechten Seite unterhalb Ihres Profilbilds etc. die Übersicht Ihrer Kontakte, sprich:

➢ in welchen Kreisen Sie sich befinden und

➢ wer sich in Ihren Kreisen befindet.

Mit einem Klick auf *Profil bearbeiten* oben auf der Seite können Sie festlegen, wer diese Informationen einsehen darf (beispielsweise *Öffentlich* oder aber bestimmte Kreise). Zudem definieren Sie dort auch, ob andere sehen dürfen, wer Sie zu Ihren Kreisen hinzugefügt hat.

Auf Ihrer Profilseite können Sie festlegen, welche Ihrer Kontakte angezeigt werden sollen.

Clevere Nutzung von Kreisen zur Selbstorganisation

Sie können übrigens auch einen neuen leeren Kreis erstellen, in dem bestimmte Inhalte für Sie selbst archiviert werden sollen – zum Beispiel Inhalte von anderen Nutzern, die Ihnen besonders gut gefallen haben, oder solche, die Sie später lesen wollen. Teilen Sie relevante Beiträge einfach mit diesem Kreis, um so in Zukunft direkt darauf Zugriff zu haben.

Auf die gleiche Weise können Sie einen Kreis auch als „Entwurfskreis" nutzen. Wenn Sie eine Idee für einen Beitrag haben, aber keine Zeit haben, diesen komplett zu schreiben, erstellen Sie eine Entwurfsversion und teilen diese einfach nur mit Ihrem persönlichen Entwurfskreis. Sie können dann die Inhalte dieses Kreises später aufrufen und weiter verfeinern, um sie publikationsreif zu gestalten.

10.5 Umgang mit der Übersicht (Stream) und den Inhalten

Nachdem wir nun ein Profil erstellt und die Grundlagen der Kreise kennengelernt haben, schauen wir uns die einzelnen Funktionen im Detail an.

Die Übersicht (Stream) – Neuigkeiten auf einen Blick

Was bei Facebook als *Neuigkeiten*-Bereich tituliert wird, ist bei Google+ die *Übersicht* bzw. der *Stream*. Statusmitteilungen, Fotos, Videos, Links – hier finden Sie alle Inhalte, die andere Google+-Nutzer mit Ihnen geteilt haben.

Als Top-Navigation präsentiert sich außerdem eine Liste mit Ihren Kreisen. Dort können Sie mit einem Klick auf den gewünschten Button die Ansicht auf die Inhalte reduzieren, die von Leuten in dem jeweiligen Kreis veröffentlicht wurden – und mit einem Klick auf *Alle* kommen Sie wieder in die Hauptansicht zurück.

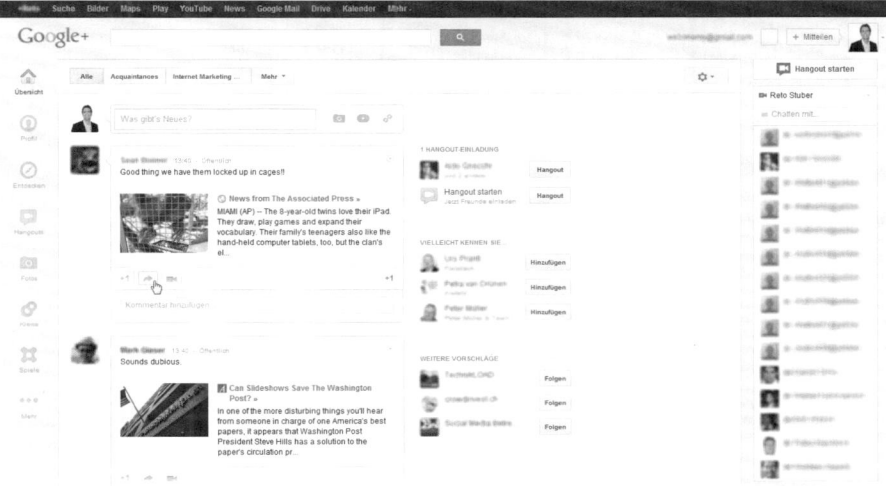

So präsentiert sich Google+ mit dem Newsstream.

So veröffentlichen Sie eigene Statusupdates und teilen Ihre Inhalte mit anderen

Um eigene Inhalte mit anderen zu teilen, klicken Sie auf die Mitteilungsbox *Was gibt's Neues?* in der Mitte der Seite. In dieses Textfeld schreiben Sie Ihre Nachricht und veröffentlichen sie. Dabei können Sie natürlich Links, Fotos, Videos etc. ergänzen, dies werden wir uns noch im Detail anschauen.

Veröffentlichen Sie Statusupdates aus anderen Google-Diensten heraus

Sie wollen etwas teilen, befinden sich aber gerade nicht direkt auf Google+, sondern in einer anderen Google-Applikation wie beispielsweise Gmail? Dann müssen Sie nicht extra wechseln, sondern können mit einem Klick auf den *Mitteilen*-Button die Inhalte direkt auf Google+ veröffentlichen.

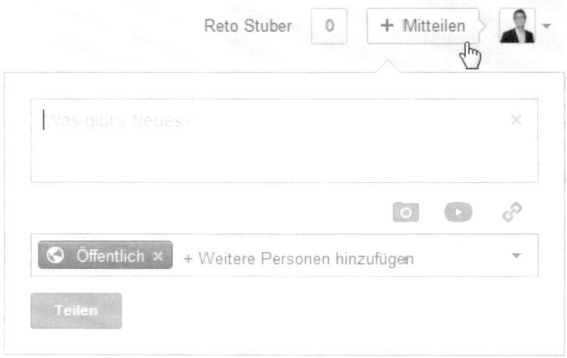

Aktualisieren Sie Ihren Status auch aus anderen Google-Applikationen heraus.

Formatieren Sie Ihre Texte, um sich von der Masse abzuheben

Um Beiträge bei der Veröffentlichung hervorzuheben, können Sie Texte entsprechend formatieren. Natürlich können Sie Formatierungen auch kombinieren, zum Beispiel kann ein Text kursiv und fett ausgezeichnet werden.

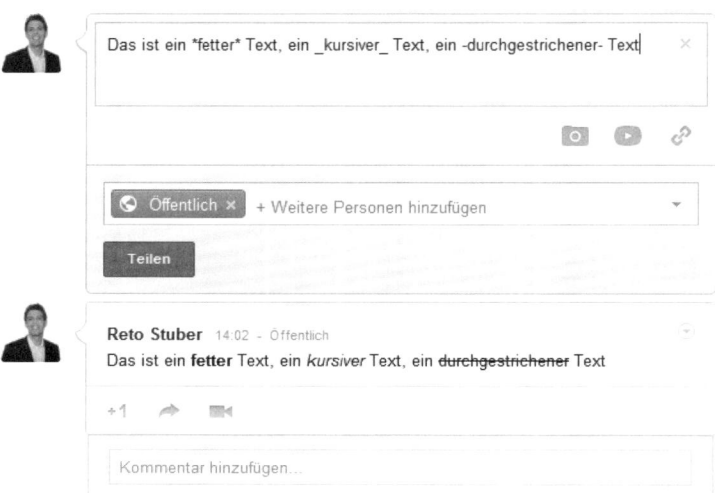

Nutzen Sie die Formatierungsmöglichkeiten, um bestimmte Textelemente hervorzuheben.

Die einzelnen Befehle für die Formatierung lauten wie folgt:

Syntax	Ergebnis	Formatierung
Hallo Social-Media-Experten!	**Hallo Social-Media-Experten!**	Fett
Bonus: _10 Seiten als kostenloses PDF_	*Bonus: 10 Seiten als kostenloses PDF*	Kursiv
-Das stimmt nicht!-	~~Das stimmt nicht!~~	Durchgestrichen
Aufgepasst!	***Aufgepasst!***	Kursiv und Fett

Kommentieren Sie Statusnachrichten

Neben dem Teilen von Mitteilungen bietet Google+ natürlich auch die Möglichkeit, Mitteilungen zu kommentieren. Unter jedem Inhalt finden Sie dazu das Eingabefeld, in dem Sie einfach auf *Kommentar hinzufügen* klicken müssen. Sobald Sie einen Kommentar verfasst und abgeschickt haben, wird er mit allen geteilt, die die ursprüngliche Mitteilung sehen können. Bei Tippfehlern oder anderen Irrtümern können Sie Ihre Kommentare aber jederzeit bearbeiten oder löschen.

„Plussen" Sie Beiträge

Das Äquivalent zum *Gefällt mir*-Button in Facebook ist bei Google der *+1*-Button. Dieser kann nicht nur auf Websites eingebunden werden, er findet sich auch unter jeder Mitteilung.

Mit einem Klick darauf drücken Sie Ihr Gefallen an dieser Mitteilung oder der jeweiligen Webseite aus. Zudem haben Sie die Möglichkeit, den Beitrag mithilfe des Pfeil-Buttons mit Ihren Kontakten zu teilen.

Interagieren Sie mit den Inhalten!

Auf Ihrer Profilseite finden Sie zudem eine Übersicht der geplussten Seiten.

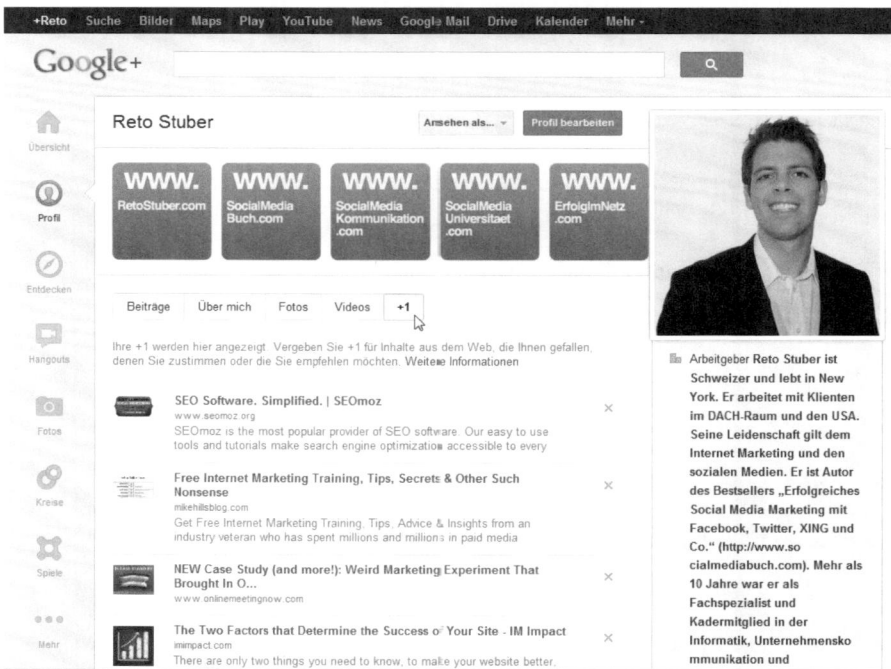

Alle Seiten, die Sie im Netz plussen, sind standardmäßig auf Ihrem Profil einsehbar.

So finden Sie neue Inhalte und erweitern Ihr Netzwerk mit mehr relevanten Kontakten

Die beste Taktik, um relevante Kontakte zu finden, ist eine ganz einfache: Seien Sie selbst interessant und suchen Sie nach interessanten Personen!

In der linken Navigation finden Sie zudem den Button *Entdecken*, wo Ihnen Google verschiedene interessante Beiträge vorschlägt.

Zudem bietet sich die interne Suchfunktion von Google an. Geben Sie einfach den gewünschten Begriff in das Suchfeld oben ein, klicken Sie auf den blauen Suchen-Button und filtern Sie dann die Resultate nach *Profile und Seiten*.

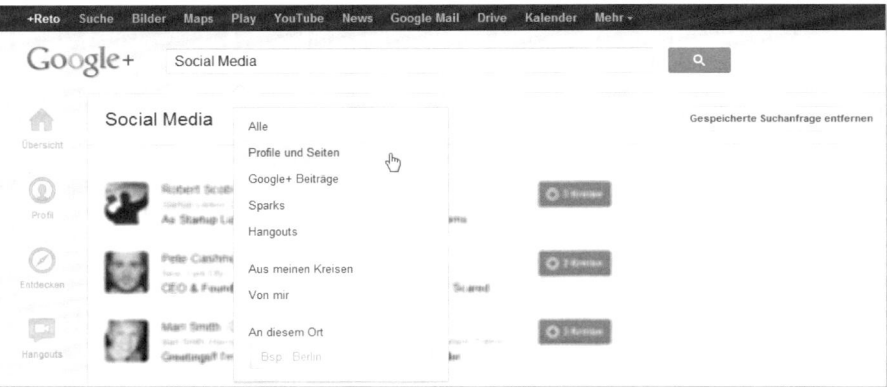

Geben Sie einen Suchbegriff ein, starten Sie die Suche und filtern Sie das Ergebnis.

Zudem können Sie auch folgende Webseiten nutzen, um neue Leute zu entdecken.

➢ http://www.findpeopleonplus.com

➢ http://www.recommendedusers.com

➢ http://www.gpc.fm

➢ http://www.group.as

➢ http://www.gpeep.com

➢ http://www.gglpls.com

➢ http://www.plusbuddy.com

➢ http://www.plusclout.com

➢ http://www.womenofgplus.com

➢ http://www.findyourplus.com

Um ein relevantes „Following" aufzubauen, sprich interessante Kontakte zu finden, können Sie grundsätzlich wie folgt vorgehen:

> ➤ Finden Sie bestehende Kontakte, indem Sie Ihr Adressbuch im Bereich der Kreisverwaltung hochladen.

> ➤ Finden Sie Menschen mit ähnlichen Interessen. Folgen Sie mehr interessanten Menschen. Nutzen Sie die Suchfunktionen und schauen Sie darauf, welche Personen Ihre Kontakte erwähnen. Folgen Sie auch diesen.

> ➤ Interagieren Sie mit anderen Nutzern, stellen Sie Fragen, kommentieren Sie Inhalte.

> ➤ Veröffentlichen Sie eigene interessante Beiträge und teilen Sie relevante Inhalte und Links, am besten mit Fotos und Videos.

> ➤ Teilen Sie Ihre Beiträge öffentlich oder mit den erweiterten Kreisen, um damit eine hohe Reichweite zu haben.

> ➤ Machen Sie Ihr Profil bekannt (beispielsweise Google+-Widget auf dem Blog, Link in der E-Mail-Signatur, Hinweise auf Facebook und Twitter etc.).

> ➤ Laden Sie Ihre Freunde und Kontakte aus anderen Social Networks ein. Unter **http://www.findpeopleonplus.com/twitter2plus** machen Sie Twitter-Nutzer ausfindig, die auch ein Google+-Profil besitzen.

> ➤ Suchen Sie bereits geteilte Kreise und fügen Sie diese hinzu. Unter **http://goo.gl/PrcGo** finden Sie eine umfangreiche Liste.

> ➤ Oftmals wurden interessante Personen, Experten und Marken von anderen bereits in Kreisen organisiert und geteilt. Suchen Sie dazu mit der Phrase „hat einen Kreis mit Ihnen geteilt" + „Stichwort" (bzw. auf Englisch: „shared a circle with you" + „keyword") und fügen Sie die passenden Inhalte zu den eigenen Kreisen hinzu.

> ➤ Suchen Sie nach gewünschtem Ort oder Interesse direkt auf Google+ oder in der Google-Suche mit dem Parameter „site:plus.google.com".

> ➤ Alternative Suchmaschinen sind **http://www.gplussearch.com**, **http://www.postsonplus.com** und **http://www.stuffinplus.com**.

So ignorieren Sie Beiträge und Personen

Es kommt immer wieder mal vor, dass es eine für Sie nicht relevante Diskussion gibt, die sich in Ihr Blickfeld schiebt. Klicken Sie dann einfach auf das Dreieck rechts im Beitrag und ignorieren Sie diese.

Wenn die nervigen Beiträge immer wieder von derselben Person kommen, haben Sie im selben Menü zudem die Möglichkeit, diese Person zu blockieren oder bei Verstößen gar einen Missbrauch zu melden.

Blenden Sie nicht relevante Diskussionen aus.

Sie können übrigens in den einzelnen Kreisen festlegen, wie viele der Inhalte daraus im Hauptstream (*Alle Kreise*) angezeigt werden sollen. Nutzen Sie dafür den „Lautstärkeregler" oben rechts.

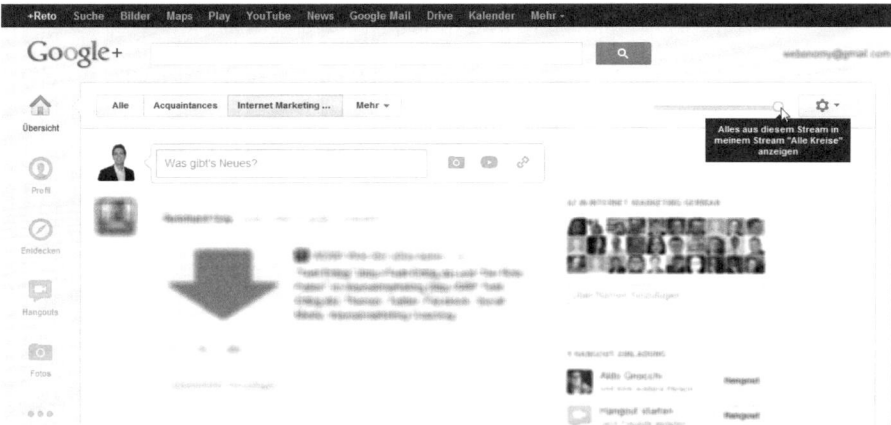

Legen Sie pro Kreis fest, wie viele der Inhalte daraus im Hauptstream angezeigt werden sollen.

Legen Sie fest, wer Ihre Inhalte sehen darf

Sie bestimmen, ob Sie die Mitteilung mit bestimmten Personen, einem oder mehreren Kreisen, mit den erweiterten Kreisen (also den Kontakten Ihrer Kontakte) oder mit allen Nutzern (*Öffentlich*) teilen wollen. Unterhalb der Mitteilung können Sie dafür jeweils die gewünschte Zielgruppe auswählen. Je mehr Leute die Meldung potenziell sehen können, desto größer ist damit auch Ihre Reichweite.

Wenn Sie mit der Maus über einen der Kreise fahren, haben Sie zudem die Möglichkeit, den Beitrag auch per E-Mail-Benachrichtigung an die ausgewählte Zielgruppe zu senden, indem Sie auf *Benachrichtigungen zu diesem Beitrag* klicken. Dies ist eine sehr mächtige Funktion und sollte nur sehr gezielt eingesetzt werden – sonst landen Sie bei Ihren Kontakten schnell auf der Spammer-Liste!

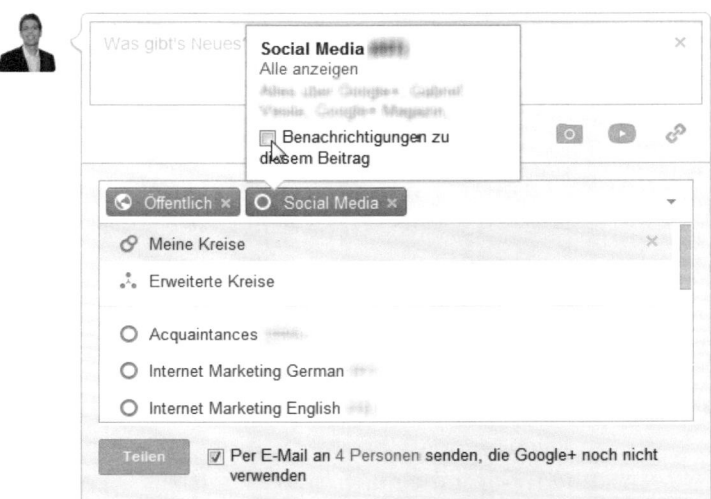

Wählen Sie die gewünschte Zielgruppe aus, aber setzen Sie die E-Mail-Benachrichtigung nur sehr gezielt ein.

Versenden Sie private Nachrichten über die Mitteilungsbox

Sie können auch über die Mitteilungsbox direkt eine private Nachricht an eine bestimmte Person senden. Geben Sie dazu einfach den Namen der Person ein und löschen Sie alle anderen Angaben. Veröffentlichen Sie dann den Beitrag.

Um in einer veröffentlichten Mitteilung direkt zu sehen, wer darauf Zugriff hat, können Sie oben rechts auf den Eintrag *Eingeschränkt* klicken, und es werden Ihnen alle Nutzer angezeigt.

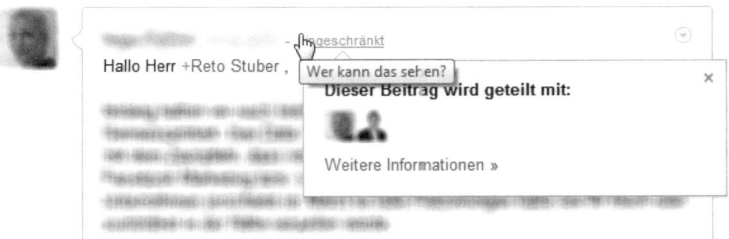

Bei eingeschränkt zugänglichen Beiträgen können Sie mit einem Klick sehen, wer darauf Zugriff hat.

Laden Sie andere Nutzer zu Google+ ein

Sie möchten auch Inhalte mit Leuten teilen, die noch nicht auf Google+ aktiv sind? Dann teilen Sie den entsprechenden Beitrag mit den gewünschten Kreisen und geben zusätzlich noch die E-Mail-Adresse der gewünschten Person ein. Die Person erhält dann eine Nachricht via E-Mail.

Fügen Sie einfach eine E-Mail-Adresse hinzu, wenn Sie den Beitrag mit jemandem teilen möchten, der noch nicht auf Google+ aktiv ist.

Erwähnen Sie andere Nutzer mit einem +- oder einem @-Zeichen

Wie bei Facebook ist es möglich, andere Benutzer in einer Mitteilung zu erwähnen. Stellen Sie dazu dem Namen einfach ein Pluszeichen (+) oder ein „@" voran, direkt ohne Leerzeichen gefolgt vom Namen. Während Sie den Namen langsam eingeben, öffnet sich bereits ein Auswahlfeld für Sie, aus dem Sie die betreffende Person auswählen. Anstelle des Namens können Sie übrigens auch eine E-Mail-Adresse eingeben, der Benutzer wird nach dem Abschicken benachrichtigt.

Verlinken Sie andere Nutzer in Ihren Beiträgen mit einem +- oder einem @-Zeichen.

Kategorisieren Sie Ihre Inhalte mit Hashtags

Es ist ebenfalls möglich, dass Sie „Hashtags" zur Kategorisierung von Inhalten verwenden, wie man das bereits aus Twitter kennt. Stellen Sie dazu einfach ein Rautenzeichen (#) direkt vor den entsprechenden Begriff (ohne Leerzeichen). Der gekennzeichnete Begriff wird dann klickbar und zeigt alle Beiträge von allen Nutzern an, die das gleiche Hashtag verwendet haben.

Nutzen Sie Hashtags, um Ihre Beiträge zu einer bestimmten Thema zu kategorisieren.

Feedback oder Teilen nicht erwünscht? Dann sperren Sie Kommentare oder unterbinden die Weitergabe.

Sind keine Kommentare von anderen Nutzern zu Ihrem Beitrag erwünscht, können Sie das beim Absenden einer neuen Mitteilung entsprechend mit der Option *Kommentare deaktivieren* einstellen. Wird mit einem Klick auf *Beitrag sperren* der Beitrag gesperrt, ist auch das Teilen durch andere Nutzer nicht mehr möglich.

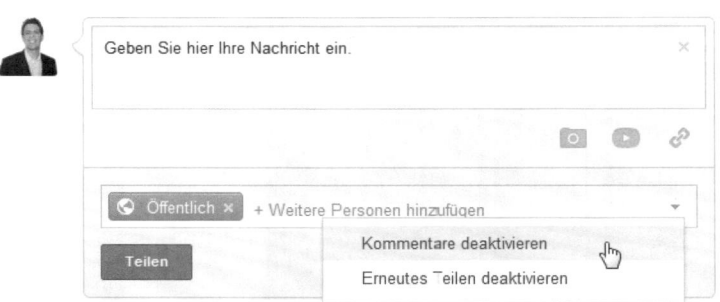

Legen Sie fest, ob Kommentare und das Teilen des Beitrags erlaubt sind.

Veröffentlichen Sie multimediale Inhalte

Neben reinem Text können Sie auch Links anfügen, Fotos bzw. Alben veröffentlichen und Videos hochladen oder direkt selbst aufnehmen. Zudem ist es möglich, dass Sie Bilder direkt von Ihrem Mobiltelefon hochladen oder von **Google Drive** (http://www.google.com/drive) aus **nutzen**.

Da Google auch den empfehlenswerten Dienst Picasa im Portfolio hat, wurde dieser ebenfalls in Google+ integriert. Wer seine Fotos mittels Picasa verwaltet, kann diese direkt in Google+ aufrufen.

Viele Nutzer haben Ihre Fotos aber bereits auf Facebook gespeichert und geteilt. Mit dem Dienst **http://www.move2picasa.com** können Sie diese dann von Facebook zu Picasa portieren.

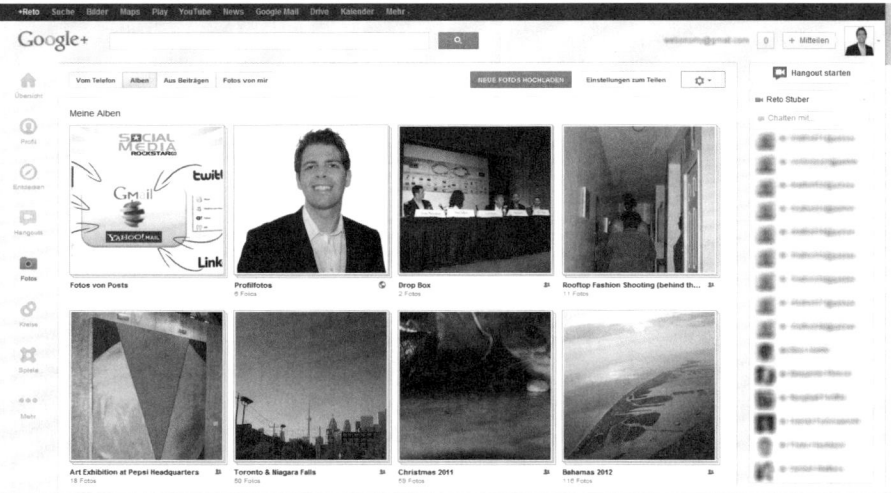

Die Fotos bei Google+ lassen sich in Alben verwalten.

Fotos können dabei geteilt, heruntergeladen und kommentiert werden, und es lassen sich auch Google+-Benutzer markieren.

Die Detailansicht eines Fotos bietet verschiedene Optionen.

Zudem besteht die Möglichkeit, die Bilder direkt online über den Button *Foto bearbeiten* zu editieren. Dabei stehen einfache Grundfunktionen wie *AutoKorrektur*, *Zuschneiden*, *Drehen*, *Belichtung*, *Farben*, *Schärfe*, *Größe* etc. zur Verfügung.

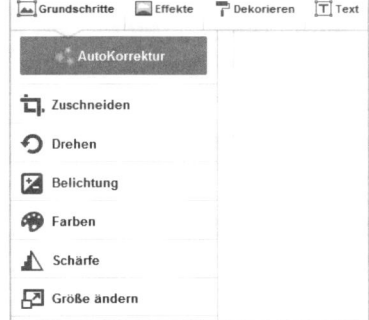

Bilder lassen sich sehr einfach mit den praktischen Grundfunktionen bearbeiten.

Aber auch zusätzliche Effekte sind im Angebot, mit denen die Bilder weiter verfremdet werden können – sei es, dass Sie jemandem einen Schnauzbart oder eine Krone verpassen wollen oder einfach ein bisschen mit dem Stil des Fotos experimentieren möchten.

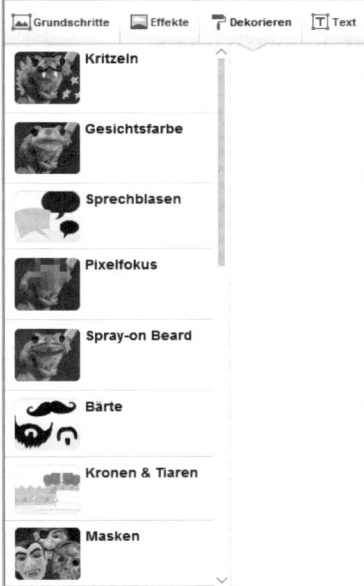

Spielen Sie mit den verschiedenen Effekten, um Ihre Bilder zu verschönern.

Veröffentlichen Sie Videos

Natürlich lassen sich auch Videos veröffentlichen. Diese können Sie ganz einfach hochladen, von YouTube aus verlinken oder direkt mit der Webcam aufnehmen. Wenn Sie auf Ihrem Telefon ein Video aufgenommen und bereits hochgeladen haben, steht es hier auch zur Verfügung – eine automatische Publikation vom Telefon aus findet zwar nicht statt, aber das Video wird (wenn gewünscht) schon mal zur späteren Verwendung hochgeladen.

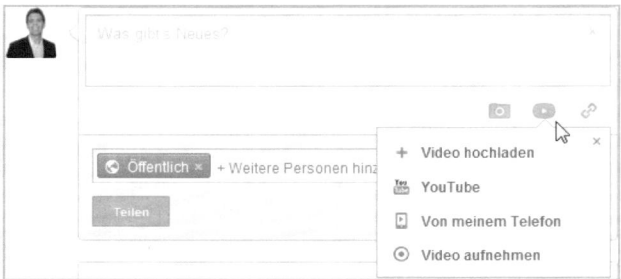

Sie können auch direkt ein Video aufnehmen und dieses als Statusupdate veröffentlichen.

Drag-and-drop für die Erfassung von Bildern und Videos

Um Bilder und Videoclips zu teilen, können Sie diese auch per Drag-and-drop in das Mitteilungsfeld ziehen. Die Datei wird dann automatisch hochgeladen, und Sie müssen nur noch einen Kommentar dazu verfassen und die Mitteilung abschicken. Auch Inhalte von anderen Nutzern aus Ihrem Stream können Sie direkt per Drag-and-drop in das Eingabefeld ziehen.

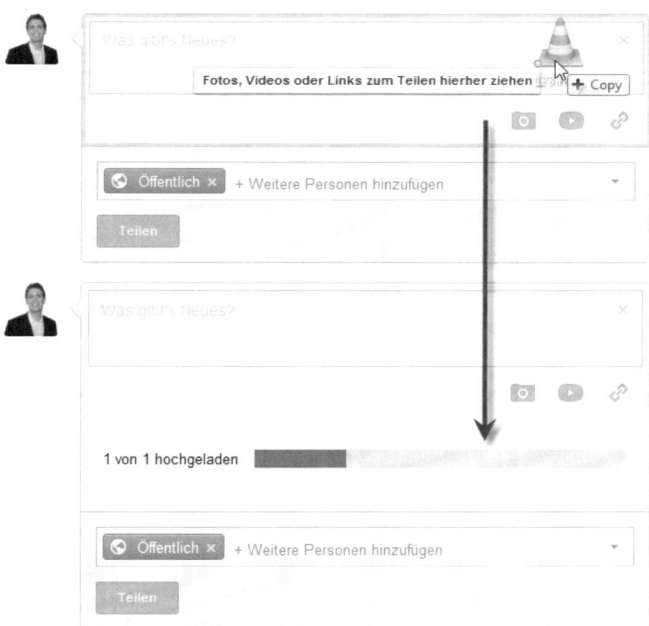

Veröffentlichen Sie Bilder und Videoinhalte mittels Drag-and-drop.

Sie können eine unbegrenzte Anzahl an Fotos und Videos hochladen. Die maximale Größe bei Fotos beträgt dabei 2.048 × 2.048 Pixel – ist das Foto größer, wird es automatisch skaliert. Videos können in HD (1080p) bereitgestellt werden.

Anzeige der Notifikationen

Sie können in den Google-Einstellungen unter **https://www.google.com/settings/plus** im Detail festlegen, bei welchen Aktionen von anderen Nutzern Sie eine Notifikation via E-Mail oder Telefon erhalten möchten.

	E-Mail	Telefon
Beiträge		
Mich in einem Beitrag erwähnt	☑	☐
Einen Beitrag direkt mit mir teilt	☑	☐
Einen Beitrag kommentiert, den ich erstellt habe	☑	☐
Einen Beitrag kommentiert, nachdem ich ihn kommentiert habe	☑	☐
Kreise		
Mich zu einem Kreis hinzufügt	☑	☐
Fotos		
Mich auf einem Foto taggt	☑	☐
Eines meiner Fotos taggt	☑	☐
Ein Foto kommentiert, nachdem ich es kommentiert habe	☑	☐
Ein Foto kommentiert, auf dem ich getaggt bin	☑	☐
Ein Foto kommentiert, das ich getaggt habe	☑	☐
Messenger		
Eine Unterhaltung mit mir beginnt	☑	☑
Benachrichtigungen für Seiten		
Updates und Tipps erhalten, die mich dabei unterstützen, meine Seiten ideal zu nutzen	☑	☐
Informationen zu den neuesten Änderungen, Verbesserungen und Funktionen erhalten	☑	☐
Weitere Informationen über ähnliche Google-Produkte, -Dienste, -Events und -Sonderaktionen	☑	☐
An Umfragen und Pilotprojekten zur Verbesserung von Google+ Seiten teilnehmen	☑	☐
Einladungen zur Verwaltung von Google+ Seiten erhalten	☑	☐

Definieren Sie im Detail, wann Sie eine Notifikation erhalten möchten.

Es gibt auch eine integrierte Notifikationsanzeige, die alle Aktivitäten zusammenfasst. Jedes Mal, wenn jemand Sie erwähnt, einen Beitrag kommentiert, Sie in einem Foto markiert etc., geht der Zähler um eins nach oben. Bei einem Klick darauf erhalten Sie dann eine Liste aller Benachrichtigungen.

Die Notifikationsübersicht zeigt die letzten Aktivitäten im Zusammenhang mit dem eigenen Profil.

571

Tastaturkürzel

Auch auf Google+ gibt es einige praktische Tastenkombinationen, mit denen Sie im Netzwerk schneller navigieren können:

Taste	Funktion
Tab (Tabulator)	Durch die Kommentare scrollen.
Enter	Wenn Sie einen Beitrag markiert haben (blauer Balken um den äußeren Rand), öffnen Sie damit direkt das Kommentarfeld.
Tab + Enter	Kommentar abschicken.
Leertaste	Bildschirm scrollt nach unten.
Umschalt + Leertaste	Bildschirm scrollt nach oben.
J	Scrollt einen Beitrag im Stream nach unten.
K	Scrollt einen Beitrag im Stream nach oben.
Q	Chat öffnen.
Q, Q	Cursor springt in das Suchfeld des Chats.

10.6 Hangouts: Videochat und Kollaboration

Hangouts gehören zu den populärsten Features. Mit Hangouts kann man sich per Live-Videochat mit allen Kontakten gemeinsam unterhalten und Pläne absprechen, egal ob privat oder geschäftlich.

Für was Sie Hangouts nutzen können

Mögliche Anwendungsfälle sind:

➢ Austausch mit Familie und Freunden.

➢ Webinare mit Screensharing etc.

➢ Workshops, Seminare.

➢ Teambesprechungen.

➢ Exklusive Infos vorstellen, Produktvorstellungen.

➢ Demonstrationen, Training.

➢ ...

Der Kreativität sind keine Grenzen gesetzt! So gibt es zum Beispiel **Gebetsgruppen**, **Gitarrenlektionen**, **Austausch zu Krankheiten**, **Kochkurse** und **Konzert-Liveübertragungen** auf Google+.

Auch Android- und iOS-Nutzer können sich mit ihren mobilen Geräten direkt von unterwegs zu den Hangouts anmelden. Damit lassen sich spontane Videoabsprachen jederzeit kostenlos und ohne großen Aufwand realisieren, es muss lediglich ein Browser-Plug-in einmalig installiert werden.

So starten Sie ein Hangout

Bei einem Hangout kann jeder Teilnehmer andere Leute in das Hangout einladen. Das Hangout kann also mit Leuten beginnen, die man kennt, und am Ende sind vielleicht ganz andere Menschen mit von der Partie.

An diesen Videochats innerhalb vor Google+ können im regulären Modus bis zu zehn Personen teilnehmen. Die Funktionen sind ähnlich wie bei Skype, aber bei Skype lassen sich im kostenlosen Basispaket nur die Videostreams von zwei Personen gleichzeitig übertragen.

Wenn eine neue Person zum Hangout dazukommt, die nicht in den eigenen Kreisen enthalten ist, wird eine Pausentaste angezeigt. Damit kann jeder Teilnehmer entscheiden, ob er bleiben oder ob er das Hangout verlassen will. Bis zu dieser Entscheidung bleibt aus Privacy-Gründen die Video- und Tonübertragung deaktiviert.

1 Ein Hangout kann man entweder über den Button *Hangout starten* auf der rechten Seite oder direkt aus einem Beitrag heraus starten.

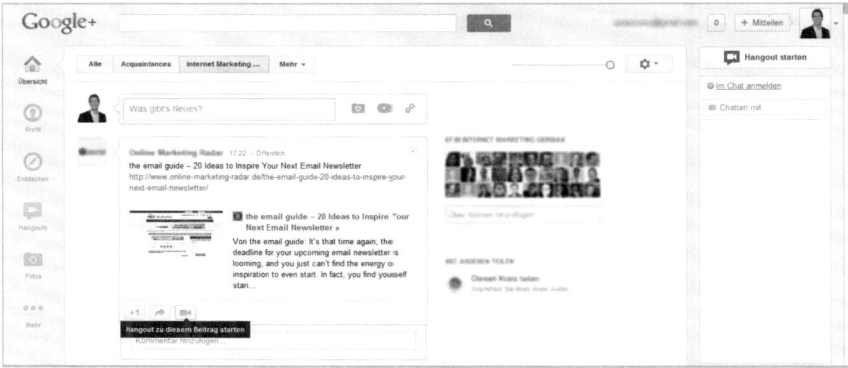

2 Sie können der rechten Navigation ebenfalls entnehmen, ob es bereits andere aktive Hangouts von Ihren Kontakten gibt. Dort können Sie, wenn Sie mögen, dann mitmachen.

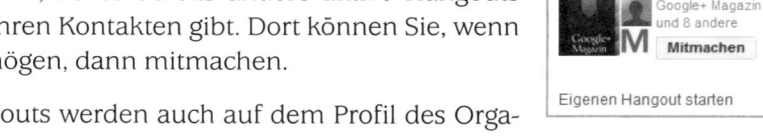

3 Hangouts werden auch auf dem Profil des Organisators und der Teilnehmer dargestellt.

4 Teilnehmer können dabei zusammen YouTube-Videos schauen, Links austauschen, chatten, den Bildschirm teilen, Dokumente bearbeiten etc. Hangouts sind die perfekten Kollaborationsinstrumente, die vor allem auch für Unternehmen in der internen Kommunikation oder zum Austausch mit anderen Anspruchsgruppen extrem hilfreich sind. Es sind mächtige Funktionen, die man geschickt nutzen sollte.

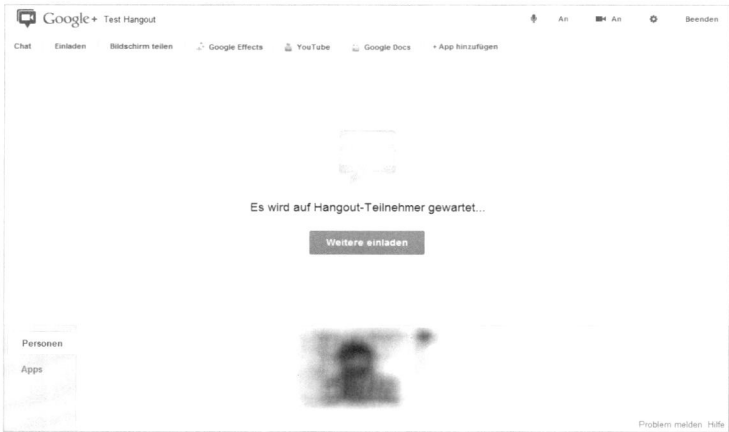

5 Zudem lassen sich externe Applikationen wie beispielsweise Slideshare einbinden, die das Hangout mit weiteren Funktionen ausstatten. Dazu klicken Sie einfach oben rechts im Hangout auf den Button *+App hinzufügen*.

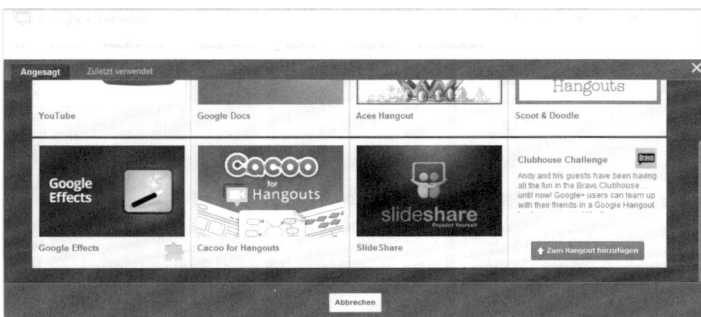

Unterwegs an einem Hangout teilnehmen

Wer ein neues Smartphone mit einer Kamera oberhalb des Displays mit dem Betriebssystem Android 2.3+ oder iOS besitzt, hat gute Chancen, damit auch an einem Hangout teilnehmen zu können.

 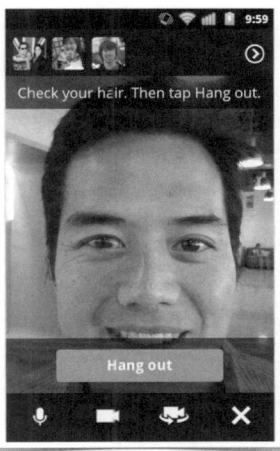 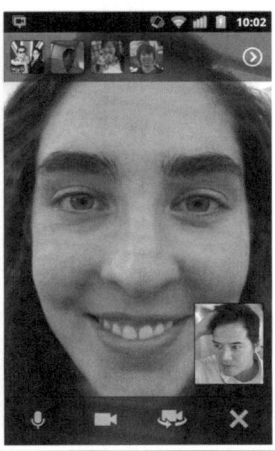

Man kann sich sogar über das Mobiltelefon von unterwegs in ein Hangout einschalten (Quelle: Google Blog).

Hangouts on Air – Ihre persönliche TV-Station!

Die Funktion „Hangouts on Air" geht noch einen Schritt weiter. Es gibt dabei maximal zehn aktive Teilnehmer im Hangout selbst, aber das Hangout ist öffentlich und kann von einer beliebigen Anzahl Zuschauer verfolgt werden! Damit kann jeder Nutzer sozusagen seine eigene TV-Station aufbauen.

Hangouts on Air stehen seit Mai 2012 generell für alle Nutzer zur Verfügung. Leider ist die Funktion in **Deutschland und Österreich** (noch) nicht verfügbar, in der Schweiz jedoch schon.

Bei Hangouts on Air handelt es sich eigentlich um nichts anderes als um ein Webinar. Andere Webinarlösungen am Markt sind in der Regel kostenpflichtig, hier bietet sich somit eine gute Alternative an.

Um über Hangouts on Air senden zu können, muss man diese mit dem eigenen YouTube-Kanal verknüpfen. Alle Hangouts on Air werden dann bei Google+ und YouTube gesendet und anschließend automatisch auf dem YouTube-Kanal zur Verfügung gestellt, wo das Video weiterbearbeitet werden kann. Das Hangout kann auch direkt auf einer Webseite eingebaut werden, und jeder kann das Video dann wie ein normales YouTube-Video einfach abspielen und sich damit in den Livestream einklinken. Mehr Details gibt es unter **http://www.socialmediabuch.com/hangoutsonair**.

Viele prominente Nutzer wie der Dalai Lama, US-Präsident Barack Obama, die Musiker von Black Eyed Peas und sogar die Muppets haben diesen Kommunikationskanal bereits eingesetzt.

Die Hangouts on Air bieten nicht nur Prominenten tolle Möglichkeiten, viele Leuten zu erreichen.

Weitere Möglichkeiten – Hangouts aufzeichnen, öffentliche Hangouts, ...

Sie können auch Ihre regulären Hangouts aufzeichnen und dann auf Google+, YouTube, Vimeo oder anderen Seiten veröffentlichen. Besonders wertvoll ist das bei Hangouts, die Sie nach der Durchführung weiteren Zuschauern zur Verfügung stellen wollen.

Dafür können Sie eines der folgenden Tools nutzen, mit dem sich der Bildschirm aufzeichnen lässt.

➢ http://www.fraps.com

➢ http://www.screen-record.com

➢ http://www.screenr.com

➢ http://www.screencastle.com

➢ http://www.screencast-o-matic.com

➢ http://www.socialmediabuch.com/pixetell

➢ http://www.socialmediabuch.com/BBFlashBack

➢ http://www.camtasia.com

Auch gibt es verschiedene Webseiten, wie **http://www.gphangouts.com**, in denen man eine Übersicht an öffentlichen Hangouts findet und diesen beitreten kann. Einige Nutzer haben sogar ein System entwickelt, mit dem man die **Hangouts zur Überwachung** nutzen kann …

10.7 Weitere Anwendungsmöglichkeiten

Google+ bietet noch einige weitere Funktionen, die ich Ihnen nun kurz vorstellen möchte.

Sparks – Finden Sie relevante Inhalte

„Sparks" (Funken) helfen Ihnen dabei, Inhalte zu einem spezifischen Themengebiet zu entdecken. Im Gegensatz zu der Suche über die Suchmaschine werden Sie hier nicht mit Informationen überflutet. Sparks sind eine praktische Erweiterung der Suchmaschinenfunktionen, die vor allem auf Klasse statt Masse abzielt.

Die Inhalte (beispielsweise Nachrichten, Fotos oder Videos) können Sie dann mit einem Klick direkt mit Ihren Kreisen teilen. Gesuchte Begriffe können Sie auch mit einem Klick auf den Button *Suche speichern* als Interesse abspeichern, sodass Sie in Zukunft automatisch Empfehlungen zu dem Thema erhalten werden.

1 Geben Sie einen Suchbegriff ins Suchfeld ein und bestätigen Sie die Abfrage.

2 Wählen Sie in den Suchresultaten den Eintrag *Sparks* aus dem Dropdown-Menü aus.

3 Daraufhin werden Ihnen die von Google vorgefilterten, passendsten Inhalte angezeigt. Mit einem Klick können Sie diese nun auch mit Ihren Kreise teilen.

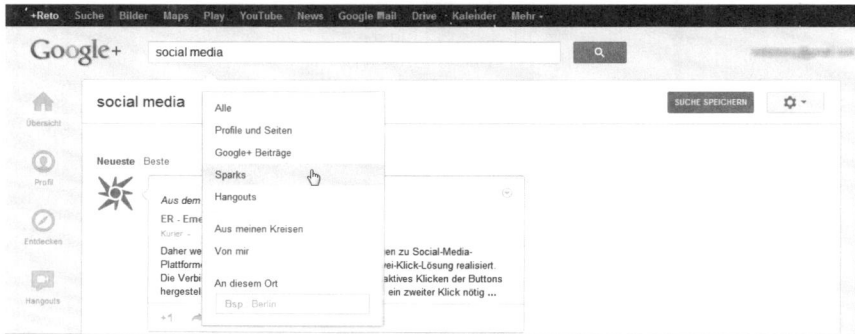

4 Wenn Sie rechts auf den roten Button *Suche speichern* klicken, können Sie diese Suchanfrage für einen zukünftigen Schnellzugriff in der oberen Navigation hinter dem Button *Mehr* ablegen. Darüber können Sie dann jederzeit die neusten News abrufen.

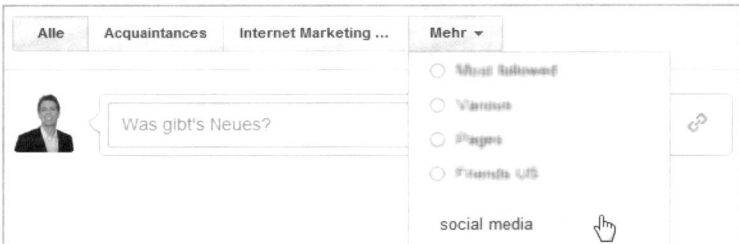

5 Ist der „Funke einmal erloschen", können Sie die Suchabfrage anklicken und auf der Seite mit den Resultaten oben auf den Button *Gespeicherte Suchanfrage entfernen* klicken.

Finden Sie die relevanten Inhalte mit den passenden Suchoperatoren

Wie bei der Google-Suchmaschine ist es auch hier möglich, Suchoperatoren zu verwenden. Dadurch erhalten Sie noch genauere, spezifischere Informationen.

Hier eine Tabelle mit den wichtigsten Operatoren:

Suchanfrage	Ergebnis
Social Media	Findet alle Inhalte, in denen „Social Media" vorkommt.
Social Media -Twitter	Findet alle Inhalte, in denen der Begriff „Social Media", aber nicht der Begriff „Twitter" vorkommt.
site:http://www.spiegel.de Deutschland	Findet auf der Webseite von Spiegel Online alle Inhalte, in denen der Begriff „Deutschland" vorkommt.
"Social Media" OR "Social Marketing"	Findet alle Inhalte, in denen der Begriff „Social Media" oder der Begriff „Social Marketing" vorkommt.
intext:Social	Findet nur Inhalte, in deren Text „Social" vorkommt.
Traffic location:New York	Findet lokalisierte Inhalte zum Ort New York.
movie:The Social Network	Findet alle Informationen zum Film „The Social Network".

Google Chat ist auch verfügbar!

Die Google-Chatfunktion, die bereits in Gmail, iGoogle, Orkut etc. integriert ist, steht auch auf Google+ zur Verfügung. Über das **Video-und-Voice-Plug-in** ist auch ein Audiogespräch oder ein Videochat möglich.

Nutzen Sie die Google-Chatfunktion auch in Google+.

Zeitvertreib mit Spielen – Anwendungen noch nicht verfügbar

Zurzeit ist es (noch) nicht möglich, Anwendungen in Google+ zu nutzen. Allerdings steht bereits eine umfangreiche Spielesammlung unter einem eigenen Menüpunkt zur Verfügung. Darunter finden sich auch viele populäre Games wie zum Beispiel Angry Birds, Zynga Poker, Bejeweled Blitz und Zombie Lane.

Unter dem Menüpunkt Spiele verbergen sich einige Dutzend verschiedener Spiele.

Mobile Funktionen von Google+

Google+ legt großen Wert darauf, auch für mobile Nutzer verschiedene Funktionen bereitzustellen. Sie erreichen die mobile Version von Google unter https://m.google.com/app/plus und erhalten unter http://m.google.com/plus weitere Details. Für Android und **iPhone** gibt es auch bereits **eigene Applikationen**, alle anderen können direkt über den Webbrowser darauf zugreifen.

579

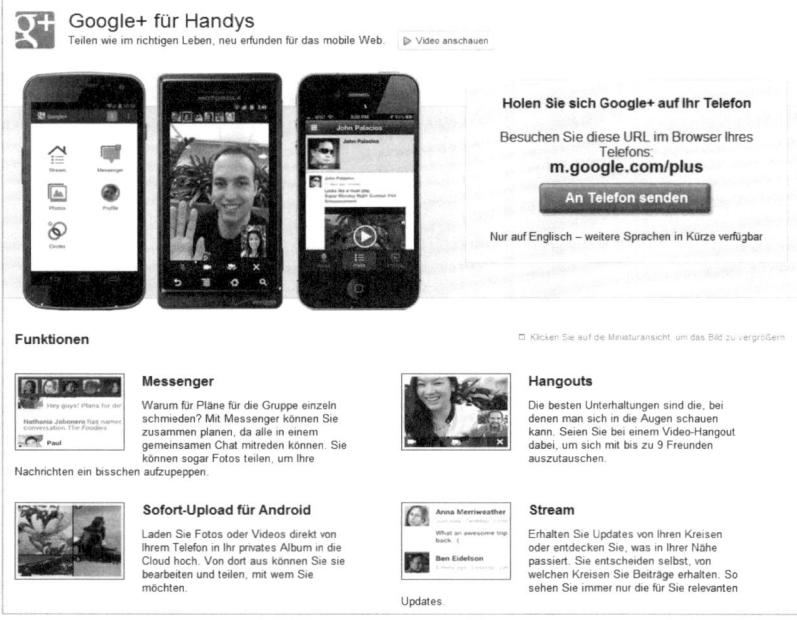

Die mobile Version von Google+ präsentiert sich aufgeräumt.

Die wichtigsten Möglichkeiten sind:

➢ Zu jeder Mitteilung, die Sie teilen, können Sie Ihren Standort hinzufügen.

➢ Sie können Fotos über den *Instant Upload* direkt von Ihrem Mobiltelefon auf Google+ hochladen.

➢ Mit der *Messenger*-Funktion (ehemals Huddle) steht ein mobiler Multi-Chat zur Verfügung.

Der Google Messenger sorgt für mobile Chats

Mit dem Google Messenger können Sie mit Ihren Kontakten einen gemeinsamen Gruppenchat organisieren (max. 50 Teilnehmer). Dies ist sehr praktisch, um sich ad hoc mit einer Gruppe von Leuten an unterschiedlichen Standorten abzustimmen.

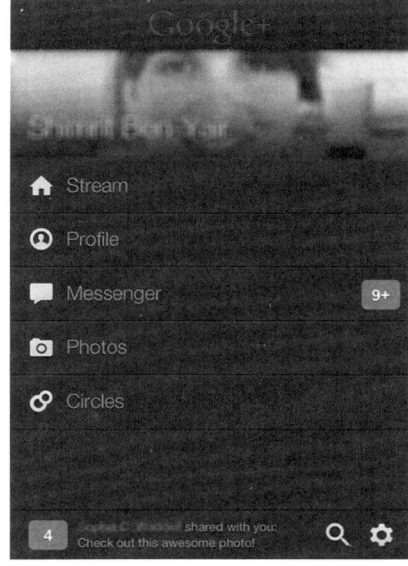

Die Möglichkeiten von Google+ auf dem Mobiltelefon (Quelle: Google).

Wenn jemand Sie im Messenger zu einer neuen Unterhaltung einlädt, erhalten Sie von Google+ eine Benachrichtigung auf Ihrem Mobiltelefon. Wollen Sie einen Chat starten, wählen Sie dazu auf der Startseite der Google+-App das Sprechblasensymbol *Messenger* auf Ihrem Mobiltelefon.

Möchten Sie sich mit jemandem zum ersten Mal über den Messenger unterhalten, erhält diese Person automatisch eine Einladung zu der Unterhaltung. Wer den Dienst noch nicht aktiv nutzt, erhält eine SMS-Einladung, um an der Diskussion teilzunehmen. Sie werden dann benachrichtigt, sobald jemand eine neue Nachricht hinzufügt.

Sind Sie bereits Google+-Nutzer, müssen Sie nur auf den Link *Nachricht anzeigen* in der Benachrichtigung klicken. Im Menü *Messenger-Einstellungen* können **Sie weitere Einstellungen** festlegen, zum Beispiel wer Ihnen Nachrichten senden kann.

Wenn Sie nicht an der Unterhaltung teilnehmen möchten, reagieren Sie einfach nicht auf die Einladung. Sie erhalten dann dafür auch keine weiteren SMS-Updates. Falls Sie über eine laufenden Unterhaltung keine weiteren Benachrichtigungen per SMS von Google+ erhalten möchten, antworten Sie auf die SMS einfach mit „STOP".

Liest in einer Unterhaltung gerade jemand mit, wird sein Profilbild über der Unterhaltung grün umrandet. Unter der Unterhaltung sehen Sie in einem kleinen Hinweis, wer gerade etwas schreibt. Zudem können die Teilnehmer auch Fotos mit den anderen Nutzern in der aktuellen Diskussion teilen.

Sie haben auch die Möglichkeit, aus dem Textchat ein Hangout mit den Teilnehmern zu **starten**, um die Konversation via Video weiterzuführen.

Google+ Local sorgt für lokale Empfehlungen

Hinter **Google+ Local** verbirgt sich eine Mischung aus verschiedenen Diensten wie Google Places und Google Maps. Im Kontext von Google+ kommen nun auch noch die sozialen und mobilen Komponenten dazu. Google+ Local macht es damit möglich, auf einfache Weise relevante lokale Informationen zu entdecken und diese mit anderen zu teilen.

Im Herbst 2011 hat Google den Anbieter Zagat für mehr als 100 Millionen US-Dollar übernommen. Zagat bietet seit über drei Dekaden vertrauenswürdige Rezensionen von Zehntausenden von Restaurants an, die alle auf Nutzerbeiträgen und -befragungen basieren. Alle diese Zagat-Details werden jetzt auf den lokalen Google+-Seiten dargestellt.

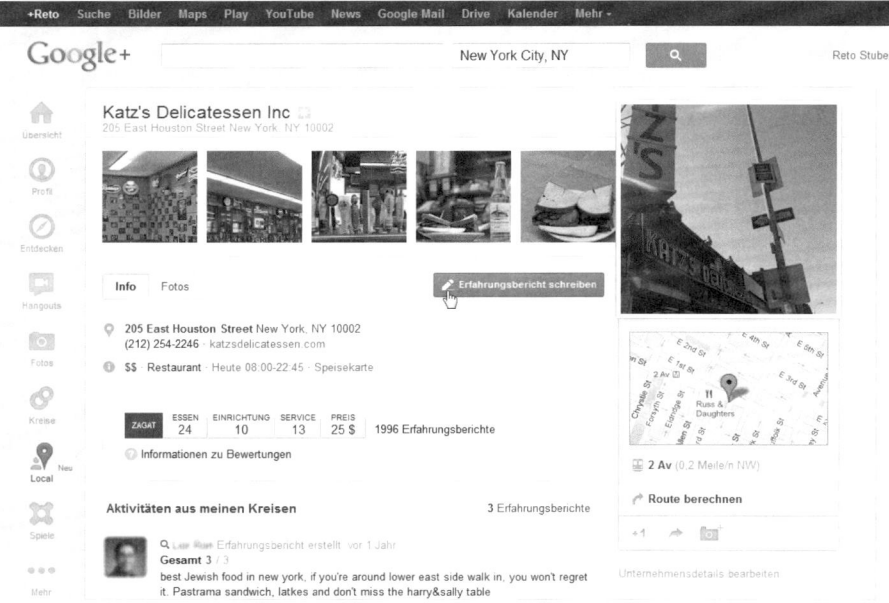

Google Local bietet alle Details und Bewertungen zu lokalen Geschäften.

Jeder Nutzer kann zudem seine eigenen Erfahrungen mit anderen teilen, Berichte schreiben, Bewertungen abgeben und Fotos hochladen. Auch Geschäftsinhaber werden die sozialen Funktionen von Google+ Local optimal nutzen können.

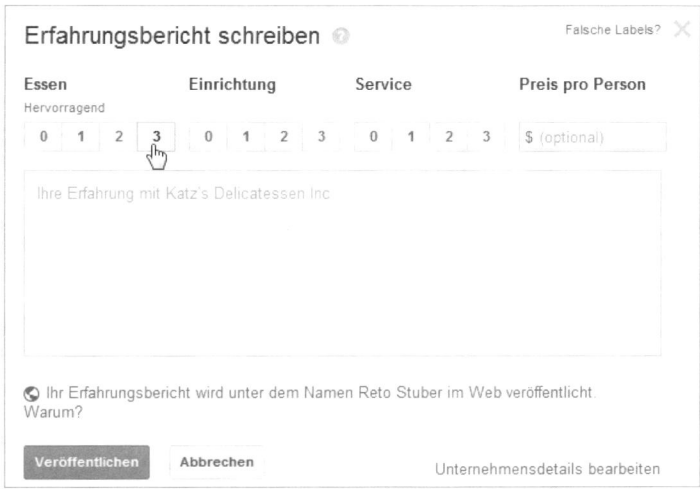

Nutzer können selbst Erfahrungsberichte erfassen und Lokale bewerten.

Visualisierung der Verbreitung Ihrer Beiträge mit Google Ripples

„Ripples" visualisieren die Kettenreaktion, wenn Inhalte auf Google+ geteilt werden. Das verdeutlicht, wie sich die Information von Person zu Person verbreitet hat. Sie können diese Funktion bei Beiträgen anwählen, indem Sie den Menüpfeil oben rechts in der Ecke eines Google+-Beitrags anklicken und dann auf *Verbreitung anzeigen* klicken.

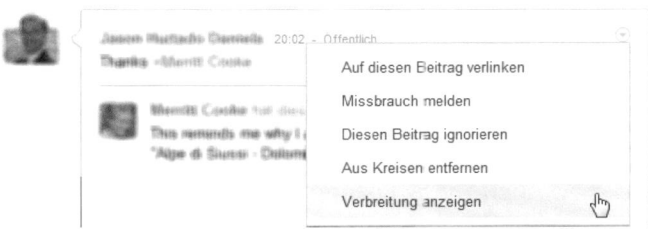

Klicken Sie auf Verbreitung anzeigen, um sich die Verbreitung dieses Beitrags anzuschauen.

Diese Ripples lassen sich auch als Zeitverlauf animiert darstellen, wenn man den Play-Button unterhalb der Grafik anklickt.

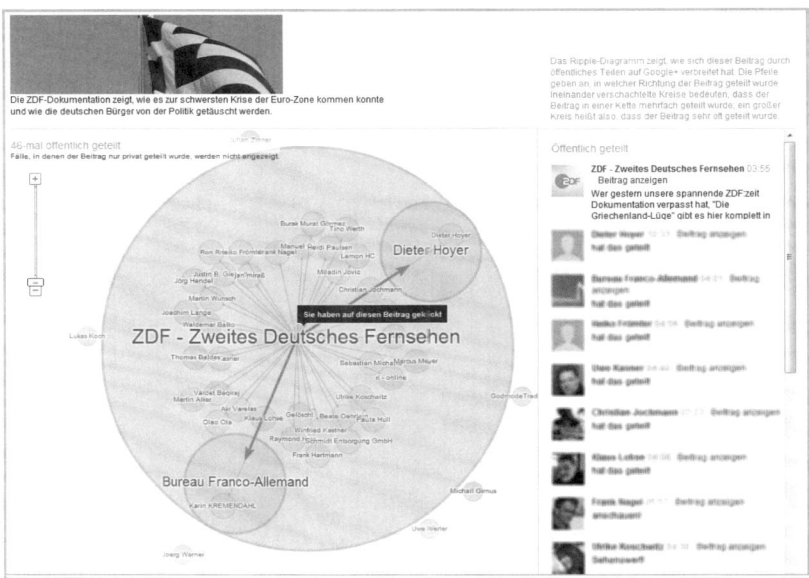

Die Google Ripples zeigen an, wie sich ein Beitrag viral verbreitet hat.

Daten und Statistiken – So analysieren Sie Ihr Google+-Profil

Egal ob es sich um ein Produkt, eine Dienstleistung, eine Marketingkampagne oder einen Internetauftritt handelt, jeder Schritt sollte analysiert und im Laufe des Prozesses optimiert werden. Davon sollte auch keine Präsenz in sozialen Netzwerken ausgenommen werden.

Google hat mit Google Analytics (http://www.google.com/analytics) eine der profiliertesten Statistiklösungen kostenlos auf den Markt gebracht. Auch für die Analyse des eigenen Google+-Auftritts will das Unternehmen bald eine Lösung zur Verfügung stellen. Bis es aber so weit ist, stehen verschiedene andere Kandidaten zur Auswahl:

➤ http://www.circlecount.com: Das Analysetool untersucht unter anderem, wie stark Beiträge kommentiert und geteilt werden. Außerdem erstellt es Ranglisten nach verschiedenen Kriterien, beispielsweise nach der Anzahl der Follower (national, international, geschlechterspezifisch etc.). Für den schnellen Überblick generiert Circle Count Statistiken mit grafischer Visualisierung und einer Verlaufstabelle.

➤ http://www.allmyplus.com: Auch diese Lösung bietet nach Eingabe der Profil-ID eine Reihe von hilfreichen Kennzahlen und grafischen Auswertungen.

➤ Unter http://www.socialstatistics.com finden sich ebenfalls viele interessante Angaben und Auswertungen.

➤ Die Applikation http://plus.buzzrank.de sorgt für ansprechende Grafiken zu eigenen und fremden Profilen.

➤ http://www.simplymeasured.com: Wer auch seine Facebook- und Twitter-Statistiken im Kontext von Google+ ansehen will, wird bei Simplymeasured **fündig**.

Datenschutz und eigene Google-Benutzerdaten herunterladen

Google bietet zudem die Möglichkeit, alle eigenen Daten der verwendeten Google-Dienste herunterzuladen.

1 Klicken Sie dazu auf der Startseite von Google+ auf das Zahnrad oben im rechten Bereich, wählen Sie die *Google+ Einstellungen* aus und klicken Sie auf *Datensicherung* oder navigieren Sie direkt zu http://www.google.com/ **takeout**.

2 Klicken Sie nun direkt auf *Archiv erstellen*, um die gesamten Daten herunterzuladen, oder wählen Sie die gewünschten Dienste aus.

3 Danach wird das Archiv erstellt.

4 Anschließend folgt die Passwortabfrage, und danach lassen sich die Daten herunterladen.

10.8 Google+-Seiten für Marken und Unternehmen

Neben den persönlichen Profilen können auch Unternehmen, Organisationen, Produkte, Marken oder bekannte Persönlichkeiten eine sogenannte Seite anlegen. Unter **http://www.google.com/+/business** finden Sie eine Übersicht dazu.

Anders als bei den persönlichen Profilen können Google+-Seiten erst dann Personen in die eigenen Kreise aufnehmen, wenn diese der Seite folgen. Damit wird verhindert, dass Seiten auf „Personenfang" gehen, denn jeder Nutzer erhält ja eine Notifikation, wenn er von jemandem zu einem Kreis hinzugefügt wurde.

Eine Seite auf Google erkennen Sie an dem quadratischen Symbol neben dem Namen. Auch Seiten lassen sich in Kreisen organisieren, damit den Inhalten gefolgt werden kann. Wenn die Seite auf ihre Echtheit hin verifiziert wurde, findet sich neben dem Seiten-Icon ein entsprechendes Symbol.

Wer seine eigene Seite verifizieren lassen will, kann das unter **http://www.socialmediabuch.com/googleplusverification** tun. Dabei gilt es aber zu beachten, dass mindestens 1.000 Menschen die Seite zu den eigenen Kreisen hinzugefügt haben müssen. Zu Beginn des Jahres 2012 gab es bereits weit **über eine Million Seiten**, Tendenz exponentiell **steigend**.

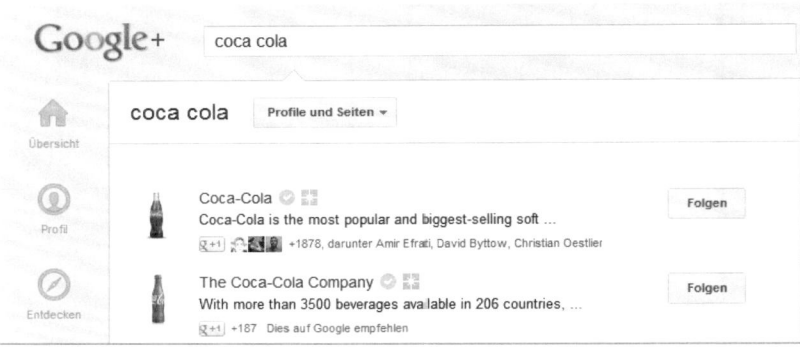

Eine Übersicht von zwei verifizierten Seiten von Coca-Cola.

Auch Google selbst ist mit einigen Seiten vertreten – eine Übersicht findet sich unter **http://www.google.com/press/google-directory.html**. Die Seite „Deutsche Google+ Seiten" (**http://www.socialmediabuch.com/GooglePlus SeitenDeutsch**) bietet eine gute Übersicht über verschiedene Branchen und Anbieter aus dem deutschen Sprachraum. Dies kann als Inspirationsquelle dafür dienen, wie andere am Markt auftreten.

Google setzt bei den Unternehmensseiten auf die Kommunikation zwischen Marke und Konsument. Eine der ersten Unternehmensseiten, **Coldplay**, hat beispielsweise eine kleine Videodokumentation über Google+ begonnen. Dies wäre auch mit YouTube möglich gewesen, allerdings ist Google+ wesentlich persönlicher und kommunikativer. Die Newssendung **Anderson Cooper 360** nutzte indes intensiv Hangouts als Broadcasting-Kanal.

Hier einige Nutzungsbeispiele für verschiedene mögliche Einsatzbereiche

➢ Non-Profit-Organisationen: Absprache mit Spendern, Freiwilligen und Klienten, Promotion über den *+1*-Button, ...

➢ Unternehmen und Marken: Kontakt mit Anspruchsgruppen aufrechterhalten, Promotions bekannt machen, Support anbieten, neue Produkte bekannt machen, ...

➢ Bekannte Persönlichkeiten: Kontakt mit Fans, Aufbau einer globalen Gefolgschaft, interaktiv mit den Fans in Realtime über Hangouts interagieren, Geschichten über Fotos und Videos erzählen, ...

➢ Medien: Die Leserschaft mit verschiedenen Kreisen und Inhalten gezielt ansprechen, aktuelle News schnell veröffentlichen, ...

Um selbst eine Seite zu erstellen, gehen Sie wie folgt vor:

1 Auf der Google+-Startseite finden Sie in der linken Navigation unten nach einem Klick auf *Mehr* den Eintrag *Seiten*. Wählen Sie diesen an und klicken Sie dann auf den roten Butten *Neue Seite erstellen*.

2 Nun müssen Sie auswählen, in welche Kategorie Ihre Google+-Seite fällt. Zur Auswahl stehen dabei die Kategorien *Lokales Geschäft, Produkt oder Marke, Unternehmen, Einrichtung oder Organisation, Kunst, Sport oder Unterhaltung* und *Sonstiges* mit den jeweiligen Unterkategorien.

Kategorie	Unterkategorien	Informationen
Lokales Geschäft		Ort und Telefonnummer
Produkt oder Marke	Antiquitäten und Sammlerstücke, Ausbildung, Automobil, Baby- und Kleinkinderbedarf, Bekleidung und Zubehör, Büromaterial, Computer und Hardware, Elektronik, Essen und Trinken, Finanzdienstleistungen, Geschenke und Anlässe, Gesundheit, Haus und Garten, Haushaltsgeräte, Haustierbedarf und -services, Industrie und Handel, Koffer und Taschen, Kunst und Unterhaltung, Luft- und Raumfahrt, Medien, Mode und Schönheit, Musik, Nur für Erwachsene, Personen des öffentlichen Lebens, Reisen, Software, Spiele und Spielzeug, Sport- und Freizeitbedarf, Star, Uhren und Schmuck, Website, Werkzeug und Arbeitsgeräte, Wohnkultur Marke, Produkt, Service, Sonstiges	Name der Seite, Website
Unternehmen, Einrichtung oder Organisation	Automobil, Banken und Finanzwesen, Bergbau und Werkstoffe, Biotechnologie und Chemikalien, Computer und Hardware, Consulting-/Business-Dienstleistungen, Dienstleistungen, Einzelhandel und Verbrauchsgüter, Energie und Versorgung, Essen und Trinken, Gemeinnützig, Gesundheit, Industrie, Internet und Software, Landwirtschaft, Luft- und Raumfahrt, Maschinenbau und Konstruktionstechnik, Medien, Nachrichten und Verlage, Mode und Schönheit, Politische Organisation, Rechtswesen, Regierungsorganisation, Reisen und Freizeit, Religiöse Organisation, Schule und Ausbildung, Telekommunikation, Transport und Fracht, Versicherungen Einrichtungen, Organisation, Unternehmen, Sonstiges	Name der Seite, Website, Alterseinstufung*
Kunst, Sport oder Unterhaltung	Album, Amateurmannschaft, Band, Bildende und darstellende Kunst, Blog, Buch, Computerspiel, Fernseh-/Filmpreis, Fernsehanstalt, Fernsehsender, Festival, Fiktive Figur, Film, Konzert und Aufführung, Konzerttour, Lied, Musik-Charts, Musikgenre, Musikinstrument, Musikpreis, Musikvideo, Plattenlabel, Playlist, Preisverleihung, Profimannschaft, Radiosender, Schulmannschaft, Sportliga, Sportveranstaltung, Studio, Website, Zeitung, Zeitschrift Sonstiges, Sport, Unterhaltung	Name der Seite, Website, Alterseinstufung*
Sonstiges		Name der Seite, Website, Alterseinstufung*

Alle Google+-Nutzer, Nutzer ab 18 Jahren, Nutzer ab 21 Jahren, alkoholbezogene Altersgrenze

3 Wenn Sie sich nun für die richtige Kategorie entschieden haben, müssen erste Informationen wie der Name der Seite, die Website, gegebenenfalls eine Unterkategorie sowie die Sichtbarkeit festgelegt werden. Lediglich bei einem lokalen Geschäft ist das Erstellen anders: Hier müssen Sie mit der Telefonnummer nach dem Unternehmen suchen. Ist Ihr Geschäft bei Google noch nicht gelistet, kann das nun getan werden.

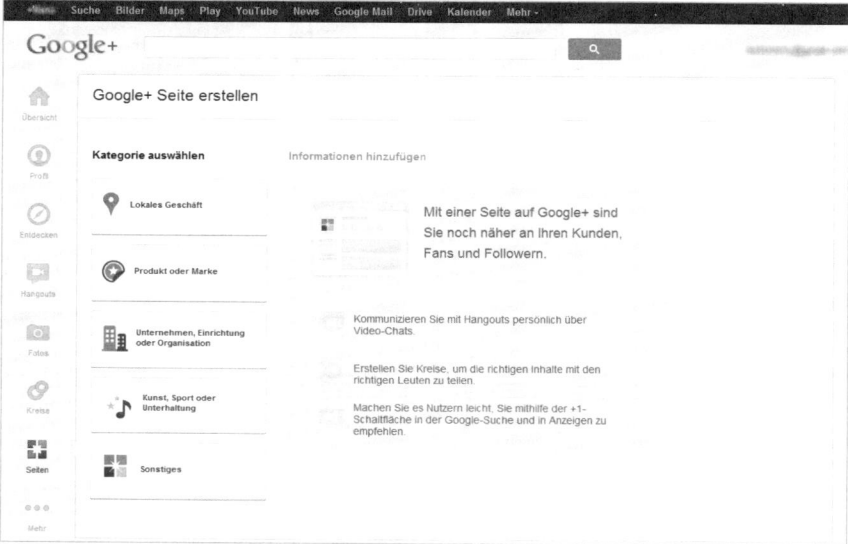

4 Nach dem Bestätigen der Nutzungsbedingungen wird die Seite mit einem Klick erstellt. Man sollte sich die Zeit nehmen, die Nutzungsbedingungen durchzulesen! Sie sind (im Gegensatz zu vielen anderen Nutzungsbedingungen) kurz gehalten. So sind Wettbewerbe, Gewinnspiele, Angebote, Rabatt- oder Werbeaktionen nicht erlaubt. Allerdings ist das Teilen eines Links, der dazu auf eine externe Seite führt, erlaubt.

5 Im nächsten Schritt legen Sie ein Motto fest, das Ihre Seite in zehn Worten am passendsten beschreibt. Dieses Motto wird später direkt unterhalb des Seitentitels angezeigt. Zudem können Sie ein Profilfoto hochladen und nach Belieben skalieren.

6 Vor dem Abschluss der Prozedur können Sie die neu erstellte Seite direkt mit den Kreisen des persönlichen Profils teilen. Nach einem Klick auf *Fertig* ist es geschafft – Ihre Google+-Seite wurde erstellt!

7 Google+ zeigt Ihnen nun verschiedene Dinge an, die Sie jetzt (oder später) tun können: die Seite mit Ihren Kreisen teilen, den Link zur Seite kopieren etc.

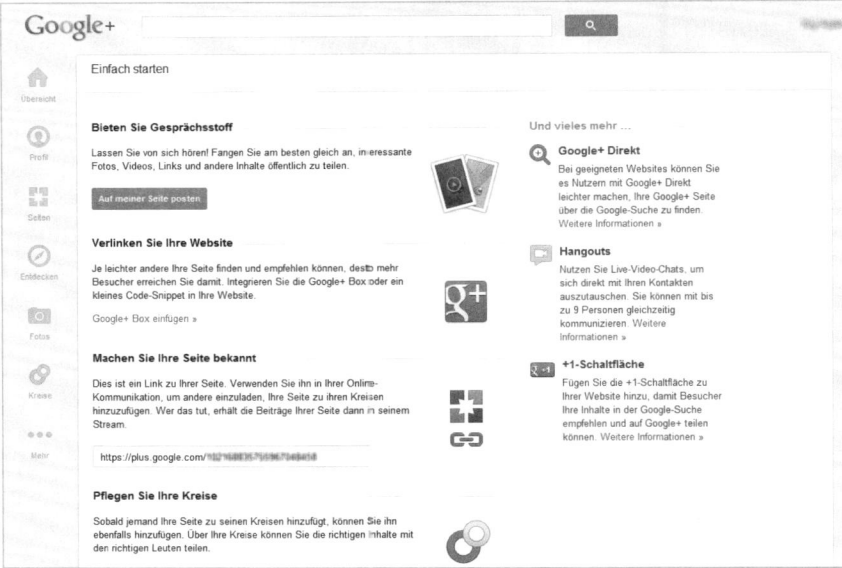

8 Stellen Sie sicher, dass Ihre Google+-Seite mit allen relevanten Informationen ausgestattet ist. Auf der Google+-Startseite können Sie oben rechts über das Profilbild zu Ihrer Seite wechseln. Sobald Sie als Seite agieren, kennzeichnet Google+ das dadurch, dass oben rechts nun das entsprechende Profilbild angezeigt wird.

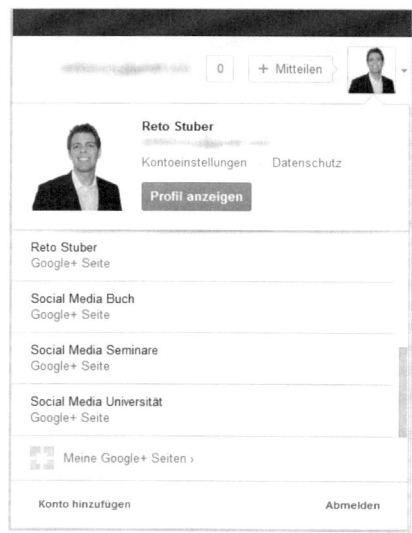

9 Wenn Sie als Seite angemeldet sind, erscheint im Menü anstelle des Eintrags *Kontoeinstellungen* der Eintrag *Seiteneinstellungen*. Bei einem Klick darauf können Sie die gewünschten Einstellungen für die Seite vornehmen. Sie haben dort auch die Möglichkeit, bis zu 50 Administratoren zur Seite hinzufügen. Betreuen also mehrere Mitarbeiter die Google+-Seite, brauchen sie das nicht über ein einziges Konto zu tun.

10 Bei einem Klick auf *Profil* können Sie die Fotos, die Beschreibung, die Kontaktinformationen sowie empfohlene Links (Website, Blog, Twitter-Konto etc.) anpassen – genau so, wie Sie das bereits von den Personenprofilen her kennen.

Google will in weitere Sphären vorstoßen

Lange konnte niemand eine Antwort darauf geben, warum Google den Suchoperator „+" entfernt hatte. Mit den ersten Google+-Unternehmensseiten wurde es klar: Sucht man nach „+Pepsi", wird als Erstes die Unternehmensseite von Pepsi angezeigt. Damit hat Google+ gegenüber den Mitbewerbern einen entscheidenden Vorteil: den direkten Einfluss auf die Suchergebnisse der am häufigsten genutzten Suchmaschine.

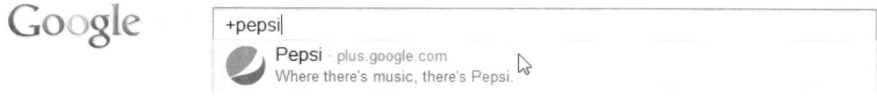

Eine Suche nach +Pepsi zeigt zuerst das Google+-Profil.

Google+ ist als Meilenstein zu werten – sowohl für das private wie auch für das geschäftliche Umfeld. Man darf dabei auf keinen Fall vergessen, dass das Google-Universum aus vielen Elementen besteht, die sich gegenseitig ergänzen und aufwerten.

Wenn Sie sich den Kontext des Netzwerks ansehen, werden Sie in der linken oberen Navigation praktisch alle wichtigen Tools des täglichen Office-Gebrauchs entdecken – von E-Mail über Kalender hin zu Dokumenten, Suche, Kollaborationsmöglichkeiten etc.! Google gibt Gas, und das auf vielen Ebenen.

Google will sich als Player im Office-Bereich etablieren!

10.9 Bringen Sie Google+ auf Ihre Website

Die Herausforderung besteht darin, dass Sie Ihre Google+-Präsenz bekannt machen. Was liegt da also näher, als auf Ihrer Webseite einen entsprechenden Hinweis darzustellen?

Binden Sie ein Google+-Widget auf Ihrer Webseite ein

Wie machen Sie die Besucher Ihrer Website oder die Leser Ihres Blogs auf die Google+-Seite aufmerksam? Dazu können Sie eine Google+-Box (Badge) erstellen und sie auf Ihrer Webseite einbinden. Ein einfaches Konfigurationstool von Google finden Sie unter **https://developers.google.com/+/plugins/badge/config**, eine Alternative unter **http://gplusapi.appspot.com**.

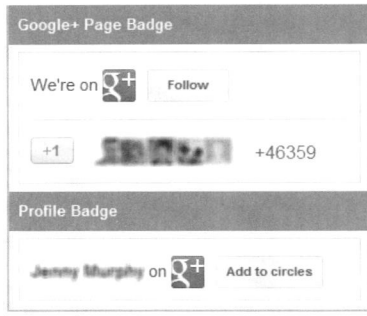

Nutzen Sie einen Badge und binden Sie ihn auf Ihrer Webseite ein.

Wenn Sie auf einer Webseite mit einem solchen Widget landen, können Sie das entsprechende Profil oder die Seite direkt den gewünschten Kreisen hinzufügen – ohne dass Sie die Webseite verlassen und zuerst zu Google wechseln müssen!

Fügen Sie ein Profil direkt Ihren Kreisen hinzu, ohne die Webseite verlassen zu müssen.

Binden Sie den +1-Button auf Ihrer Webseite ein

Google hat mit dem *+1*-Button ein Element geschaffen, mit dem man einen Beitrag auf einer Webseite auszeichnen kann. Sie können Inhalte über den *+1*-Button auch direkt mit Ihren Kreisen teilen. Klicken Sie dazu in das sich öffnende Eingabefeld und geben Sie Ihre Nachricht ein. Auch in die Google-Werbeanzeigen hat der Button bereits seinen Weg gefunden.

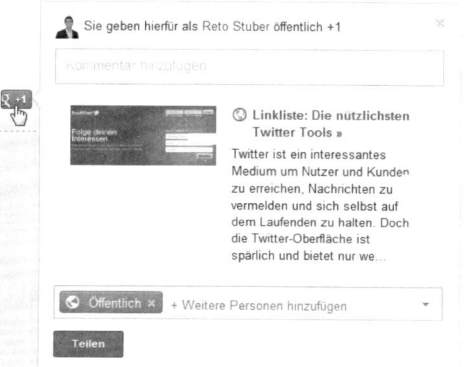

Geben Sie ein +1 und teilen Sie den Beitrag direkt auf Google+.

Um den Button auf Ihrer Webseite zu integrieren, gehen Sie zu **http://www.google.com/webmasters/+1/button**. Konfigurieren Sie den Button gemäß Ihren Präferenzen und fügen Sie den Code auf Ihrer Webseite ein.

Stellen Sie dabei sicher, dass der Button direkt ohne Scrollen sichtbar ist und sich oberhalb, aber auch unterhalb des Inhalts befindet. Mit den Google Webmaster Tools (**http://www.google.com/webmasters/tools**) können Sie die Nutzung des Buttons dann auch auswerten.

Geteilte Inhalte sorgen für Suchmaschinenoptimierung und besseres Ranking

Google merkt sich Ihre Plusstimmen natürlich direkt, um sie künftig bei der Anzeige von Inhalten zurate ziehen zu können. Das hat auch Auswirkungen auf die Suchergebnisse: Bei Google werden z. B. Profilfotos und Namen von Personen angezeigt, die für eine Seite *+1* vergeben oder sie geteilt haben.

Nicht nur dieser Button wird für mehr Personalisierung sorgen, sondern auch die von den Nutzern bei Google gespeicherten Daten **erscheinen in den**

Suchresultaten. Anfang 2012 startete Google „**Search, plus Your World**". Anders gesagt: Die Suchresultate werden künftig noch viel stärker personalisiert, als dies bereits heute der Fall ist!

*Die Suche von Google wird künftig noch viel personalisierter werden (Abbildung mit freundlicher Genehmigung der tlc communications GmbH & Co. KG, **http://www.tlc-communications.de**).*

Google zeigt also in den Ergebnissen die eigenen Inhalte oder solche von Kontakten an (bzw. eigene Empfehlungen oder Empfehlungen von Kontakten). Die Suchergebnisse liefern auch Personenprofile als Ergebnis, die im Zusammenhang mit der Suchabfrage stehen. Damit kann man rasch Anschluss an eine Community finden und mit den Meinungsführern in Kontakt treten.

Fügen Sie Google+-Nutzer direkt aus den Suchresultaten Ihren Kreisen hinzu.

593

Wenn Google+-Resultate in den regulären Suchergebnissen auftauchen, können Sie die Personen, die die Inhalte geteilt haben, auch direkt Ihren Kreisen hinzufügen.

10.10 Nützliche Links und praktische Applikationen für Google+

Natürlich gibt es auch für dieses Netzwerk eine Reihe an Tools, die das Leben erleichtern:

➢ Um Hyperlinks in Ihren Beiträgen zu kürzen, können Sie den hauseigenen Google-Dienst **http://goo.gl** nutzen.

➢ Unter **http://gooplu.com** steht ein Dienst zur Verfügung, mit dem sich mit gekürzten Links durch eingeblendete Werbung sogar ein paar Cent verdienen lassen. Dies ist aber höchstens dann sinnvoll, wenn effektiv viel Traffic für die gekürzten Links generiert wird, da die meisten Nutzer nicht gern auf ihre Inhalte warten.

➢ Haben Sie Präsenzen auf Facebook, Twitter und Google+? Dann nutzen Sie **http://gplusplus.me** oder **http://gplus.sagg.im**, um die Inhalte von Google+ direkt auf den anderen Netzwerken zu publizieren.

➢ Falls Sie genug von Facebook haben, können Sie mit der Applikation **http://turhan.me/+me** einen Banner erstellen, der zeigt, dass Sie nun zu Google+ gegangen sind.

➢ Mit der Browsererweiterung **http://crossrider.com/install/519-google-face book** können Sie Facebook direkt innerhalb von Google+ einbinden.

➢ Suchen Sie nach weiteren passenden Erweiterungen für Ihren Browser unter Eingabe des Suchbegriffs „Google+":
  – Chrome: **http://chrome.google.com/webstore**
  – Firefox: **http://addons.mozilla.org**
  – Internet Explorer: **http://www.iegallery.com**
  – Safari: **http://extensions.apple.com**

➢ Feed zur Google+-Seite erstellen: Wollen Sie die Beiträge Ihrer Google+-Seite auf Facebook, Twitter & Co. einpflegen, um doppelte (oder dreifache) Arbeit zu sparen? Dann können Sie mit den Diensten **http://www.gplusrss.com** oder **http://plusfeed.frosas.net** einen RSS-Feed zu Ihrer Seite (oder auch Ihrem Profil!) erstellen und diesen bei Facebook, Twitter etc. einpflegen.

➤ Link zum eigenen Profil: Aktuell gibt es noch keine „Vanity-URLs" mit einem leicht zu merkenden Namen. Deshalb sind folgende Dienste in die Bresche gesprungen, die dann auf Ihr Profil weiterleiten. Der populärste Dienst ist sicherlich **http://gplus.to**, aber auch **http://www.myplus.name**, **http://gplus.name**, **http://goplus.us** und **http://topl.us** können praktisch sein (falls zum Beispiel Ihre gewünschte Kurz-URL bereits besetzt ist).

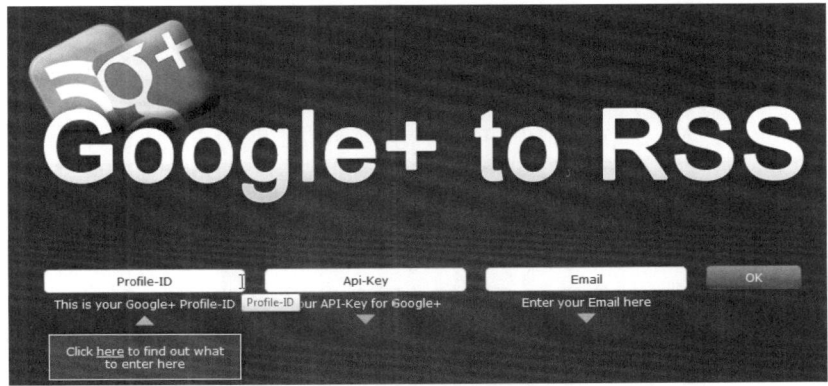

Bringen Sie die Inhalte von Ihrem Google+-Profil in einen RSS-Newsfeed.

Aktuelle News finden sich auf folgenden Blogs:

Deutsch

➤ http://www.gplus-marketingbuch.de

➤ http://www.allesuebergoogleplus.de

➤ http://www.googleplusinside.de

➤ http://www.googlewatchblog.de

➤ http://blog.schwindt-pr.com

Englisch

➤ http://www.plusweek.ly

➤ http://googleplus.wonderhowto.com

Weitere Informationen:

➤ Offizielle Google+-Hilfe:
http://support.google.com/plus/?hl=de&p=help_center

➤ Forum:
http://www.google.com/intl/en/+/learnmore/forum/

11. Die erweiterte Social-Media-Marketing-Architektur

„Make everything as simple as possible, but not simpler.“ Albert Einstein

11.1 Webseiten und Blogs für Social Media optimieren

Ein wichtiger Baustein für die Bekanntmachung Ihrer Inhalte ist Ihre Webseite. Stellen Sie deshalb sicher, dass die Besucher auf Ihrer Seite etwas tun können. Machen Sie es ihnen so einfach wie möglich, Inhalte Ihrer Seite mit anderen zu teilen!

Sorgen Sie für gute Inhalte, dann werden diese auch geteilt

Wie mehrfach angesprochen, sind gute Inhalte ein zentrales Erfolgselement. Sie sorgen dafür, dass der Benutzer sich für Ihre Seite interessiert. Machen Sie es einfach, Inhalte zu abonnieren, und zeigen Sie weitere relevante Informationen auf. Das können zum Beispiel ähnliche Beiträge oder weiterführende Links zum Thema sein. Aus Sicht der sozialen Medien ist es wichtig, den Benutzer dazu zu animieren, mit Ihrer Webseite zu interagieren.

Bauen Sie ein Rating ein

Die nächste Stufe besteht darin, dass der Benutzer Ihre Inhalte bewerten kann. Dann erhalten Sie ein Feedback darüber, was gut ist und wo es noch Optimierungspotenzial für Sie gibt. Ratings (beispielsweise mit Sternen oder Daumen nach oben/unten) sind ein gutes Verfahren, mit dem der Benutzer ohne großen Aufwand Input geben kann – und Sie darauf basierend Ihre Inhalte besser gestalten können.

Ermöglichen Sie ein Feedback via Kommentarfunktion

Eine Kommentarfunktion sollte auf jedem Blog eingebaut sein. Geben Sie den Benutzern unbedingt die Möglichkeit, einen Kommentar zu hinterlassen und leicht mit Ihnen in eine Diskussion zu treten.

Wenn Sie ein Tool wie **http://www.disqus.com** nutzen, können sich Benutzer mit einem Account aus einem sozialen Netzwerk einloggen und den Kommentar veröffentlichen. Der Kommentar wird dann auch im Newsstream des Benutzers und bei dessen Freunden dargestellt, was für den Traffic auf Ihre Webseite förderlich ist!

Lassen Sie die Benutzer Inhalte über entsprechende Sharing-Dienste teilen

Die wichtigste Funktion von allen ist die Möglichkeit, dass der Benutzer möglichst einfach einen Inhalt mit seinem Netzwerk teilen kann.

➢ Die simpelste Möglichkeit, einen Inhalt auf vielen Netzwerken zu teilen, ist der Einbau eines Sharing-Buttons. Beliebt hierfür sind unter anderem http://www.addtoany.com oder http://www.sharethis.com.

➢ Wenn Sie zum Beispiel WordPress als Software für Ihren Webauftritt nutzen, finden Sie auch entsprechende Plug-ins, die diese Funktionen bieten. Sie lassen sich mit wenigen Klicks installieren, eine schöne Umsetzung bietet zum Beispiel **Sexy Bookmarks**.

➢ Praktisch ist auch die Toolbar von http://www.wibiya.com. Damit können Sie Ihre Social-Media-Präsenzen optimal integrieren, ohne etwas programmieren zu müssen. Bei einem Klick auf *Fan Page* oder *Twitter* wird zudem der aktuelle Newsstream direkt eingeblendet, sodass sich der Nutzer ein gutes Bild verschaffen kann – ohne Ihre Webseite verlassen zu müssen!

➢ Daneben gibt es aber spezifische Sharing-Buttons, die sich für Facebook, Twitter und Google etabliert haben. Durch den Wiedererkennungswert dieser Buttons werden Inhalte auch eher darüber geteilt als über die oben erwähnten Möglichkeiten. Die wichtigsten Vertreter dieser Art sind der **Gefällt mir**-Button für Facebook, der Tweet-Button für Twitter und der *+1*-Button für Google. Sie finden die Details zu den Buttons in den jeweiligen Kapiteln. Versuchen Sie, diese Buttons prominent auf Ihrer Webseite anzuzeigen!

Verschiedene Sharing-Funktionen auf einem Blogbeitrag von SocialMediaBuch.com.

11.2 Newsletter und E-Mail-Marketing

Neben den sozialen Medien sollte das klassische E-Mail-Marketing nicht vergessen gehen – schließlich ist E-Mail nach wie vor eine sehr beliebte Form der elektronischen Kommunikation. Sie selbst oder die Mitarbeiter in der Organisation können über diesen Kanal auch sehr gut auf die eigene Social-Media-Präsenz aufmerksam machen. Generell empfiehlt sich eine Kommunikationsstrategie, die auf mehreren Kanälen aufsetzt.

Erstellen Sie eine persönliche E-Mail-Signatur mit Links zu Ihren Social-Media-Profilen

Die einfachste Möglichkeit besteht darin, bei jeder ausgehenden Nachricht eine persönliche Signatur ans Ende anzuhängen. Dort können Sie dann die Links auf die jeweiligen Social-Media-Präsenzen hinzufügen. Der Anbieter http://www.wisestamp.com ermöglicht es Ihnen, eine Signatur mit den relevanten Social-Media-Icons zusammenzustellen.

Wer es persönlicher mag, kann sich auch manuell eine Signatur designen. Passende Icons der Social-Media-Netzwerke finden sich auf http://www.findicons.com. Sie können diese Icons dann als Grafik entweder direkt in die Signatur einfügen oder online auf einem Server speichern. Dabei bietet sich entweder Ihr eigener Webserver an, oder Sie nutzen einen Dienst wie zum Beispiel http://www.tinypic.com.

Hier als Beispiel meine persönliche E-Mail-Signatur – die Darstellung der Unterschrift habe ich mittels http://www.mylivesignature.com realisiert, die in den Dienst von Wisestamp integriert ist.

Beispielsignatur mit Social-Media-Icons.

Packen Sie Icons in Ihren Newsletter

Dasselbe gilt natürlich auch dann, wenn Sie einen E-Mail-Newsletter an Ihre Kontakte versenden – machen Sie darin prominent auf Ihre Präsenz aufmerksam, indem Sie den Link darauf zusammen mit einem passenden Logo einfügen.

Inhalte direkt auf Social-Media-Netzwerken teilen

Das ist aber nur die halbe Miete. Noch besser ist es, wenn Sie den Lesern die Möglichkeit bieten, das Gelesene auf einem sozialen Netzwerk zu teilen. Dies können Sie realisieren, indem Sie folgende **Links** in Ihrer E-Mail-Korrespondenz nutzen:

Facebook

➤ Fügen Sie den Link zu Ihrem Beitrag dort ein, wo der Platzhalter steht: **https://www.facebook.com/share.php?u=IhreURL** – zum Beispiel **https://www.facebook.com/share.php?u=**http://www.SocialMediaBuch.com.

➤ Wer den Link anklickt, erhält ein Vorschaufenster und kann vor der Veröffentlichung noch einen Kommentar hinzufügen. Dabei kann man auch entscheiden, ob der Beitrag auf Facebook erscheinen soll oder via Direktnachricht an jemanden versendet wird.

Twitter

➤ Die einfachste Möglichkeit bietet der Dienst **http://www.clicktotweet.com**.

➤ Bei Twitter gibt es auch die Möglichkeit, über einen Parameter die Statusnachricht anzugeben. Das Format lautet: **http://twitter.com/home?status=IhrText-IhreURL**.

➤ Das sieht dann zum Beispiel so aus: **http://twitter.com/home?status=News zum Thema Social Media gibt es unter http://www.SocialMediaBuch.com**.

➤ Achten Sie dabei darauf, dass der Text inklusive Link nicht länger als 140 Zeichen ist. Nutzen Sie, wenn nötig, einen URL-Kürzungsdienst wie **http://bit.ly**.

➤ Wer den Link anklickt, wird zu Twitter weitergeleitet. Die Nachricht erscheint dann dort direkt im Eingabefeld, wo sie vom Benutzer angepasst und veröffentlicht werden kann.

XING

➤ Auch XING bietet die Möglichkeit, einen Link zu teilen. Der Code dafür lautet:

```
<a href="http://www.xing.com/app/user?op=share;url=IhreURL"
   target="_blank" title="IhrTitel"></a>
```

➤ Oder als Beispiel auskommentiert:

```
<a href="http://www.xing.com/app/user?op=share;url=
   http://www.socialmediabuch.com" target="_blank"
   title="Teilen Sie diesen Link auf XING"></a>
```

LinkedIn

➤ Für LinkedIn können Sie folgenden Link nutzen:

```
<a href="http://www.linkedin.com/shareArticle?mini=true&url=IhreURL
   &title=IhrTitel&summary=OptionaleDetails&source=NameIhrerWebseite">
   Auf LinkedIn teilen</a>
```

➤ Das sieht dann zum Beispiel so aus:

▪ `<a href="http://www.linkedin.com/shareArticle?mini=true&url=`
`http://www.socialmediabuch.com&title=Blog zum Social Media Buch`
`&summary=Bleiben Sie immer auf dem Laufenden`
`&source=SocialMediaBuch">Auf LinkedIn teilen</a>`

Bei einem Klick auf den Link kann der Nutzer den Beitrag auf LinkedIn teilen.

Google+

➤ Bei Google+ sieht der Link so aus:

▪ `<a href="https://plusone.google.com/_/+1/con-`
`firm?hl=en&url=IhreURL" target="_blank" title="Ihr Titel"></a>`

➤ Und hier das Beispiel dazu:

▪ `<a href="https://plusone.google.com/_/+1/confirm?hl=en&url=`
`http://www.socialmediabuch.com" target="_blank" title="SocialMedia-`
`Buch">Auf Google+ teilen</a>`

Wenn Sie keine eigene Newslettersoftware im Einsatz haben, können Sie sich bei einem der folgenden Dienste anmelden:

Deutsch

➤ http://www.klick-tipp.com

➤ http://www.cleverreach.de

➤ http://www.flatrate-newsletter.de

International

➤ http://www.erfolgimnetz.com/aweber

➤ http://www.getresponse.com

➤ http://www.infusionsoft.com

➤ http://www.icontact.com

➤ http://www.madmimi.com

➤ http://www.mailchimp.com

11.3 Listbuilding 2.0 – wie Sie Ihre Kontaktliste über soziale Netzwerke aufbauen

Sie bringen Ihre Botschaft dann am einfachsten unter die Leute, wenn Sie eine Liste mit Kontakten haben, die sich dafür interessieren. Es liegt an Ihnen, gezielt Ihre Beziehungen in den sozialen Medien zu erweitern und Ihre Kontaktdatenbank aufzubauen und zu pflegen.

So werden Kontaktlisten im Internet aufgebaut

Im klassischen Internetmarketing spricht man dabei vom „Listbuilding". In der Regel funktioniert das nach folgendem Schema:

➤ Sie suchen eine bestimmte Information und landen auf einer Webseite.

➤ Dort erhalten Sie einen ersten Einblick in die Thematik, der Lust auf mehr macht.

➤ Um weitere Details (beispielsweise einen Report oder ein E-Book) über das gewünschte Thema zu erhalten, müssen Sie sich dann mit Ihrer E-Mail-Adresse registrieren.

➤ Sie erhalten daraufhin die versprochenen Informationen per E-Mail zugestellt.

➤ In loser Folge erhalten Sie nun vom Anbieter weitere E-Mails zu diesem Thema. Ab und an wird man Ihren auch ein kostenpflichtiges Angebot unterbreiten.

➤ Da Sie der Absender immer mit hochwertigen Informationen versorgt hat, sind Sie auch bereit, entsprechende Produkte von ihm zu kaufen.

Sie sehen also, wer etwas verkaufen möchte, muss primär mit guten Inhalten aufwarten und sich gezielt eine Kontaktliste aufbauen. Voraussetzung ist natürlich, dass Sie die Liste laufend mit neuen Kontakten ausbauen und vor allem auch mit relevanten Inhalten versorgen. Niemand wird von Ihnen kaufen, wenn Sie nur auf Verkauf aus sind. Schaffen Sie in erster Linie einen Mehrwert für den Leser und geben Sie Ihre besten Informationen kostenlos weiter, das baut Vertrauen auf.

Wenn Sie Ihre Kontaktliste aufbauen, steht primär Ihr Name oder Ihre Marke im Zentrum. Das wird dann der Kern Ihrer Onlinepräsenz, und Sie stärken über hilfreiche E-Mail-Newsletter die Beziehungen zu Ihrer Gefolgschaft – Sie werden zugänglich. Menschen kaufen von Menschen oder Unternehmen, die sie kennen, mögen und denen sie **vertrauen**.

Bauen Sie sich Ihre Liste in den sozialen Plattformen auf!

Nicht jedermann ist aber gewillt, seine E-Mail-Adresse bekannt zu geben. Für einige Menschen ist es bequemer und „anonymer", einfach ein Fan Ihrer Facebook-Seite, ein Follower auf Twitter oder ein Abonnent auf Ihrem YouTube-Kanal zu werden. Auch die Leser Ihres Blogs, die sich den RSS-Newsfeed abonniert haben, gehören zu Ihrer Liste. Obwohl die Person in diesem Fall komplett anonym ist, können Sie sie trotzdem erreichen.

Stellen Sie also sicher, dass jedermann mit möglichst wenigen Klicks Ihren Neuigkeiten folgen kann. Es ist natürlich wichtig, dass Sie dann auch aktiv an den Netzwerken partizipieren, auf denen Sie präsent sind.

Gleichen Sie Ihre sozialen Netzwerke miteinander ab

Jeder Nutzer hat in der Regel seine bevorzugte Plattformen, obwohl er bei mehreren verschiedenen Netzwerken angemeldet ist. Um nun ihre Reichweite zu maximieren, ist es sinnvoll, auf allen Plattformen möglichst viele Ihrer Kontakte hinzuzufügen. Die sozialen Netzwerke verfügen meist über eine Funktion, mit der man die eigenen Kontakte importieren kann. Damit lässt sich prüfen, ob Ihre Kontakte bereits auf der jeweiligen Plattform angemeldet sind.

Verknüpfen Sie nun die einzelnen Netzwerke zum Abgleich miteinander oder exportieren Sie die Kontakte von Netzwerk A und importieren Sie sie dann in Netzwerk B.

Hier die wichtigsten direkten Links, um die Netzwerke abzugleichen:

➢ Facebook: **https://www.facebook.com/?sk=ff**

➢ Twitter: **https://twitter.com/who_to_follow/import**

> ➢ XING: https://www.xing.com/app/invite

> ➢ LinkedIn: https://www.linkedin.com/fetch/importAndInvite

> ➢ YouTube: http://www.youtube.com/account_sharing

> ➢ Google+: https://plus.google.com/circles/find

Wenn es keine direkte Verbindung zwischen den gewünschten Netzwerken gibt, können Sie die Daten zuerst in das Adressbuch eines Diensts wie **http://www.gmail.com** oder **http://mail.yahoo.de** importieren und dann von dort aus exportieren oder das Netzwerk damit verknüpfen.

11.4 Social Bookmarking – wie Lesezeichen für mehr Traffic sorgen

Social Bookmarking bietet die Möglichkeit, für Sie wichtige Links als öffentliche Lesezeichen zu verwalten. Diese Links lassen sich zu Listen hinzufügen oder daraus entfernen, bewerten, kommentieren und mit Stichwörtern (Tags) versehen.

Sie können auch die öffentlichen Bookmarks von anderen Benutzern einsehen und über Änderungen mittels eines RSS-Newsfeeds informiert werden. Dazu gibt es meist weitere thematisch verwandte Lesezeichen zu erkunden. Der Vorteil für den Bereich Social Media Marketing liegt vor allem darin, dass man auf seine eigenen Inhalte aufmerksam machen kann und weitere Leser gewinnt.

Sie können die Links zu Ihrer Webseite und den Profilen in den sozialen Medien natürlich auch auf diesen Portalen eintragen und dadurch neue Interessenten finden. Das hilft zudem Ihrer Suchmaschinenpositionierung, da sogenannte Backlinks aufgebaut werden – sprich Links, die zurück auf Ihre Seite zeigen und damit aus Sicht von Google die Seite relevanter erscheinen lassen.

Hier können Sie die Links eintragen

Sie müssen sich zuerst auf jeder Plattform registrieren, um ein Lesezeichen erfassen zu können. Im Folgenden sind die wichtigsten Plattformen aufgeführt:

> ➢ Die bedeutendsten Vertreter in Deutschland sind **http://www.mister-wong.de** und **http://www.linkarena.com**.

> ➢ International sind **http://www.delicious.com**, **http://www.diigo.com** und **http://www.folkd.com** führende Plattformen.

> ➢ Der Dienst http://www.onlywire.com ermöglicht es Ihnen, Ihre Links vollautomatisch auf mehr als 40 Social-Bookmarking-Portalen zu erfassen. Es gibt ebenfalls ein Plug-in für die Blogsoftware WordPress, die jeden neuen Beitrag automatisch auch auf den gewünschten Portalen erfasst.

> ➢ Eine ähnliche webbasierte Lösung bietet http://www.socialadr.com an. Dabei werden aktuell 18 verschiedene Anbieter unterstützt.

> ➢ Weiterhin gibt es Anbieter wie http://www.powerbookmarking.de in Deutschland sowie http://www.socialmaximizer.com, http://www.submitedge.com/social_bookmarking.html und http://www.socialbookmarksubmission.com im internationalen Umfeld, die solche Lesezeichen gegen Entgelt erfassen. Suchen Sie einfach nach „Social Bookmark Erfassung" oder „Social Bookmarking Submission", um weitere Anbieter ausfindig zu machen.

11.5 Social News – Veröffentlichen Sie Ihre Beiträge auf breiter Front

Im Gegensatz zu den gerade kennengelernten Social Bookmarks, bei denen Sie Links zu Webseiten ablegen können, wird bei den Social News nicht nur direkt auf die Hauptseite einer Domain verlinkt, sondern es werden gezielt einzelne Artikel vorgestellt, um mehr Traffic für diese zu generieren.

Jeder kann Links zu Artikeln einreichen und damit hochwertige Beiträge einem breiten Publikum präsentieren. Auf den Portalen können die Nutzer die einzelnen Beiträge dann auch bewerten und damit über Top oder Flop entscheiden.

Die Liste der deutschen Social-News-Portale ist lang:

> ➢ http://www.huip.de

> ➢ http://www.infopirat.com

> ➢ http://www.newstube.de

> ➢ http://www.readster.de

> ➢ http://www.seoigg.de

> ➢ http://www.webnews.de

> ➢ http://www.wikio.de

> ➢ http://www.yigg.de

Auch international gibt es einige Plattformen, die sich etabliert haben:

➢ http://www.slashdot.com

➢ http://www.digg.com

➢ http://www.fark.com

➢ http://www.reddit.com

➢ http://www.newsvine.com

11.6 Suchmaschinenoptimierung und soziale Netzwerke

Suchmaschinenoptimierung (SEO – **S**earch **E**ngine **O**ptimization) hat zum Ziel, dass Ihre Webseite bei der Suche nach bestimmten Stichwörtern möglichst weit vorn in den Resultaten dargestellt wird.

Bei sozialen Netzwerken hingegen steht in der Regel der persönliche Austausch im Vordergrund. Die Konversationen sind dabei morgen schon Schnee von gestern, sprich, die Inhalte sind sehr kurzlebig.

Sind SEO und Social Networking zwei Gegensätze?

SEO ist vor allem darauf aus, Inhalte gut in Suchmaschinen zu platzieren – während beim Social Networking die Interaktion mit den Menschen im Zentrum steht, die die Inhalte dann weiterverbreiten können. Wenn SEO und Social Networking auf den ersten Blick auch nach gegensätzlichen Aspekten aussehen, so haben sie doch einen gemeinsamen Nenner: Es geht bei beiden darum, sich den Status einer Autorität auf seinem Gebiet zu verschaffen. Beide Disziplinen gehen Hand in Hand und erreichen in kombinierter Form den größten Mehrwert.

Wie Social Networking der Suchmaschinenoptimierung hilft

Wer aktiv in Social-Media-Gefilden unterwegs ist, kann also im selben Atemzug auch die Positionierung seiner Webseite verbessern.

1. Publizieren Sie regelmäßig relevante Inhalte auf der eigenen Homebase (Ihrer Webseite, Ihrem Blog etc.).

2. Teilen Sie diese über die sozialen Netzwerke und erlauben Sie anderen Nutzern, diese über entsprechende Buttons mit deren Netzwerk zu teilen.

3. Diskutieren Sie mit Ihren Anspruchsgruppen. Darüber kommen Verlinkungen und Nennungen zustande, die Ihre Position in den Suchmaschinen stärken können.

4. Achten Sie dabei darauf, dass Sie die relevanten Keywords auch in Ihren Social-Media-Beiträgen nutzen.

Es handelt sich bei diesen Aktivitäten nicht um ein einmaliges Projekt, sondern um einen **laufenden Prozess**. Pflanzen Sie ein Saatkorn, gießen Sie es regelmäßig und schauen Sie zu, wie es wächst.

Wie Suchmaschinen die Links von sozialen Netzwerken werten

Selbst wenn Ihre Links fleißig auf sozialen Netzwerken geteilt werden und damit eigentlich Backlinks auf Ihre Seite schaffen, zahlt das nur beschränkt auf die Suchmaschinenoptimierung ein. Der Grund: Die Links in den meisten sozialen Netzwerken werden automatisch mit dem *no follow*-Tag markiert. Dieses gibt an, dass der Link nicht für das Ranking verwendet werden soll. Es gibt **einige Ausnahmen**, das sind aber meist Nischendienste.

Ihr Profil in den sozialen Medien wird dabei sehr wohl in den Suchmaschinen gerankt. Lediglich die Links aus Ihren Statusmeldungen, die vom Profil her auf andere Seiten zeigen, werden nicht berücksichtigt.

Die Suche nach „social media buch" zeigt Twitter-Account und Facebook-Seite prominent an.

Social-Media-Signale sind in Deutschland angekommen

Das im Frühjahr 2012 erschienene Whitepaper „Ranking Faktoren Deutschland" (Download unter **http://www.searchmetrics.com/d2012**) von Searchmetrics wurde auf der Basis von 10.000 ausgewählten Keywords, 300.000 Webseiten und Millionen von Links, Shares und Tweets erstellt.

Dabei werden mutmaßliche Rankingfaktoren von Google und deren Korrelation mit den Suchresultaten analysiert. Eine wichtige Erkenntnis daraus ist, dass nun auch in Deutschland die „Social Signals" aus Facebook, Twitter und Google+ extrem stark mit guten Positionen im Google-Index **korrelieren**.

Eine Korrelation bedeutet aber keinen kausalen Effekt, sprich: Ob Inhalte auf sozialen Medien geteilt werden, weil man gut rankt, oder ob man gut rankt, weil die Inhalte geteilt wurden, lässt sich aufgrund der Datenbasis nicht abschließend beantworten.

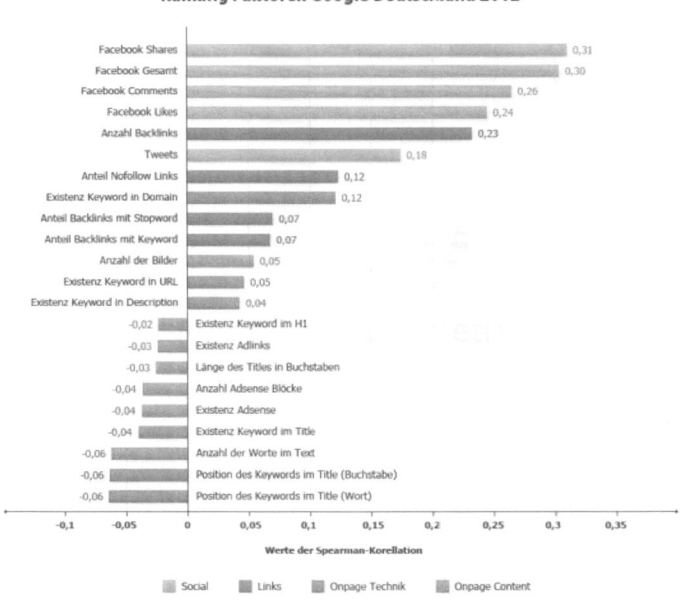

Social Media wird als wichtiges Rankingkriterium in 2012 angesehen
(Abbildung mit freundlicher Genehmigung von Searchmetrics.com).

Dennoch – die verschiedenen Facebook-Metriken weisen die höchsten Korrelationswerte auf, wobei die über den *Teilen*-Button von Facebook gesharten Inhalte den stärksten Zusammenhang mit einem guten Ranking zu haben scheinen. Twitter hat weit weniger hohe Werte – ist aber immer noch ein relativ starker Faktor.

Zu Google+ waren noch nicht genügend Daten vorhanden, um signifikante Aussagen treffen zu können. Es ist aber davon auszugehen, dass auch darüber ein verbessertes Ranking zu erwarten ist.

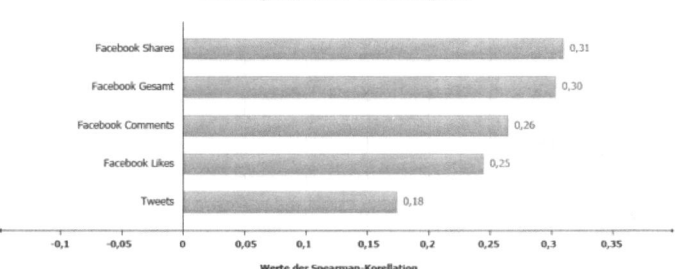

Die Social Signals haben die stärksten Korrelationen mit guten Rankings
(Abbildung mit freundlicher Genehmigung von Searchmetrics.com).

Finden Sie heraus, wie oft Ihre Seite auf den sozialen Medien geteilt wurde

„Wie oft wurde meine Seite denn auf den sozialen Medien geteilt?", fragen Sie sich vielleicht. Mit den folgenden Tools können Sie untersuchen, wie oft eine oder auch mehrere URLs bei Google+, Facebook oder Twitter geteilt wurden.

Damit können Sie auch analysieren, wie erfolgreich Ihre Mitbewerber sind (selbst wenn diese keine Buttons auf ihrer Webseite haben).

➢ http://www.socialsignals.de

➢ http://www.sharedcount.com

➢ http://www.socialyser.de

Was Sie beim Einbau von Social-Plug-ins auf Ihrer Webseite beachten müssen

Wenn Sie auf Ihrer Webseite nun soziale Plug-ins verwenden, gibt es ein **paar Dinge** zu beachten, damit sich dies dann trotzdem nicht nachteilig auf Ihre Suchmaschinenposition auswirkt.

Stellen Sie sicher, dass die eingebauten Plug-ins dem W3C-Standard entsprechen und Ihre Seite nicht zu viele **Validierungsfehler** mit sich bringt. Zudem sollte die Ladezeit durch die Plug-ins nicht signifikant länger werden, da das ebenfalls einen Rankingfaktor für die Suchmaschinen darstellt.

Behalten Sie zudem im Hinterkopf, dass sich aus datenschutzrechtlichen Gründen in Deutschland der Einsatz der „2-Klick-Lösung" empfiehlt. Damit werden die Buttons erst nach einer expliziten Bestätigung durch den Benutzer aktiv und können auch erst dann betätigt werden. Für WordPress-Nutzer gibt es dazu auch das praktische Plug-in **2-Click Social Media Buttons**. Mehr zur Thematik finden Sie unter **http://www.socialmediabuch.com/socialbuttonsrecht**.

11.7 Virales „Word of mouth"-Marketing – der heilige Gral

Hand aufs Herz: Wann haben Sie zum letzten Mal eine E-Mail an alle Ihre Kontakte gesandt, um etwas von jemand anderem bekannt zu machen? Die Hemmschwelle dafür ist bei den meisten Menschen relativ hoch. Wie Sie mithilfe des viralen Marketings und guter Mund-zu-Mund-Propaganda trotzdem viele Leute erreichen, schauen wir uns nun genauer an.

Menschen lieben es, Werbung zu blocken

Die einen machen Werbung, die anderen blockieren sie – seien es digitale oder gedruckte Junkmails, das Vorspulen auf dem digitalen Videorekorder, die Rufnummernerkennung am Telefon, der Pop-up-Blocker beim Surfen etc. Menschen mögen es nicht, dass man sie ungefragt unterbricht, um ihnen etwas zu verkaufen. Das bedeutet aber nicht, dass Menschen keine Werbung sehen wollen. Im Gegenteil, Menschen kaufen gern und sind an Informationen interessiert, die bei der Auswahl helfen.

Magische Verbreitung ohne eigenes Zutun

Marketingverantwortliche träumen daher davon, dass sich ihre Kampagne ohne eigenes Zutun verbreitet. Dies wäre ein viraler Effekt, der nicht mehr durch den ursprünglichen Absender – sprich das Unternehmen – gesteuert wird, sondern durch diejenigen, die den Inhalt weitergeben.

Wenn eine Kampagne zu einem Selbstläufer wird, wurde der „Tipping Point" erreicht, der Punkt, an dem ein entscheidender Trigger in Kraft tritt (Buchtipp: **„Tipping Point: Wie kleine Dinge Großes bewirken können"** von Malcolm Gladwell – ISBN: 978-3442127801).

Das Internet ist dafür ein prädestinierter Kanal, denn mit einem Mausklick kann man eine Nachricht mit der halben Welt teilen. Damit das aber auch geschieht, muss virales Marketing persönlich sein, eine Geschichte erzählen und Emotionen auslösen.

Besucher zu Botschaftern machen

Die Kernidee hinter viralem Marketing besteht darin, dass man andere Menschen die eigene Story (weiter)erzählen lässt. Dazu werden existierende soziale Netzwerke genutzt, die Aufmerksamkeit für ein bestimmtes Anliegen generieren.

In den digitalen Medien wird damit aus dem „Word of mouth", der Mund-zu-Mund-Propaganda, das „Word of mouse", die mittels Maus geteilte Botschaft. Dieser Klick macht es möglich, dass „Stars" über Nacht geboren wer-

609

den – und genauso schnell wieder in Vergessenheit geraten. Auch bei einem Fehlverhalten können Unternehmen und Personen rasch an den digitalen Pranger gestellt werden (siehe Kapitel 2 „Die Praxis ist der beste Lehrmeister – Pleiten, Pech und Pannen").

Es kann aber auch passieren, dass sich etwas ungeplant viral zu verbreiten beginnt und der Erfolg zu schnell kommt. Dann können schlichtweg praktische Probleme die Benutzer verärgern (beispielsweise schlechte Performance, mangelhafte Stabilität, fehlende Funktionen etc.). Das war zum Beispiel bei Twitter zu Beginn ein großes Problem.

Das Prinzip des „Word of mouth"-Marketings

Um den Vorgang der Mundpropaganda noch besser zu veranschaulichen, sehen wir uns die nächste Grafik einmal an. Wir unterscheiden dabei folgende Einstellungen gegenüber einem Produkt:

Wir unterscheiden dabei folgende Einstellungen gegenüber einem Produkt: Positiv eingestellte Fans, negativ eingestellte Personen und gleichgültige Personen. Als Vorstufe von Liebe oder Hass einem Produkt gegenüber gibt es natürlich auch noch die Begeisterung oder aber das Gegenteil.

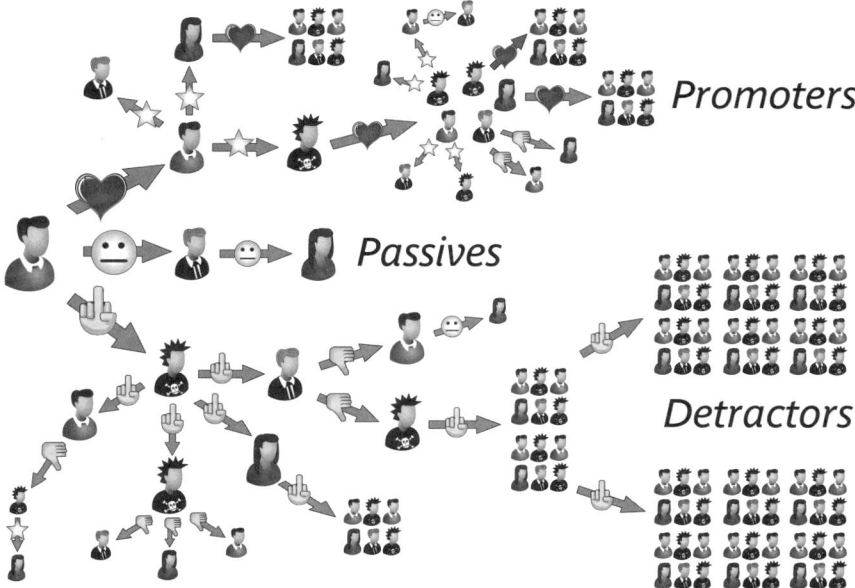

„Word of mouth"-Marketing (Grafik mit freundlicher Genehmigung von Mario Vellandi, http://www.melodiesinmarketing.com).

Menschen haben das Verlangen, ihrem Umfeld ihre Erfahrungen mit Produkten mitzuteilen. Ausgenommen davon sind Erfahrungen, von denen man weiß, dass das soziale Umfeld keinerlei Interesse daran hat. Auch peinliche Vorfälle behalten die meisten lieber für sich.

Schauen wir uns das anhand eines Beispiels an. Als Ausgangspunkt unserer Grafik nehmen wir Nils. Nils hat ein neues Handy gekauft und erzählt nun seinen Freunden und Bekannten davon.

1. Fall: Nils liebt das neue Handy und erzählt das seinen Kontakten über einen Blogbeitrag. Dieser Beitrag wird fleißig geteilt und kommentiert. Damit wird die Begeisterung weitervermittelt, und am Ende haben viele Menschen von den positiven Erfahrungen mit dem neuen Handy erfahren. Die überaus positive Empfehlung von Nils hat auch überwiegend positive Rückmeldungen der gesamten Kette hervorgerufen. Es sind zwar nicht alle vollständig davon begeistert, weil sie vielleicht einige der Funktionen des neuen Handys nicht gut finden, der größte Teil aber fungiert als Werber und gibt die positive Botschaft weiter.

2. Fall: Das Handy ist für Nils einfach ein Handy – nicht mehr und nicht weniger. Die meisten Menschen mit dieser Einstellung zu einem Produkt werden es wohl kaum weitererzählen, sie gelten im Prozess der Mundpropaganda als passive Teilnehmer.

3. Fall: Das Handy erfüllt die Erwartungen nicht, und Nils ist alles andere als begeistert. Er berichtet von seinen negativen Erfahrungen, und wie in Fall eins ist der erste Bericht entscheidend für den weiteren Verlauf. Die meisten angesprochenen Personen teilen die Meinung von Nils, abgesehen von wenigen Ausnahmen bildet sich eine große Gruppe der (Produkt-)Kritiker.

Erfolgreiche Beispiele viraler Marketingansätze

Virales Marketing wird also durch den Benutzer initiiert, indem er eine Funktion zur Verbreitung einer Nachricht nutzt. Das kann zum Beispiel passieren, wenn er einen Inhalt in sozialen Netzwerken empfiehlt oder neue Benutzer zu einem Dienst einlädt.

Die Gefahr liegt dabei darin, dass der Benutzer nicht immer erkennt, dass er für die Verbreitung von Werbemaßnahmen instrumentalisiert wird. Das wird vor allem dann rechtlich problematisch, wenn damit Adressdaten gesammelt werden sollen. Solange es aber nur darum geht, auf einen Inhalt aufmerksam zu machen, ist es kein Problem.

Wenn Sie zum Beispiel ein Video auf YouTube finden, genügen wenige Klicks, um es in einem sozialen Netzwerk zu veröffentlichen. Der Vorteil gegenüber einer E-Mail ist, dass Sie nicht explizit einen Empfänger auswählen müssen, denn Sie teilen den Inhalt ja grundsätzlich mit Ihrem ganzen Netzwerk.

Das BlackBerry-Smartphone und die portablen Geräte von Apple nutzen eine weitere Möglichkeit, um die eigene Marke zu verbreiten. Wenn Sie eine Nachricht versenden, wird unterhalb der Nachricht noch eine kurze Notiz angefügt, zum Beispiel „Von meinem drahtlosen BlackBerry®-Handheld gesendet" oder „Von meinem iPhone/iPad gesendet".

Dank dieser Kontextinformation weiß der Empfänger gleichzeitig auch, dass die Nachricht von unterwegs versandt wurde – und dass über mögliche Tippfehler oder eine kurz ausgefallene Antwort hinweggesehen werden darf. Auch der kostenlose E-Mail-Dienst Hotmail von Microsoft nutzt diesen Ansatz, um bei jeder E-Mail noch Werbung zu machen und damit neue Benutzer zu gewinnen.

Virales Applikationsdesign – bauen Sie den Virus mit ein!

Aus Sicht des Social Media Marketing ist es also wichtig, dass Sie Ihre Anwendungen viral designen. Ein virales Applikationsdesign lässt sich gut anhand eines Vergleichs der klassischen Microsoft-Office-Suite mit den Google Docs (**http://docs.google.com**) erkennen.

Während bei Microsoft Office jeder Benutzer an seinem Computer für sich selbst werkelt, stehen bei der Google-Dokumentverwaltung der Zugang von überall her und die Echtzeitkollaboration mit anderen im Zentrum. Wer mit Google Docs arbeitet, kann andere Nutzer einladen, am selben Dokument mitzuarbeiten.

Damit empfiehlt sich die Applikation automatisch weiter, denn wer den vollen Funktionsumfang nutzen will, muss sich registrieren. Bei Microsofts Office hingegen verschickt man Dokumente via E-Mail, eine Empfehlung der Applikation ist dabei nicht eingebaut. Microsoft hat aber die Zeichen der Zeit erkannt und baut seine Applikationen entsprechend um.

Skype als Paradebeispiel für virales Design

Oftmals ist es so, dass jemand eine Applikation gern nutzt, aber keine Notwendigkeit sieht, diese weiterzuempfehlen. Bei viralen Applikationen kommt aber früher oder später der Punkt, an dem andere Benutzer eingeladen werden (müssen), um die Applikation voll ausreizen zu können. Ein gutes Beispiel ist die kostenlose Telefonie über das Internet mittels **Skype** – der Nutzer profitiert nur dann davon, wenn auch seine Freunde diesen Dienst nutzen.

Man sollte Viralität aber nicht erzwingen wollen (beispielsweise durch forcierte Einladungen an alle Freunde etc.). Wenn Sie als Unternehmen eine Applikation designen, möchten Sie ja nicht nur möglichst viele Benutzer gewinnen, sondern diese dann auch als aktive Benutzer behalten.

Der Social-Design-Ansatz von Facebook fördert virale Kommunikation

Auch Facebook fördert die virale Kommunikation über das Konzept des sozialen Designs. Unter **https://developers.facebook.com/socialdesign** stehen dazu weitere Informationen zur Verfügung.

„Soziales Design" ist hierbei als Denkart zu verstehen, die beim Produktdesign die sozialen Erfahrungen in den Mittelpunkt stellt. Wer beispielsweise eine virale Applikation auf Facebook anbieten will, sollte sich die Möglichkeiten und Features von Facebook zunutze machen, um dem Nutzer das Erleben einer neuen sozialen Erfahrung zu ermöglichen.

Die drei Kernelemente Identität, Gespräch und Gemeinschaft sind dabei die grundlegenden Bausteine von Facebook:

➢ Die **Identität** bezieht sich auf das Individuum und wie dieses vom eigenen Umfeld gesehen wird.

➢ Das Kernelement **Gemeinschaft** bezieht sich dann auf dieses Umfeld, auf die Menschen, die man kennt, denen man vertraut und die bei der Entscheidungsfindung helfen.

➢ Das **Gespräch** bezieht sich auf die Interaktion zwischen Individuum und Gemeinschaft und die verschiedenen Wechselwirkungen, die damit auf das Umfeld ausgestrahlt werden.

Das Modellieren einer sozialen Erfahrung

Facebook fördert das soziale Design.

Um ein soziales Produkt zu modellieren, muss man den inneren Kern ans Laufen bringen. Das bedeutet, dass die Nutzer sich eine Identität schaffen und diese auch mit anderen teilen können. Damit entwickelt sich eine Gemeinschaft. Diese Maxime liegt auch dem Erfolg von Facebook zugrunde.

Wenn jedoch bereits eine Gemeinschaft besteht, wie es auch heute bei Facebook der Fall ist, sollte man nicht einen neuen inneren Kern schaffen, sondern auf dem bestehenden aufbauen. Darüber kann man neue Interaktionen anstoßen, die die Identität des Nutzers weiter ausbauen.

Wenn diese drei Elemente bei der Entwicklung von neuen Anwendungen gut durchdacht werden, stehen die Chancen gut, die Nutzer als virale Multiplikatoren zu gewinnen!

11.8 Offlinemarketing – Nutzen Sie klassische Werbung

Neben all den Möglichkeiten der Onlinewerbung sollte man natürlich die klassischen Marketingaktivitäten nicht vergessen. Je nachdem, was Sie vermarkten wollen, bieten sich vielfältige Möglichkeiten an. Eine Kombination aus online und offline wird oftmals für die besten Resultate sorgen.

Kombinieren Sie Offline- und Onlinemarketing

Verweisen Sie bei Offlinewerbemaßnahmen auf Ihre Onlinepräsenz. Stellen Sie dabei sicher, dass Sie eine kurze URL verwenden, die man sich leicht merken kann.

Ihre Links zu den sozialen Netzwerken gehören auf jede Visitenkarte und jeden versandten Brief. Sie müssen dabei nicht immer den ganzen Link aufschreiben, sondern können auch nur den Namen Ihres Accounts nennen und die Logos der jeweiligen sozialen Netzwerke dazudrucken.

Präsentieren Sie Ihr Angebot bei jeder Gelegenheit

Wenn Sie einen Dienst oder ein Angebot bekannt machen wollen, sollten Sie selbst der stärkste Botschafter dafür sein! Sie können zum Beispiel einen passenden Anlass sponsern oder auf Konferenzen zu Ihrem Fachgebiet Ihr Anliegen präsentieren. Gehen Sie zu Barcamps, Kongressen, Networking-Events etc. Die persönliche Beziehung, die Sie bei diesen Anlässen mit Ihrem Publikum aufbauen können, ist sehr hilfreich. Neben der Möglichkeit, Ihr Angebot vorzustellen, erhalten Sie auch Feedback und erfahren, was die Leute wirklich von Ihnen wollen und benötigen.

Sie können auch einen Flyer unter den Teilnehmern verteilen. Wenn Sie einen Workshop halten, sollten Sie dem Publikum die Möglichkeit geben, einen Bewertungsbogen mit Kommentaren abzugeben. Wer Ihnen dabei seine E-Mail-Adresse gibt, dem senden Sie ein attraktives Geschenk zu. Damit können Sie sich Ihre Kontaktliste ausbauen (siehe Kapitel 11.3 „Listbuilding 2.0 – wie Sie Ihre Kontaktliste über soziale Netzwerke aufbauen").

Finden Sie Multiplikatoren, die über Sie schreiben

Journalisten, Fachzeitschriften und (bekannte) Blogger können Ihnen dabei helfen, Ihre Botschaft zu verkünden. Sorgen Sie dafür, dass Sie die Menschen von Ihrem Angebot überzeugen und sie zu Ihren Fans machen – eine persönliche Beziehung hilft dabei enorm.

In den USA gibt es den Dienst **http://www.helpareporter.com**, bei dem Journalisten nach passenden Storys suchen – eine gute Möglichkeit, um von der Presse interviewt zu werden, wenn Sie international tätig sind.

Schreiben Sie Gastbeiträge

Sie können auch **Gastbeiträge** für die genannten Medien schreiben. Am besten bewerben Sie sich mit einem Musterexemplar eines bereits veröffentlichten Beitrags und einem konkreten Vorschlag, der auf das Medium und das Themengebiet ausgerichtet ist. Die meisten Publisher sind dankbar, wenn sie hochwertigen Inhalt von einem Experten erhalten. Damit vergrößern Sie natürlich auch wieder Ihren eigenen Bekanntheitsgrad.

Machen Sie in Ihren Lokalitäten auf Ihre Webpräsenz aufmerksam

Wenn Sie Firmenräume, Shops, ein Restaurant oder Ähnliches haben, machen Sie dort ebenfalls auf Ihre Onlinepräsenz aufmerksam. Sie können zum Beispiel eine Postkarte drucken und auslegen oder einen Kleber an der Tür anbringen, auf denen die Hinweise zu Ihrer Social-Media-Präsenz aufgeführt sind.

Nutzen Sie die klassischen Werbeansätze

Haben Sie ein lokales Gewerbe, kann sich eine Anzeige in einer Zeitung lohnen. Auch etwaige Werbegeschenke können mit der URL des sozialen Netzwerks ausgestattet werden. Wenn Ihr Unternehmen Autos im Einsatz hat, sollten Sie sich einen entsprechenden Aufkleber drucken lassen, der auf Ihre Webseite und Ihre Präsenz in den sozialen Medien verweist. Sie können alle klassischen Werbeansätze nutzen, um auf Ihre Webpräsenz in den sozialen Medien aufmerksam zu machen.

12. Bonuskapitel

12.1 Outsourcing – was Sie auslagern können und wer Ihnen hilft

Sie pflegen Ihre Social-Media-Identität mit Hingabe. Je aktiver Sie sind, desto mehr merken Sie auch, dass ein beachtlicher Zeitaufwand damit verbunden ist und sich bereits wieder neue Herausforderungen in Ihrem Posteingang stapeln. „Woher die Zeit für die Betreuung der Social-Media-Kanäle nehmen, wenn nicht stehlen?", sinnieren viele – und halten Ausschau nach einer Abkürzung.

Ist Social Media ein Zeitdieb?

Aus dem 2011 Social Media Marketing Report des Social Media Examiner (Details siehe **www.socialmediaexaminer.com/SocialMediaMarketingReport2011.pdf**) geht hervor, dass mehr als die Hälfte der befragten Social-Media-Marketer sechs Stunden oder mehr pro Woche für die Pflege ihrer Präsenz aufwenden. Jeder Dritte wendet im Mittel mehr als elf Stunden pro Woche auf!

Risiken beim Outsourcing – Drum prüfe, wer sich bindet ...

Es stellt sich somit die berechtigte Frage, ob Sie diesen Zeitaufwand selbst tragen können und wollen. Oder sollten Sie versuchen, den Prozess effizienter zu gestalten und gewisse Aufgaben auszulagern?

Social Media steht in direktem Zusammenhang mit Ihrer Identität und ist ein sensibles Thema. Es gibt immer wieder Fälle, in denen ein Unternehmen bestimmte Aufgaben ausgelagert hat und durch ungeschicktes Verhalten der Auftragnehmer in die Schlagzeilen geraten ist.

Bedenken Sie, dass Sie beim Outsourcing der Social-Media-Pflege auch gewisse Risiken eingehen. Wenn Sie jemanden außerhalb Ihrer Organisation damit beauftragen, Ihre Accounts betreuen zu lassen, hat diese Person in der Regel nicht alle Interna und Informationen zur Verfügung. Das kann dazu führen, dass falsche Informationen kommuniziert werden oder dass Sie viele Rückfragen zu beantworten haben.

In der Regel fehlt dem Outsourcing-Partner die Möglichkeit, Entscheidungen zu treffen und die Konsequenzen dafür zu tragen. Wollen Sie die Geschäftsbeziehung beenden, kann das möglicherweise böses Blut geben und zu unprofessionellem Verhalten führen. Gegebenenfalls kann dadurch Ihre Reputation sogar mutwillig beschädigt werden, wenn jemand Zugang zu Ihren Accounts hat.

Sollten Sie deshalb auf die Möglichkeiten des Outsourcings verzichten? Nein, natürlich nicht grundsätzlich! Sie müssen sich nur gut überlegen, welche Aufgaben Sie sinnvollerweise auslagern.

Faustregel: Lagern Sie Beziehungspflege und Interaktion nicht aus!

Sie betreiben Social Networking ja nicht nur zum Spaß, sondern um damit eine Wirkung zu erzielen und Beziehungen zu pflegen. Daher wissen Sie selbst, dass der erste Eindruck entscheidend ist.

Sie schicken ja auch nicht einen Schauspieler zu einer Veranstaltung, der sich als Sie ausgibt und dann dauernd die Regie fragt, was er jetzt sagen soll. Dieses Prinzip gilt sowohl für Privatpersonen wie auch für Unternehmen: Wenn Sie jemandem eine Aufgabe übertragen, muss diese Person auch die notwendigen Kompetenzen mitbringen, um die Verantwortung für das eigene Handeln tragen zu können.

Versuchen Sie nach Möglichkeit, motivierte Personen aus der eigenen Organisation als Verstärkung an Bord zu holen, bevor Sie externe Hilfe in Anspruch nehmen. Vermeiden Sie Abhängigkeitsverhältnisse mit externen Dienstleistern und stellen Sie sicher, dass Sie oder Ihre Organisation autonom handlungsfähig ist.

Diese Social-Media-Aktivitäten können Sie auslagern

Sie können in der Regel aber gut Dinge auslagern, die eher technischer Natur sind und keine oder wenige Interaktionen mit anderen Menschen erfordern. Auch Aufgaben, die von jemandem vorbereitet und dann durch Sie geprüft werden können, eignen sich gut.

Dazu gehören folgende einmalige Aufgaben:

➢ Accounts in sozialen Netzwerken erstellen und konfigurieren.

➢ Designs erstellen (beispielsweise Hintergrundbild für Twitter, Seite bei Facebook, YouTube-Background etc.).

➢ Eintragen der Social-Media-Präsenz in Verzeichnisse (beispielsweise Twitter-Expertenverzeichnisse), relevante Diskussionen ausfindig machen (beispielsweise in XING- oder LinkedIn-Gruppen sowie in Facebook-Seiten).

➢ Automatisierung der Inhaltsverteilung von Statusupdates (der neue Blogbeitrag beispielsweise wird automatisch in sozialen Netzwerken publiziert, Facebook- oder LinkedIn-Status wird auf Twitter publiziert etc.).

➢ Spezifische Applikationen entwickeln, beispielsweise für Facebook.

Es gibt auch eine Reihe wiederkehrender Aufgaben, die von einem Partner erledigt werden können:

➢ Vorerfassen und Terminieren von Statusupdates.

➢ Recherche zu relevanten News etc.

➢ Aufbereitung und Publikation von Inhalten.

➢ Monitoring-Aktivitäten in den sozialen Medien.

➢ Zusammenstellung von Statistiken.

➢ Aufbau des Followings, Bestätigung von Kontakten, Spam-Management.

➢ Eintragen von Links in Social-Bookmarking-Portalen.

Sie sind der Boss!

Das Ziel ist es also nicht, sich komplett aus den Social-Media-Netzwerken auszuklinken und alles jemand anderem zu übertragen – ganz im Gegenteil! Es geht darum, dass Sie effizienter und effektiver agieren können. Sie sollen sich nicht mit dem Rauschen der nicht relevanten Konversationen abgeben müssen, sondern sich auf die wesentlichen Aspekte des Netzwerkens konzentrieren.

Wie bei jedem Management liegt es in Ihrem Kompetenzbereich, zu entscheiden, welche Aufgaben Sie selbst zu machen haben und welche Sie gut an jemanden delegieren können. Dabei wollen Sie aber ganz bestimmt keinen Roboter an Ihre Stelle setzen, sondern Sie selbst sind die Stimme, die Ihre Kontakte hören wollen!

Bevor Sie nun einen Auftrag vergeben, sollten Sie sich von dem Kandidaten zuerst das Portfolio und Referenzen zeigen lassen. Wenn Sie jemanden über eine Webseite finden, prüfen Sie auch, ob der Anbieter von anderen Kunden bewertet oder kommentiert wurde. Die meisten der vorgestellten Anbieter bieten solche Möglichkeiten an. Häufig ist es auch von Vorteil, wenn der Anbieter die Vergütung erst dann erhält, wenn der Auftrag zu Ihrer Zufriedenheit ausgeführt wurde.

Die Herausforderung besteht für Sie darin, die Spreu vom Weizen zu trennen. In jedem Fall sollte durch den Partner eine starke Identifikation mit Ihnen und Ihrem Unternehmen gegeben sein.

Vertrauen ist gut, Kontrolle ist (manchmal) besser

Wenn Sie also einen passenden Outsourcing-Partner gefunden haben, müssen Sie natürlich auch ein Vertrauensverhältnis aufbauen. Die Person hat ja Zugang zu Ihren Accounts und kann in Ihrem Namen agieren.

Am besten bleiben Sie zu Beginn möglichst nah an allem dran, damit Sie notfalls steuernd eingreifen können. Dann können Sie sich sukzessive aus einzelnen Aufgaben herausziehen. Aber Vorsicht: Das Auslagern von Arbeiten erfordert Fingerspitzengefühl – wenn Sie etwas delegieren, müssen Sie auch loslassen können und Ihrem Outsourcing-Partner vertrauen. Übertragen Sie einzelne Aufgaben und überprüfen Sie laufend deren Umsetzung anhand von Meilensteinen. Mit der Zeit können Sie dann nach und nach weitere Aufgaben übertragen.

Es empfiehlt sich, regelmäßig mit Ihrem Partner in Kontakt zu stehen und die Korrespondenz oder Vereinbarungen schriftlich festzuhalten.

Beschreiben Sie Ihr Anliegen klar und umfassend

Sie müssen genau wissen, was Sie erreichen wollen – und das auch in glasklare Anweisungen und möglichst messbare Resultate verpacken können. Erstellen Sie also eine genaue Anleitung, die möglichst Schritt für Schritt die auszuführenden Tätigkeiten beschreibt.

Negativbeispiel:

➢ Folge 20 Accounts auf Twitter.

Das gleiche, aber korrigierte Beispiel:

➢ Folge 20 Accounts auf Twitter, die

1. in Deutschland zu Hause sind,

2. aktiv sind, in der letzten Woche einen Beitrag verfasst haben und

3. sich gemäß eigener Beschreibung mit dem Thema XY auseinandersetzen.

Dies hilft einerseits Ihrem Auftragnehmer, und andererseits verschaffen Sie sich selbst Klarheit darüber, was es genau zu tun gilt. Da Sie die einzelnen Arbeitsschritte dokumentieren, können Sie darauf basierend auch weitere Leute mit dieser Aufgabe betrauen. Ein neuer Mitarbeiter lässt sich damit rasch in die Materie einführen.

Wo finde ich einen Outsourcing-Partner, der mich unterstützt?

Sie können eine Anzeige aufgeben, um die passende Unterstützung zu finden. Hier einige Empfehlungen aus dem deutschsprachigen Raum:

➢ http://www.seojobboerse.de   ➢ http://www.fuenfi.de

➢ http://www.couchjobber.de   ➢ http://www.fiveo.de

➢ http://www.webbyjobs.de   ➢ http://www.sevvn.de

➢ http://www.gigalo.de   ➢ http://www.machdudas.de

➢ http://www.yoofive.de   ➢ http://www.jobmensa.de

➢ http://www.fiverdeal.de   ➢ http://www.my-hammer.de

International bieten sich folgende Möglichkeiten an, jemanden zu finden:

➢ http://www.fiverr.com   ➢ http://www.guru.com

➢ http://www.elance.com   ➢ http://www.odesk.com

➢ http://www.freelancer.com   ➢ http://www.vworker.com

Die Luxusvariante: Ihr persönlicher virtueller Assistent

Wenn Sie an einer längerfristigen Partnerschaft und einer engen Zusammen-arbeit mit einem virtuellen Assistenten interessiert sind, sollten Sie folgende Anbieter unter die Lupe nehmen. Diese betreuen den deutschen Markt:

➢ http://www.free-days.de   ➢ http://www.mein-virtuellerassistent.com

➢ http://www.fernarbeit.net   ➢ http://www.virtuelle-helfer.de

➢ http://www.strandschicht.de   ➢ http://www.getfriday.com

Internationale Anbieter finden Sie hier:

➢ http://www.asksunday.com   ➢ http://www.catchfriday.com

➢ http://www.bpovia.com   ➢ http://www.taskseveryday.com

Wo Sie gute Texte finden

Bei Social Media kommt es nicht nur auf die Verpackung an, sondern vor al-lem auch auf den Inhalt. Gute Texte sind deshalb wichtig, um einen Mehr-wert beim Leser zu schaffen.

Wenn Sie nicht alles selbst schreiben wollen, bieten sich folgende Plattfor-men an, um einen passenden Texter zu finden. Den Feinschliff können Sie ja dann immer noch selbst vornehmen.

➢ http://www.texter.de   ➢ http://www.texterjobboerse.de

➢ http://www.textbroker.de   ➢ http://www.bloggerjobs.de

➢ http://www.supertext.ch

Aufwand versus Ertrag – was es kosten darf

Ein Thema sind immer wieder die Kosten. Fragen Sie sich selbst: Wie viel ist Ihnen die Zeit wert, die Sie beim Auslagern einer Arbeit sparen?

Bei der Abrechnung können Sie einen leistungs- oder aufwandsorientierten Ansatz wählen. Beim leistungsorientierten Ansatz können Sie das Resultat und die Aufwandsentschädigung vorgeben. Wenn es während der Umsetzung Änderungen am gewünschten Resultat oder Gründe für einen höheren Aufwand gibt, wird die Vergütung angepasst.

Übertrifft das Resultat die Erwartungen, dürfen Sie auch einen Bonus ausschütten. Beim nach Aufwand orientierten Ansatz zahlen Sie im Stundenlohn. Dabei lohnt es sich aber auch, eine Obergrenze zu setzen. Fordern Sie den Auftragnehmer auf, Sie laufend über den Fortschritt auf dem Laufenden zu halten und Sie rechtzeitig zu informieren, wenn die erwarteten Aufwände überschritten würden. Damit beugen Sie unangenehmen Überraschungen vor.

Es gibt Anbieter aus Asien, die für eine Handvoll US-Dollar die Stunde einfache und repetitive Aufgaben übernehmen. Das Lohnniveau ist in einigen Ländern viel niedriger als bei uns, das **Durchschnittseinkommen** in Indien beträgt beispielsweise weniger als 3 US-Dollar am Tag! Auf der anderen Seite gibt es hoch qualifizierte virtuelle Assistenten aus Deutschland, die 50 Euro kosten.

Die Globalisierung bringt hier verschiedene Möglichkeiten auf den Tisch. Wählen Sie aber auf keinen Fall einfach den günstigsten Anbieter, sondern denjenigen, der für die jeweilige Arbeit am besten geeignet ist.

Ich könnte das doch auch selbst machen, oder?

Denken Sie gerade, dass Sie das selbst doch schneller und besser machen können, als es jemandem zu erklären und dann zu überprüfen? Da haben Sie vielleicht recht, aber bedenken Sie Folgendes: Wenn Sie es erst einmal jemandem erklärt haben, kann die Person das auch künftig für Sie übernehmen. Damit schaffen Sie sich freie Zeit, die Sie sinnvoll nutzen können – sei es für Ihr eigenes Kerngeschäft, für die Familie, Freunde, Hobbys etc.

12.2 So verdienen Sie Geld mit Social Media

„Wie kann ich über die sozialen Medien Geld verdienen?", wollte ein Klient von mir wissen. Sie denken jetzt vielleicht: „Sind diese Medien nicht vor allem dazu gedacht, mit den Anspruchsgruppen in einen Dialog zu treten?" Natürlich haben Sie damit recht. Doch jedes Unternehmen muss am Ende des Tages auch dafür sorgen, dass es wirtschaftlich gut dasteht. Deshalb ist auch das Verkaufen auf Social-Media-Plattformen durchaus legitim, wenn es denn „richtig" gemacht wird (siehe dazu auch das Kapitel 6.11 „F-Commerce – So verkaufen Sie auf Facebook").

Werbung ist oft der wichtigste Umsatzbringer für Social-Media-Plattformen

Die Betreiber von Social-Media-Plattformen verdienen oftmals ihr Geld damit, dass sie Werbefläche im eigenen Netzwerk anbieten. Unternehmen sind dankbar, wenn sie diese digitale Plakatwand nutzen können – und bezahlen natürlich auch dafür. Der Nutzer erhält dann Werbebotschaften eingeblendet, die zu einer Interaktion mit der Marke oder dem Unternehmen führen und im Endeffekt in einem Kauf münden sollen.

Die sozialen Medien sind ein Kommunikations- und Vertriebskanal, der neuen Regeln unterliegt. Was sich aber nicht geändert hat, ist klar: Ein Unternehmen muss mit seinen Interessenten und Kunden immer eine Beziehung aufbauen und diesen einen Mehrwert bieten – und das geschieht oftmals über Zeit! Wer über die sozialen Medien sein Business ankurbeln möchte, sollte diesen Grundsatz beherzigen.

Die Buchung von Werbefläche ist sozusagen die „offizielle" Art, wie man auf Social-Media-Plattformen Interessenten gewinnt und damit das eigene Business ankurbelt. Alternativ kann man die eigenen Botschaften auch in die reguläre Kommunikation integrieren. Wie das funktioniert, haben wir bereits eingehend betrachtet, die jeweiligen Möglichkeiten auf den verschiedenen Plattformen sind in den entsprechenden Kapiteln im Buch beschrieben.

Geschäftsmodelle im Kontext der sozialen Medien

Jede Privatperson und jedes Unternehmen kann aber auch den umgekehrten Weg gehen, indem nicht Werbefläche eingekauft wird, sondern stattdessen die eigene Präsenz als Werbefläche genutzt wird. Wer jedoch damit das „schnelle Geld" machen will, ist falsch gewickelt. Das eigene Netzwerk wird nur authentische oder relevante Werbemaßnahmen goutieren!

Es gibt eine ganze Reihe an Geschäftsmodellen, mit denen Sie im Netz ein Einkommen erwirtschaften können. Im Kontext der sozialen Medien sind folgende Ansätze am wichtigsten:

➢ Die eigenen Services und Produkte anbieten.

➢ Angebote von Dritten empfehlen und Kommission erhalten (Affiliate Marketing bzw. Leads für Dritte generieren).

Geschäftsmodell 1: Verkauf von eigenen Services und Produkten

Wenn Sie als Unternehmen in den sozialen Medien aktiv sind, wollen Sie sich von Ihrer besten Seite zeigen, bestehende Kunden halten und neue Interessenten gewinnen – um diesen dann Ihr Angebot früher oder später zu unterbreiten.

Das ist nichts Verwerfliches, denn damit decken Sie ein Bedürfnis ab. Als Unternehmen ist es unbestritten notwendig und hilfreich, in den Dialog mit den Kunden zu treten – aber am Ende des Tages muss auch die Kasse stimmen!

Wenn Sie nun aber plakativ Werbung für das eigene Angebot machen, kommt das schlecht an. Stattdessen sollten Sie anderen Nutzern weiterhelfen. Damit wird Ihr Angebot oder Ihre Marke oftmals automatisch ins Gespräch kommen. Es geht dabei darum, dass Sie Ihre Kompetenz unterstreichen und Beziehungen aufbauen. Erwarten Sie nicht unmittelbar einen Verkauf oder Auftrag, sondern arbeiten Sie auf eine langfristige Beziehung hin.

Meine Einschätzung: Bringen Sie Ihre Kernkompetenzen authentisch zum Ausdruck, das ist der Schlüssel zum Erfolg in den sozialen Medien und damit auch zu Ihrem Geschäftserfolg!

Geschäftsmodell 2: Angebote von anderen empfehlen und Kommission erhalten (Affiliate Marketing)

Wenn Sie keine eigenen Angebote haben, können Sie solche von anderen empfehlen. Das hat sich im Netz unter dem Begriff „Affiliate Marketing" etabliert. Dabei ist es für private Nutzer und Unternehmen wenig sinnvoll, einfach wild drauflos alles Mögliche den eigenen Kontakten anzubieten. Das wird rasch durchschaut und als Spam kategorisiert, ganz zu schweigen davon, dass Sie Ihre Reputation aufs Spiel setzen.

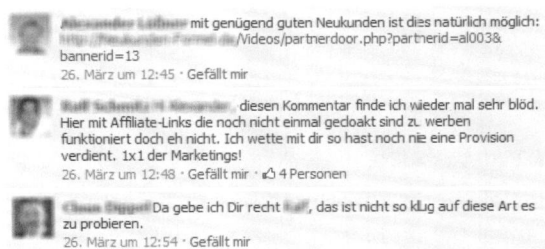

Verscherzen Sie es sich durch Spam nicht mit Ihren Freunden oder Kunden!

Vielmehr sollten Sie sich gut überlegen, was für die eigenen Kontakte interessant sein könnte, und dann geziet diese Angebote platzieren – möglicherweise sogar personalisiert. Dabei gibt es die klassischen Affiliate-Netzwerke, in denen Sie aus einer Vielzahl an Produkten zur Promotion auswählen können und diese dann eigenständig bewerben.

Meine Einschätzung: Wenn Sie passende Angebote mit attraktiven Vergütungen auswählen, können Sie sich darüber ein Zusatzeinkommen aufbauen. Die Höhe des Einkommens entspricht dabei oftmals proportional der investierten Zeit zur Bewerbung des Angebots.

Im Folgenden finden Sie eine Auswahl der wichtigsten deutschsprachigen Affiliate-Netzwerke. Im Bereich der digitalen Produkte sind Provisionen von 50 % gang und gäbe.

- ➤ http://www.clickbank.de
- ➤ http://www.zanox.de
- ➤ http://www.superclix.de
- ➤ http://www.affili.net

- ➤ http://www.belboon.com/de/
- ➤ http://www.tradedoubler.com
- ➤ http://de.cj.com

Die Clickbank.de-Startseite ist das Portal zu Tausenden von digitalen Produkten.

Gesponserte Nachrichten auf Twitter & Co.

In den letzten Jahren sind auch viele neue Anbieter aufgetaucht, die sich auf Werbung in den populären Social-Media-Plattformen spezialisiert haben. Vor allem Twitter ist hier ein beliebter Kandidat, und von dort wird die Nachricht dann oft auch auf andere Netzwerke syndiziert.

Meist wird dabei eine vordefinierte Nachricht an die eigene Gefolgschaft gesandt, und dafür werden Sie entlohnt (beispielsweise pro Nachricht, pro Klick etc.). Sie können die für Sie passende Werbung in der Regel selbst auswählen. Viele dieser Anbieter ermöglichen es im Übrigen auch, dass Sie dort Werbung für Ihr eigenes Business aufgeben können.

Meine Einschätzung: Diese Art der Werbung kann einen Versuch wert sein, aber übertreiben Sie es nicht. Empfehlen Sie nur Dinge, die Sie selbst getestet haben und hinter denen Sie stehen können! Prüfen Sie auch, wie das bei Ihrer Gefolgschaft ankommt (beispielsweise Klicks, Reaktionen etc.).

Dies sind die wichtigsten Webseiten, die zum Teil auch deutsche Werbung im Portfolio haben:

> http://www.mylikes.com
> http://www.twtbuck.com
> http://www.adcause.com
> http://www.twitpub.com

> http://www.sponsoredtweets.com
> http://www.revtwt.com
> http://www.twtmob.com
> http://www.twittad.com

Gekürzte URLs mit Werbeeinblendungen und „Content Locker"

Auch URL-Kürzungsdienste haben das Potenzial der Werbung auf sozialen Netzwerken erkannt. Das Modell hier ist simpel: Wenn der Nutzer auf eine gekürzte URL klickt, wird eine Werbung eingeblendet, danach erfolgt erst die Weiterleitung auf die gewünschte Webseite.

Mein Einschätzung: Pro Klick erhalten Sie nur wenige Cent. In der Regel lohnt es sich deshalb nicht – und verärgert nur die Nutzer, die auf Ihre Links klicken.

> http://adf.ly

> http://www.linkbucks.com

Alternativ gibt es auch noch „Content Locker". Dabei wird der gewünschte Inhalt erst dann zugänglich gemacht, wenn eine Umfrage oder etwas Ähnliches ausgefüllt wurde. Für jede ausgefüllte Umfrage erhalten Sie eine Vergütung, man spricht hier auch vom Modell **C**ost **p**er **A**ction (CPA). Für den Nutzer ist dies in der Regel nervig, und man kann auch oftmals bei Betrugsversuchen diese Taktik beobachten.

Meine Einschätzung: Lassen Sie die Finger davon, wenn Sie kein Profi sind – aber um das Prinzip dahinter zu verstehen, können Sie sich diese Links anschauen.

> http://www.cpalead.com

> http://www.blamads.com

Bezahlte Blogbeiträge und Reviews

Wenn Sie ein eigenes Blog betreiben, gibt es Anbieter, die Sie für einen Beitrag zu einem vorgegebenen Thema bezahlen. Dabei wird es in der Regel deutlich gekennzeichnet, dass es sich um einen bezahlten Beitrag handelt! Sie als Rezensent dürfen dabei Ihre ehrliche Meinung abgeben und authentisch sein.

Meine Einschätzung: Dieses Geschäftsmodell hat sich in den letzten Jahren etabliert, und es lässt sich damit auch legitim Geld verdienen – ohne dass man „seine Seele verkaufen" muss.

> http://www.payperpost.com
> http://www.reviewme.com
> http://www.socialspark.com

> http://www.ebuzzing.de (Deutsch)
> http://www.hallimash.com (Deutsch)
> http://www.sponsoredreviews.com

Nachwort – Ich freue mich auf den Dialog mit Ihnen!

Liebe Leserin, lieber Leser,

ich hoffe, Ihr Wissensdurst wurde mit diesem Buch für einen Moment gestillt. Es hat mich gefreut, Sie auf diese Reise durch die sozialen Netzwerke mitzunehmen. Ich wünsche mir, dass Sie dabei vieles gelernt und ausprobiert haben.

Schauen Sie nun bei **http://www.socialmediabuch.com** vorbei, um weitere Informationen zu erhalten. Dort können Sie auch zusätzliche Inhalte und weiteres Material herunterladen.

Sollten Sie Unterstützung benötigen, stehen meine Kollegen und ich Ihnen gern mit Rat und Tat unter **http://www.socialmediakommunikation.com** zur Seite.

Ist Social Media eine Wunderwaffe, um Ihr Business anzukurbeln?

Leider kann auch Social Media keine Wunder vollbringen, um Ihr Business in Fahrt zu bringen. Wie immer im Leben müssen Sie sich die Zeit nehmen, um Ihr Gegenüber kennenzulernen und eine Beziehung aufzubauen – und das ist auch gut so!

Mein Anliegen war es, Ihnen Mittel und Wege aufzuzeigen, wie Sie Ihre geschäftliche Präsenz in sozialen Netzwerken optimal aufbauen sowie effizient und effektiv verwalten. Dann können Sie sie weiterentwickeln und durch geschicktes Verknüpfen eine Hebelwirkung erreichen.

Im Umgang mit Social Media gibt es kaum etwas Wichtigeres als Offenheit, Ehrlichkeit und Transparenz eines Teilnehmers. Lernen Sie, nicht nur Sender, sondern auch Empfänger zu sein!

Sagen Sie mir Ihre Meinung zum Buch – Ihr Feedback zählt!

Ich möchte Sie auch ermutigen, mir Ihr Feedback zu diesem Buch zu geben. Was hat Ihnen geholfen, worüber möchten Sie mehr wissen, wo sehen Sie Optimierungspotenzial und, und, und? Seien Sie versichert, dass Ihr Input in einer neuen Auflage berücksichtigt wird!

Sie können mir eine persönliche E-Mail an **feedback@socialmediabuch.com** schicken oder auch eine Rezension zum Buch auf Amazon.de veröffentlichen – über **http://www.socialmediabuch.com/bestellen** kommen Sie direkt zur Übersicht bei Amazon. Ich freue mich auf den Dialog mit Ihnen.

Mit herzlichen Grüßen aus New York

Ihr Reto Stuber

Links zum Buch

➢ http://www.socialmediabuch.com

➢ http://www.socialmediakommunikation.com

➢ http://www.socialmediauniversitaet.com

➢ http://www.bigapplemethode.com

➢ https://www.facebook.com/socialmediabuch

➢ http://www.twitter.com/socialmediabuch

➢ http://www.gplus.to/socialmediabuch

➢ http://www.youtube.com/socialmediabuch

Links zum Autor

➢ http://www.retostuber.com

➢ https://www.facebook.com/retostuber

➢ http://www.twitter.com/retostuber

➢ http://www.gplus.to/retostuber

➢ http://www.youtube.com/webonomy

➢ http://www.xing.com/profile/reto_stuber

➢ http://www.linkedin.com/in/retostuber

Anhang

Sonderzeichen

Die folgenden Symbole sind unter **http://www.socialmediabuch.com/sonder zeichen** zu finden, sodass Sie ein gewünschtes Element einfach kopieren können.

Die Sonderzeichen aus dem UTF-8-Codierungszeichensatz „Miscellaneous Symbols" von http://www.fileformat.info/info/unicode/block/miscellaneous_symbols/utf8test.htm.

Die Sonderzeichen aus dem UTF-8-Codierungszeichensatz „Dingbats" von http://www.fileformat.info/info/unicode/block/dingbats/utf8test.htm.

Twitter-Abkürzungen

Abkürzung Englisch	Bedeutung Englisch	Abkürzung Englisch	Bedeutung Englisch
2l8	Too late	lmk	Let me know
2me	To me	loc	Location
2moro	Tomorrow	lol	Laughing out loud
4u	For you	mom	Moment
acc	Account	msg	Message
aka	Also known as	n1	Nice one
any1	Anyone	nc	No comment
app	Application	np	No problem
asap	As soon as possible	oic	Oh, I see
atm	At the moment	omg	Oh, my god
b4	Before	omw	On my way
bc or b/c	Because	opp	Opportunity
bday	Birthday	plz	Please
bf	Boyfriend	ppl	People
br	Best regards	prob	Problem
bsf	Be serious, folks	prog	Program
btw	By the way	PRT	Please ReTweet
c&p	Copy and paste	r	Are
cm	Call me	r	Real life
co	Company	rofl	Rolling on floor, laughing
conf	Conference	r	Reply requested
cu	See you	RT	ReTweet
DL	Download	rtdox	Read the documentation
DM	Direct Message	rtfm	Read the f**king manual
eg	For example	sy	Sorry
em	E-Mail	tnx	Thanks
faq	Frequently asked questions	tmi	Too much information
fav	Favorite	ttyl	Talk to you later
FF	Follow Friday	ttys	Talk to you soon
fyi	For your information	txt	Text
gf	Girlfriend	ty	Thank you
gl	Good luck	u	You
gov	Government	urs	Yours
ic	I see	w/o	Without
ie	Id est (that is)	we	Weekend
ilu	I love you	wtf	What the f**k
imho	In my honest/humble opinion	wth	What the hell/heck
in2	Into	y	Why
jgi	Just google it	yr/-s	Year/-s
jit	Just in time	YT	YouTube
jk	Just kidding	yw	You are welcome
kk	Okay		

Abkürzung Deutsch	Bedeutung Deutsch	Abkürzung Deutsch	Bedeutung Deutsch
bspw	Beispielsweise	mfG	Mit freundlichen Grüßen
bzgl	Bezüglich	mMn	Meiner Meinung nach
bzw	Beziehungsweise	mom	Moment
DM	Direktnachricht	omg	Oh, mein Gott
Em	E-Mail	PLZ	Postleitzahl
evtl	Eventuell	prob	Problem
FF	Follow Freitag (Follow Friday)	PRT	Please ReTweet
fg	Freches Grinsen	rl	Reales Leben
g	Grins oder grinsen	RT	ReTweet
ggf	Gegebenenfalls	s	Siehe
gN8	Gute Nacht	S	Seite
GuMo	Guten Morgen	sbam	So bald als möglich
GW	Glückwunsch	sZt	Seiner Zeit
hdl	Hab dich lieb	txt	Text
iA	Im Auftrag oder im Allgemeinen	ua	Und andere
ild	Ich liebe dich	uä	Und Ähnlich/e/es
iwann	Irgendwann	usw	Und so weiter
iwas	Irgendwas	uU	Unter Umständen
iwer	Irgendwer	uvm	Und viel/e/es mehr
iwie	Irgendwie	VG	Viele Grüße
kA	Keine Ahnung	vgl	Vergleiche
kB	Kein Bock	vll	Vielleicht
kk	Okay	WE	Wochenende
kP	Kein Plan	YT	YouTube
kU	Keine Ursache	zB	Zum Beispiel
lg	Liebe Grüße	zK	Zur Kenntnis
lsg	Lösung	ZKN	Zur Kenntnisnahme
mE	Meines Erachtens	zZ	Zurzeit

Linkempfehlungen

Deutsche Social-Media-Blogs

Die folgenden deutschsprachigen Blogs bieten eine gute Übersicht zum Thema Social Media und mehr:

➢ http://blog.talkabout.de

➢ http://www.basicthinking.de/blog

➢ http://www.bernetblog.ch

➢ http://www.bwlzweinull.de

- http://www.indiskretionehrensache.de

- http://www.medialdigital.de

- http://www.netzwertig.com

- http://www.off-the-record.de

- http://www.pr-blogger.de

- http://www.saschalobo.com

- http://www.socialmediapraxis.de/blog

- http://www.stefan-niggemeier.de/blog

- http://www.website-marketing.ch

Englische Social-Media-Blogs

Der „Social Media Examiner" (http://www.socialmediaexaminer.com) hat die Top-Social-Media-Blogs in dieser Reihenfolge ausgewählt:

- http://www.briansolis.com

- http://www.toprankblog.com

- http://www.convinceandconvert.com

- http://www.twistimage.com/blog

- http://www.socialmediaexplorer.com

- http://thebrandbuilder.wordpress.com

- http://www.spinsucks.com

- http://www.dannybrown.me

- http://www.theantisocialmedia.com

- http://www.brandsavant.com

Social-Media-Vordenker auf Twitter

Der Blogger Haydn Shaughness hat auf **Forbes.com** eine Liste der 50 wichtigsten Social Media Influencer veröffentlicht. Folgen Sie diesen Personen auf Twitter, um mehr über die sozialen Medien zu erfahren!

- Chris Brogan @chrisbrogan

- Ann Handley @marketingprofs

- Guy Kawasaki @guykawasaki

- ➢ Gary Vaynerchuk @garyvee
- ➢ Scott Stratten @unmarketing
- ➢ Robert Scoble @scobleizer
- ➢ Glen Gilmore @glengilmore
- ➢ Liz Strauss @lizstrauss
- ➢ Jason Falls @jasonfalls
- ➢ Mari Smith @marismith
- ➢ Scott Monty @scottmonty
- ➢ Renee Blodgett @magicsaucemedia
- ➢ Pam Moore @pammktgnut
- ➢ Jeff Bullas @jeffbullas
- ➢ Paul Barron @paulbarron
- ➢ Ted Coine @tedcoine
- ➢ Brian Solis @briansolis
- ➢ Chris Voss @chrisvoss
- ➢ Eve Mayer Orsburn @linkedinqueen
- ➢ SusanCooper @buzzedition
- ➢ Lori Ruff @loriruff
- ➢ Jay Oatway @jayoatway
- ➢ Jeremiah Owyang @jowyang
- ➢ Kim Garst @kimgarst
- ➢ Mike O'Neil @mikeoneilrocks
- ➢ Lori Taylor @lorirtaylor
- ➢ Steve Farnsworth @steveology
- ➢ Neal Schaffer @nealschaffer
- ➢ Viveka Von Rosen @linkedinexpert
- ➢ Jason Yormark @jasonyormark

➢ Marsha Collier @MarshaCollier

➢ Wendi Moore @wendimooreagrcy

➢ Chris Abraham @chrisabraham

➢ Yacine Baroudi @fastake

➢ Mark Davidson @markdavidson

➢ Michele Smorgon @maxoz

➢ Jeff Jarvis @jeffjarvis

➢ Steve Rubel @steverubel

➢ Shelley Kramer @shellykramer

➢ Christopher Penn @cspenn

➢ Diane Rayfield @dianerayfield

➢ Kristi Hines @kikolani

➢ Vicki Flaugher @smartwoman

➢ Maz Nadjm @mazi

➢ Amy Porterfield @amyporterfield

➢ David Meerman Scott @dmscott

➢ Laurel Papworth @silkcharm

➢ Mark Schaefer @markwschaefer

➢ Dede Watson @dede_watson

➢ Amber Naslund @ambercadabra

Stichwortverzeichnis

G